普通高等教育“十四五”规划教材——应用化学系列



# 应用有机化学

主　编　黄艳仙
副主编　蒋达洪　程辉成

中国石化出版社

## 内 容 提 要

本书是根据应用型大学工科专业人才培养方案的要求编写的。书中将有机化学理论知识与实验内容融合在一起。全书分六个模块，包括应用有机化学概论、烃及卤代烃、有机含氧化合物、有机含氮化合物及杂环化合物、天然有机化合物和创新实验。每个模块包括基础知识、典型例题、实验内容、习题及拓展阅读等内容，将科学家介绍、应用案例、历史事件等思政教育内容以二维码的形式插入书中，读者可扫码获取。实验则按照注重应用、逐级提高的方式展开，分为基础实验、拓展实验和创新实验三个层次。

本书可作为普通高等院校化学、化工、材料、生物、食品、环境、医学、药学、农学等专业以及相近专业本科生的有机化学及实验教材，也可供高等师范院校、高职高专学校化学化工专业的学生及教师参考使用。

**图书在版编目(CIP)数据**

应用有机化学 / 黄艳仙主编；蒋达洪，程辉成副主编．—北京：中国石化出版社，2022.3(2023.9 重印)
ISBN 978-7-5114-5665-6

Ⅰ．①应… Ⅱ．①黄… ②蒋… ③程… Ⅲ．①有机化学-高等学校-教材 Ⅳ．①O62

中国版本图书馆 CIP 数据核字(2022)第 025454 号



**中国石化出版社出版发行**

地址：北京市东城区安定门外大街 58 号
邮编：100011　电话：(010)57512500
发行部电话：(010)57512575
http://www.sinopec-press.com
E-mail:press@sinopec.com
河北宝昌佳彩印刷有限公司印刷
全国各地新华书店经销

*

787×1092 毫米 16 开本 18.25 印张 460 千字
2022 年 3 月第 1 版　2023 年 9 月第 2 次印刷
定价：56.00 元

# 序

任何一所高等学校和任何一个专业，均有办学目标和人才培养目标。这些目标既包括增强素质、学用知识、启迪智慧、引发思考、激发兴趣等在人才培养过程中的综合要求，也包括自主学习、有效学习、文献查阅和综述、思考和分析、实践和创新、人文素养、团队协作、沟通和表达、价值内化认同等在人才培养目标中知识、能力、素质的全面要求。

人才培养目标如何实现？毫无疑问，主要落实在课程或课程体系上。可以说人才培养方案中没有一门课程的设置是多余的。任何一门课程，均应对人才培养目标的实现有一定的支撑。课程能否实现对人才培养质量或人才培养目标的有效支撑，主要决定于课程讲什么内容和怎么讲这些内容。

采用什么样的教材资源，对教师讲什么和怎么讲、甚至学生怎么学均有很大的影响。教材是课程资源的核心部分，教材不但应体现科学适需的知识体系，还应体现先进的教学理念和教学思想。多年的教学实践和教育科学研究表明，应用型高校特别是地方应用型高校在教材建设方面应着力加强应用导向型课程建设。应用导向型课程建设要求把课程的内容体系和结构框架定位到应用体系上来，把教学内容和教学设计引导到应用体系上来，把支撑人才培养目标的知识、能力、素质要求贯通到应用体系上来。总之，应用导向型课程能够促进教师有效教学和学生有效学习，能够更好实现对人才培养目标的有效支撑。

针对高等教育人才培养过程特别是课程建设方面存在的一些问题，广东石油化工学院按照“整体规划、分步立项、重点建设、有序推进”原则，推动应用导向型课程建设。应用导向型课程建设基本思路是：突出应用导向，融合同一门课程现有的实验体系和理论体系，以实验体系组织课程内容，教学则围绕实验应用形式组织开展。对难以覆盖的重要内容则以拓展阅读材料部分编写入教材。“普通高等教育‘十四五’规划教材——应用化学系列”分为《应用无机化学》《应用有机化学》《应用分析化学》《应用物理化学》四门课程应用型教材，是学校多年来“实践双体系人才培养模式改革和目标问题导向式教学理念”所总结的初步成果。

相信该套丛书的出版能对现有理工类少学时、应用型院校的基础化学课程体系教学改革和对学生综合素质的提高有一定的促进作用。

**广东石油化工学院副校长** 

# 前　言

有机化学课程包括理论和实验两部分，以两门课程的形式组织实施教学。由于有机化学是一门以实验为基础的课程，目前理论课与实验课内容及教学环节有些相互脱节，主要进行一些验证性实验，对实践动手能力培养的作用不明显。为此，本书将主要的理论和实验部分融合一体，重点突出，注重了应用性和适用性。

在教材内容的安排上，全书划分为六个模块，前五个模块又分为基础知识、典型例题、实验内容习题和拓展阅读五个部分。每个模块配备背景知识和相关知识、原理、基本操作、现象描述、结果分析、思考题、拓展实验等。考虑到教材的篇幅，更多的内容以数字资源的形式呈现，读者可通过扫描书中相应位置的二维码获取。数字资源主要包括有机化学实验的基本操作技术、有机化学实验的分离提纯方法与技术；常见有机化合物的物理常数和制备方法；对有机化学理论、反应等有重要贡献科学家及其贡献进行介绍；对教学中的概念、方法等难点和疑点给出进一步的解释，从知识的深度或广度(应用)等加以拓展。模块六编写了创新实验，其是结合教师的科研工作，将先进的科学知识、科研成果融入本科实验教学，让学生参与高水平的研究性实验。此类实验模拟了科学研究的基本过程，学生可以接受科研工作的全过程训练。在培养科研与创新意识的同时，了解学科发展与科技创新的前沿领域，能受到良好科技氛围的熏陶。附录部分列出了与本书相关的一些常见和常用物质的物性。

通过讲授“应用有机化学”这门课程，将同时完成有机化学理论及实验两门课程的教学内容。本书特别适合教学学时少的工科院校使用，不同专业可根据需要进行模块选课实施教学。

本书由广东石油化工学院的黄艳仙主编并负责全书统稿，程辉成负责校稿；蒋达洪、程辉成、余梅、肖朵朵、黄敏、张建涛等参与了本书的编写，在此衷心感谢各位老师的辛勤工作。在编写过程中，参考了一些教材和正式出版物中的有关内容和网络文献资料，在此一并表示衷心感谢！

由于编者水平有限，书中不妥之处在所难免，恳请读者批评指正。

# 目　　录

## 模块一　应用有机化学概论



## 模块二　烃及卤代烃

## 模块三　有机含氧化合物

## 模块四　有机含氮化合物及杂环化合物



## 模块五　天然有机化合物



## 模块六　创新实验

## 附录



## 参考文献

# 模块一 应用有机化学概论

有机化学是研究有机化合物的一门学科。有机化合物简称有机物，它大量存在于自然界中，与人们的衣、食、住、行等日常生活密切相关。食物的主要成分脂肪、蛋白质和糖类是三大类重要的有机物；石油和天然气的主要成分是有机物；塑料、合成橡胶和合成纤维是有机物；纸张、棉花、羊毛和蚕丝的主要成分是有机物；各种药物、香料、染料、油漆及化妆品的主要成分也是有机物。可以说，人们日常生活中一刻也离不开有机物。

有机化学是化学的重要分支。它是有机化学工业的理论基础，与经济建设和国防建设密切相关，不论是化学工业、能源工业、材料工业，还是电子工业、国防工业的发展，都离不开有机化学。如今生物学在微观上已发展到分子生物学、遗传工程学的水平，而作为生命现象物质基础的蛋白质和核酸就是有机化合物。有机化学的研究对揭示蛋白质和核酸结构的奥秘、探索生命现象的本质也具有重要意义。

有机化学是以实验为基础的科学。在化学研究中，理论与实验一直是相互依赖、彼此促进的。有机化学实验的主要任务是密切配合有机化学的教学内容，加强理论与实践的联系，使学生掌握基本操作技能和一定的实验理论；培养学生良好的实验素质、心理素质，严谨的科学态度以及良好的协作精神，能进一步提高学生观察问题、分析问题和解决问题的能力。

应用有机化学是以实验体系为导向，将现有的理论体系和实验体系融合为一体的课程。在应用有机化学概论中，集中介绍了有机化合物的命名、同分异构和结构表征等基础性内容，以便在后续各章中反复应用，提高各章的深度和广度。概论中还介绍了有机化学实验的一般知识，包括实验室规则、实验室安全、实验室事故的预防和处理、实验室常用玻璃仪器和设备等，以及如何做好实验预习、实验记录和实验报告，它是学生进行有机化学实验必须掌握的。学生在进行有机化学实验之前，应当认真学习和领会这部分内容。

## 第一部分 基础知识

### 1-1 有机化合物和有机化学

有机化合物是指碳氢化合物及其衍生物。有机化合物除含 C、H 两种元素外，有的还含有 O、N、S、P、X 等元素。

有机化学是研究碳氢化合物及其衍生物的化学。具体来说，有机化学是研究有机化合物的来源、制备、结构、性能、应用以及有关理论和方法学的科学。

## 1-2 有机化合物的结构特征

有机化合物是碳氢化合物及其衍生物，碳原子是有机化合物中的核心原子。碳元素处在周期表中第二周期第四主族，当碳原子和其他元素形成化合物时，它既不易得到电子，也不易失去电子，通常以共价键与其他原子结合。碳原子外层电子有四个电子，因此可形成四个共价键。

有机化合物中碳原子相互结合的能力很强，可以通过单健、双键、叁键连接成链状或环状化合物，且参与成键的碳原子数少则一两个，多则可达几千、几万、甚至几十万个。同时，即使组成相同但原子的连接次序和方式不同也会形成不同的化合物。分子式相同而结构相异因而性质也各异的不同化合物，称为同分异构体，这种现象叫作同分异构体现象。有机化合物的同分异构体现象很普遍，使得有机化合物的数量非常庞大。这是由于有机化合物在结构上不同于无机化合物而造成的。

## 1-3 有机化合物的性质特征

有机化合物和无机化合物相比，在性质上也存在明显的差异。有机化合物一般可以燃烧，而绝大多数无机化合物不易燃烧；有机化合物的熔点较低，一般不超过 400℃，而无机化合物通常熔点较高；有机化合物一般难溶于水，易溶于有机溶剂，而无机化合物则相反；有机化合物的反应一般比较缓慢，并常伴有副反应发生，而多数无机化合物的反应可在瞬间完成且产物单一。

无机化合物与有机化合物在性质及反应上的差别只是相对的、有条件的，不同的有机化合物有其特殊的性质。例如，四氯化碳、二氟二溴甲烷等有机物不但不能燃烧，反而可以用来灭火；乙醇、乙酸、乙醛、丙酮能与水以任意比互溶；有些反应，如三硝基甲苯的爆炸瞬间就能完成，等等。

## 1-4 共价键

在有机化合物分子中，主要的、典型的化学键是共价键。分子中原了以共价键结合是有机化合物分子基本的、共同的结构特征，所以，了解和熟悉共价键是研究和掌握有机化合物的结构与性质之间关系的关键。

**1. 价键理论**

(1) 共价键的形成

价键理论认为，共价键的形成是原子轨道的重叠或电子配对的结果，如果两个原子都有未成键电子，并且自旋方向相反，就能配对形成共价键。例如 $H_2$分子的形成如图 1-1 所示。

除 s 轨道外，其他成键的原子轨道都不是球形对称的，所以共价键具有明显的方向性。另外，一个未成对电子一经配对成键，就不能再与其他电子配对，所以共价键具有饱和性。

根据价键理论的观点，成键电子只处于形成共价键两原子之间，是定域的。

碳原子的电子构型是 $1s^2 2s^2 2p_x^{\ 1} 2p_y^{\ 1} 2p_z^{\ 0}$，在形成化学键时，2s 轨道中的一个电子激发到 $2p_z$轨道中，然后这四个价电子以不同的方式进行杂化，形成能量相等的几个新轨道，称

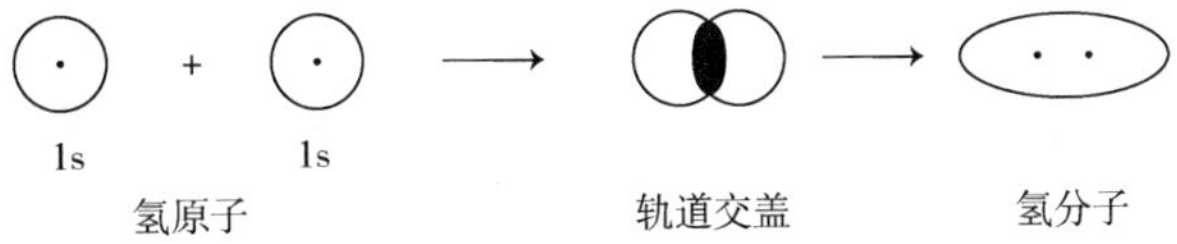


图 1-1　$H_2$分子的形成

为杂化轨道。

在碳原子中一般存在 $sp^3$、$sp^2$和 sp 三种杂化方式。如果碳原子的 2s 轨道与三个 2p 轨道进行杂化，则形成四个能级相同的 $sp^3$杂化轨道；如果 2s 轨道与两个 2p 轨道进行杂化，则形成三个能级相同的 $sp^2$杂化轨道；如果 2s 轨道与一个 2p 轨道进行杂化，则形成两个能级相同的 sp 杂化轨道。s 和 p 之间形成的杂化轨道，能量高于 s 轨道而低于 p 轨道，p 轨道的成分越多能量越高。当 p 的成分增大时，轨道与核的距离逐渐增大，所形成的键也越来越长。

不同杂化态的碳原子可视为具有不同的电负性，从 sp 到 $sp^2$再到 $sp^3$，随着杂化轨道中 s 成分的减少，杂化轨道与原子核的距离越来越远，原子核对杂化轨道中电子的吸引力也越来越弱，即电负性越来越小。不同杂化态碳的电负性顺序为 $C_{sp}>C_{sp^2}>C_{sp^3}$。

(2) 诱导效应

在多原子分子中，当两个直接相连原子的电负性不同时，由于原子电负性较大的原子吸引电子的结果，不仅两原子之间的电子云偏向电负性较大的原子，使电负性较大的原子带有部分负电荷(用 $\delta^-$表示)，与之相连的电负性较小的原子则带有部分正电荷(用 $\delta^+$用表示)，而且这种影响沿着分子链诱导传递，使与电负性较大原子间接相连的原子也受到一定影响。但这种影响随着分子链的增长而迅速减弱。

$$CH_3—\overset{\delta\delta\delta^+}{CH_2}—\overset{\delta\delta^+}{CH_2}—\overset{\delta^+}{CH_2}—\overset{\delta^-}{Cl}$$

例如，在 1-氯丁烷分子中，由于氯原子的电负性比碳原子大，Cl—Cl 之间的电子云密度偏向氯原子，氯原子带有部分负电荷($\delta^-$)，C1 带有部分正电荷($\delta^+$)；由于 C1 带有部分正电荷，它吸引电子的结果，C1—C2 之间的电子云也产生一定“偏移”，导致 C2 上也带有较少的正电荷($\delta\delta^+$)，同样依次影响的结果，C3 上也带有更少正电荷($\delta\delta\delta^+$)。

像 1-氯丁烷那样，分子中通过原子链 $\sigma$ 键传递的电荷静电感应，致使分子发生极化的效应，称为诱导效应(Inductive effects)，通常用“I”表示。诱导效应沿着分子链传递，并迅速减弱，一般超过三个共价键后可以忽略不计。

当 C—H 上的 H 原子被 X 基团取代后，若成键电子的电子云向 X 偏移，则称 X 是吸电子基团，此时 X 的电负性或吸电子能力要大于 H。由 X 引起的诱导效应称为吸电子诱导应，用-I 表示。若成键电子的电子云向 C 偏移，则称 X 是给电子基团，此时 X 的电负性或吸电子能力要小于 H。由 X 引起的诱导效应称为给电子诱导效应，用+I 表示。

常见基团的吸电子能力顺序为

$^+NR_3>—NO_2>—CN>—F>—Cl>—COOH>—Br>—I>—OAr>—C\equiv CR>—COOR>—OR>—COR>—OH>—C_6H_5>—CH=CH_2>H$

常见基团的给电子能力顺序为

$$(CH_3)_3C—>(CH_3)_2CH—>CH_3CH_2—>CH_3—>H—$$

诱导效应根据所处的环境还可以分为静态诱导效应和动态诱导效应。静态诱导效应是静能态分子中所表现出的内在固有的诱导效应。在化学反应中，极性试剂进攻分子的反应中心，从而改变成键电子的电子云分布状况，这种诱导效应属于动态诱导效应。

**2. 分子轨道理论**

按照分子轨道理论，当原子组成分子时，形成共价键的电子是分布在整个分子区域内运动，是离域的观点。分子中价电子的运动状态，即分子轨道，可以用波函数 $\psi$ 来描述。分子轨道由原子轨道通过线性组合形成，形成的分子轨道数与参与组成的原子轨道数相等。例如，两个氢原子轨道可以线性组合成两个氢分子轨道，当两个氢原子轨道的波函数符号相同(相当于波的位相相同)时，得到比原子轨道能量低的分子轨道称为成键轨道；当两个氢原子轨道波函数符号相反(相当于波的位相相反)时，得到比原子轨道能量还高的分子轨道称为反键轨道。

分子轨道理论认为，电子从原子轨道进入分子的成键轨道，形成化学键，使体系的能量降低，形成稳定分子。

原子轨道组成分子轨道还必须满足三条原则：

① 能量相近原则：只有能级相同或相近的原子轨道才能有效地组合成分子轨道。

② 对称性匹配原则：位相相同的原子轨道才能组合成分子轨道。

③ 最大重叠原则：原子轨道相互交盖程度越大，形成的键越稳定。

虽然分子轨道理论对共价键的描述更为确切，但由于价键理论的定域描述比较直观形象、易于理解，因此在有机化学中使用较多的还是价键理论，只有在一些具有明显离域的体系中才用分子轨道理论。

**3. 共价键的断裂与有机反应的类型**

共价键是有机化合物分子中原子的主要结合形式，有机化学反应中必然存在着旧键的断裂和新键的形成。共价键的断裂方式通常有均裂和异裂两种。

共价键断裂时，如果成键电子对平均分给两个原子或基团，这种断裂方式称为均裂。均裂产生的带单个电子的原子或基团称为自由基。在光或热的作用下有利于共价键的均裂。

$$X:Y \xrightarrow{\text{均裂}} X\cdot + Y\cdot \qquad X:Y \xrightarrow{\text{异裂}} X^{+} + :Y^{-}$$

如果共价键在断裂时成键的一对电子完全为成键原子中的一个原子或基团所占有，这种断裂方式称为异裂，中性分子异裂形成正、负离子。酸、碱或极性溶剂有利于共价键的异裂。当成键两原子之一是碳原子时，异裂既可生成碳正离子，也可生成碳负离子。

自由基、碳正离子、碳负离子都是在反应过程中暂时生成的、瞬间存在的活性中间体。在有机化学反应中，根据共价键的断裂方式不同，将反应分为自由基反应和离子型反应两大类。通过共价键均裂生成自由基活性中间体而进行的反应，属于自由基反应；通过共价键异裂而进行的反应，属于离子型反应。

另外，还有一类反应不同于以上两类反应，反应过程中旧键的断裂和新键的生成同时进行，经过环状过渡态且无活性中间体生成，这类反应称为周环反应。

R1-1 反应试剂的分类

**4. 共价键的类型**

共价键的类型主要有 $\sigma$ 键和 $\pi$ 键。

原子轨道沿核间连线(键轴)相互交盖，形成对键轴呈圆柱形对称的轨道，称为 $\sigma$ 轨道，$\sigma$ 轨道构成的共价键称为 $\sigma$ 键。由两个 $p$ 轨道通过侧面平行交盖

构成 $\pi$ 键。

$\pi$ 键与 $\sigma$ 键不同，$\pi$ 键不能自由旋转，$\pi$ 键不能单独存在，只能与 $\sigma$ 键共存；$\pi$ 键轨道交盖程度比 $\sigma$ 键要小，所以 $\pi$ 键的键能比 $\sigma$ 键的要低，不稳定而容易断裂，表现出较大的化学反应活性。

## 1-5　有机化合物的分类

有机化合物数目庞大，种类繁多，科学的分类有助于归纳各类有机化合物的内在联系，掌握有机化学知识的系统性，便于对其进行更好地学习和探究。有机化合物的分类方法主要有两种。

（1）按碳链分类

① 开链化合物。这类化合物分子中碳原子之间相互结合而成碳链，不成环状。由于脂肪类化合物具有这种结构，因此开链化合物也称脂肪族化合物。其中碳原子之间可以通过单键、双键或叁键相连。例如：

| | | | |
|---|---|---|---|
| $CH_3CH_2CH_3$ | $CH_3CH{=}CH_2$ | $CH_3C{\equiv}CH$ | $CH_3CH_2CH_2{-}OH$ |
| 丙烷 | 丙烯 | 丙炔 | 正丙醇 |

② 脂环族化合物。这类化合物可以看作是由脂肪族化合物闭合成环而得，性质和脂肪族化合物相似。例如：

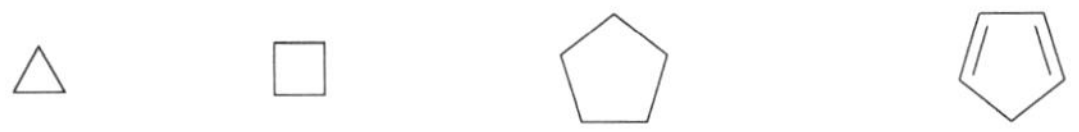

环丙烷　环丁烷　环戊烷　环戊二烯

③ 芳香族化合物。这类化合物具有由碳原子连接而成的特殊环状结构，分子中一般含有苯环结构，其性质不同于脂环族化合物，具有一些特殊的芳香性。例如：

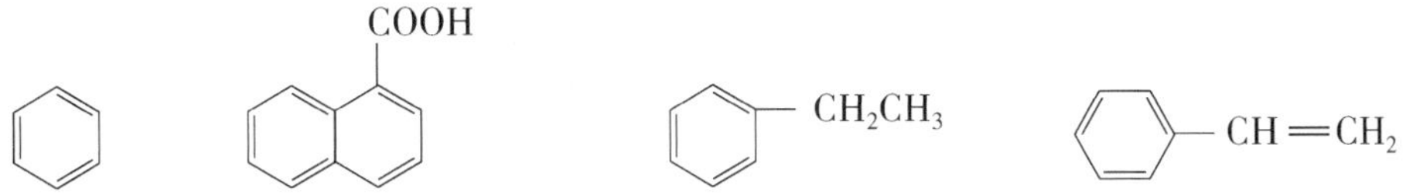


苯　α-萘甲酸　乙苯　苯乙烯

④ 杂环族化合物。这类化合物也具有环状结构，但是这种环是由碳原子和其他原子如氧、硫、氮等共同组成。例如：

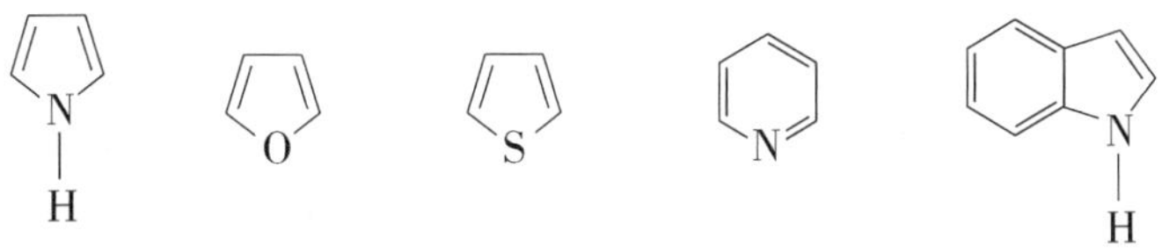


吡咯　呋喃　噻吩　吡啶　吲哚

（2）按官能团分类

官能团是指有机化合物分子中，特别能起化学反应的一些原子和基团，官能团决定化合物的主要性质。一般来说，含相同官能团的有机化合物能起相似的化学反应，可把它们看作同一类化合物，重要官能团和有机化合物的类别见表 1-1。

**表 1-1　重要官能团及其分类名称**

| 化合物类名 | 官能团结构 | 官能团名称 | 化合物类名 | 官能团结构 | 官能团名称 |
|---|---|---|---|---|---|
| carboxylic acid（羧酸） | $-\overset{\overset{O}{\parallel}}{C}-OH$ | carboxy（羧基） | acid anhydrides（酸酐） | $-\overset{\overset{O}{\parallel}}{C}-O-\overset{\overset{O}{\parallel}}{C}-$ | anhydride（酐，酰氧甲酰基） |
| esters（酯） | $-\overset{\overset{O}{\parallel}}{C}-OR$ | alkoxycarbonyl（烷氧酰基，酯基） | acyl halides（酰卤） | $-\overset{\overset{O}{\parallel}}{C}-X$ | haloformyl（卤代甲酰基） |
| amides（酰胺） | $-\overset{\overset{O}{\parallel}}{C}-NH_2$ | carbamoyl（氨基甲酰基） | nitriles（腈） | $-C\equiv N$ | cyano（氰基） |
| aldehydes（醛） | $-\overset{\overset{O}{\parallel}}{C}-H$ | -al(-醛基) formyl(甲酰基) | ketones（酮） | $>C=O$ | -one(-酮基) oxo(氧代) |
| alcohols（醇） | $-OH$ | hydroxyl(羟基) | thiols（硫醇） | $-SH$ | mercapto（巯基） |
| amines（胺） | $-NH_2$ | amino（氨基） | alkanes（烷烃） |  | alkyl（烷基） |
| alkenes（烯烃） | $>C=C<$ | alkenyl（烯基） | alkynes（炔烃） | $-C\equiv C-$ | alkynyl（炔基） |
| ethers（醚） | $-OR'$ | alkoxy（烷氧基） | nitroalkane（硝基化合物） | $-NO_2$ | nitro（硝基） |
| halides（卤代烃） | $-X$ | Halogen（卤原子） |  |  |  |

## 1-6　有机化合物的命名

有机化合物结构复杂，同分异构现象非常普遍，如何对数量庞大的有机化合物进行命名，是有机化学的一项基本内容，也是有机化学知识的基础。我国现行有机化合物的命名规则是 1980 年制定的《有机化学命名原则》(CCS 1980)，它是根据国际纯粹和应用化学联合会(International Union of Pure and Applied Chemistry，IUPAC)1979 年制定的命名方法修订的。40 多年来，我国相应的命名规则更新比较迟缓。而且，现有的中文有机化合物命名规则存在着与英文命名规则和书写顺序不同等问题。2017 年 12 月 20 日，中国化学会有机化合物命名审定委员会在 IUPAC 1993 和 IUPAC 2013 蓝皮书基础上编写的《有机化合物命名原则 2017》(CCS 2017)正式发布。

有机化合物命名最理想的情况是，每一种有清楚结构式的有机化合物，都可以用一个确定的名称来描述它。结构简单的有机物，常采用普通命名法，结构复杂的有机物则需要使用系统命名法(IUPAC)命名，某些有机物，又可根据其来源和性质，采用俗名来命名。本书按照最新的命名细则命名，为便于过渡，部分化合物同时标注 CCS 1980 和 CCS 2017 命名法的名称，方便大家比较学习。

**1. 几个与命名相关的词**

对有机化合物进行命名，首先要了解表示碳原子结构和基团的专有词汇。

当需要命名分子的碳原子数小于 10 时，采用天干来表示碳原子数目：甲、乙、丙、丁、戊、己、庚、辛、壬、癸。10 个以上则用十一、十二、……汉语数字表示。例如：

| $CH_4$ | $CH_3CH_2CH_2CH_3$ | $CH_3(CH_2)_{11}CH_3$ |
|---|---|---|
| 甲烷 | 丁烷 | 正十三烷 |

分子中，用伯(primary)、仲(secondary)、叔(tertiary)、季(quaternary)或是 1°、2°、3°、4°来表示一个碳原子与不同数目的碳原子相连的情况。与 1 个、2 个、3 个、4 个碳原子相连的碳原子分别称为伯碳、仲碳、叔碳、季碳，与伯碳、仲碳、叔碳相连的氢分别称为伯氢、仲氢、叔氢。例如：

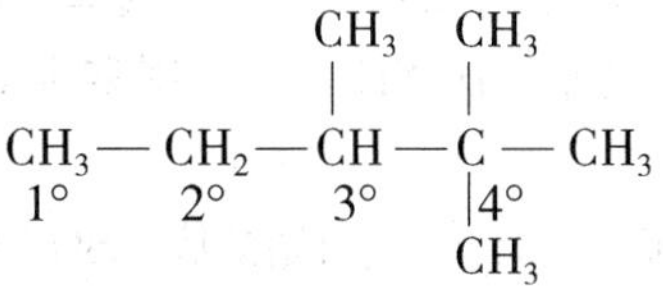

烃基：从烃分子中去掉一个或几个氢原子后，剩余的基团称为烃基。烃基的命名采用复杂支链取代基的命名方式，即烃上氢被取代后所连碳的位次为 1 位，然后依次编号和进行系统命名，名称后面加 yl(基)表示取代基。一些常见的烃基中英文名称如表 1-2 所示。

**表 1-2　常见烃基的中英文命名**

| 结构式 | CCS 2017 中文名 | IUPAC 2013 英文名 | 中文俗名 | 英文俗名 |
|---|---|---|---|---|
| $CH_3$— | 甲基 | methyl | 甲基 | methyl |
| $CH_3CH_2$— | 乙基 | ethyl | 乙基 | ethyl |
| $CH_3CH_2CH_2$— | 丙基 | propyl | 正丙基 | *n*-propyl |
| $(CH_3)_2CH$— | 丙-2-基<br>1-甲基乙基 | propan-2-yl | 异丙基 | isopropyl |
| $CH_3CH_2CH_2CH_2$— | 丁基 | butyl | 正丁基 | *n*-butyl |
| $CH_3CH_2CH(CH_3)$— | 丁-2-基<br>1-甲基丙基 | butan-2-yl | 仲丁基 | *sec*-butyl |
| $(CH_3)_2CHCH_2$— | 2-甲基丙基 | 2-methylpropyl | 异丁基 | isobutyl |
| $(CH_3)_3C$— | 1,1-二甲基乙基 | 1,1-dimethylethyl | 叔丁基 | *tert*-butyl |
| $(CH_3)_2CHCH_2CH_2$— | 3-甲基丁基 | 3-methylbutyl | 异戊基 | isopentyl |
| $(CH_3)_3C$—$CH_2$— | 2,2-二甲基丙基 | 2,2-dimethylpropyl | 新戊基 | neopentyl |
| $CH_3CH_2C(CH_3)_2$— | 1,1-二甲基丙基 | 1,1-dimethylpropyl | 叔戊基 | *tert*-pentyl |
| $CH_2$=CH— | 乙烯基 | ethenyl | | vinyl |
| $CH_2$=$CHCH_2$— | 丙-2-烯基 | prop-2-enyl | 烯丙基 | allyl |
| $CH_3CH$=CH— | 丙-1-烯基 | prop-1-enyl | 丙烯基 | propenyl |
| $CH_2$=$C(CH_3)$— | 1-甲基乙烯基 | 1-methylethenyl | 异丙烯基 | isopropenyl |

续表

| 结构式 | CCS 2017 中文名 | IUPAC 2013 英文名 | 中文俗名 | 英文俗名 |
|---|---|---|---|---|
| $CH\equiv C$— | 乙炔基 | ethynyl | | ethynyl |
| $HC\equiv C—CH_2$— | 丙-2-炔基 | prop-2-yn-1-yl | 炔丙基 | propargyl |
| $CH_3—C\equiv C$— | 丙-1-炔基 | prop-1-yn-1-yl | 丙炔基 | propinyl |
| $C_6H_5$— | 苯基 | phenyl | | phenyl |
| $C_6H_5CH_2$— | 苯甲基 | phenylmethyl | 苄基 | benzyl |

含杂原子基团：

卤原子：氟 F—、氯 Cl—、溴 Br—、碘 I—。

含氧基团：羟基—OH、甲氧基 $CH_3O$—、乙酰氧基 $CH_3COO$—、羰基—CO—、甲酰基—CHO、乙酰基 $CH_3CO$—、苯甲酰基 $C_6H_5CO$—、氧基—O—。

含氮基团：氨基 $NH_2$—、甲氨基 $CH_3NH$—、二甲氨基$(CH_3)_2N$—、硝基 $NO_2$—、亚硝基 NO—、氰基—CN。

含硫基团：巯基 HS—、甲硫基 $CH_3S$—、磺酸基—$SO_3H$。

叉基和亚基：失去不同数目的氢原子，可以形成游离价键数不同的取代基。脱去两个氢原子后所形成的二价游离价键结构，通称为亚基。取代基以两个单键连接分子骨架的同一个碳原子时(即双键)，该取代基称为“亚基”；取代基以两个单键分别连接分子骨架的两个原子时，该取代基称为“叉基”。例如：

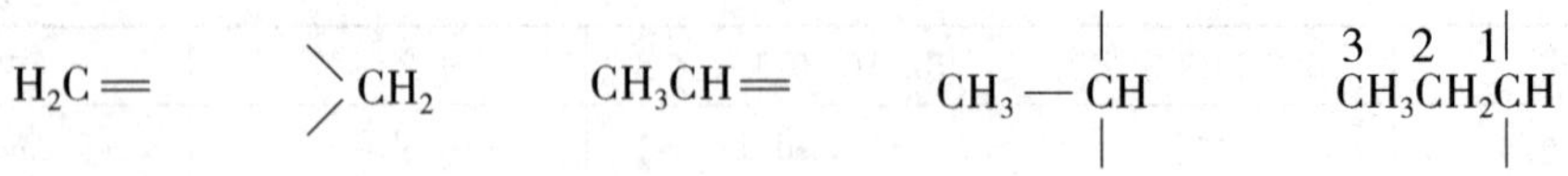

甲亚基 (methylidene)　甲叉基 (methylene)　乙亚基 (ethylidene)　乙-1,1-叉基 (ethane-1,1-diyl)　丙-1,1-叉基 (propane-1,1-diyl)

**2. 普通命名法**

普通命名法是按分子中碳原子数目的多少来命名。例如，烃分子一般按其所含碳原子的数目，命名为某烃。用正、异、新等词头区别同分异构体。用“正”表示不含支链，用“异”表示在链端的第二位碳原子上有一个—$CH_3$支链的特定结构，用“新”表示在链端的第二位碳原子上有两个—$CH_3$支链的特定结构。

含有五个碳原子的链状烃分子，按其分子内部饱和度的不同，可以称为戊烷、戊烯和戊炔。例如：

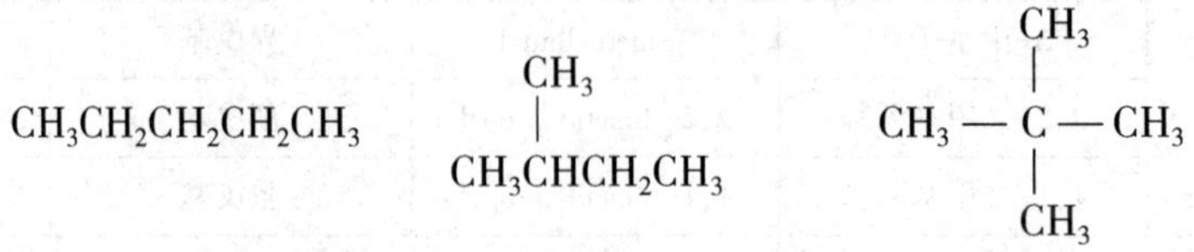

正戊烷　异戊烷　新戊烷

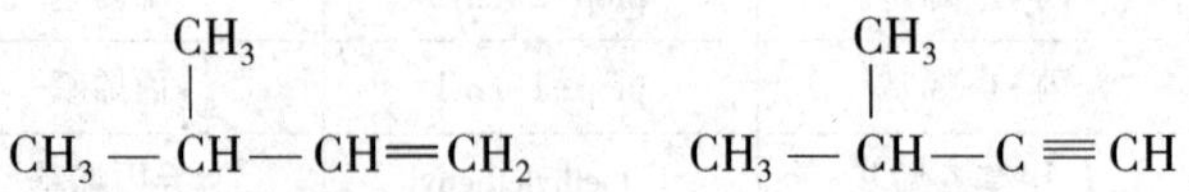

异戊烯　异戊炔

简单的卤代烃和醇的普通命名法，是按烃基的名称来命名。例如：

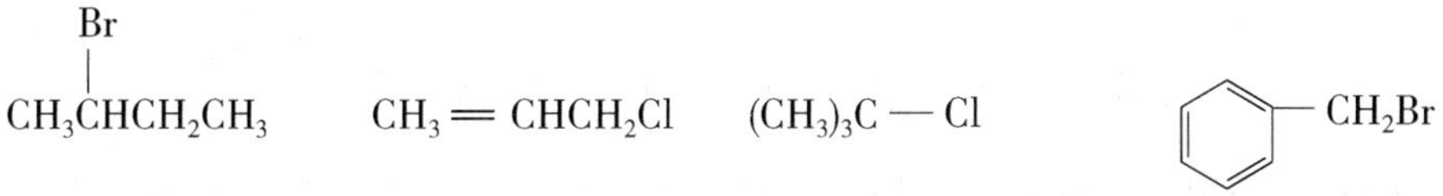

仲丁基溴　　烯丙基氯　　叔丁基氯　　苄基溴

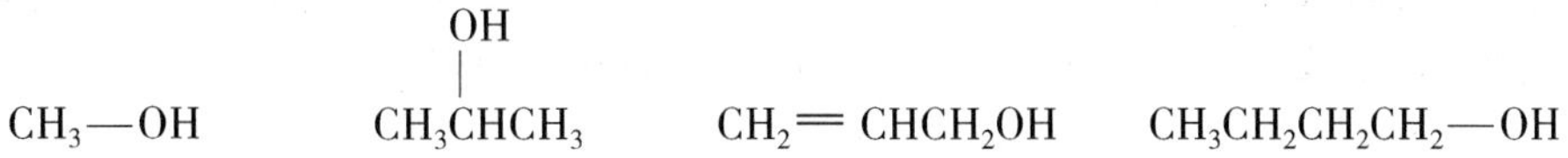

甲醇　　异丙醇　　烯丙醇　　正丁醇

醚可以按分子中氧原子所连的两个烃基来命名。若两个烃基不相同，按英文名称顺序将两个烃基依次列出；若两个烃基有一个是不饱和的，则将不饱和烃基写在后面；若两个烃基，有一个是芳基，则将芳基写在前面。例如：

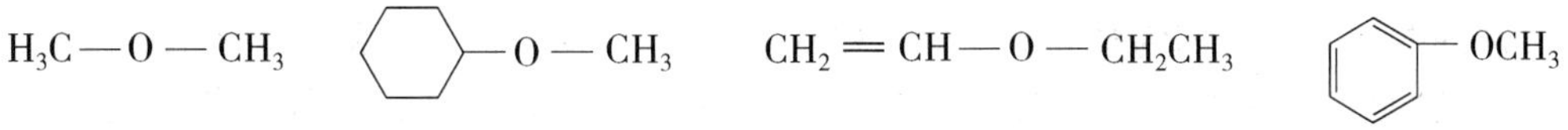

(二)甲(基)醚　　环己基甲基醚　　乙基乙烯基醚　　苯甲醚

简单的胺，可用氨基作为官能团，把它所含烃基的名称和数目写在前面，按简单到复杂先后列出，后面加上胺字。例如：

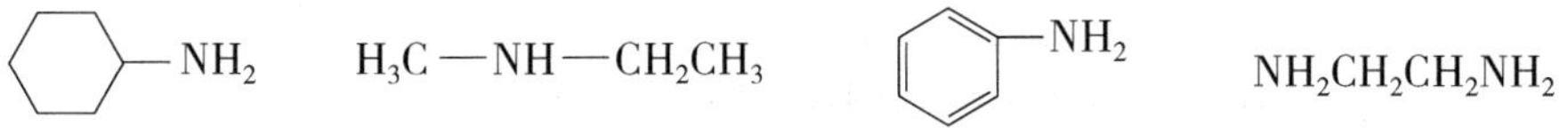

环己胺　　乙基甲基胺　　苯胺　　乙二胺

简单的醛的普通命名法与醇类似。例如：

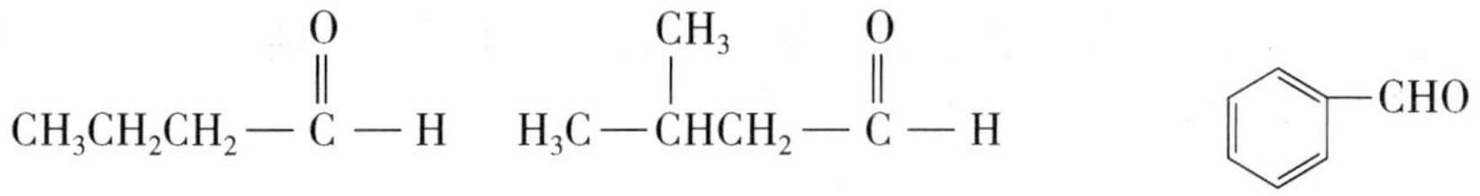

正丁醛　　异戊醛　　苯甲醛

酮的普通命名法通常按羰基所连接的两个烃基，根据英文名称顺序将两个烃基依次列出，称为某(基)某(基)甲酮，“基”或“甲”字有时可以省去。例如：

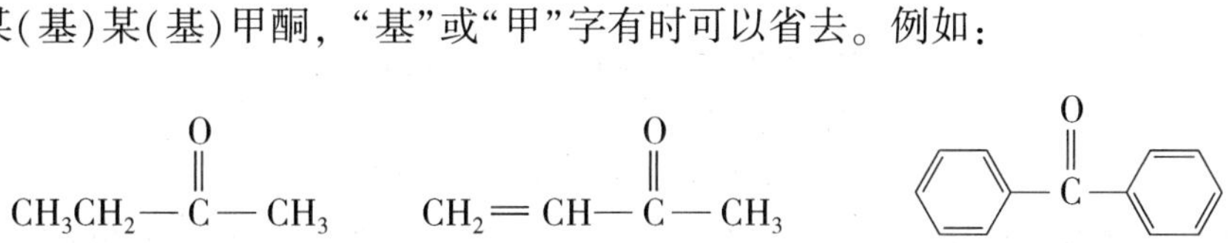

乙基甲基(甲)酮　　乙烯基甲基(甲)酮　　二苯甲酮

普通命名法不适用于结构复杂的有机化合物的命名，下面重点介绍用于结构复杂有机化合物的系统命名法。

**3. 系统命名法(IUPAC)**

(1) 烷烃的命名

系统命名法的主要规则如下：

① 选择一个最长的碳链作为主链，按这个链所含的碳原子数称为某烷，以此作为母体。例如：

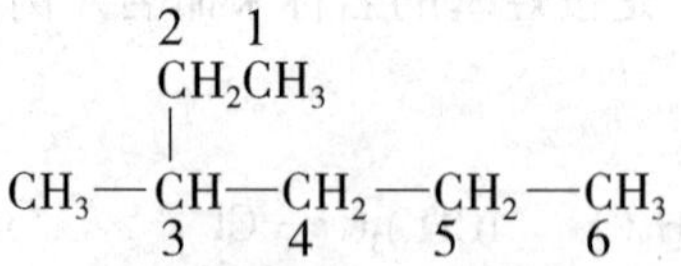

母体:己烷

② 主链的碳原子编号，从靠近支链的一端开始，依次用阿拉伯数字标出，使支链序号最小，支链又称取代基，依次列出取代基的序号、名称和母体名称。注意在取代基的序号和名称之间加一短横线，但与母体之间不需要用横线隔开。例如：

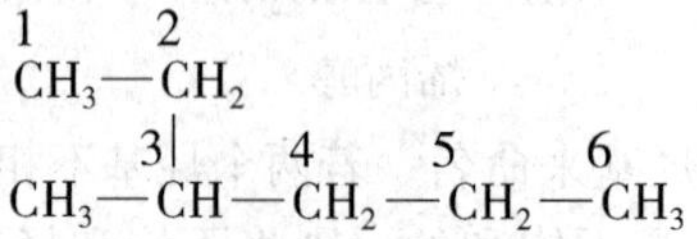

3-甲基己烷

③ 如果分子内含有几个相同的取代基，则在名称中合并列出，取代基前加二、三、四等中文数字来表明取代基的数目，表示取代基位置的几个阿拉伯数字之间用逗号隔开。如有几个不同的取代基，它们的排列顺序依据取代基英文首字母的字母顺序排序（1980 年版《化学命名规则》按取代基的次序规则进行排序）。用字母顺序排序时，取代基英文名称中连字符前面的不用考虑，如 isobutyl 以 I 开头，而 *sec*-butyl 是以 B 开头，故 *sec*-butyl 排在 isobutyl 之前，同样，di-，tri-，tetra-等都不予考虑。例如：

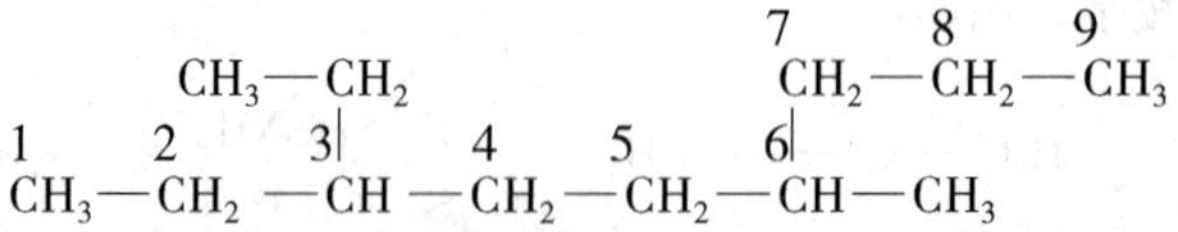

IUPAC：3-ethyl-6-methylnonane

CCS 2017：3-乙基-6-甲基壬烷

CCS 1980：6-甲基-3-乙基壬烷

④ 如果两个不同取代基所在的位置，从两端编号均相同时，则按取代基名称的第一个英文字母的顺序，较前的先编号。例如：

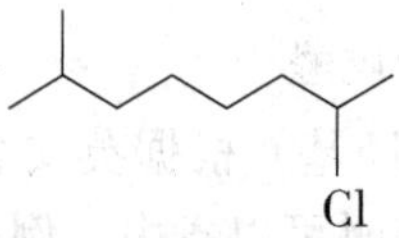

IUPAC：2-chloro-7-methyloctane

CCS 2017：2-氯-7-甲基辛烷

CCS 1980：2-甲基-7-氯辛烷

⑤ 当支链上还有次级取代基时，则从与主链相连的碳原子开始，将支链的碳原子依次按 1′，2′，3′……编号。为与主链编号区别，把支链取代基的序号和名称放在括号中，括号内英文非斜体字部分首字母参与排序，包括表示取代基数目的 di-，tri-，tetra-等的首字母。例如：

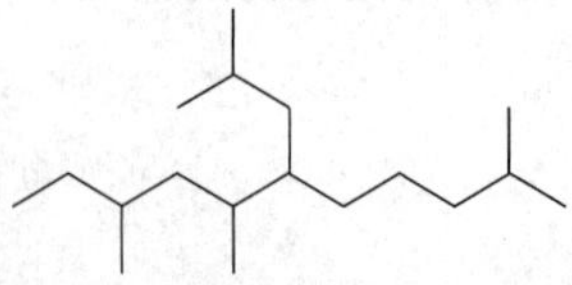

IUPAC：2,7,9-trimethyl-6-(2-methylpropyl)undecane

CCS 2017：2,7,9-三甲基-6-(2-甲基丙基)十一烷

CCS 1980：2,7,9-三甲基-6-异丁基十一烷

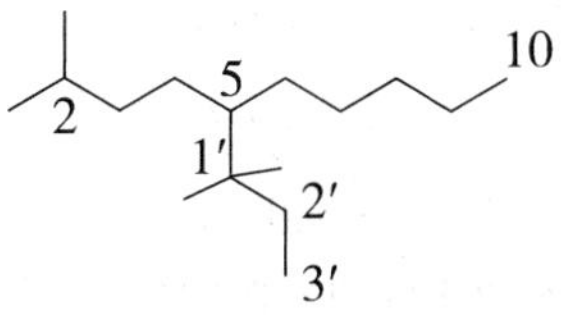

IUPAC：5-(1,1-dimethylpropyl)-2-methyldecane

CCS 2017：5-(1,1-二甲基丙基)-2-甲基癸烷

CCS 1980：2-甲基-5-(1,1-二甲基丙基)癸烷

⑥ 对具有两个或两个以上相同碳链的复杂分子，应优先选取取代基数目最多的碳链为主链。例如：

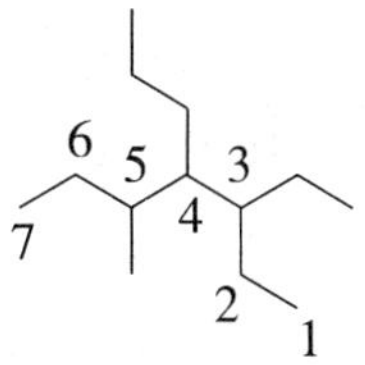

IUPAC：3-ethyl-5-methyl-4-propylheptane

CCS 2017：3-乙基-5-甲基-4-丙基庚烷

CCS 1980：3-甲基-5-乙基-4-丙基庚烷

若两条相同长度碳链上连接的取代基数目相同时，应优先选取取代基编号较小的为主链。例如：

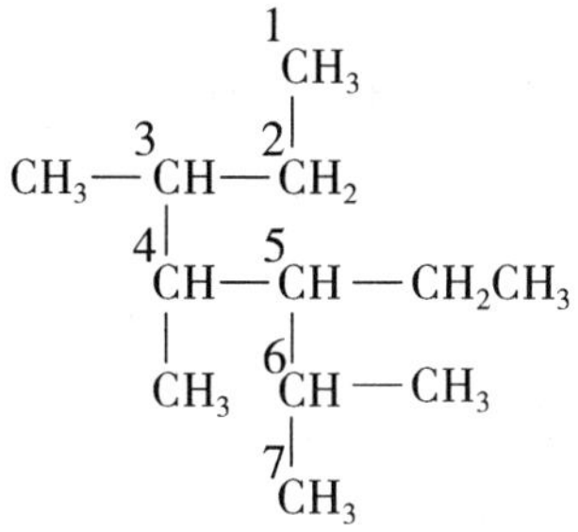

错误

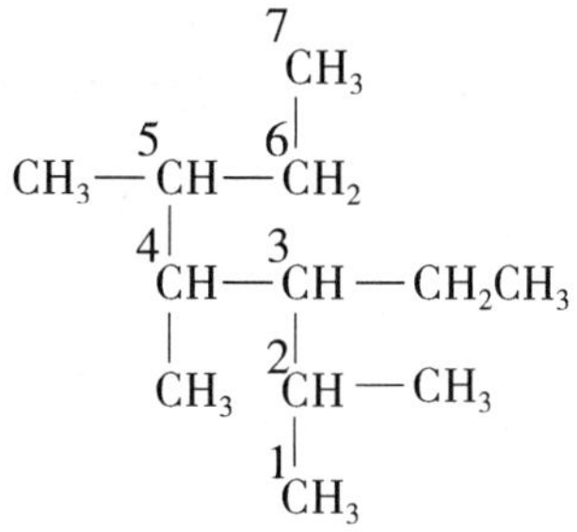

正确

IUPAC：3-ethyl-2,4,5-trimethylheptane

CCS 2017：3-乙基-2,4,5-三甲基庚烷

CCS 1980：2,4,5-三甲基-3-乙基庚烷

(2) 单官能团开链化合物的命名

① 主链的选择：对分子内只含有一个官能团的有机化合物，一般选择包含官能团在内的最长碳链作为主链，但硝基、亚硝基和卤素原子只能作为取代基而不能作为官能团。根据官能团的名称称为某类化合物。例如：

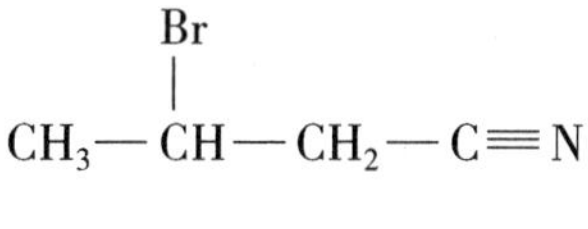

3-溴丁腈

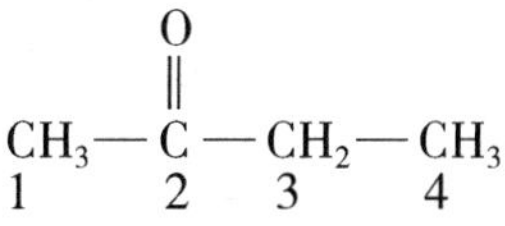

丁-2-酮

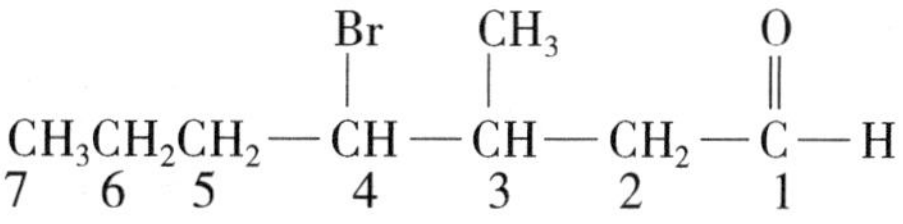

4-溴-3-甲基庚醛

此外，链状化合物主链的选择取决于碳链长度，而不是是否包含多重键。例如：

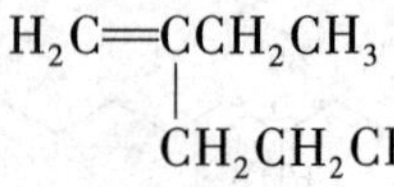

IUPAC：3-methylidenehexane

CCS 2017：3-甲亚基己烷

CCS1980：2-乙基-1-戊烯

② 序号编写：把主链碳原子从靠近母体官能团的一端依次用阿拉伯数字编号，主链中连有含碳原子的官能团，如羧基、羰基、醛基、氰基等，官能团中的碳原子应计在主链碳原子数内。若该碳原子作为碳链的第一号原子编号时，命名时不需要标出。例如：

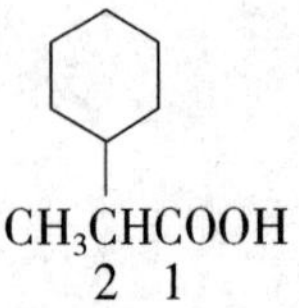

2-环己基丙酸

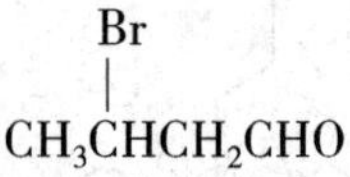

3-溴丁醛

$CH_3CH_2CH_2CH_2—SH$

丁-1-硫醇

③ 书写名称：写名称时，要在某烃或母体名称前面写上取代基的名称及位次，阿拉伯数字与汉字之间用半字线隔开，如果主链上有几个相同的取代基或官能团时，要合并写出，用二、三、四等数字表示其数目，位次仍用阿拉伯数字表示，阿拉伯数字之间要用逗号隔开。母体官能团不在 1 号位时，在主链碳数和母体官能团名称之间写出母体官能团的位次。其他情况可以参照烷烃的命名规则进行命名。例如：

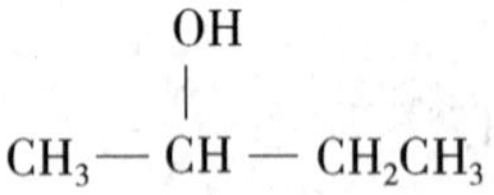

丁-2-醇

$CH_3CH_2CH_2COOCH_3$

丁酸甲酯

$CH_3CH_2CH_2CONH_2$

丁酰胺

$CH_3CH_2NO_2$

硝基乙烷

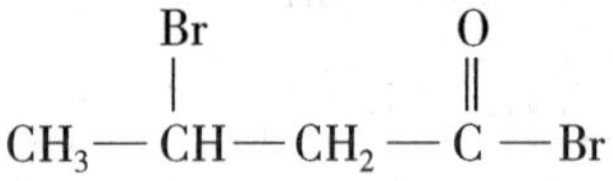

3-溴丁酰溴

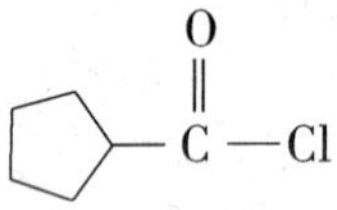

环戊基甲酰氯

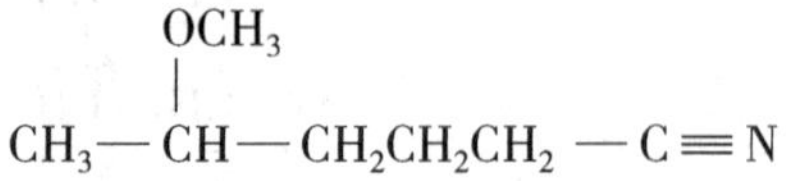

5-甲氧基己腈

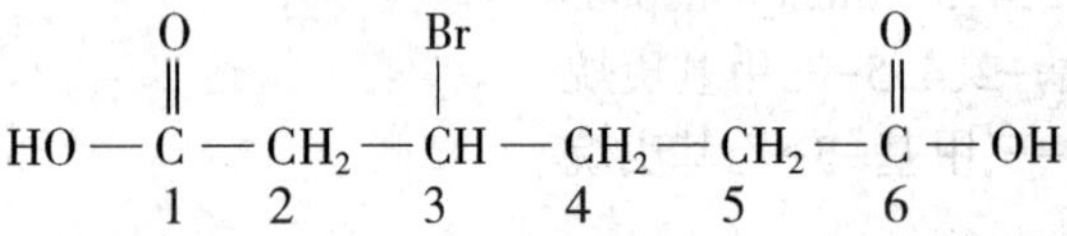

3-溴己二酸

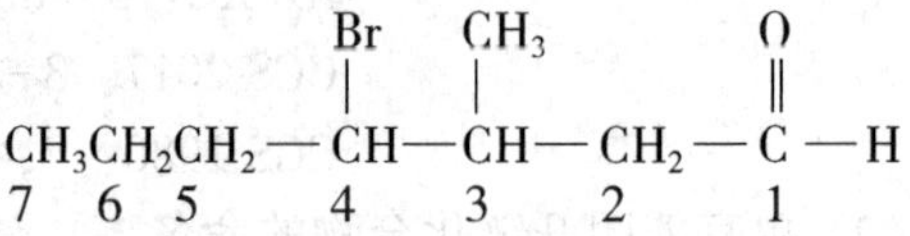

4-溴-3-甲基庚醛

(3) 单环化合物的命名

① 当单环或芳环上连有简单烷基、硝基、亚硝基、卤原子等取代基时，以环为母体命名。例如：

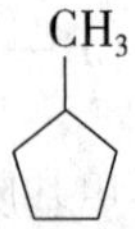

甲基环戊烷

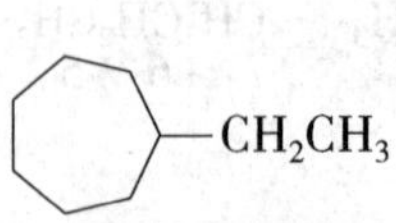

乙基环庚烷

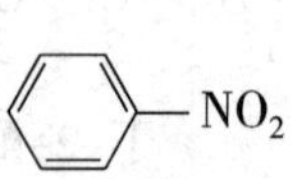

硝基苯

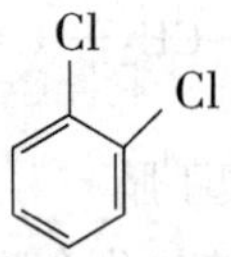

邻二氯苯

② 当苯环与脂环结构相连时，通常以环碳原子数多者为母体。若苯环和脂环碳原子数相同时，则以苯环为母体。例如：

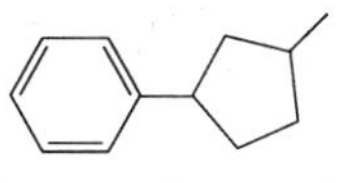

(3-甲基环戊基)苯

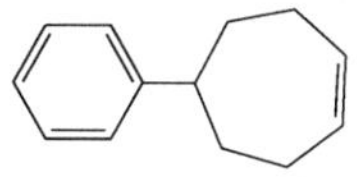

5-苯基环辛烯

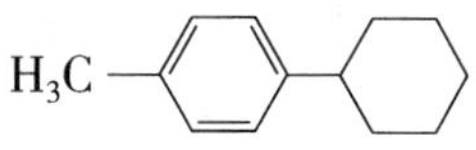


1-环己基-4-甲基苯

③ 连有复杂烷基或烯基、炔基、$—NH_2$、—OH、—CHO、$—SO_3H$、—COOH 等官能团时，以环为取代基，官能团为母体来命名。例如：

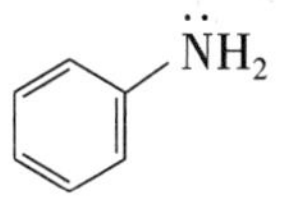


苯胺

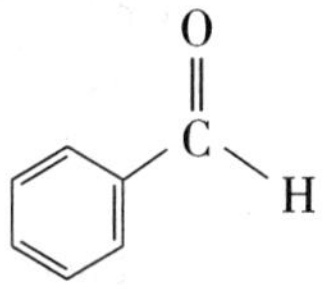


苯甲醛

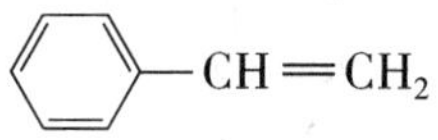


苯乙烯

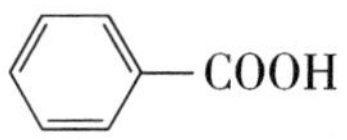


苯甲酸

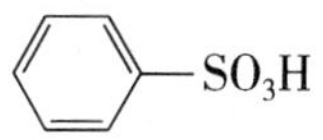


苯磺酸

④ 杂环化合物的命名一般采用音译法，命名编号有一定的原则，具体内容详见模块四。

furan
呋喃

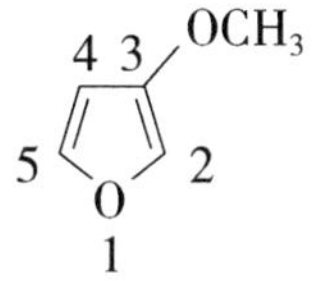


3-methoxyfuran
3-甲氧基呋喃

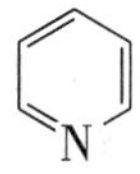


pyridine
嘧啶

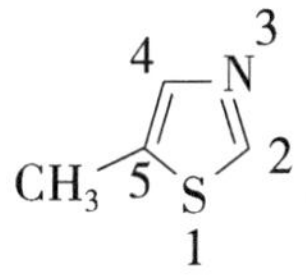


5-methylthiazole
5-甲基噻唑

（4）多环化合物的命名

① 螺环化合物。螺环化合物是指两个环共享一个碳原子，所构成的环状化合物，根据环上碳原子的总数，将螺环烃命名为螺某烃，螺环的编号是从螺原子相邻的碳原子开始，沿小环顺序编号，由第一个环顺序编到第二个环。命名时先写词头螺，再在方括弧内按编号顺序写出除螺原子之外的环碳原子数，数字之间用圆点隔开，最后写出包括螺原子在内的碳原子数的化合物名称。如有取代基时，在编号时应使取代基序号最小，取代基序号及名称列在整个名称的最前面。例如：

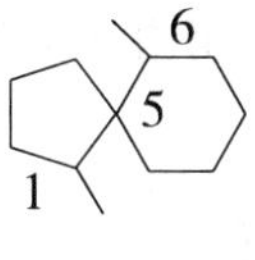


1,6-二甲基螺[4.5]癸烷

② 桥环烃。共用两个或两个以上碳原子的环烃称为桥环烃。环上的编号从一个桥头碳原子开始，先沿最长的碳桥编到另一个桥头碳原子，再沿次长的碳桥编回到开始的桥头碳原子，最短桥上的碳原子从编号低的桥头碳原子一侧开始最后编号。命名时，以环数为词头，如二环、三环等，然后将桥头碳之间的碳原子数(不包括桥头碳)由多到少的顺序列在方括弧内，数字之间在右下角用圆点隔开，最后写上包括桥头碳在内的桥环烃碳原子总数的化合物的名称。若环上连有支链时，支链作为取代基，将取代基的位次和名称放在“环数”之前即得全名。例如：

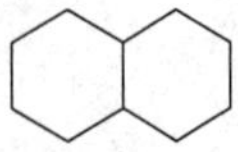

双环[4.4.0]癸烷

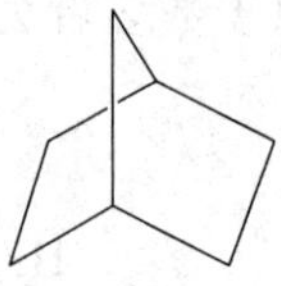

双环[2.2.1]庚烷

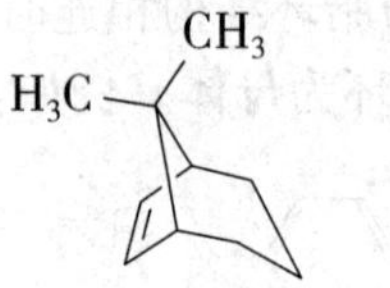

8,8-二甲基二环[3.2.1]辛-6-烯

③ 稠环芳烃。稠环芳烃的环编号有特殊的规则，每种稠环上取代基的编号有所不同。例如：

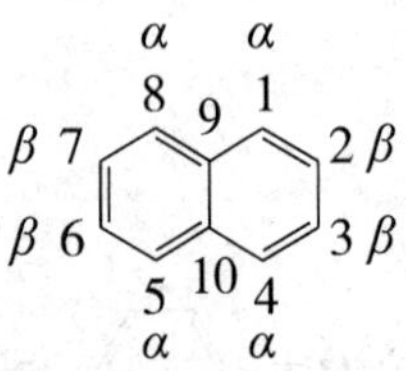

Naphthalene
萘

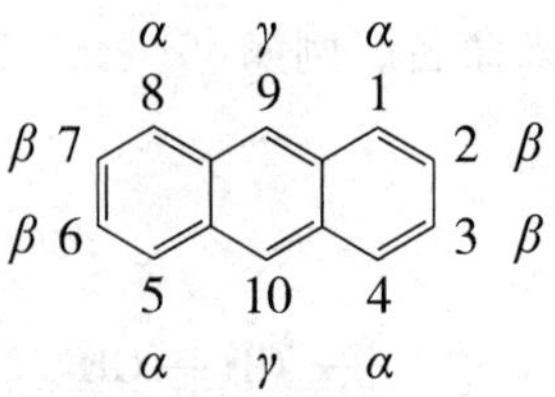

Anthracene
蒽

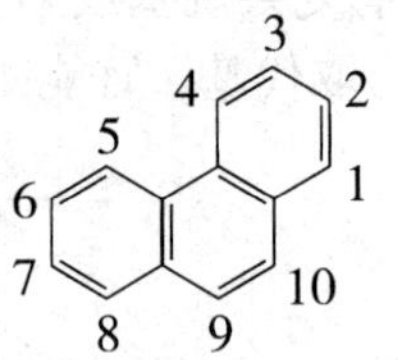

Phenanthrene
菲

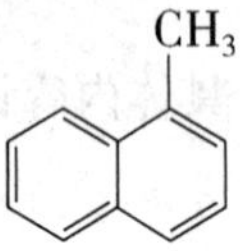

1-甲基萘
或α-甲基萘

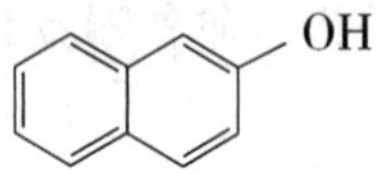

萘-2-酚
或萘-α-酚

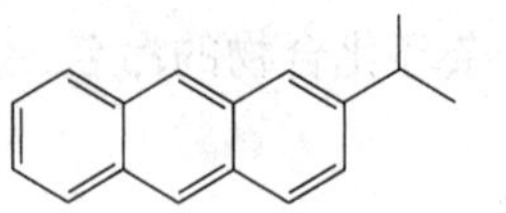

2-异丙基蒽
或β-异丙基蒽

（5）多官能团化合物的命名

许多有机化合物分子中，常含有一个以上的官能团。对这类化合物进行命名时，关键问题是要正确选定哪个官能团作为母体，并以优先选定的官能团作为母体来决定化合物的类别名称，其他基团都作为取代基处理。同样地，硝基、亚硝基、卤素只能作为取代基，而不能作为母体。主要官能团的优先次序为

$—COOH>—SO_3H>—SO_2NH_2>—COOCO>—COOR>—COX>—CONH_2>—CN>—CHO>—CO—>(R)—OH>(Ar)—OH>—NH_2>$炔基=烯基=烷基$>—OR>—X>—NO_2$

多官能团化合物的命名要点如下：

① 按照官能团的优先次序，以最优先官能团作为母体官能团。卤素、硝基一般不作为母体官能团，而作为取代基看待。

② 除作为母体的官能团外，将其他官能团和其他原子或原子团均作为取代基。取代基按其英文字母的顺序依次排列。例如：

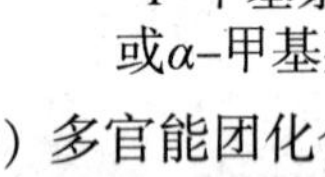

2-羟基丁腈

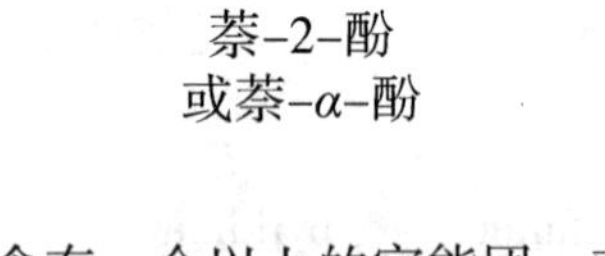

3-羟基丁醛

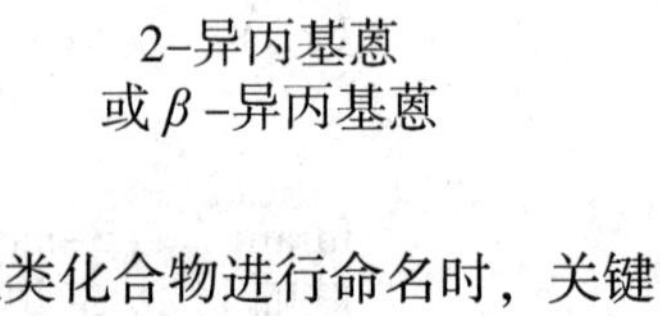

4-羟基-4-甲基戊-2-酮

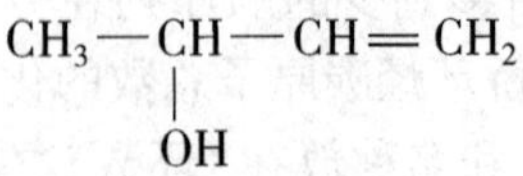

丁-3-烯-2-醇

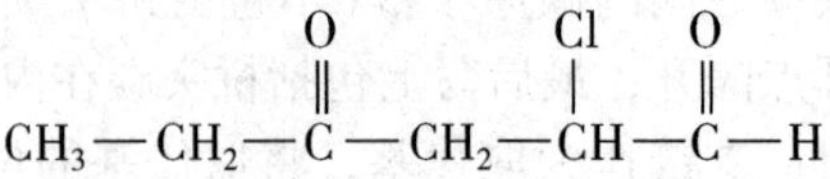

2-氯-4-氧亚基己醛

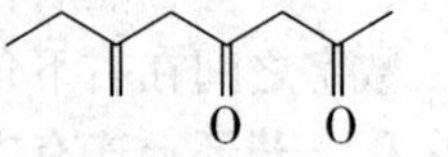

6-甲亚基辛-2,4-二酮

③ 分子内同时含有烯基和炔基的化合物，一般称为烯炔。编号时要注意，应使双键、叁键具有尽可能低的位次号，若双键、叁键编号相同时，双键优先。例如：

| | |
|---|---|
| $CH_2{=}CHCH_2C{\equiv}CH$ | $HC{\equiv}CCH{=}CHCH_3$ |
| IUPAC：pent-1-en-4-yne | IUPAC：pent-3-en-1-yne |
| CCS 2017：戊-1-烯-4-炔 | CCS 2017：戊-3-烯-1-炔 |
| CCS 1980：1-戊烯-4-炔 | CCS 1980：3-戊烯-1-炔 |

④ 苯基与烯基或炔基相连时，可以将苯基看作取代基，也可以将烯基或炔基看作取代基。例如：

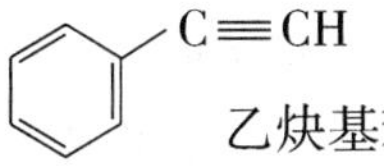

乙炔基苯或苯乙炔

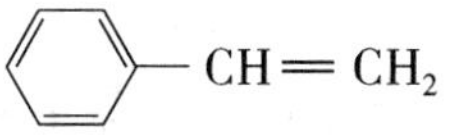

苯乙烯

⑤ 多官能团分子在选定母体官能团后，编号时应使母体官能团的位次最小，其次是重键(双键和叁键)的位次最小，最后是取代基的位次最小。例如：

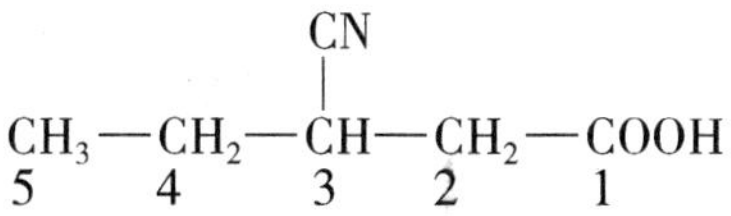

3-氰基戊酸

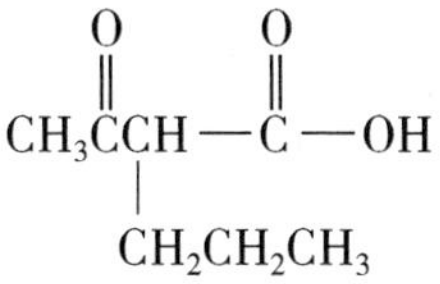

2-乙酰基戊酸

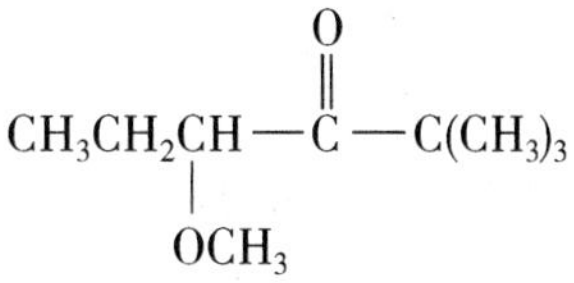

2,2-二甲基-4-甲氧基己-2-酮

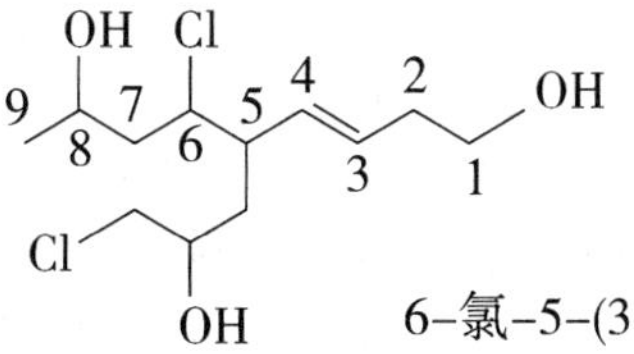

6-氯-5-(3-氯-2-羟基丙基)壬-3-烯-1,8-二醇

⑥ 对多取代环状化合物，可以按上述优先顺序选择一个基团作为母体，从连接母体基团的环上碳原子开始编号。例如：

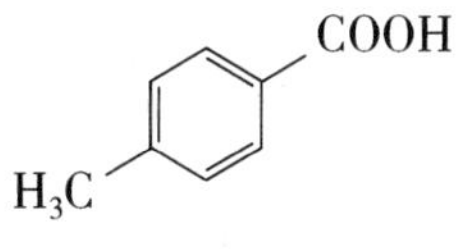

4-甲基苯甲酸

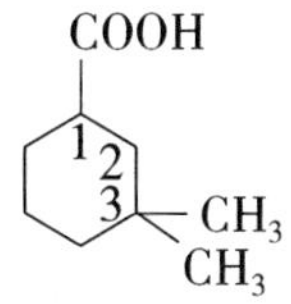

3,3-二甲基环己基甲酸

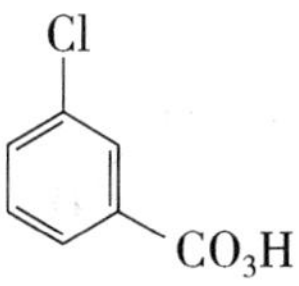

间氯过氧苯甲酸

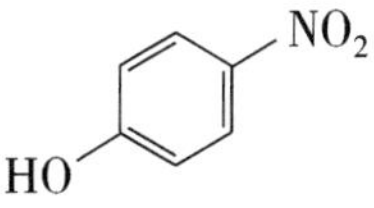

对硝基苯酚

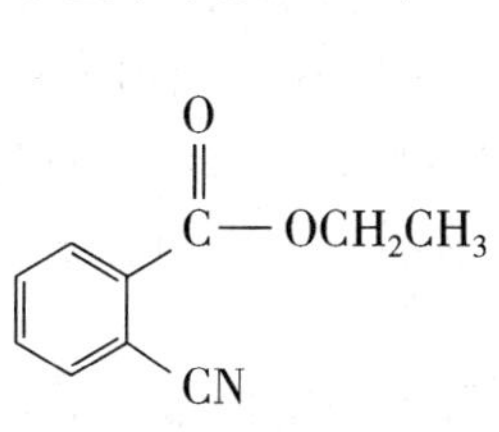

邻氰基苯甲酸乙酯

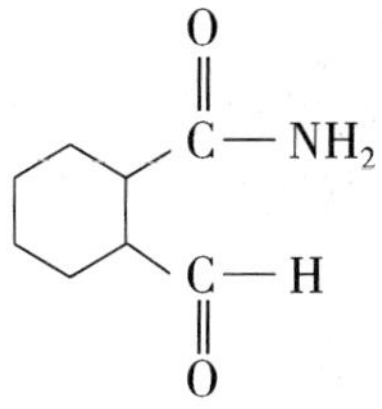

2-甲酰基环己基甲酰胺

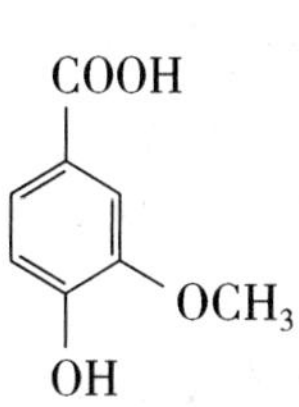

4-羟基-3-甲氧基苯甲酸

⑦ 多取代杂环化合物的命名与苯环有所不同，通常从环上某个杂原子开始编号，具体内容见模块四。

(6) 立体异构的命名

① 顺反异构。顺反异构现象一般出现在含有双键或脂环结构的分子中。对于烯烃的顺反异构体，当两个双键碳原子上，连接有相同的原子或基团时，用“顺/反”标记法表示，在顺、反字样前标明该双键的序号后，写在全名的最前边。例如：

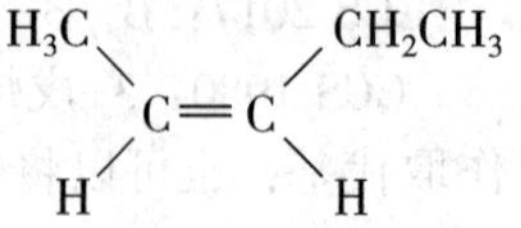

顺-戊-2-烯
*cis*-pent-2-ene

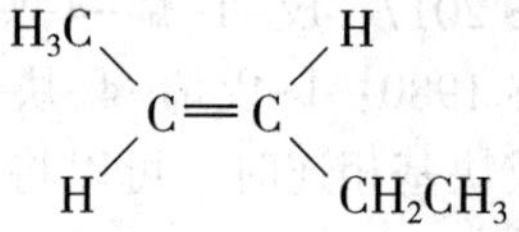

反-戊-2-烯
*trans*-pent-2-ene

如果同一个双键碳原子连接同一种原子或基团，此烯烃无顺反异构体。例如：

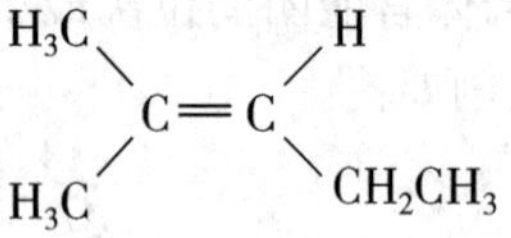

和

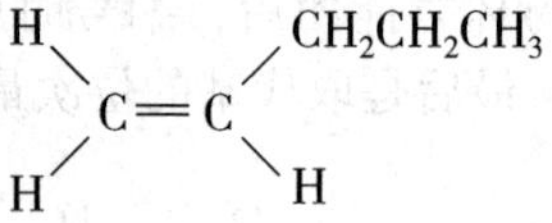

无顺反异构体

单环化合物上，若有两个取代基时，可以用顺/反命名法命名，取代基在环平面同侧的称为顺式，在异侧的称为反式。例如：

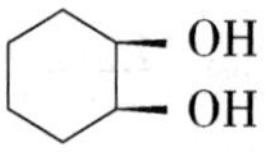

顺-环己-1,2-二醇
*cis*-cyclohexane-1,2-diol

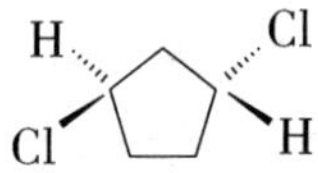

反-1,3-二氯环戊烷
*trans*-1,3-dichlorocyclopentane

对于双键的两个碳原子上连接有不同的原子或基团的顺反异构体，一般可用“Z/E”标记法表示，按照顺序规则，将两个原子序数较大的原子或基团连接在双键同一侧的称为Z型(德文，Zusammen)；在反侧的称为E型(德文，Entgegen)。如果两个双键碳原子，连有四个不同的原子或基团时，只能采用“Z/E”命名法命名。

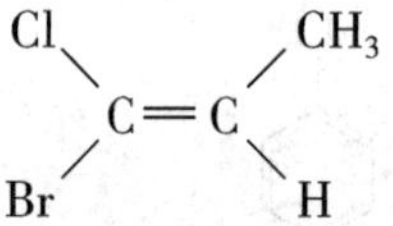

IUPAC：(E)-1-bromo-1-chloropropene
CCS 2017：(E)-1-溴-1-氯丙烯
CCS 1980：(E)-1-氯-1-溴丙烯

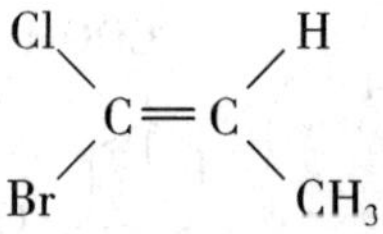

IUPAC：(Z)-1-bromo-1-chloropropene
CCS 2017：(Z)-1-溴-1-氯丙烯
CCS 1980：(Z)-1-氯-1-溴丙烯

在介绍上述命名法的过程中，我们提到了顺序规则。顺序规则(priority rule)是为确定连接在手性(见立体化学)原子上的各个基团之间的先后顺序而制定一个规则。顺序规则主要内容如下。

a. 单原子取代基按原子序数大小排列，原子序数大的序号大，同位素中质量高的序号大，有机化合物当中常见的原子，其顺序由大到小排序如下：

$$I>Br>Cl>S>P>F>O>N>C>D>H$$

b. 多原子基团按逐级比较的原则，如果第一个原子相同，则比较与它相连的其他原子，比较时按原子序数排列，先比较大的，若仍相同，则在顺序比较居中的、最小的。如—$CH_2Cl$

与$—CHF_2$，第一个均为碳原子，再按顺序，比较与碳相连的其他原子，在$—CH_2Cl$中为—C(Cl、H、H)，在$—CHF_2$中为—C(F、F、H)，Cl比F大，故$—CH_2Cl$顺序大。如果有些基团仍相同，则沿取代链逐次相比。

c. 当基团含有双键或三键的时，可看作连有两个或三个相同的原子，其中，括号内的原子是虚拟存在的原子。例如：

$$>C=O \;>\; —C\equiv CH \;>\; —CH=CH_2$$

$—CH=CH_2$ 相当于 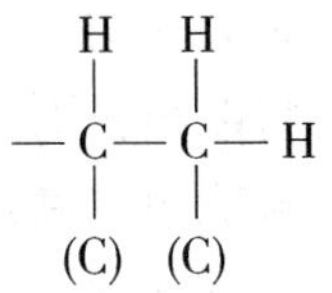　$—C\equiv CH$ 相当于 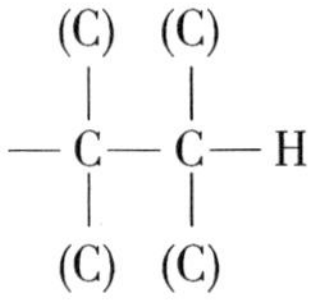

$—C\equiv N$ 相当于 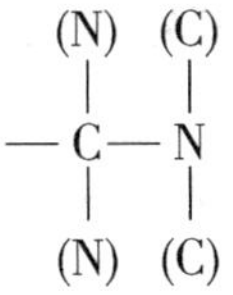　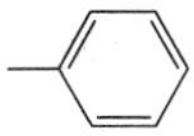 相当于 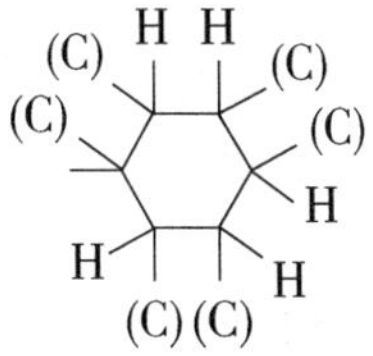

由此可知下列几个基团的优先顺序为

$—C\equiv N$ > 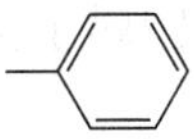 > $—C\equiv CH$ > $—CH=CH_2$

② 对映异构。对映异构，又称旋光异构，是指分子构造相同旋光性不同的异构现象。构型的标记，具体内容详见1-7有机化合物的同分异构现象。

(7) 俗名

对于一些特定的化合物，化学工作者常根据这个化合物的来源、制法、性质等加以命名，简称为俗名，下面列举出了一些常见化合物的俗名，以便在学习中参考。

$HCOOH$ 蚁酸　$CH_3COOH$ 醋酸　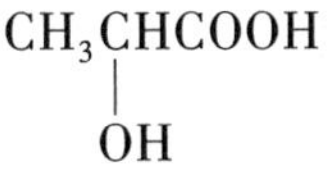 乳酸　$CH_3(CH_2)_{14}COOH$ 软脂酸　$CH_3(CH_2)_{16}COOH$ 硬脂酸

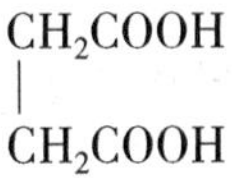
琥珀酸

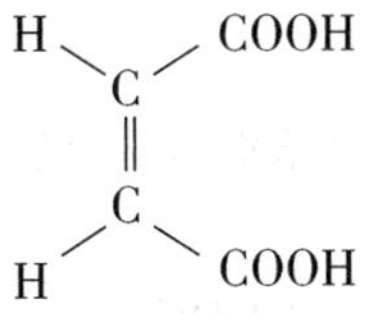
马来酸

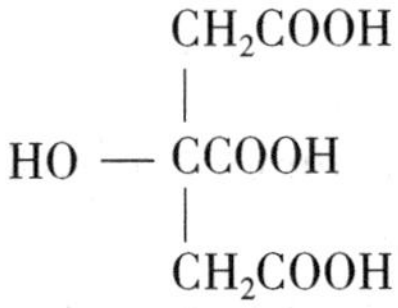
柠檬酸

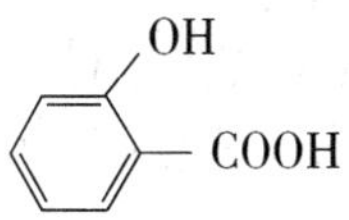
水杨酸

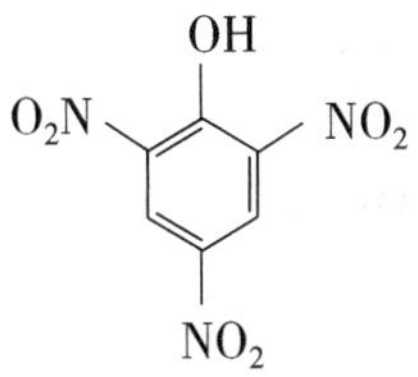
苦味酸

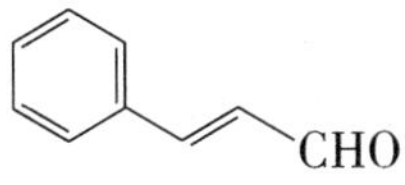
肉桂醛

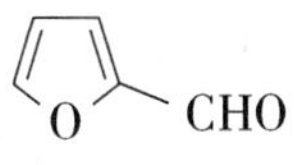
糠醛

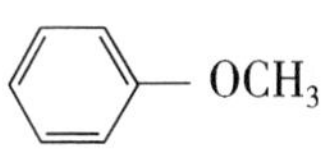
茴香醚

## 1-7 有机化合物的同分异构现象

凡分子式相同，而结构和性质均不同的化合物都称为同分异构体。产生同分异构体的这种现象称为同分异构现象。产生同分异构现象的本质是在分子中原子成键的顺序或空间排列方式不同。同分异构现象普遍存在于有机化合物中，它是构成有机化合物数目庞大的一个重要原因。同分异构可分成如下类型：

- 同分异构
  - 构造异构
    - 碳架异构
    - 官能团异构
    - 官能团位置异构
    - 互变异构
  - 立体异构
    - 构型异构
      - 顺反异构
      - 对映异构
    - 构象异构

**1. 构造异构**

构造异构是指分子式相同，分子中各原子间相互连接的方式和顺序不同。所以，碳架异构、官能团异构、官能团位置异构和互变异构等都归属于构造异构。

(1) 碳架异构

分子中碳原子间相互连接的方式和顺序不同所产生的异构称为碳架异构。例如，分子式为 $C_5H_{12}$的烷烃有下列 3 种碳架异构体：

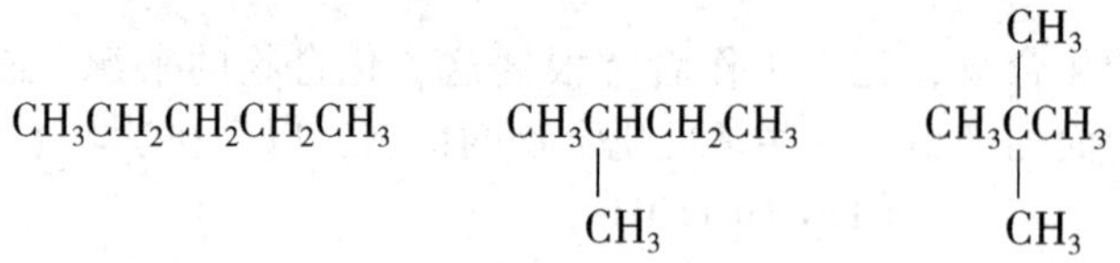

(2) 官能团异构

分子式相同，因为官能团不同而产生的异构体称为官能团异构。如甲醚和乙醇，丙烯和环丙烷等。

(3) 官能团位置异构

分子式相同，由于官能团的位置不同而产生的异构体称为官能团位置异构，如正丙醇和异丙醇。

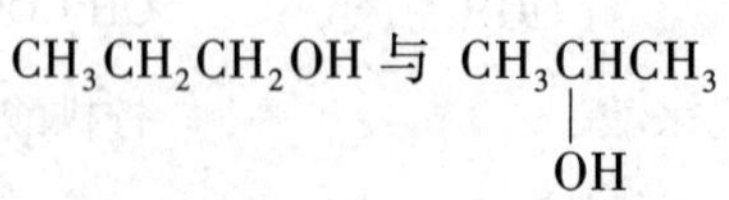

碳环化合物也有类似的官能团位置异构体。如甲基苯酚有三种异构体。

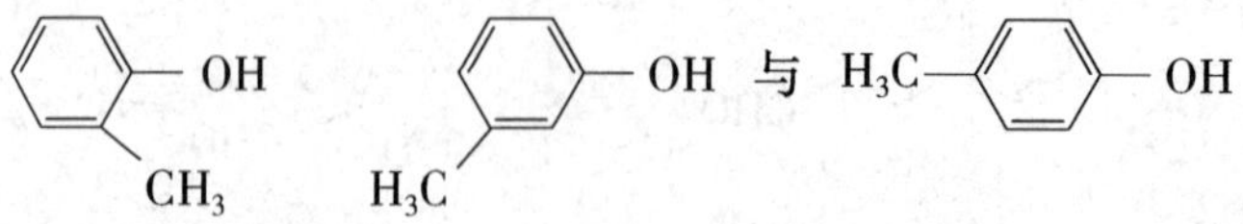

(4) 互变异构

在通常情况下，两个或多个不同的官能团异构体共同处于同一动态平衡中，并能很快地相互转变，这种官能团的异构现象称为互变异构，互变异构是一种特殊的官能团异构。酮-烯醇互变异构是较普遍的现象，例如，乙酰乙酸乙酯是酮式和烯醇式的平衡混合物：

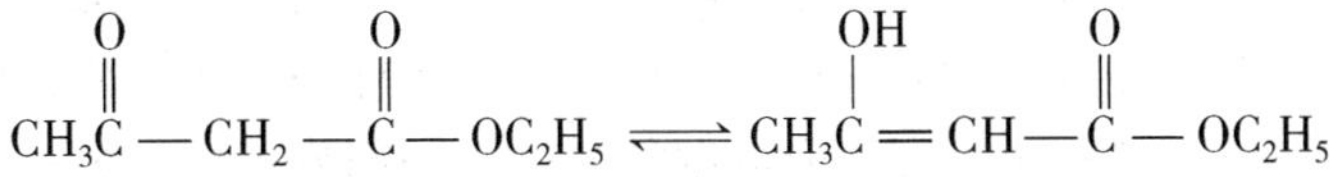

**2. 构型异构**

构型异构是指具有一定构造的分子其原子或基团在空间的排列方式不同所产生的异构。构型异构包括顺反异构和对映异构。

(1) 顺反异构

顺反异构是由于分子中存在着限制旋转的因素(如 C ═C 双键、碳环等)，且双键或碳环的两个碳原子连有不同的原子或原子团时所产生的异构现象。顺反异构体之间构造是相同的，只是分子中各原子或原子团在空间的排列方式不同，即构型不同。

顺反异构体的命名通常有两种方法，一种是顺/反命名法，另一种是 Z/E 命名法。如果两个相同原子或基团在双键或环的同侧的为顺式，也用 cis-来表示；两个相同原子或基团在双键或环的异侧的为反式，也用 trans-来表示。Z 和 E 分别取自德语"Zusammen"和"Entgegen"的首位字母。Z/E 构型指的是原子序数大的原子或基团在双键平面同一侧时为 Z 型，在异侧时为 E 型。例如：

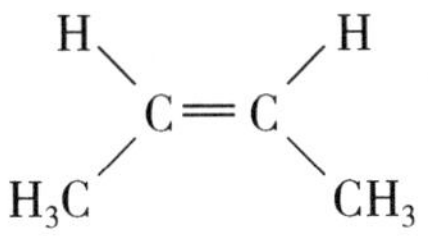

顺-丁-2-烯

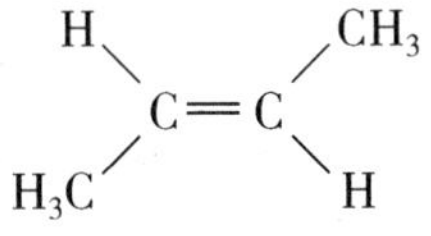

反-丁-2-烯

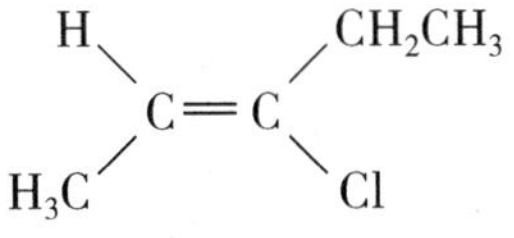

(Z)-3-氯-戊-2-烯

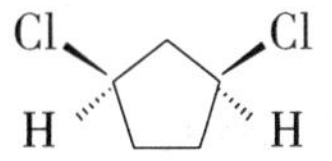

顺-1,3-二氯环戊烷

分子产生顺反异构现象，在结构上必须具备两个条件：

① 分子中有限制自由旋转的因素，如 π 键、碳环等。

② 双键所连的两个碳原子，各连接不同的原子或基团。

并不是所有含双键的烯烃都有顺反异构现象，当双键的任何一个碳原子所连的原子或基团相同时，就没有顺反异构现象，例如丁烯和异丁烯，就不存在顺反异构体。

(2) 对映异构

分子与其镜像不能重合的现象称为对映异构现象。

① 对映异构现象中的一些概念和术语：

**旋光性物质**：当偏振光通过某物质时，能使偏振光的振动平面发生旋转的性质称为旋光性，具有旋光性的物质称为旋光性物质。能使偏振光振动平面向右旋转的物质称为右旋体(dextrorotatory)，用(+)表示；能使偏振光振动平面向左旋转的物质称为左旋体(levorotatory)，用(-)表示。

**旋光度**：旋光性物质使偏振面旋转的角度，通常用 $\alpha$ 表示。

$$\text{比旋光度：}[\alpha]_{\lambda}^{t}=\frac{\alpha}{\rho_B \times l}$$

式中 $\alpha$——通过旋光仪测得的旋光度；

$\rho_B$——溶液的质量浓度，$g \cdot mL^{-1}$；

$l$——盛液管的长度，dm；

$t$——测定温度；

$\lambda$——所用光源时的波长(通常用钠光源，用 $D$ 表示，波长为589nm)。

若被测物质是纯液体，则将式中的 $\rho_B$ 是改成液体的密度。

**手性分子**：物质的分子与其镜像不能重叠，它们之间相当于左手和右手的关系，把这种特征称为物质的手性。具有手性的分子称为手性分子，手性分子具有旋光性。

**对称面**：如果有一个平面能将分子分成两部分，且一部分正好是另一部分的镜像，那么这个平面就是这个分子的对称面。

**对称中心**：如果能在分子中找到一个点，以分子任何一点与其连线都能在延长线上找到自己的镜像，则这个点为该分子的对称中心。具有对称面或对称中心的分子不具有手性，也不具有旋光性。例如，下列化合物有对称面或对称中心，不是手性分子。

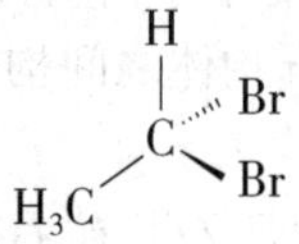


有对称面

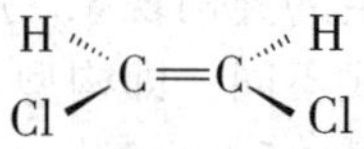


有对称面

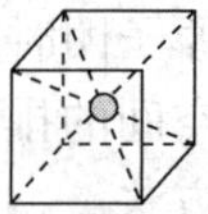

有对称中心

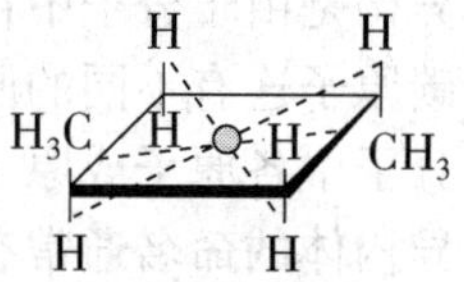


有对称中心

**手性碳原子**：与四个不相同的原子或基团相连的碳原子称为手性碳原子，也称不对称碳原子。手性碳原子用 $C^*$ 标识。含有一个手性碳原子的分子一定是手性分子。

**对映体**：分子与其镜像不能重叠，互相对映，则该分子与其镜像分子互称为对映异构体或简称为对映体。分子有手性，就存在对映异构体。对映异构体之间，物理性质相同，一般的化学性质也相同；但与具有光学活性试剂作用时，可表现出不同的化学活性或选择性。

**非对映体**：构造相同，不互为对映体的立体异构体称为非对映体。

**外消旋体**：等量对映体的混合物叫作外消旋体。用(±)或 dl-表示。

**内消旋体**：如果分子有 2 个或 2 个以上手性中心，并有一个内在的对称面，这个分子叫作内消旋体，它不具有旋光性。

**外消旋体的拆分**：用某种方法将外消旋体分开成纯的左旋体和右旋体的过程叫外消旋体的拆分。

**不对称合成**：反应物分子中一个对称结构单元，用一个试剂转化为一个不对称的结构单元，产生不等量对映异构体的反应称为不对称合成。

② 对映体的构型表示。表示分子的构型有三种方式：球棍式、透视式和 Fischer(费歇尔)投影式。

**球棍式**：将手性碳原子和与它相连的原子或基团画成球，并标出原子或基团的符号，用棍表示原子或基团与手性碳间的共价键，用立体关系表示出原子或基团在空间的排列关系。这种表示式清晰直观，但书写麻烦。

**透视式**：将手性碳原子放在纸平面上，用实线表示与手性碳原子同在纸平面上的共价键，用粗实线表示伸向纸平面外的共价键，用虚线表示伸向纸平面内的共价键。这种表示式也清晰直观，但书写也较麻烦。

**Fischer 投影式**：Fischer 投影式是用平面形式来表示具有手性碳原子分子立体构型的式子。投影式规定将手性碳原子置于纸面，并以横竖两线的交点代表这个手性碳原子，其中横线的两个基团位于纸面上方，竖线的两个基团位于纸面下方。习惯上将主碳链放在竖线的方向，且将命名时编号最小的碳原子放在上方。

R1-2 费歇尔

以乳酸为例：

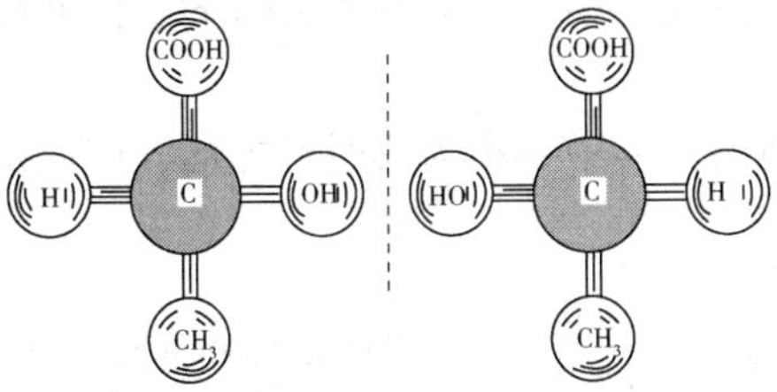

球棍式

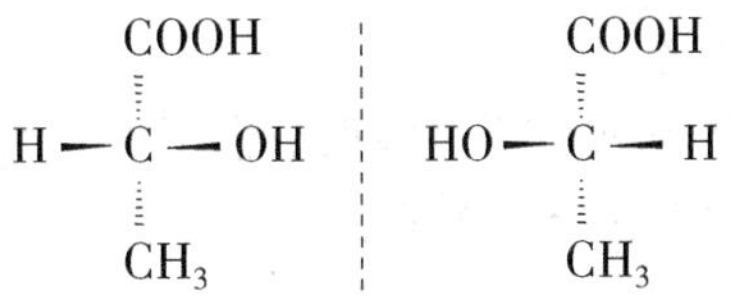

透视式

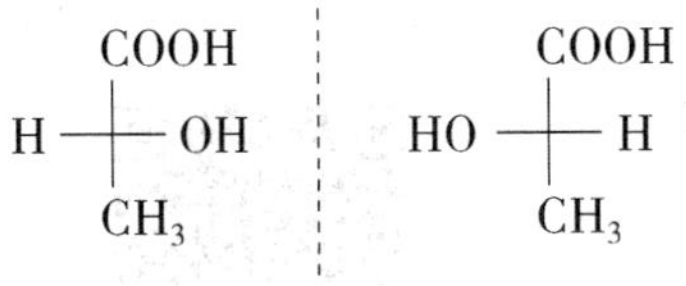

Fischer(费歇尔)投影式

③ 对映体的构型标记。构型的标记通常采用两种方法：D/L 法和 R/S 法。

D/L 标记法：D/L(D 是拉丁文 dextro 字首，意为“右”；L 是拉丁文 leave 字首，意为“左”)标记法是以甘油醛为参照标准来确定的。规定在 Fischer 投影式中手性碳上的羟基在右侧的甘油醛构型为 D 型，羟基在左侧的甘油醛构型为 L 型。其他物质的构型以甘油醛为参照标准，在不改变中心碳构型的条件下，由 D 甘油醛构型衍生得到的化合物的构型就是 D 型，由 L 甘油醛构型衍生得到的化合物的构型就是 L 型。例如，由 D 型甘油醛氧化成的甘油酸是 D 型的，由 L 型甘油醛氧化成的甘油酸是 L 型的。

如果既要表明构型又要标出旋光性时，则同时用 D/L 表示构型和(+)/(-)表示旋光性。例如，右旋甘油醛，可用 D-(+)-甘油醛来表示。

D/L 标记法有一定的局限性，因为有些化合物不易同甘油醛联系；有时采用不同的转化方法，同一化合物可以是 D 型，也可以是 L 型。为了克服这个缺点，现通常采用 R/S 标记法来代替 D/L 标记法。但目前在糖类、氮基酸和肽类等中仍然采用 D/L 标记法。

R/S 标记法：R/S 标记法与 Z/E 标记法有相似之处，首先要按次序规则将与手性碳原子相连的四个原子或基团(a、b、c、d)按优先次序排列成序。例如，a>b>c>d，将次序最小的(d)放在观察者的远方，其他三个面向观察者。如果其他三个基团由大到小按顺时针方向排列的，这种构型为 R 构型，用字母 R(拉丁字文 rectus 的字首，意为“右”)标记；如果为逆时针方向排列的则为 S 构型，用字母 S(拉丁字文 sinister 的字首，意为“左”)标记。

以乳酸为例，先将与手性碳原子相连的四个基团按优先次序排列成序：

$$OH>COOH>CH_3>H$$

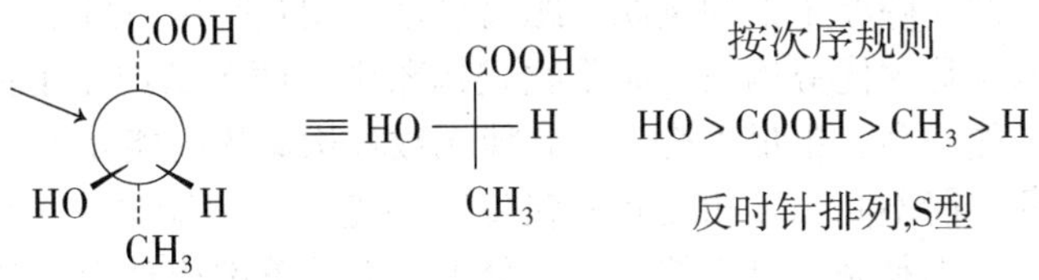


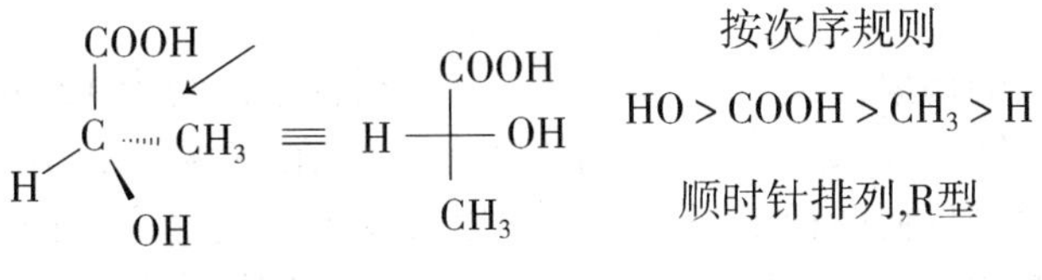


快速判断 Fischer 投影式构型的方法：

当最小基团位于横线时，若其余三个基团由大→中→小为顺时针方向，则此投影式的构型为 S，反之为 R。

当最小基团位于竖线时，若其余三个基团由大→中→小为反时针方向，则此投影式的构型为 R，反之为 S。例如：

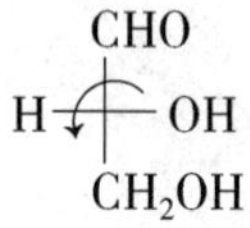


基团次序OH>CHO>CH2OH
最小基团(H)位于横线
R–构型

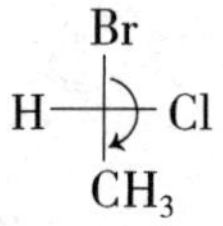


基团次序Br>Cl>CH3>H
最小基团(H)位于横线
S–构型

R1–3 含多个手性碳原子化合物的对映异构

R1–4 环状化合物的立体异构

R1–5 不含手性碳原子化合物的对映异构

**3. 构象异构**

构象是分子中由于 σ 键的旋转，导致分子中各原子或原子团在空间的排列不同。这种旋转可以是连续的，所以产生的构象异构体是无穷多个的，但存在典型的构象体。

（1）烷烃的构象

① 乙烷的构象。在一个分子的无穷多构象中，将能量最低（或较低）和最高（或较高）的构象称为极限构象。如乙烷有两种极限构象，分别为交叉式构象和重叠式构象。乙烷的极限构象可以用透视式、锯架式或 Newmann 投影式来表示。

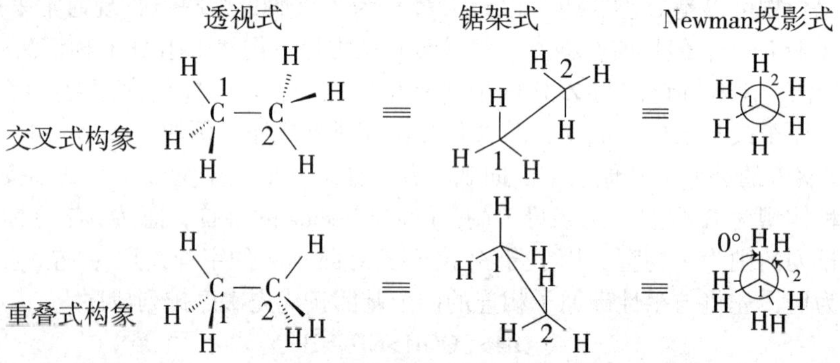


交叉式构象中，两个碳原子上的氢原子距离最远，相互间斥力最小，因而内能最低，稳定性也最大，这种构象称为优势构象。而重叠式构象中，两个碳原子上的氢原子两两相对，相互间斥力最大，内能最高，也最不稳定。其他无数种构象的内能介于二者之间。

由于不同的构象内能不同，互相之间的转化需要克服一定能垒才可以完成。由此可见，所谓单键的自由旋转并不是完全自由的。乙烷分子中碳碳单键相对旋转时，分子内能的变化如图 1–2 所示。

交叉式或重叠式的构象，虽然内能不同，但差别较小，约为 12.5kJ · $mol^{-1}$。在接近绝对零度的低温时，分子主要以交叉式的存在。而在室温时，分子间的碰撞能产生 83.7kJ · $mol^{-1}$的能量，促使两种不同构象之间以极快的速度转变。因此在室温时可以把乙烷看作交叉式与重叠式，以及介于两者之间的无数种构象的混合物，每种构象存在的时间都

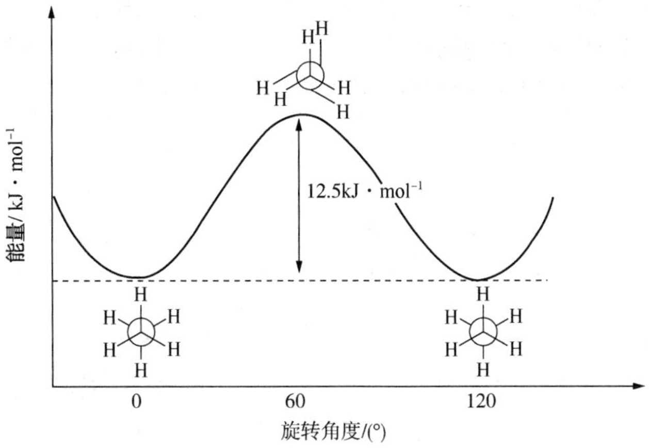


图 1-2　乙烷分子不同构象的势能关系图

很短暂，不过是受能量制约，而趋向处于能量极小值或其附近的构象。由于各种构象能迅速转化，因而不能分离出乙烷的某一种构象。

② 丁烷的构象。正丁烷的构象可以把它作为 1,2-二甲基取代乙烷的构象来处理。当绕 C2—C3 键旋转时，每旋转 60°，可以得到一些有代表性的构象，分别叫作全重叠式、邻位交叉式、部分重叠式、对位交叉式。

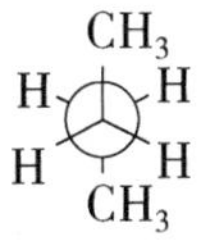
对位交叉式

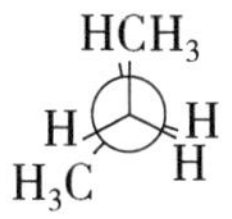
部分重叠式

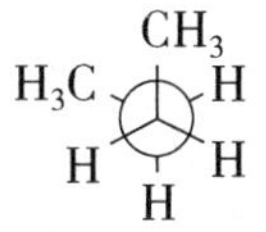
邻位交叉式

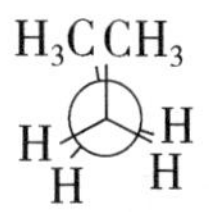
全重叠式

在对位交式构象中，两个体积较大的甲基处于对位，相距最远，相互排斥作用最小，是最稳定的构象；在全重叠式中，两个较大基团甲基相距最近，相互排斥作用最强，是最不稳定的构象，在构象变化的平衡中所占比例最少。因此几种构象的稳定性次序为对位交式>邻位交叉式>部分重叠式>全重叠式。

（2）环己烷的构象

在环己烷分子中，碳原子是 $sp^3$ 杂化的，6 个碳原子不在同一个平面上，碳碳键之间的夹角可以保持 109°28′，因此环很稳定，环己烷有两种极限构象，分别称作船式构象和椅式构象。

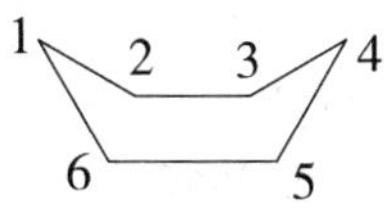
船式构象

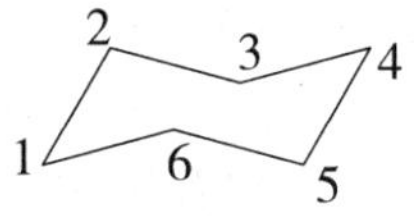
椅式构象

在船式构象中，C2、C3、C5、C6 在同一个平面上，C1、C4 在平面的同侧，整个分子像一条小船，C1、C4 为船头，所以称为船式构象。在椅式构象中，C1、C3、C5 在一个平面上，C2、C4、C6 在另一个平面上，这两个平面相互平行，整个分子像一把椅子，所以叫椅式构象。在椅式构象中，相邻的两个碳原子上的氢都处于邻位交叉式，排斥力小；而船式构象中两个船头碳原子的氢原子 C1 和 C4 相距很近，只间隔 0. 183nm，比它们的范德华半径之和 0.25nm 小得多，因此相互之间斥力较大；另外船式构象中，C2、C3 和 C5、C6 上的碳氢键是全重叠式，也属于能量较高的构象形式，因而具有扭转张力。所以船式构象不如椅式构象稳定，环己烷及其衍生物在一般情况下都以是椅式构象存在，椅式构象为环己烷的优势构象。

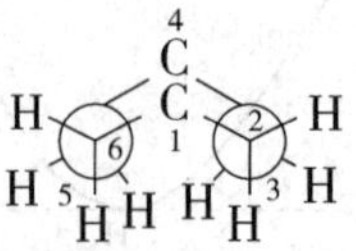

船式构象

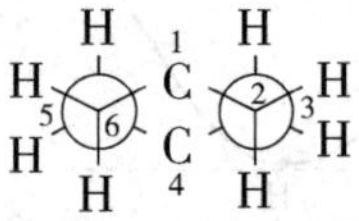

椅式构象

环己烷椅式构象中的 12 个 C—H 键可分为两类：与分子对称轴平行的 6 个 C—H 键，称为直立键或 a 键，其中 3 个朝上 3 个朝下；另外 6 个键与对称轴成 109.5°的角度，称为平伏键或 e 键。环己烷的椅型构象中，每个碳原子上都有一个直立键和一个平伏键。

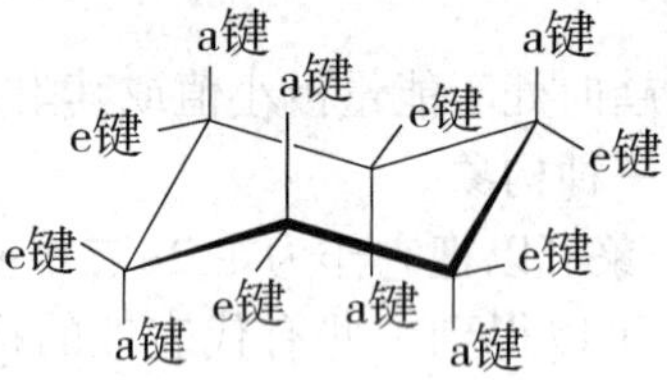


当构象由一个椅型翻转为另个椅型时，原来直立键和平伏键的状态恰好对换。

椅型构象

从很多实验事实可以总结出如下规律：

① 环己烷一元取代衍生物中，取代基在 e 键的构象最稳定；

② 环己烷多元取代物，e 键取代基最多的构象是最稳定的构象；

③ 环上有不同取代基时，大的取代基在 e 键的构象最稳定。

## 1-8　有机化合物的结构表征

有机化合物的结构测定是有机化学基本内容的重要组成部分。20 世纪 50 年代发展起来的波谱学知识，为阐明有机化合物结构提供了强有力的工具，其中以紫外光谱、红外光谱、核磁共振谱和质谱(通常称为“四谱”)最为重要。30 年代发展的紫外(UV)光谱和 40 年代的红外(IR)光谱为化学家提供了识别有机化合物生色基和官能团的有效方法。研究者可以采用极少量的样品，非破坏性的实验得到有关结构的信息。50 年代发展起来的质谱(MS)方法进一步带来革命性的影响，MS 实验可给出化合物的分子式，并且通过裂解方式提供分子的结构信息。

对有机结构化学影响最大的谱学方法当推核磁共振(NMR)。它对有机化学的影响是迅速的并且是震撼性的。近 50 年来，有机波谱学尤其是 NMR 技术的发展改革了天然产物结构鉴定的方法。波谱技术已成为探究大自然中分子内部秘密的最可靠、最有效的手段。今天波谱学已成为天然有机化学家不可或缺的工具。可以预期，即使在将来它们也一定是必不可少的。随着波谱技术的飞速发展，将会有更多的新技术为化学家所掌握，那时测定天然产物结构将会变得更加容易。

**1. 红外光谱**

(1) 基本原理

当一束具有连续波长的红外光通过物质，物质分子中某个基团的振动频率或转动频率和红外光的频率一致时，分子就吸收能量由原来的基态振(转)动能级跃迁到能量较高的振(转)动能级，分子吸收红外辐射后发生振动和转动能级的跃迁，该处波长的光就被物质吸收。所以，红外光谱法实质上是一种根据分子内部原子间的相对振动和分子转动等信息来确定物质分子结构和鉴别化合物的分析方法。

将分子吸收红外光的情况用仪器记录下来，就得到红外光谱图。红外光谱图通常用波长($\lambda$)或波数($\sigma$)为横坐标，表示吸收峰的位置，用透射率($T\%$)或者吸光度($A$)为纵坐标，表示吸收强度。图 1-3 为己-1-烯的红外光谱图。

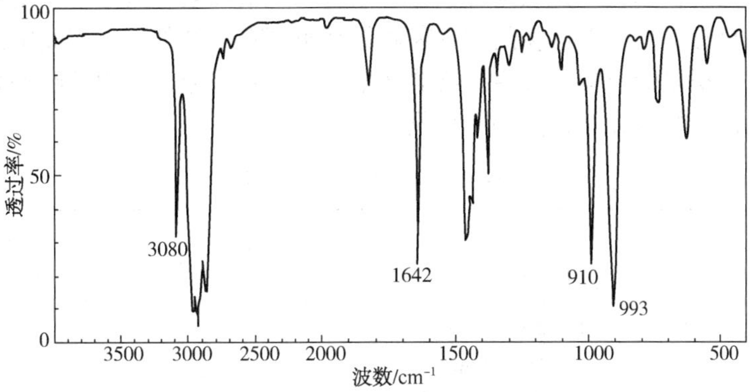


图 1-3　己-1-烯的红外光谱图

当外界电磁波照射分子时，如照射电磁波的能量与分子的两能级差相等，该频率的电磁波就被该分子吸收，从而引起分子对应能级的跃迁，宏观表现为透射光强度变小。电磁波能量与分子两能级差相等为物质产生红外吸收光谱必须满足条件之一，这决定了吸收峰出现的位置。

红外吸收光谱产生的第二个条件是红外光与分子之间有偶合作用，为了满足这个条件，分子振动时其偶极矩必须发生变化。这实际上保证了红外光的能量能传递给分子，这种能量的传递是通过分子振动偶极矩的变化来实现的。并非所有的振动都会产生红外吸收，只有偶极矩发生变化的振动才能引起可观测的红外吸收，这种振动称为红外活性振动；偶极矩等于零的分子振动不能产生红外吸收，称为红外非活性振动。

分子的振动形式可以分为两大类：伸缩振动和弯曲振动。前者是指原子沿键轴方向的往复运动，振动过程中键长发生变化。后者是指原子垂直于化学键方向的振动。通常用不同的符号表示不同的振动形式，例如，伸缩振动可分为对称伸缩振动和反对称伸缩振动，分别用 $\nu_s$ 和 $\nu_{as}$ 表示。弯曲振动可分为面内弯曲振动($\delta$)和面外弯曲振动($\gamma$)。从理论上来说，每一个基本振动都能吸收与其频率相同的红外光，在红外光谱图对应的位置上出现一个吸收峰。实际上有一些振动分子没有偶极矩变化是红外非活性的；另外有一些振动的频率相同，发生简并；还有一些振动频率超出了仪器可以检测的范围，这些都使得实际红外谱图中的吸收峰数目大大低于理论值。

组成分子的各种基团都有自己特定的红外特征吸收峰。不同化合物中，同一种官能团的吸收振动总是出现在一个窄的波数范围内，但它不是出现在一个固定波数上，具体出现在哪一波数，与基团在分子中所处的环境有关。引起基团频率位移的因素是多方面的，其中外部因素主要是分子所处的物理状态和化学环境，如温度效应和溶剂效应等。对于导致基团频率位移的内部因素，迄今已知的有分子中取代基的电性效应，如诱导效应、共轭效应、中介效应、偶极场效应等；机械效应，如质量效应、张力引起的键角效应、振动之间的耦合效应等。这些问题虽然已有不少研究报道，并有较为系统的论述，但是，若想按照某种效应的结果来定量地预测有关基团频率位移的方向和大小，却往往难以做到，因为这些效应大都不是单一出现的。这样，在进行不同分子间的比较时就很困难。

(2) 基本分区

通常将红外光谱分为三个区域：近红外区(0. 78~3μm)、中红外区(3~50μm)和远红外区(50~1000μm)。一般说来，近红外光谱是由分子的倍频、合频产生的；中红外光谱属于分子的基频振动光谱；远红外光谱则属于分子的转动光谱和某些基团的振动光谱。

由于绝大多数有机物和无机物的基频吸收带都出现在中红外区，因此中红外区是研究和应用最多的区域，积累的资料也最多，仪器技术最为成熟。通常所说的红外光谱即指中红外光谱。常见有机化合物的红外光谱特征吸收频率见表 1-3。

**表 1-3　常见基团的特征频率**

| | 化学键类型 | 频率/$cm^{-1}$<br>(化合物类型) | 化学键类型 | 频率/$cm^{-1}$<br>(化合物类型) |
|---|---|---|---|---|
| 伸缩振动 | O—H | 3600~3200(醇，酚)<br>3600~2500(羧酸) | C—O | 1250~1000 |
| | N—H | 3500~3300(胺、亚胺)<br>3350~3180(伯酰胺)<br>3320~3060(仲酰胺) | C=O | 1750~1710(醛、酮)<br>1725~1700(羧酸)<br>1800~1850(酸酐)<br>1815~1770(酰卤)<br>1750~1720(酯)<br>1700~1680(酰胺) |
| | ≡C—H | 3320~3310(炔烃) | C=C | 1680~1620(烯烃) |
| | =C—H | 3100~3010(烯烃、芳烃) | C≡C | 2200~2100(不对称炔烃) |
| | —C—H | 2950~2850(烷烃) | C≡N | 2280~2240(腈) |
| 弯曲振动 | C—H 面内弯曲振动 | 1740~1400($CH_3$)<br>1380~1360($CH_3$)<br>1485~1445($CH_2$) | ≡C—H 面外弯曲振动 | 660~630(末端炔烃) |
| | =C—H 面外弯曲振动 | 995~985，915~905(单取代烯)<br>980~960(反式二取代)<br>730~660(顺式二取代)<br>910~890(同碳二取代)<br>840~790(三取代) | Ar—H 面外弯曲振动 | 770~730，710~680(五个相邻氢)<br>770~730(四个相邻氢)<br>810~760(三个相邻氢)<br>840~800(两个相邻氢)<br>900~860(隔离氢) |

红外光谱的吸收峰大体分为两大区域：

4000~1330cm$^{-1}$区域：特征谱带区，或称为官能团区。是红外光谱分析的主要依据。

1330~650cm$^{-1}$区域：指纹区。每一化合物在指纹区都有它自己的特征光谱，对分子结构的鉴定能提供重要信息。

从红外光谱推测化合物的结构，必须熟悉各官能团特征吸收峰的位置。

键的峰位波数值只是在某一范围内，而不是一个定值，这是因为分子内各化学键的振动并不是孤立的，而是受邻近基团以及整个分子其他部分的影响。如 C ═O 的伸缩振动吸收峰在酮、酯、酰胺等不同化合物中就有差别；醇、酚、羧酸类由于氢键的形成，使 $\nu_{O-H}$向低波数位移。

**2. 核磁共振谱**

核磁共振谱(nuclear magnetic resonance，NMR)是由具有磁矩的原子核，处于强磁场中因受电磁波辐射而发生跃迁所形成的吸收光谱。

(1) 基本原理

原子序数或相对原子质量为奇数的原子核在外加磁场中时，核自旋运动发生能级裂分(跃迁)，与此同时，当外加的一定频率的电磁波的辐射能量与核自旋裂分的能级差相匹配时，则核就从低能级自旋状态向高能级自旋状态跃迁，即产生核磁共振。如果氢原子核在磁场中有此现象，便可测得核磁共振氢谱(即 HNMR)。

要获得核磁共振谱，有两种方式：一种是固定外加磁场强度，用连续变换频率的电磁波照射样品以达到共振条件，称为扫频；另一种是固定电磁波的频率，连续不断改变外加磁场强度进行扫描，以达到共振条件，称为扫场。目前的核磁共振仪采用扫场形式。

(2) 化学位移

① 屏蔽效应。有机化合物中氢核与“裸露”的氢核不同，它们周围还有电子，在外加磁场作用下，产生电子环流，从而产生感应磁场，其方向与外加磁场($H_0$)相反，因而使氢核实际感受到的磁场强度要比外加磁场强度稍弱些。为了发生核磁共振，必须提高外加磁场强度，去抵消电子运动产生的对抗磁场的作用。这种氢核外围电子对抗外加磁场所起的作用，称为屏蔽效应。

显然，氢核周围电子云密度越高，屏蔽效应越大，需在较高磁场强度处发生核磁共振，反之，需在较低磁场处发生核磁共振。

② 化学位移值。因质子所处的化学环境不同，即核外电子云密度不同，所受屏蔽作用的强弱不同，因而可在核磁共振谱的不同位置上出现吸收峰，但其差别是很小的，要精确测定其绝对值是相当困难，因此要用一个标准物质，比较样品中氢核与标准物质吸收峰位置之间的差别，这种差别称化学位移。常用四甲基硅烷[$(CH_3)_4Si$，TMS]作为标准物质。因 TMS 中氢核所受的屏蔽效应大于大多数有机物中的氢核，TMS 在高场发生核磁共振吸收，而有机化合物中氢核在 TMS 的低场发生。故作为参考标准十分方便。此外，它还有沸点较低(26.5℃)，性质不活泼，与样品不发生缔合等优点。

化学位移依赖于磁场强度，磁场强度越大，化学位移也越大。为了消除仪器对化学位移相对值的影响，可将相对的频率差数($\Delta\nu$)除以核磁共振仪所用的频率，这样化学位移值(用 $\delta$ 表示)定义为

$$\delta = (\nu_{样品} - \nu_{TMS})/(\nu_{共振仪}) \times 10^6 (ppm)$$

③ 影响化学位移的因素：

a. 电负性的影响。化学位移 $\delta$ 值随着其邻近原子(或基团)电负性的增强而升高。电负性较强的原子或基团可降低核外的电子云密度，即减小电子对氢原子核的屏蔽作用，结果使质子的信号出现在较低磁场，即 $\delta$ 值增大。

b. 磁各向异性效应。在分子中，质子与某一官能团的空间关系有时会影响质子的化学位移，这种效应称为磁各向异性效应。

处在屏蔽区域的质子共振信号移向高场，$\delta$ 值减小；处在去屏蔽区域的质子共振信号移向低场，$\delta$ 值增大。

c. 氢键的影响。形成氢键的质子比没有形成氢键的质子受到的屏蔽作用小，其化学位移向低场移动，氢键越强，$\delta$ 值越大。例如酚羟基质子和羧基质子 $\delta$ 值有时会达到 10 以上。提高温度或降低样品的浓度，可使质子的化学位移移向高场，即 $\delta$ 值降低。

表 1-4 列出了各类 H 的化学位移值的范围。

**表 1-4　常见基团中质子的化学位移**

| 基团 | $\delta$ 值/ppm | 基团 | $\delta$ 值/ppm |
|---|---|---|---|
| $RC\underline{H}_3$ | 0.9 | $R_2C{=}C\underline{H}R$ | 4.9~5.9 |
| $R_2C\underline{H}_2$ | 1.2 | $Ar\underline{H}$ | 6.0~8.0 |
| $R_3C\underline{H}$ | 1.5 | $RC\underline{H}O$ | 9.4~10.4 |
| $ArC\underline{H}_3$ | 2.3 | $RC{\equiv}C\underline{H}$ | 2.3~2.9 |
| $R_2NC\underline{H}_3$ | 2.2 | $R_2N\underline{H}$ | 2~4 |
| $RC\underline{H}_2I$ | 3.2 | $ArO\underline{H}$ | 6~8 |
| $RC\underline{H}_2Br$ | 3.5 | $RCOO\underline{H}$ | 4~13 |
| $RC\underline{H}_2Cl$ | 3.7 | $RO\underline{H}$ | 1~6 |
| $RC\underline{H}_2F$ | 4.4 | $RCONH_2$ | 5.0~9.4 |
| $ArCH_3$ | 2.3 | $RNH_2$ | 0.6~5.0 |

(3) 峰的面积——质子的数目

振谱中，吸收峰占有的面积与产生信号的质子数目成正比。目前的核磁共振仪都装有自动积分仪，各峰的面积用阶梯曲线表示，峰面积与积分曲线高度成正比。也就是说积分曲线高度之比等于相应质子数目之比，只要知道分子的总质子数就能求出各吸收峰相应的质子数。

(4) 自旋偶合与自旋裂分

① 峰的裂分。自旋偶合是由于相邻的不等性质子的自旋相互作用(即干扰)而引起的结果。这种化学环境不同的相邻原子核之间的相互作用的现象，叫作自旋偶合。由自旋偶合引起的谱线增多的现象，叫作自旋裂分。

偶合表示核的相互作用，裂分表示谱线增多的现象。

② 偶合常数。自旋偶合裂分峰中，相邻两个裂分峰之间的距离称为偶合常数(以 $J$ 表示，单位为 Hz)。$J$ 值表示核之间相互偶合的有效程度，$J$ 值越大，核间自旋-自旋偶合的作用越强。

相互偶合的两组信号具有相同的偶合常数；另外，偶合常数只依赖于邻近质子的自旋偶合作用，而与外加磁场强度无关。因此，利用 $J$ 值找出各质子之间相互偶合的关系，进而确定各质子的归属尤为重要。

③ 一级谱图和 $n$+1 规律 。当两组或几组质子的化学位移差 $\Delta\nu$ 与其偶合常数之比至少大于 6 时，相互之间偶合较简单，呈现一级谱图。在一级谱图中，峰的裂分数目与相邻氢原子磁等性质子的数目 $n$ 的关系符合($n$+1)规律。

**3. 紫外光谱**

(1) 基本原理

分子中的价电子接受一定的能量时，可发生价电子跃迁，由此产生的吸收光谱位于紫外光区域，所以称为紫外光谱。有共轭体系的分子的紫外光谱的吸收波长可接近可见光区域。

(2) 几个基本术语

发色团：分子中含有的不饱和基团(如 C ═C、C ═O、C ═N 等)，能吸收紫外光或可见光并引起价电子的跃迁，称为发色团。

助色团：含有孤对电子的基团，(如—OH、—OR、—$NH_2$、—$NR_2$、—NHR、—X 等)，当它们与发色团相连接时，由于 P-π 共轭作用使分子的共轭体系增大，使分子的紫外最大吸收波长增大，摩尔消光系数值也增大，这些基团叫作助色团。

红移蓝移：由于取代基或官能团的影响，使分子的紫外吸收峰向长波方向移动的现象称为红移，反之称为蓝移。共轭体系增大，双键上连有烷基时(即有给电子基团时)，可以检测出红移现象。

摩尔吸收系数：浓度为 $1\text{mol}\cdot\text{L}^{-1}$的溶液在 1cm 厚度的紫外吸收检测池中，于一定波长下测得的吸光度。记为 $\kappa$，单位是 $\text{L}\cdot\text{mol}^{-1}\cdot\text{cm}^{-1}$。

(3) 电子跃迁类型

可根据紫外光谱中特征吸收峰的强弱，即摩尔消光系数 $\varepsilon$ 的大小鉴别分子内发生跃迁的类型。

① $\sigma\rightarrow\sigma^*$ 跃迁：此类跃迁需较大能量，一般发生在<200nm 的远紫外区域。

② $n\rightarrow\delta^*$ 跃迁：此类跃迁所需能量小于 $\sigma\rightarrow\sigma^*$ 跃迁，多见于 O、N、X 等原子上的未成键 $n$ 电子吸收紫外光时激发跃迁，大部分发生在远紫外区域。

③ $n\rightarrow\pi^*$ 跃迁：在分子中既有 π 键又存在 $n$ 电子对时(如在羰基中)，在近紫外光照射时可发生 $n\rightarrow\pi^*$ 跃迁，所需能量小于 $n\rightarrow\sigma^*$ 跃迁，紫外吸收波长增大，吸收强度不大。

④ $\pi\rightarrow\pi^*$ 跃迁：不饱和双键 π 电子向 π 轨道的跃迁。孤立双键的 π 电子 $\pi\rightarrow\pi^*$ 跃迁，吸收峰在远紫外区，共轭双键 π 电子的 $\pi\rightarrow\pi^*$ 跃迁，吸收峰可出现在近紫外区域，共轭链增大时，吸收的紫外光波长增大。

**4. 质谱**

(1) 基本原理

质谱法(Mass Spectrometry，MS) 是通过对样品离子质量和强度的测定来进行成分结构分析的一种分析方法。

R1-6 常见官能团的紫外吸收

质谱法的基本原理是将被测样品在高真空条件下气化，经高能粒子流轰击，生成不同质荷比($m/z$)的带正电荷离子，经加速电场的作用形成离子束，进入质量分析器，在其中再利用电场和磁场使其发生色散、聚焦，获得质谱图，从而确定不同离子的质量。通过解析，可获得化合物的分子式，提供其一级结构的信息。

（2）应用

由于质谱分析具有灵敏度高，样品用量少，分析速度快，分离和鉴定同时进行等优点，质谱法是研究有机化学和结构的有力工具，由于分子离子峰可以提供样品分子的相对分子质量，所以质谱法也是测定分子量的常用方法。质谱法特别是它与色谱仪及计算机联用的方法，已广泛应用在有机化学、生化、药物代谢、临床、毒物学、农药测定、环境保护、石油化学、地球化学、食品化学、植物化学、宇宙化学和国防化学等领域。

# 第二部分　典型例题

**【例 1-1】** 命名下列化合物。

① 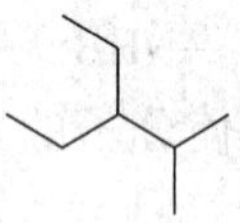

② 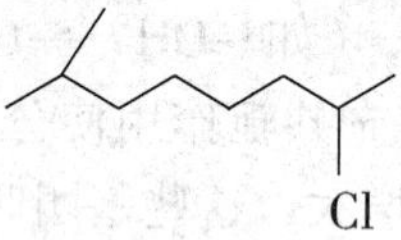

③ 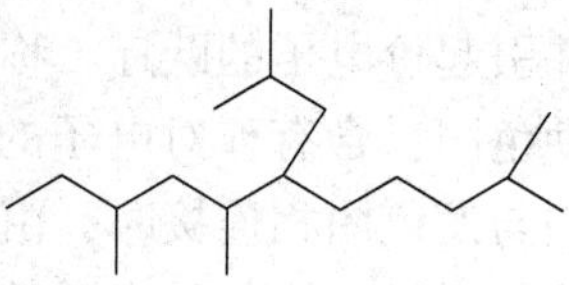

④ 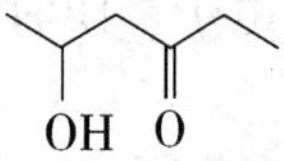

⑤ 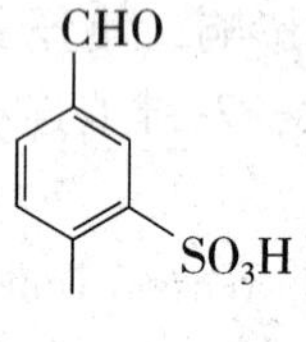

⑥ 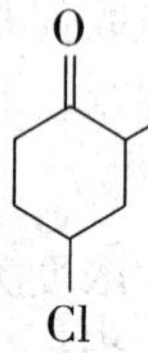

⑦ 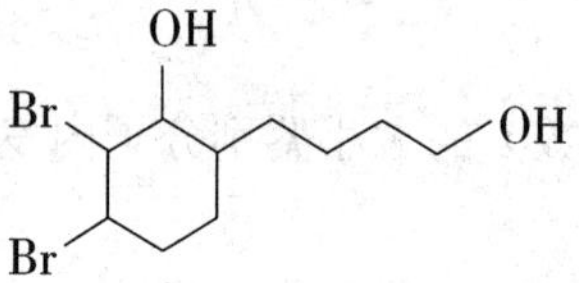

⑧ 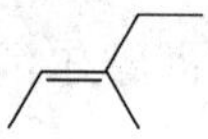

⑨ 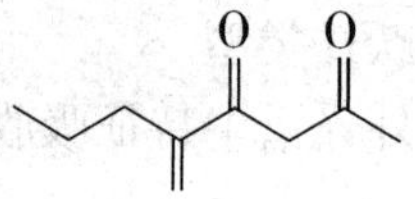

⑩ 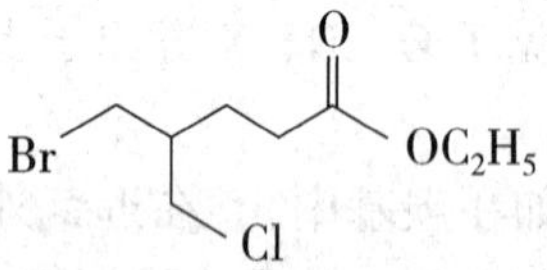

⑪ 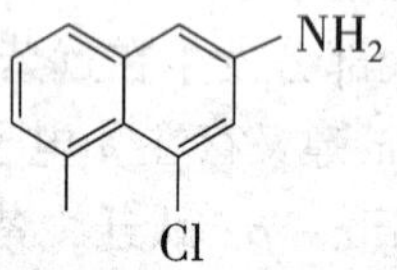

⑫ 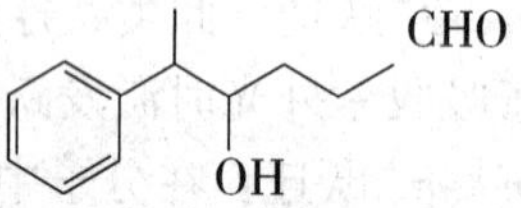

**答：** ① 3-乙基-2-甲基戊烷　　② 2-氯-7-甲基辛烷

③ 6-异丁基-2,7,9-三甲基十一烷　　④ 5-羟基己-2-酮

⑤ 5-甲酰基-2-甲基苯磺酸　　⑥ 4-氯-2-甲基环己酮

⑦ 2,3-二溴-6-(4-羟基丁基)环己-1-醇　　⑧ (E)-3-甲基戊-2-烯

⑨ 5-亚甲基辛-2,4-二酮　　⑩ 5-溴-4-氯甲基戊酸乙酯

⑪ 4-氯-5-甲基-2-萘胺　　⑫ 4-羟基-5-苯基己醛

**【例 1-2】** 判断下列叙述是否正确，为什么？

① 一对对映异构体总是物体与镜像的关系。

② 物体和镜像分子在任何情况下都是对映异构体。

③ 非手性的化合物可以有手性中心。

④ 具有 S 构型的化合物是具左旋的对映体。

⑤ 所有手性化合物都有非对映异构体。

⑥ 非光学活性的物质定是非手性的化合物。

⑦ 如果一个化合物有一个对映体，它必须是手性的。

⑧ 所有具不对称碳原子的化合物都是手性的。

⑨ 某些手性化合物可以是非光学活性的。

⑩ 某些非对映异构体可以是物体与镜像的关系。

⑪ 当非手性的分子经反应后得到的产物是手性分子，则必定是外消旋体。

⑫ 如果一个化合物没有对称面，则必定是手性化合物。

**答：** ① 对。符合对映异构体的定义。

② 错。因为物体与镜像分子可以是相同分子，只有物体与镜像分子不能重叠时，才是对映体关系。

③ 对。内消旋体是非手性化合物，但可以有手性中心。

④ 错。旋光方向是通过旋光仪测得的结果，与 R 或 S 构型之间没有必然的关系，R 构型的化合物可以为左旋或右旋，其对映体 S 构型也可以为右旋或左旋。但同为对映体的 R/S 构型，其旋光方向一定相反。

⑤ 错。实际上许多只有一个手性碳原子的手性化合物却没有非对映异构体。

⑥ 错。外消旋体没有光学活性然而是手性化合物。

⑦ 对。符合对映体的定义。

⑧ 错。内消旋化合物是非手性化合物，它具有一个以上的不对称碳原子。

⑨ 错。所有的手性化合物都是光学活性的。

⑩ 错。非对映异构体就是不具有对映关系的立体异构体。

⑪ 错。如果反应是在手性溶剂或手性催化剂等条件下进行，通常产物具有光学活性。

⑫ 错。大多数情况下，一个化合物既没有对称面，又没有对称中心或四重交替对称轴，分子才是手性的。

**【例 1-3】** 如下所示，化合物 A 没有旋光性，也不能拆分为旋光性的化合物，试写出 A 的构象式。化合物 B 的比旋光度不等于零，B 的构象式是否正确？

（A）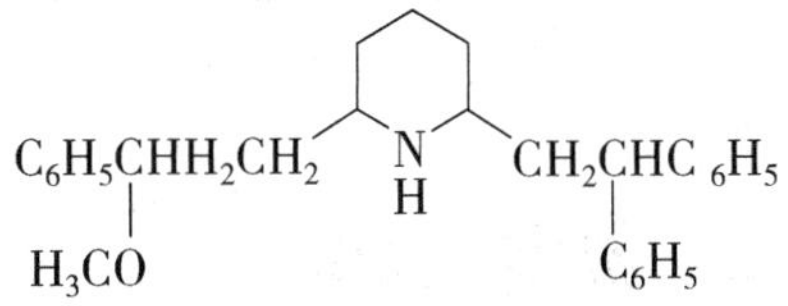


（B）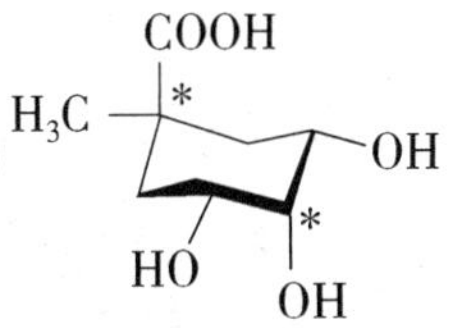


**答：** 化合物 A 应当是内消旋体，环上两个取代基应为顺式取向，而且取代基中的手性碳是构型相反。即为

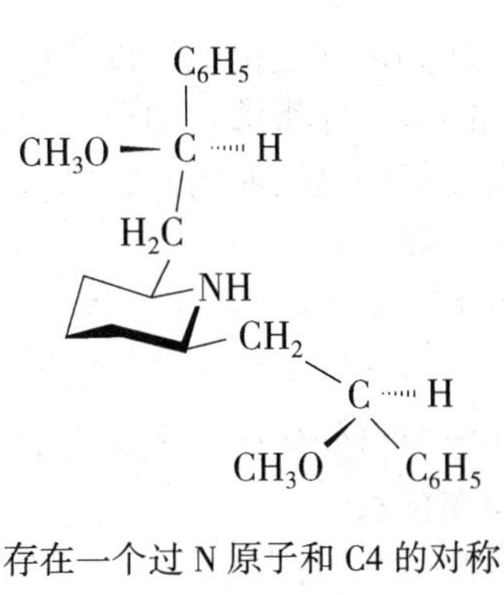


（分子中存在一个过 N 原子和 C4 的对称面）

化合物 B 不正确。因为化合物 B 的比旋光度不等于零，则 B 应有手性，但上述构象式中存在一个对称面(过两个带 * 号的碳)。

**【例 1-4】** 根据红外光谱和核磁共振谱，推测化合物 $C_8H_{16}$ 的结构(图 1-4)。

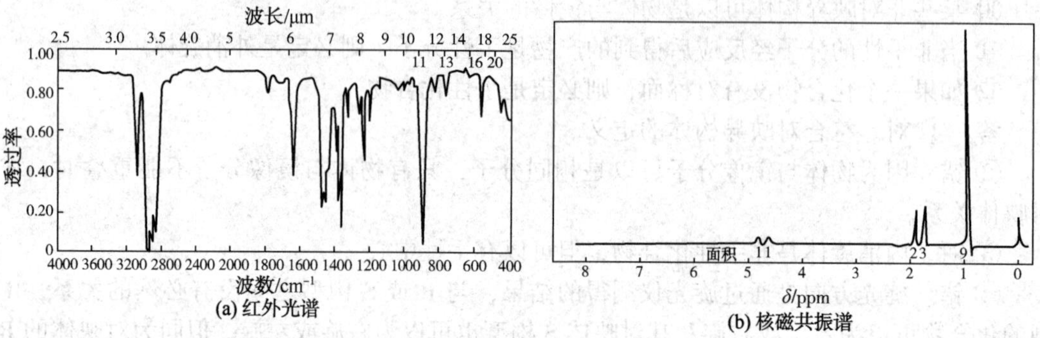


图 1-4　已知条件

答：该化合物的不饱和度是 1，则该化合物可能是单烯烃或环烷烃，红外光谱在 ~3100 $cm^{-1}$ 和 1600 $cm^{-1}$ 处有吸收峰，表明该化合物为烯烃；在 915 $cm^{-1}$ 处有强吸收峰和核磁共振 $\delta=4.5\sim5.0$ 吸收峰，表明该化合物为一取代的烯烃。$\delta=0.9$ 单峰，9H，说明分子中有叔丁基单元，核磁共振谱图表明分子中不同质子数之比为 1∶1∶2∶3∶9，所以化合物的结构为

$$(CH_3)_3C-CH_2\underset{\displaystyle CH_3}{\underset{|}{C}}=CH_2$$

# 第三部分　实验内容

## 实验一　蒸馏、分馏

**1. 必备知识**

① 蒸馏有哪些主要用途？

② 为什么要控制蒸馏速度，加热速度过快或过慢会造成怎样的结果？

③ 如果蒸馏前忘记加沸石，能否立即将沸石加至将近沸腾的液体中？

④ 当重新蒸馏时，用过的沸石能否继续使用？

⑤ 安装蒸馏与分馏装置有什么要求？

⑥ 蒸馏与分馏在原理和装置上有哪些异同？

**2. 实验目的**

① 掌握蒸馏与分馏的原理和蒸馏与分馏在实际应用中的意义。

② 掌握蒸馏与分馏的基本操作技术。

③ 学习蒸馏与分馏装置的装配、拆卸技能。

**3. 实验原理**

蒸馏就是将液态物质加热到沸腾变为蒸气，又将蒸气冷却为液体的两个联合操作过程。普通蒸馏仅仅能分离沸点有显著不同(至少相差 30℃以上)的两种或两种以上的混合物。

分馏是在分馏柱内同时进行多次部分气化和部分冷凝以分离液体混合物组分的方法。因此，分馏实际上是反复多次的蒸馏，它更适合于分离提纯沸点相差不大的液体有机混合物。

**4. 仪器及药品**

蒸馏与分馏的装置分别如图 1-5 和图 1-6 所示。

药品：丙酮与水的混合物。

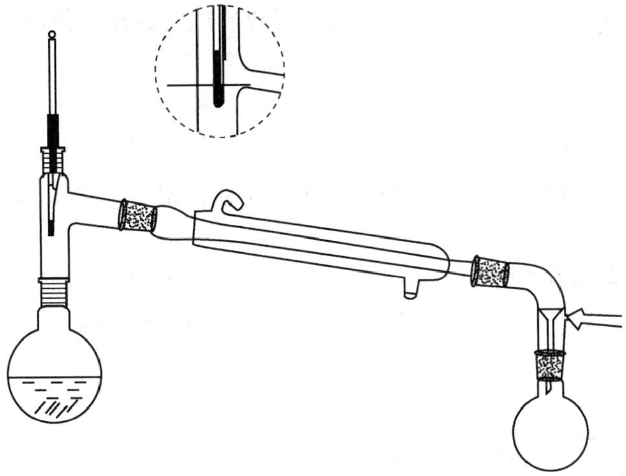

图 1-5　蒸馏装置

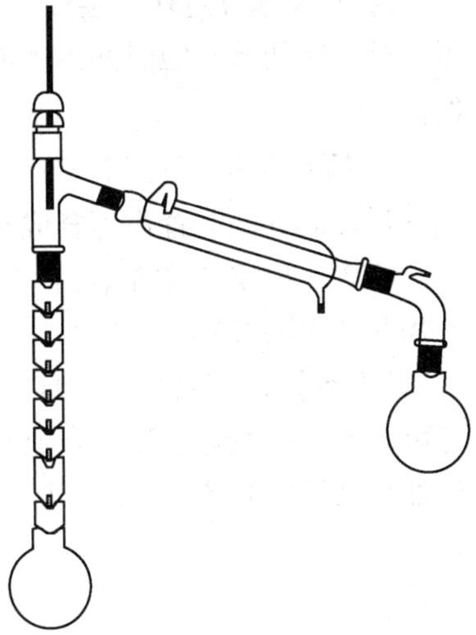

图 1-6　分馏装置

**5. 实验步骤**

(1) 蒸馏

取 15mL 丙酮和 15mL 水的混合液加入 100mL 的圆底烧瓶中，加入几粒沸石，安装好蒸馏装置。准备 3 个小量筒为接收器，分别注明 A、B、C。通入冷却水，然后开始缓慢加热。至馏出第一滴溜出液(初馏液)时记下温度，并使馏出液以每秒 1~2 滴的速度蒸出。将初始馏出液收集于量筒 A 中，注意并记录馏出温度及接收器 A 的馏出液体积。继续蒸馏，记录每增加 2mL 馏出液时所对应的温度。温度达 62℃换量筒 B 接收，98℃时用量筒 C 接收(A：56~62℃；B：62~98℃；C：98~100℃)，直至蒸馏烧瓶中残液为 2~3mL，停止加热。冷却后拆卸装置，测量并记录蒸馏烧瓶中残留液的体积。

(2) 分馏

分馏装置的安装与蒸馏装置相似，只是在圆底烧瓶上加装一个分馏柱，分馏操作与蒸馏操作也基本相同。

取 15mL 丙酮和 15mL 水的混合液，加入 100mL 的圆底烧瓶中，加入几粒沸石，安装好分馏装置。缓慢通入冷却水，加热，当蒸气到达柱顶后，调节加热速度，使馏出液以每 2~3s1 滴的速度蒸出。分别收集 A：56~62℃、B：62~98℃、C：98~100℃三个温度段的馏分(数据记录与蒸馏的相同)。

以馏出温度为纵坐标，馏出液体积为横坐标，将实验结果绘成温度-体积曲线图，并讨论蒸馏与分馏哪种分离效果更好。

**6. 实验指导**

① 为防止暴沸，应在加热前加入沸石。若加热前忘记加沸石，在接近沸腾时不能补加，必须等液体稍冷时再补加，然后重新加热。在持续沸腾时，沸石可以连续有效，但一旦停止沸腾温度降低较大或停止蒸馏，则原有沸石失效，再次加热蒸馏，必须重新加入沸石。

② 冷却水流速以能保证蒸气充分冷凝为宜，通常只需要保持缓缓水流即可。

③ 蒸馏低沸点易燃液体时，决不能用明火加热，附近也禁止有明火。可用预先热好的水浴加热，并适时添加热水。

④ 蒸馏速度过快，会使蒸气过热，破坏气液平衡，温度计的读数会偏高。蒸馏若进行得太慢，会使蒸气短时间内不能充分浸润水银球，温度计读数将下降或不规则波动，使沸点偏低。

**7. 拓展实验**

设计以分馏装置作为合成装置的制备实验。

**要求**：拟定实验方案(包括实验目的、实验原理、实验装置图、实验药品、实验步骤、产物鉴定方法等)

**【提示】**分馏装置不仅可以根据化合物沸点之间的差异，将液体混合物进行分离和提纯，还可以作为有机化合物的合成装置，随着反应的进行不断地将产物从反应体系中分离出来。例如环己烯的制备、乙酰苯胺的制备等。

## 实验二　减压蒸馏

**1. 必备知识**

① 通过查阅资料，了解减压蒸馏在石油炼制工业中的应用。

② 了解减压蒸馏的定义。

③ 在什么情况下用减压蒸馏？

④ 为什么进行减压蒸馏时须先抽气才能加热？

⑤ 当减压蒸完所要的化合物后，应如何停止减压蒸馏？为什么？

**2. 实验目的**

① 学习减压蒸馏的原理及其应用。

② 掌握减压蒸馏装置的安装和操作方法。

**3. 实验原理**

液体的沸点是指它的蒸气压等于外界压力时的温度，因此液体的沸点是随外界压力的变化而变化的，如果借助于真空泵降低系统内压力，就可以降低液体的沸点，这便是减压蒸馏操作的理论依据。

减压蒸馏对于分离或提纯沸点较高或性质比较不稳定的液态有机物具有特别重要的意义。它特别适用于那些在常压蒸馏时未达沸点即已受热分解、氧化或聚合的物质。

**4. 仪器及药品**

减压蒸馏装置(图 1-7)主要由蒸馏、抽气(减压)、测压和安全保护四部分组成。蒸馏部分由蒸馏瓶、克氏蒸馏头、毛细管、温度计、冷凝管及接受器等组成。对于抽气部分而言，实验室通常用水泵或油泵进行减压。

药品：苯甲酸乙酯。

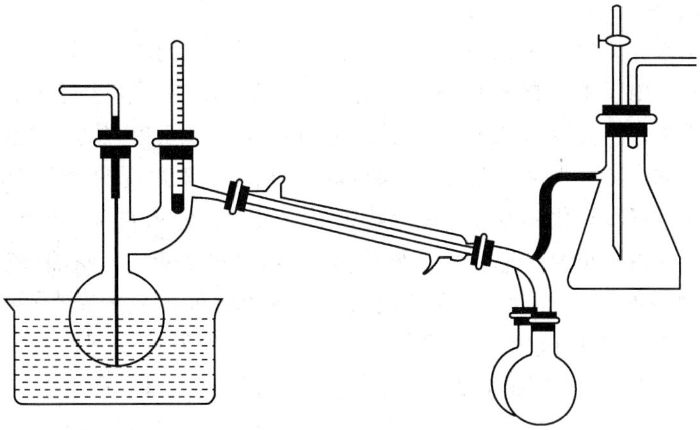

图 1-7 减压蒸馏装置

**5. 实验步骤**

① 仪器安装好后，先检查系统是否漏气，方法是：关闭毛细管，减压至压力稳定后，夹住连接系统的橡皮管，观察真空表上真空度有否变化，无变化说明不漏气，有变化即表示漏气。为使系统密闭性好，磨口仪器的所有接口部分都必须用真空油脂润涂好。

② 检查仪器不漏气后，在圆底烧瓶中加入 10mL 待蒸的苯甲酸乙酯，旋紧毛细管上的螺旋夹子，打开安全瓶上的二通旋塞，然后开泵抽气。缓慢关闭安全瓶上的二通旋塞，调节毛细管上的螺旋夹，使液体能冒出一连串小气泡为宜。当压力稳定后，通冷凝水，加热蒸馏。液体沸腾后，应注意控制温度，蒸馏速度以每秒 0.5~1 滴为宜。要密切观察和记录压力和温度。

③ 蒸馏完毕，先停止加热，慢慢旋开夹在毛细管上的螺旋夹子，待蒸馏瓶稍冷后再慢慢打开安全瓶上的活塞，使系统内外的压力达到平衡后，方可关闭真空泵。最后按照与安装相反的程序拆除仪器。

**6. 实验指导**

① 苯甲酸乙酯沸点与压力的关系见表 1-5。

**表 1-5 苯甲酸乙酯沸点与压力的关系表**

| 压力/mmHg* | 5 | 10 | 20 | 40 | 60 | 100 | 200 | 400 | 760 |
|---|---|---|---|---|---|---|---|---|---|
| 压力/kPa | 0.67 | 1.33 | 2.67 | 5.33 | 8.00 | 13.33 | 26.66 | 53.33 | 101.3 |
| 沸点/℃ | 72.0 | 86.0 | 101.1 | 118.2 | 129.0 | 143.2 | 164.8 | 188.4 | 213.4 |

* 1mm Hg = 1Torr = 133.322 Pa。

② 接受器可用圆底烧瓶，切不可用平底烧瓶或锥形瓶，因平底烧瓶或锥形瓶由于瓶壁薄不耐压而易破裂。

③ 毛细管起气化中心的作用，安装时毛细管下端离瓶底 1~2mm，毛细管易折断，安装时要小心。

④ 蒸馏瓶内液体不可超过其体积的一半，因为减压下蒸汽的体积比常压下大得多。

⑤ 旋开螺旋夹和打开安全瓶均不能太快，否则水银柱会很快上升，可能冲破测压计。

**7. 拓展实验**

从地下开采出来，未经加工的原油一般不能直接使用，原油经过炼制后得到的石油产品，方可用于不同目的。由于原油的组成不同，对加工产品的需要也不同，所以在石油炼制过程中，根据原油中所含各组分沸点的不同，分别用常压、减压蒸馏的方法，把原油切割成若干不同馏程的馏分，得到汽油、煤油、柴油等各种油品和后续加工过程的原料，满足油品及化工原料的馏分要求。此过程没有化学变化，是个物理加工过程，为原油的一次加工。原油常减压蒸馏装置在炼化企业中占有重要的地位，被称为炼化企业的“龙头”。原油一次加工的能力，即原油的常减压蒸馏装置的处理能力，常被视为一个国家炼油工业发展水平的标志。

原油的常减压蒸馏通常包括三个工序：①以原油的预处理，即脱去原油中的水和盐；②常压蒸馏也称直馏(直接蒸馏)，可得到汽油、煤油、柴油等直馏馏分，塔底残余为常压渣油(即重油)；③减压蒸馏是将常压渣油在减压下，蒸馏出重质馏分油作为重柴油、减压蜡油、润滑油、裂解或裂化的材料。这种加工总称为“常减压蒸馏”。

R1-7 主要石油产品组分、馏分范围及用途

原油蒸馏产物根据其组成特点选择相应的加工方法，可生产燃料油、润滑油、化工原料及熔剂、蜡、沥青及石油焦等六大类石油产品。

## 第四部分　习　题

**习题 1-1**　命名下列化合物或写出下列化合物的结构。

① 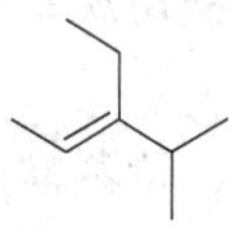

② 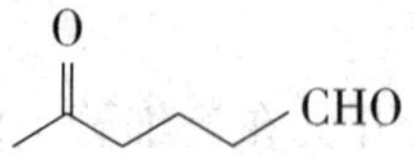


③ 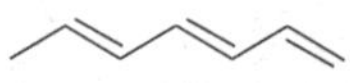

④ 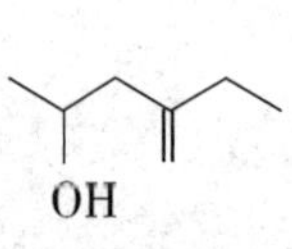


⑤ 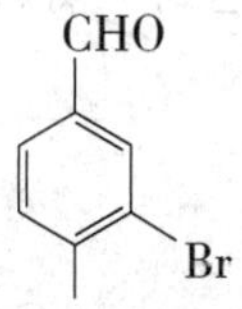


⑥ 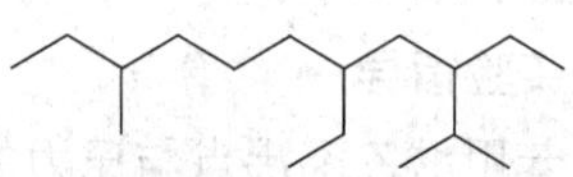

⑦ 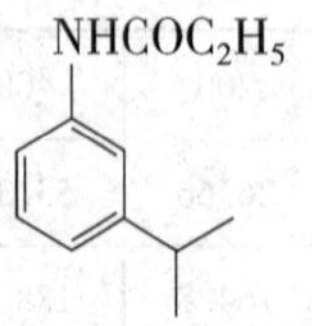


⑧ 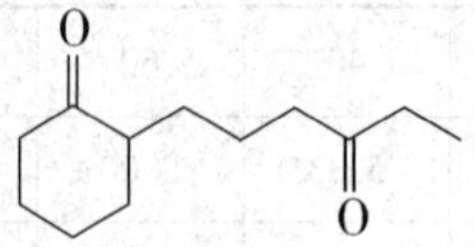


⑨ 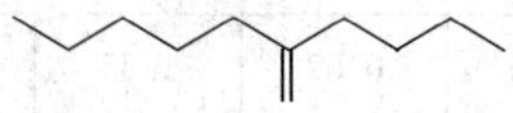

⑩ 5-甲基-2-异丙基苯酚(百里酚)　　⑪ (E)-己-3-烯-2-醇

⑫ 3-氯-1,2-环氧丙烷　　⑬ 2-乙氧基戊-3-醇

⑭ 季戊四醇　　⑮ 苄基乙烯基醚

**习题 1-2** 指出下列各对化合物属于哪一种类型的异构。

① $CH_3CH_2\ CH_2CH_2CH_3$与$(CH_3)_4C$

② $CH_3COCH_3$ 与 $CH_3CH_2CHO$

③ 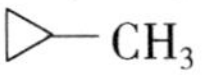 与 

④ 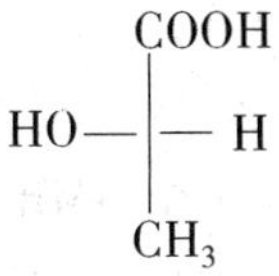 与 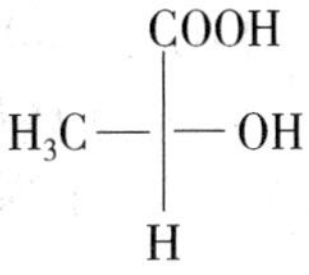

⑤ 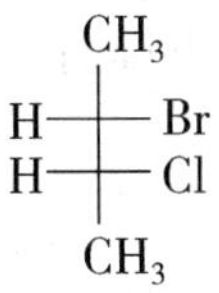 与 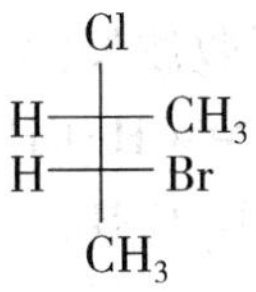

⑥  与 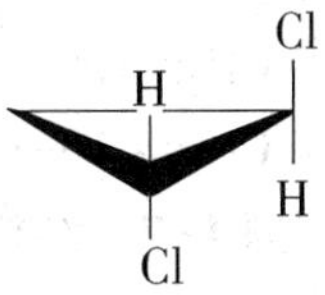

⑦ 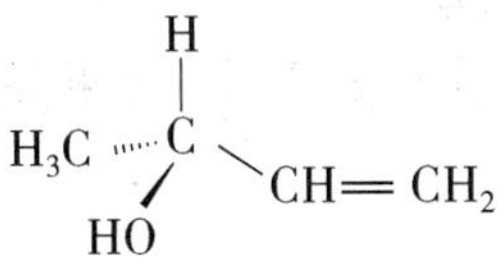 与 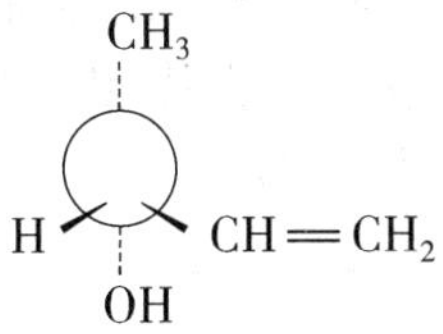

⑧ 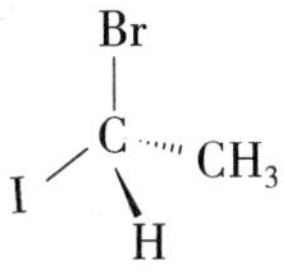 与 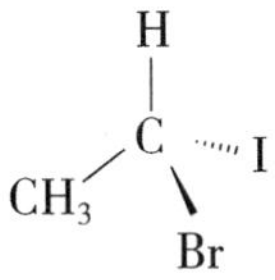

⑨ 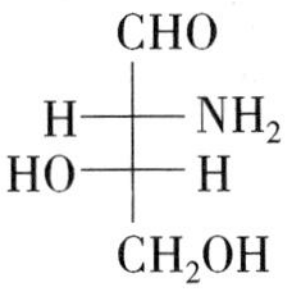 与 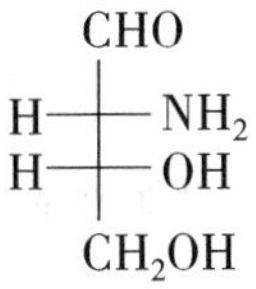

⑩  与 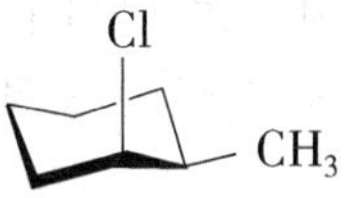

**习题 1-3** 用红外光谱鉴别下列化合物。

① (A) $CH_3CH_2CH_2CH_3$ (B) $CH_3CH_2CH{=}CH_2$

② (A) 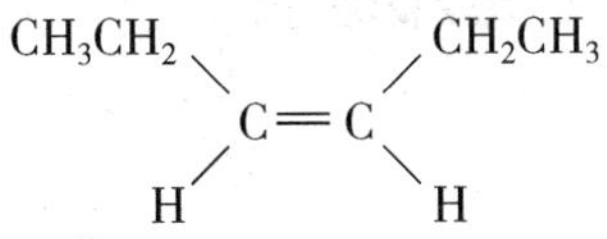 (B) 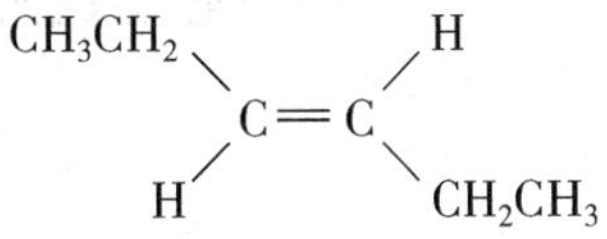

③ (A) $CH_3C\equiv CCH_3$ (B) $CH_3CH_2C\equiv CH$ ④ (A)  (B) 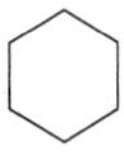

**习题 1-4**　用[1]H-NMR 谱鉴别下列化合物。

① （A）　$(CH_3)_2C=C(CH_3)_2$　　（B）　$(CH_3CH_2)_2C=CH_2$

② （A）　$ClCH_2OCH_3$　　（B）　$ClCH_2CH_2OH$

③ （A）　$BrCH_2CH_2Br$　　（B）　$CH_3CHBr_2$

④ （A）　$CH_3CCl_2CH_2Cl$　　（B）　$CH_3CHClCHCl_2$

**习题 1-5**　下列化合物只有一个 NMR 信号，试写出各结构式。

① $C_5H_{12}$　② $C_3H_6$　③ $C_2H_6O$　④ $C_3H_4$　⑤ $C_4H_9Br$　⑥ $C_8H_8$　⑦ $C_5H_8Cl_4$

**习题 1-6**　将以下各化合物的紫外吸收最大吸收波长($\lambda_{max}$)值由大到小排列。

① $CH_2=CH_2$　　②$CH_2=CH-CH=CH-CH=CH_2$

③ $CH_2=CH-CH=CH_2$　　④$C_6H_5-CH=CH-C_6H_5$

**习题 1-7**　结构推导。

① 分子式为 $C_2H_4O$ 的化合物(A)和(B)，(A)的紫外光谱在 $\lambda_{max}=290nm(\kappa=15)$处有弱吸收；而(B)在 210 以上无吸收峰。试推断两种化合物的结构。

② 分子式为 $C_6H_{12}O_2$的化合物，其 IR 与[1]H NMR 谱图如图 1-8 所示，推断该化合物的结构。

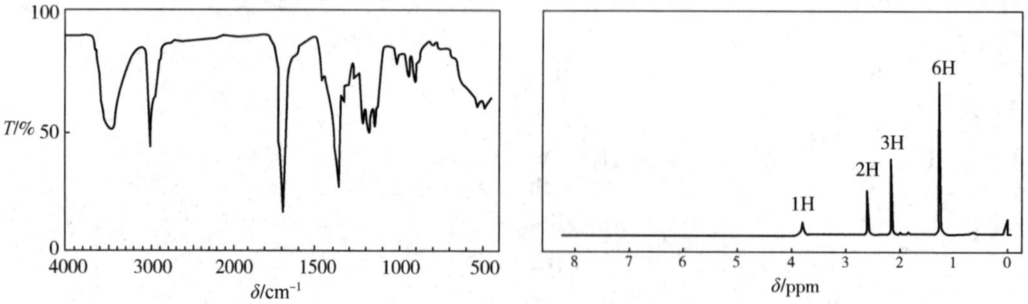


图 1-8　已知条件

③ 有机化合物分子式为 $C_9H_{12}O$，红外光谱表明 $3600cm^{-1}$、$3000\sim2850cm^{-1}$、$1500cm^{-1}$、$1480cm^{-1}$、$810cm^{-1}$、$710cm^{-1}$。[1]H NMR δ 7.2（s，5H）、4.3（m，1H）、3.9（d，1H）、1.7(m，2H)、0.9(t，3H)。推测其构造式，并归属 IR 和[1]H NMR。

④ A、B 两个化合物的分子式均为 $C_3H_6Cl_2$，测得其 H-NMR 谱的数据如下，推测 A、B 的构造式：

A：五重峰　$\delta=2.2$ 2H；　三重峰　$\delta=3.7$ 4H；

B：单峰　$\delta=2.4$ 6H。

# 第五部分　拓展阅读

## 1.1　有机化学实验室规则

有机化学实验所用到的药品种类很多，而且多数药品是易燃、易爆、有毒或具有腐蚀性的物质。为了保证有机化学实验的正常进行和培养良好的实验习惯，学生必须遵守下列实验室规则：

① 认真预习。进入实验室前，必须对所做的实验内容认真预习，做好预习报告，这样才能保证实验的顺利进行。

② 熟悉环境，了解安全知识。进入实验室，首先要熟悉实验室及周围的环境，熟悉电源总闸、灭火器材、通风设备开关的位置和使用方法，了解实验室安全知识及实验室事故的预防与处理等知识。

③ 规范操作，仔细观察。做实验前应检查实验用品是否齐全，装置是否正确稳妥。实验时精神要集中、操作要规范、观察要细致、要积极独立思考。及时、如实地在专用记录本上记录实验过程、观察到的现象和实验结果，并妥善保存实验记录。使用易燃易爆或剧毒药品，要特别提高警惕，千万不能麻痹大意。如遇意外事故，要镇静，及时采取适当措施并立即报告指导教师。

④ 遵从教师指导。实验时要听从教师指导，尊重实验室工作人员的工作，应严格按照实验所规定的步骤、试剂的规格和用量进行实验。学生若有新的见解或建议要改变实验步骤和试剂规格及用量时，需征求教师同意后，才可改变。如实验失败，在分析原因并征得教师同意后，方可重做。

⑤ 保持实验室整洁与秩序。实验期间要保持实验室的安静、整洁，不得在实验室谈笑或高声喧哗，不得在实验室内外闲游，不得做与实验无关的事情。仪器、药品应摆得井然有序，使用仪器器材或取用药品后，要立即恢复原状，送还原处。废酸、废碱应倒入废液缸，严禁倒入水槽；废纸、火柴梗、碎玻璃等固体废物应丢入废物箱，不得扔在地上或丢入水槽。实验完毕，要将仪器洗净，放入柜内，擦净实验台和试剂架，关闭水、电、煤气开关。值日生应切实负责整理公用器材，打扫实验室，倒净废液缸。离开实验室前，应检查水、电、煤气的开关，关好门窗。

⑥ 爱护仪器，厉行节约。要爱护实验室的仪器和设备，节约药品和其他易耗品，节约水、电、煤气，不得将仪器和药品携出室外它用。损坏仪器要填写仪器破损单，经指导老师签署意见后，凭原物向管理室换取新仪器。

⑦ 按时完成报告。实验后应按实验记录和数据独立完成实验报告，不得拼凑或抄袭他人数据。书写实验报告要求条理清楚，字迹端正，绘图规范，分析讨论合理，结论明确，按时交给指导老师批阅。

R1-8 有机化学实验室的安全要求

## 1.2　有机化学实验室的安全措施

实验室集中了大量的仪器设备、化学物品、易燃易爆及有毒物质。有的实验需要在高温、高压或强磁、微波、辐射等特殊条件下进行；有的要使用煤气、氧气等压缩气体，工作稍有不慎就有可能引起火灾、爆炸、触电、中毒、放射性伤害，污染环境等，造成人员伤亡或财产损失。因此，必须加强实验室的安全管理，采取切实可行的防护措施，减少或杜绝事故发生。只要实验工作人员思想集中，加强安全措施，严格执行操作规程，就一定能有效地维护实验室的安全，使实验正常地进行。

(1) 实验室事故的预防

在有机化学实验室进行实验时，可能由于某种因素引起安全事故，在出现事故的时候，一定要冷静，先疏散现场及周围人员，同时根据情况采取一定措施进行控制，当现场不可控制时，要拨打消防电话119，同时安排人员从消防通道有序撤离。

1）火灾的预防

实验室中使用的有机溶剂大多数是易燃的，着火是有机化学实验室常见的事故。防火的基本原则有下列几点，必须充分注意。

① 在操作易燃的溶剂时要特别注意：应远离火源，当附近有露置的易燃溶剂时，切勿点火；切勿将易燃溶剂放在广口容器如烧杯内直接加热；加热必须在水浴中进行时，切勿使盛放低沸点易燃液体的容器密封，否则，会造成爆炸。

② 在进行易燃物质实验时，应先将酒精一类易燃的物质搬开。

③ 蒸馏易燃的有机物时，装置不能漏气，发现漏气时，应立即停止加热，检查原因，若因塞子被腐蚀，则待冷却后换掉塞子；若漏气不严重，可用石膏封口，但是切不能用蜡涂封，因为蜡熔点不高，受热后熔融，不仅起不到密封的作用，还会被溶解于有机物中，又会引起火灾，所以用蜡涂封不但无济于事，还往往引起严重的恶果。从蒸馏装置接收瓶出来的尾气出口应远离火源，最好用橡皮管引到室外。

④ 回流或蒸馏易燃低沸点液体，应注意：应放数粒沸石、素烧瓷片或一段封口的毛细管，以防止暴沸，若在加热后才发现未放入沸石这类物质时，决不能急躁，不能立即揭开瓶塞补放，而应停止加热，待被蒸馏液体冷却后再加入。否则，会因暴沸而发生事故；严禁直接加热；瓶内液体不超过瓶容积的2/3；加热速度宜慢，不能快，避免局部过热。总之，蒸馏或回流易燃低沸点液体时，一定要谨慎从事，不能粗心大意。

⑤ 用油浴加热蒸馏或回流时，必须十分注意避免由于冷凝用水溅入热油浴中致使油外溅到热源上而引起火灾的危险。发生危险的原因，主要是橡皮管套进冷凝的侧管连接不紧密，开动水阀过快，水流过猛把橡皮管冲下来，或者由于套不紧而漏水，所以要求橡皮管套入侧管时要很紧密，开动水闸要慢，使水流慢慢通入冷凝管中。

⑥ 处理大量的可燃性液体时，应在通风橱中或在指定地方进行，室内应无火源。

⑦ 不得把燃着或者带有火星的火柴梗或纸条等乱抛乱掷，也不得丢入废物缸中。否则，很容易发生危险事故。

⑧ 使用氢气等易燃气体进行化学反应的实验必须做好防火防爆工作，室内通风良好。

⑨ 实验室使用的压缩气钢瓶，应保持最少的数量。钢瓶应放置在远离高温的牢固位置，以免碰撞摔倒；压缩气体钢瓶使用时，必须装上合适的控制阀、压力调节器。同时，瓶内气体不能用完，必须留有剩余压力。

2）爆炸的预防

在有机化学实验室里一般预防爆炸的措施如下：

① 蒸馏装置必须安装正确。否则，往往有发生爆炸的危险。

② 切勿使易燃易爆的气体接近火源，有机溶剂，如乙醚和汽油一类的蒸气与空气相混时极为危险，可能会因一个火花而引起爆炸。

③ 对于易爆炸的固体，如重金属乙炔化物、苦味酸金属盐、三硝基甲苯等都不能重压或撞击，以免引起爆炸。对于危险的残渣，必须小心销毁，例如，重金属乙炔化物可用浓盐酸或浓硝酸使它分解，重氮化合物可加水煮沸使它分解等。

④ 卤代物勿与金属钠接触，因反应太猛会发生爆炸。

3）中毒的预防

① 有毒化学品应认真操作，妥善保管，不许乱放。实验中所用的剧毒物质应由专人负责收发，有毒化学品使用者必须严格遵守操作规程。实验后的有毒残渣必须做妥善而有效的处理，不准乱丢。

② 有些有毒物质会渗入皮肤，因此，接触这些物质时必须戴橡皮手套，操作后立即洗手，切勿让毒品沾及五官或伤口。例如，氰化钠沾及伤口就随血液循环至全身，严重者会造成中毒死亡。

③ 在反应过程中可能生成有毒或有腐蚀性气体的实验要在通风橱内进行，使用后的器皿应及时清洗。在使用通风橱时，实验开始后不要把头伸入橱内。

4）触电的预防

使用电器时，应防止人体与电器导电部分直接接触，不能用湿的手或手握湿的物体接触电插头。为防止触电，装置和设备的金属外壳等应连接地线，实验后应先切断电源，再将电源插头拔下。

（2）事故的处理和急救

1）火灾的处理

实验室如发生失火事故，要保持冷静，针对着火情况进行处理，积极而有秩序地参加灭火或撤离实验室。

如果出现小型失火事故，首先应尽量熄灭其他火源，关闭室内总电闸，移开附近的易燃物质，及时扑灭着火点，防止火势蔓延。少量有机溶剂着火，可用湿布、黄沙扑灭，不可用水浇，不能用嘴吹。细口容器内着火，可用湿布或石棉网盖熄。如果油类着火，用沙子灭火，也可撒上干燥的固体碳酸钠或碳酸氢钠粉末扑灭。若火势较大，则使用泡沫灭火器。电气设备着火，应先切断电源，再用四氯化碳灭火器（通风不良的小实验室忌用，因为四氯化碳在高温时生成剧毒的光气）或二氧化碳灭火器灭火，因为这些灭火剂不导电，不会使人触电。绝不能用水和泡沫灭火器去灭火，因为水能导电，会使人触电。不管用哪一种灭火器，都应从火焰周围开始向火中心扑灭。衣服着火时，切勿惊慌，应赶快脱下衣服或用石棉布、厚外套覆盖着火处，切忌在实验室内乱跑。情况危急时可就地卧倒打滚，盖上毛毯，或用水冲淋，使火熄灭。

如果出现火灾事故，应关闭室内总电闸，移开附近的易燃物质，组织师生撤离实验室，并及时拨打119报警。

2）玻璃割伤

玻璃割伤是常见的事故，受伤后要仔细观察伤口有没有玻璃碎粒，若伤势不严重，让血流片刻，再用消毒棉花和硼酸水（或双氧水）洗净伤口，涂上碘酒包扎好；若伤口深、流血不止时，可在伤口上下10cm处用纱布扎紧，减慢流血，有助血凝，并随即到医务室就诊。

3）药品的灼伤

① 酸灼伤：

皮肤：立即用大量水冲洗，然后用5%碳酸氢钠溶液洗涤，再涂上油膏，并将伤口包扎好。

眼睛：抹去溅在眼睛外面的酸，立即用水冲洗，用洗眼杯或橡皮管套在水龙头上慢慢地用水对准眼睛冲洗，再用稀碳酸氢钠溶液洗涤，最后滴少许蓖麻油。

衣服：先用水冲洗，再用稀氨水洗，最后用水冲洗。

地板：先撒石灰粉，再用水冲洗。

② 碱灼伤：

皮肤：先用水冲洗，然后用饱和硼酸溶液或1%醋酸溶液洗涤，再涂上油膏，并包扎好。

眼睛：抹去溅在眼睛外面的碱，用水冲洗，再用饱和硼酸溶液洗涤，滴入蓖麻油。

衣服：先用水冲洗，然后用10%醋酸溶液洗涤，再用氢氧化铵中和多余的醋酸，最后用水冲洗。

③ 溴灼伤：应立即用酒精洗涤，涂上甘油，用力按摩，将伤处包好。如眼睛受到溴蒸气刺激，暂时不能睁开，可对着盛有卤仿或酒精的瓶子注视片刻。

上述急救法，仅为暂时减轻疼痛的措施。若伤势较重，在急救之后，应速送医院诊治。

4）烫伤

轻伤者涂上万花油，重伤者涂上烫伤油膏后即送医务室诊治。

5）中毒

溅入口中尚未咽下的应立即吐出来，用大量水冲洗口腔；如已吞下，应根据毒物的性质服用不同的解毒剂，并立即送医急救。

① 腐蚀性毒物：对于强酸，先饮大量的水，再服氢氧化铝膏、鸡蛋清；对于强碱，也要先饮大量的水，然后服用醋、酸果汁、鸡蛋清。不论酸或碱中毒都需灌注牛奶，不要吃呕吐剂。

② 刺激性及神经性中毒：先服牛奶或鸡蛋使之缓和再服用硫酸镁溶液（约30g溶于一杯水中）催吐，也可以用手指伸入喉部按压催吐后，立即送医院。

③ 吸入气体中毒：将中毒者搬到室外，解开衣领及纽扣。吸入少量氯气和溴气者，可用碳酸氢钠溶液漱口。

（3）急救用具

消防器材：消防器材有泡沫灭火器、四氯化碳灭火器、二氧化碳灭火器，砂、毛毡、棉胎和水龙头等。

急救药箱：急救药箱有红药水、紫药水、碘酒、双氧水、饱和硼酸溶液、1%醋酸溶液、5%碳酸氢钠溶液、70%酒精、烫伤膏、万花油、药用蓖麻油、硼酸膏或凡士林、磺胺药粉、洗眼杯、消毒棉花、纱布、胶布、剪刀、镊子、橡皮管等。

R1-9 有机化学实验常用标准口玻璃仪器

R1-10 有机化学实验的实施

## 1.3 有机合成反应常用装置

（1）回流装置

在有机合成中，根据反应特点，常选用不同的实验装置。由于大多数有机化学反应需要在反应的溶剂或液体反应物的沸点附近进行，同时反应时间又比较长。为了尽量减少溶剂及物料的蒸发逸散，确保产率并避免易燃、易爆或有毒气体逸漏事故，各种回流装置成为进行有机合成的基本装置。回流的过程是反应过程中产生的蒸气经过冷凝管时被冷凝流回到反应器中。这种连续不断地蒸发或沸腾气化与冷凝流回的操作叫作回流。同类型的有机合成反应有相似或相同的反应装置，不同的有机合成反应往往有不同特点的反应装置。

(2) 搅拌装置

当反应在均相溶液中进行时一般不需要搅拌，因为加热时溶液存在一定程度的对流，从而保持液体各部分均匀地受热。如果是非均相间反应，或反应物之一系逐渐滴加时，为了尽可能使其迅速均匀地混合，以避免因局部过浓过热而导致其他副反应发生或有机物的分解；有时反应产物是固体，如不搅拌将影响反应顺利进行，在这些情况下均需进行搅拌。

搅拌的方式主要有三种：人工搅拌、机械搅拌和磁力搅拌。在反应物量少、反应时间短、不需要加热或者温度不太高且反应过程无有毒有害气体逸出的制备实验可以用人工搅拌；反应体系复杂、量大的、反应时间长的有机合成实验，常用电动搅拌或磁力搅拌。

R1-11 常用回流装置

R1-12 常用搅拌装置

(3) 微波加热合成装置

微波是频率在300MHz～300GHz范围内的电磁波，微波的波长在0.1～100cm之间，能量较低，比分子之间的范德华结合能还小，只能激发分子的转动能级，不能直接打开化学键。目前比较一致的观点认为，微波加快化学反应主要是靠加热反应体系来实现的。但同时也发现，微波还可直接作用于反应本身，改变反应类型及机理等，引起所谓的“非热效应”。

当微波与物质分子相互作用，物质分子受微波作用会随着其电场的改变而取向和极化，吸收微波热量，这些吸收了能量的分子在与周围的其他分子碰撞中把能量传递给其他分子，从而使溶液温度升高。微波加热是物体吸收微波后本身发热，加热从物体内部、外部一起开端，能做到里外一起加热。

实验中微波合成一般在家用微波炉或经改装后的微波炉中进行，目前已有专用微波合成反应仪。反应仪器一般采用不吸收微波的玻璃仪器或聚四氟乙烯材料。对于无挥发性的反应体系(包括反应物、产物、溶剂和催化剂等)，可直接置于微波炉中的开口反应器中反应，但缺点是难以对反应条件加以调控。

R1-13 常用微波加热合成装置

## 1.4 有机化合物的分离提纯方法与技术

在生产、生活和科学实践中常会遇到混合物的分离与提纯问题，因此分离与提纯技术是一类被广泛利用的实用技术。有机化合物的分离提纯手段很多，对于液体有机化合物的分离和提纯来说，应用最广泛的方法是常压蒸馏、简单分馏、水蒸气蒸馏、减压蒸馏等；对于固态有机化合物的分离和提纯来说，常用方法有重结晶、升华等。有些分离和提纯技术，比如萃取和洗涤、色谱分离等，不仅适合于液体有机化合物，也适合于固体有机化合物的分离和提纯。随着现代分离技术的不断问世，可以相信，有机化合物的分离和提纯手段将越来越丰富、分离效率将越来越高。

(1) 蒸馏

液体在一定温度下具有一定的蒸气压，它随着温度的升高而增加，当液体蒸气压增大到与外界压力(通常指大气压)相等时液体沸腾，这时的温度称为该液体的沸点。

蒸馏就是将液态物质加热到沸腾变为蒸气，又将蒸气冷却为液体的两个联合操作过程。蒸馏是提纯液体物质和分离混合物的一种常用的方法。

纯液态有机化合物在蒸馏过程中沸点范围很小(0.5~1℃)，所以蒸馏可以用来测定液态有机化合物的沸点。

R1-14 蒸馏的基本原理

① 蒸馏装置。蒸馏装置是由圆底烧瓶、蒸馏头、温度计、冷凝管、接引管和接收器等几部分组成，如图 1-9 所示。圆底烧瓶的容量应由所蒸馏液体的体积来决定，通常所蒸馏液体的体积应占圆底烧瓶容量的1/3~2/3。温度计可以用温度计套管固定在蒸馏头上口。温度计水银球的上端应和蒸馏头支管的下沿在同一水平线上。冷凝管中的水应从下口进入，上口流出，保证冷凝管中始终充满水。安装仪器顺序一般是自下而上，从左到右。仪器安装要准确端正，横平竖直，各个仪器的中心线都要在同一个平面上。铁架台应整齐地放在仪器的背部。

当蒸馏沸点高于140℃的物质时，应该使用空气冷凝管。为了防止在蒸馏过程中发生过热现象和保证沸腾的平稳状态，通常加沸石，它能防止加热时的暴沸现象，称为止暴剂。值得注意的是，不能在液体沸腾时加入止暴剂，也不能用已使用过的止暴剂。

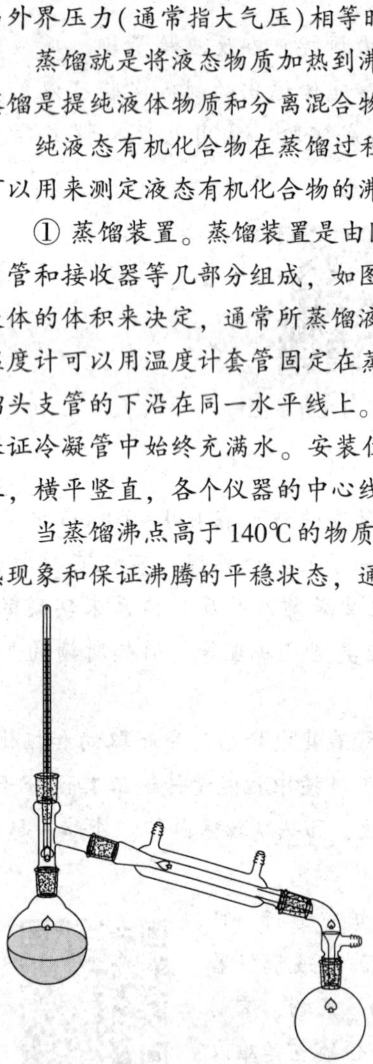

图 1-9 普通蒸馏装置

② 蒸馏操作。

加料：蒸馏装置安装好后，将待蒸馏液体沿着面对支管口的瓶颈壁小心倒入蒸馏烧瓶中，加入 2~3 粒沸石，然后装好温度计，检查装置的气密性。

加热：缓慢通入冷却水，然后开始加热。刚开始，加热速度可以稍快，加热至沸腾后，温度计读数会快速上升，此时应调节加热速度为每秒钟 1~2 滴。

收集与记录：记录第一滴溜出液滴入接收瓶时的温度并接收沸点较低的前馏分。当温度升至所需沸点范围并恒定时，更换另一接收瓶收集，并记录此时的温度范围，即馏分的沸点范围。收集馏分的温度越窄，馏分的纯度就越高。

停止蒸馏与拆卸仪器：如果维持原来加热程度，不再有馏出液蒸出，在温度突然下降时，或烧瓶中仅残留少量液体时(注意：不能蒸干！)，即停止蒸馏。蒸馏完毕，先关掉热源，体系稍冷后，停止通冷却水，拆下仪器。拆卸仪器的顺序与安装顺序正好相反。

(2) 分馏

两种以上的液体混合物若沸点相差不大时，用简单的蒸馏方法难以将其分离，此时应考虑用分馏方法。分馏是在一个设备内同时进行多次部分气化和部分冷凝以分离液体混合物组分的方法。

① 分馏装置。简单的分馏装置是由圆底烧瓶、分馏柱、温度计、冷凝管、接引管和接收器等几部分组成，如图 1-10 所示。分馏柱是根长而垂直、柱身有一定形状的空管，或者管中填以特制的填料。总的目的是要增大液相和气相接触的面积，提高分馏效率。

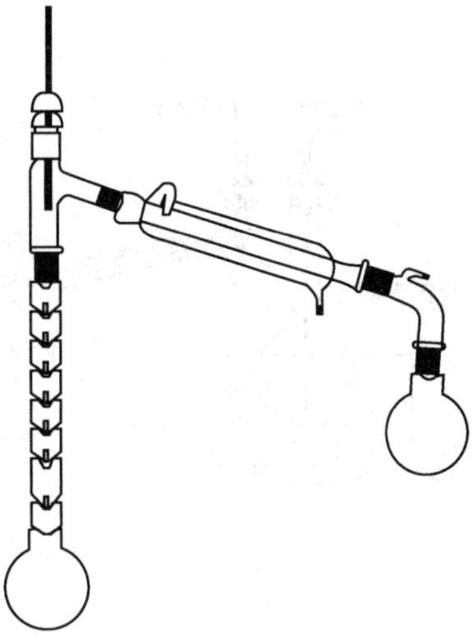

图 1-10　简单的分馏装置

R1-15 分馏的基本原理

R1-16 实验室常用分馏柱

② 分馏操作。分馏装置的装配原则和蒸馏装置完全相同。分馏操作和简单蒸馏也大致相同，要很好地进行分馏，必须注意下列几点：

• 分馏一定要缓慢进行，控制好恒定的加热速度(每 2~3 秒 1 滴)，这样，可以得到比较好的分馏效果。

• 要保证有相当量的液体沿分馏柱流回烧瓶中，即要选择合适的回流比，使上升的气流和下降液体充分进行热交换，使易挥发组分尽量上升，难挥发组分尽量下降，分馏效果更好。

• 必须尽量减少分馏柱的热量损失和波动。柱的外围可用石棉绳包住，这样可以减少柱内热量的散发，并减少风和室温的影响，使加热均匀，分馏操作平稳地进行。

R1-17 减压蒸馏的基本原理

(3) 减压蒸馏

减压蒸馏是分离和提纯有机化合物的常用方法之一。它特别适用于在常压蒸馏时未达沸点即已受热分解、氧化或聚合的物质。

① 减压蒸馏装置。减压蒸馏装置通常由蒸馏装置、抽气装置、测压装置与安全保护装置四部分组成(图 1-11)。

a. 蒸馏装置。这一部分与普通蒸馏相似，亦可分为三个组成部分：

• 末端拉成毛细管的玻管。毛细管的上端连有一段带螺旋夹的橡皮管，螺旋夹用以调节

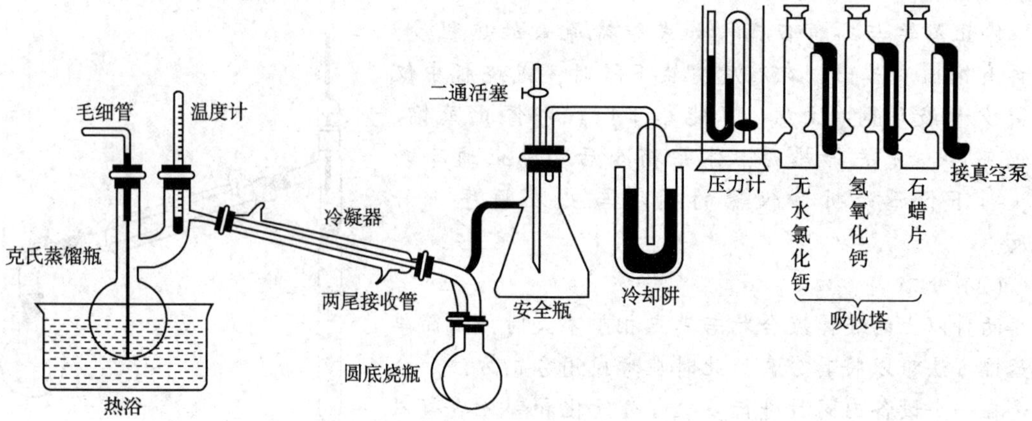


图 1-11　减压蒸馏装置

进入空气的量，使极少量的空气进入液体，呈微小气泡冒出，作为液体沸腾的气化中心，使蒸馏平稳进行，又能起搅拌作用。

● 冷凝管和普通蒸馏相同。

● 接液管(尾接管)和普通蒸馏不同的是，接收管上具有可供接抽气部分的小支管。蒸馏时，若要收集不同的馏分而又不中断蒸馏，则可用两尾或多尾接收管。转动多尾接收管，就可使不同的馏分进入指定的接受器中。接受器可用圆底抽烧瓶，切不可用平底烧瓶或锥形瓶(壁薄不耐压)。

b. 抽气装置。实验室通常用循环水真空泵或真空油泵进行减压。

c. 测压装置。压力计是测量系统内压力的一种仪器。实验室测量压力的量具主要有：开口式 U 形管水银压力计、一端封闭式 U 形管水银压力计、压力表(真空表)等。

R1-18 循环水真空泵与真空油泵

开口式 U 形管水银压力(差)计的压力计算：

系统内压力 = 大气压力 - 压差计中汞柱高度差

一端封闭式 U 形管水银压力计的压力计算：

系统内压力 = 压差计中汞柱高度差

压力表(真空表)的压力计算：真空压力表的读数有负值和正值之分。以大气压为基准表示的压力称为表压力，当系统压力比大气压小时，表压力为负值；真空度是当被测体系的压力小于大气压时，用真空表测量获得的压力值，它表示所测得压力的实际值比大气压低多少。

当真空表为负值时，读数是表压力：系统内压力 = 大气压力 + 表压力；

当真空表为正值时，读数是真空度：系统内压力 = 大气压力 - 真空度。

d. 安全保护装置。通常使用真空泵抽气。为防止蒸馏过程中一些低沸点有机溶剂、酸性物质和水汽进入压力计和泵体，污染水银及油泵用油，影响真空度的测量，应在压力计和真空泵的前面安装保护装置，保护装置包括吸收塔(又称干燥塔)、安全瓶等。吸收塔通常设三个：第一个装无水 $CaCl_2$ 或硅胶，吸收水汽；第二个装粒状 NaOH，吸酸性气体；第三个装切片石蜡，吸烃类气体。

实验室通常采用循环水真空泵来进行减压，在泵前还应接一个安全瓶，瓶上的两通活塞供调节系统压力及放气之用。减压蒸馏的整个系统必须保持密封不漏气，各磨口玻璃塞部分都应仔细涂好真空脂。当被蒸馏物中含有低沸点的物质时，应先进行普通蒸馏，然后用循环水泵减压蒸去低沸点物质，最后再用油泵减压蒸馏。

② 减压蒸馏操作。

• 将待蒸馏物质加入蒸馏烧瓶中，安装减压蒸馏装置。仪器安装好后，先打开安全瓶上的活塞，使体系与大气相通，再适当旋紧毛细管上的螺旋夹。

• 开启循环水泵抽气，慢慢关闭安全瓶上的二通活塞，同时注意观察压力计读数的变化，使体系的真空度调节所需范围。若沸腾太激烈，可适当旋紧毛细管上的螺夹，使液体中有连续平稳的小气泡产生即可。如无气泡，可能是螺旋夹夹得太紧，应旋松点；但也可能是毛细管已经阻塞，应予更换。

• 当压力稳定后，即可开始加热蒸馏。液体沸腾后，应注意控制蒸馏速度，蒸馏速度以每秒 0.5~1 滴为宜。在整个蒸馏过程中，都要密切注意温度计和真空计的读数，及时记录压力和相应的沸点值，根据要求，收集不同馏分。通常起始流出液比要收集的物质沸点低，这部分为前馏分，应另用接收器接收；在蒸至接近预期的温度时，只要旋转双叉尾接管，就可换个新接收瓶接收需要的物质。

• 蒸馏结束。蒸馏完毕，先移去火源，缓慢旋开夹在毛细管上的螺旋夹，待蒸馏瓶稍冷后，再慢慢打开安全瓶上的二通活塞，使系统内外的压力达到平衡，方可关闭循环水泵(或油泵)。否则，由于系统中压力较低，循环水泵中的水有倒吸的可能(或油泵中油就有吸入干燥塔的可能)。最后按照与安装相反的程序拆除仪器。

(4) 水蒸气蒸馏

水蒸气蒸馏是将水蒸气通入不溶或难溶于水，但有一定挥发性的有机物质(100℃其蒸气压至少为 5~10mmHg，0.665~1.33kPa)中，使该有机物质在低于 100℃的温度下，随着水蒸气一起蒸馏出来的操作过程。

R1-19 水蒸气蒸馏的基本原理

① 水蒸气蒸馏装置。实验室常用的水蒸气蒸馏装置，包括水蒸气发生器、蒸馏、冷凝和接受器四个部分，如图 1-12 所示。

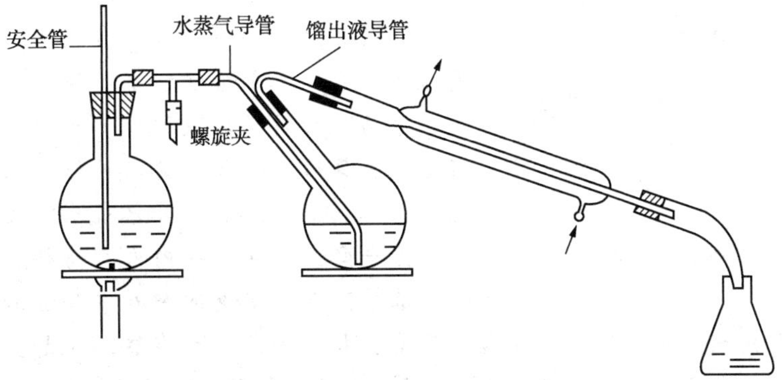


图 1-12 水蒸气蒸馏装置

水蒸气导出管与蒸馏部分导管之间由 T 形管相联结。T 形管用来除去水蒸气中冷凝下来的水，有时在操作发生不正常的情况下，可使水蒸气发生器与大气相通。水蒸气导入管应正对烧瓶底中央，距瓶底约 8~10mm。

② 水蒸气蒸馏操作。操作前，仔细检查整套装置的严密性，水蒸气通道越短越好。把待蒸馏的物质倒入蒸馏烧瓶中，其量约为烧瓶容量的1/3，水蒸气发生器内加入1/3~2/3水。开始蒸馏时，先打开T形管上的夹子，加热，使发生器里的水沸腾，待有水蒸气逸出时旋紧夹子，让水蒸气通入烧瓶中，开始蒸馏。

控制馏出液的流出速度，以每秒2~3滴为宜。为了使水蒸气不致在烧瓶内过多地冷凝，在蒸馏时通常也可用小火加热。在操作过程中，要随时注意安全管的水位，若有异常现象，应先打开夹子，再移开热源，检查、排除故障后方可继续蒸馏。

当馏出液澄清透明不再含有油状物时，可停止蒸馏。这时应先打开夹子，再停止加热，以防倒吸。

（5）萃取

萃取是分离和提纯有机化合物的常用方法，应用萃取可以从固体或液体混合物中提取出所需物质。

R1-20 萃取的基本原理

① 从液体中萃取。液体萃取最通常的仪器是分液漏斗，一般选择容积较被萃取液大1~2倍的分液漏斗，漏斗内加入的液体量不能超过容积的3/4。

分液漏斗使用前必须检漏，即检查分液漏斗的盖子和旋塞是否严密，以防分液漏斗在使用过程中发生泄漏而造成损失（检查的方法通常是先用水试验）。若分液漏斗漏液或玻璃旋塞不灵活，应拆下旋塞，擦干旋塞和内壁，涂抹凡士林。方法是用玻棒蘸少量凡士林，在旋塞粗的一端轻轻抹一下，注意不要涂多，也不要抹到旋塞的小孔里；在旋塞另一端，凡士林抹在旋塞槽内壁上；然后将旋塞插入槽内，向同一方向转动旋塞，直至旋转自如，关闭不漏液为止，此时旋塞部位呈现透明。再用小像皮圈套住旋塞尾部的小槽，防止旋塞滑脱。

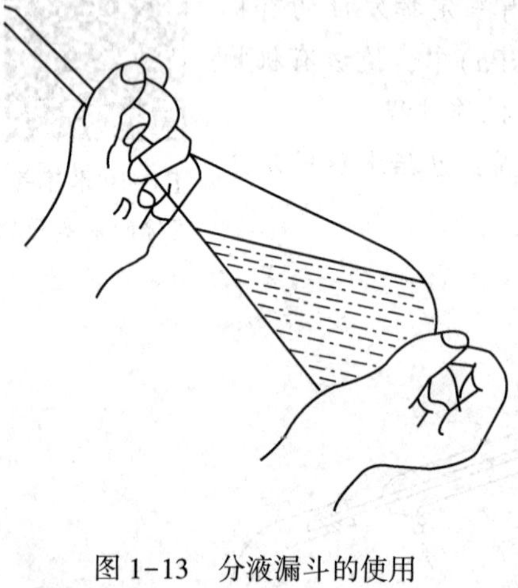

图1-13　分液漏斗的使用

在萃取或洗涤时，先将液体与萃取使用的溶剂由分液漏斗上口倒入，盖好盖子，振荡漏斗，使两液层充分接触。振荡的操作方法一般是先把分液漏斗倾斜，使漏斗的上口略朝下，如图1-13所示，右手捏住漏斗上口颈部，并用食指根部压紧盖子，以免盖子松开，左手握住旋塞；握持旋塞的方式既要防止振荡时旋塞转动或脱落，又要便于灵活地旋开旋塞。振荡后，令漏斗仍保持倾斜状态，缓慢地旋开旋塞（朝无人处），放出蒸气或产生的气体，使内外压力平衡；若在漏斗内盛有易挥发的溶剂，如乙醚、苯等，或用碳酸钠溶液中和酸液，振荡后，更应注意及时旋开旋塞，放出气体。振荡数次后，将分液漏斗放在铁环上静置，使乳浊液分层。有时有机溶剂和某些物质的溶液一起振荡，会形成较稳定的乳浊液。在这种情况下，应避免急剧振荡。如果已形成乳浊液，且一时又不易分层，则可加入食盐，使溶液饱和，以减少乳浊液的稳定性；轻轻地旋转漏斗，也可使其加速分层。在一般情况下，长时间静置分液漏斗，也可达到使乳浊液分层的目的。

分液漏斗中的液体分成清晰的两层后，就可以进行分离。下层液体应经旋塞放出，先把顶上的盖子打开（或旋转盖子，使盖子上的凹缝或小孔对准漏斗上的小孔，以便与大气相通)，把分液漏斗的下端靠在接受器的壁上，旋开旋塞，让液体流下，当分界面接近旋塞时，关闭旋塞，静置片刻，这时下层液体往往会增多一些，再把下层液体仔细地放出(如有絮状物，也应将其放出)。然后把剩下的上层液体从上口倒出，不可经旋塞放出，否则漏斗旋塞下面茎部所附着的残液就会把上层液体弄脏。

在萃取或洗涤时，上下层液体都应保留到实验完毕时。否则，如果中间的操作失误，便无法补救和检查。在萃取过程中，将一定量的溶剂分做多次萃取，其效果比一次萃取效果更好。

② 从固体混合物中萃取。从固体混合物中萃取所需要的物质，最简单的方法是把固体混合物先行研细，放在容器里，加入适当溶剂，用力振荡，然后用过滤或倾析的方法把萃取液和残留的固体分开。若被提取的物质特别容易溶解，也可以把固体混合物放在放有滤纸的锥形玻璃漏斗中，用溶剂洗涤。这样，所要萃取的物质就可以溶解在溶剂里而被滤取出来。

如果萃取物质的溶解度很小，则用洗涤的方法要消耗大量的溶剂和很长的时间，在这种情况下，一般用索氏(Soxhlet)提取器(也叫脂肪提取器)来萃取。

索氏提取器由提取瓶、提取管、回流冷凝管三部分组成，提取管两侧分别有虹吸管和连接管，装置如图 1-14 所示。索氏提取器是利用溶剂的回流及虹吸原理，使固体物质每次都被纯的热溶剂所萃取，减少了溶剂用量，缩短了提取时间，因而效率较高。提取前，应先将固体物质研细，以增加溶剂浸溶面积。然后将研细的固体物质装人滤纸筒内，再置于提取管，烧瓶内盛溶剂并与抽提管相连，提取管上端接冷凝管。溶剂受热沸腾，其蒸气沿提取管的连接管上升至冷凝管，冷凝为液体，滴入滤纸筒中，并浸泡筒中样品。当液面超过虹吸管最高处时，含有萃取物的溶剂虹吸回到烧瓶，从而萃取出溶于溶剂的部分物质。然后圆底烧瓶中的浸出溶剂继续蒸发、冷凝、浸出、回流，如此循环往复，使固体物质不断为纯的浸出溶剂所萃取，将萃取出的物质富集在烧瓶中。

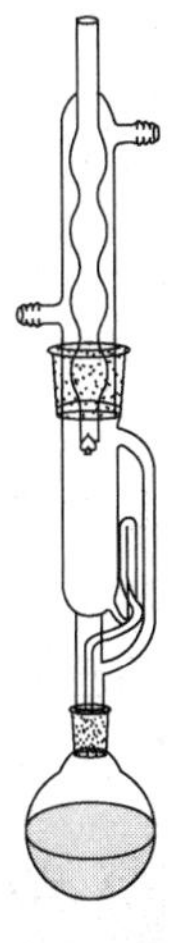

图 1-14　索氏提取器

液-固萃取是利用溶剂对固体混合物中所需成分的溶解度大，对杂质的溶解度小来达到提取分离的目的。

索氏提取器为配套仪器，其任一部件损坏将会导致整套仪器的报废，特别是虹吸管极易折断，所以使用过程中须特别小心。

(6) 重结晶

从有机合成反应分离出来的固体粗产物往往含有未反应的原料、副产物及杂质，必须加以分离纯化，重结晶是分离提纯固体化合物的一种重要的、常用的分离方法之一。固体有机物在溶剂中的溶解度与温度有密切关系。一般是温度升高，溶解度增大，温度降低则溶解度减小。若把固体物质溶解在热的溶剂中达到饱和，冷却时由于溶解度减小，溶液变成过饱和就会析出结晶。因此，利用溶剂对被提纯物质及杂质的溶解度不同，可以使被提纯物质从过饱和溶液中析出，而让杂质全部或大部分仍留在溶液中，或者相反，从而达到分离、提纯目的的一种方法。

重结晶操作一般包括溶剂的选择、配制热溶液、脱色、趁热过滤、晶体的析出、晶体的收集与洗涤、晶体的干燥等过程。

R1-21 重结晶的操作过程

## 1.5 有机化合物的鉴定与结构表征

通过有机制备反应和分离、提纯得到了纯净的有机化合物，其纯度是否达到要求，在机化学实验中，可用测定化合物物理性质的办法来确定。其中用得最多的是熔点、沸点、折射率及旋光度的测定等。上述物理性质在一定条件下是一个常数，这些常数可以通过化学手册查到，物理性质的测定不仅可以判别纯度，而且在鉴定未知有机物方面具有重要意义。近年来，波谱技术如紫外光谱、红外光谱、核磁共振谱和质谱等已广泛应用于有机化合物的结构分析。物理性质测定和结构分析也称有机化合物的结构表征。

(1) 熔点的测定

熔点是指物质在大气压力下固态与液态处于平衡时的温度。固体物质熔点的测定通常是将晶体物质加热到一定温度，晶体就开始由固态转变为液态，测定此时的温度就是该晶体物质的熔点。

有机化合物的熔点常用毛细管法和显微熔点测定仪法来测定。

R1-22 熔点测定的基本原理　　R1-23 毛细管法测熔点

显微熔点测定仪法测定熔点的方法如下：

用熔点测定仪测定熔点具有样品用量少(通常少于0.1mg)，可观察出样品在被加热过程中晶型的转化及变化过程，能精确读出样品初熔温度值与全熔温度值，并能测定高熔点样品(室温~350℃)等优点。显微熔点测定仪的型号有很多，不同型号的熔点测定仪的使用方法和操作步骤不同，但大同小异，使用前最好仔细阅读仪器使用说明书，小心操作，仔细观察。

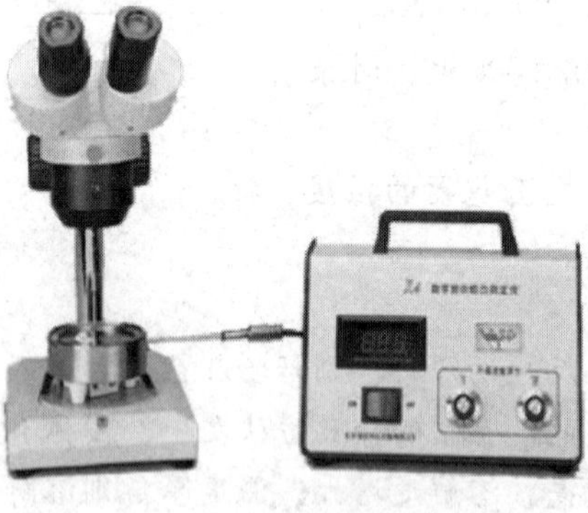

图 1-15　X-4 型显微熔点测定仪

以X-4型显微熔点测定仪(图1-15)为例，介绍测定熔点的方法。

仪器的基本构造：显微熔点测定仪主要由显微镜、加热台和温度检测器三大部分组成。仪器采用加热台和显微镜组合成一体的结构，温度检测器为插入式，使用方便，简单可靠。

测定熔点操作：首先将待测物品进行干燥处理，用蘸有丙酮或酒精的脱脂棉，将载玻片擦拭干净并吹干，将感温棒轻轻插入加热台的感温插孔内。取适量待测样品(不大于0.1mg)用两个盖玻片夹住，轻轻研磨、压实，让样品形成很薄的一层，放置在热台中央，盖上隔热玻璃。调节显微镜的调焦手轮，直到看见清晰的待测物品图像。开启电源加热，用可调变压器调节加热速率。开始升温速度可快一些，快接近预计熔点温度时缓慢升温，此时要注意观察晶体变化，当晶体棱角变圆或出现明显液滴时，表明已开始熔化(初熔)，记录此温度，继而晶体变成小圆珠(全熔)，记录此温度，即为该物质的熔点。如果结晶迅速地熔化成透明液滴并连成片，说明熔点已过，这是加热过快造成，需要重新测定。重复测试时，需待加热台温度下降到待测物品熔点温度以下 40℃ 左右才可重新测试。

测量完毕后，应及时切断电源，稍冷，用镊子取下玻璃片，将散热器放在加热台上，加速冷却。随后用丙酮拭洗玻璃片，晾干，以备再用。待仪器完全冷却后，整理好全部零部件，安放在仪器箱中，并将实验台面收拾干净。

(2) 沸点的测定

液体蒸气压与温度成正比。当蒸气压达到与外界压力相等时，液体沸腾，此时的温度称为该化合物在此压力下的沸点。沸点是液体有机物的重要物理性质，纯净的液体有机物一般都具有固定的沸点。通过沸点的测定可以初步判断液体的纯度。沸点的测定有常量法和微量法两种，常量法测定沸点采用蒸馏装置，在操作上与蒸馏相同，详见蒸馏操作。

(3) 折光率的测定

折射率(又称折光率)是有机化合物的重要物理常数之一。它是液体物质的纯度标志，可作为定性鉴定的手段，也可用于确定液体混合物的组成。

R1-24 微量法测定沸点

一般地说，光在两个不同介质中的传播速度是不相同的，所以光线从一个介质进入另一个介质，当它的传播方向与两个介质的界面不垂直时，则在界面处的传播方向会发生改变，这种现象称为光的折射现象。

根据折射定律，折光率是光线入射角的正弦与折射角的正弦之比，即 $n = \sin\alpha / \sin\beta$。式中 $n$ 为折光率，$\sin\alpha$ 为光线入射角的正弦，$\sin\beta$ 为折射角的正弦。化合物的折光率与它的结构及入射光线的波长、温度、压力等因素有关。通常大气压的变化的影响不明显，只是在精密的测定工作中，才考虑压力因素。所以折光率的表示，须注明所用的光线和测定时的温度，常用 $n_D^t$ 表示，$D$ 是以钠灯的 $D$ 线(589nm)作光源，常用的折光仪虽然是用白光为光源，但用棱镜系统加以补偿，实际测得的仍为钠光 $D$ 线的折射率；$t$ 是测定折射率时的温度。

R1-25 折光率的测定方法

R1-26 旋光度测定的基本原理

(4) 旋光度的测定

旋光仪是测定物质旋光度的仪器。旋光仪的使用方法如下：

开机：将仪器电源接入 220 V 交流电源，打开电源开关，这时钠光灯应启亮，需经 5min 钠光灯预热，使之发光稳定。打开光源开关，若光源开关扳上后，钠光灯熄灭，则再将光源开关上下重复扳动一两次，使钠光灯在直流下点亮为正常。打开测量开关，这时数码管应有数字显示。

零点的校正：将装有蒸馏水或其他空白溶剂的样品管放入样品室，盖上箱盖，待示数稳定后，按清零按钮。样品管中若有气泡，应先让气泡浮在凸颈处。通光面两端的雾状水滴，应用软布揩干。试管螺帽不宜旋得过紧，以免产生应力，影响读数。样品管安放时应注意标记的位置和方向。按下复测开关，使读数盘仍回到零处。重复操作 3 次。

测定旋光度：将样品管取出，倒掉空白溶剂，用待测溶液冲洗 2~3 次，将待测样品注入样品管，按相同的位置和方向放入样品室内，盖好箱盖。仪器数显窗将显示出该样品的旋光度。逐次按下复测按钮，重复读几次数据，取平均值作为样品的测定结果。

关机：仪器使用完毕后，应依次关闭测量、光源、电源开关。

(5) 有机化合物波谱分析

有机物的鉴别与鉴定最有力的确证是结构分析。结构分析最常用的技术方法包括光谱分析和质谱分析，统称为波谱分析。电磁辐射与物质相互作用会使物质内部发生量子化能级之间跃迁而产生的发射、吸收或散射辐射的波长和强度进行分析的方法称为光谱分析。常用的光谱分析有紫外光谱、红外光谱、核磁共振谱。详见 1-8 基础知识。

# 模块二 烃及卤代烃

只含碳、氢两种元素的有机化合物称为碳氢化合物，简称为烃。烃是最简单的有机化合物，可以看作是其他有机化合物的母体，而其他有机化合物可以看作是烃的衍生物。

根据烃分子中碳原子间的连接方式，可对烃进行如下分类：

- 烃
  - 开链烃(脂环烃)
    - 饱和烃——烷烃
    - 不饱和烃——烯烃、炔烃等
  - 闭链烃(环烃)
    - 脂环烃——环烷烃、环烯烃、环炔烃
    - 芳香烃——苯及其同系物、多环芳烃

## 第一部分 基础知识

### 2-1 烷烃

烷烃是指具有开链或支链结构、只有碳-碳单键的碳氢化合物。

**1. 几个名词和术语**

甲烷、乙烷、丙烷、丁烷和戊烷的分子式分别为 $CH_4$、$C_2H_6$、$C_3H_8$、$C_4H_{10}$和 $C_5H_{12}$，由这些分子式可以看出，任意两个烷烃在组成上相差一个或有若干个 $CH_2$，因此烷烃的通式为 $C_nH_{2n+2}$。

同系物：具有共同的化学通式，在组成上相差一个或几个碳原子基团，化学性质相似，物理性质随碳原子数的增加而规律性地变化的一系列化合物互称为同系物。如甲烷、乙烷、丙烷……为链状烷烃 $C_nH_{2n+2}$系列的同系物。

构造：描述组成分子的原子种类、数量及相互间连接的次序和方式。

结构式：是分子结构的化学表达式。分子结构通常包括组成分子的原子彼此之间的连接顺序(即分子的构造)，以及各原子在空间的相对位置(即分子的构型和构象)。

同分异构现象：分子式相同而结构和性质不同的现象。

同分异构体：分子式相同而结构不同的物质互称同分异构体。

构造异构体：分子式相同，分子构造不同的化合物称为构造异构体。

在烷烃的同系列中，甲烷、乙烷和丙烷分子中碳原子的连接方式都只有一种，但丁烷有两种同分异构体，戊烷有三种同分异构体。

正丁烷(沸点-0.5℃)　　异丁烷(沸点-10.2℃)

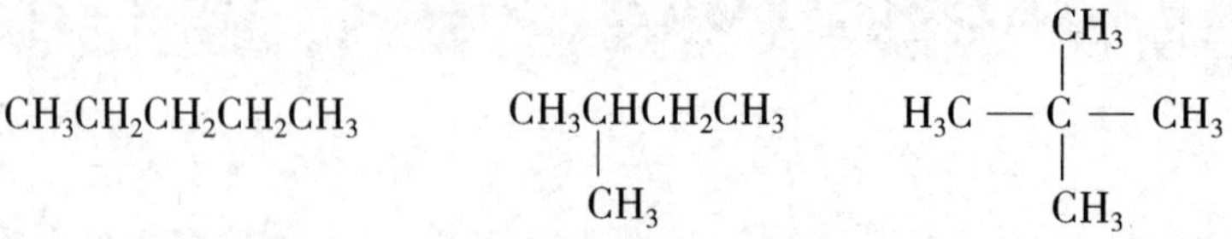

正戊烷(沸点36.1℃)　　异戊烷(沸点28℃)　　新戊烷(沸点9.5℃)

随着分子中碳原子数的增加，碳原子间就有更多的连接方式，异构体的数目显著增加，烷烃构造异构体数目见表 2-1。

**表 2-1　烷烃构造异构体的数目**

| 碳原子数 | 异构体数目 | 碳原子数 | 异构体数目 |
|---|---|---|---|
| 4 | 2 | 9 | 35 |
| 5 | 3 | 10 | 75 |
| 6 | 5 | 15 | 4347 |
| 7 | 9 | 20 | 366319 |
| 8 | 18 | 25 | $3.679\times10^9$ |

**2. 烷烃的结构**

近代物理方法测定出甲烷分子为正四面体结构，碳原子采取的 $sp^3$形成四个成键轨道，分别与四个氢原子的 1s 轨道相互重叠，生成四个等同的 C-Hσ 共价键，四个共价键伸向四面体的四个顶点。四个碳氢键的键长都为 0. 109nm，键能为 414. 9kJ · $mol^{-1}$，所有 H—C—H 的键角都是 109°28′。甲烷分子的正四面体结构如图 2-1(a)所示。有机化合物的三维立体结构，也可用球棒模型(Kekule 模型)和比例模型(Stuart 模型)表示，如图 2-1(b)、(c)所示。

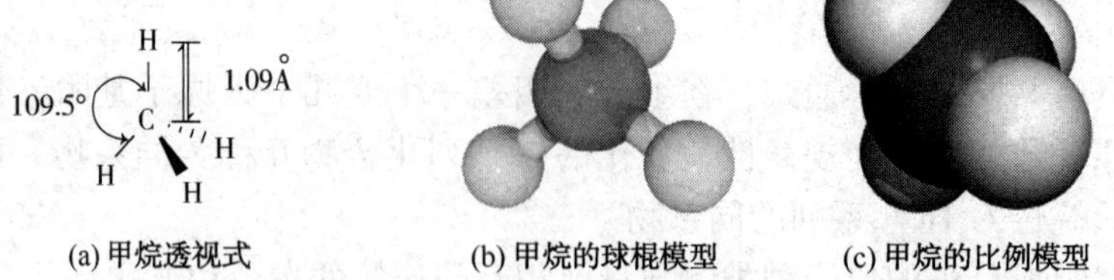


(a) 甲烷透视式　　(b) 甲烷的球棍模型　　(c) 甲烷的比例模型

图 2-1　甲烷分子的结构

其他烷烃分子中的碳原子也是采取 $sp^3$杂化的，相邻碳原子各以一个 $sp^3$杂化轨道重叠形成 C—C 键 σ 键，碳原子再以 $sp^3$杂化轨道与氢原子的 1s 轨道重叠，形成 C—H 键 σ 键。其中 C—C 键的平均键长是 0. 154nm。

由于碳的价键分布呈正四面体形，而且碳碳单键可以自由旋转，所以含有三个碳原子以上的烷烃分子中的碳链，并不是像构造式那样表示的直线型，而是以锯齿形的形式存在。例如：

（正十二烷）

**3. 烷烃的物理性质**

有机化合物的物理性质一般是指它们的状态、相对密度、沸点、熔点、溶解度和折射率等。

通常单一纯净的有机化合物，其物理性质在一定条件下是固定不变的，测定得到的这些固定数值称为物理常数。通过物理常数的测定，通常可以鉴定有机化合物及其纯度。利用有机化合物不同的物理性质，也可以进行混合物的分离和有机化合物的纯化。这些物理常数可从化学和物理数据手册中查出来。

表 2-2 列出了部分直链烷烃的物理常数。从中可以清楚地看出烷烃的物理性质，随着碳原子数的增加，而显示出一定的递变规律。

**表 2-2　一些直链烷烃的物理常数**

| 名称 | 沸点/℃ | 熔点/℃ | 相对密度($d_4^{20}$) |
|---|---|---|---|
| 甲烷 | -161.7 | -182.6 | |
| 乙烷 | -88.6 | -172.0 | |
| 丙烷 | -42.2 | -187.1 | |
| 丁烷 | -0.5 | -135.0 | 0.58 |
| 戊烷 | 36.1 | -129.3 | 0.63 |
| 己烷 | 68.7 | -94 | 0.66 |
| 庚烷 | 98.4 | -90.6 | 0.68 |
| 辛烷 | 125.7 | -56.8 | 0.70 |
| 壬烷 | 150.8 | -53.7 | 0.72 |
| 癸烷 | 174.1 | -29.7 | 0.73 |
| 十一烷 | 195.9 | -25.6 | 0.74 |
| 十二烷 | 216.3 | -9.6 | 0.75 |
| 十三烷 | 235 | -5 | 0.76 |
| 十四烷 | 254 | 6 | 0.76 |
| 十五烷 | 271 | 10 | 0.77 |
| 十六烷 | 287 | 18 | 0.77 |
| 十七烷 | 303 | 23 | 0.76 |
| 十八烷 | 317 | 28 | 0.76 |
| 十九烷 | 330 | 32 | 0.78 |
| 二十烷 | 343 | 37 | 0.79 |
| 三十烷 | >450 | 66 | 0.81 |

(1) 状态

在室温和一个大气压下，含1~4个碳原子的直链烷烃是气体，含5~16个碳原子的直链烷烃是液体，含17个以上碳原子的直链烷烃是固体。如石油液化气是丙烷和丁烷的混合气，打火机里面的液体主要是丁烷。高级烷烃即使在较高的温度，只要在熔点以下，仍是固体。例如在油田开发中含石蜡(高级烷烃)较多的原油，从油井喷出时，往往由于温度降低，石蜡从原油中析出而造成油井堵塞。

(2) 沸点

直链烷烃的沸点随相对分子质量的增加而升高，但不是一个简单的直线关系，每增加一个碳原子所引起的沸点升高值是逐渐减小的。同时，碳链的分支对沸点有显著影响。在同碳数原子的烷烃异构体中，直链异构体的沸点最高，支链越多，沸点越低。

烷烃分子中只有C—C键和C—H键，由于碳和氢的电负性相近，碳氢键的极性很小，而且碳的四价在空间对称分布，所以烷烃是非极性分子。在非极性分子中分子之间的吸引力，主要是由范德华力产生的。烷烃分子中碳原子数越多，相对分子质量越大，范德华力也越大。所以，烷烃的沸点随碳原子数的增加而升高。但范德华力只有在近距离才能有效作用，随距离的增加，范德华力很快的减弱。在支链烷烃中，由于支链的阻碍，分子间不能像直链烷烃那样靠得很近，因此他们之间的范德华力较直链烷烃弱，沸点也较之为低。

在实验室和生产实践中，沸点不仅可以应用于有机化合物的鉴定，还可以根据化合物沸点之间的差异，将液体混合物进行分离和提纯。例如：石油炼制工业中，根据原油中所含各组分沸点的不同，利用常减压蒸馏方法，把原油切割成若干不同馏程(沸点范围)的馏分，如石脑油、汽油、煤油、轻柴油及燃料油等油品。

(3) 熔点

直链烷烃熔点的变化基本上也是随着相对分子质量的增加而升高。但含偶数碳原子烷烃的熔点通常比含奇数碳原子烷烃的熔点升高较多，构成相应的两条熔点曲线，偶数居上，奇数在下，如图2-2所示。

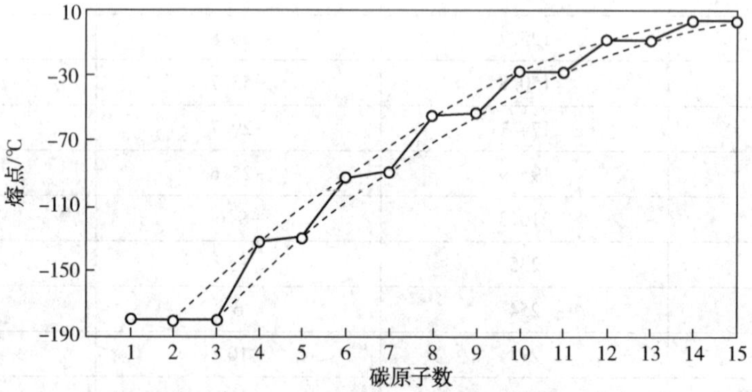


图2-2　烷烃的熔点与碳原子数的关系图

在晶体中，分子间的作用力不仅取决于分子的大小，而且与分子的对称性有关，对称性高的烷烃在晶格中排列比较紧密，熔点相对要高些。含偶数碳原子的烷烃分子对称性好，因此它们在晶格中排列的越紧密，分子间的作用力也越强，故熔点要高一些。

对于碳原子数相同烷烃的不同异构体，一般含支链烷烃的熔点比直链烷烃的低，但当支链烷烃分子具有高度对称性时，其熔点比含同碳原子数的直链烷烃的还高。例如：

| | $CH_3CH_2CH_2CH_2CH_3$ | $(CH_3)_2CHCH_2CH_3$ | $(CH_3)_4C$ |
|---|---|---|---|
| 熔点/℃ | −130 | −160 | −17 |

（4）溶解度

烷烃是非极性分子，根据“相似相溶”经验规律，烷烃几乎不溶于水，而易溶于苯、氯仿、四氯化碳、乙醚等有机溶剂，在实验室和生产实践中，根据化合物溶解度不同，可以将液体混合物进行分离和提纯。如烷烃中混杂有少量硫酸时，可根据烷烃不溶于水，而硫酸与水可以混溶的特点，采用简单的水洗方法，将硫酸除去。

（5）相对密度

烷烃相对密度的大小也与分子间的作用力有关，相对分子质量越大，作用力也越大，因此相对密度随碳原子数的增加而逐渐增大，但都小于 1。

综上可知，无论在实验室还是在生产实践中，制备有机化合物时，应用的是其化学性质即化学反应；而最后得到纯净的化合物时，所涉及的过程，如分离、提纯和鉴定等，则必须要熟悉其物理性质。

**4. 烷烃的化学性质**

烷烃分子中，无论是 C—C 键还是 C—H 键，键能都很大，所以烷烃的化学性质很不活泼。在常温下，烷烃与强酸、强碱、强氧化剂、强还原剂等都不易发生反应，所以烷烃在有机反应中常用来作溶剂。但烷烃的稳定性也是相对的，在一定条件下，如适当温度、压力或催化剂的存在下，烷烃也可以和一些试剂发生反应。

（1）烷烃的氧化

有机化学中的氧化概念同无机化学中的氧化概念有所不同，在有机化学中，加氧去氢为氧化反应，加氢去氧为还原反应。

烷烃在空气中完全燃烧时，生成二氧化碳和水，并放出大量的热。例如：

$$C_nH_{2n+2}+\frac{3n+1}{2}O_2 \longrightarrow nCO_2+(n+1)H_2O+\text{热能}(Q)$$

1mol 烷烃完全燃烧所放出的热量，称为该烷烃的燃烧热。烷烃的燃烧热随着相对分子质量的增加而有规律的增加。例如：

甲烷燃烧： $CH_4+O_2 \xrightarrow{\text{燃烧}} CO_2+2H_2O+891kJ\cdot mol^{-1}$

己烷燃烧： $C_6H_{14}+9\frac{1}{2}O_2 \xrightarrow{\text{燃烧}} 6CO_2+7H_2O+4138kJ\cdot mol^{-1}$

这正是天然气作为燃料，汽油、柴油作为汽油机和柴油机燃料的基本原理。此外可利用燃烧反应来测定烷烃中碳和氢的含量。

如果空气不足，烷烃燃烧不完全，会产生有毒的一氧化碳和黑烟（主要是未燃烧完全的碳），这是汽车尾气造成的空气污染原因之一。据统计，工业、交通排入大气中的一氧化碳的 70%、烃污染的 55%以上是内燃机排放的。反应生成的炭黑可以作为黑色的颜料，也可作为橡胶的填料，具有补强作用。

烷烃在室温下，一般不与氧气等氧化剂反应，但如果控制反应条件，如在金属氧化物或金属盐催化下进行氧化，则可得到部分氧化产物，如醇、醛、酸等。高级烷烃氧化得高级脂肪酸，高级脂肪酸可代替动物油脂制造肥皂，可以节省大量的食用油脂。例如：

$$R-\underset{\displaystyle H}{\overset{\displaystyle H}{\underset{|}{\overset{|}{C}}}}-\underset{\displaystyle H}{\overset{\displaystyle H}{\underset{|}{\overset{|}{C}}}}-R' + O_2 \xrightarrow[110℃]{MnO_2} RCOOH+R'COOH+\text{其他羧酸}$$

（2）烷烃的裂化

烷烃在高温及隔绝氧气的条件下发生键断裂的反应称为裂化反应。例如丙烷在一定条件下裂化可以发生如下反应：

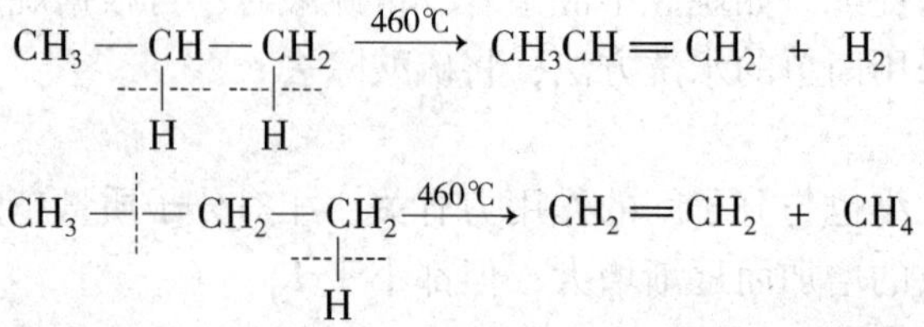

裂化反应的产物很复杂。实验表明，烷烃高温裂化的结果有两个：① C—H 键发生断裂，使烷烃脱氢成为烯烃；②烷烃分子中的任意 C—C 键断裂，生成较小的烷烃和烯烃。因为C—C键的键能低于 C—H 键的键能，所以断裂比脱氢更容易。

裂化反应在石油化学工业中具有非常重要的意义，根据生产目的的不同可采用不同的裂化工艺。

裂化反应可以在不加催化剂的条件下加热裂化，称为热裂化。热裂化一般要求较高的裂化温度(500~700℃)，而且要求一定压力。也可在催化剂的作用下进行裂化，称为催化裂化。催化裂化要求裂化温度较低(450~500℃)，而且在常压下即可进行。在炼油生产中，催化裂化生产的汽油，在质量和产率方面均优于热裂化。催化裂化是最重要的重质油轻质化的过程之一，在汽油和柴油等轻质油生产中占很重要的位置。如以硅酸铝、分子筛等为催化剂，在 450~500℃下裂化石油高沸点馏分(如重柴油)进行脱氢、异构化、环化和芳构化等反应，就可以得到催化裂化汽油，经过催化裂化把直链烷烃变成支链较多的烷烃，得到的汽油比原油直接蒸馏得到的汽油辛烷值高。所以催化裂化的目的就是为了提高汽油的产量和质量(生产高辛烷值的汽油)。例如：

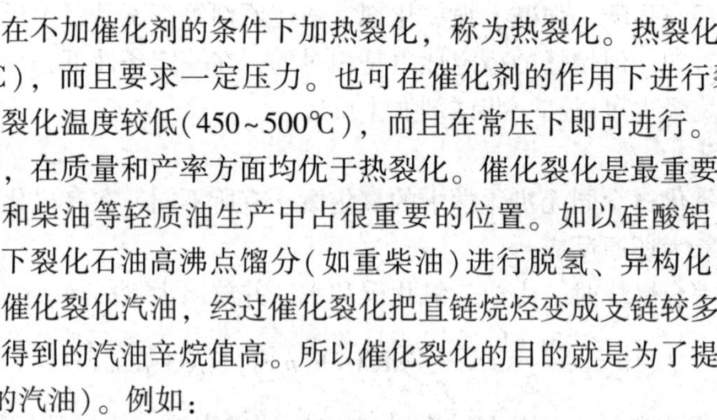

化学工业上将石油馏分在更高的温度下(800~1100℃)进行深度裂化，常称为“裂解”。裂解的主要目的是得到基本化工原料如乙烯、丙烯、丁二烯、乙炔等。乙烯是十分重要的化工原料，是石油裂解的重要产品之一。

总之，裂解和裂化就反应过程而言，都是分子中的 C-C 键和 C-H 键发生断裂反应，但裂化是以得到汽油、柴油等油品为主要目的，而裂解是以得到乙烯、丙烯等低级烯烃为主要目的。乙烯的产量可衡量一个国家石油化学工业的水平。

（3）异构化反应

化合物由一种异构体转变为另一种异构体的反应，称为异构化反应。在适当条件下，如在催化剂的作用下和/或加热等，多数烷烃可发生异构化反应。例如：

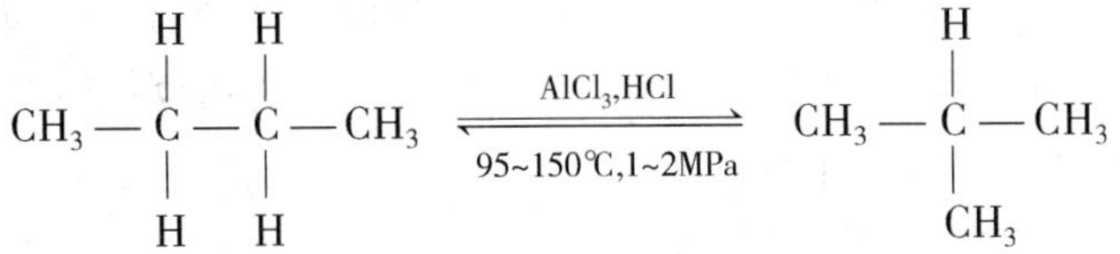

碳原子数较多的直链烷烃异构化的产物，是许多异构体的混合物。例如：

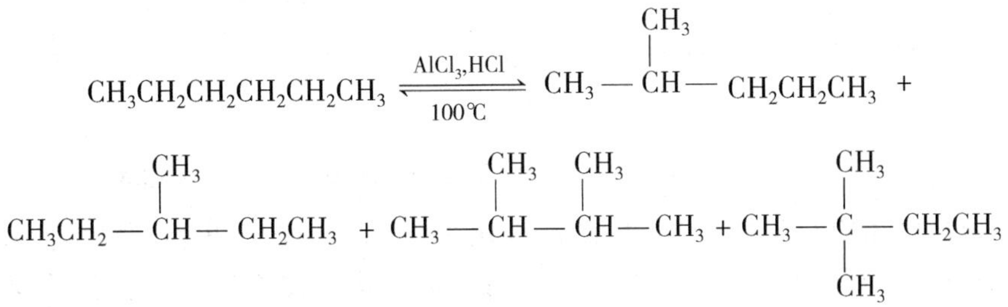

反应条件不同时，异构体的比例也不相同。

异构化反应在石油化学工业中占有重要的地位。炼油工业中为了提高汽油的辛烷值，必须对汽油馏分进行加工，使直链烷烃变成支链较多的烷烃，以提高汽油的质量。

（4）取代反应

① 卤代反应。烷烃分子中的氢原子被其他原子或基团所代替的反应称为取代反应，被卤原子取代的反应称为卤代反应或卤化反应。

烷烃是生产卤代烷的重要原料，氟、氯、溴与烷烃反应，生成一卤代烷烃和多卤代烷烃，其反应活性顺序为，$F_2>Cl_2>Br_2>I_2$，$I_2$通常不反应。氟在常温、黑暗条件下，就能与烷烃发生取代反应，反应非常剧烈，并且难于控制，甚至爆炸生成碳和氟化氢，因此烷烃的卤代反应主要讨论氯代和溴代。氯和溴在光照或加热条件下，可以与烷烃发生取代反应。例如甲烷与氯气，在光照或加热条件下生成氯甲烷及氯化氢。

$$CH_3—H+Cl—Cl \xrightarrow{h\nu\text{或加热}} CH_3—Cl+H—Cl$$

甲烷的氯代反应较难停留在一取代阶段，一氯甲烷可继续氯代，生成二氯甲烷、三氯甲烷、四氯化碳。因此所得产物是氯代烷的混合物。

$$CH_4 \xrightarrow[h\nu\text{或加热}]{Cl_2} CH_3Cl \xrightarrow[h\nu\text{或加热}]{Cl_2} CH_2Cl_2 \xrightarrow[h\nu\text{或加热}]{Cl_2} CHCl_3 \xrightarrow[h\nu\text{或加热}]{Cl_2} CCl_4$$

但是，如果控制反应条件和原料的用量比，可以使其中某一种氯代烷为主要产物。如反应温度控制在400~450℃，甲烷与氯气的摩尔比为10∶1时，可得到以一氯甲烷为主的产物；若控制甲烷与氯气的摩尔比为0.263∶1时，则主要产物为四氯化碳。

工业上常利用烷烃的氯化反应来制备氯代烷。氯代烷可作为溶剂使用，也是制备洗涤剂、增塑剂、农药等的原料。例如沸点范围在240~360℃的液体石蜡氯化后得到的氯化石蜡，可作为聚氯乙烯、橡胶的增塑剂，以及塑料、合成纤维的阻燃剂。

碳链较长的烷烃氯代时，反应可以在不同的碳原子上进行取代，产物较为复杂。乙烷只能生成一种一氯代产物，而丙烷、丁烷和异丁烷都能生成两种一氯代产物。例如：

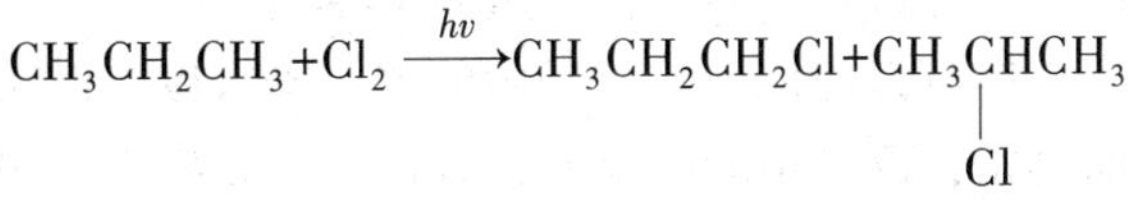

1-氯丙烷(43%) 2-氯丙烷(57%)

丙烷分子中有6个等价的伯氢原子，两个等价的仲氢原子，若氢原子的活性一样，则两种一氯代烃异构体的产率理论上是3∶1，但两种产物的产率之比却为43∶57，说明伯氢、仲氢原子被氯取代的反应活性是不同的。氢的相对活性=产物的数量÷被取代的等价氢的个数。由计算可得：仲氢与伯氢的相对活性为4∶1。

异丁烷常温下，氯代时产物情况如下：

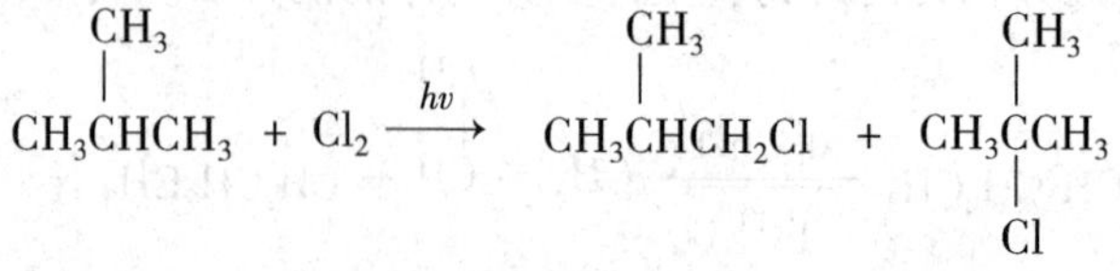

1–氯–2–甲基丙烷(64%)　2–氯–2–甲基丙烷(36%)

同理可得叔氢和伯氢发生氯代反应的活性比为5∶1。由此得出，叔氢、仲氢、伯氢在室温时发生氯代反应的相对活性比为5∶4∶1。但是当温度升高时，比例将逐渐升高到1∶1∶1。根据上述活性关系，可以预测烷烃在室温时，氯代产物中异构体的比例关系。

在溴代反应中，也遵循叔氢>仲氢>伯氢的活性顺序，但差别较大，它们的相对活性比为1600∶82∶1，如异丁烷溴代时反应方程式为

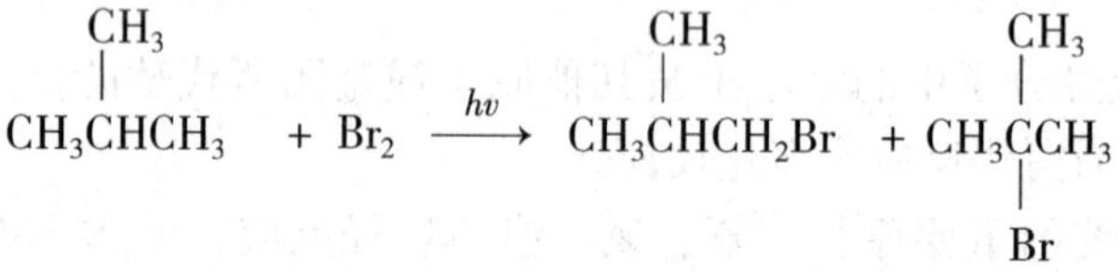

痕量　　>99%

产物中只能得到痕量的伯氢溴代产物。

② 自由基取代反应历程。反应历程是指化学反应所经历的途径或过程，又称为反应机理。它是有机化学理论的重要组成部分，反应历程是在综合大量实验事实的基础上，提出的一种理论假设，实验事实越丰富，可靠程度就越大。氯气与甲烷反应有如下实验事实：

a. 甲烷和氯气的混合物，在室温下及黑暗处长期放置，并不发生化学反应。

b. 将氯气用光照射后，在黑暗处放置一段时间，再与甲烷混合，反应不能进行；若将氯气用光照射后，迅速在黑暗处与甲烷混合，反应立即发生，并放出大量的热。

c. 若将甲烷用光照射后，在黑暗处迅速与氯气混合，也不发生化学反应。

从上述实验事实可以看出，甲烷氯代反应的进行与光对氯气的影响有关。首先在光照射下，氯气分子吸收能量，使其共价键发生均裂，产生两个活泼氯原子即氯自由基。

$$\mathrm{Cl:Cl} \xrightarrow{h\nu} 2\mathrm{Cl}\cdot$$

氯自由基非常活泼，它能够夺取甲烷分子中的一个氢原子，生成甲基自由基和氯化氢。

$$\mathrm{Cl}\cdot + \mathrm{H:CH_3} \longrightarrow \mathrm{HCl} + \cdot\mathrm{CH_3}$$

甲基自由基与氯自由基一样活泼，它与氯气分子作用生成一氯甲烷，同时产生另一个新的氯自由基。

$$\mathrm{Cl:Cl} + \cdot\mathrm{CH_3} \longrightarrow \mathrm{CH_3Cl} + \mathrm{Cl}\cdot$$

新产生的氯自由基，不但可以夺取甲烷分子中的氢，也可以夺取氯甲烷分子中的氢生成氯甲基自由基。这样周而复始，反复不断的反应，理论上可以把无数甲烷分子中的氢全部夺去，这种现象称为连锁反应。

$$\cdot CHCl_2 + Cl_2 \longrightarrow CHCl_3 + Cl\cdot$$
$$Cl\cdot + CHCl_3 \longrightarrow \cdot CCl_3 + HCl$$
$$\cdot CCl_3 + Cl_2 \longrightarrow CCl_4 + Cl\cdot$$

事实上，连锁反应不可能永久传递下去，直到自由基互相结合或与惰性质点结合而失去活性时，这个反应就终止了。例如：

$$Cl\cdot + Cl\cdot \longrightarrow Cl_2$$
$$\cdot CH_3 + \cdot CH_3 \longrightarrow CH_3CH_3$$
$$\cdot CH_3 + Cl\cdot \longrightarrow CH_3Cl$$

自由基反应可以用链引发、链传递和链终止三个阶段来表示。

a. 在链引发阶段，吸收能量，并产生活泼质点即自由基。一般来说，这个阶段是由光照、加热或过氧化物引起的。

b. 在链传递阶段，每一步都消耗一个活泼的自由基，同时又生成一个新的自由基，为下一步反应，产生一个新的活泼质点。

c. 在链终止阶段，活泼质点被消耗，连锁反应终止。

前面已经提到烷烃的卤代反应，在室温时不同氢原子的反应活性顺序是：叔氢>仲氢>伯氢。这一结论可以用键的解离能数据来说明。同一类型的键如 C—H 键，发生均裂时，键的解离能越小，则反应越容易发生，自由基越容易生成，生成的自由基也越稳定。

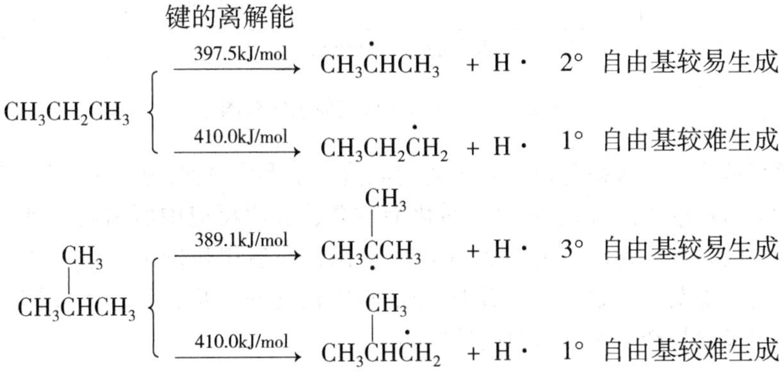


比较这些反应的键的解离能数值，可以得出，烷基自由基的稳定性顺序是：

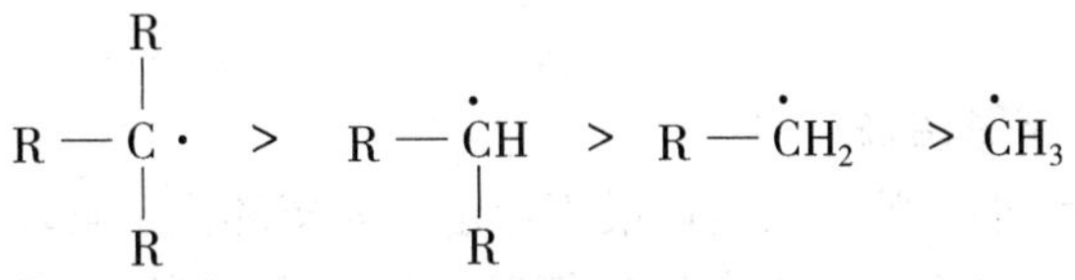

即 $3° > 2° > 1° > \cdot CH_3$

即越稳定的自由基，越容易产生。烷烃的卤代反应，是自由基取代反应，决定反应速率的关键步骤是产生烷基自由基这一步。这样就回答了为什么烷烃分子中各种不同类型的氢的反应活性会有以上现象。

③ 甲烷氯代反应过程中的能量变化。一个反应能否发生或是容易发生，在很大程度取决于反应物和产物之间的能量变化。反应过程中的能量关系一般用反应进程能量曲线图来表示，能量曲线图是以反应进程为横坐标，反应物、过渡态、中间体及产物的势能为纵坐标所

作的图。在甲烷的氯代反应中，当氯自由基与甲烷分子靠近到一定距离时，氢原子与氯原子之间开始部分成键，甲烷分子中的 C—H 键则伸长变弱，H—Cl 键则部分生成，这时体系的能量逐渐增大，到最大值，称为过渡态。

$$Cl\cdot + H—CH_3 \longrightarrow [Cl\cdots H\cdots CH_3]^{\neq} \longrightarrow HCl + \cdot CH_3$$

第一过渡态

随着 H—Cl 键的进一步形成和 C—H 的断裂，体系的能量逐渐降低，直至形成甲基自由基和氯化氢。

生成的甲基自由基与氯分子反应，生成一分子的氯甲烷和一个氯自由基。

$$\cdot CH_3 + Cl—Cl \longrightarrow [CH_3\cdots Cl\cdots Cl]^{\neq} \longrightarrow CH_3Cl + Cl\cdot$$

第二过渡态

甲烷氯代反应的能量曲线图如图 2-3 所示。

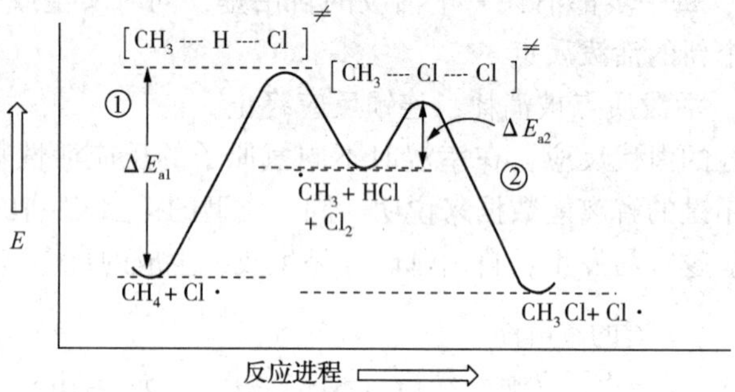


图 2-3　甲烷氯代反应能量曲线图

根据过渡态理论，反应物与过渡态之间的能量差是形成过渡态所必需的最低能量，称为活化能(activation energy)，用 $E_a$ 表示。活化能越高，表明反应中所需越过的能垒越高，反应越难进行，反应速率也越慢。由图 2-3 可以看出，在氯甲烷的形成过程中，反应①的活化能比反应②高，说明这一过程中，反应①是速率较慢的一步，是速率控制步骤。也就是说，反应的关键步骤是产生烷基自由基这一步。

## 2-2　环烷烃

**1. 小环烷烃的结构与稳定性**

环的稳定性与环的大小有关，三碳环最不稳定，四碳环比三碳环稍微稳定一点，五碳环较稳定，六碳及六碳以上的环比较稳定。如何解释这一事实呢？1885 年拜耳提出了张力学说，部分要点如下：当碳与四个原子相连时，任何两个键之间的夹角都为四面体角(109°28′)，但环丙烷是三角形夹角，应是 60°，环丁烷是正方形，夹角应为 90°。任何原子都要使键角与成键轨道角一致，即以 109°28′的角度重叠成键，才能形成最稳定的结构，即在环丙烷和环丁烷中，每个碳上的两个键则必须压缩到 60°或 90°，以适应环的几何形状，这些与正常四面体键角的偏差，引起了分子的张力，这种张力称为角张力，这样的环叫作张力环。张力环为了减小张力，就有开环而生成更稳定的化合物的倾向。

根据量子力学计算，环丙烷分子中 C—C—C 键角为 105. 5°，H—C—H 键角为 114°，这就是角张力作用的结果。角张力的存在是环丙烷不稳定的重要原因。形成 105. 5°键角时，轨道重叠不及正常的109°28′大，实际上呈弯曲状，所以常把这种键称为弯曲键，或香蕉键。如图2-4所示。

环丁烷与环丙烷类似，分子中的原子轨道也不是直线重叠，分子内也存在角张力，但比环丙烷小一些，所以其稳定性比环丙烷大一些。环戊烷、环己烷分子中的碳原子不在一个平面上，碳碳键的夹角接近或保持109°28′，分子角张力很小，或无角张力都比较稳定。

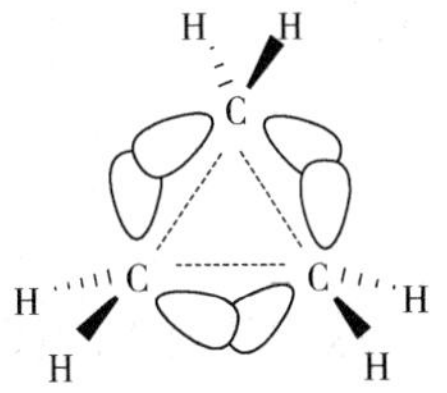

图2-4 环丙烷的弯曲键

**2. 环烷烃的物理性质**

常温常压下，小环烷烃为气体，普通环为液体，大环为固体。环烷烃的熔点、沸点、密度等一般高于相应的直链烷烃。这是由于环烷烃成环，结构较紧密，分子排列的有序性大，分子间作用力大。环烷烃不溶于水，易溶于有机溶剂，比水轻。

**3. 环烷烃的化学性质**

R2-1 单环烷烃的物理常数

大环烷烃的化学性质与烷烃类似，可发生取代反应，而小环烷烃如三元和四元环烷烃，由于分子中存在张力，所以表现在化学性质上比较活泼，可以发生开环加成的反应，生成链状化合物。

① 取代反应。环戊烷、环己烷等，在光照或加热的条件下，易发生取代反应。

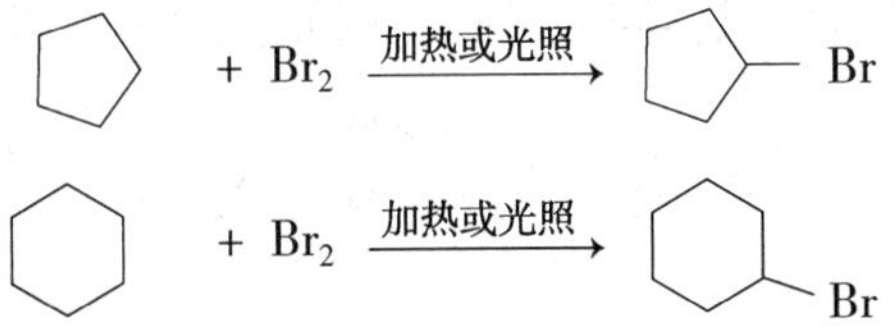


② 催化氢化。小环烷烃的性质与烯烃类似，在催化剂存在下，能发生加氢反应，生成烷烃。反应的难易与环的大小有关。

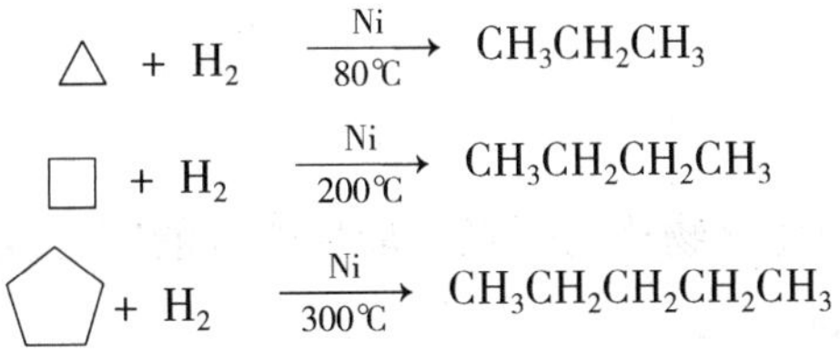


环己烷及更高级的环烷烃通常难以发生催化加氢反应。

上述反应表明，环的大小不同，环烷烃的稳定性也不同，加氢反应的条件也不同。

③ 与卤素或卤化氢的开环反应。环丙烷在室温下与溴发生加成反应，生成1,3-二溴丙烷。

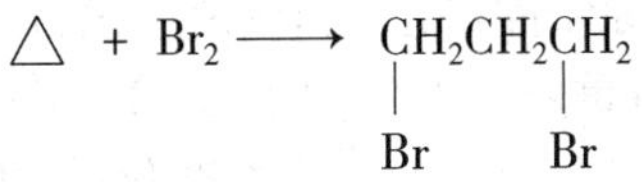


常温下环丁烷与溴不发生反应，但在加热条件下发生加成反应，生成1,4-二溴丁烷。

与溴反应时，溴的红棕色褪去，可用于区别小环烷烃和开链烷烃。

环丙烷、环丁烷与卤化氢发生加成反应，生成卤代烷。环戊烷、环己烷，不易发生此反应。

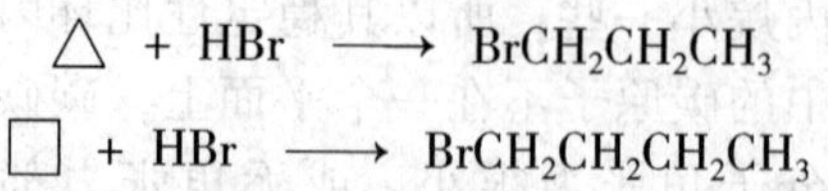

取代环丙烷与卤化氢加成时符合 Markovnikov 规则，即环的破裂发生在含氢最多与含氢最少的两个碳原子之间，H 加到含氢较多的碳上，X 原子加到含 H 少的碳上。例如：

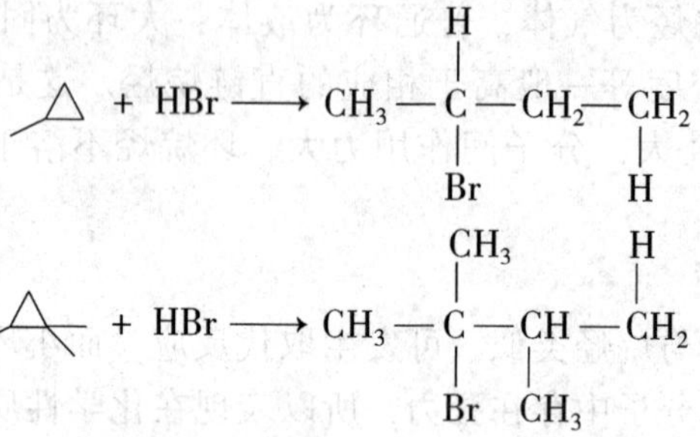

④ 氧化反应。环烷烃在一般条件下与高锰酸钾不起反应。环丙烷不同于烯烃和炔烃，对氧化剂较稳定，环丙烷虽然易发生开环加成反应，但对氧化剂是稳定的。故可用高锰酸钾溶液来区别烯烃和环丙烷衍生物。但在强烈的条件下，与强氧化剂，或在催化剂的存在下用空气氧化，环烷烃则可以被氧化成不同的产物。例如：

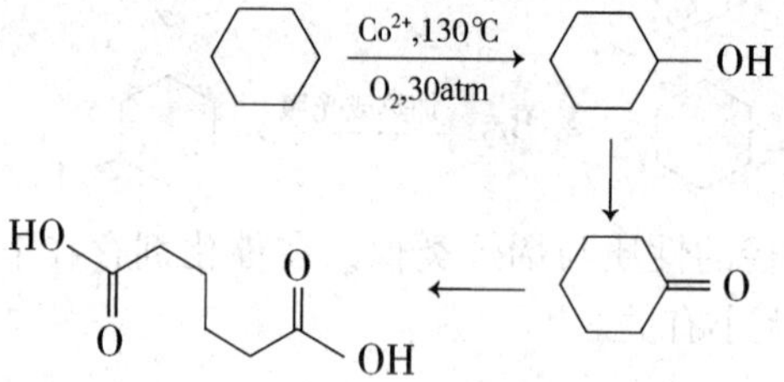


## 2-3 烯烃

分子中含有碳碳双键的化合物称为烯烃，烯烃的官能团是碳碳双键，单烯烃的通式是 $C_nH_{2n}$。

R2-2 烷烃和环烷烃的工业来源

**1. 烯烃的结构**

乙烯是最简单的烯烃，分子式为 $C_2H_4$，构造式为 $CH_2{=}CH_2$。杂化轨道理论认为，乙烯的碳原子成键时，碳原子发生 $sp^2$ 杂化，即由一个 s 轨道和两个 p 轨道进行杂化，形成三个等同的 $sp^2$ 杂化轨道，三条杂化轨道的对称轴在同一平面内，彼此呈 120°角。在乙烯分子中，两个碳原子除各以一个 $sp^2$ 杂化轨道形成一条 C—Cσ 键外，又各以两个杂化轨道和氢原子的 1s 轨道重叠，形成四条 C—Hσ 键，共形成五个 σ 键，且都在同一平面内。经过上述方式成键后，2 个碳原子未参加杂化的 2P 轨道，垂直于 5 个 σ 键所在的平面而互相平行。这两个平行的 p 轨道，侧面重叠，形成一个 π 键。乙烯分子的形成过程如图 2-5 所示。

由于 π 键的形成，以双键相连的两个碳原子之间不能以 C—Cσ 键为轴“自由旋转”，否

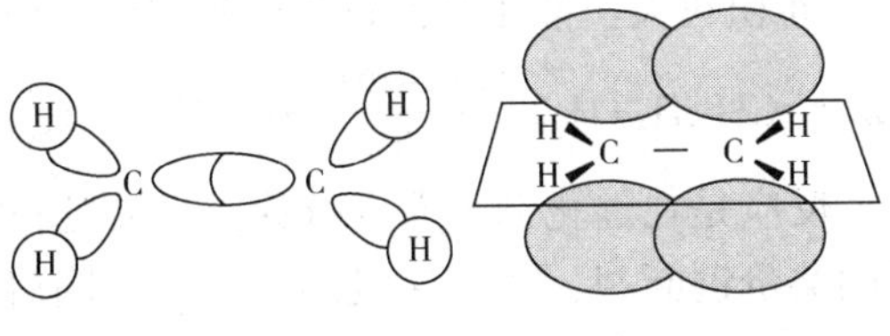

乙烯分子中的σ键　　　　乙烯分子中的σ键和π键

图 2-5　乙烯分子的形成

则 π 键将被破坏。两个碳原子之间增加了一个 π 键，所以两个碳原子核比只以一个 σ 键相连的更为靠近，其键长为 0.133nm，比乙烷分子中的 C—Cσ 键长要短。碳碳双键的键能为 $610kJ \cdot mol^{-1}$，小于碳碳单键键能（$345.6kJ \cdot mol^{-1}$）的 2 倍，即 π 键的键能为 $610-345.6=264.4kJ \cdot mol^{-1}$，所以 π 键容易断裂。

σ 键和相 π 键比较，具有以下特点：

存在的情况：σ 键可以单独存在，并存在于任何含共价键的分子中，两个原子间只能有一个 σ 键；π 键不能单独存在，必须与 σ 键共存，可存在于双键和三键中，两个原子间，可有一个 π 键或两个 π 键。

成键原子轨道的结合特点：σ 键在直线上相互交盖，成键轨道方向结合，可以自由旋转；π 键相互平行而交盖，成键轨道方向平行，不可以自由旋转。

电子云的重叠及分布情况、键的性质：σ 键重叠程度大，键能较大，极化性较小，σ 键较稳定；π 键重叠程度小，电子云较扩散，键能较小，极化性较大；当试剂进攻时，π 电子云容易被极化，导致 π 键断裂。

**2. 烯烃的物理性质**

烯烃的物理性质和烷烃相似。烯烃均为无色物质，在常温下含 2~4 个碳原子的烯烃为气体，含 5~18 个碳原子的烯烃为液体，高级同系物为蜡状固体。烯烃比水轻，相对密度较相应的烷烃略高，有微弱的极性，故它们的折光率比相应的烷烃高。烯烃难溶于水，易溶于非极性的有机溶剂，如苯、乙醚和氯仿等。在顺反异构体中，反式异构体的熔点，比顺式异构体高，这是由于反式异构体分子的对称性较高，在晶体中能紧密的排列在一起的缘故。沸点则是反式异构体比顺式异构体低，这是由于反式异构体的极性比顺式异构体低。末端烯烃的沸点比相应的双键在碳链中间的异构体略低。直链烯烃的沸点比带支链的异构体略高。但这些差别都不大。

R2-3 烯烃的物理常数

**3. 烯烃的化学性质**

烯烃的化学性质很活泼，π 键较易断裂，容易发生加成、氧化、聚合等反应；受碳碳双键的影响，α-H 也容易发生被取代的反应。烯烃发生化学反应的主要部位如下：

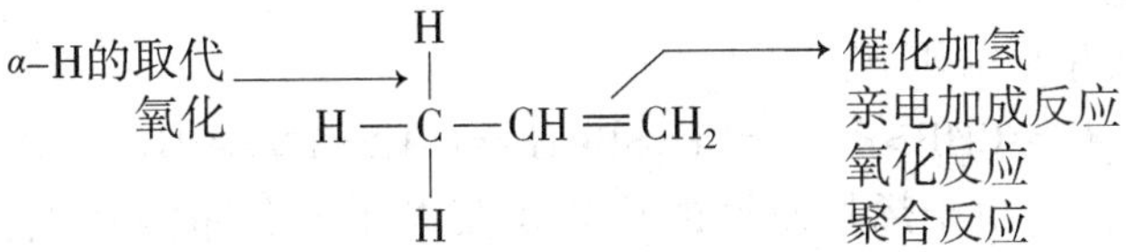


① 催化加氢。催化加氢是还原反应的一种形式。常用于氢化反应的催化剂有雷尼镍（Raney Ni）、钯、铂、铑等金属。雷尼镍催化剂是铝镍合金经碱处理，滤去铝后余下的多

孔镍粉(或海绵状物)，其表面积较大，催化活性较高，吸附能力较强，价格低廉。例如：

$$(C_2H_5)_2CH{=}CHCH_3+H_2 \xrightarrow[5MPa]{Ni,90\sim100℃} (C_2H_5)_2CH_2{-}CH_2CH_3$$

一般认为，烯烃的加氢反应是在催化剂表面进行的。当烯烃和氢气在分散的、很细的金属催化剂表面时，氢分子的共价键断裂，形成活泼的氢原子；同时烯烃中的 π 键也被削弱，从而大大降低了氢化反应所需要的活化能，提高了反应速率。由于催化剂表面对烷烃的吸附能力小于烯烃，所以当烷烃一旦生成，就立即从催化剂表面解析出来。

非金属都不溶于有机溶剂，故称异相催化剂。近年来发现了一些可溶于有机溶剂的催化剂，称之为均相催化剂。如氯化铑或氯化钌与三苯基磷的络合物 $[(C_6H_5)_3P]_3RhCl$ 和 $[(C_6H_5)_3P]_3RuCl$。这种均相均相催化剂的发现，在有机合成工业中是一大进展。

烯烃催化加氢的难易取决于烯烃分子的构造和选用的催化剂。工业上一般使用雷尼镍为催化剂，即可在气相也可在液相进行。有些反应，可在常温、常压下进行，也有些反应，需要在 200~300℃，高于 10MPa 下进行，实验室中常用乙醇作为溶剂。

氢化反应是放热反应，1mol 不饱和化合物氢化时放出的热量称为氢化热。每个双键的氢化热大约为 $125kJ \cdot mol^{-1}$，可以通过测定不同烯烃的氢化热(表 2-3)，比较烯烃的相对稳定性。通常氢化热越高，说明该烯烃所具有的内能就越高，该烯烃就越不稳定；反之亦然。

**表 2-3　烯烃的氢化热**

| 烯烃 | 氢化热/$kJ \cdot mol^{-1}$ | 烯烃 | 氢化热/$kJ \cdot mol^{-1}$ |
|---|---|---|---|
| $CH_2{=}CH_2$ | 137.2 | $(CH_3)_2C{=}CH_2$ | 118.8 |
| $CH_3CH{=}CH_2$ | 125.9 | 顺-$CH_3CH_2CH{=}CHCH_3$ | 119.7 |
| $CH_3CH_2CH{=}CH_2$ | 126.8 | 反-$CH_3CH_2CH{=}CHCH_3$ | 115.5 |
| $CH_3CH_2CH_2CH{=}CH_2$ | 125.9 | $CH_3CH_2(CH_3)C{=}CH_2$ | 119.2 |
| $(CH_3)_2CHCH{=}CH_2$ | 126.8 | $(CH_3)_2CH_2(CH_3)C{=}CH_2$ | 117.2 |
| $(CH_3)_3CCH{=}CH_2$ | 126.8 | $(CH_3)_2C{=}CHCH_3$ | 112.5 |
| 顺-$CH_3CH{=}CHCH_3$ | 119.7 | $(CH_3)_2C{=}C(CH_3)_2$ | 111.3 |
| 反-$CH_3CH{=}CHCH_3$ | 115.5 | | |

比较表中数据可知，双键上有取代基的烯烃，比无取代基的烯烃的氢化热小，表明双键碳上有取代基的烯烃更稳定。烷基越多，烯烃就越稳定。在顺反异构体中，反式的氢化热总是小于顺式的，可见，反式比顺式稳定。这是由于顺式中两个烃基在同侧，相距较近，存在着斥力或者说张力作用，使分子内能提高；而反式中两个烃基在异侧，无此张力，故较稳定。

烯烃的稳定性次序总结如下：

$$R_2C{=}CR_2>R_2C{=}CHR>R_2C{=}CH_2>RCH{=}CH_2>CH_2{=}CH_2$$

R2-4 催化加氢反应的意义

② 亲电加成反应。由于烯烃双键的形状及其电子云分布的特点，烯烃容易给出电子，因而容易受到亲电试剂的进攻。凡是缺电子的物质都是亲电试剂，如正离子等。这种由亲电试剂进攻而引起的加

成反应，称为亲电加成反应。易与烯烃发生亲电加成反应的试剂有卤素、卤化氢、水等。

a. 与卤素的加成。烯烃很容易与卤素发生加成反应，生成邻二卤化合物。例如，将烯烃气体通入溴的四氯化碳溶液后，溴的红棕色消失。在实验室中，可利用以下反应来检验烯烃的存在：

$$CH_3CH{=}CH_2 + Br{-}Br \xrightarrow{CCl_4} CH_3\underset{\displaystyle Br}{\underset{|}{C}}H{-}\underset{\displaystyle Br}{\underset{|}{C}}H_2$$

相同的烯烃和不同的卤素进行加成时，反应的活性顺序为：氟>氯>溴>碘。氟与烯烃的反应太激烈，往往使碳链断裂；碘与烯烃难发生加成反应，因为这个反应是一个平衡反应，邻二碘烷烃容易分解为原来的烯烃。所以一般所谓烯烃与卤素的加成，实际上是指加氯或者加溴。

下面以乙烯和溴的加成反应为例，来说明烯烃和卤素加成的反应历程。

把干燥的乙烯通入溴的无水四氯化碳溶液(置于玻璃容器中)时，不易发生反应，若置于涂有石蜡的玻璃容器中，则更难反应。但当加入一点水时，很快发生反应，溴水的颜色褪去。这说明溴与乙烯的加成反应受极性物质如水、玻璃(弱碱性)等的影响。实际上就是乙烯的双键受极性物质的影响，使π电子云发生极化而向其中的一个碳原子上集中，双键的一个碳原子带微量正电荷，而另一个碳原子带微量负电荷。

同样，$Br_2$在接近双键时，在π电子的影响下，也会发生极化。

极化了的乙烯和溴又是怎样进行反应的呢？事实说明，两个溴原子不是同时加到双键碳原子上，而是分两步进行的。

第一步，被极化的溴分子中带微量正电荷的溴原子，首先向乙烯中的π键进攻，形成环状溴鎓离子中间体。由于π键的断裂和溴分子中σ键的断裂都需要一定的能量，因此反应速率较慢，是决定加成反应速率的一步。

第二步，溴负离子进攻溴鎓离子，这一步反应是离子之间的反应，反应速率较快。

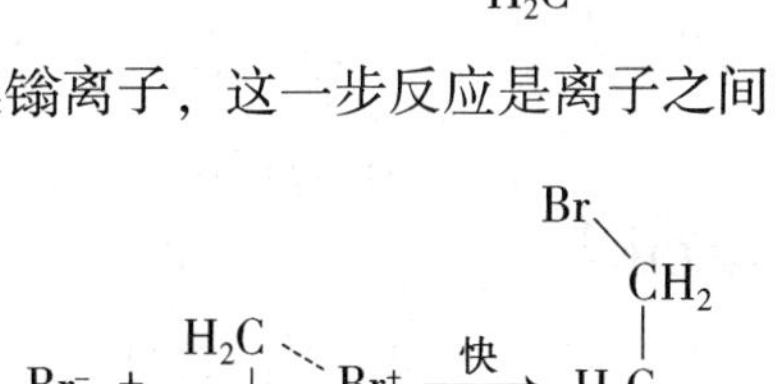

实验证明，乙烯和溴在氯化钠的水溶液当中进行加成反应时，除生成1,2-二溴乙烷外，还生成1-溴-2-氯乙烷和少量2-溴乙醇。

这一实验现象就可以用亲电加成反应历程来解释。

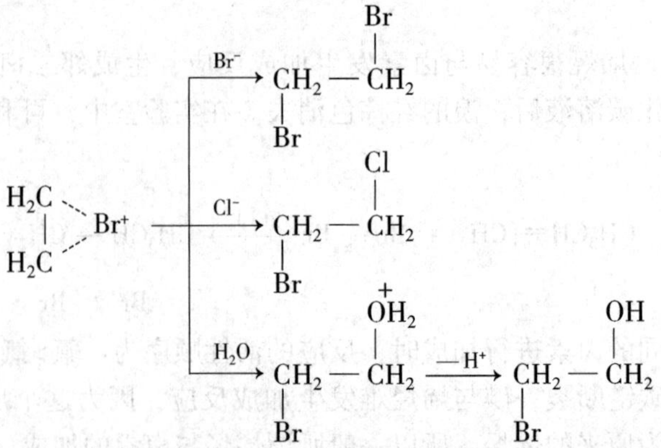

这就是化学理论与实验的关系，即理论的提出和完善，必须以客观实验为依据；反过来，理论又应该能够解释和预测实验的结果。

b. 与卤化氢的加成。烯烃与卤化氢发生加成反应，生成相应的卤代烃。

$$CH_2=CH_2+HX \longrightarrow CH_3CH_2X$$

将干燥的卤化氢气体直接通入烯烃，即可使此加成反应进行。有时也可在具有适当极性的溶剂如醋酸中进行，因为极化的卤化氢和非极性的烯烃都有可能溶于这些溶剂。例如：

$$(CH_3)_2C=CH_2+Br_2 \xrightarrow{CH_3COOH} (CH_3)_2\overset{Br}{\overset{|}{C}}-CH_3$$

不同的卤化氢与烯烃反应的活性顺序为 HI>HBr>HCl。

烯烃与卤化氢加成时，第一步是氢离子加到双键碳上生成碳正离子中间体，第二步再加上负性基团形成产物。

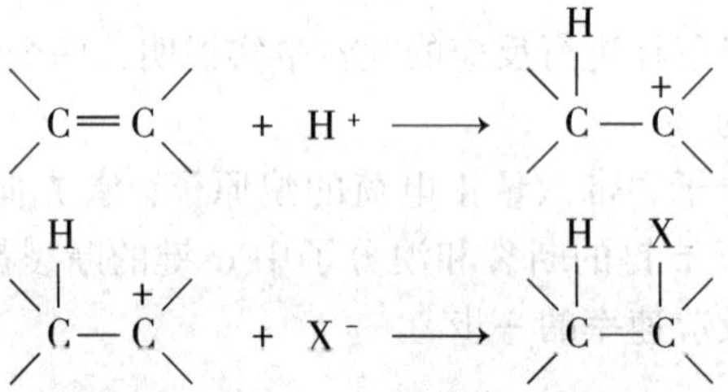

当不对称烯烃(两个双键碳原子上的取代基不相同)与卤化氢加成时，可以得到两种产物，例如：

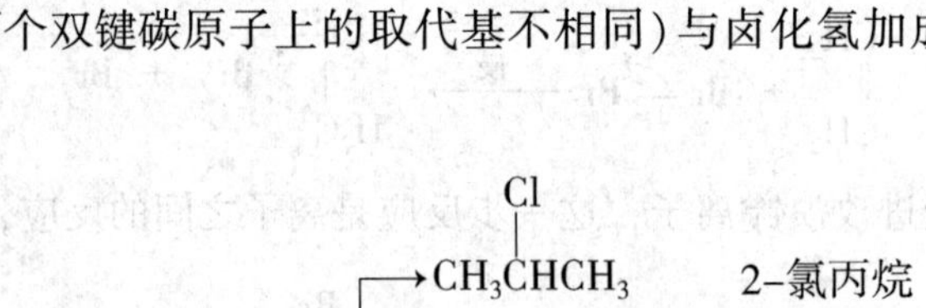


实验证明，上述反应主要以2-氯丙烷为主。根据大量实验结果，总结出一条经验规律，不对称烯烃与极性试剂(如卤化氢)进行加成时，试剂中带正电的部分(如氢离子)，总是加到含氢较多的双键碳原子上，带负电的部分(如卤负离子)，则加到含氢较少的双键碳原子

上。这个经验规律是由俄国化学家马尔科夫尼科夫(Markovnikov V. V.)在 1869 年总结出来的，因此称为马尔科夫尼科夫规则，简称马氏规则，也称不对称加成规则。应用这个规则可以预测各种不对称烯烃的加成产物。如：

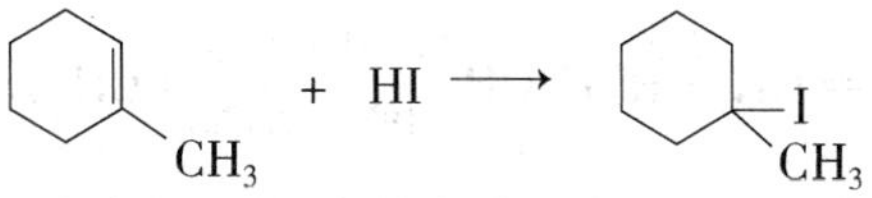


马氏规则可以用诱导效应来解释。

例如当丙烯与溴化氢加成时，根据诱导效应，丙烯分子中的甲基是一个供电子基团，向双键提供电子，这部分电荷会对 π 键中的电子产生排斥作用，结果使双键的 π 电子云发生偏移。

$$CH_3 \longrightarrow \overset{\delta^+}{C}H = \overset{\delta^-}{C}H_2 \quad 电负性 \quad sp^3 < sp^2$$

这样，含氢原子较少的双键碳原子带部分正电荷，含氢原子较多的双键碳原子带部分负电荷。加成时，进攻试剂溴化氢分子中带正电荷的氢离子，首先加到带负电荷的(即含氢原子较多的)双键碳原子上，然后溴负离子才加到另一个双键碳原子上，产物符合马氏规则。

马氏规则也可以用反应过程中生成的活性中间体(碳正离子)的稳定性来解释。例如丙烯和溴化氢加成，第一步反应生成的碳正离子中间体可能有两种形式：

$$\underset{(\mathrm{I})}{CH_3\overset{+}{C}H - CH_3} \xleftarrow{-X^-} CH_3CH = CH_2 + HX \xrightarrow{-X^-} \underset{(\mathrm{II})}{CH_3CH_2 - \overset{+}{C}H_2}$$

究竟生成哪一种碳正离子，这取决于碳正离子的相对稳定性。碳正离子外层只有 6 个电子，属缺电子体系。根据物理学上的规律，一个带电体系的稳定性取决于带电电荷的分散程度，电荷越分散，体系越稳定。碳正离子(Ⅰ)上，由于连有两个供电子的烃基，而碳正离子(Ⅱ)上，只连了一个烃基，所以碳正离子(Ⅰ)正电荷的分散程度比碳正离子(Ⅱ)大，从而稳定性也是(Ⅰ)大于(Ⅱ)。因此当氢离子进攻丙烯双键时，主要生成更稳定的碳正离子(Ⅰ)，下一步 $X^-$ 就加到 2 位碳原子上，产物符合马氏规则。

同理，可以比较出各种碳正离子的稳定性顺序为

$$CH_3-\underset{CH_3}{\overset{CH_3}{C^+}} > CH_3-\underset{H}{\overset{CH_3}{C^+}} > CH_3-\underset{H}{\overset{H}{C^+}} > H-\underset{H}{\overset{H}{C^+}}$$

即碳正离子的稳定性关系为

叔碳正离子(3°)>仲碳正离子(2°)>伯碳正离子(1°)>甲基碳正离子

c. 水合反应。在中等浓度的强酸(如 $H_3PO_4$、$H_2SO_4$ 等)中，烯烃加水生成醇，这种反应称为水合反应。在酸催化下，烯烃先生成碳正离子，然后与水结合，再失去质子生成醇，这种制备醇的方法称为烯烃的直接水合法。

例如乙烯在高温高压下，以载于硅藻土上的磷酸作催化剂，与过量的水蒸气作用，可直接生成乙醇。这是工业上生产乙醇最重要的一个方法。

$$CH_2{=\!=}CH_2+HOH\xrightarrow[280\sim300^\circ C,7\sim8MPa]{H_3PO_4}CH_3CH_2OH$$

不对称烯烃与水加成也是马氏加成。例如：

$$CH_2{=\!=}CH\text{-}CH_3+HOH\xrightarrow[195^\circ C,2MPa]{H_3PO_4}(CH_3)_2CHOH$$

若将烯烃通入冷的浓硫酸中，则可生成硫酸氢酯，硫酸氢酯在有水存在时加热水解得醇，此法是烯烃制备醇的间接水合法。例如：

$$CH_2{=\!=}CH_2+HOSO_2OH\longrightarrow CH_3CH_2OSO_2OH$$

$$CH_3CH_2OSO_2OH+H_2O\xrightarrow{\triangle}CH_3CH_2OH+H_2SO_4$$

直接水合法与间接水合法这两种方法都可以用作工业上制备醇。只有乙烯才能制备伯醇，其他烯烃只能制备仲醇和叔醇。间接水合法环境污染和设备腐蚀问题较大；直接水合法，避免了使用腐蚀性较大的硫酸，省去了稀硫酸的浓缩回收，节约设备投资，减少了能源消耗，避免了酸性废水的污染，但直接水合法要求烯烃的纯度必须达到97%以上。因此，对于回收利用石油炼厂气中的烯烃，仍然使用间接水合法。为了减少“三废”，处理好环境保护问题，今后的发展方向是采用固体酸，如用杂多酸代替液体酸催化剂。

d. 与次卤酸加成。烯烃在水溶液中同卤素（溴或氯）可起加成反应，生成邻卤代醇（$\beta$-卤代醇）。此反应相当于烯烃与次卤酸（由于次卤酸不稳定，常用卤素和水代替）发生了加成。

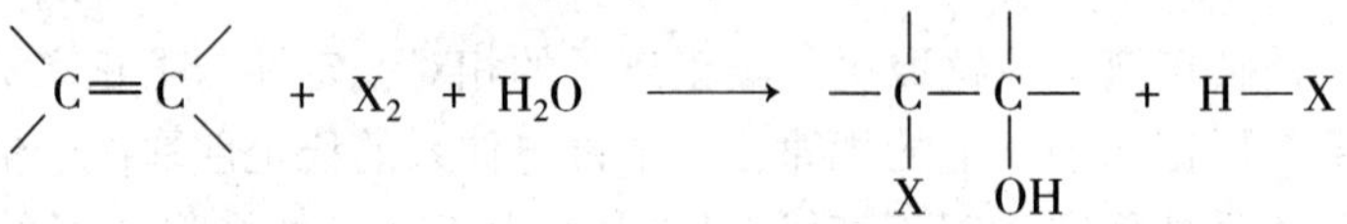

当不对称烯烃与次卤酸发生加成时，按照马氏规则，带正电的卤原子应加到连有较多氢原子的双键碳上，羟基则加到连有较少氢原子的双键碳上。

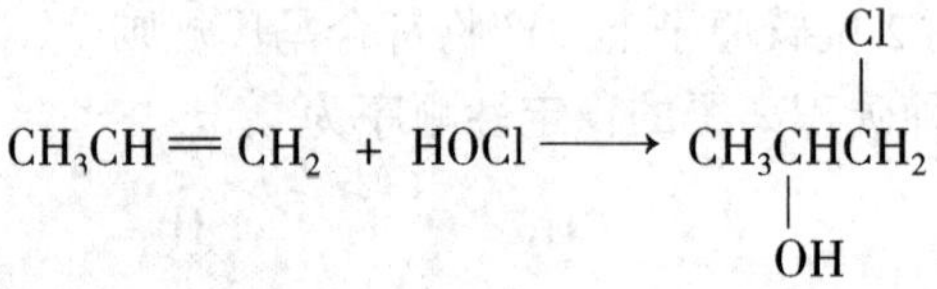

烯烃与次卤酸加成是亲电加成反应。反应的第一步不是质子的加成，而是卤素正离子的加成。例如烯烃与溴水的加成，第一步反应是溴和双键结合为溴鎓离子，第二步反应是水分子或溴负离子的反式加成。

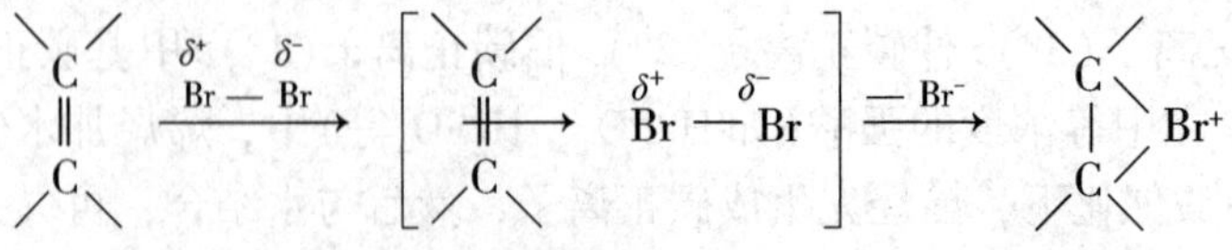

π络合物　　　　溴鎓离子

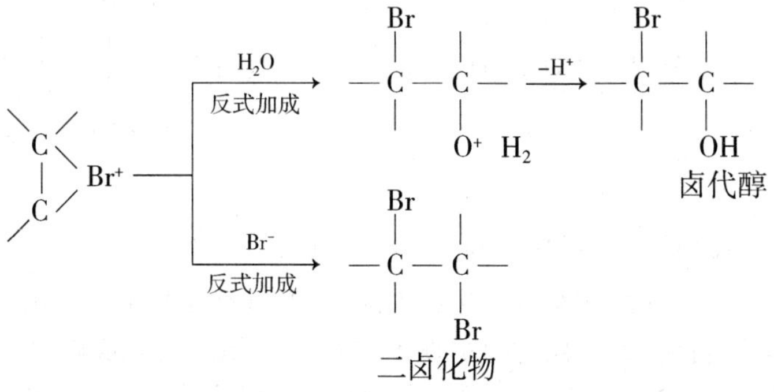


烯烃和溴(氯)在有机溶剂中可发生溴(氯)的加成，和溴(氯)在有水存在的有机溶剂中，则发生次溴酸(次氯酸)的加成，主产物是溴(氯)代醇，次产物是二溴(氯)代物。

③ 自由基加成反应。在日光或有过氧化物存在时，氢溴酸与丙烯或其他不对称烯烃发生加成反应时，反应取向是反马氏规则，即氢加在含氢原子较少的碳原子上。例如：

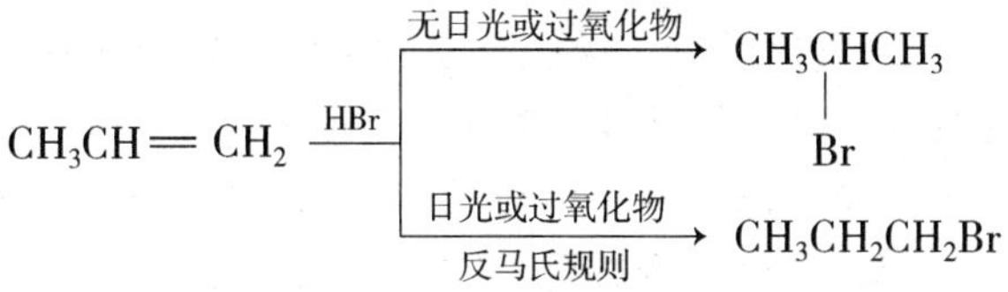


这种由于有机过氧化物的存在而引起溴化氢与烯烃加成取向的改变，称为过氧化物效应。

这里所说的过氧化物一般是指有机过氧化物，即过氧化氢的一个或两个氢原子被烃基取代的化合物。例如：

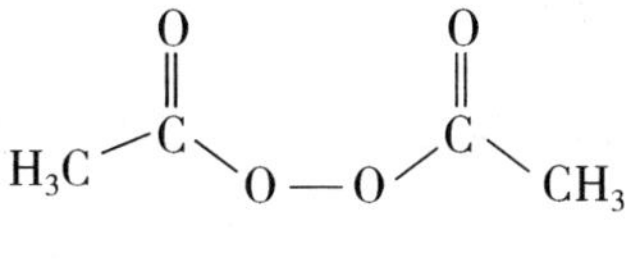

过氧化乙酰

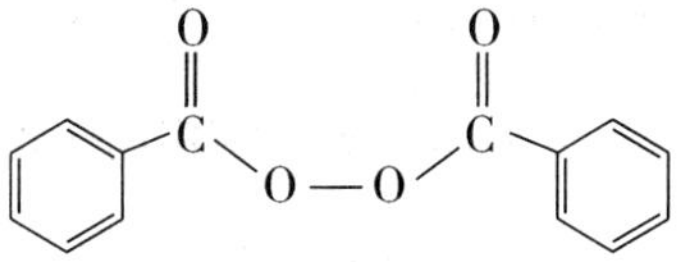

过氧化苯甲酰

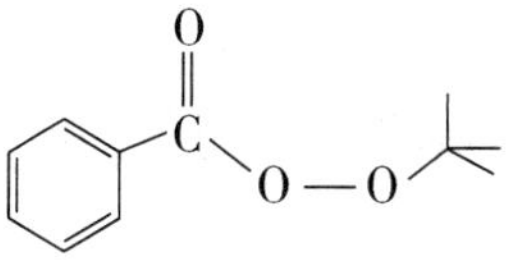

过氧化苯甲酸叔丁酯

在通常情况下，溴化氢与烯烃的加成反应是按碳正离子历程进行的亲电加成。而当有过氧化物存在时，由于过氧化物存在较弱的—O—O—键，它在光照或受热时容易发生均裂，从而引发试剂生成自由基，然后与烯烃进行自由基加成反应。例如，溴化氢与丙烯的自由基加成机理如下：

链引发：
$$R—O—O—R \xrightarrow[\text{或光}]{\triangle} 2R—O\cdot$$
$$R—O\cdot + H—Br \longrightarrow R—OH + Br\cdot$$

链增长：
$$Br\cdot + CH_3—CH{=}CH_2 \longrightarrow CH_3—\dot{C}H—CH_2—Br$$
$$CH_3—\dot{C}H—CH_2—Br + H—Br \longrightarrow CH_3—\underset{}{\overset{H}{\overset{|}{C}}}H—CH_2—Br + Br\cdot$$

链终止：
$$Br\cdot + Br\cdot \longrightarrow Br—Br$$

$$2CH_3-\dot{C}H-CH_2-Br \longrightarrow Br-CH_2-\overset{H}{\underset{CH_3}{C}}-\overset{H}{\underset{CH_3}{C}}-CH_2-Br$$

$$CH_3-\dot{C}H-CH_2-Br+Br\cdot \longrightarrow CH_3-\overset{Br}{CH}-CH_2-Br$$

对卤化氢而言，只有 HBr 才有过氧化物效应，HI 和 HCl 则不能。由于氯化氢的氯氢键较强而难生成氯原子(自由基)，碘化氢的碘氢键虽然较弱容易生成碘原子(自由基)，但碘自由基的活泼性差，很难与烯烃迅速加成，却容易自身结合成碘分子。因此氯化氢和碘化氢与烯烃的加成不存在过氧化物效应。

利用过氧化物效应，由 α-烯烃与溴化氢反应是制备 1-溴代烷的方法之一。例如：

$$CH_3CH_2CH=CH_2+HBr \xrightarrow[95\%]{(PhCOO)_2} CH_3CH_2\overset{H}{CH}-\overset{Br}{CH_2}$$

R2-5 赫伯特 · 布朗

④ 硼氢化反应。烯烃与硼氢化物(简称硼烷)进行的加成反应称为硼氢化反应。是美国化学家布朗(HerbertCharlesBrown)发现的。

最简单的硼化物为甲硼烷($BH_3$)，硼原子周围只有 6 个外层电子不稳定，因此两个甲硼烷可以结合生成乙硼烷。

$$2BH_3 \rightleftharpoons B_2H_6[或(BH_3)_2]$$

乙硼烷为无色气体，有毒，在空气中能自燃，通常在乙醚、四氢呋喃(THF)中保存及使用；与烯烃反应时，迅速解离为甲硼烷-醚的配合物，不需要进行分离即可直接与烯烃发生加成反应。

反应分三步进行，但每步都非常迅速，对于结构简单的烯烃，只能得到最终产物三烷基硼烷。

$$RCH=CH_2 \xrightarrow[THF]{\frac{1}{2}B_2H_6} RCH_2CH_2BH_2 \xrightarrow{RCH=CH_2} (RCH_2CH_2)_2BH \xrightarrow{RCH=CH_2} (RCH_2CH_2)_3B$$

在硼氢化反应中，氢原子加到了烯烃中含氢较少的碳原子上，而硼加到了含氢较多的碳原子上。例如：

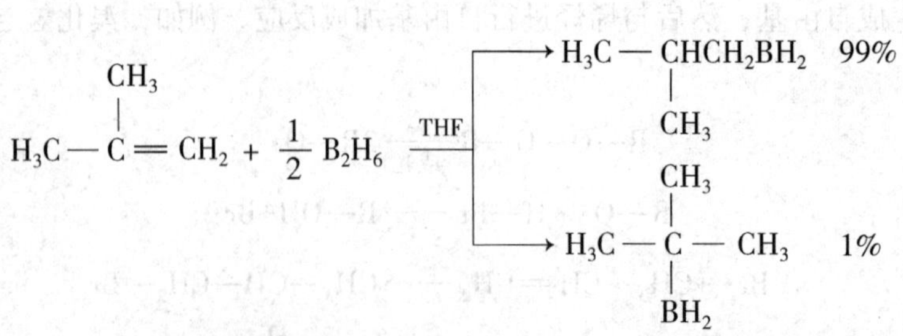

三烷基硼的一个重要用途是在碱性溶液与过氧化氢反应生成醇，这一步与硼氢化一步联合起来，统称为烯烃的硼氢化-氧化反应，可以由烯烃制备醇，它与烯烃水合反应不同，得

到的是相当于烯烃与水的反马氏规则产物。例如：

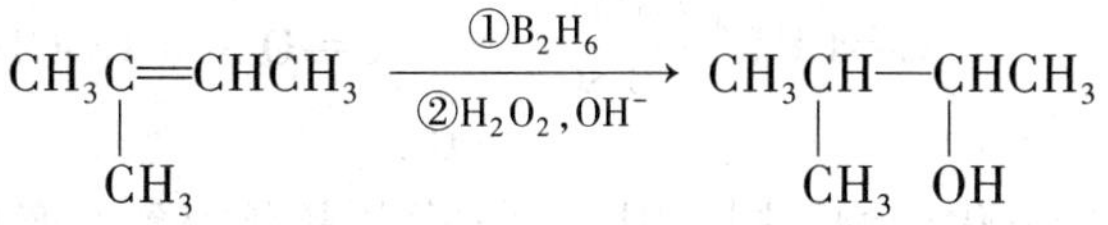

$$CH_3(CH_2)_7CH{=}CH_2 \xrightarrow[\text{②}H_2O_2,OH^-]{\text{①}B_2H_6} CH_3(CH_2)_7CH_2CH_2OH$$

⑤ 氧化反应。烯烃的活泼性还表现为双键容易被氧化。在氧化剂作用下，首先是双键中的 π 键发生断裂，若在强烈的氧化条件下，双键中的 σ 键也遭破坏，因此在不同的氧化剂和反应条件下，可得到不同的氧化产物。

a. 臭氧氧化。将含有 6%~8%臭氧的氧气通入液态烯烃或烯烃的四氯化碳溶液中，能迅速生成糊状臭氧化物，这个反应称为臭氧化反应。臭氧化物不稳定易爆炸，因此反应过程中不必把它从溶液中分离出来，可以直接在溶液中水解生成醛、酮和过氧化氢，为防止产物被过氧化氢氧化，通常加入还原剂(如 $H_2$/Pt、锌粉等)。例如：

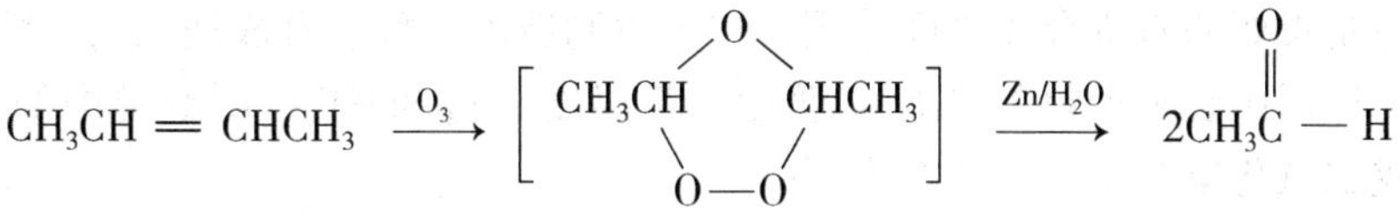

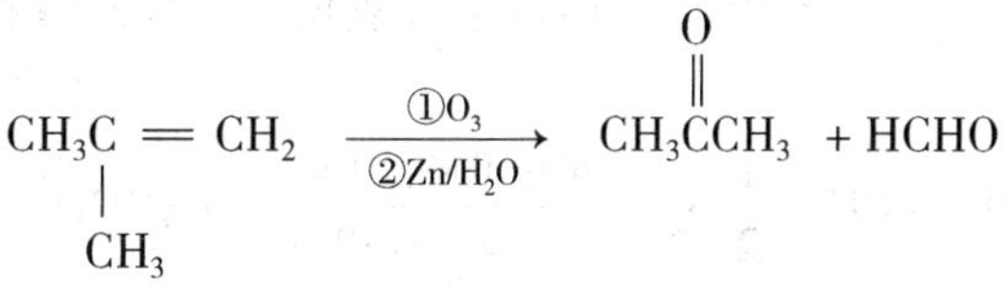

通过分析氧化得到的产物，也可以用来推测原来烯烃的结构。不同结构的烯烃经臭氧化还原水解后的情况如下：

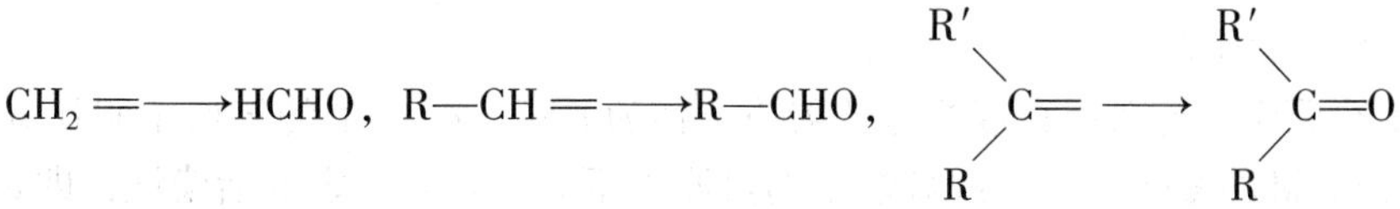

b. 高锰酸钾氧化。以适量的稀冷高锰酸钾溶液(质量分数<5%)作氧化剂时，在中性或碱性溶液中，烯烃双键中的 π 键断开氧化生成邻二醇，同时高锰酸钾的紫色消失，生成棕褐色的二氧化锰沉淀。例如：

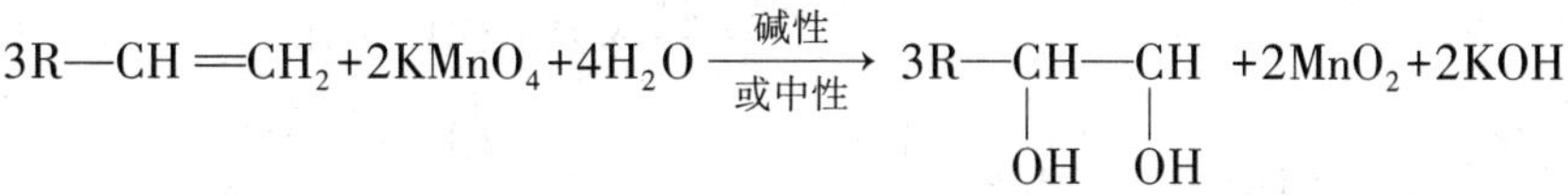

这类反应比较复杂，产率很低，作为制备方法，用途不大，但可以用来检验烯烃的存在。作为实验室制备二元醇的一个方法。

如果是在酸性条件下氧化，反应进行得更快，得到的是碳碳双键断裂的氧化产物。例如：

$$RCH{=}CH_2 \xrightarrow[H_2SO_4]{KMnO_4} RCOOH + CO_2\uparrow$$

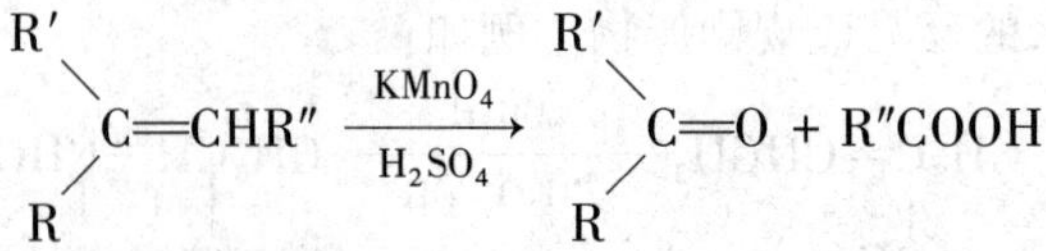

由于不同结构的烯烃氧化产物不同，因此通过分析氧化得到的产物，可以推测原来烯烃的结构。不同结构的烯烃经酸性高锰酸钾溶液氧化后的情况如下：

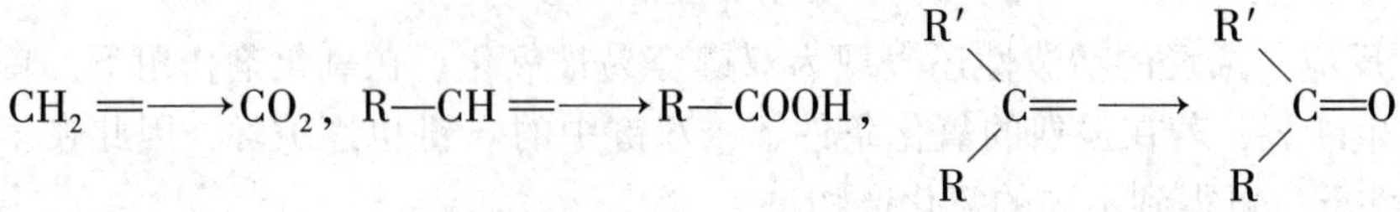

c. 环氧化反应。将乙烯与空气或氧气混合，在银催化剂下，乙烯被氧化生成环氧乙烷，这是工业上生产环氧乙烷的主要方法。

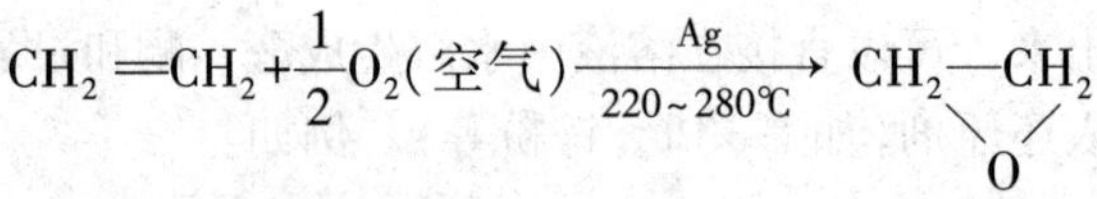

环氧乙烷是重要的有机合成中间体用，它可以制造乙二醇、合成洗涤剂、乳化剂、抗冻剂、塑料等。该反应必须严格控制反应温度，若温度超过 300℃，则双键中的 σ 键也会断裂，最后生成二氧化碳和水，致使产率下降。

乙烯和丙烯在氯化钯和氯化铜催化下，能被空气氧化，生成乙醛和丙酮，它们都是重要的化工原料。

$$CH_2=CH_2+\frac{1}{2}O_2 \xrightarrow[120\sim130℃,0.4MPa]{PdCl_2-CuCl_2,H_2O} CH_3CHO$$

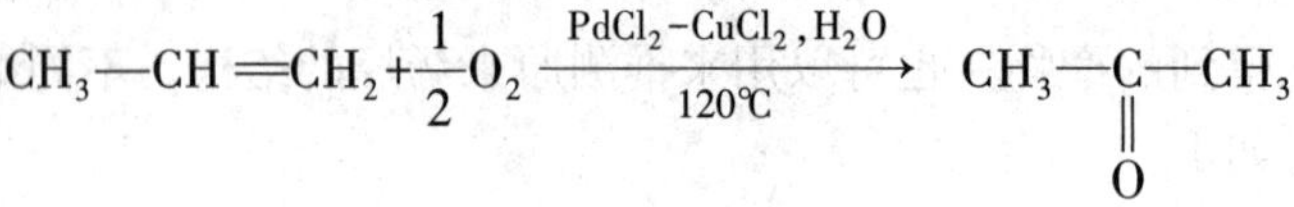

除乙烯氧化得到乙醛外，其他的 α-烯烃(端位烯烃)氧化都得到甲基酮，此催化氧化方法称为瓦克(Wacker)法。

⑥ α-H 的反应。与双键直接相邻的碳原子称为 α-C，α-C 上的氢原子叫作 α-H。由于该氢原子受到双键的影响，和一般烷烃中的氢原子不同，具有一定的活泼性，即 α-C—H 键较易断裂，可以发生取代和氧化反应。

a. 卤代反应。在低于 200℃时，丙烯与氯反应主要是加成反应；有 α-H 的烯烃和氯在高温或光照下发生 α-H 被氯取代的反应。

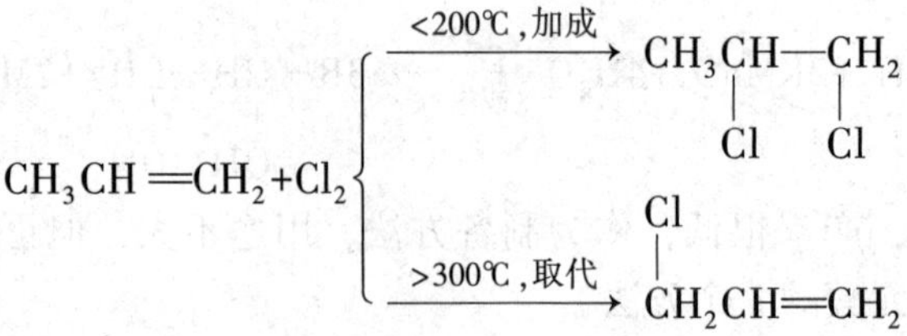

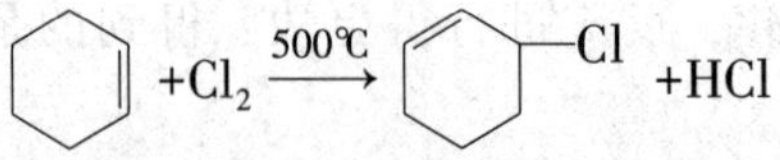

这个 α-H 卤代反应与烷烃卤代反应机理相同，也是自由基取代反应机理。一般在温度<200℃，以加成反应为主，温度>300℃以 α-H 卤代为主。

使用 *N*-溴代丁二酰亚胺(简称 NBS)可在温和条件下经过光照或自由基引发剂的作用下

进行α-溴代反应。例如：

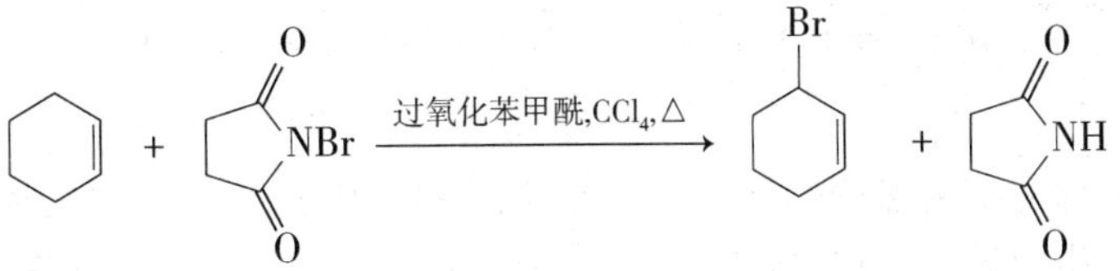


N-溴代丁二酰亚胺(NBS)　　　　丁二酰亚胺

b. 氧化反应。α-H不仅易被卤素取代，也易被氧化。例如，在一定温度和压力下，丙烯在空气中经催化氧化生成丙烯醛。

$$CH_2{=}CH{-}CH_3+O_2 \xrightarrow[300\sim400℃,0.2\sim0.3MPa]{\text{钼酸铋等}} CH_2{=}CH{-}CHO+H_2O$$

这是目前工业上生产丙烯醛的重要方法。丙烯醛是重要的有机合成中间体，可用于制备甘油、饲料添加剂蛋氨酸等，还可用作油田注水的杀菌剂和树脂的原料。

选用磷钼酸铋作催化剂，丙烯与氨及氧(空气)作用，生成丙烯腈。该反应又称为氨氧化反应，这是目前工业上生产丙烯腈的重要方法。

$$CH_2{=}CH{-}CH_3+\frac{3}{2}O_2+NH_3 \xrightarrow[450℃,0.15MPa]{\text{磷钼铋系催化剂}} CH_2{=}CH{-}CN+3H_2O$$

丙烯腈是合成纤维，合成橡胶和合成树脂的重要单体。由丙烯腈制得聚丙烯腈纤维即腈纶，其性能极似羊毛，因此也叫人造羊毛。丙烯腈与丁二烯共聚可制得丁腈橡胶，具有良好的耐油性、耐寒性、耐磨性和电绝缘性能，并且在大多数化学溶剂、阳光和热作用下，性能比较稳定。丙烯腈与丁二烯、苯乙烯共聚制得ABS树脂，具有质轻、耐寒、抗冲击性能较好等优点。

⑦ 聚合反应。相对分子质量较小的烯烃及其衍生物，在特定条件(催化剂、温度、压力)下断开π键，分子间相互以σ键相连生成高分子化合物，这种反应称为聚合反应。参加聚合反应的低相对分子质量化合物称为单体。参加聚合反应的单体分子个数，叫作聚合度，用$n$表示。反应中生成的高相对分子质量化合物叫聚合物，也称高聚物。

$$n\,{>}C{=}C{<} \xrightarrow[\text{温度,压力}]{\text{催化剂}} \left[ -\overset{|}{\underset{|}{C}}-\overset{|}{\underset{|}{C}}- \right]_n$$

单体　　　　聚合物

一般常用的单体有乙烯、丙烯、氯乙烯等，它们在不同条件下，聚合成各种规格的聚合物。例如：聚乙烯包括高压聚乙烯和低压聚乙烯。

$$nCH_2{=}CH_2 \xrightarrow[>100℃,>1000MPa]{\text{自由基引发剂}} {+}CH_2{-}CH_2{+}_n$$

高压聚乙烯

高压聚乙烯由于具有支链，故密度较低，比较柔软，所以高压聚乙烯又称为低密度聚乙烯或软聚乙烯。它的相对分子质量一般在25000左右，是无味无毒的乳白色半透明物质，耐腐蚀，有良好的绝缘性和韧性，广泛用于生产薄膜、编织袋、塑料容器、电缆包皮等。在工业和日常生活中有广泛的应用。

将乙烯通过齐格勒-纳塔催化剂[$(CH_3CH_2)_3Al$-$TiCl_4$]，在低压下(0.1～1MPa)，60℃

时聚合，得到低压聚乙烯。

$$nCH_2{=}CH_2 \xrightarrow{(C_2H_5)_3Al-TiCl_4} \left[ CH_2-CH_2 \right]_n$$

低压聚乙烯

低压聚乙烯又称为高密度聚乙烯或硬聚乙烯，它的相对分子质量在 35000 左右。低压聚乙烯的密度较高，质地较硬，机械性能好，用于制造板、管、筒、箱及各种包装用具，也用于生产薄膜等。

由丙烯聚合而得的聚丙烯，也是工业上大量生产，且应用很广的高分子材料，它也可以由低压法生产。

$$n\,\underset{\large CH_3}{CH}{=}CH_2 \xrightarrow[50℃,2MPa]{TiCl_4-Al(C_2H_5)_3} \left[ \underset{\large CH_3}{CH}CH_2 \right]_n$$

R2-6 齐格勒-纳塔催化剂

聚丙烯的密度为 $0.9g \cdot cm^{-3}$，它的强度高，硬度大，耐磨，耐热性比聚乙烯好。

聚合反应若只用一种单体参与聚合，称为均聚；若有两种或两种以上单体进行聚合，这叫共聚。乙丙橡胶就是一种高分子共聚物，由乙烯和丙烯按一定比例，再在齐格勒-纳塔催化剂的作用下共聚而成。乙丙橡胶，主要用于电缆、电线及耐高温的橡胶制品。

$$nCH_2{=}CH_2+nCH_3-CH{=}CH_2 \longrightarrow \left[ CH_2-CH_2-\underset{\large CH_3}{CH}-CH_2 \right]_n$$

⑧ 烯烃复分解反应。在金属催化剂的作用下，两个烯烃交换双键两端的基团，可以生成两种新的烯烃，这类反应称为烯烃复分解反应。

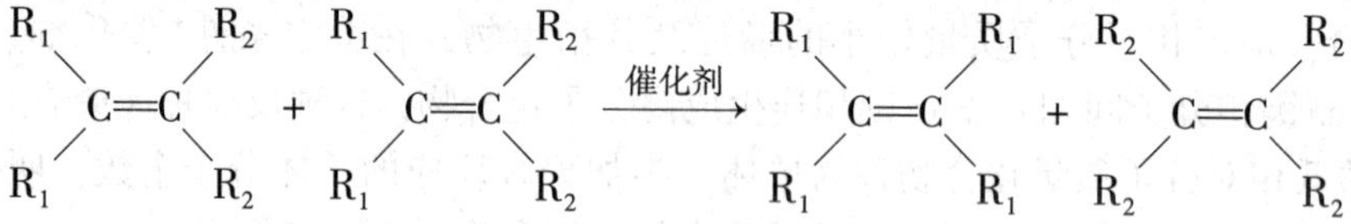


2005 年，诺贝尔化学奖授予三位有机化学家——法国学者 Yves Chauvin 和美国学者 Richard R. Schrock、Robert H. Grubbs，以表彰他们在烯烃复分解反应研究方面作出的贡献。烯烃复分解反应已被广泛认可为最重要的催化反应之一，因为它代表着有机合成方法学中一种形成碳碳骨架的新颖、有效的方法。常利用这类反应构建中到大的环以及通过分子间交叉烯烃复分解反应构建新的碳碳双键。这一反应的重要性体现于它在包括基础研究、药物及其他具有生物活性的分子合成、聚合物材料及工业合成等各个领域的广泛应用。常用的催化剂包括 Ru、Mo、W 的配合物。

## 2-4 炔烃

### 1. 炔烃的结构

乙炔是最简单的炔烃，分子式为 $C_2H_2$，构造式为 $HC{\equiv}CH$。炔烃的官能团是碳碳三键分（$-C{\equiv}C-$），单炔烃的通式是 $C_nH_{2n-2}$。

杂化轨道理论认为，乙炔分子中的碳原子以 sp 杂化方式参与成键，两个 sp 杂化轨道沿着碳原子核的左右两边伸展，它们的对称轴在一条直线上，互成 180°。乙炔的两个碳原子各以一个 sp 杂化轨道相互重叠，形成一个 C—Cσ 键，每个碳原子又各有一个 sp 杂化轨道，分别与一个氢原子的 1s 轨道重叠，形成两个 C—Hσ 键。此外，每个碳原子还有两个互相垂直的、未杂化的 p 轨道，它们与另外一个碳原子的两个 p 轨道两两互相侧面“肩并肩”重叠，形成两个互相垂直的 π 键。两个 π 键电子云围绕两个碳原子核形成一个圆柱状电子云，如图 2-6 所示。

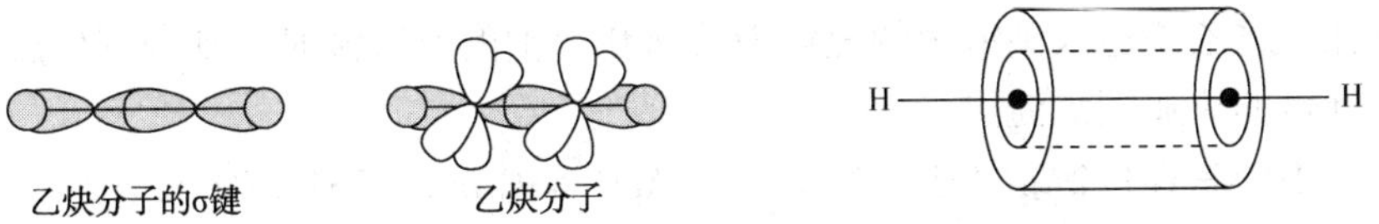


乙炔分子的σ键　　乙炔分子

图 2-6　乙炔分子的形成

现代物理方法证明，乙炔分子中所有原子都在一条直线上，碳碳三键的键长为 0. 12nm，比碳碳双键的键长短，这说明乙炔分子中两个碳原子较之乙烯更为靠近，同时原子核对电子的吸引力也增加了。碳碳三键的键能为 836. 8kJ · $mol^{-1}$。

其他炔烃中的三键，也都是由一个 σ 键和两个 π 键组成的。

**2. 炔烃的物理性质**

炔烃的物理性质和烷烃、烯烃相似，$C_2$ ~ $C_4$ 的炔烃是气体，$C_5$ ~ $C_{18}$ 的炔烃是液体，多于 18 个碳原子的炔烃是固体。炔烃的沸点，比对应的烯烃高 10~20℃；相对密度比对应的烯烃稍大，比水轻；在水里的溶解度也比烷烃和烯烃大些；易溶于有机溶剂，如苯、丙酮、石油醚等。其物理常数也随着相对分子质量的增加呈现规律性变化。

R2-7 炔烃的物理常数

**3. 炔烃的化学性质**

炔烃的化学性质和烯烃相似，有加成、氧化和聚合等反应，同时也有其独特的性质。炔烃中的叁键虽与双键不同，却有共同之处，它们都是不饱和键，都由σ键和π键构成，所以炔烃的化学性质和烯烃相似，都易发生加成、氧化和聚合反应，但是叁键的亲电加成活性不如双键强。另外，叁键碳上所连的氢由于受到叁键的影响也有相当的活泼性，可以发生一些特殊的反应。

（1）酸性及炔氢的特性反应

炔氢的酸性是相对于烷烃和烯烃而言。事实上，炔氢的酸性非常弱，甚至比乙醇还要弱。化合物酸性强弱常用电离常数 $K_a$ 的负对数 p$K_a$ 表示，p$K_a$ 值越小，酸性就强。

| | $H_2O$ | $C_2H_5OH$ | $HC \equiv CH$ | $NH_3$ | $CH_2{=}CH_2$ | $CH_3CH_3$ |
|---|---|---|---|---|---|---|
| p$K_a$ | 15. 7 | 15. 9 | 25 | 38 | 44 | 51 |

为什么炔氢比烯氢或烷氢活泼呢？这是因为炔氢的碳氢键是 sp-s，而烯氢或烷氢分别是 $sp^2$-s、$sp^3$-s。由于 sp 杂化碳原子的电负性大于 $sp^2$ 和 $sp^3$ 杂化碳原子，因此炔氢容易异裂离解出氢质子，显酸性，可与强碱、碱金属或某些重金属离子发生反应，生成金属炔化物。

① 炔化钠的生成。由于炔氢具有一定的弱酸性，乙炔和端位炔烃能与钠、钾等碱金属或强碱（如氨基钠）作用生成金属炔化物。例如：

$$HC \equiv CH \xrightarrow[\text{或 } NaNH_2\text{，液 } NH_3\text{，}-33℃]{Na\text{，}110℃} HC \equiv CNa$$

$$CH_3CH_2C \equiv CH + NaNH_2 \xrightarrow{\text{液 } NH_3\text{，}-33℃} CH_3CH_2C \equiv CNa + NH_3$$

炔化钠与卤代烃(一般为伯卤烷)作用，可在炔烃分子中引入烷基(这类反应称为炔烃的烷基化反应)，制得一系列炔烃同系物。如：

$$CH_3CH_2C\equiv CNa+CH_3CH_2Br \xrightarrow{\text{液 }NH_3,-33℃} CH_3CH_2C\equiv CCH_2CH_3$$

该反应主要用于由低级炔烃合成高级炔烃。

② 炔烃的鉴定。乙炔和端位炔烃分子中的炔烃氢，还可以被 $Ag^+$ 或 $Cu^+$ 取代生成炔银或炔亚铜。例如，将乙炔通入硝酸银的氨溶液或氯化亚铜的氨溶液时，则分别生成白色的乙炔银沉淀和棕红色的炔亚铜沉淀。

$$HC\equiv CH+2Ag(NH_3)_2NO_3 \longrightarrow \underset{\text{乙炔银(白色)}}{AgC\equiv CAg}\downarrow +2NH_4NO_3+2NH_3$$

$$HC\equiv CH+2Cu(NH_3)_2Cl \longrightarrow \underset{\text{乙炔亚铜(棕红色)}}{CuC\equiv CCu}\downarrow +2NH_4Cl+2NH_3$$

$$CH_3CH_2C\equiv CH+Ag(NH_3)_2NO_3 \longrightarrow \underset{\text{丁炔银}}{CH_3CH_2C\equiv CAg}\downarrow +NH_4NO_3+NH_3$$

上述反应很灵敏，现象也很明显，常用来分析鉴别末端炔烃。非末端炔烃无此反应。

炔银和炔亚铜不与水反应，也不溶于水，在潮湿条件下比较稳定，干燥状态下，因撞击、振动或受热会发生爆炸。

因此利用这种方法鉴别炔烃时，不可加热，实验完毕，加稀盐酸或稀硝酸分解金属氢化物后再倒掉。

$$CuC\equiv CCu+2HCl \longrightarrow HC\equiv CH+2CuCl$$

$$CH_3CH_2C\equiv CAg+NHO_3 \longrightarrow CH_3CH_2C\equiv CH+AgNO_3$$

利用金属氢化物遇酸分解重新生成原来的炔烃这个性质，可用来分离精制末端炔烃。

(2) 亲电加成反应

① 与卤素加成。炔烃与卤素的加成也是分步进行的。先加一分子氯或溴，生成二卤代烯，在过量的氯或溴的存在下，再进一步与一分子卤素加成，生成四卤代烷。与溴加成时，溴的红棕色消失，因此可以通过溴或溴水的颜色来检验炔烃。

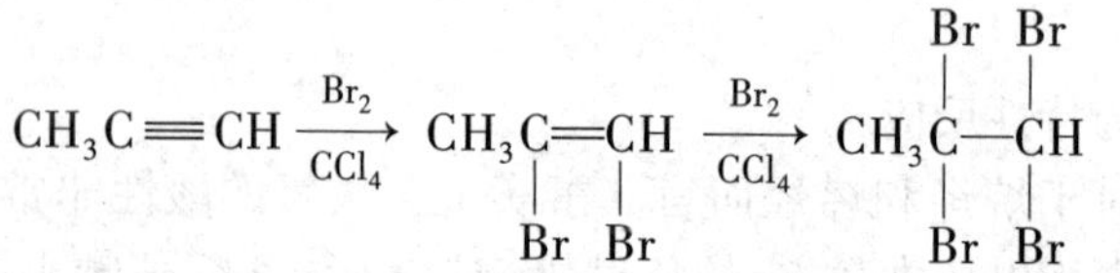

但炔烃与卤素的亲电加成反应活性比烯烃小，反应速度慢。例如烯烃可使溴的四氯化碳溶液立即褪色，炔烃却需要几分钟才能使之褪色，乙炔甚至需要在光或三氯化铁催化下才能加溴。所以当分子中同时存在双键和三键时，首先进行的是双键加成，例如，在低温、缓慢加入溴的条件下，三键可以不参与反应。例如：

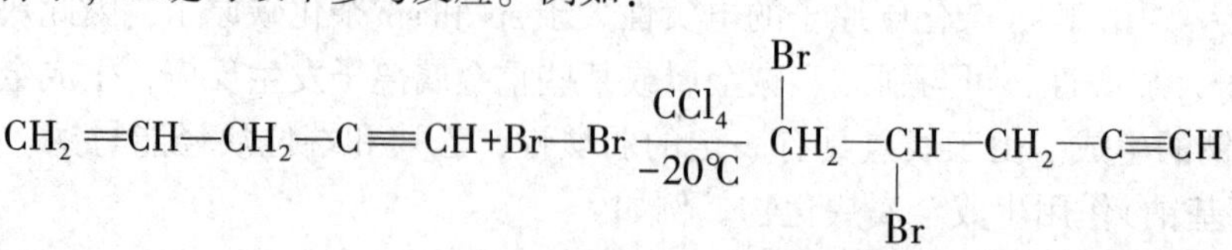

炔烃的亲电加成不如烯烃活泼的原因是由于不饱和碳原子的杂化状态不同造成的。三键中的碳原子为 sp 杂化，与 $sp^2$ 和 $sp^3$ 杂化相比，它含有较多的 s 成分。s 成分越多则成键电子更靠近原子核，原子核对成键电子的约束力较大，所以三键的 π 电子比双键的 π 电子难以

极化。换言之，sp 杂化的碳原子电负性较强，不容易给出电子与亲电试剂结合，因而三键的亲电加成反应比双键的加成反应慢。

② 与卤化氢加成。炔烃与卤化氢的亲电加成，加碘化氢最容易进行，加氯化轻则较难进行，一般要在催化剂存在下才能进行。

在汞盐的催化作用下，乙炔与氯化氢在气相中发生加成反应，生成氯乙烯。

$$CH\equiv CH + HCl \xrightarrow{HgSO_4} CH_2=CH-Cl$$

这是工业上生产氯乙烯的一个方法，氯乙烯是生产聚氯乙烯的单体。

不对称炔烃与卤化氢的加成也服从 Markovnikov 规则，但反应可以停留在卤代烯阶段。

$$CH_3CH_2C\equiv CH + HBr \longrightarrow CH_3CH_2C(Br)=CH_2 \xrightarrow{HBr} CH_3CH_2CBr_2-CH_3$$

在光或过氧化物的作用下，炔烃与溴化氢的加成反应，遵从反马氏规则。例如：

$$CH_3(CH_2)_3C\equiv CH + HBr \xrightarrow{ROOR} CH_3(CH_2)_3CH=CHBr$$

③ 与水加成

炔烃在酸性溶液中水化，首先生成一个很不稳定的烯醇(羟基直接与碳碳双键连接)。

$$HC\equiv CH + H_2O \xrightarrow[H_2SO_4/H_2O]{HgSO_4} \left[ H_2C=CH-OH \right] \xrightarrow{重排} CH_3-\overset{O}{\overset{\|}{C}}H$$

具有这种烯醇式结构的化合物，会很快转变为稳定的酮式结构。

烯醇式结构和相应的酮式结构，互为同分异构体，称为互变异构体。由于两者互变很快，酮式结构较稳定，在平衡状态下，绝大多数以酮式化合物形式存在。例如，将乙炔和水蒸气混合通入含有硫酸汞的稀硫酸溶液中，在约 100℃ 水化为乙醛，这是工业制乙醛的一种方法。

炔烃的水化反应符合马氏规则，因此除乙炔得到乙醛外，其他炔烃与水加成均得到酮。

$$CH_3(CH_2)_5C\equiv CH + H_2O \xrightarrow[H_2SO_4/H_2O]{HgSO_4} \left[ CH_3(CH_2)_5\overset{OH}{\overset{|}{C}}=CH_2 \right] \xrightarrow{重排} CH_3(CH_2)_5\overset{O}{\overset{\|}{C}}-CH_3$$

这种水化反应由俄国化学家库切诺夫(1850—1911 年)在 1881 年发现，由于汞盐有剧毒，因此很早已开始非汞催化剂的研究，并已取得很大进展。

(3) 亲核加成反应

与烯烃相比，炔烃不容易进行亲电加成反应，但容易进行亲核加成反应(Nucleophilic addition)。例如乙炔与氢氰酸在氯化亚铜-氯化铵水溶液中发生亲核加成反应生成丙烯腈。丙烯腈是制备合成纤维和塑料的重要原料。

$$HC\equiv CH + HCN \xrightarrow[NH_4Cl]{CuCl} CH_2=CH-CN$$

在醋酸锌活化碳催化下，乙炔可与醋酸在气相发生加成反应，生成醋酸乙烯酯。醋酸乙烯酯是生产聚乙烯醇和维纶的原料。

$$HC\equiv CH + HO-\underset{\underset{O}{\|}}{C}-CH_3 \xrightarrow[170\sim230℃]{醋酸锌-活性炭} CH_2=CH-O-\underset{\underset{O}{\|}}{C}-CH_3$$

在碱性条件下，乙炔与甲醇发生加成反应，生成甲基乙烯基醚。甲基乙烯基醚是生产涂料、清漆、黏合剂和增塑剂的原料。

$$HC\equiv CH+HOCH_3 \xrightarrow[160\sim165℃,2\sim2.5MPa]{20\%\ KOH\ 水溶液} CH_2=CH-O-CH_3$$

（4）还原反应

① 催化加氢。炔烃在铂、钯、镍等过渡金属催化剂存在下与氢加成，首先生成烯烃，最后被还原为烷烃。

$$CH_3CH_2C\equiv CH+H_2 \xrightarrow{Ni} CH_3CH_2CH=CH_2 \xrightarrow[H_2]{Ni} CH_3CH_2CH_2CH_3$$

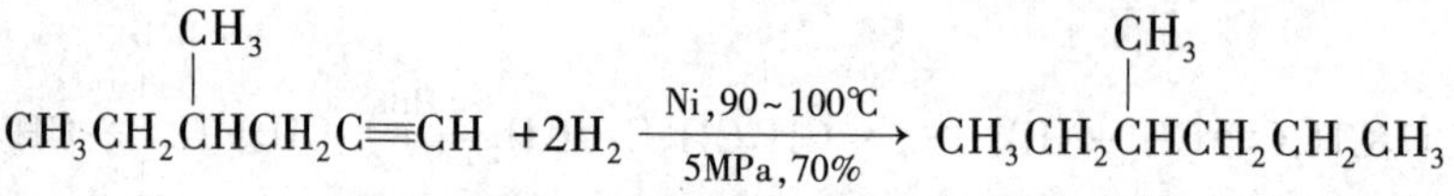

炔烃加氢非常快，以至于使用一般的催化剂时，反应很难停留在生成烯烃的阶段。但采用一些活性减弱的特殊催化剂，如林德拉(Lindlar)催化剂，则能使反应停留在烯烃阶段，且收率较高。林德拉催化剂是将金属钯的粉末沉积在碳酸钙上，再用醋酸铅或少量喹啉使之部分毒化，从而降低了催化能力得到的。使用这种催化剂不仅能使反应停留在烯烃阶段，还可以控制产物的构型，得到顺式烯烃。

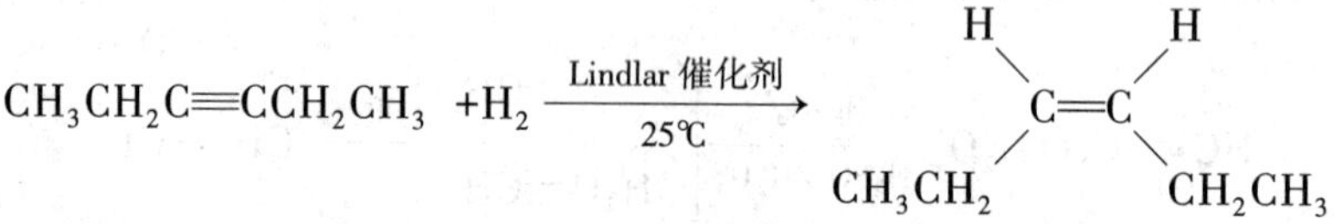

炔烃的催化氢化活性大于烯烃，即炔烃比烯烃易于加氢，因为三键优先被吸附。

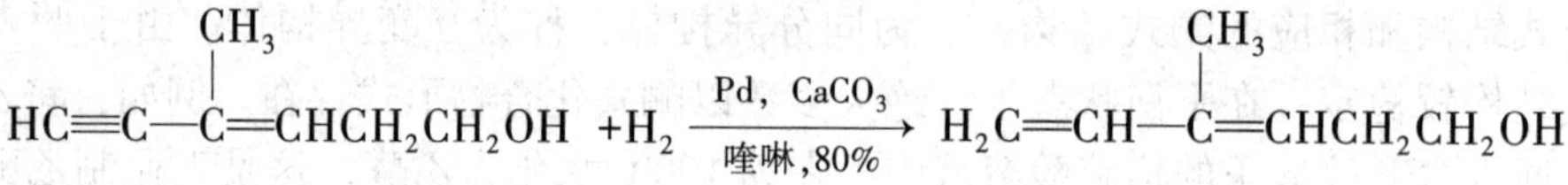

② 化学还原。在液氨中用钠或锂还原炔烃主要得到反式烯烃。例如：

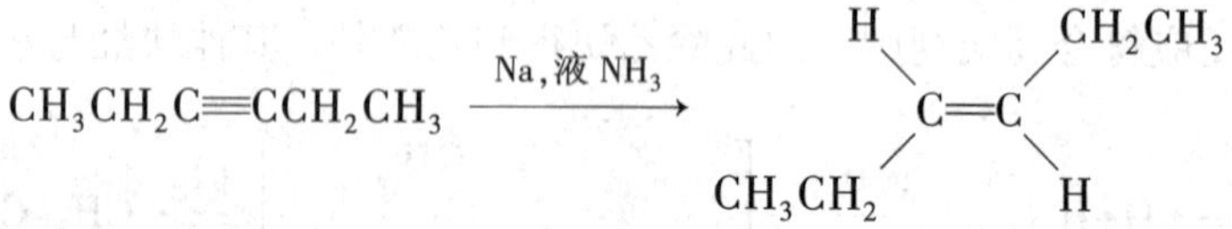

（5）氧化反应

炔烃对氧化剂的敏感性比烯烃差，及反应较慢。但仍然能被高锰酸钾氧化，使高锰酸钾紫色褪色，还原为褐色二氧化锰沉淀，同时三键断裂生成羧酸；末端三键碳氧化为二氧化碳。例如：

$$CH_3(CH_2)_3C\equiv C-H \xrightarrow{KMnO_4,H_2O,HO^-} CH_3(CH_2)_3COOH+CO_2$$

高锰酸钾氧化反应可以用作炔烃鉴别反应，及根据羧酸的结构推断原来炔烃的结构。

（6）聚合

在不同的催化剂作用下，乙炔可以分别聚合成链状或环状化合物。与烯烃聚合不同的是，炔烃一般不聚合成高分子化合物。例如，将乙炔通入氯化亚铜和氯化氨的强酸溶液时，可发生二聚或三聚作用。

$$2HC\equiv CH \xrightarrow{CuCl-NH_4Cl} CH_2=CH-C\equiv CH \xrightarrow[CuCl-NH_4Cl]{HC\equiv CH} CH_2=CH-C\equiv C-CH=CH_2$$

乙烯基乙炔　　　　二乙烯基乙炔

乙烯基乙炔是合成氯丁橡胶单体的重要原料，其在催化剂下与浓盐酸反应可制得 2-氯丁-1,3-二烯。

$$CH_2{=}CH{-}C{\equiv}CH \xrightarrow[45\sim60℃]{CuCl-NH_4Cl,HCl} CH_2{=}CH{-}\underset{\displaystyle Cl}{\underset{|}{C}}{=}CH_2$$

低级炔烃在特殊条件下，可聚合成苯及苯的同系物。三分子乙炔在三苯基膦、羰基镍的催化下，聚合成苯。丙炔则聚合成均三甲苯。

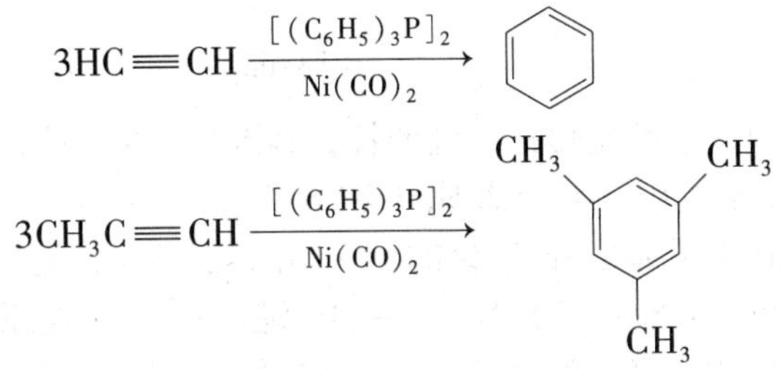


## 2-5　二烯烃

分子内含有两个双键的不饱和烃称为二烯烃，亦称双烯烃，其通式为 $C_nH_{2n-2}$。它与碳原子数相同的单炔烃是同分异构体，但二者所含官能团不同，是官能团异构体。此外，含两个或两个以上双键的不饱和烃称为多烯烃，二烯烃归属于多烯烃。

**1. 二烯烃的分类**

根据二烯烃分子中两个双键相对位置的不同，可将二烯烃分为三种类型。

隔离二烯烃：分子中两个双键被两个或两个以上单键隔开的二烯烃，称为隔离二烯烃，亦称为孤立二烯烃。由于两个双键位次相距较远，相互影响较小，其性质与单烯烃相似。例如：

戊-1,4-二烯

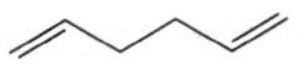
己-1,5-二烯

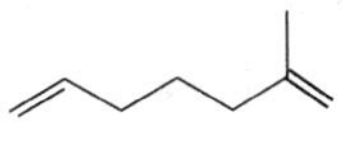
1-甲基庚-1,6-二烯

累积二烯烃：两个双键连接在同一个碳原子上的二烯烃，称为累积二烯烃。例如：

| $CH_2{=}C{=}CH_2$ | $CH_3CH{=}C{=}CH_2$ | $CH_3{-}CH{=}C{=}CH{-}CH_3$ |
| --- | --- | --- |
| 丙二烯 | 丁-1,2-二烯 | 戊-2,3-二烯 |

由于累积二烯烃的结构不稳定，很难单独存在，其研究和应用比较有限。

共轭二烯烃：两个双键被一个 σ 单键隔开的二烯烃，称为共轭二烯烃。例如：

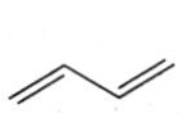
丁-1,3-二烯

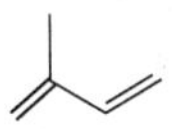
2-甲基丁-1,3-二烯

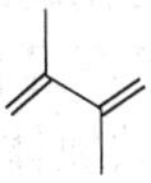
2,3-二甲基丁-1,3-二烯

由于两个双键的相互影响，共轭二烯烃在结构和性质上表现出一些特殊的性质，是二烯烃中最重要的一类，在理论上和实际应用中都具有重要价值，是本节重点讨论的内容。

**2. 共轭二烯烃的结构**

丁-1,3-二烯是最简单的共轭二烯烃，但也是最具代表性的一个例子，经现代物理学方法测得丁-1,3-二烯物理数据如下：

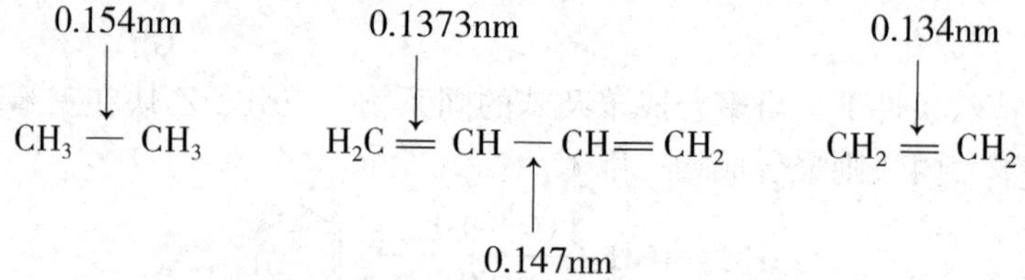


在丁-1,3-二烯中，单键变短，双键增长，其键长发生了平均化。

在丁-1,3-二烯分子中，4 个碳原子和 6 个氢原子都处在同一平面上。这是因为丁-1,3-二烯的每个碳原子都是 $sp^2$ 杂化的，它们以 $sp^2$ 杂化轨道与相邻碳原子相互交盖形成 C—Cσ 键，与氢原子的 1s 轨道交盖形成 C—Hσ 键。$sp^2$ 杂化碳原子的 3 个 σ 键指向三角形的 3 个顶点，3 个 σ 键相互之间的夹角都接近 120°。由于每一个碳原子的 3 个 σ 键都排列在一个平面上，所以就形成了分子中所有的 σ 键都在一个平面上的结构。此外，每一个碳原子都还有一个未参与杂化的 p 轨道，它们都和丁二烯分子所在的平面相垂直，因此这四个 p 轨道都相互平行，不仅在 C(1)—C(2)、C(3)—C(4)之间发生了 p 轨道的侧面交盖，而且在 C(2)—C(3)之间也发生了一定程度的 p 轨道侧面交盖。这些垂直于分子平面且相互平行的 p 轨道在侧面相互交盖，不仅 C(1)与 C(2)之间、C(3)与 C(4)之间形成了双键，且 C(2)与 C(3)之间也具有部分双键性质，构成了一个离域的 π 键，如图 2-7 所示。

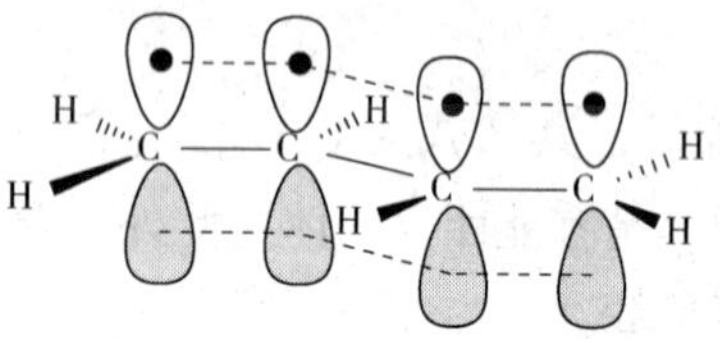


图 2-7　丁-1,3-二烯 π 键构成示意图

**3. 电子离域与共轭体系**

(1) π-π 共轭

在丁-1,3-二烯分子中，四个 π 电子不是两两分别固定在两个双键碳原子之间，而是扩展到四个碳原子之间，这种现象称为电子的离域。电子的离域体现了分子内原子间相互影响的电子效应，这样的分子称为共轭分子。这种单双键交替排列的体系属于共轭体系，称为 π-π 共轭体系。在共轭分子中，任何一个原子受到外界的影响，由于 π 电子在整个体系中的离域，均会影响到分子的其余部分，这种电子通过共轭体系传递的现象，称为共轭效应。由 π 电子离域所体现的共轭效应，称为 π-π 共轭效应。

共轭体系的特点在分子的物理性质和化学行为上均有所反映：

① 共平面性(构成共轭体系的原子必须在同一平面内)。

② 键长趋于平均化。例如，π-π 共轭效应使丁-1,3-二烯的碳碳单键键长相对缩短，使单双键键长产生了平均化的趋势。虽然丁-1,3-二烯的构造式用 $CH_2═CH—CH═CH_2$ 表示，但分子中的单双键已不是普通的单键和双键。

③ 折射率高：由于共轭体系的 π 电子云更易极化，因此它的折射率也比相应的隔离二烯烃高。例如：

$CH_2═CH—CH_2—CH═CH_2$　$n_D^{20}=1.3888$　$CH_3—CH═CH—CH_2—CH═CH_2$　$n_D^{20}=1.4120$

$CH_3—CH═CH—CH═CH_2$　$n_D^{20}=1.4284$　$CH_3—CH_2—CH═CH—CH═CH_2$　$n_D^{20}=1.4380$

$CH_3—CH═CH—CH═CH—CH_3$　$n_D^{20}=1.4450$

④ 共轭体系的能量低：同样由于电子离域的结果，使化合物能量显著降低，稳定性明显增加。这可以从氢化热的数据分析中看出。

$CH_3—CH═CH—CH═CH_2+2H_2 \longrightarrow CH_3—CH_2—CH_2—CH_2—CH_3$　氢化热 226kJ · mol$^{-1}$

$CH_2═CH—CH_2—CH═CH_2+2H_2 \longrightarrow CH_3—CH_2—CH_2—CH_2—CH_3$　氢化热 254kJ · mol$^{-1}$

这个能量差值是由于 π 电子离域引起的，是共轭效应的具体表现，通称离域能或共轭能。电子的离域越明显，离域程度越大，则体系的能量越低，化合物也越稳定。

π-π 共轭体系的结构特征是双键单键交替。但不限于双键，三键也可以参与 π-π 共轭体系。另外，组成共轭体系的原子也不限于碳原子，其他如氯、氧、氮原子等也可以。例如：

| $CH_2═CH—C≡CH$ | $CH_2═CH—CH═O$ | $CH_2═CH—C═N$ |
|---|---|---|
| 乙烯基乙炔 | 丙烯醛 | 丙烯腈 |

在共轭体系中，π 电子的离域可用弯箭头表示，弯箭头是从双键到与该双键直接相连的原子上和/或单键上，π 电子离域的方向为箭头所示方向。例如：

（2）p-π 共轭效应

与双键碳原子直接相连的原子上有 p 轨道，这个 p 轨道与 π 键的 p 轨道平行，从侧面重叠构成 p-π 共轭体系。例如：氯乙烯中，氯原子未共用电子对所在的 p 轨道与双键 π 轨道在侧面重叠构成 p-π 共轭体系(图 2-8)。

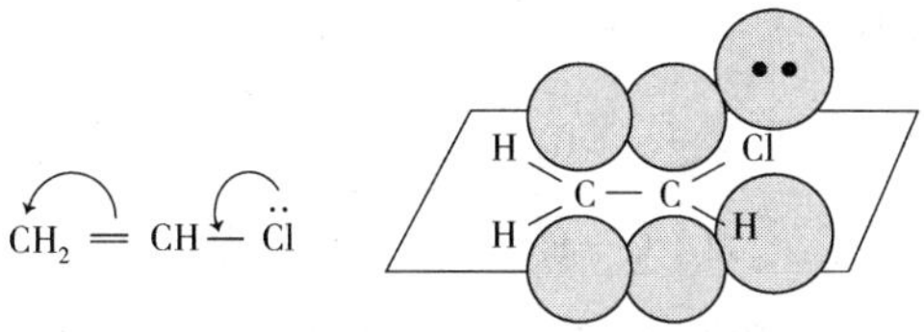


图 2-8　氯乙烯的 p-π 共轭体系示意图

能形成 p-π 共轭体系的除具有未共用电子对的中性分子外，还可以是正、负离子或自由基。例如：

| $CH_2═CH—\overset{+}{C}H_2$ | $CH_2═CH—\overset{-}{C}H_2$ | $CH_2═CH—\dot{C}H_2$ |
|---|---|---|
| 烯丙基正离子 | 烯丙基负离子 | 烯丙基自由基 |

（3）超共轭效应

在研究烯烃的氢化热时可以发现，双键碳上有烷基取代基的烯烃的氢化热比未取代的烯烃氢化热要小些，这就表明有取代基的烯烃更为稳定。

$CH_2═CH_2+H_2 \longrightarrow CH_3—CH_3$　氢化热 137kJ · mol$^{-1}$

$CH_2═CH—CH_3+H_2 \longrightarrow CH_3—CH_2—CH_3$　氢化热 126kJ · mol$^{-1}$

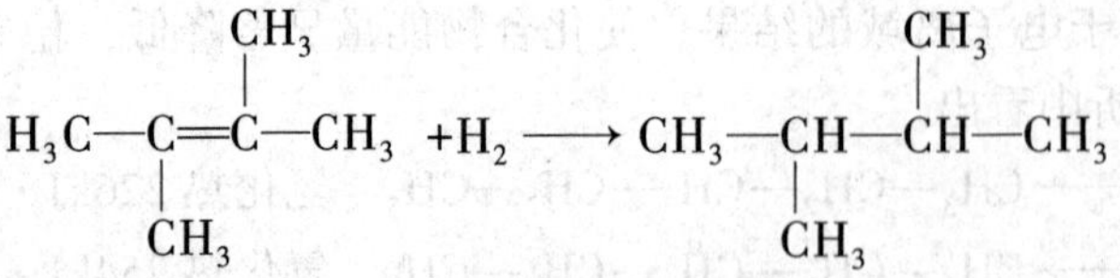

氢化热 $112kJ \cdot mol^{-1}$

双键碳原子上有烷基取代基而引起的稳定作用，也是由于电子离域的结果。以丙烯为例(图 2-9)，丙烯的 π 轨道与甲基 C—H 的 σ 轨道的交盖，使原来基本上定域于两个原子周围的 π 电子云和 σ 电子云发生离域而扩展到更多原子的周围，因而降低了分子的能量，增加了分子的稳定性。从离域这个意义上讲，它与共轭二烯烃的共轭效应是一致的。但和一般共轭效应不同的是，它涉及的是 σ 轨道与 π 轨道之间的相互作用，这种作用比 π 轨道之间的作用要弱得多。σ 轨道的电子离域作用的效应叫超共轭效应。C—Hσ 键与相邻 π 轨道之间的电子离域，称为 σ-π 超共轭效应。但超共轭效应比 π-π 共轭效应弱得多。

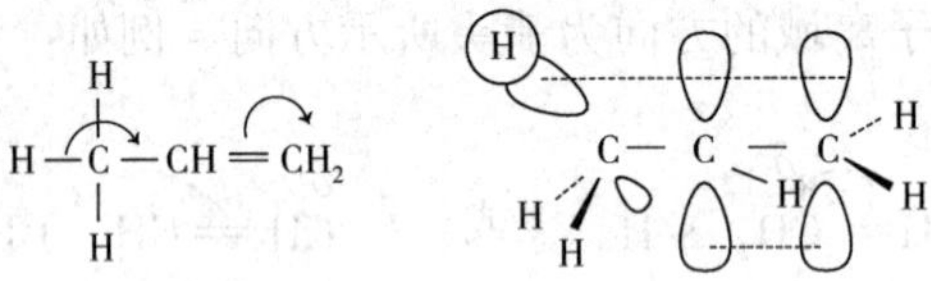

图 2-9　丙烯分子中的 σ-π 超共轭

在丙烯分子中，由于 C—C 单键的转动，甲基中的三个 C—Hσ 键轨道都有可能与 π 轨道在侧面交盖，参与超共轭。在超共轭体系中，参与超共轭的 C—Hσ 键越多，超共轭效应越强。例如：

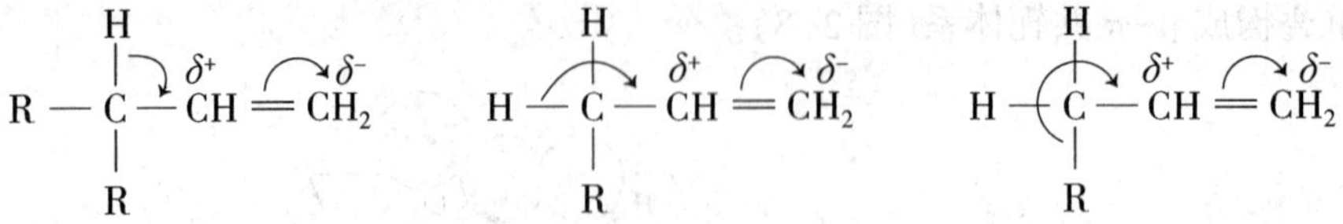

1个C—Hσ键参与超共轭　　2个C—Hσ键参与超共轭　　3个C—Hσ键参与超共轭

与烯烃相似，许多碳正离子和自由基也存在超共轭效应。在碳正离子中(图 2-10)，带正电荷的碳原子是 $sp^2$杂化，余下的一个 p 轨道是空着的。因此与 σ-π 共轭相似，也存在着 σ 键轨道与 p 轨道在侧面相互交盖，称为 σ-p 超共轭，超共轭效应的存在，使正电荷分散，故碳正离子得到稳定。

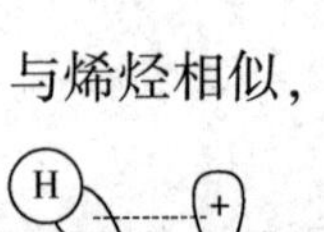

图 2-10　碳正离子的 σ-p 超共轭 1

参与超共轭的 C—Hσ 键轨道越多，则正电荷的分散程度越大，碳正离子越稳定。碳正离子的稳定性由大到小的顺序是3°>2°>1°(图 2-11)。

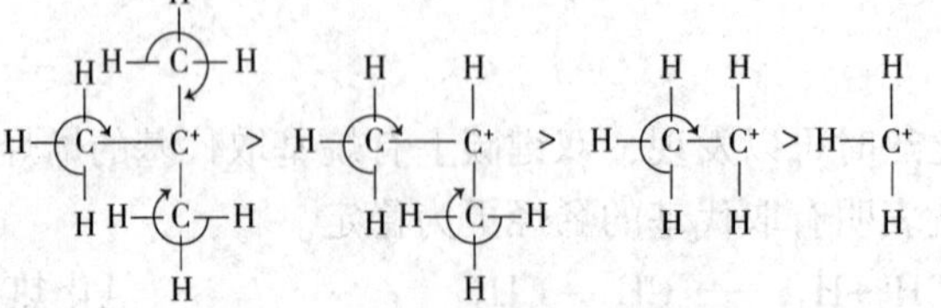

图 2-11　碳正离子的 σ-p 超共轭 2

在自由基中也存在着σ-p超共轭。由于超共轭效应的存在，自由基得到稳定。参与的C—Hσ键轨道越多，自由基越稳定，所以自由基的稳定顺序同样是3°>2°>1°。

**4. 共轭二烯烃的化学性质**

共轭二烯烃的化学性质与单烯都很相似，单烯烃能发生的反应，共轭二烯烃也可以发生同样的反应(如亲电加成、氧化、聚合等)。但共轭二烯烃由于其独特的结构使其也有独特的一些反应，如1,4-加成反应和双烯合成反应(Diels-Alder reaction)。

(1) 1,4-加成反应

共轭二烯烃与单烯烃相似，也可以与卤素、卤化氢等亲电试剂进行亲电加成反应，而且一般比单烯烃要容易。但又与单烯烃不同，共轭二烯烃与一分子亲电试剂的加成反应通常有两种可能。

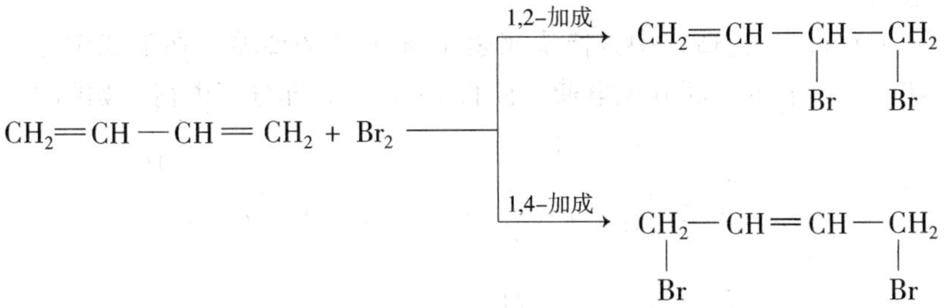


共轭二烯烃进行加成反应的特点，就是不但可以进行1,2-加成，而且还可以进行1,4-加成。具体到某一个反应，究竟是以1,2-加成为主，还是以1,4-加成为主，则取决于很多因素，如反应物的结构、试剂和溶剂的性质、产物的稳定性及反应温度等。例如，丁-1,3-二烯与溴在-15℃进行反应，1,4-加成产物的产率随溶剂极性的增加而增多。

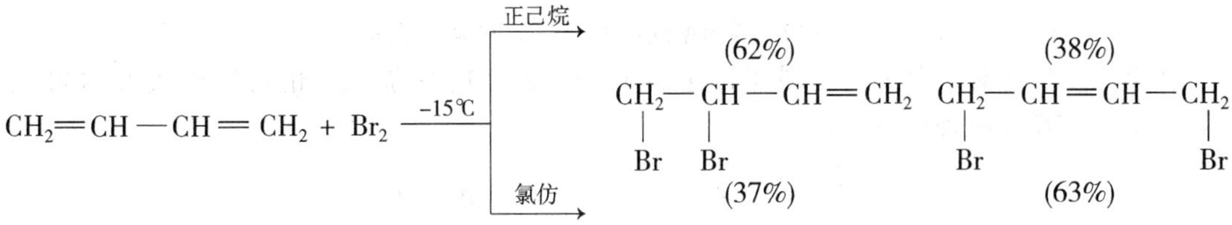


反应温度的影响也是明显的，一般低温有利于1,2-加成，温度升高有利于1,4-加成。例如：

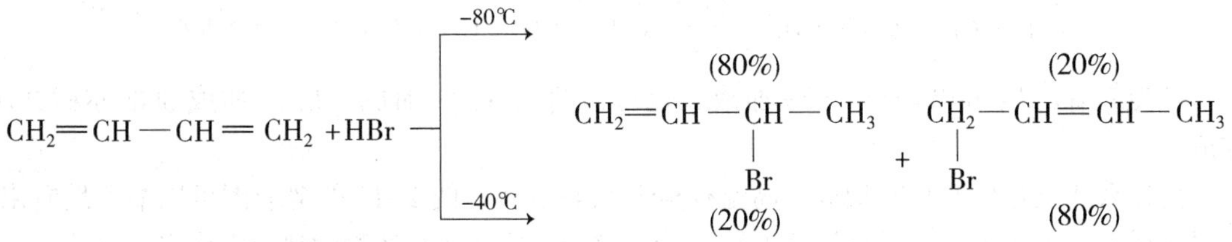


共轭二烯烃能够进行1,4-加成可利用共轭效应进行解释。例如，丁-1,3-二烯与极性试剂溴化氢的亲电加成反应，当溴化氢进攻丁-1,3-二烯的一端时，丁-1,3-二烯不仅一个双键发生极化，而且整个共轭体系的电子云发生变形，形成交替偶极。

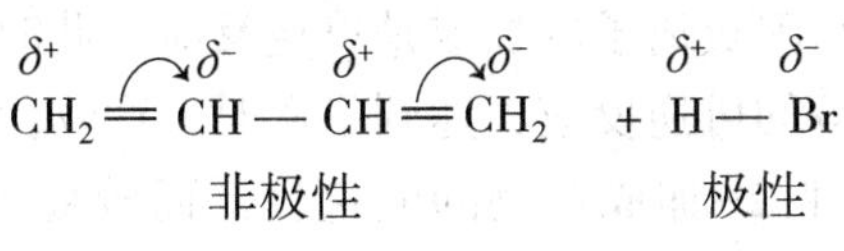

因此加成的第一步是质子与丁-1,3-二烯反应生成活性中间体碳正离子。这步反应有两种可能：

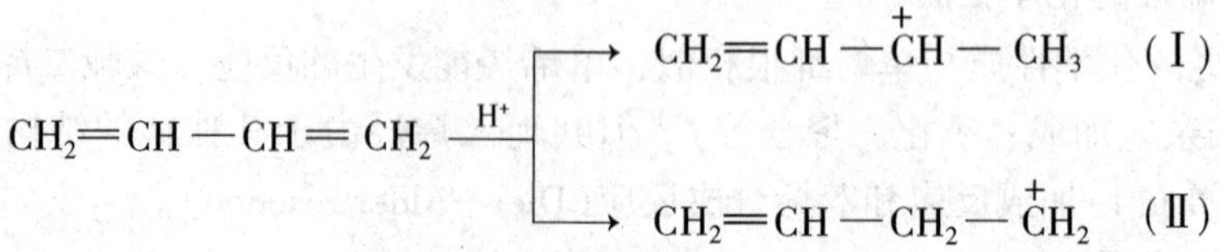


在碳正离子(Ⅰ)-烯丙型碳正离子中，其中心碳原子仍是 $sp^2$ 杂化状态，余下一个 p 轨道是空着的。这种 p 轨道能和 π 轨道构成 p-π 共轭体系。而碳正离子(Ⅱ)只存在 σ-p 或 σ-π 超共轭，因此碳正离子(Ⅰ)比碳正离子(Ⅱ)稳定，所以反应主要是按生成碳正离子(Ⅰ)的途径进行。

碳正离子(Ⅰ)可以在构造式中以箭头来表示 π 电子的离城。在下式中可以看到由于离域的结果，不仅 C(2)上带有部分正电荷，而且 C(4)带有部分正电荷，如图 2-12 所示。

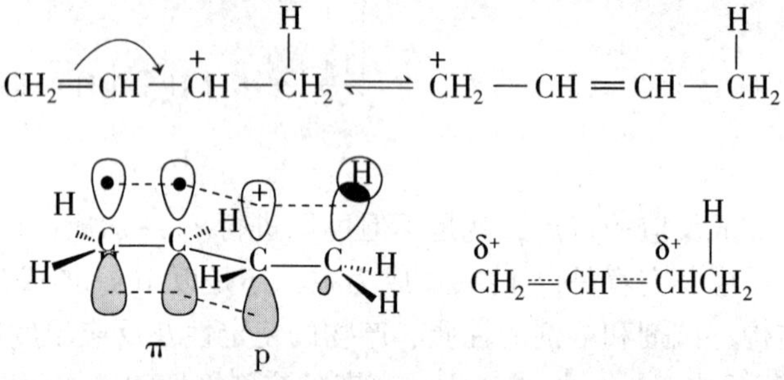


(Ⅰ)

图 2-12 烯丙型碳正离子 p-π 共轭示意图

在第二步反应时，溴负离子既可以进攻 C(2)发生 1,2-加成，也可以进攻 C(4)发生 1,4-加成。其反应机理如下所示：

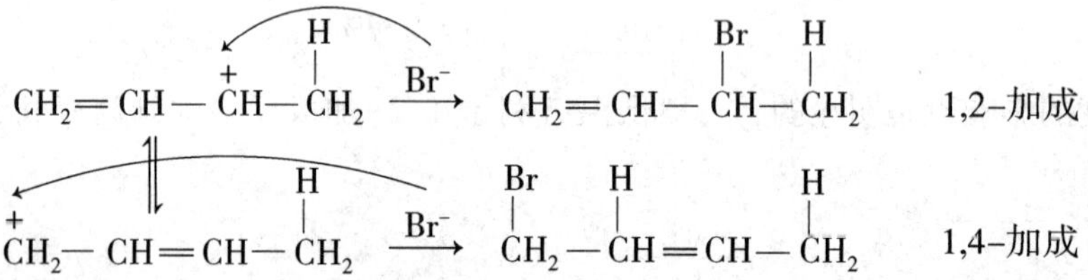


共轭二烯烃既可以进行 1,2-加成，也可以进行 1,4-加成。1,4-加成通常亦称共轭加成。

为什么低温有利于 1,2-加成，高温有利于 1,4-加成？图 2-13 的势能图可以清楚地看出：低温有利于 1,2-加成，高温有利于 1,4-加成，这与反应速率和产物的热力学稳定性有关。

当反应温度较低时，碳正离子与溴负离子的加成是不可逆的。生成产物的比例取决于反应速率，而反应速率受控于反应的活化能大小，反应所需活化能越小则反应就越快。1,2-加成所需的活化能较小，故反应速率较大，所以反应温度低时，以 1,2-加成产物为主。当反应温度较高时，碳正离子与溴负离子的加成是可逆反应，此时决定最后产物的主要因素是化学平衡，对于两个相互竞争的可逆反应，达到平衡时，产物比例取决于该产物的热力学稳定性，由于 1,4-加成产物比 1,2-加成产物的能量较低而较稳定，故生成 1,4-加成产物较

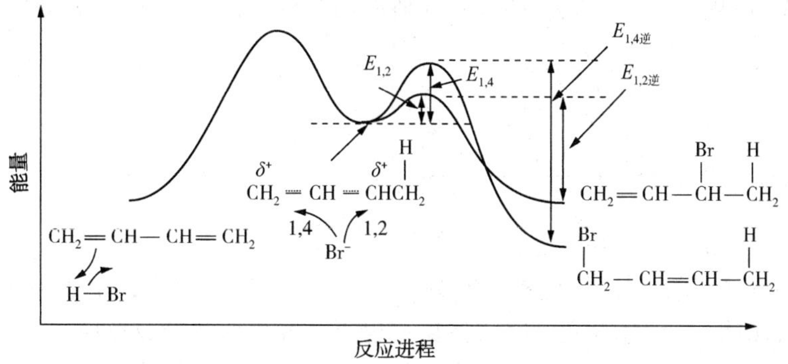


图 2-13　1,2-加成与 1,4-加成势能图

多。总之，低温时是速率控制或动力学控制的反应，活化能的高低是主要影响，对 1,2-加成有利；温度较高时是化学平衡控制或热力学控制的反应，产物的稳定性大小起主要作用，对 1,4-加成有利。

（2）双烯合成（Diels-Alder 反应）

共轭二烯烃及其衍生物与含有碳碳双键或三键等不饱和化合物进行 1,4-加成生成环状化合物的反应，称为双烯合成，亦称 Diels-Alder 反应（周环反应的一种）。这是共轭二烯烃的另一特征反应。例如：

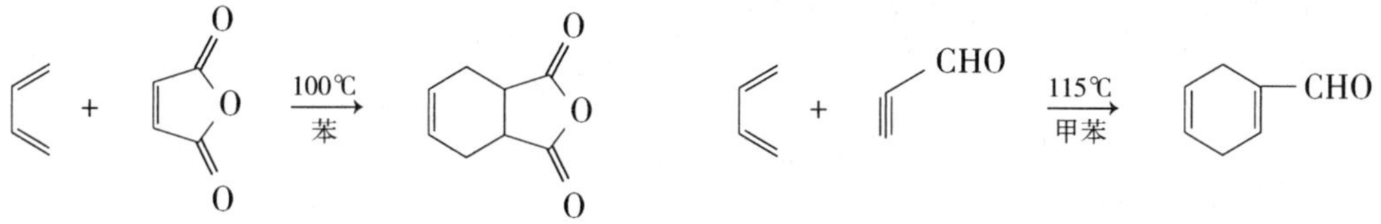


在这类反应中，两种反应物相互作用，旧键的断裂和新键的生成同时进行，经过一个环状过渡态，形成产物。反应是一步完成的，而没有活性中间体（如碳正离子或自由基等）生成，其反应机理可用 1,3-丁二烯和乙烯的反应表示如下：

R2-8 狄尔斯-阿尔德反应

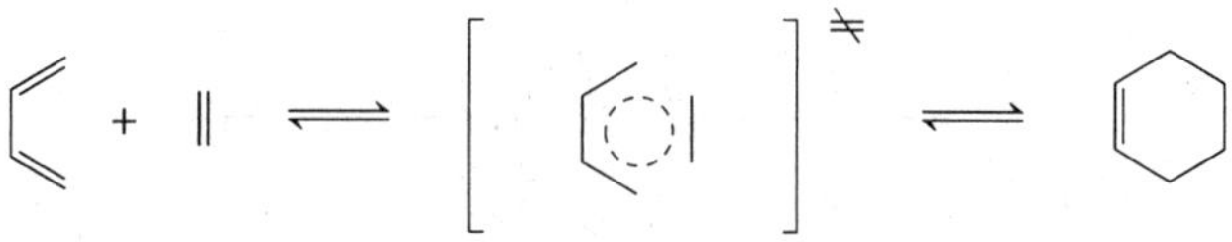

在双烯合成反应中，通常将共轭二烯烃及其衍生物称为双烯体，与之反应的含有碳碳双键或三键的不饱和化合物称为亲双烯体。实验证明，当双烯体连有供电子基而亲双烯体连有吸电子基时，有利于反应的进行。常见的双烯体和亲双烯体如下所示：

双烯体：

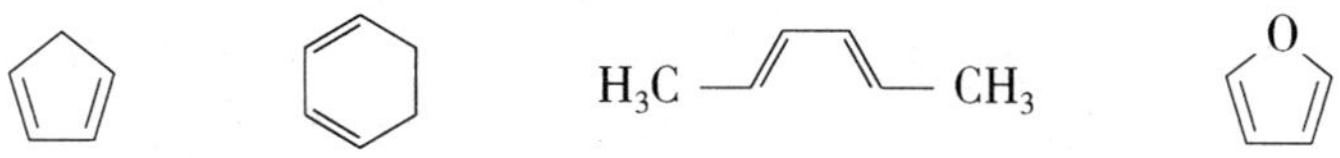


亲双烯体：$(CN)_2C=C(CN)_2$　$C_2H_5O_2CC\equiv CCO_2C_2H_5$

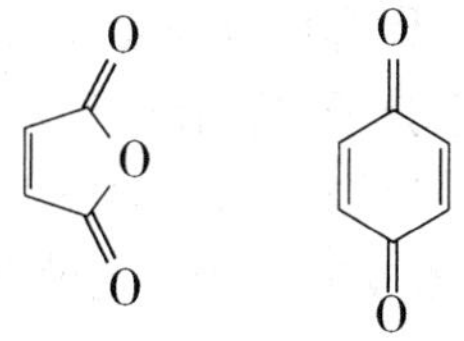

双烯体均以 s-顺式参加反应，如果双烯体的两个双键被固定在 s-反式构象，如：

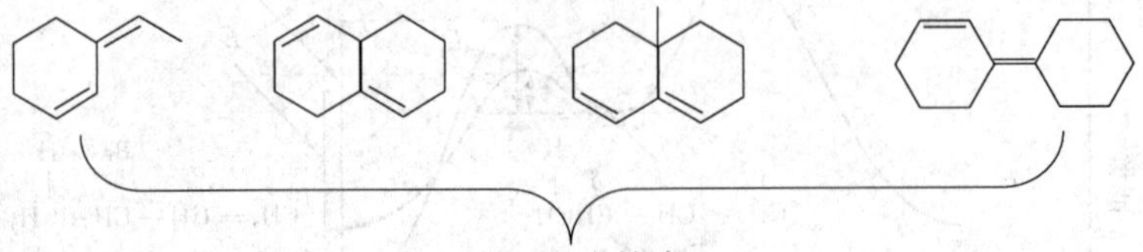

s-反式构象

则不能发生双烯合成反应。此外，2,3-二叔丁基丁-1,3-二烯，由于两个叔丁基体积很大，空间位阻的结果，不能形成 s-顺式构象，也不能发生双烯合成反应。

两个或多个含有不饱和键的分子结合或同一化合物中的两(多)个不饱和片段结合，π 键转化为 σ 键，生成环状加成物的过程称为环加成反应。双烯合成反应是重要的环加成反应之一。电环化反应和环加成反应，从反应机理考虑有共同点，它们只通过过渡态而不生成任何活性中间体，这类反应称为协同反应。在反应过程中形成的过渡态是环状过渡态的一些协同反应，称为周环反应。它主要包括电环化反应、环加成反应和 σ 键迁移反应。

(3) 电环化反应

在一定条件下，直链共轭多烯烃分子可以发生分子内反应，π 键断裂，同时双键两端的碳原子以 σ 键相连，形成一个环状分子，这类反应及其逆反应称为电环化反应(周环反应的一种)。例如，在光或热的作用下，丁-1,3-二烯可以转化为环丁烯，反应不经过碳正离子或自由基等活性中间体，而是经过环状过渡态一步完成：

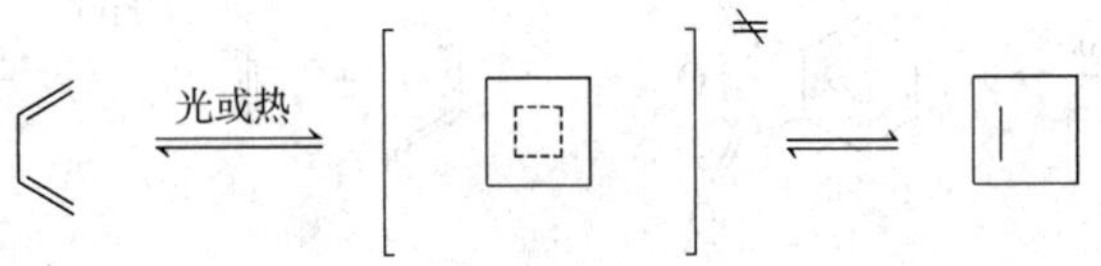


电环化反应的显著特点是具有高度的立体专一性，即在一定的反应条件下(热或光)，一定构型的反应物只生成一种特定构型的产物。例如：

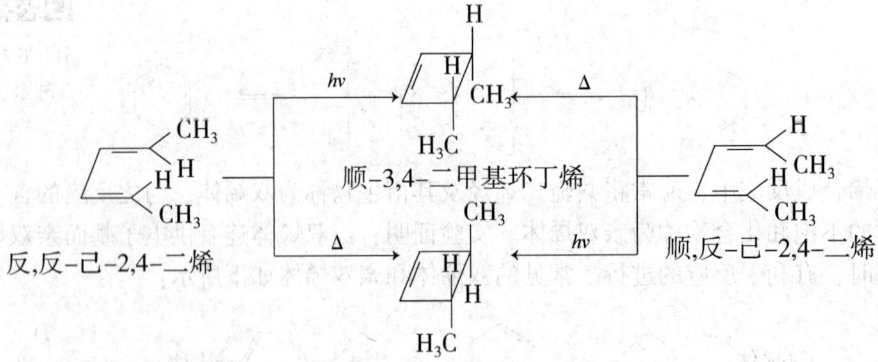


(4) 聚合反应与合成橡胶

由于分子中存在碳碳双键，共轭二烯烃也容易进行聚合反应，生成相对分子质量高的聚合物。在聚合时，与加成反应类似，可以进行 1,2-加成聚合，也可以进行 1,4-加成聚合。在 1,4-加成聚合时，既可以顺式聚合，也可以反式聚合。同时，既可以自身聚合，也可以与其他化合物发生共聚合。例如，丁-1,3-二烯的聚合：

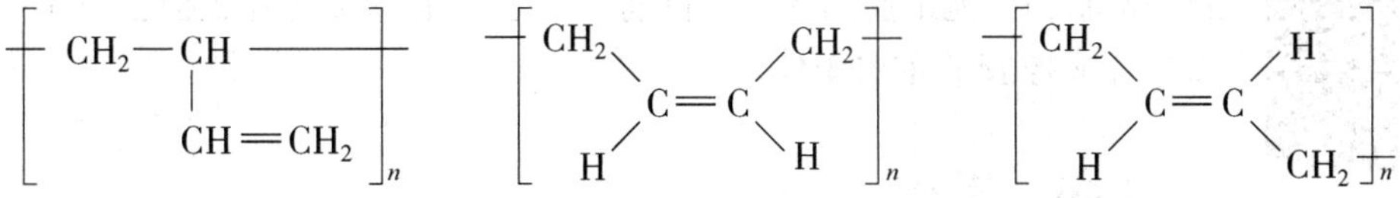

1,2-加成聚合物　　顺-1,4-加成聚合物　　反-1,4-加成聚合物

共轭二烯烃的聚合反应是制备合成橡胶的基本反应，很多合成橡胶是丁-1,3-二烯或2-甲基丁-1,3-二烯及其衍生物的聚合物或与其他化合物的共聚物。

丁-1,3-二烯或2-甲基丁-1,3-二烯在Ziegler-Natta催化剂如四卤化钛-三烷基铝等作用下，主要按1,4-加成方式进行顺式加成聚合，生成顺-1,4-聚丁二烯橡胶(简称顺丁橡胶)或顺-1,4-聚异戊二烯橡胶(简称异戊橡胶)。这种聚合方式通称定向聚合。

顺丁橡胶

异戊橡胶

橡胶是一类在很宽的温度范围内具有弹性的高分子化合物，分为天然橡胶和合成橡胶两大类。天然橡胶可以认为是相对分子质量不等的异戊二烯的高相对分子质量聚合物的混合体，其干馏产物是2-甲基丁-1,3-二烯。

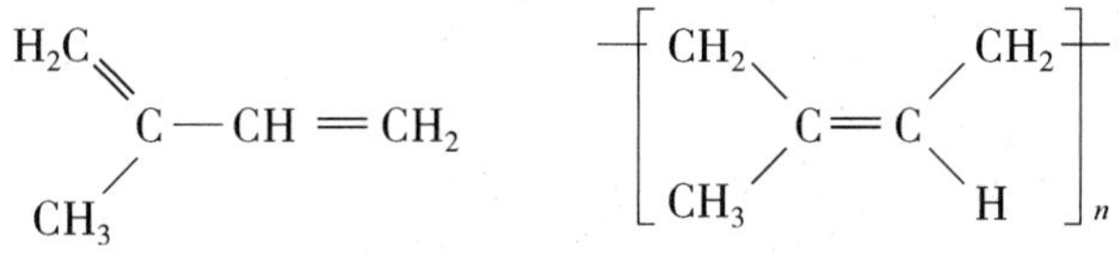

异戊橡胶因其结构和性质均与天然橡胶相似，被称为合成天然橡胶。2-甲基丁-1,3-二烯是无色液体，沸点34℃；不溶于水，易溶于汽油、苯等有机溶剂；是生产“合成天然橡胶”的单体。

丁-1,3-二烯也可以与其他不饱和化合物发生共聚，生成其他品种的合成橡胶。例如，丁苯橡胶就是由丁-1,3-二烯与苯乙烯共聚而成的。

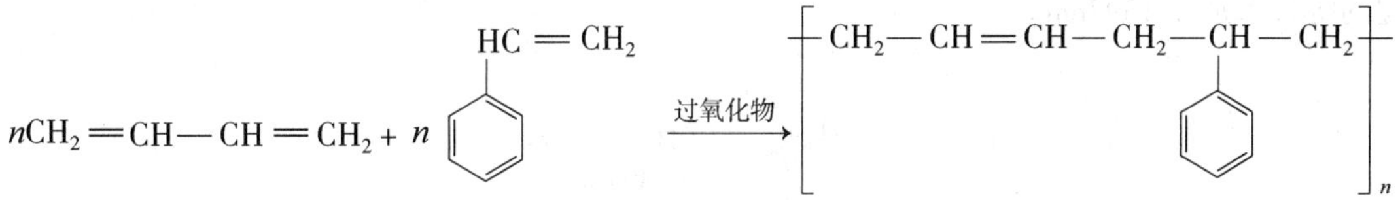

苯乙烯　　丁苯橡胶

R2-9 不饱和烃的工业来源

丁苯橡胶具有良好的耐老化性、耐油性、耐热性和耐磨性等，主要用于制备轮胎和其他工业制品，是目前世界上产量最大的合成橡胶。丁-1,3-二烯是合成橡胶的重要单体。

## 2-6 芳烃

芳烃是芳香族碳氢化合物的简称，也叫芳香烃。这类化合物分子中通常含有苯环结构且具有高度不饱和性，但不易进行加成反应和氧化反应，而比较容易进行取代反应，这种特性曾作为其芳香性的标志。随着有机化学的发展，人们发现一些非苯芳烃虽然不含苯环但也具有类似特性，也属于芳烃。

**1. 芳烃的分类**

芳烃按其结构可分类如下：

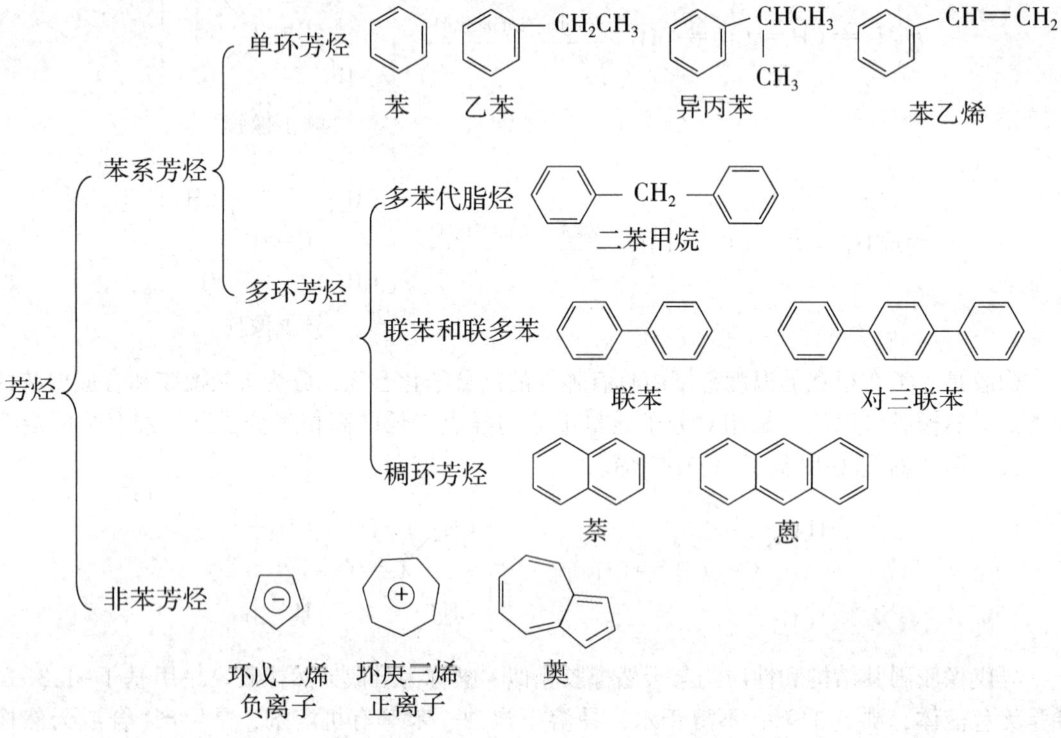


**2. 苯的结构**

苯是芳香烃最典型的代表。现代物理方法证明，苯分子是平面的正六边形结构。苯分子的 6 个碳原子和 6 个氢原子都分布在同一个平面上，相邻碳碳键之间的键角都是 120°，碳碳键的键长都是 0. 1397nm。

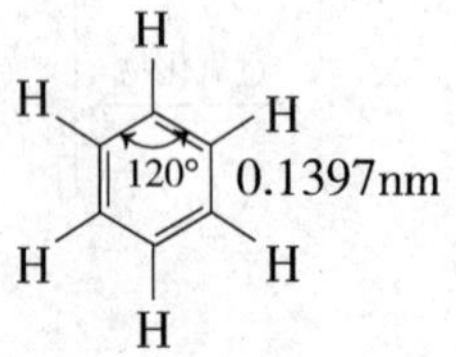

价键理论认为，苯分子中的6个碳原子都是$sp^2$杂化的碳原子，相邻碳原子之间以$sp^2$杂化轨道相互重叠，形成6个等同的C—Cσ键。同时，每个碳原子又各用一个$sp^2$杂化轨道与氢原子的1s轨道重叠，形成6个等同的C—Hσ键，如图2-14(a)所示。所有轨道之间的键角都是120°，所有原子均在同一平面上。未参与杂化的p轨道都垂直于碳环平面，彼此侧面重叠，形成一个封闭的共轭体系，如图2-14(b)所示。由于共轭效应使π电子高度离域，电子云完全平均化，构成两个环状电子云，分别处于苯环的上、下方，如图2-14(c)所示，从而使体系的能量降低，苯分子得到稳定。

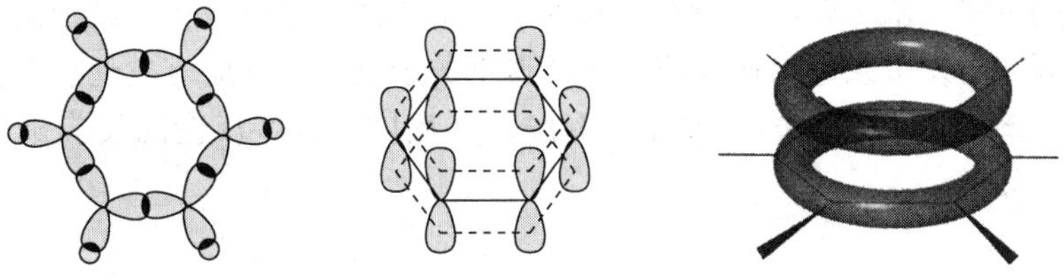


图2-14　苯的价键轨道结构

分子轨道理论认为，分子中6个p轨道线性组合成6个π分子轨道，其中3个成键轨道$\psi_1\psi_2\psi_3$，3个反键轨道$\psi_4\psi_5\psi_6$(图2-15)。在基态时，苯分子的6个π电子成对填入三个成键轨道，其能量比原子轨道低，所以苯分子稳定，体系能量较低。

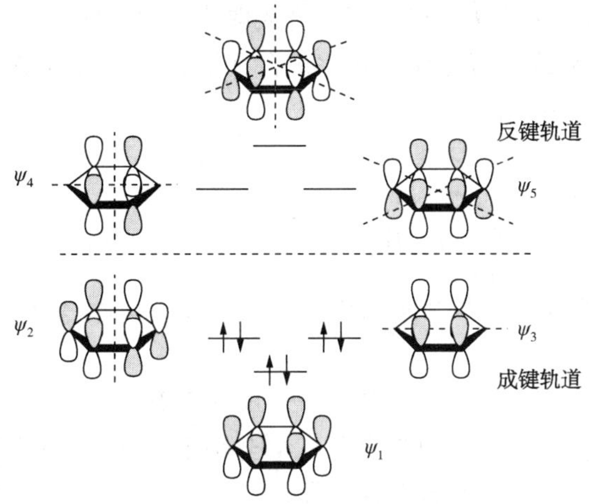


图2-15　苯的分子轨道结构

**3. 单环芳烃的物理性质**

芳烃一般为无色有芳香味的液体，不溶于水，是良好的溶剂，有一定的毒性。一般芳香烃均比水轻；沸点随相对分子质量升高而升高；熔点除与相对分子质量有关外，还与其结构有关，通常对位异构体的熔点比邻位和间位异构体的高，这可能是因为对位异构体分子对称，晶格能较大。

R2-10 单环芳烃的物理常数

**4. 单环芳烃的化学性质**

单环芳烃发生化学反应的主要部位如下：

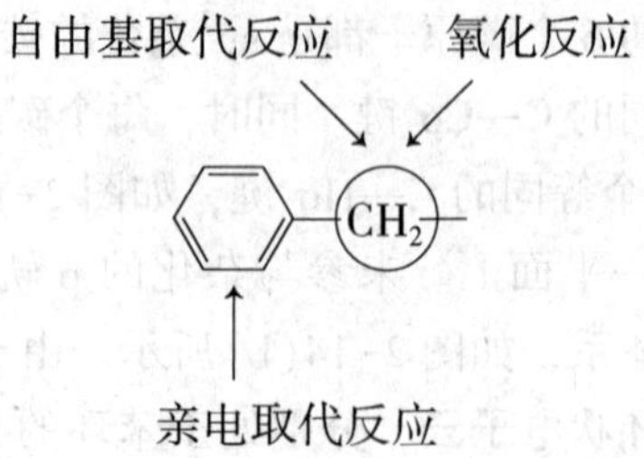


(1) 亲电取代反应

从苯的结构可知，苯环碳原子所在平面的上、下方都集中着电子，易于向亲电试剂提供电子，因此苯环容易发生亲电取代反应。苯环典型的亲电取代反应有硝化、卤代、磺化以及Friedel-Crafts(傅瑞德尔-克拉夫茨)烷基化和酰基化反应。这些反应的反应机理大体是相似的，反应的历程如下：

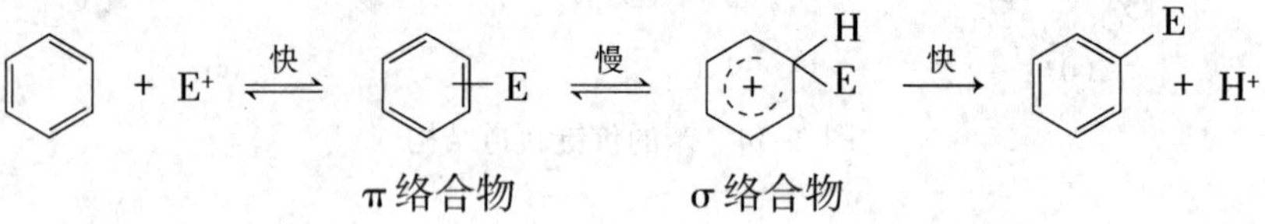


在亲电取代反应中，首先是亲电试剂 $E^+$进攻苯环，并很快地和苯环的 π 电子形成 π 络合物。然后 π 络合物中亲电试剂 $E^+$进一步与苯环的一个碳原子直接连接，形成一个不稳定的碳正离子中间体(又称 σ 络合物)。σ 络合物是一个活泼中间体，它的能量较高，不稳定，因此，易从 $sp^3$杂化碳原子上失去一个质子，生成取代产物，恢复为稳定的苯环结构。

① 卤代反应。在铁粉或三卤化铁等催化剂存在下，苯比较容易与氯或溴反应生成相应的卤代苯，同时放出卤化氢。例如：

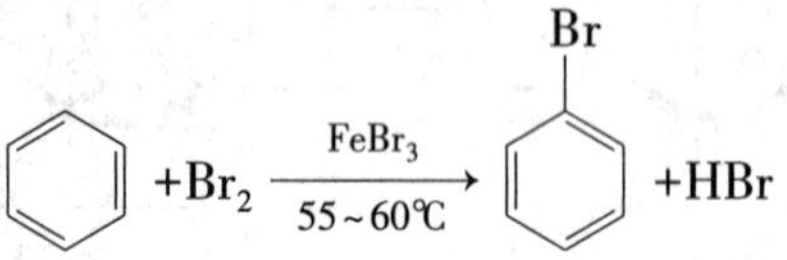


在卤代反应中，三卤化铁等催化剂的作用是与卤素(如 $Br_2$)络合，使它容易发生异裂，生成有效亲电试剂 $Br^+$：

$$FeBr_3+Br_2 \longrightarrow Br^+ + FeBr_4^-$$

$Br^+$进攻苯环，形成 σ 络合物，随后从 σ 络合物上失去一个质子，生成取代产物；同时，脱下的质子与 $FeBr_4^-$作用，重新生成 $FeBr_3$。

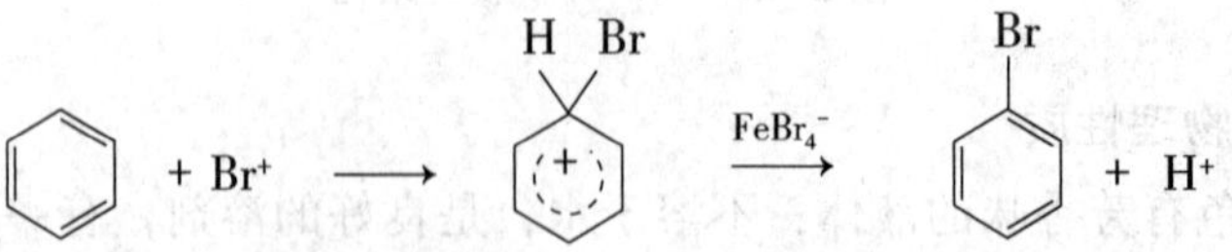


$$H^+ + FeBr_4^- \longrightarrow HBr + FeBr_3$$

② 硝化反应。苯与浓硝酸和浓硫酸的混合物(常称混酸)作用，生成硝基苯：

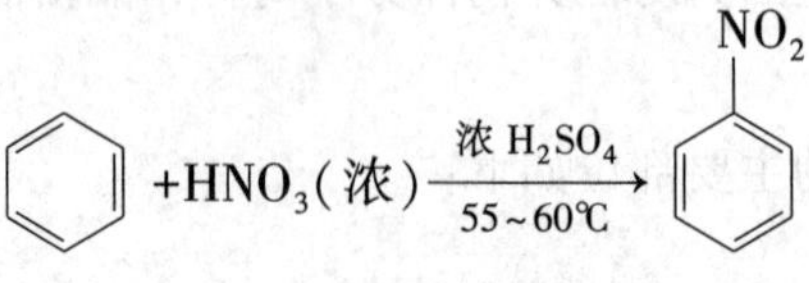

在硝化反应中，进攻试剂是硝基正离子（$—NO_2^+$），反应中浓 $H_2SO_4$ 的存在能促使 $—NO_2^+$ 离子的生成。反应式如下：

$$H_2SO_4+HONO_2 \rightleftharpoons H_2\overset{+}{O}NO_2+HSO_4^-$$
$$H_2\overset{+}{O}NO_2+H_2SO_4 \rightleftharpoons NO_2^++H_3O^++HSO_4^-$$
$$2H_2SO_4+HONO_2 \rightleftharpoons NO_2^++H_3O^++2HSO_4^-$$

硝基正离子是一个很强的亲电试剂，它可与苯环结合先形成 σ 络合物，继而失去一个质子而生成硝基苯。

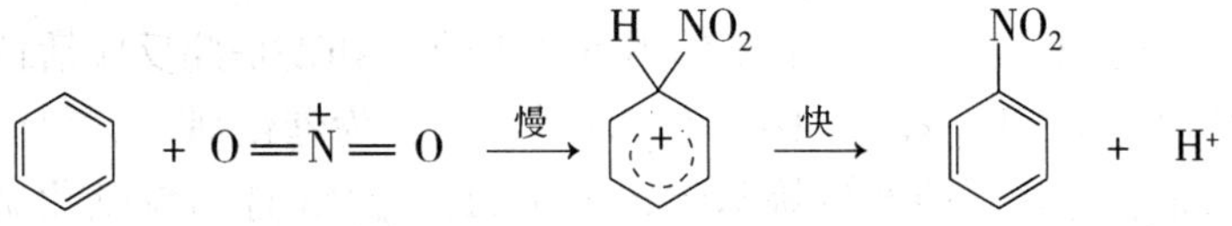

③ 磺化反应。苯与发烟硫酸在室温下反应，生成苯磺酸。

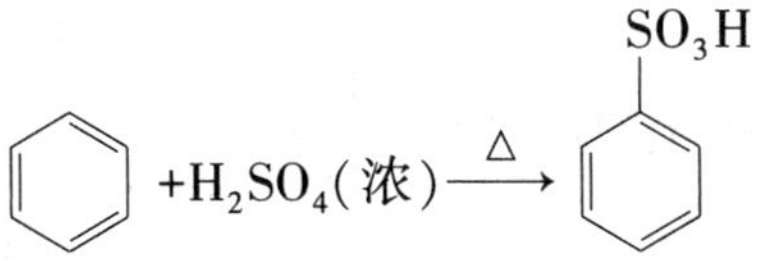

在磺化反应中，进攻试剂为三氧化硫，可由发烟硫酸直接提供，或由两分子硫酸脱水生成：

$$2H_2SO_4 \rightleftharpoons SO_3+HSO_4^-+H_3O^+$$

在三氧化硫分子中，硫原子最外层只有六个电子，属于缺电子的试剂，且氧的电负性大于硫，反应中易由带部分正电荷的硫原子进攻苯环，发生亲电取代反应：

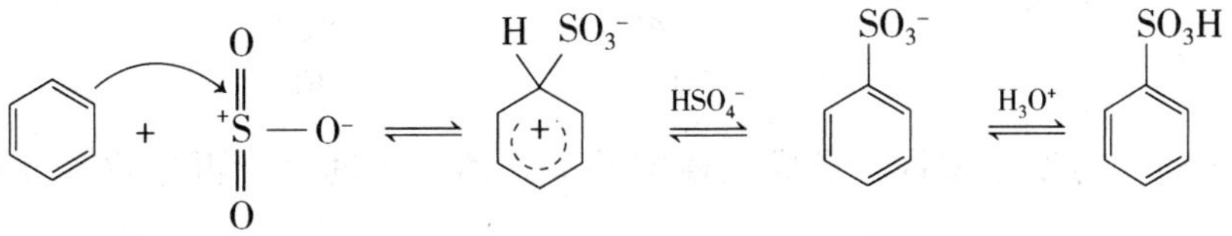

与苯环上的其他亲电取代反应不同的是，磺化反应是一个可逆反应。如在苯磺酸中通入过热水蒸气或将苯磺酸与稀硫酸一起加热，可以脱去磺酸基。磺化反应的这一特点可作位置保护基用于有机合成中。

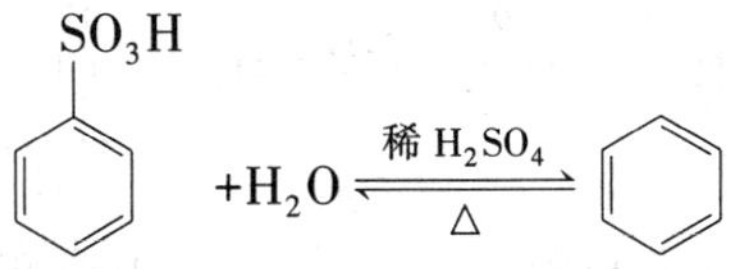

④ Friedel-Crafts 反应。Friedel-Crafts（傅瑞德尔-克拉夫茨）反应，简称傅-克反应（F-C 反应）。Friedel-Crafts 反应是在芳烃上引入烷基（—R）和酰基（$—\overset{O}{\overset{\|}{C}}—R$）最重要的方法。它的应用范围很广，是有机合成中最有实用价值的反应之一。

**Friedel-Crafts 烷基化反应**：Friedel-Crafts 烷基化反应是指芳烃在无水三氯化铝等 Lewis 酸的催化作用下，芳环上的氢被烷基取代的反应：

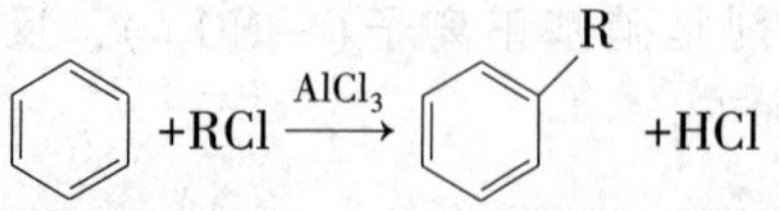

Friedel-Crafts 烷基化的反应机理与硝化、磺化类似，进攻苯环的亲电试剂是烷基碳正离子：

$$R—Cl+AlCl_3 \longrightarrow R^+ + AlCl_4^-$$

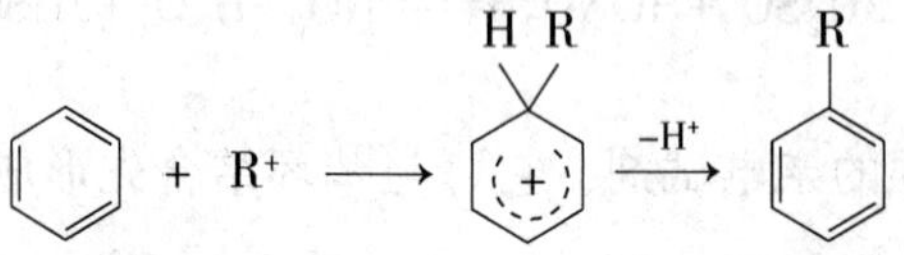

应用此反应时还需要注意以下几点：

a. 烷基碳正离子是在 Lewis 酸的催化作用下产生的。$AlCl_3$是此反应活性最强的 Lewis 酸催化剂，此外，$FeCl_3$、$ZnCl_2$、$BF_3$、HF、$H_2SO_4$等均可作为催化剂。

b. 在 Lewis 酸催化作用下能产生烷基碳正离子的化合物（称为烷基化试剂），可以是卤代烷、烯烃、环氧乙烷和醇等。例如：

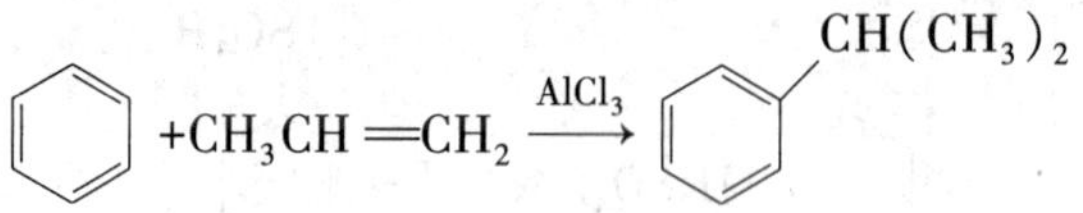

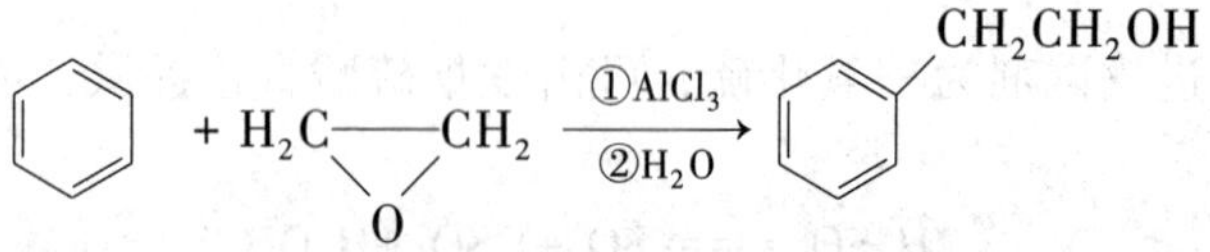

c. 当烷基化试剂含有三个或三个以上碳原子时，常伴随重排反应。例如：

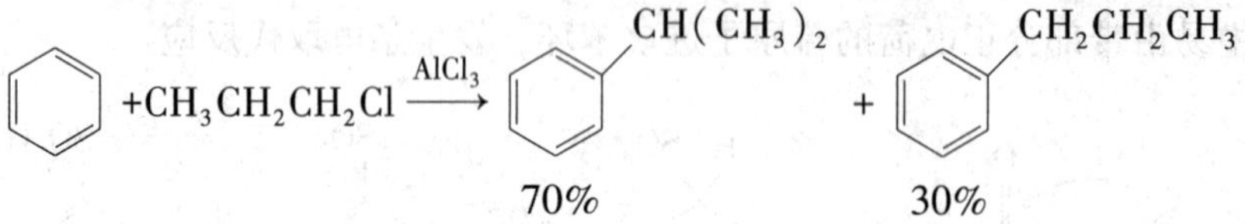

烷基碳正离子易发生重排，形成最稳定的碳正离子中间体，再进攻苯环得到异构化产物。

$$CH_3CH_2CH_2Cl + AlCl_3 \longrightarrow CH_3CH_2\overset{\delta^+}{C}H_2 \cdots \overset{\delta^-}{AlCl_4}$$

$$CH_3CH_2\overset{\delta^+}{C}H_2 \cdots \overset{\delta^-}{AlCl_4} \xrightarrow{\text{重排}} H_3C—\overset{\delta^+}{C}H(CH_3) \cdots \overset{\delta^-}{AlCl_4}$$

1°碳正离子　　　　2°碳正离子

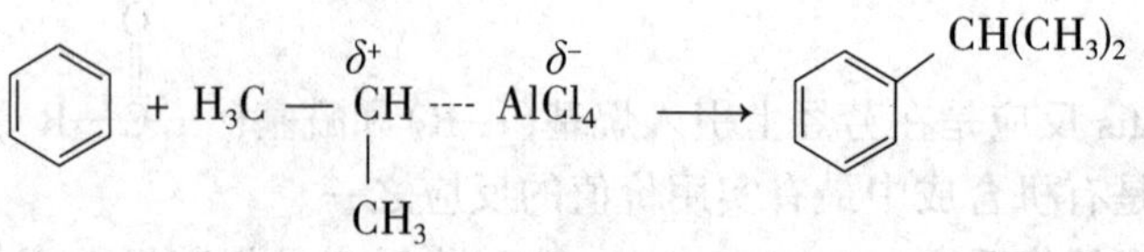

d. 反应不易停留在一元取代产物，烷基苯比苯更容易发生烷基化反应，会有二烷基化

产物和多烷基化产物生成，因此常通过加入过量的苯和调节反应温度来控制。

e. 当苯环上连有强吸电子基团，如—$NO_2$、—COOH、—COR、—$CF_3$、—$SO_3H$、—CN等时，F-C烷基化反应不能进行。因为吸电子基团会使苯环上的电子云密度降低，是钝化苯环的基团，使苯环的反应活性降低。

**Friedel-Crafts 酰基化反应**：Friedel-Crafts 酰基化反应是指芳烃与酰氯或酸酐在无水三氯化铝等催化作用下生成芳酮的反应。例如：

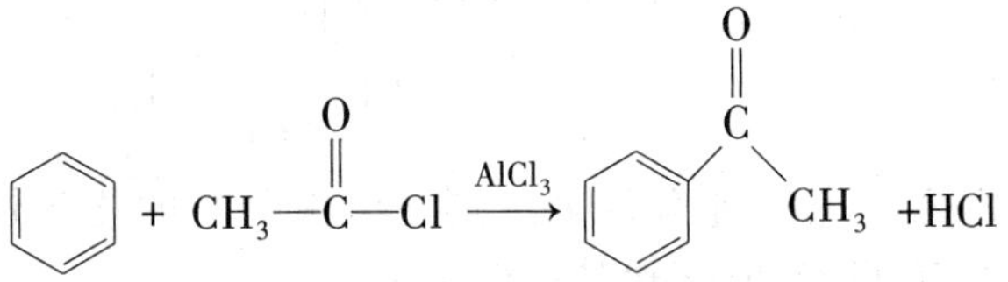


还需要注意以下几点：

a. 在 Friedel-Crafts 酰基化反应中，进攻苯环的亲电试剂是酰基正离子，酰基正离子是在 Lewis 酸的催化作用下产生的(与F-C烷基化反应类似)。

b. 当苯环上存在硝基、磺酸基、氰基等吸电子基时，F-C酰基化反应难以发生(与F-C烷基化反应类似)。

c. F-C酰基化反应无多酰基化产物(因酰基是钝化苯环的基团)。

d. F-C酰基化反应无异构化产物(酰基正离子比较稳定，不重排)。

利用F-C酰基化反应无异构化产物的特点，可以用以制备含有3个或3个以上碳原子的直链烷基苯衍生物，先进行酰基化反应制成芳酮，然后用 Clemmensen(克莱门森)还原法将碳基还原来实现。例如：

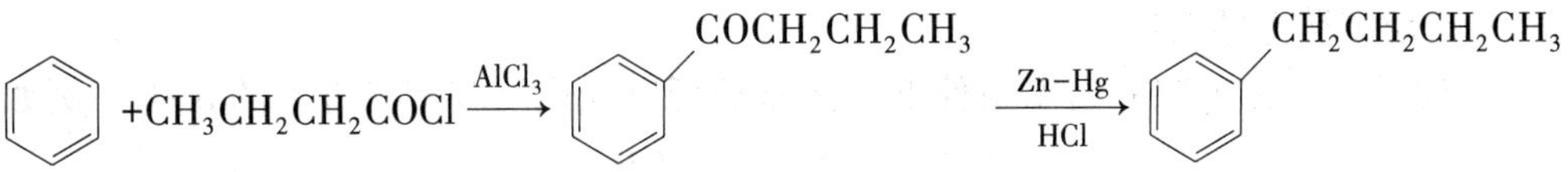


⑤ 氯甲基化反应。在无水氯化锌的作用下，苯与甲醛、氯化氢生成氯化苄的反应，称为氯甲基化反应。

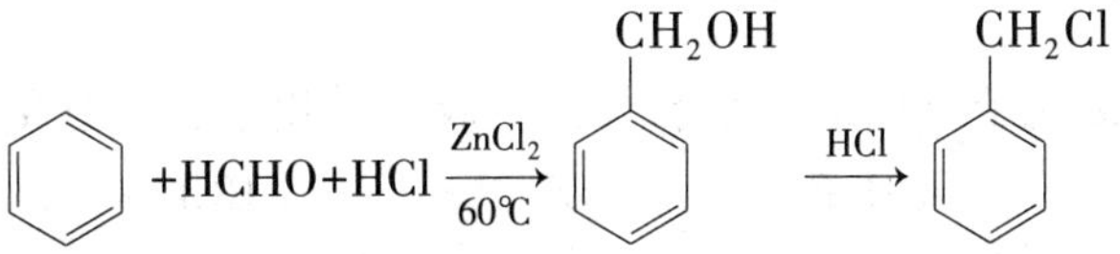


氯甲基化反应应用很广，得到的氯化苄中氯原子非常活泼，—$CH_2Cl$可以转变为—$CH_2CN$、—CHO、—$CH_2COOH$、—$CH_2NH_2$等基团。

⑥ Gattermann-Koch(加特曼-科赫)反应。在无水三氯化铝的催化作用下，芳烃与一氧化碳、氯化氢生成相应芳香醛的反应。

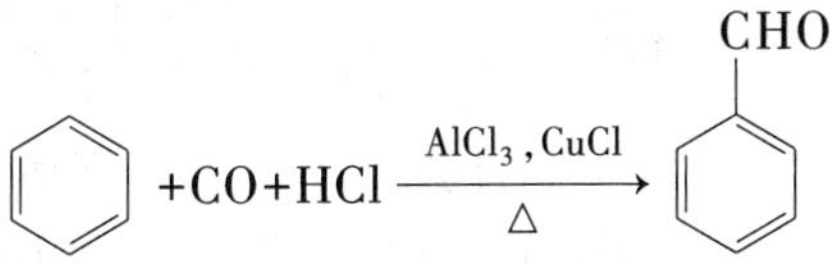


含有强钝化基的芳烃不发生此反应。

(2) 加成反应

苯环具有特殊的稳定性，难以发生加成反应。但在特殊情况下，芳烃也能发生某些加成反应，而且总是3个双键同时发生，形成一个环己烷体系。

① 加氢。苯在有催化剂存在下，于较高温度或压力下才能加氢生成环己烷。

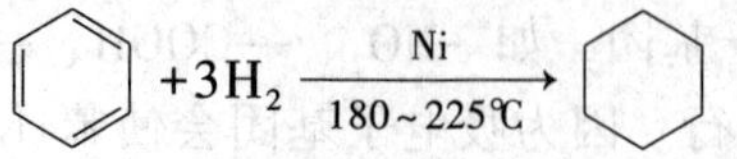


② 加氯。在紫外线照射下，苯与氯加成生成六氯化苯。

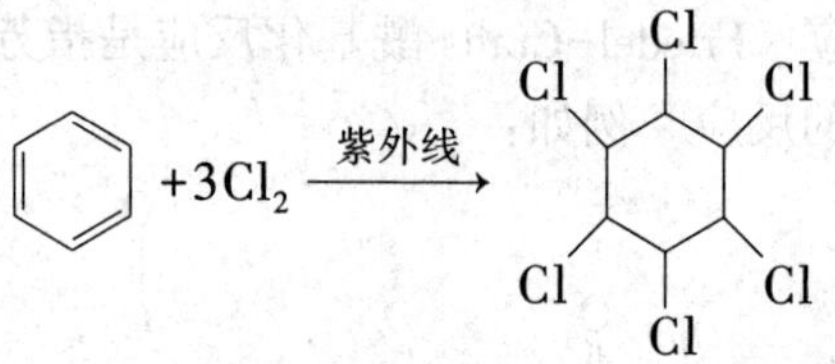


六氯化苯简称六六六，是一种有效杀虫剂。但由于它的化学性质稳定，不易降解，残存毒性大，我国已于20世纪80年代禁止使用。

(3) 氧化反应

苯一般不容易发生氧化反应，只有在五氧化二钒的催化作用下，才能在高温下被氧化成顺丁烯二酸酐。

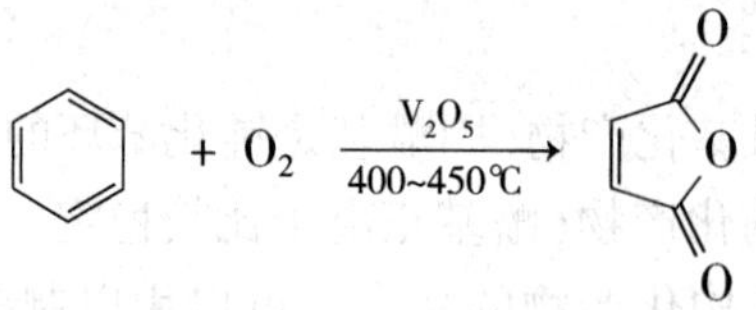


顺丁烯二酸酐也称马来酸酐，简称顺酐，是重要的有机化工中间体，在塑料、造纸、涂料、农药、医药、合成树脂等工业得到广泛应用。

(4) 芳烃侧链上的反应

① 卤代反应。在光照或高温条件下，卤原子可以取代烷基苯侧链上的 $\alpha$-H。例如：

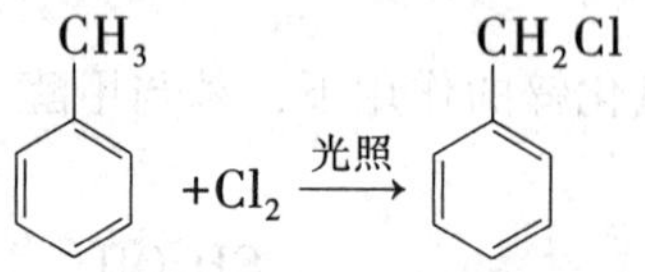


当氯气过量时，氯化苄可以进一步氯代，生成二氯化苄和三氯化苄。

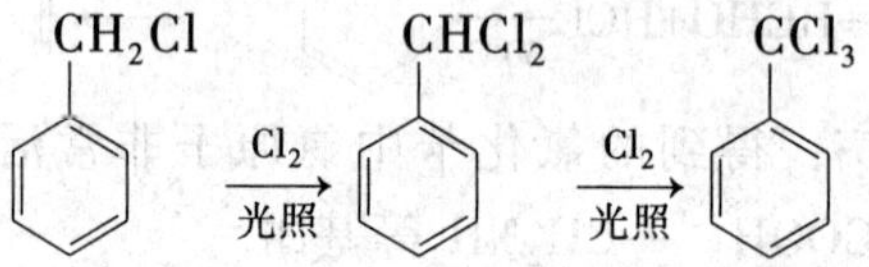


当芳环侧链较长时，侧链卤代反应仍主要发生在 α 位。

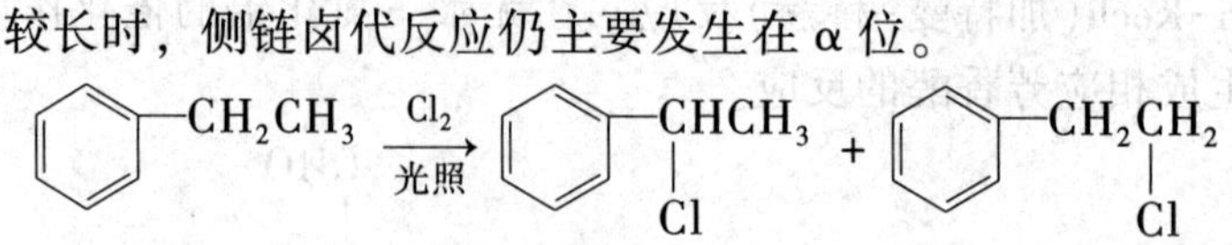


91%　　　　9%

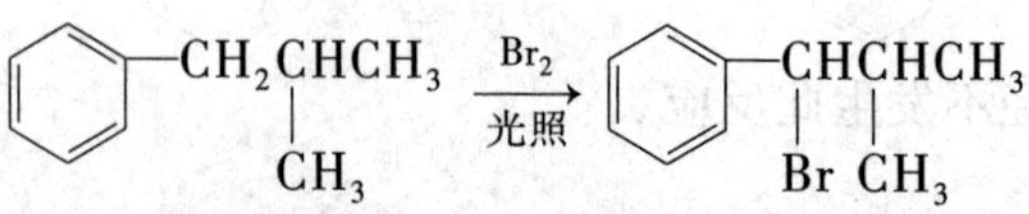


芳环侧链的溴代反应也可以用 *N*-溴代丁二酰亚胺(NBS)作溴化试剂。

② 氧化反应。烷基苯侧链只要含有 $\alpha$-H 就能被氧化成羧酸。不论烷基侧链有多长，

以及侧链上还有什么基团（如—$CH_2Cl$、—$CHCl_2$、—$CH_2OH$、—$CH_2NO_2$等），只要有 α-H，氧化后都生成一个与苯环相连的羧酸。没有 α-H 的侧链则不易被氧化。例如：

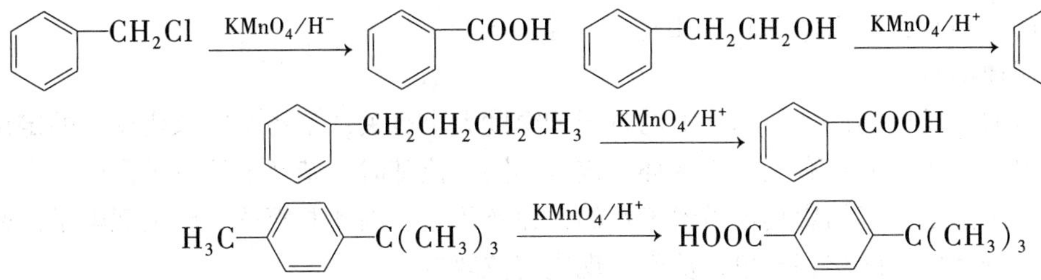

**5. 苯环上亲电取代反应的定位规律**

与苯不同，当一取代苯再继续进行亲电取代反应时，取代反应可发生在原取代基的邻位、间位或对位。例如：

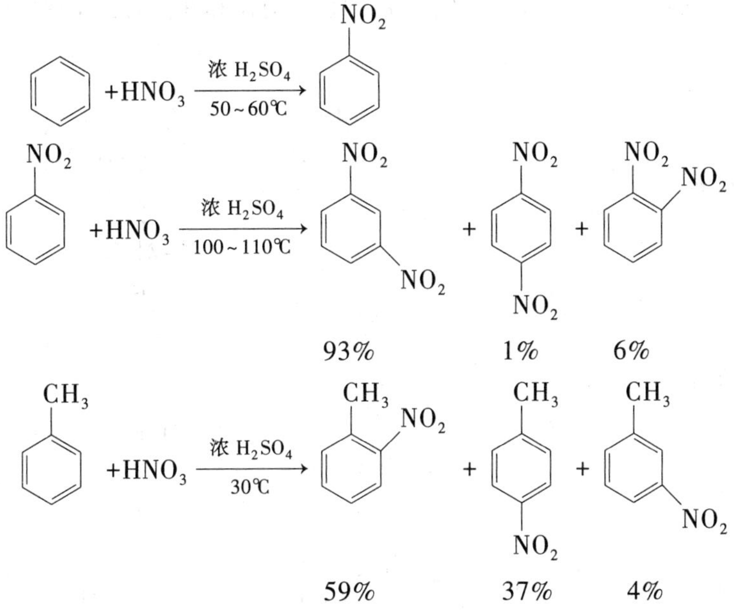

硝基苯若继续发生硝化反应，主要生成间二硝基苯，并且反应比苯难于进行。而甲苯发生硝化反应时，不仅比苯容易进行，主要生成邻硝基甲苯和对硝基甲苯。许多实验结果表明，苯环上原有取代基对新引入的取代基有定位作用和活化、钝化苯环的作用。

通常将苯环上原有的取代基称为定位基。根据基团对苯环的影响以及它们的定位情况，可将定位基分为三类。

(1) 定位基分类

① 第一类定位基。第一类定位基是致活的邻、对位定位基，它们使新引入的基团主要进入原取代基的邻、对位，且使苯环上的亲电取代反应更容易发生，也就是使苯环活化。

属于这类的基团有：—$O^-$、—$N(CH_3)_2$、—$NH_2$、—OH、—$OCH_3$、—$NHCOCH_3$、—$OCOCH_3$、—R、—$C_6H_5$等。

② 第二类定位基。第二类定位基是致钝的间位定位基，它们使新引入的基团主要进入原取代基的间位，且使苯环上的亲电取代反应更难发生，也就是使苯环钝化。

属于这类的基团有：—$^+NR_3$、—$NO_2$、—CN、—$CCl_3$、—$SO_3H$、—CHO、—$COCH_3$、—COOH、—$COOCH_3$、—$CONH_2$等。

③ 第三类定位基。第三类定位基是致钝的邻、对位定位基，它们使新引入的基团主要进入原取代基的邻、对位，且使苯环上的亲电取代反应更难发生，也就是使苯环钝化。

属于这类的基团有：—F、—Cl、—Br、—I 等。

(2) 定位规律的解释

苯环的亲电取代反应的活性与苯环上的电子云密度大小有关；苯环亲电取代反应的定位规律与苯环上电子云密度分布有关。当苯环上连有不同定位基时，苯环上的电子云密度大小和分布就不同。不同定位基的影响可沿着苯环的共轭链传递。因此共轭链上就出现电子云密度较大和电子云密度较小的交替现象，从而表现出定位效应。

① 第一类定位基的影响。第一类定位基是给电子基团，它们使苯环上的电子云密度增大，对苯环起活化作用，使亲电取代反应容易发生。但是它们对苯环邻、对位的活化作用大于间位。因此，主要生成邻、对位产物。

以甲苯为例，当亲电试剂进攻甲基的邻位、对位和间位时，生成的碳正离子的结构用共振式表示：

进攻邻位

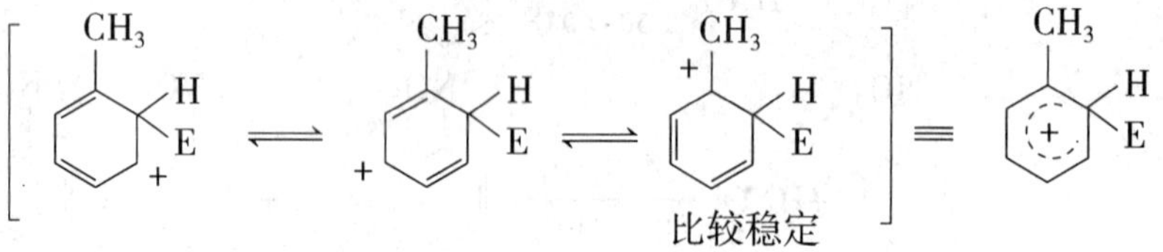

比较稳定

进攻对位

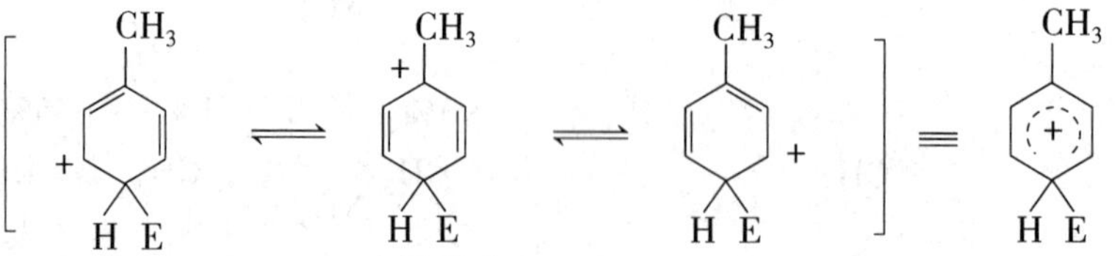

比较稳定

进攻间位

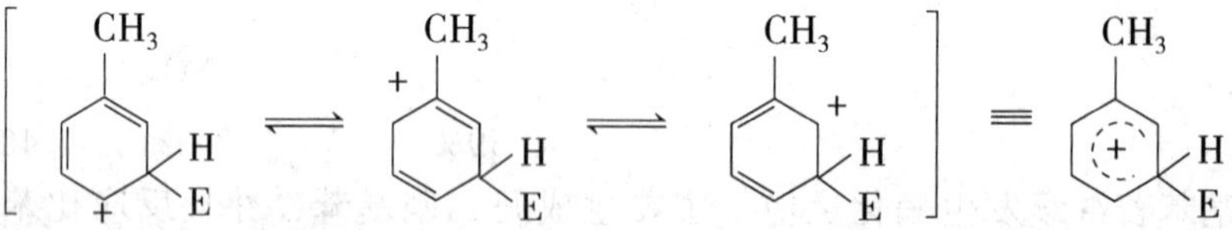

当亲电试剂进攻甲基的邻位或对位时，生成的碳正离子中间体的三种共振杂化体中，都有一个比较稳定的叔碳正离子，使邻、对位产物容易生成。而进攻间位时生成的碳正离子，三种共振杂化体都是仲碳正离子，稳定性不如叔碳正离子，使间位产物更难生成。

如果苯环上的第一类定位基是—$NH_2$、—OH 等，它们活化苯环的作用比甲基更强，使苯环上的电子云密度大大增加，更易发生亲电取代反应。以苯酚为例，当亲电试剂进攻羟基的邻位、对位和间位时，生成的碳正离子的结构用共振式表示：

进攻邻位

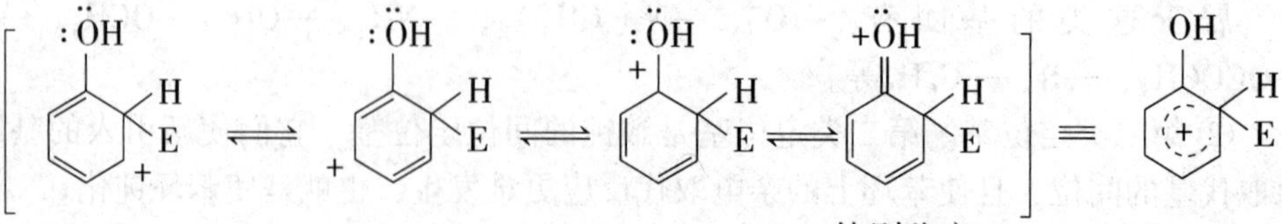

特别稳定

进攻对位

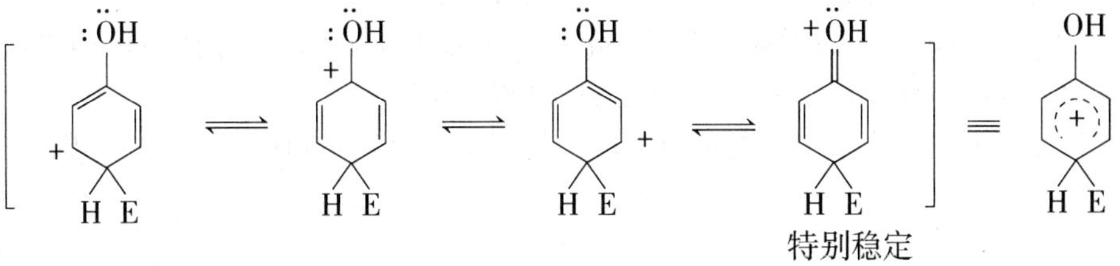


进攻间位

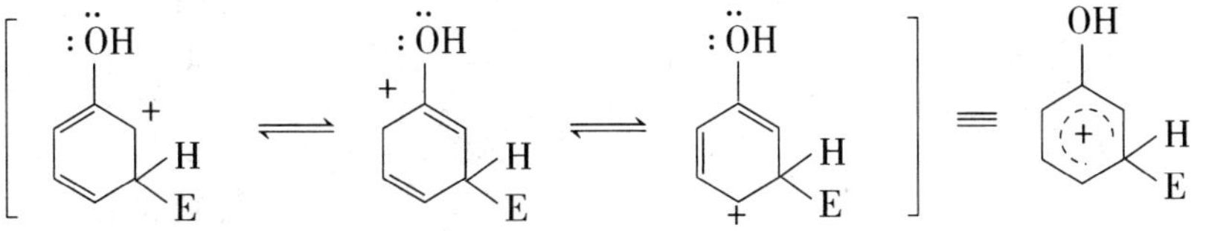

从诱导效应的角度来分析，氧的电负性比碳大，羟基具有吸电子的作用。但从共轭效应的角度来分析，当亲电试剂进攻羟基的邻位或对位时，生成的碳正离子中间体中，都有一个特别稳定的共振杂化体，其羟基氧原子的孤对电子通过 p-π 共轭作用分散到苯环上，使每个原子都有完整的外电子层结构。这种给电子的共轭稳定作用远远大于吸电子的诱导作用，使邻、对位产物很容易得到。当亲电试剂进攻羟基的间位时，生成的碳正离子中间体中没有这种特别稳定的共振杂化体。因此，苯酚的亲电取代反应主要发生在羟基的邻位和对位。

② 第二类定位基的影响。第二类定位基是吸电子基团，它们使苯环上的电子云密度降低，对苯环起钝化作用，使亲电取代反应难以发生。但是它们对苯环邻、对位的钝化作用大于间位。因此，主要生成间位取代物。

以硝基苯为例，当亲电试剂进攻硝基的邻位、对位和间位时，生成的碳正离子的结构用共振式表示：

进攻邻位

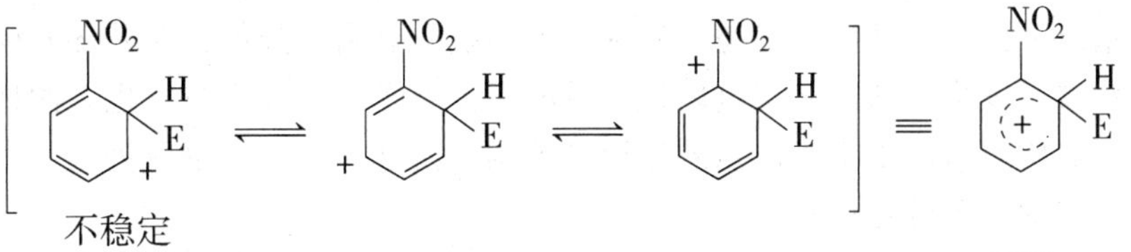


进攻对位

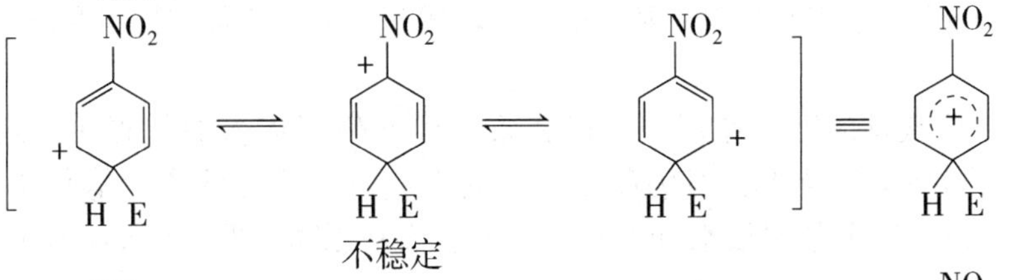


进攻间位

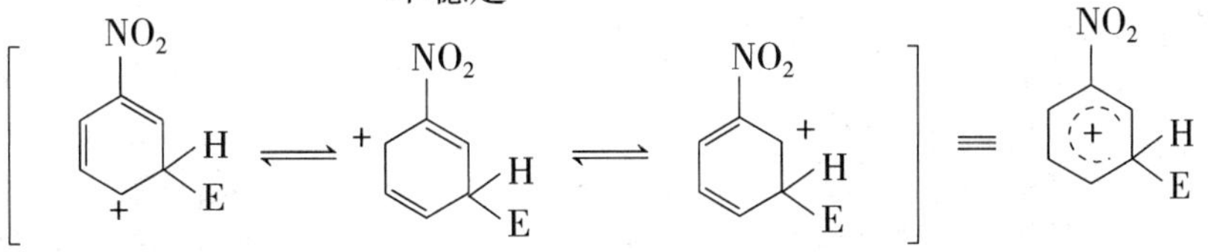

当亲电试剂进攻硝基的邻位或对位时，生成的碳正离子中间体的三种共振杂化体中，都有一个特别不稳定的共振杂化体，其带正电的碳原子与硝基直接相连，硝基的强吸电子作用使它们的正电荷更加集中，使共振杂化体的稳定性较差，不易形成。而间位受到进攻生成的碳正离子的三种共振杂化体中，带正电的碳原子都没有直接与硝基相连，稳定性相对较高而

比较容易生成。因此，硝基苯的亲电取代反应主要发生在硝基的间位。

③ 第三类定位基的影响。第三类定位基是吸电子基团，它们使苯环上的电子云密度降低，对苯环起钝化作用，使亲电取代反应难以发生。

以氯苯为例，当亲电试剂进攻氯原子的邻位、对位和间位时，生成的碳正离子的结构用共振式表示：

进攻邻位

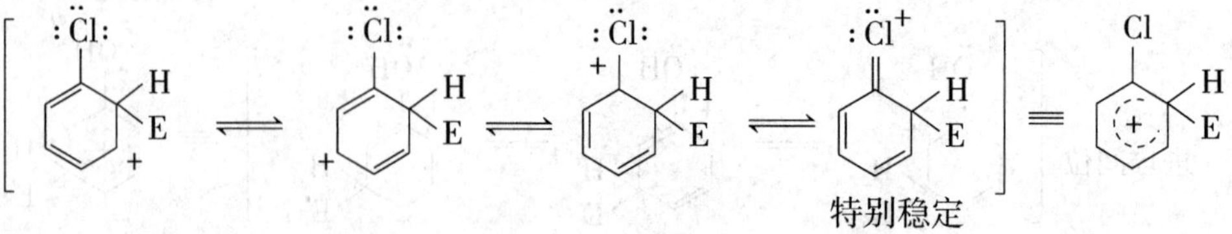


进攻对位

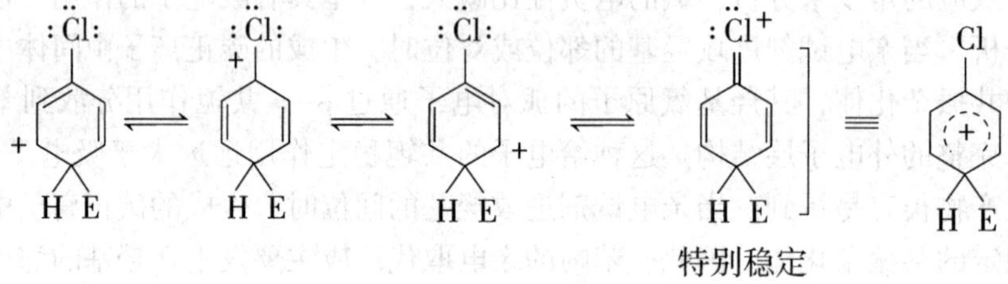


进攻间位

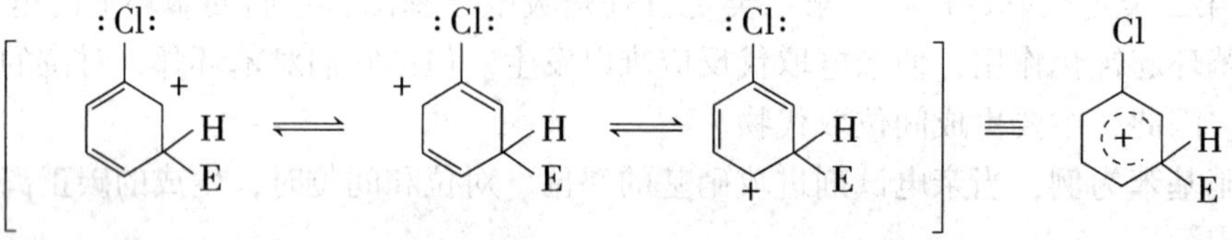

卤素与苯环相连时，与苯酚羟基相似，也有方向相反的吸电子诱导和共轭两种效应。但在这种情况下，诱导效应占优势，使苯环上的电子云密度降低，对苯环起钝化作用，使亲电取代反应难以发生。从氯苯亲电取代生成的碳正离子中间体来看，也有两种特别稳定的共振杂化体，其所有碳原子都满足八隅体稳定结构，使邻、对位产物成为主要产物。

（3）二取代苯的定位规律

如果苯环上已经有两个取代基，第三个取代基进入的位置，将主要由原来的两个取代基决定。

① 两个取代基的定位作用一致时，第三个取代基进入的位置由上述定位规律决定，进入它们共同指定的位置，但仍需考虑空间效应。当原有的两个取代基处于间位时，由于空间位阻，第三个基团很难进入原有两个取代基之间。例如（取代基主要进入箭头所示的位置）：

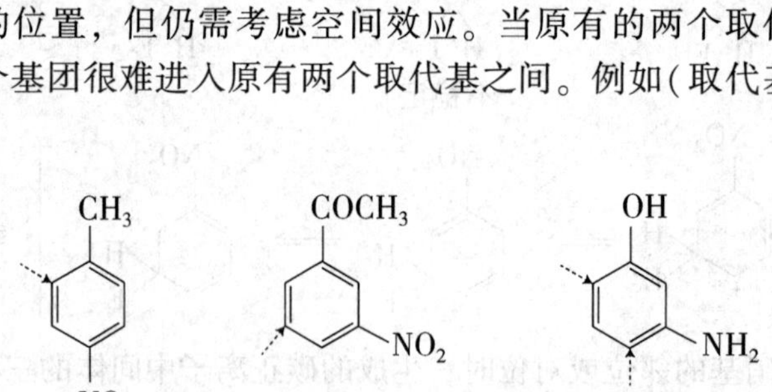

② 两个取代基的定位作用不一致时，第三个取代基进入的位置主要由定位能力较强的定位基来决定。例如：

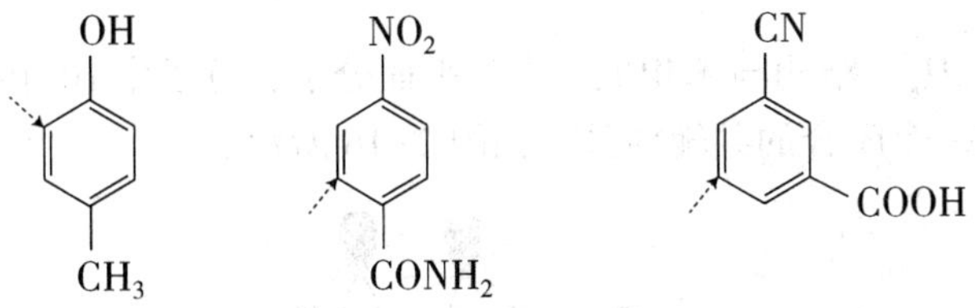

当两个定位基属于不同类型时，第三个取代基进入的位置一般由活化苯环的邻对位定位基来决定。例如：

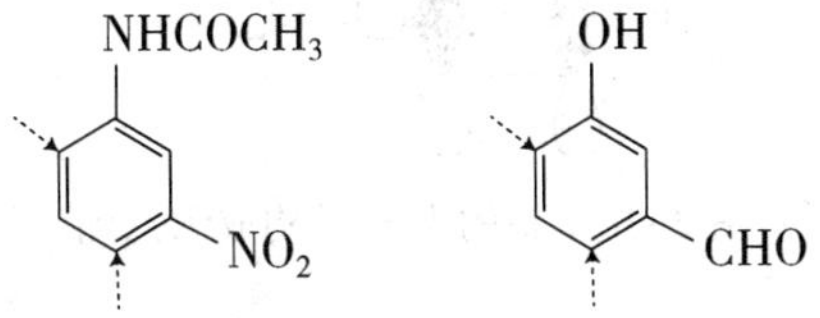

如果两个定位基的定位强弱相差较小时，则得到混合物。例如：

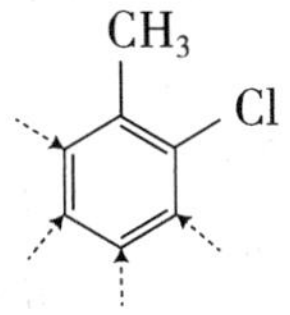

混合物

(4) 定位规律在有机合成上的应用

在合成含有多个取代基的芳香族化合物时，应用苯环上亲电取代反应的定位规律对设计出合理的合成路线具有重要的指导作用。例如以甲苯为原料合成4-溴-3-硝基苯甲酸：

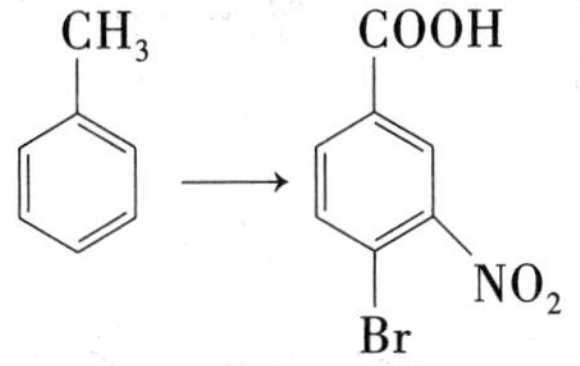

羧基可以由甲基转化。但是合成第一步不能先进行氧化，因为羧基是间位定位基，所以第一步以甲苯为原料先引入溴原子生成对溴甲苯。第二步是先硝化还是先氧化？如果先硝化，则由甲基定位，硝基主要进入甲基的邻位，所以第二步只能先氧化将甲基转化为羧基。合成出对溴苯甲酸后，由于溴原子和羧基的定位效应是一致的，故第三步硝化时硝基进入溴原子的邻位(即羧基的间位)。所以由甲苯合成4-溴-3-硝基苯甲酸的合理合成路线是溴化、氧化、硝化。

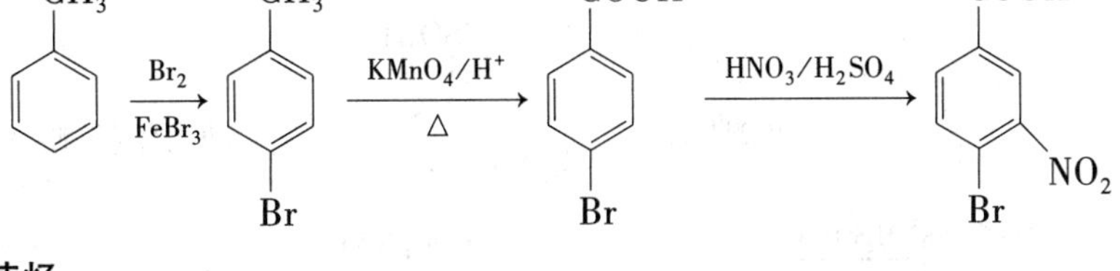

**6. 稠环芳烃**

稠环芳烃是指分子中含有两个或以上苯环，彼此共用两个相邻的碳原子稠合而成的芳烃。萘是最简单的稠环芳烃。

（1）萘的结构

萘的分子式为$C_{10}H_8$，结构与苯相似，也是平面分子，分子中10个碳原子的未杂化p轨道侧面相互重叠形成一个闭合的共轭体系。如图2-16所示。

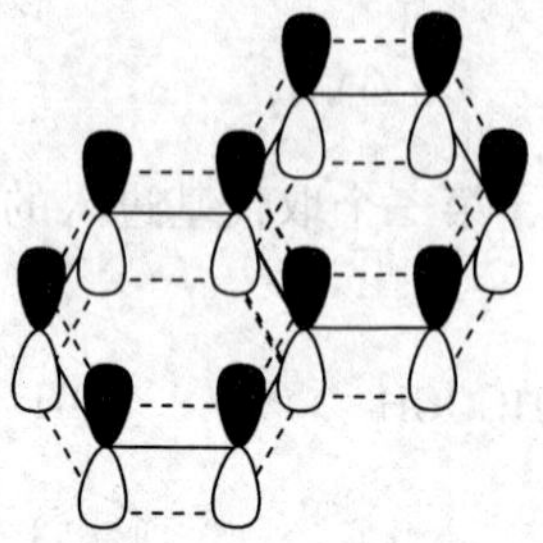

图2-16　萘的大π键构成示意图

经X射线法测定，萘分子中碳碳键的键长不完全相等。萘分子中各碳原子的位置也不完全等同，每个碳原子有各自的编号，其中，1、4、5、8位称为α位，2、3、6、7称为β位。

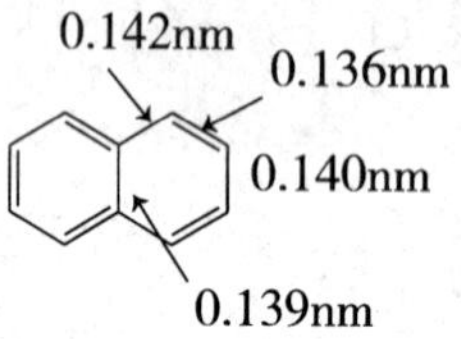


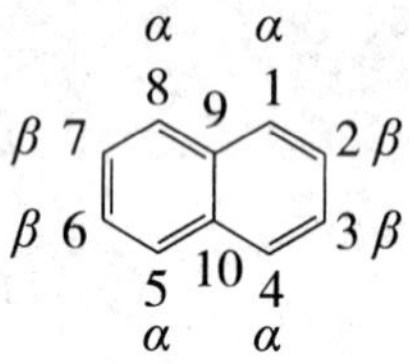


（2）萘的化学性质

萘的化学性质与苯相似，但比苯更容易发生取代、加成等反应。

① 取代反应。萘可以发生硝化、卤代、磺化等亲电取代反应。萘的α位比β位活泼，所以亲电取代反应主要发生在α位。

硝化反应：

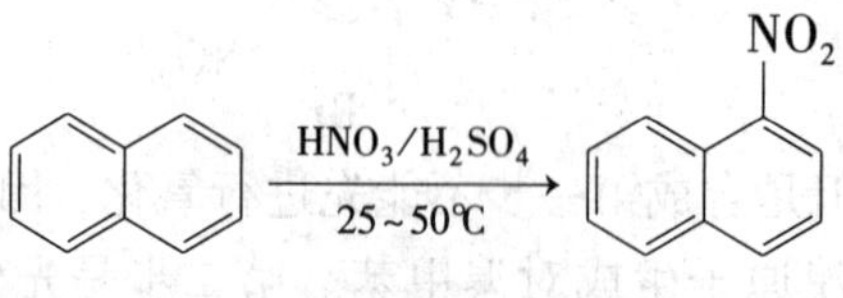


卤代反应：

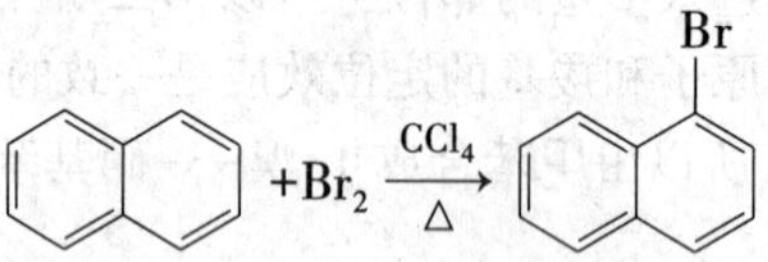


磺化反应：

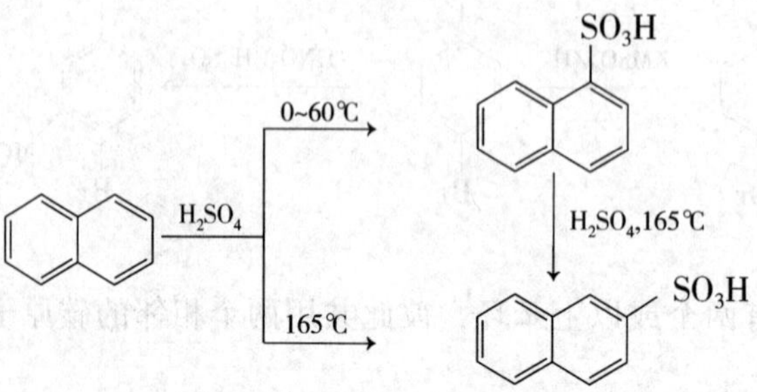


动力学控制

热力学控制

酰基化反应：

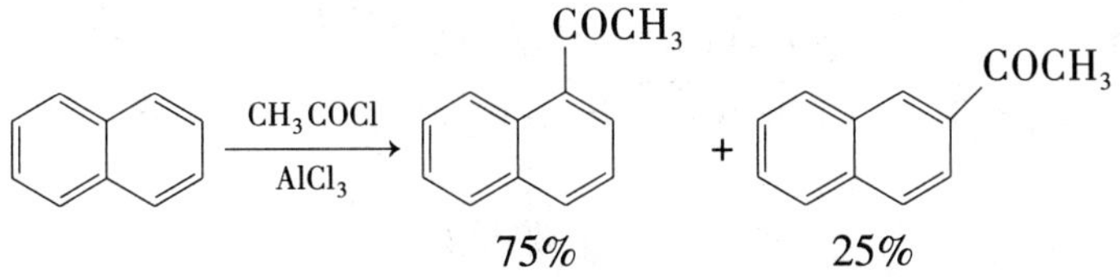

产物通常为混合物。但如果用硝基甲烷为溶剂，主要生成$\beta$-酰化产物。

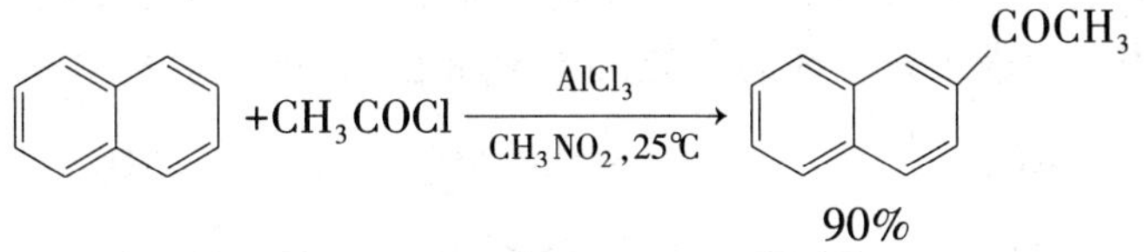

② 氧化反应。萘环比苯环更容易被氧化。室温下，萘在乙酸溶液中被三氧化铬氧化生成1,4-萘醌。

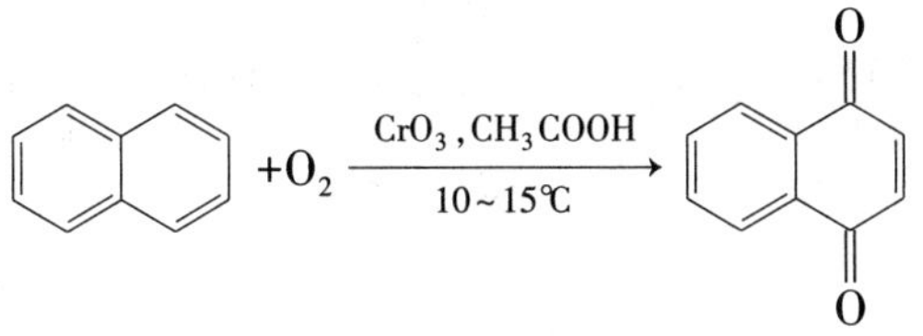

在更剧烈的氧化条件下，一个环开环得到重要的有机化工原料邻苯二甲酸酐：

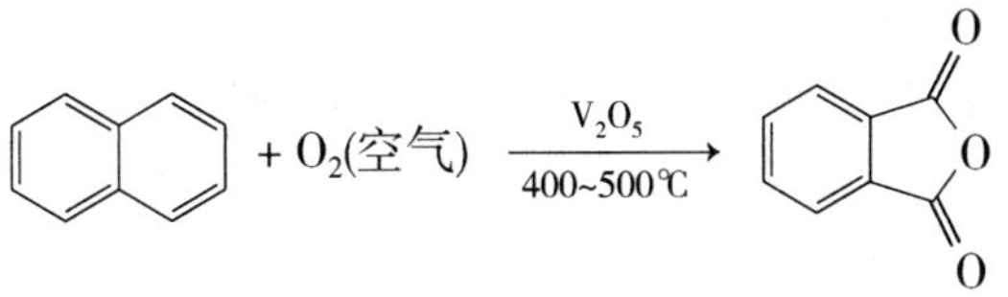

③ 还原反应。萘发生催化加氢反应时，在不同的催化剂和不同的反应条件下，可以得到部分加氢和全部加氢的产物。

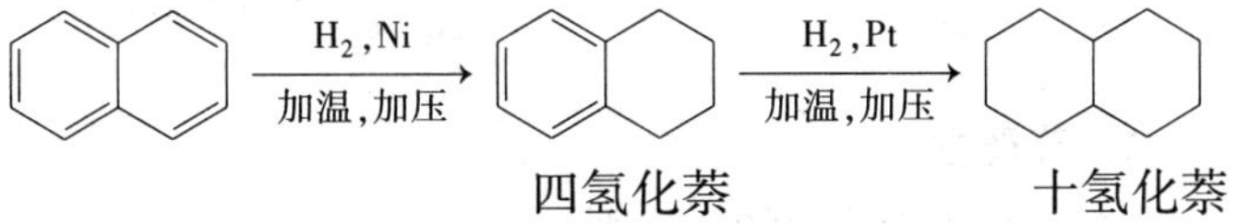

(3) 萘环的取代规律

① 萘环上原取代基为第一类定位基。当原取代基在$\alpha$位(1位)时，新引入的基团优先进入同环的另一$\alpha$位(4位)，即发生“同环取代”。例如：

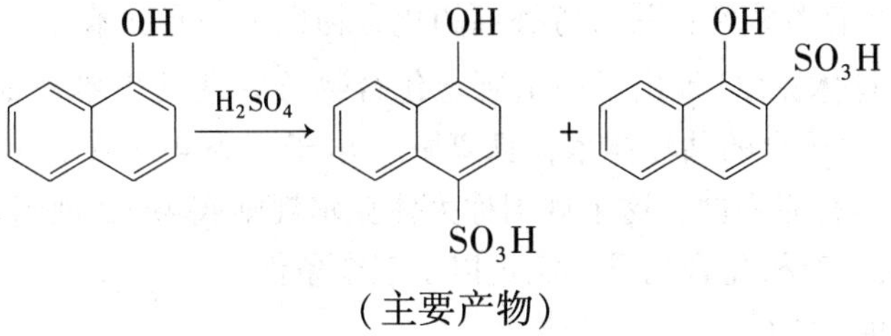

当原取代基在$\beta$位(2位)时，新引入的基团优先进入它相邻的$\alpha$位(1位)。例如：

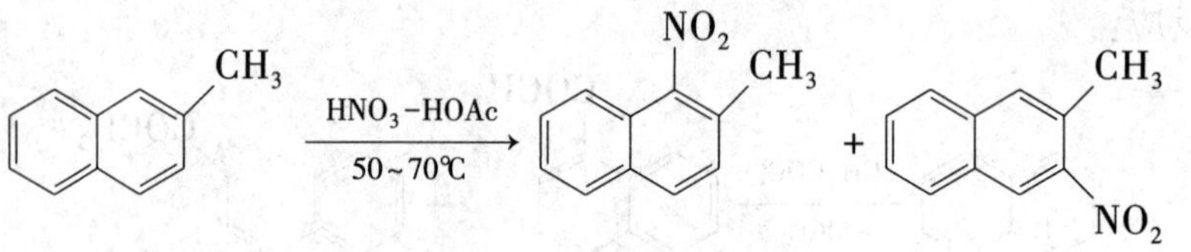

主要产物

10　　　　：　　1

② 萘环上原取代基为第二类定位基。不论原取代基在萘环的 $\alpha$ 位(1 位)还是 $\beta$ 位(2 位)，新引入的基团一般进入另一环的 $\alpha$ 位(5 位或 8 位)，即发生"异环取代"例如：

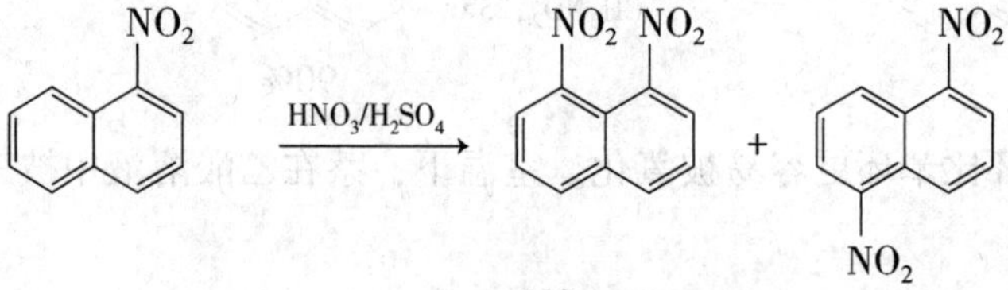

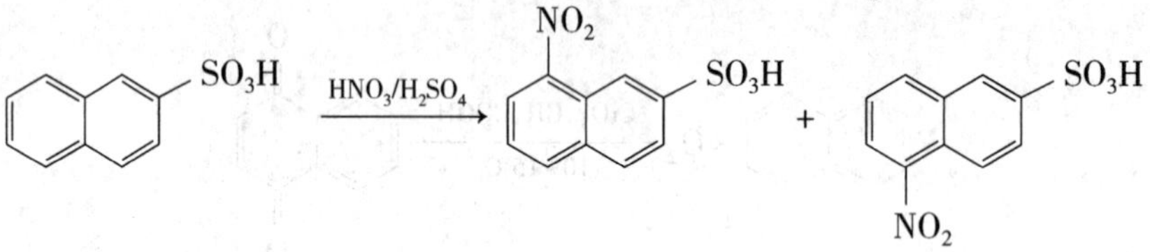

上述规则讨论的仅是一般情况，萘环的二环取代反应影响因素较复杂，并不是所有反应都遵循上述规则。比如，F-C 酰基化和磺化反应：

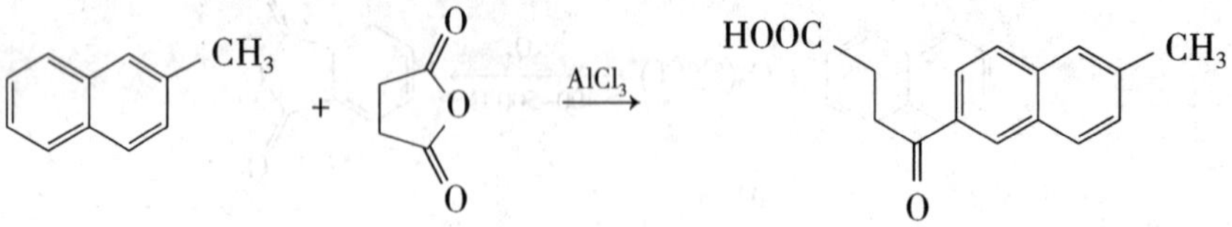

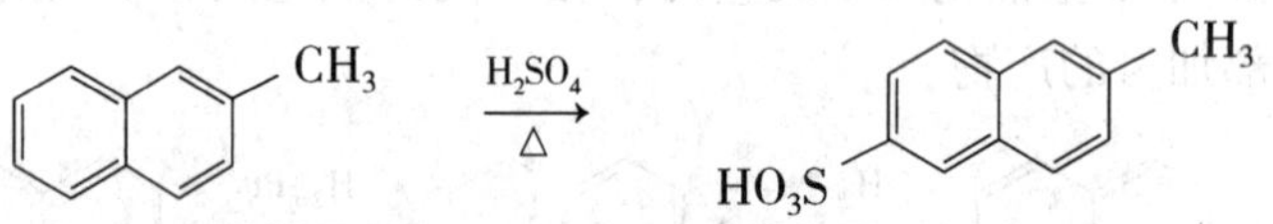

R2-11 其他稠环芳烃

## 7. 芳香性

(1) Hückel(休克尔)规则

苯、萘均含有苯环结构，是平面型分子，分子中碳原子的 p 轨道相互重叠形成环状的闭合共轭体系，且在化学性质上表现为难发生加成、易发生取代反应等，即具有芳香性。但不是所有具有环状共轭结构的体系就一定具有芳香性；具有芳香性的化合物也不一定含苯环。

1931 年，Hückel(休克尔)提出了一个判定化合物芳香性的简单规则。如果一个化合物具有单环的、平面的、闭合的共轭体系，且离域 π 电子数为 $4n+2$($n=0$，1，2，3，……整数)，这个化合物就具有芳香性。这个规则称为休克尔规则或 $4n+2$ 规则。

休克尔规则，要求有机化合物具体满足以下三个条件：

① 环状的闭合共轭体系；

② 具有平面结构——所有成环原子共平面或接近共平面；

③ 环上的 π 电子能发生电子离域，且 π 电子数符合 $4n+2$ 规则。

利用休克尔规则可以判断化合物是否具有芳香性。比如，环丁二烯和环辛四烯，虽然都具有环状的闭合共轭体系，但它们的 π 电子数不符合 $4n+2$ 规则，且环辛四烯不是一个平面体系，所以它们不具有芳香性。也就是说具有环状共轭结构的体系不一定具有芳香性。

(2) 非苯芳烃

凡符合休克尔规则，具有芳香性，但不含有苯环的具有芳香性的化合物，称为非苯芳烃。例如，环丙烯正离子、环戊二烯负离子、环庚三烯正离子、环辛四烯负离子、薁以及轮烯等。

① 芳香离子。某些烃虽没有芳香性，但转变成正或负离子后，则有可能显示芳香性。例如，环丙烯没有芳香性，但失去一个氢原子和一个电子后，得到只有两个 π 电子($n=0$)的环丙烯正离子，故有芳香性。环丙烯正离子是最小的具有芳香性的体系。

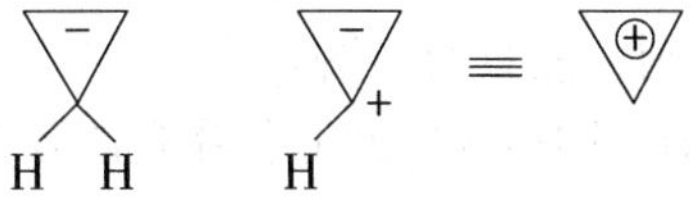

环丙烯 (符合4n+2规则,具有芳香性)

环戊二烯无芳香性，但失去一个 $H^+$形成负离子后，不仅组成环的 5 个碳原子在同一平面上，且有 6 个 π 电子($n=1$)，故有芳香性。

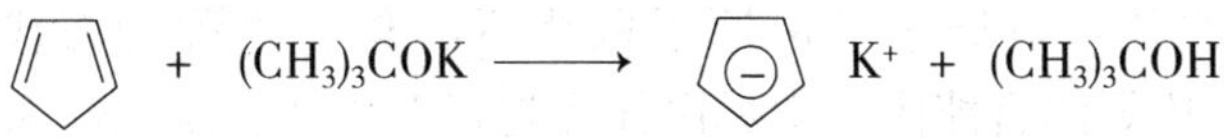


(符合4n+2规则,具有芳香性)

与此相似，环庚三烯正离子、环辛四烯的两价负离子也具有芳香性。

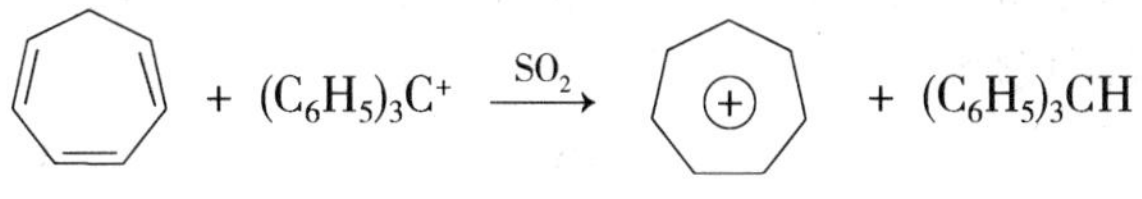


(符合4n+2规则,具有芳香性)

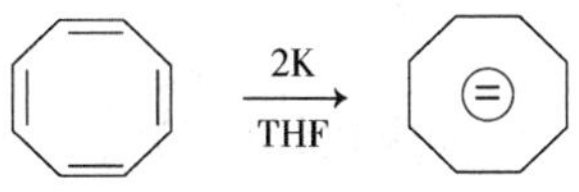


(符合4n+2规则,具有芳香性)

② 薁。薁可认为是由环戊二烯负离子和环庚三烯正离子稠合而成的。分子为平面结构且含有 10 个 π 电子，符合 $4n+2$ 规则，具有芳香性。

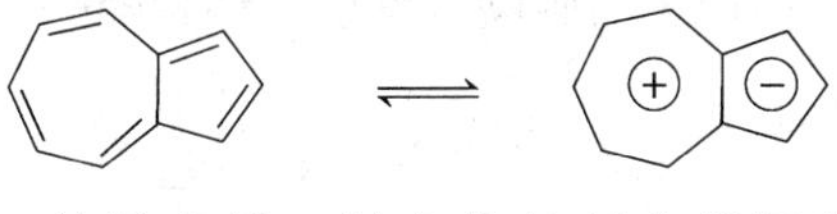

③ 轮烯。通常将 $n \geqslant 10$ 的具有单双键交替的环多烯烃称为轮烯。轮烯的分子式为 $(CH)_X$，命名时以轮烯作为母体，将碳原子数目置于方括号中，称某轮烯，写作[X]轮烯。如 $X=14$，即为[14]轮烯；$X=18$，即为[18]轮烯。常见的两种轮烯的结构如下：

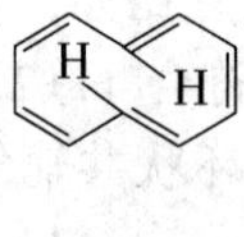

[10]轮烯

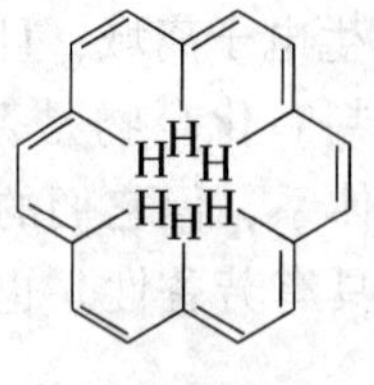

[18]轮烯

判断轮烯是否具有芳香性，应满足以下几个条件：

a. 成环原子共平面或接近于平面，平面扭转不大于 0.1nm；b. 轮内氢原子间不存在空间排斥力或这种作用力很小；c. π 电子数目符合 $4n+2$ 规则。

[10] 轮烯分子中，π 电子数为 10，符合 $4n+2$($n=2$ 时)规则，但轮内两个氢原子之间存在很强的排斥作用，使得环不在同一平面上，所以不具有芳香性。

[18] 轮烯分子所有碳原子基本在同一平面上，其 π 电子数为 18，符合 $4n+2$($n=4$)规则，故具有芳香性。

以此推导可知，[16]和[20]轮烯不具有芳香性，而[22]和[26]轮烯具有芳香性，[26]轮烯是目前知道的最大的芳香性轮烯。

R2-12 芳烃的工业来源

## 2-7　卤代烃

烃分子中的一个或几个氢原子被卤原子取代后的化合物称为卤代烃。卤原子(—F、—Cl、—Br、—I)是卤代烃的官能团，常见卤代烃是指氯代烃、溴代烃和碘代烃。

**1. 卤代烃的分类**

按烃基结构的不同，可分为饱和卤代烃、不饱和卤代烃和卤代芳烃；按卤原子数目的不同可分为一元卤代烃、二元卤代烃和三元卤代烃等；按卤原子所连碳原子的类型，可分为伯卤代烃、仲卤代烃和叔卤代烃。

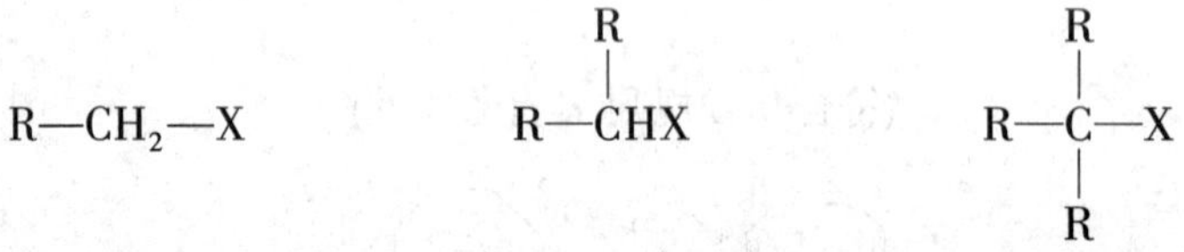

伯卤代烃(1°)　　仲卤代烃(2°)　　叔卤代烃(3°)

对于卤代烯烃和卤代芳烃，根据卤原子与碳碳双键或苯环的相对位置不同，可分为三类：

乙烯型和苯基型卤代烃：卤原子直接与 $sp^2$ 杂化的碳原子相连的卤代烃。

$CH_2$ ═CHCl　　$CH_3$CH ═CHBr　　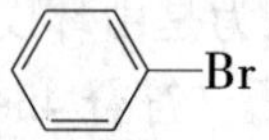

烯丙型和苄基型卤代烃：卤原子与碳碳双键或苯环相隔一个饱和碳原子相连的卤代烃。

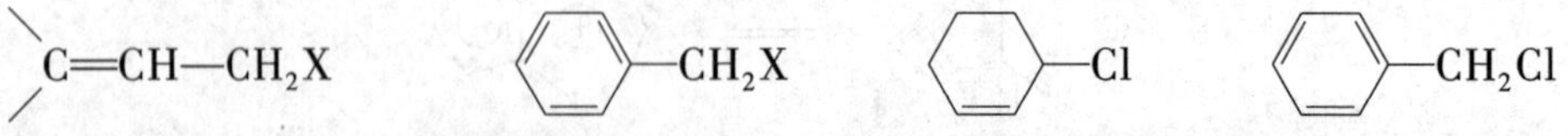

隔离型卤代烃：卤原子与碳碳双键或苯环相隔两个或多个饱和碳原子的卤代烃。

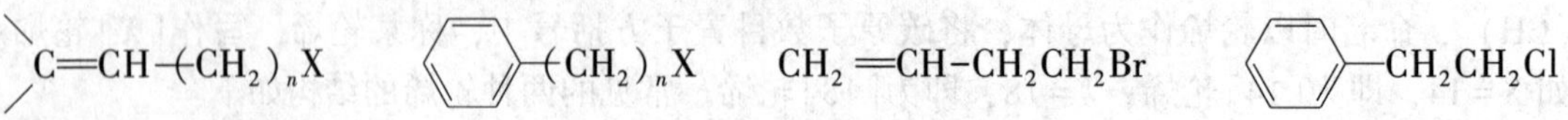

$n \geqslant 2$

**2. 卤代烃的结构**

在卤代烃分子中，由于卤原子的电负性比碳原子的大，因此碳卤键是极性共价键，卤原子带部分负电荷，碳原子带部分正电荷。由于 F、Cl、Br、I 的电负性依次降低，因此相应碳卤键的极性也依次降低。随着卤原子半径的增大。键能减弱。

**3. 卤代烃的物理性质**

在常温常压下，卤代烃中氯甲烷、溴甲烷、氯乙烷、氯乙烯、溴乙烯和一氟代烃是气体，其他常见的一元卤代烷为液体，$C_{15}$以上的卤代烷是固体。卤代烃的沸点随着分子中碳原子数目的增加而升高。烃基相同的卤代烃，其沸点关系是 RI>RBr>RCl。在卤代烷的同分异构体中，直链异构体的沸点最高，支链愈多，沸点愈低。

一氯代烷的相对密度小于 1，溴代烷、碘代烷和多卤代烃的相对密度都大于 1。在同系列中，卤代烷的相对密度随碳原子数的增加而下降。如果卤原子相同，其相对密度随烃基的相对分子质量增加而减少。卤代芳烃的相对密度均大于 1。

卤代烃均不溶于水，而溶于弱极性或非极性的乙醚、苯和烃等有机溶剂，同时某些卤代烃本身即是很好的有机溶剂，如二氯甲烷、氯仿和四氯化碳等。在卤代烃分子中，随着卤原子数目的增多，化合物的可燃性降低。例如，甲烷可作为燃料、氯甲烷有可燃性，二氯甲烷则不燃，而四氯化碳可作为灭火剂；氯乙烯、偏二氯乙烯可燃，四氯乙烯则不燃。某些含氯和含溴的烃或其衍生物还可作为阻燃剂。纯净的一元卤代烷都是无色的，但碘代烷易分解产生游离碘，故碘代烷久置后逐渐变为红棕色。不少卤代烷带有香味，但其蒸气有毒，特别是碘代烷，应尽可能防止吸入。许多卤代烃有累积性毒性，并可能有致癌作用，使用时必须注意防护。

R2-13 卤代烃的物理常数

**4. 卤代烃的化学性质**

在卤代烃分子中，C—X 键是极性共价键，卤原子比较活泼，在亲核试剂的作用下容易发生亲核取代反应；与卤原子直接相连的 $\alpha$-碳原子上的部分正电荷，可通过诱导效应传递到 $\beta$-碳原子，使 $\beta$-氢原子具有一定的酸性，在碱的作用下容易发生 $\beta$-消除反应。卤代烃还能与 Li、Na、Mg 等活泼金属作用，生成金属有机化合物。

卤代烃发生化学反应的主要部位如下：

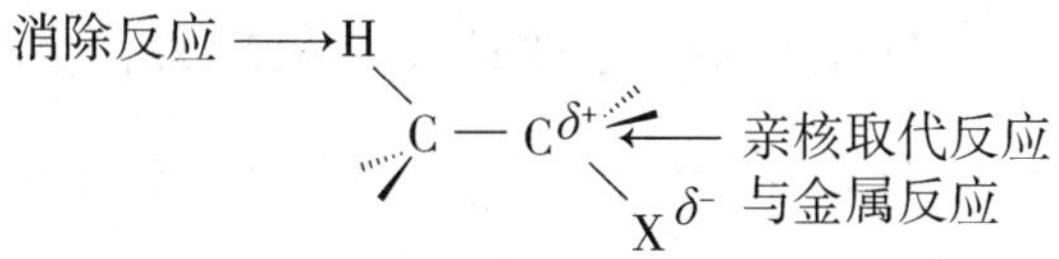


（1）亲核取代反应

在卤代烃分子中，碳卤键的极性使得与卤原子直接相连的 $\alpha$-C 带有部分正电荷，容易被带有负电荷或未共用电子对的亲核试剂（nucleophile，以 Nu 表示）如 HO-、RO-、-CN、$NH_3$、$-ONO_2$、ROH、$H_2O$ 等进攻，卤素带着碳卤键的一对电子以负离子的形式离去，而碳与亲核试剂上的一对电子形成一个新的共价键：

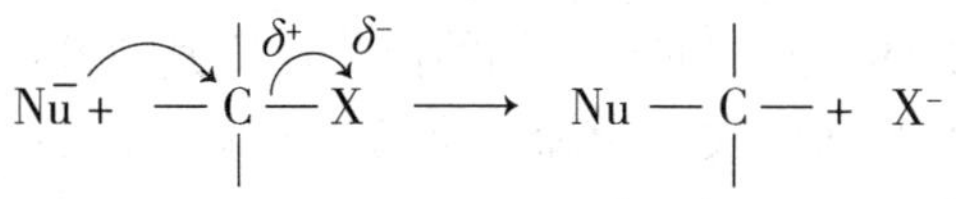

由于反应是起始于亲核试剂的进攻而发生的取代反应，因此该反应称为亲核取代反应(Nucleophilie substitution reaction，$S_N$)。反应中受试剂进攻的物质称为底物，上述反应中卤代烃是反应的底物；卤原子被 $Nu^-$ 取代，以 $X^-$ 形式离去，称为离去基团。

不同卤代烃的卤原子被取代的难易次序是 RI>RBr>RCl≫RF。

① 水解反应。卤代烃与水作用发生水解反应，产物是醇和相应的氢卤酸。

$$RX+H_2O \rightleftharpoons ROH+HX$$

卤代烃水解是可逆反应，而且反应速度很慢。为了提高产率和增加反应速度，常常将卤代烃与氢氧化钠或氢氧化钾的水溶液共热，使水解能顺利进行。

$$RX+NaOH \xrightarrow{H_2O} ROH+NaX$$

由于卤代烃一般是由醇制备的，故通常情况下不用此法制备醇，当在一些复杂分子上难以引入羟基时，可通过先引入卤原子，然后水解的方法来实现。

② 醇解反应。卤代烃与醇钠在相应的醇溶液中反应，卤原子被烷氧基(-OR)取代生成醚。

$$RCH_2X+R'ONa \xrightarrow{R'OH} RCH_2OR'+NaX$$

这是制备醚尤其是不对称醚的一种常用方法，称为 Williamson(威廉姆森)合成法，通常硫醚或芳醚的合成也采用这种方法。

R2-14 威廉姆森

但是采用该法以伯卤代烃效果最好，仲卤代烃效果较差，但不能使用叔卤代烃，因为叔卤代烃易发生消除反应生成烯烃。

③ 氰解反应。卤代烃与氰化钠或氰化钾的醇溶液反应，则卤原子被氰基(—CN)取代生成腈(RCN)。

$$RCH_2X+NaCN \xrightarrow{ROH} RCH_2CN+NaX$$

卤代烃转变成腈后，分子中增加了一个碳原子，这是有机合成中增长碳链的方法之一。该反应的重要意义除可增长碳链外，还可以通过氰基转化为—COOH、— $CH_2NH_2$ 等官能团。

若分子中有多个卤原子，则可全部被取代。例如：

$$BrCH_2CH_2CH_2CH_2Br+2KCN \xrightarrow[\text{回流}]{C_2H_5OH,H_2O} NCCH_2CH_2CH_2CH_2CN+2KBr$$

该反应与卤代烃的醇解相似，亦不能使用叔卤代烃，否则将主要得到烯烃。

④ 氨解反应。卤代烃与氨作用，卤原子被氨基(—$NH_2$)取代生成伯胺。例如：

$$(CH_3)_2CHCH_2Cl+2NH_3 \xrightarrow[110℃,3h,84\%]{C_2H_5OH} (CH_3)_2CHCH_2NH_2+NH_4Cl$$

因为生成的伯胺仍是亲核试剂，它可以继续与卤代烃作用，生成仲胺或叔胺的混合物，若卤代烷足量，最后生成季铵盐。控制反应物 RX 和 $NH_3$ 的用量，可得到不同的产物。生成的产物胺是一类重要的有机化合物，它是合成许多偶氮类染料的中间体。

⑤ 与 $AgNO_3$ 醇溶液的反应。卤代烃与硝酸银的醇溶液发生亲核取代反应，生成硝酸酯和卤化银沉淀。

$$R—X+AgNO_3 \xrightarrow{C_2H_5OH} R—O—NO_2+AgX\downarrow$$

此反应主要用于卤代烃的鉴别。对于不同的卤代烃，其活性次序是 RI>RBr>RC1；当原子相同而烃基结构不同时，其活性次序为烯丙位卤或苄基卤或叔卤烃>仲卤烃>伯卤烃。如在室温下，叔卤代烷或烯丙位卤代烃或苄卤与硝酸银的醇溶液作用立即生成 AgX 沉淀，仲卤代烃则较慢，而伯卤代烃需要在加热的条件下才能有 AgX 沉淀生成。

⑥ 卤原子交换反应。在丙酮溶液中，氯代烷和溴代烷分别与碘化钠反应，生成碘代烷。这是由于碘化钠溶于丙酮，而氯化钠和溴化钠不溶于丙酮，从而有利于反应的进行。例如：

$$CH_3CH_2CH_2{-}Br+NaI \xrightarrow{\text{丙酮}} CH_3CH_2CH_2{-}I+NaBr$$

上述反应中，氯代烷和溴代烷的活性次序是 1°>2°>3°。碘化钠的丙酮溶液可用于检验氯代烷和溴代烷。此外，还可利用此反应在实验室制备碘代烷。

(2) 消除反应

有机物分子中脱去一个小分子(如 $X_2$、HX、$H_2O$ 等)后，生成不饱和化合物的反应称为消除反应(Elimination，以 E 表示)。消除反应是制备烯烃的一种方法。由于碳卤键的极性及卤原子的吸电子作用，不仅 $\alpha$-C 带有部分正电荷，$\beta$-H 也有一定的“酸性”，在浓碱的醇溶液作用下卤代烃可消去 $\beta$-H 和卤原子，生成烯烃。该反应称为 $\beta$-消除反应或称 1，2-消除反应。例如：

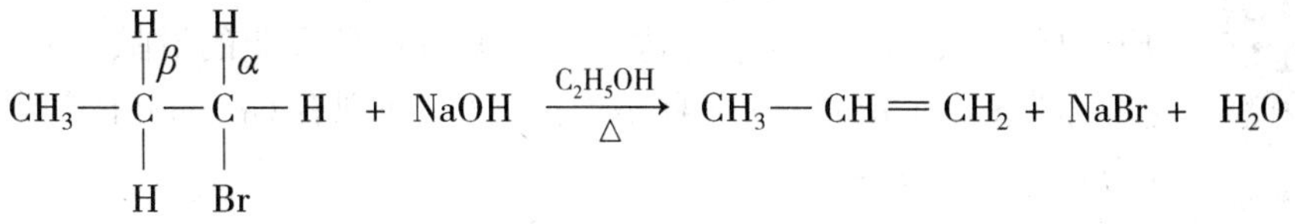

不同卤代烃的消除反应活性不同，卤代烃消除反应的活性为：叔卤烃>仲卤烃>伯卤烃。与伯卤代烷不同，仲和叔卤代烷的消除反应越来越容易且可能有两种或多种不同的 $\beta$-氢原子供消除，那么主要消除哪一种氢原子呢？实验证明，卤代烷脱卤化氢时，通常情况下氢原子主要是从含氢较少的 $\beta$-碳原子上脱去，生成双键碳原子上连有较多取代基的烯烃。这是一条经验规律，称为 Saytzeff 规则。例如：

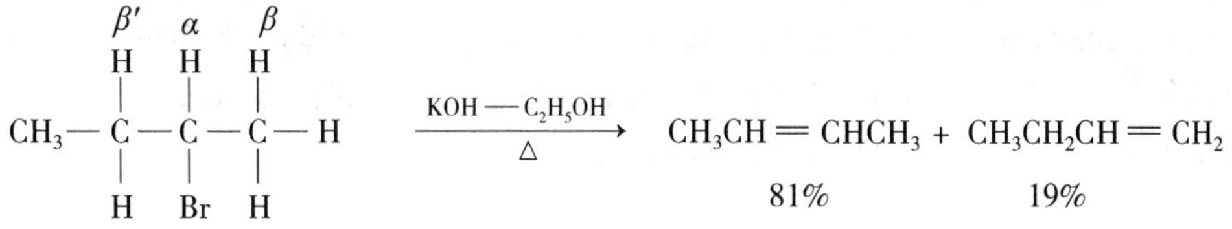

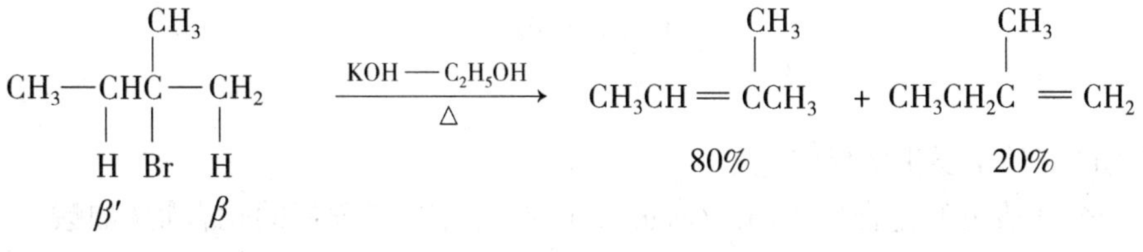

Saytzeff 规则实质上是生成一个较稳定的烯烃。

偕二卤代烃和连二卤代烃还可以脱去两分子的卤化氢生成炔烃或共轭二烯烃。例如：

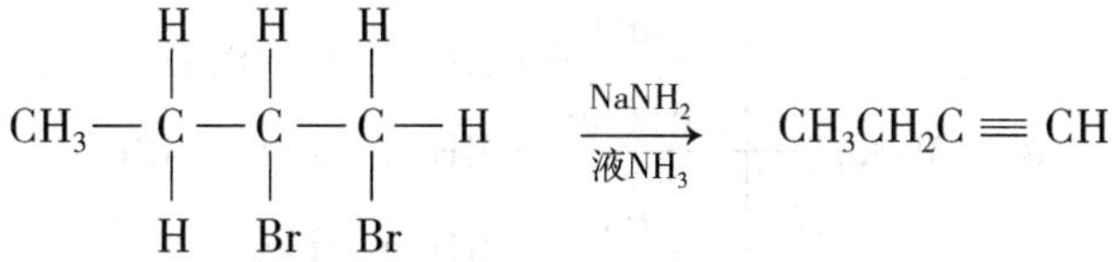

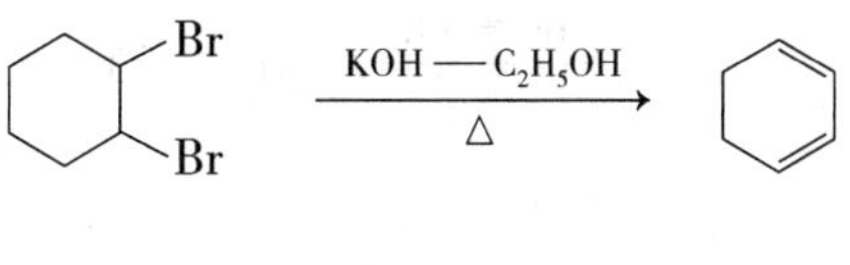

(3) 卤代烃与金属的反应

卤代烃可以和许多金属作用，生成一类分子中含碳金属键的化合物，称为金属有机化合物(organometallic compound)或有机金属化合物。用 R-M 表示，M 为金属。

金属有机化合物中金属与碳的键合性质及分子结构与金属在周期表中的位置有关，也与金属原子和碳原子的电负性差别有关。例如，碳与碱金属形成的键具有离子性，与 Mg、Al 等形成具有极性的共价键。

由于金属的电负性一般比碳原子小，因此形成的 C—M 键一般具有极性，金属原子带有部分正电荷，而与之相连的碳原子则带有部分负电荷。C—M 键比较容易断裂，化学性质活泼，能与多种化合物发生反应。许多金属有机化合物可用作有机合成试剂，也可用作有机反应的催化剂，在有机化学和有机化学工业中具有重要用途。现仅就有机镁试剂和有机锂试剂简介如下：

R2-15 格利雅

① Grignard 试剂。卤代烃与金属镁在无水乙醚中反应，生成烃基卤化镁。该反应是法国有机化学家 Grignard(格利雅)于 1901 年在他的博士论文研究中首次发现的。为纪念这位化学家对化学事业的贡献，人们将烷基卤化镁称为 Grignard 试剂(简称格氏试剂)，而把有 Grignard 试剂参与的反应，称为 Grignard 反应。

$$R—X+Mg \xrightarrow{\text{无水乙醚}} R—MgX$$

制备 Grignard 试剂时，卤代烷的活性次序是碘代烷>溴代烷>氯代烷，其中碘代烷因价格高以及较易发生偶联副反应而不常用；但制备甲基卤化镁时常使用碘甲烷，因为溴甲烷和氯甲烷都是气体，在实验室使用不太方便。另外，Grignard 试剂的产率一般是伯卤代烷>仲卤代烷>叔卤代烷，因为随着$\beta$-氢原子增多以及空间效应增大，消除副反应增加。此外，原料 RX 的$\beta$-碳上不能连有—X 或—OR，否则易发生消除反应。常用溶剂除乙醚外，还有四氢呋喃(tetrahydrofuran，缩写为 THF)、其他醚(如丁醚、苯甲醚等)、苯和甲苯等，其中以乙醚和四氢呋喃最佳。Grignard 试剂在醚中有很好的溶解度，醚作为 Lewis 碱，与 Grignard 试剂中的 Lewis 酸中心镁原子形成稳定的络合物。例如：

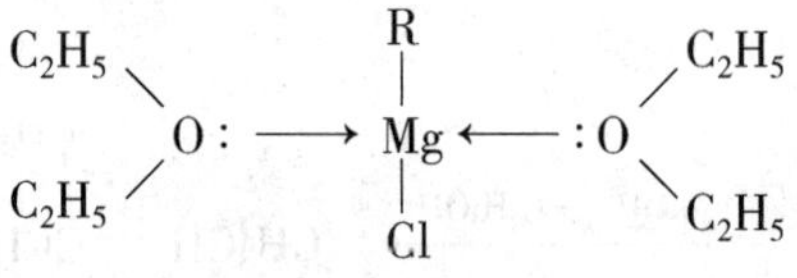

格氏试剂的主要化学反应包括：

a. 与含活泼氢的化合物作用。Grignard 试剂与含有活泼氢的化合物(如酸、水、醇和氨等)作用而被分解为烃：

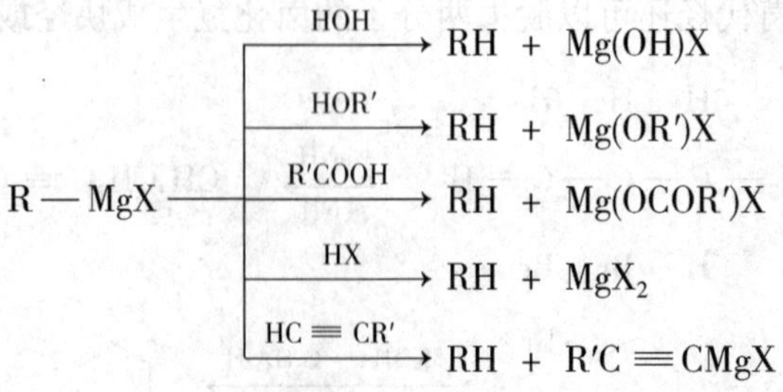

例如：

$$n\text{-}C_{18}H_{37}\text{-}MgBr \xrightarrow{H_2O} n\text{-}C_{18}H_{38}+Mg(OH)Br$$

因此，在制备和使用 Grignard 试剂时，应避免混入含有活泼氢的化合物。

格氏试剂遇水分解，所以在制备和使用格氏试剂时都必须用无水溶剂和干燥的容器，操作时要隔绝空气中的湿气。

然而，在某些情况下，Grignard 试剂与活泼氢的反应是有用的。例如，Grignard 试剂与端位炔烃的反应可用来制备炔基卤化镁(炔基卤难以直接获得)，这是由含有活泼氢的化合物间接制备 Grignard 试剂的一种方法。

$$R{-}C{\equiv}C{-}H+R'{-}Mg{-}X \longrightarrow R{-}C{\equiv}C{-}Mg{-}X+R'{-}H$$

b. 被氧化。格氏试剂很活泼，能慢慢吸收空气中的氧气而被氧化，因此使用时应避免与空气接触，最好是制得后立即进行下一步反应。

$$R{-}Mg{-}X+\frac{1}{2}O_2 \xrightarrow{H_2O} RO{-}Mg{-}X \xrightarrow{H_3O^+} RO{-}H+Mg(OH)X$$

c. 作为亲核试剂。C—Mg 是极性很强的键，且碳原子上带部分负电荷，具强亲核性，易与活泼卤代烃发生偶联反应。例如：

$$CH_3CH_2MgBr+CH_2{=}CHCH_2Br \longrightarrow CH_3CH_2CH_2CH{=}CH_2+MgBr_2$$

格氏试剂还可与醛、酮、酯、二氧化碳、环氧乙烷等反应，生成醇、酸等一系列化合物(详见模块三)，例如，格氏试剂与二氧化碳反应，生成比格氏试剂中的烃基多一个碳原子的羧酸。

$$R{-}Mg{-}X+CO_2 \longrightarrow RCOOMgX \xrightarrow{H_3O^+} RCOOH+Mg(OH)X$$

② 有机锂试剂。卤代烷与金属锂在非极性溶剂(无水乙醚、石油醚、苯)中反应生成有机锂化合物。例如：

$$CH_3CH_2CH_2CH_2Br+2Li \xrightarrow[-10℃]{\text{无水乙醚}} CH_3CH_2CH_2CH_2Lir+LiBr$$

烷基锂的性质很活泼，易于被空气氧化，遇水、酸、醇、氨等含活泼氢的化合物则分解，因此在制备和使用时，通常用 $N_2$或氩气保护。

烷基锂可与卤化亚铜反应生成二烷基铜锂。

$$2RLi+CuX \xrightarrow[\text{氮气}]{(CH_3CH_2)_2O} R_2CuLi+LiX$$

二烷基铜锂又称为有机铜锂试剂，是有机合成中一种重要的烷基化试剂。例如：

$$(CH_3)_2CuLi+CH_2(CH_2)_4I \xrightarrow[\text{室温}]{\text{无水乙醚}} CH_3(CH_2)_4CH_3+CH_3Cu+LiI$$

这是制备烷烃的一种方法，称为 Corey-House 合成。由于有机铜锂试剂具有碱性，反应中的卤代烷以卤代甲烷和伯卤代烷为佳，叔卤代烷在此条件下易消除。除卤代烷外，乙烯型、烯丙型、苯基型和苄基型的卤代烃也能发生上述反应。

**5. 饱和碳原子上的亲核取代反应机理**

饱和碳原子上的亲核取代反应，是指饱和碳原子上的一个原子或基团被亲核试剂取代的化学过程。可用通式表示如下：

$$Nu^-+R{-}L \longrightarrow Nu{-}R+L^-$$

大量研究表明，有些卤代烷的水解反应速率仅与卤代烷本身的浓度有关，而另一些卤代烷的水解速率则不仅与卤代烷的浓度有关，还和试剂(例如碱)的浓度有关。这就表明卤代烷的水解反应至少有两种不同的反应机理，即 $S_N1$ 和 $S_N2$ 反应机理。

(1) 单分子亲核取代反应($S_N1$)机理

实验表明，叔丁基溴在稀的碱性水溶液中的水解反应，其反应速率只与叔丁基溴的浓度成正比，而与碱的浓度无关。这就说明了只有叔丁基溴参与了反应速率的控制步骤。

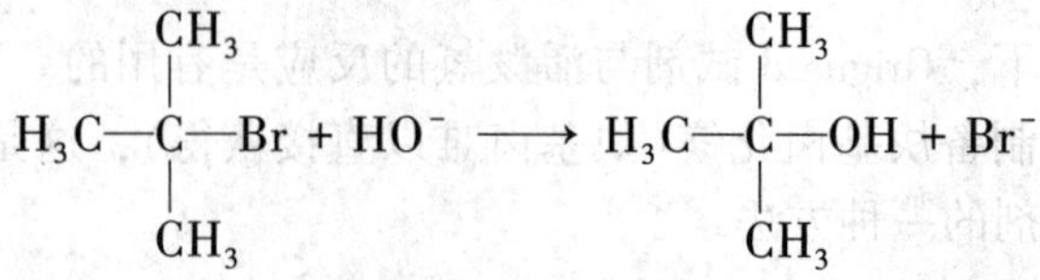

$$\nu = k[(CH_3)_3CBr]$$

由此可见，这是一个动力学一级反应，其反应速率只与叔丁基溴的浓度有关。

经研究认为，该水解反应是分两步进行的：

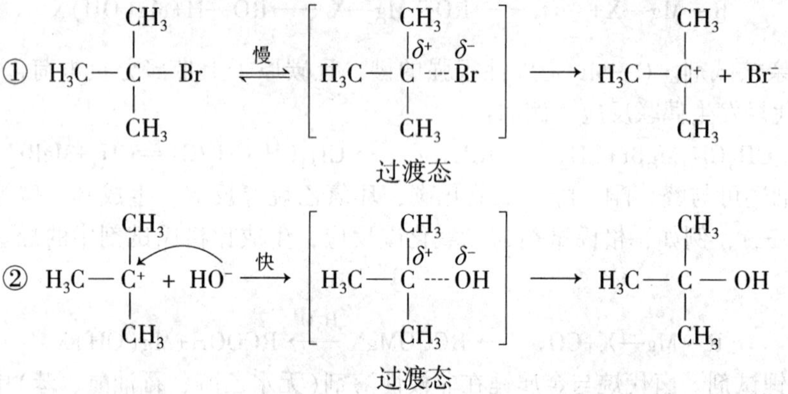


反应的第一步是叔丁基溴在溶剂中首先解离成叔丁基正离子和溴负离子，在解离过程中，C—Br 键逐渐伸长，成键的一对电子逐渐离开中心碳原子并移向溴原子，经过渡态后继续解离，直至 C—Br 键完全断裂，生成活性中间体叔丁基正离子和溴负离子。

第二步是生成的叔丁基碳正离子立即与试剂 $HO^-$ 或水作用生成水解产物——叔丁醇。对于多步反应来说，生成最后产物的速率主要由反应速率最慢的一步来决定。叔丁基溴的水解反应中，C—Br 键的解离速率是慢的，而生成碳正离子后就立即与 $HO^-$ 作用。因此，上述第一步反应是决定整个反应速率的步骤，而这一步反应的速率是与反应物卤代烷的浓度成正比的，所以整个反应速率仅与卤代烷的浓度有关，而与亲核试剂的浓度无关。在决定反应速率的这一步骤中，发生共价键变化的只有一种分子，所以称作单分子反应历程。这种单分子亲核取代反应常用 $S_N1$ 来表示。

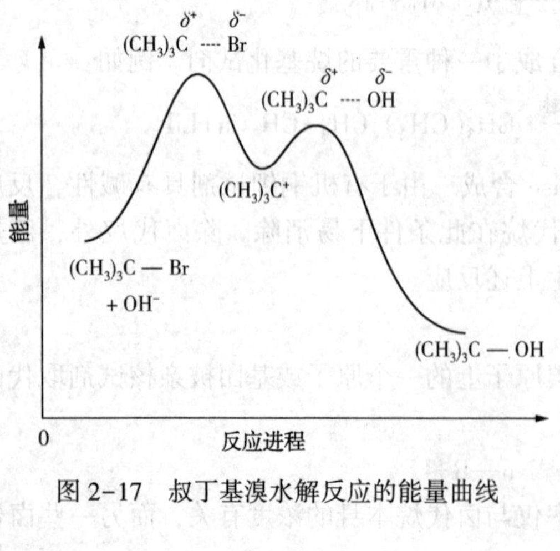


图 2-17 叔丁基溴水解反应的能量曲线

叔丁基溴水解反应的能量曲线如图 2-17 所示，它也反映了 $S_N1$ 反应的共性。

$S_N1$ 反应的特点如下：

① $S_N1$ 反应的决速步是中心碳原子与离去基团之间化学键的异裂。由于这步反应的

速率只取决于一种分子的浓度，因此，$S_N1$ 反应在动力学上是一级反应。

② 一般情况下，$S_N1$ 反应是一个两步进行的反应。第一步生成的碳正离子采取 $sp^2$ 杂化，是平面构型。第二步亲核试剂向平面任何一面进攻的概率相等。如果反应物的中心碳原子是手性碳，分子中又没有其他手性因素，那么从立体化学分析，产物应该是一对等量对映体的混合物——外消旋体（实际反应并非都如此，即外消旋外伴随着某种程度的构型反转）。

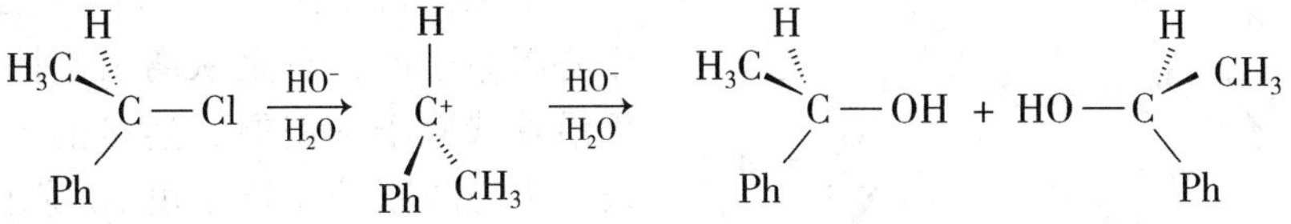

③ 由于 $S_N1$ 反应生成碳正离子中间体，而越稳定的碳正离子越容易生成，因此，反应按 $S_N1$ 机理进行时，往往伴随有重排反应发生。例如：

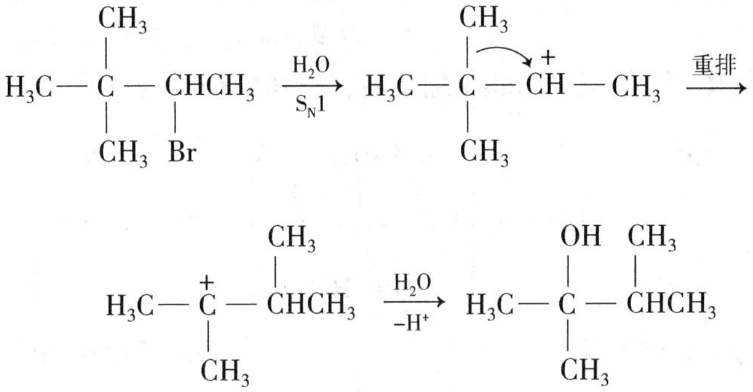

（2）双分子亲核取代反应（$S_N2$）机理

实验表明，溴甲烷在碱性溶液中的水解反应，其反应速率与溴甲烷和碱的浓度都成正比。

$$CH_3Br+HO^- \longrightarrow CH_3OH+Br^-$$

$$v=k[CH_3Br][HO^-]$$

反应的具体过程如下：

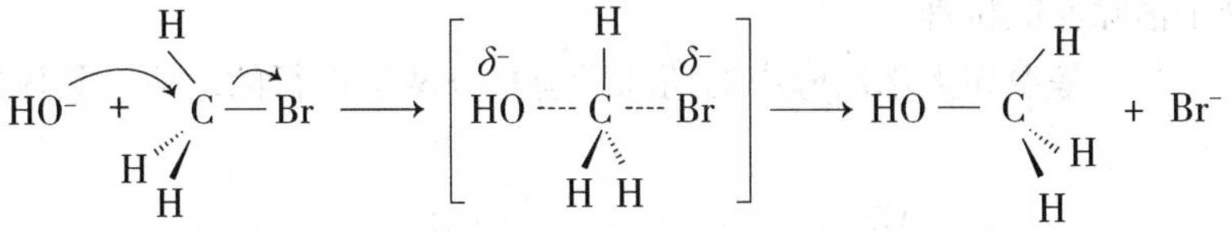

过渡态

在离去基团溴原子离开碳原子（亦称中心碳原子）的同时，亲核试剂 $HO^-$ 也与中心碳原子发生部分键合，即 C—Br 键的断裂与 C—O 键的形成是同时进行的。此时，C—Br 键还未完全断裂 C—O 键尚未形成，体系的能量最高，称为过渡态。反应继续进行，最后 C—Br 键完全断裂，C—O 键完全形成，反应过程一步完成，生成产物。溴甲烷碱性水解反应的能量曲线如图 2-18 所示。

$S_N2$ 反应的特点如下：

① $S_N2$ 反应是一步完成的反应，即 C—Br 键的断裂与 C—O 键的形成是同时进行的，整

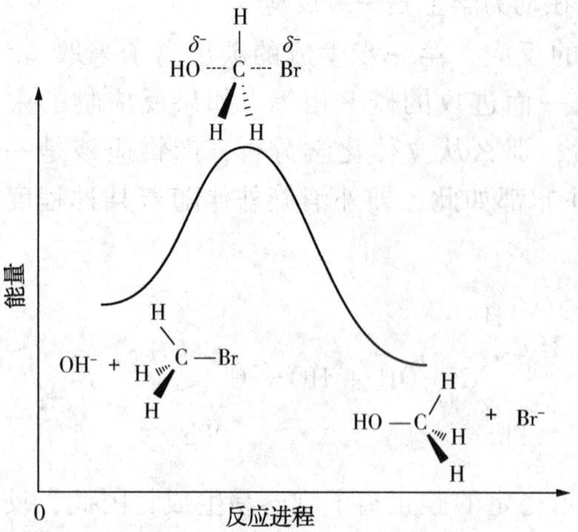


图 2-18　溴甲烷水解反应($S_N2$)的能量曲线

个反应通过过渡态来实现。过渡态一旦形成，会很快转变为生成物。此时新键的形成和旧键的断裂是同时发生的。$S_N2$ 反应的速度取决于过渡态的形成。形成过渡态不仅需要卤代烃的参与，同时也需要进攻试剂的参与，故称为双分子反应。

② 在 $S_N2$ 反应中，亲核试剂($HO^-$)进攻中心碳原子时，总是从离去基团溴原子的背面沿着碳原子和溴原子连接的中心线方向进攻。中心碳原子经历了由 $sp^3$ 杂化转变为 $sp^2$ 杂化，又转变成 $sp^3$ 杂化的过程。这个过程中，中心碳原子与三个未参与反应的键就像一把伞在大风作用下发生翻转，这种翻转称为 Walden(瓦尔登)翻转，又称构型翻转。如果中心碳原子是手性碳原子，经 Walden 翻转后，产物的构型与反应物的构型相反。例如：

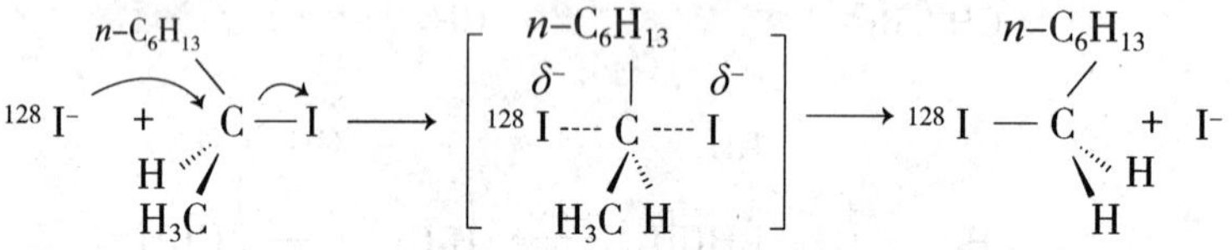

(S)-2-碘辛烷　　　　(R)-2-碘($^{128}$I)辛烷

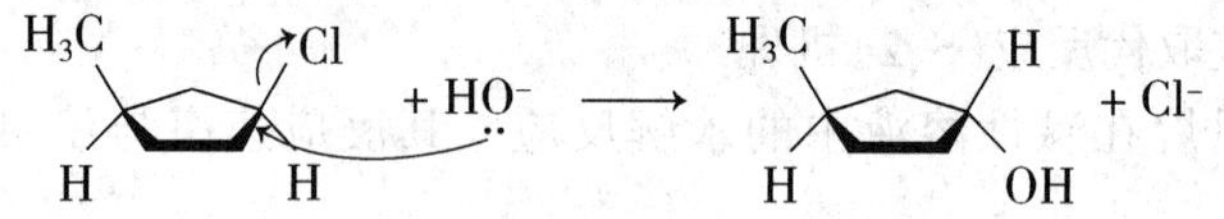

**6. 消除反应机理**

与亲核取代反应相似，卤代烃的 $\beta$-消除反应机理也有两种，分为单分子消除反应机理(以 $E_1$ 表示)和双分子消除反应机理(以 $E_2$ 表示)，现分述如下。

(1) 单分子消除反应机理

实验表明，叔丁基溴在无水乙醇中的消除反应是分两步进行的反应。具体反应过程表示如下：

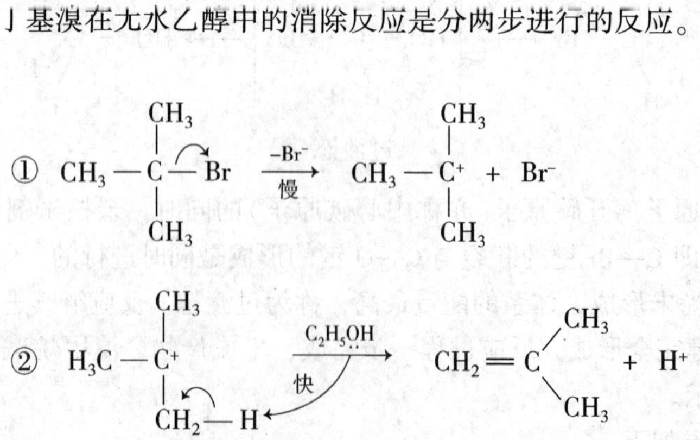

$v=k\,[(CH_3)_3C\text{-}Br]$　　一级反应

第一步是决速步，第二步是快步骤。在决速步中只有一种分子参与了过渡态的形成，即反应速率只取决于卤代烷的浓度，所以这种反应机理称为单分子消除反应机理(以 $E_1$ 表示)。$E_1$ 反应的特点如下：

① $E_1$ 反应是分两步进行的反应；

② 在 $E_1$ 反应中产生一个碳正离子，因此会伴有重排反应发生；

③ 当卤代烃有两种不同的 $\beta$-H 时，主要生成 Zaitsev 产物；

④ 在 $E_1$ 反应中由于首先生成碳正离子中间体，而碳正离子是平面构型，因此消除 $\beta$-H 时，既可按顺式也可按反式消除途径进行。

(2) 双分子消除反应机理

实验表明，伯卤代烷在乙醇钠-乙醇溶液中的消除反应是一步反应。具体反应过程如下：

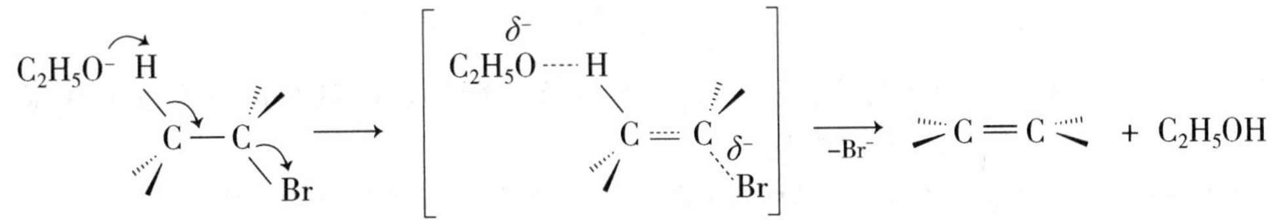


$$\nu = k[RCH_2-Br][C_2H_5O^-]$$

此反应是一步完成的反应，其反应速率与反应物和亲核试剂的浓度都成正比，故称为双分子消除反应机理(以 $E_2$ 表示)。$E_2$ 反应的特点如下：

① $E_2$ 反应是一步反应，只有一个过渡态，无重排产物；

② 反应在浓的强碱条件下进行；

③ 当卤代烃有两种不同的 $\beta$-H 时，主要生成 Zaitsev 产物；

④ 被消除的两个基团必须处于反式共平面的位置(反式消除)。当有两种反式共平面的构象可选择时，稳定的构象为主要的消除构象，稳定的消除产物为主要的消除产物。例如：

R2-16 卤代烃的制备

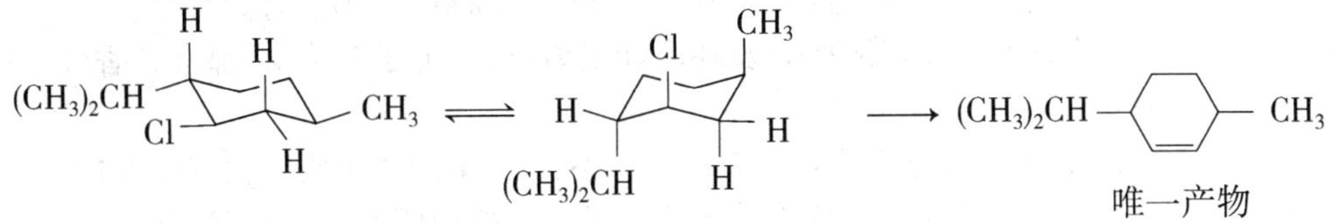


唯一产物

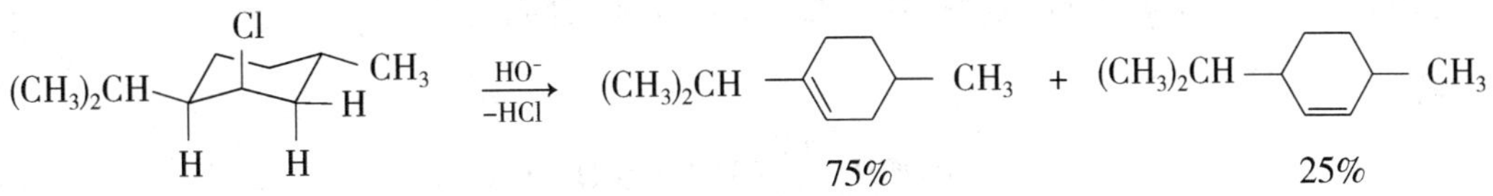

# 第二部分　典型例题

**【例 2-1】** 已知硝基苯进行亲电取代反应时，其活性比苯小，$—NO_2$是第二类定位基。试问亚硝基苯进行亲电取代反应时，其活性比苯大还是小？—NO 是第几类定位基？

**解：**

由于氧和氮的电负性均大于碳，在亚硝基苯中存在下列电子云的转移：

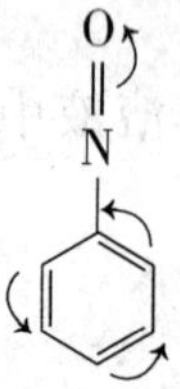

苯环上连有亚硝基后使苯环上的电子云密度降低，所以亚硝基苯进行亲电取代反应时，其活性比苯小，—NO 是第二类定位基。

**【例 2-2】** 按照 Hückel 规则，判断下列化合物或离子是否具有芳香性。

① 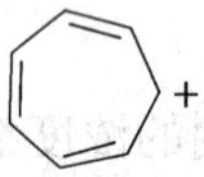　② 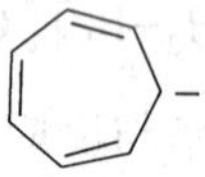　③ 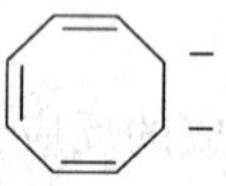

④ 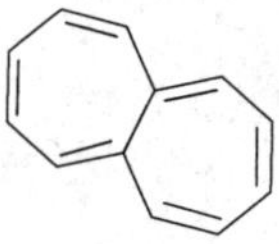　⑤ 　⑥ 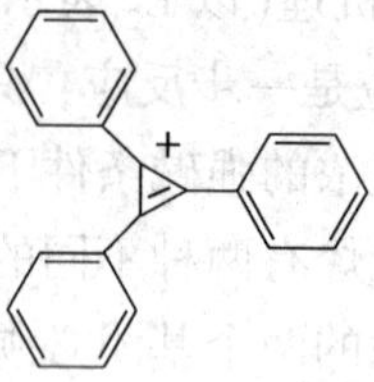

⑦ 　⑧ 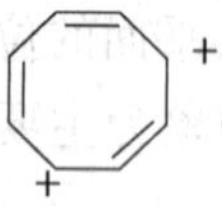

**解**：①、③、⑥、⑧有芳香性。

①、③、⑧中的 π 电子数分别为：6、10、6，符合 Hückel 规则，有芳香性；

⑥分子中的 3 个苯环(π 电子数为 6)及环丙烯正离子(π 电子数为 2)都有芳香性，所以整个分子也有芳香性；

②、④、⑦中的 π 电子数分别为：8、12、4，不符合 Hückel 规则，没有芳香性；

⑤分子中有一个 C 是 $sp^3$ 杂化，整个分子不是环状的离域体系，也没有芳香性。

**【例 2-3】** 以乙炔为有机原料(其他无机试剂任选)合成：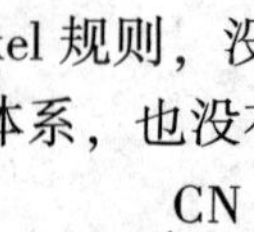

**解：**

$$CH\equiv CH \xrightarrow{HCN} H_2C=CH—CN$$

$$2CH\equiv CH \xrightarrow[NH_4Cl]{CuCl} H_2C=CH—C\equiv CH \xrightarrow[Lindar]{H_2} H_2C=CH—CH=CH_2$$

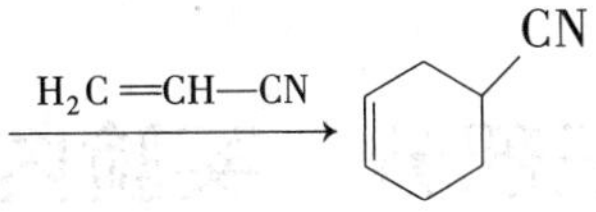

【例 2-4】 由苯为原料合成 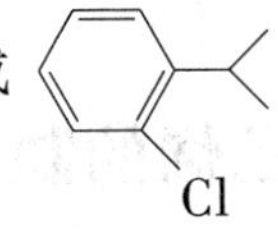

**解：**

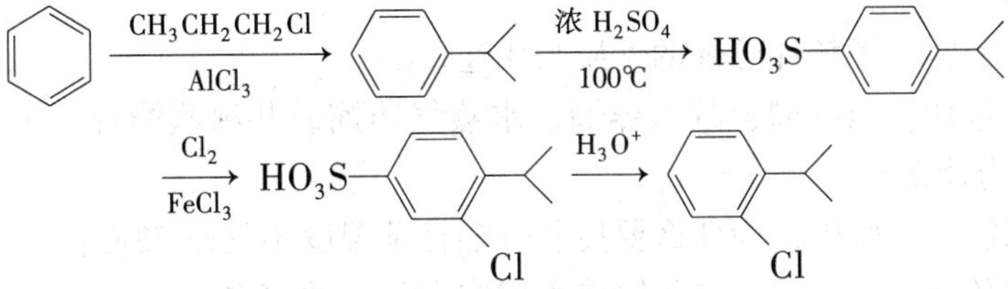

【例 2-5】 将下列化合物分别按 $S_N1$、$S_N2$、E1、E2 机理反应的速率大小排序，并说明理由。

(A) $CH_3CH_2CH_2\overset{Cl}{\overset{|}{C}}HCH_3$　　(B) $CH_3CH_2CH_2CH_2CH_2—Cl$

(C) $CH_3CH_2\underset{Cl}{\underset{|}{C}}(CH_3)_2$　　(D) $CH_3CH_2CH═CHClCH_3$

**解：** $S_N1$：C>A>B>D　　$S_N2$：B>A>C>D

E1：C>A>B>D　　E2：C>A>B>D

在单分子反应中，卤代烷的级别越高反应速度越快，因为生成的中间体 $C^+$ 的稳定性较高，所需活化能较低。乙烯型的卤代烃由于 p-π 共轭体系的存在导致不饱和碳原子上卤原子的反应活性无论在单分子还是双分子的反应中活性都很低。在 $S_N2$ 反应中，α-C 上的空间障碍越小，反应速度越大；但在 $E_2$ 反应中，由于过渡态类似烯烃，而烯烃的稳定性是双键碳原子上连接的烷基越多越稳定，由此叔卤代烃所形成的类似烯烃的过渡态最稳定，最容易生成，导致较高级别的卤代烷反应速度快。

【例 2-6】 由不多于 4 个碳的烃合成 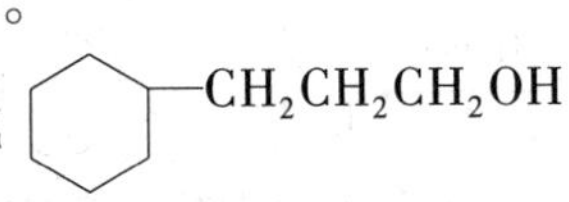

**解：**

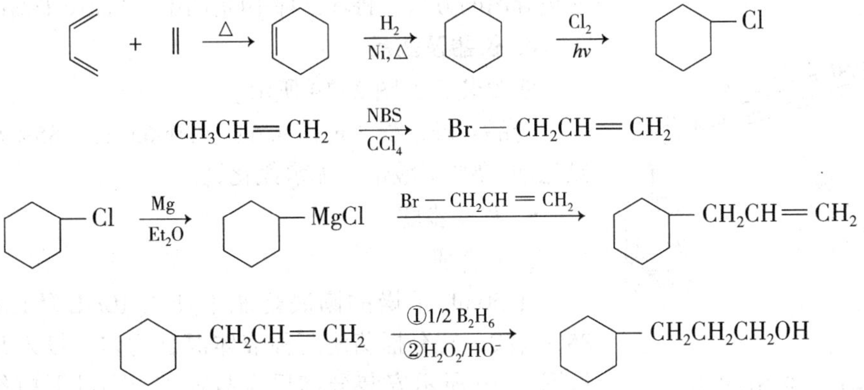

# 第三部分　实验内容

## 实验三　环己烯的制备

**1. 必备知识**

① 通过查阅资料，了解环己烯的性质与用途。

② 蒸馏技术包括常压蒸馏、减压蒸馏、水蒸气蒸馏、共沸蒸馏等，本合成实验是采用哪种蒸馏技术？为什么？

③ 在环己烯制备实验中，为什么要控制分馏柱顶温度不超过73℃？

④ 在粗制的环己烯中，加入氯化钠使水层饱和的目的何在？

⑤ 通过分馏得到的粗产品中含有哪些杂质？实验中是如何除去的？

⑥ 本实验的粗产品如不经干燥就进行蒸馏，会产生什么结果？

⑦ 查阅资料了解主要试剂及产物的物理常数。

**2. 实验目的**

① 学习在酸催化下醇脱水制取烯烃的原理和方法。

② 掌握分馏和水浴蒸馏的基本操作。

③ 掌握使用干燥剂干燥液体的方法。

**3. 实验原理**

烯烃是重要的有机化工原料。工业上主要通过石油裂解的方法制备烯烃，有时也利用醇在氧化铝等催化剂存在下，进行高温催化脱水来制取。实验室里则主要用浓硫酸、浓磷酸做催化剂使醇脱水或卤代烃在醇钠作用下脱卤化氢来制备烯烃。

本实验采用浓磷酸做催化剂使环己醇脱水制备环己烯。

主反应：

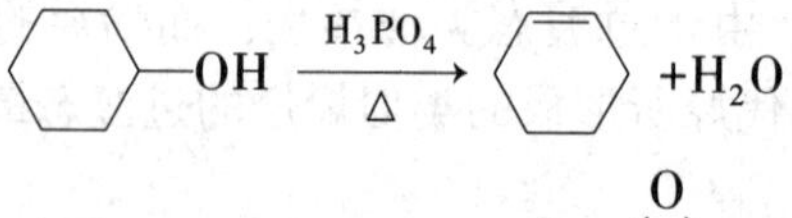


副反应：

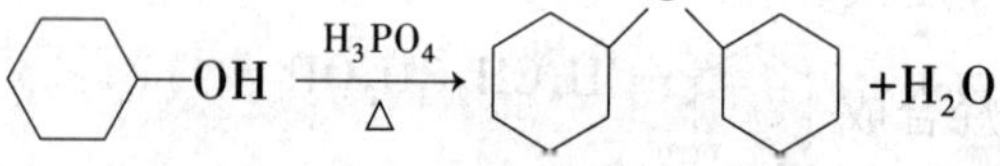


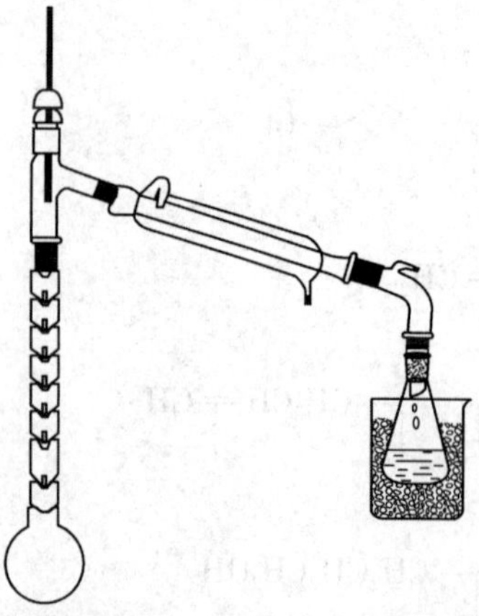

图2-19　分馏反应装置

本实验的反应为可逆反应，为提高反应产率，采用边反应边分馏的方法，将环己烯不断蒸出，从而使平衡向右移动。

**4. 仪器及药品**

实验装置如图2-19所示。

药品：环己醇10mL(9.6g，0.096mol)、85%磷酸5mL、氯化钠、5%碳酸钠、无水氯化钙。

**5. 实验步骤**

(1) 合成

在50mL干燥的圆底烧瓶中加入10mL环己醇及5mL 85%磷酸，充分摇荡使两种液体混合均匀。投入几粒沸石，按图2-19所示安装分馏反应装置。用小锥形瓶作接受器，置于碎冰浴里。

用小火慢慢加热混合物至沸腾，以较慢速度进行蒸馏，并控制分馏柱顶部温度不超过73℃，蒸出液为环己烯和水的混浊液。当无液体蒸出时，加大火力，继续蒸馏。当温度计达到85℃，烧瓶中只剩下很少量的残渣并出现阵阵白雾时，即可停止蒸馏。

(2) 分离和提纯

将蒸出液用氯化钠饱和，然后加入3~4mL 5%碳酸钠中和微量的酸。将此液体倒入小分液漏斗中，振摇后静置分层。将下层水溶液自漏斗下端活塞放出，上层的粗产物自漏斗上口倒入干燥的小锥形瓶中，加入适量的无水氯化钙干燥。

将干燥后的粗制环己烯滤入干燥的蒸馏烧瓶中，加入沸石后用水浴加热蒸馏，收集80~85℃的馏分于一干燥的小锥形瓶中。

纯环己烯为无色透明液体，沸点82.98℃、$d_4^{20}$0.8102、$n_D^{20}$1.4465。

(3) 产物鉴定

① 测定样品的沸点或折光率。

② 测试样品的红外光谱，与图2-20的标准谱图对照。

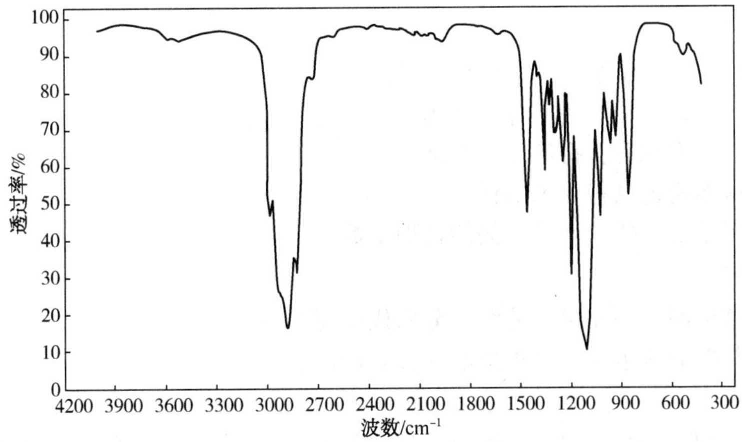


图2-20 环己烯的红外光谱

**6. 实验指导**

① 最好用油浴加热，使反应物受热均匀。加热温度不宜过高，速度不宜过快，以减少未反应的环己醇被蒸出。

② 小火加热至沸腾，调节加热速度，以保证反应速度大于蒸出速度，使分馏得以连续进行，控制柱顶温度不超过85℃，防止未反应的环己醇蒸出，降低反应产率。环己醇和水、环己烯和水皆可形成二元恒沸混合物(表2-4)。

**表2-4 沸点及组成**

| 沸点/℃ | 组成/% | | |
|---|---|---|---|
| | 环己醇 | 水 | 环己烯 |
| 97.8 | 20 | 80 | |
| 70.8 | | 10 | 90 |
| 64.9 | 30.5 | | 69.5 |

③ 加氯化钠的目的是减少产物在水中的溶解度，达到更好的分离。

④ 干燥剂的用量应适量，过少，水不能除尽，蒸馏中前馏分较多；过多，干燥剂会吸附产品，降低产率。

⑤ 所用的蒸馏装置必须是干燥的。

**7. 拓展实验**

请设计用其他催化剂合成环己烯。

要求：拟定实验方案，包括实验目的、实验原理、实验装置图、实验药品、实验步骤、产物鉴定方法等。

【**提示**】醇脱水合成烯烃的催化剂种类繁多，常选用硫酸、磷酸等作为催化剂。随着催化剂的广泛研究，以杂多酸、对甲苯磺酸、强酸性阳离子交换树脂和固体超强酸等作为催化剂正日益受到人们的关注。这些催化剂的优点是三废污染少，腐蚀性少，反应后处理简单方便，工艺过程简单；有很高的催化活性和选择性，反应速度快、产率高等优点。

## 实验四　硝基苯的制备(半微量法)

**1. 必备知识**

① 通过查阅资料，了解硝基苯的性质与用途。

② 硫酸和硝酸在硝化时各起什么作用?

③ 若将混酸一次加完，将产生什么结果?

④ 硝化反应温度过高将会怎么样?

⑤ 查阅资料了解主要试剂及产物的物理常数。

**2. 实验目的**

① 通过硝基苯的制备加深对芳烃亲电取代反应的理解。

② 进一步掌握液体干燥，简单蒸馏的实验操作。

**3. 实验原理**

硝基苯是芳香族硝基化合物，为黄色油状液体，有杏仁气味，能溶于乙醇，乙醚和苯，微溶于水。硝基苯是重要的精细化工原料，是医药和染料的中间体，可用于制备二硝基苯、苯胺、间氨基苯、磺酸等，还可做有机溶剂、有机反应的弱氧化剂等。

硝化反应是制备芳香族硝基化合物的主要方法，也是重要的亲电取代反应之一。在芳烃的硝化反应中，最常用的硝化剂是浓硝酸与浓硫酸混合液，常称混酸。混酸中浓硫酸的作用不仅在于脱水，更重要的是有利于硝酰正离子($^+NO_2$)的生成，增加$^+NO_2$离子的浓度，加快反应速度，进而提高硝化能力。硝化反应是强放热反应，进行硝化反应时，必须严格控制反应温度和加料速度，同时进行充分的搅拌。

以苯为原料，混酸作为硝化剂制备硝基苯的反应式如下：

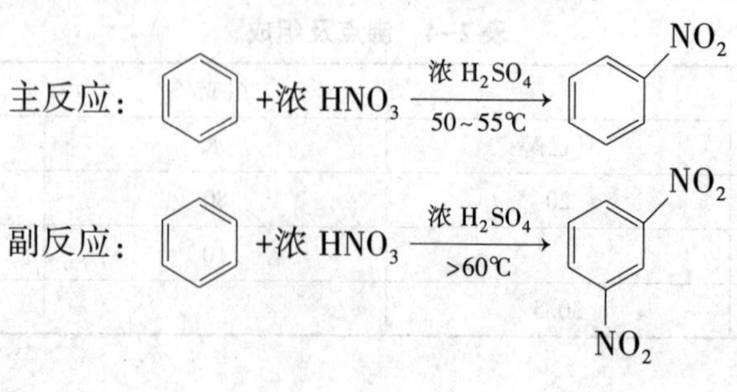

**4. 仪器及药品**

实验装置如图 2-21 所示。

药品苯 4.5mL(5.4g，0.069mol)、浓硝酸 3.6mL、浓硫酸 5mL、10%碳酸钠溶液、无水氯化钙、pH 试纸。

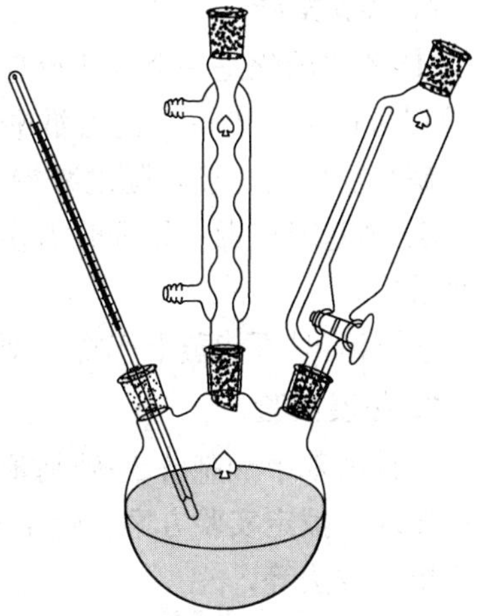

图 2-21　反应装置

**5. 实验步骤**

（1）合成

① 混酸的配制。在锥形瓶中倒入 3.6mL 浓硝酸，在冷水浴中慢慢滴加 5mL 浓硫酸，混匀备用。

② 硝基苯的制取。在 100mL 三口烧瓶中加入 4.5mL 苯及一磁力搅拌子，三颈瓶分别装置温度计(水银球伸入液面下)，恒压滴液漏斗及冷凝管，将混酸 8.6mL 放入恒压滴液漏斗中，按图 2-11 所示安装反应装置。冷凝管通水，开动磁力搅拌器搅拌，缓慢滴入混酸，使反应温度维持在 50~55℃。滴加完毕后，水浴加热，控制温度在 50~55℃并保持 40min。

（2）分离和提纯

反应结束后，转移液体至分液漏斗，将酸层与有机层(上层)分离，用等体积冷水洗涤粗产物 2 次，再用 10%碳酸钠溶液洗涤 2~3 次除去剩余酸(可用 pH 试纸检测)。再用等体积蒸馏水洗一次。然后加入无水氯化钙干燥产物。

将粗产物转移至 50mL 烧瓶中使用 250℃温度计及空气冷凝管进行蒸馏，收集 205~210℃馏分，至产物稍有剩余时停止蒸馏。称量，并计算硝基苯产率。

纯硝基苯为淡黄色油状液体，沸点 210.9℃，$d_4^{20}$1.1987，$n_D^{20}$1.55296。

（3）产物鉴定

① 测定样品的沸点和折光率。

② 测试样品的红外光谱，与图 2-22 的标准图谱对照。

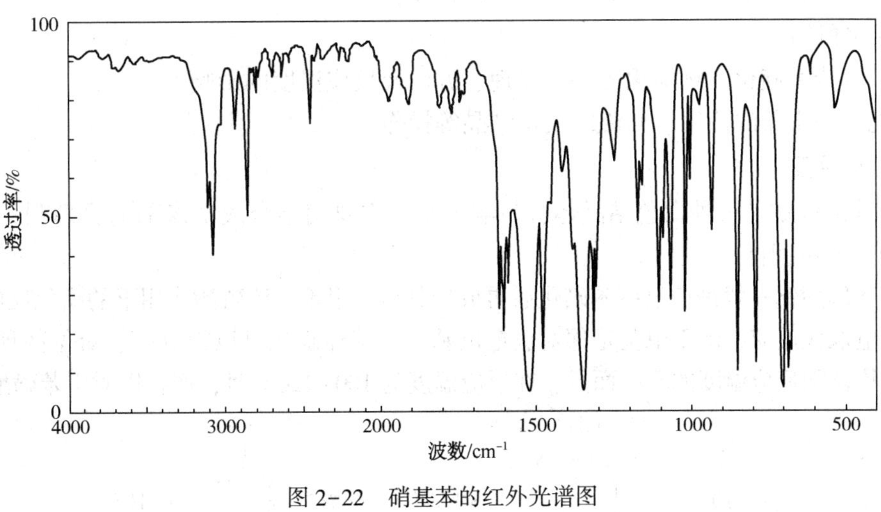


图 2-22　硝基苯的红外光谱图

**6. 实验指导**

① 苯的硝化是一个放热反应，在开始加入混酸时，硝化反应速度较快，每次加入的混酸量宜为 0.5~1.0mL。随着混酸的加入，硝基苯逐渐生成，反应混合物中苯的浓度逐渐降低，硝化反应的速度也随之减慢，所以在加后一半混酸时，每次混酸可加入 1.0~1.5mL。

② 硝基苯有毒，处理时需多加小心，如果溅到皮肤上，可先用少量酒精擦拭，再用肥皂水洗净。

③ 蒸馏时不能蒸干产物，副产物二硝基苯极易在高温下发生爆炸。

**7. 拓展实验**

设计由苯甲酸制备 3-硝基苯甲酸的实验方法，并比较与本实验制备方法的异同点。

要求：拟定实验方案，包括实验目的、实验原理、实验装置图、实验药品、实验步骤、产物鉴定方法等。

**【提示】**羧基属于钝化苯环的定位基，所以苯甲酸在发生亲电取代反应时反应活性差，反应速度慢，需要的反应条件更苛刻。要使苯甲酸顺利发生硝化反应，要注意提高反应温度。

## 实验五　对甲苯磺酸钠的制备

**1. 必备知识**

① 通过查阅资料，了解对甲苯磺酸钠的性质与用途。

② 实验中中和酸时，为什么用 $NaHCO_3$ 而不用 $Na_2CO_3$？

③ 在对甲苯磺酸钠的制备实验中，NaCl 起什么作用？用量过多或过少，对实验结果有什么影响？

④ 实验中为什么要用饱和 NaCl 溶液将对甲苯磺酸转变为甲苯磺酸钠？能否用 $Na_2CO_3$ 或 NaOH？

⑤ 查阅资料了解主要试剂及产物的物理常数。

**2. 实验目的**

① 了解芳香族化合物磺化的基本原理、方法及反应温度的影响。

② 巩固分水器的使用、回流以及重结晶等操作。

**3. 实验原理**

对甲苯磺酸钠是一种白色结晶体，易溶于水，主要用于合成洗涤剂的调理剂、助溶剂，以及医药合成中间体。

对甲苯磺酸钠一般是通过甲苯磺化后再成盐制得。甲苯在浓硫酸作用下的磺化反应属于苯环上的亲电取代反应，由于甲基是邻对位定位基，甲苯经磺化可以得到邻、对位两种异构体，这两种异构体随反应温度的不同而异，在反应温度为 100~120℃时，产物以对甲苯磺酸为主。

主反应:

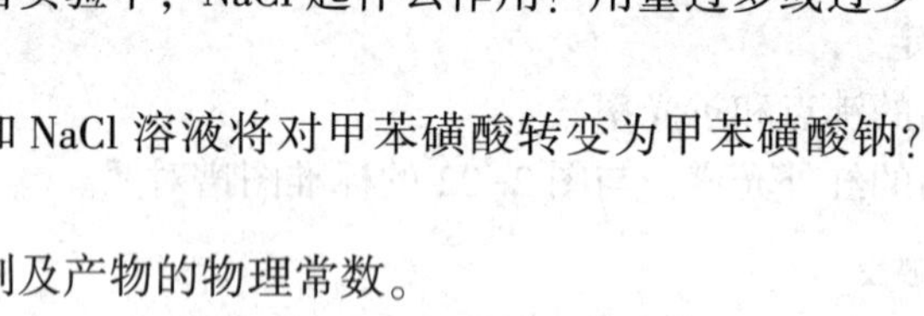

副反应：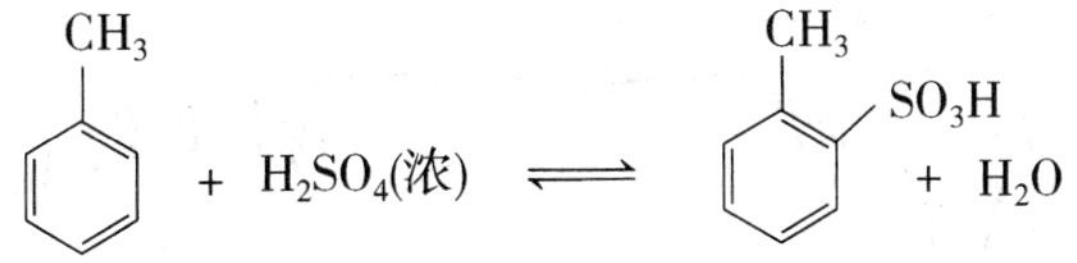

对甲苯磺酸是一种很强的有机酸，不仅能与碱作用生成盐，而且可与饱和 NaCl 溶液建立平衡生成盐。反应为

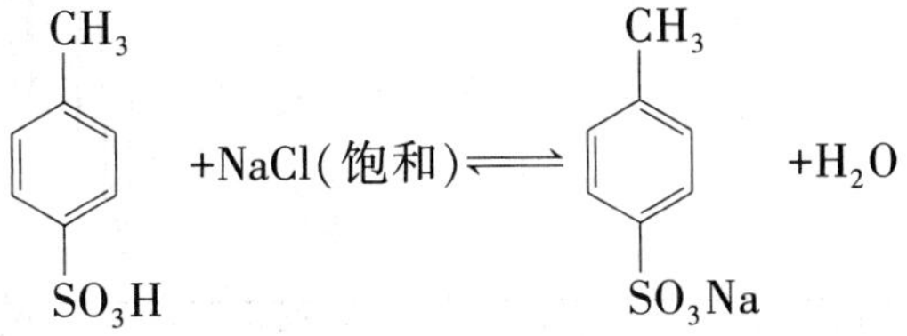

**4. 仪器及药品**

实验装置如图 2-23 所示。

药品：甲苯 16mL（13.92g，0.15moL）、浓硫酸 10mL、饱和 NaCl 溶液、碳酸氢钠、活性炭。

**5. 实验步骤**

（1）合成

在 100mL 干燥的二口圆底烧瓶中加入 16mL 甲苯，再缓慢加入 10mL 浓硫酸，并不断摇动圆底烧瓶，使两种液体尽量混合均匀，然后中加入几粒沸石。按图 2-23 安装带有控温的分水器回流装置，分水器预先加水至支管口后放出 2mL 水。缓慢加热至回流，使反应温度维持在 100～120℃，此时渐渐有水积累在分水器中，当水积存量约为 2mL 时，可停止反应。

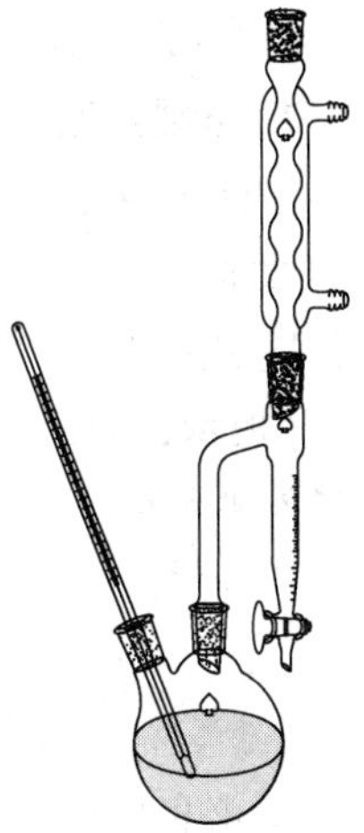

图 2-23　反应装置

（2）分离和提纯

将反应液趁热倒入盛有 35mL 饱和 NaCl 溶液的烧杯中，在不断搅拌下分批加入 7g 粉状 $NaHCO_3$，中和部分酸，冷却至室温，待充分析出沉淀后，过滤，得到粗产品。粗产品用 30mL 饱和 NaCl 溶液洗涤滤饼 1～2 次，抽滤，烘干，称重并计算产率。

对甲苯磺酸钠为白色斜方片状结晶，相对分子质量为 198.22，熔点大于 300℃，溶于水。

（3）产物鉴定

① 测定样品的熔点和折光率。

② 测试样品的红外光谱，与图 2-24 的标准图谱对照。

**6. 实验指导**

① 磺化反应是一个放热反应，在加料时要缓慢，可以采用滴加方式进行。必要时可将烧瓶浸在冷水中冷却。

② 磺化反应温度不同，生成的产物也不同。低温有利于邻位异构体生成，较高温度有利于对位异构体的生成。反应温度严格控制在 100～120℃ 之间；回流速度以 2～3 滴/min 为宜。

③ 中和时会放出大量的二氧化碳，必须在不断搅拌下，分批加入碳酸氢钠。

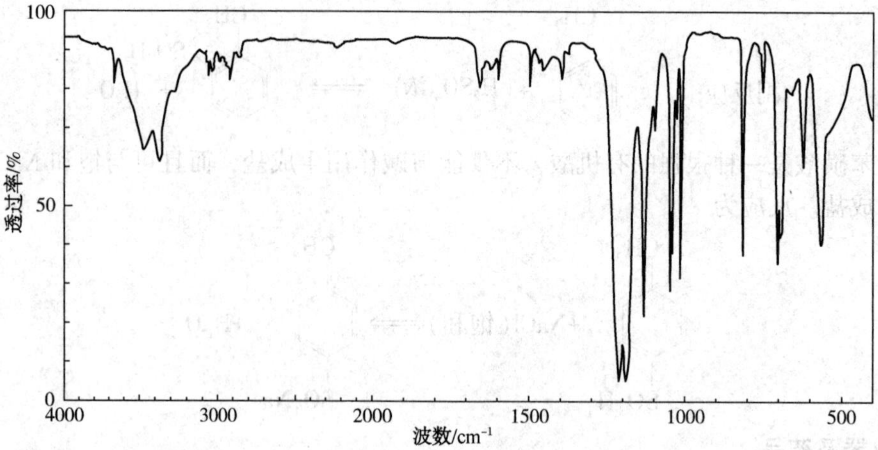


图 2-24　对甲苯磺酸钠的红外光谱图

④ 不能用水洗涤，否则产品损失导致产率降低。

**7. 拓展实验**

设计由氯苯制备对氯苯磺酸的实验方法，并比较与本实验制备方法的异同点。

要求：拟定实验方案，包括实验目的、实验原理、实验装置图、实验药品、实验步骤、产物鉴定方法等。

【**提示**】磺化反应是一个可逆反应，实验室常用的磺化试剂是浓硫酸。除浓硫酸外，还可用发烟硫酸、三氧化硫和氯磺酸。

# 实验六　苯甲酸的制备

**1. 必备知识**

① 通过查阅资料，了解苯甲酸的性质与用途。

② 在氧化反应中，影响苯甲酸产量的主要因素是哪些？

③ 反应完毕后，滤液如果呈紫色，什么原因所致？应如何处理？

④ 实验完毕后，黏附在瓶壁上的黑色固体物是什么？如何除去？

⑤ 查阅资料了解主要试剂及产物的物理常数。

**2. 实验目的**

① 学习由甲苯氧化制备苯甲酸的原理和方法。

② 掌握电动搅拌操作方法。

③ 进一步掌握回流加热操作和粗产品的纯化过程。

**3. 实验原理**

氧化反应是制备羧酸的常用方法。芳香族羧酸通常用芳香烃的氧化来制备。苯环对氧化剂是稳定的，但苯环上的侧链可被氧化，不管链多长，只要含 α-H，都被氧化成苯甲酸。

制备羧酸采用的都是比较强烈的氧化条件，而氧化反应一般都是放热反应，所以控制反应在一定的温度下进行是非常重要的。如果反应失控，不但会破坏产物，使产率降低，有时还有发生爆炸的危险。

由于甲苯不溶于高锰酸钾水溶液中，故该反应为两相反应，反应需要较高温度和较长时间，因此反应采用了加热回流搅拌装置。

主反应：

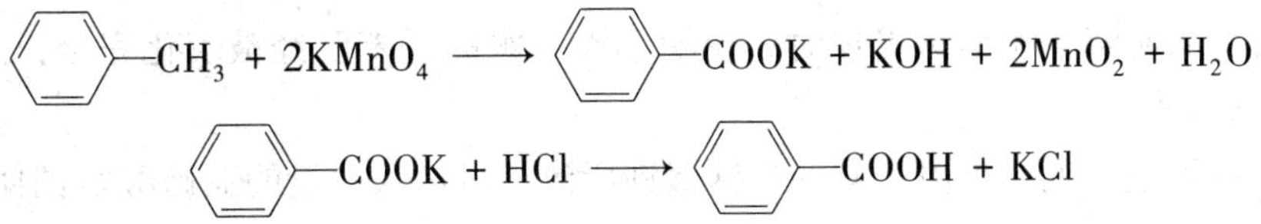


**4. 仪器及药品**

实验装置如图 2-25 所示。

药品：甲苯 2.7mL(2.3g，0.025mol)，高锰酸钾 8.5g(0.054mol)，浓盐酸，亚硫酸氢钠。

**5. 实验步骤**

(1) 合成

在 250mL 圆底烧瓶中加入 8.5g 高锰酸钾、100mL 水和几粒沸石，振摇，使高锰酸钾全溶，按图 2-25 所示安装反应装置。加热，当溶液温度达到 80℃ 时，开启搅拌器，从冷凝管上口分批加入 2.7mL 甲苯，每次加甲苯后应待反应完全平缓后再加入下一批，最后用少量水将黏附在冷凝管壁上的甲苯冲入瓶内，继续搅拌回流，直到甲苯层几乎近于消失、回流液不再出现油珠为止。

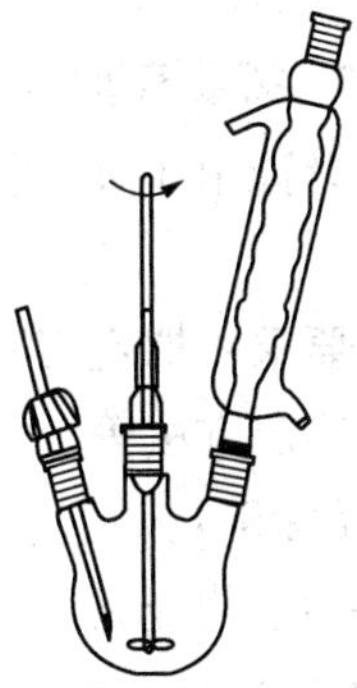

图 2-25　回流搅拌装置

(2) 分离和提纯

将反应混合物趁热过滤，并用少量热水洗涤二氧化锰滤渣，合并滤液和洗涤液，在水浴中冷却，然后用 1∶1 盐酸溶液酸化直至刚果红试纸变蓝，放置待晶体析出，抽滤，沉淀用少量冷水洗涤，抽干溶剂，晾干，得到粗产品。若要得到纯净产物，可在水中进行重结晶。

纯苯甲酸为无色针状晶体，熔点为 122.4℃。

(3) 产物鉴定

① 测定样品的熔点。

② 测试样品的红外光谱，与图 2-26 的标准图谱对照。

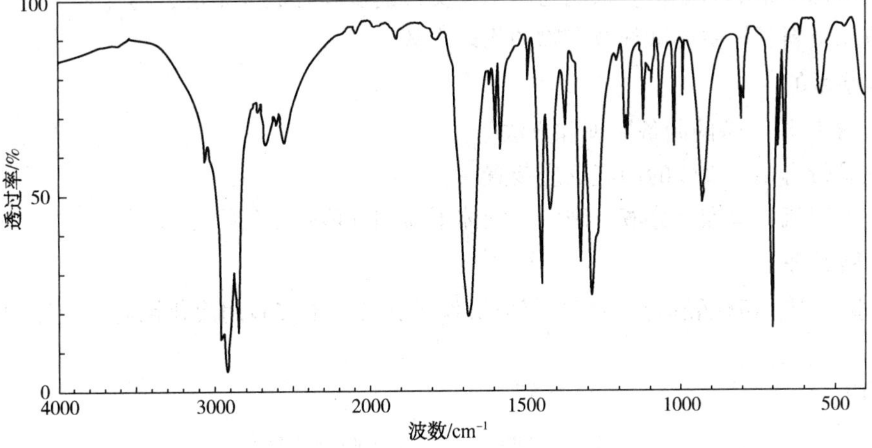


图 2-26　苯甲酸的红外光谱

**6. 实验指导**

① 每次加入甲苯不宜过多，否则反应过于剧烈，放出的热量来不及而散发导致反应液喷出。

② 当反应回流液中无油珠出现时，说明不溶于水的甲苯已经被氧化完全，此时氧化反应即达到反应终点。

③ 滤液如果呈紫色，是由过剩的高锰酸钾所致，可加入少量的亚硫酸氢钠使紫色褪去，并重新抽滤。

④ 苯甲酸在100g水中的溶解度为4℃，0.18g；18℃，0.27g；75℃，2.2g。苯甲酸在100℃左右开始升华，故除了重结晶方法外，也可用升华方法精制苯甲酸。

**7. 拓展实验**

设计由1,4-对二氯苄制备对苯二甲酸的实验方法，并比较与本实验制备方法的异同点。

**要求：** 拟定实验方案，包括实验目的、实验原理、实验装置图、实验药品、实验步骤、产物鉴定方法等。

**【提示】** 芳烃侧链的氧化反应，不论烷基侧链有多长，以及侧链上还有什么基团，只要有α-H，均能发生氧化反应。实验室常用的氧化剂是$KMnO_4$。除$KMnO_4$外，还可用$K_2Cr_2O_7$（或$Na_2Cr_2O_7$）/$H^+$、稀硝酸等。

## 实验七　1-溴丁烷的制备(半微量法)

**1. 必备知识**

① 通过查阅资料，了解1-溴丁烷的性质与用途。

② 本实验中硫酸的作用是什么？硫酸的浓度过大或过小有什么不好？

③ 从反应混合物中分离粗产品1-溴丁烷时，为什么用蒸馏而不直接分离？

④ 反应后的粗产物中含有哪些杂质？是如何除去的？各步洗涤的目的何在？

⑤ 什么时候用气体吸收装置？怎样选择吸收剂？

⑥ 能否用异丁醇为原料，采用与本实验类似的步骤合成异丁溴，为什么？

⑦ 查阅资料了解主要试剂及产物的物理常数。

**2. 实验目的**

① 学习1-溴丁烷的制备原理和方法。

② 熟悉带有尾气吸收的回流反应装置。

③ 练习回流、蒸馏、分液、洗涤、液体干燥和气体吸收的操作。

**3. 实验原理**

在实验室中，卤代烃通常用醇与氢卤酸作用制备。本实验用溴化钠与硫酸作用制备得氢溴酸。

主反应：

$$NaBr+H_2SO_4 \rightleftharpoons NaHSO_4+HBr\uparrow$$

$$CH_3CH_2CH_2CH_2OH+HBr \rightleftharpoons CH_3CH_2CH_2CH_2Br+H_2O$$

可能的副反应：

$$CH_3CH_2CH_2CH_2OH \xrightarrow[170℃]{H_2SO_4} CH_3CH_2CH{=}CH_2+H_2O$$

$$2CH_3CH_2CH_2CH_2OH \xrightarrow[140℃]{H_2SO_4} (CH_3CH_2CH_2CH_2)_2O+H_2O$$

$$2HBr+H_2SO_4 \xlongequal[\triangle]{} Br_2\uparrow +SO_2\uparrow +2H_2O$$

本实验的主反应为可逆反应，提高产率的措施是让 HBr 过量，并用 NaBr 和 $H_2SO_4$代替 HBr，边生成 HBr 边参与反应，这样可提高 HBr 的利用率；$H_2SO_4$还起到催化脱水作用。反应中，为防止反应物醇被蒸出，采用了回流装置。由于 HBr 有毒害，为防止 HBr 逸出，污染环境，需安装气体吸收装置。回流后再进行粗蒸馏，一方面使生成的产品 1-溴丁烷分离出来，便于后面的洗涤操作；另一方面，粗蒸过程可进一步使醇与 HBr 的反应趋于完全。

**4. 仪器及药品**

实验装置如图 2-27 和图 2-28 所示。

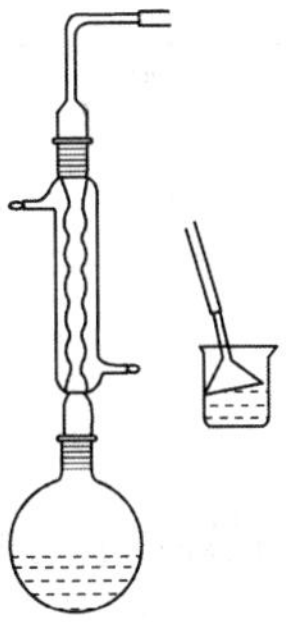

图 2-27　带有气体吸收的回流装置

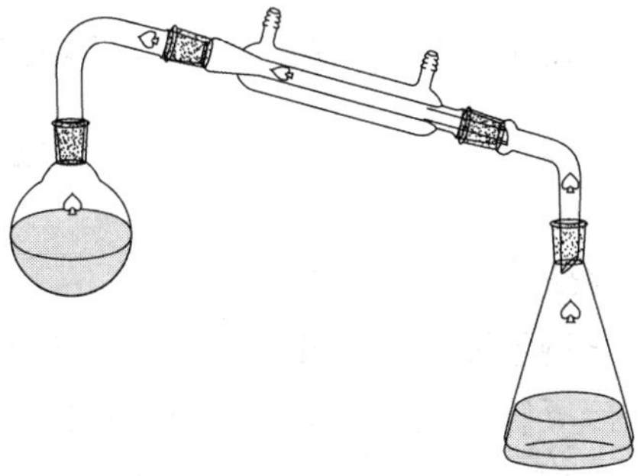

图 2-28　简易蒸馏装置

药品：正丁醇 2. 5mL(2. 03g，0. 027mol)、溴化钠(无水)3. 33g(0. 032mol)、浓硫酸、饱和碳酸氢钠溶液、无水氯化钙。

**5. 实验步骤**

(1) 合成

在 25mL 圆底烧瓶中加入 3. 33g 溴化钠、2. 5mL 正丁醇和 1~2 粒沸石，按图 2-24 安装装置，将 8. 0mL 1∶1 硫酸分三次从冷凝管上端加入，边滴加边振摇。冷凝管上端接一溴化氢吸收装置(使漏斗口恰好接触水面，切勿浸入水中，以免倒吸)，用饱和碳酸氢钠溶液作吸收剂。

将烧瓶在加热套中小火加热回流 0. 5h，回流过程中不断摇动烧瓶，以使反应物充分接触。反应完毕，稍冷却后改为简易蒸馏装置(图 2-28)，蒸出 1-溴丁烷粗品，至馏出液清亮为止。

(2) 分离和提纯

将馏出液移入分液漏斗中，加入 3. 3mL 水洗涤，分去水层，有机相转入另一干燥的分液漏斗中，用 1. 7mL 浓硫酸洗涤一次，分出硫酸层。有机层再依次用水、饱和碳酸氢钠及水各 3. 3mL 洗涤一次呈中性后，分出 1-溴丁烷有机层于干燥的锥形瓶中，用无水氯化钙干燥后蒸馏，收集 99~103℃的馏分。称量、计算产率。

纯 1-溴丁烷为无色液体，沸点为 102℃，$d_4^{20}$1.275，$n_D^{20}$1.4399。

（3）产物鉴定

① 测定样品的沸点或折光率。

② 测试样品的红外光谱，与图 2-29 的标准谱图对照。

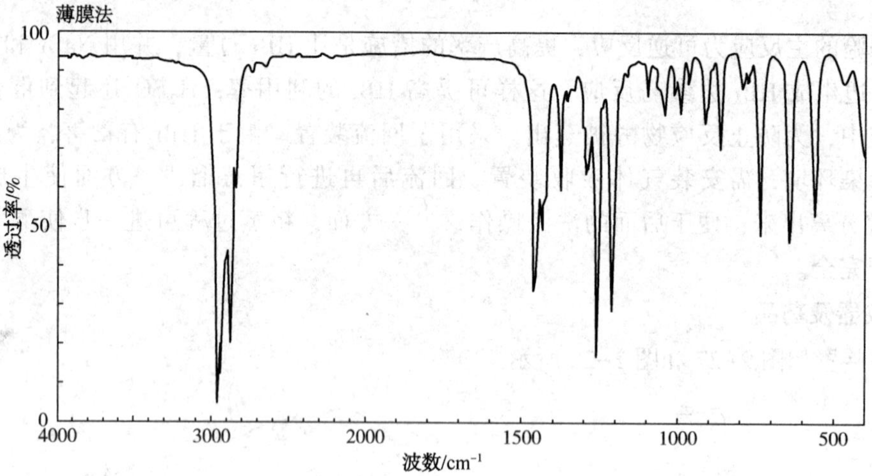


图 2-29　1-溴丁烷的红外光谱图

**6. 实验指导**

① 溴化钠不要黏附在液面以上的烧瓶壁上。

② 从冷凝管上端加入 1∶1 的硫酸时，每加一次都要充分振荡，混合均匀。否则，因放出大量的热而使反应物氧化，颜色加深。

③ 加热时，应小火加热至沸，并始终保持微沸状态。一开始不要加热过猛，否则，反应生成的 HBr 来不及反应就逸出，另外反应混合物的颜色也会很快变深。操作情况良好时，油层仅呈浅黄色，冷凝管顶端无明显的 HBr 逸出。

④ 由于丁醇和 1-溴丁烷在水中的溶解度都不大，反应为多相反应，回流过程中应不断摇动烧瓶，可增加反应物之间的接触，加快反应的进行，减少爆沸发生。

⑤ 粗蒸 1-溴丁烷时，应蒸至黄色油层消失，馏出液无油滴为止。检验方法：取一事先装有一定量水的锥形瓶，用其接 1~2 滴馏出液，观察液滴入水情况，如有油滴下沉，说明仍有产品蒸出；若无，则蒸馏完成。

⑥ 洗涤分离时，注意观察产品在上层还是下层；每步洗涤作用，各步洗涤顺序不能颠倒。

**7. 拓展实验**

设计一个以乙醇、溴化钠和浓硫酸为原料，合成溴乙烷的实验方案。

要求：拟定实验方案，包括实验目的、实验原理、实验装置图、实验药品、实验步骤、产物鉴定方法等。

**【提示】**根据溴乙烷沸点低（沸点 38.4℃），在水中的溶解度很小，不与水作用，密度大于水等特点进行设计方案。

# 第四部分 习 题

**习题 2-1** 命名下列化合物。

① 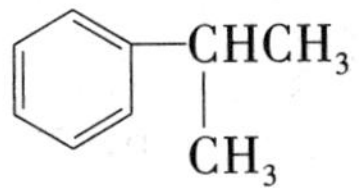

② 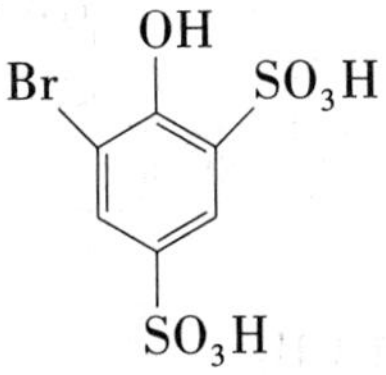

③ 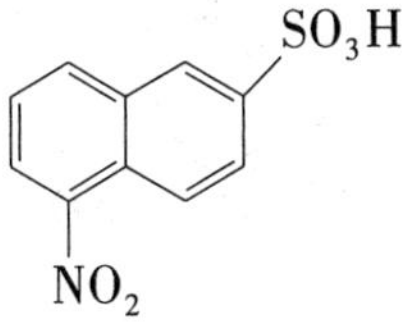

④ 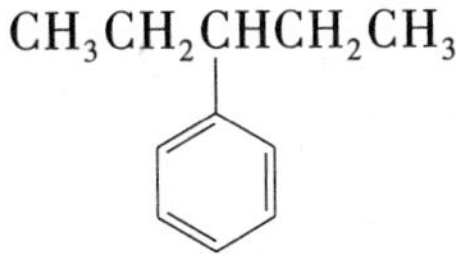

⑤ 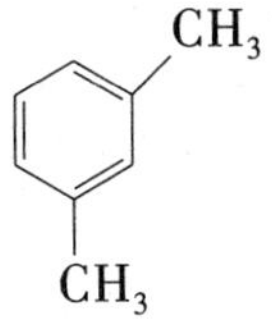

⑥ 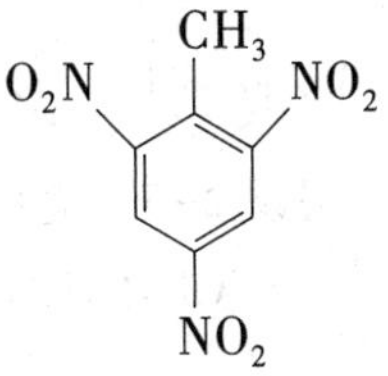

⑦ 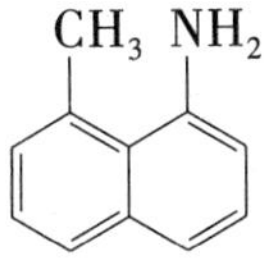

⑧ 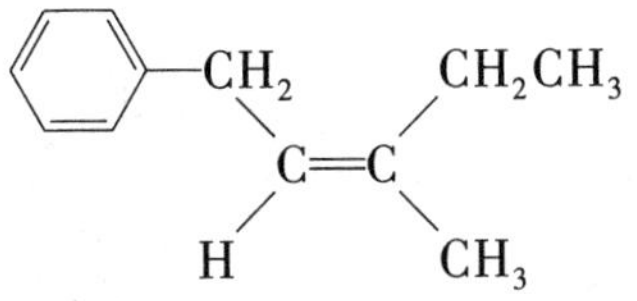

⑨ 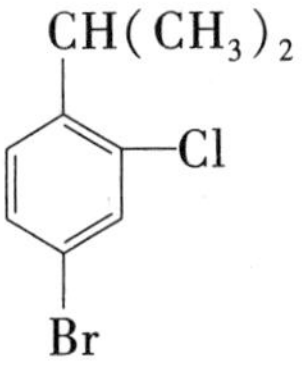

⑩ 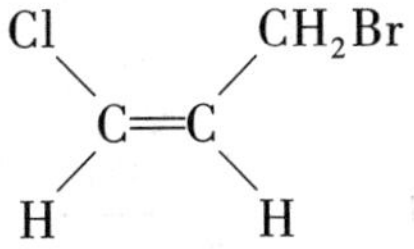

⑪ 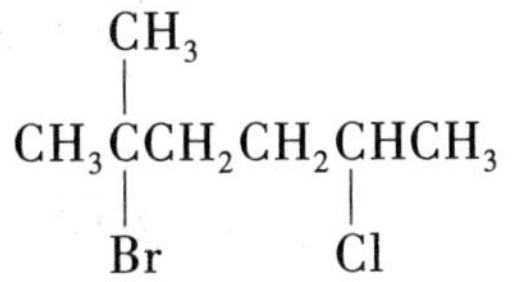

⑫ 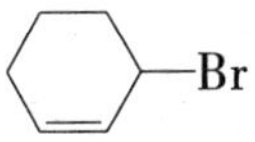

**习题 2-2** 写出下列化合物的结构式。

① 苄溴　② 对甲基苯酚　③ 5-硝基-2-磺酸

④ α-溴萘　⑤ 对乙烯基苯甲酸　⑥ 2-氯-4-硝基甲苯

⑦ 烯丙基氯　⑧ 氯仿

**习题 2-3** 应用休克尔规则判断下列化合物、离子和自由基是否具有芳香性。

① 

② 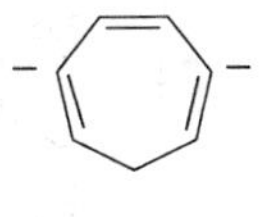

③ 

④ 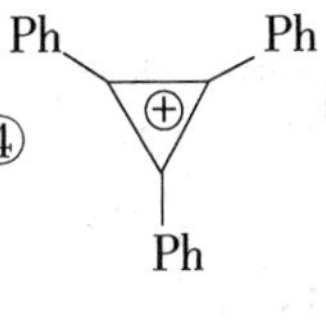

⑤ 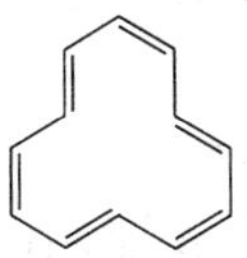

⑥ 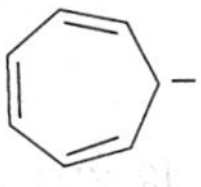

⑦ 

⑧ 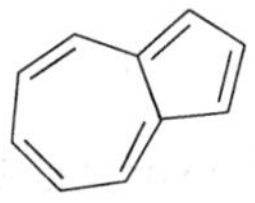

**习题 2-4** 指出下列化合物发生硝化反应时，硝基主要进入苯环的位置。

① 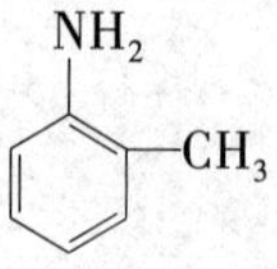

② 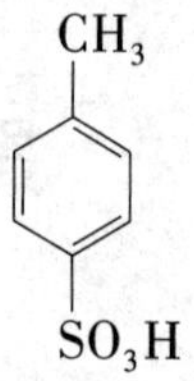

③ 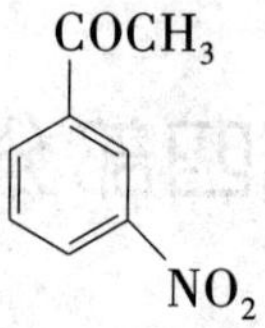

④ 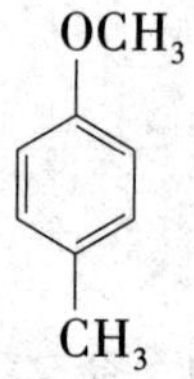


⑤ 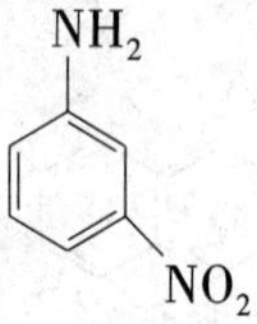

⑥ 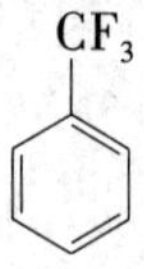

⑦ 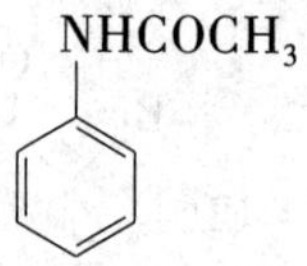

⑧ 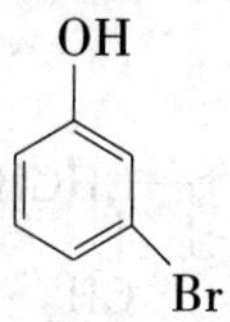


⑨ 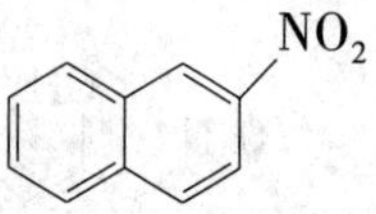

⑩ 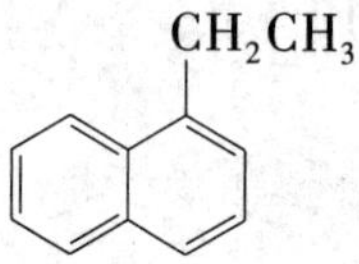


**习题 2-5** 完成下列反应。

① 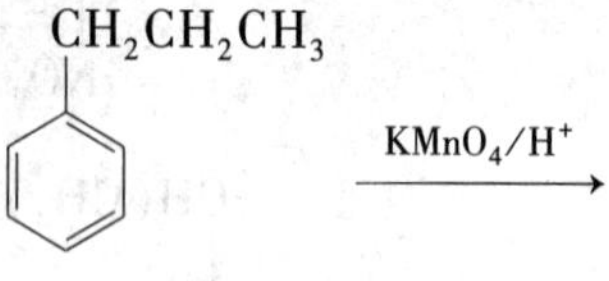

② 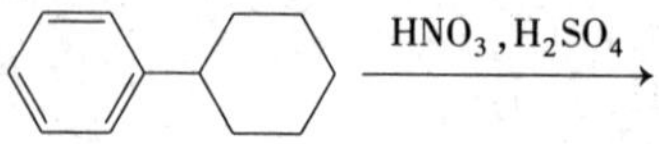


③ 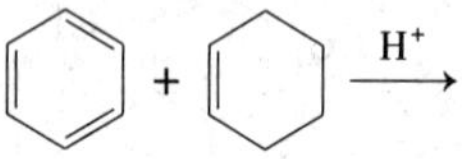

④ 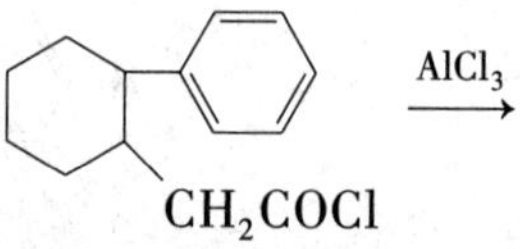


⑤ 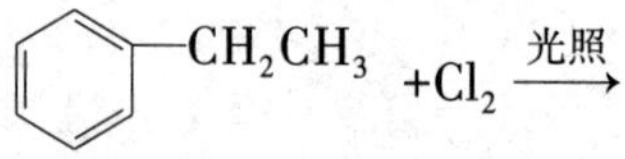

⑥ 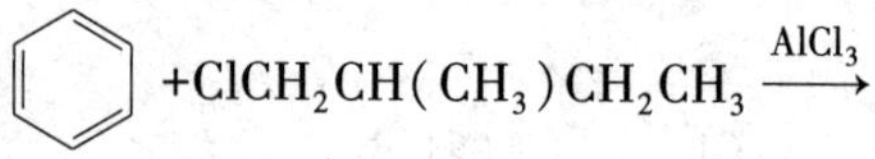


⑦ 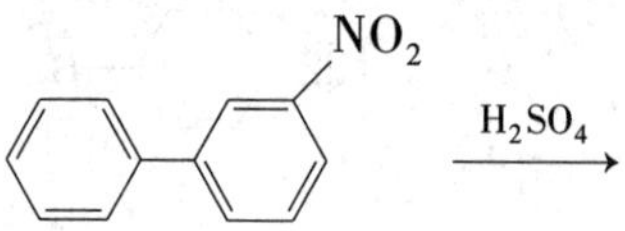

⑧ 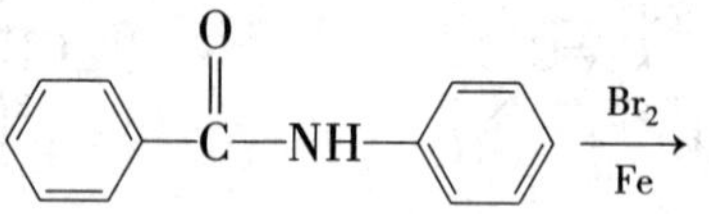


⑨ 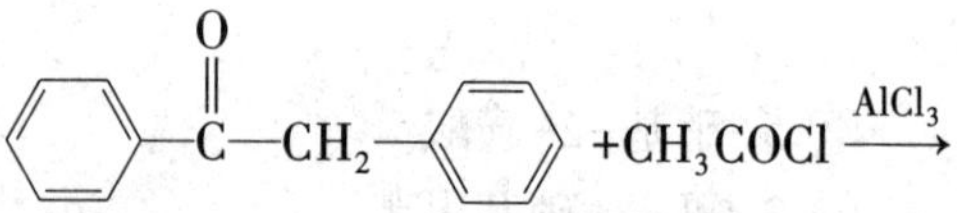

⑩ 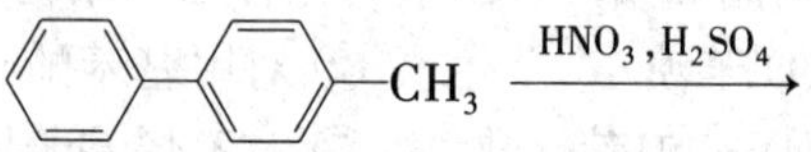


⑪ $CH_3—CH═CH_2 + HBr \longrightarrow \xrightarrow{NaCN}$

⑫ $CH_3—CH═CH_2 + HBr \xrightarrow{过氧化物} \xrightarrow[HO^-]{H_2O}$

⑬ 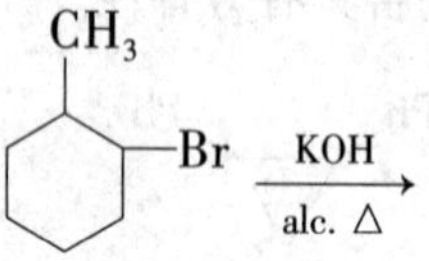

⑭ 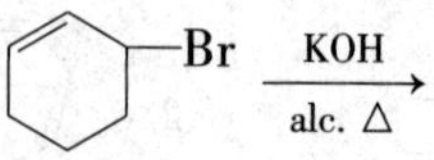


⑮ 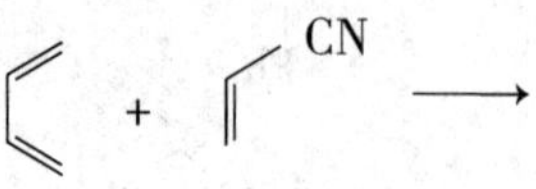

⑯ 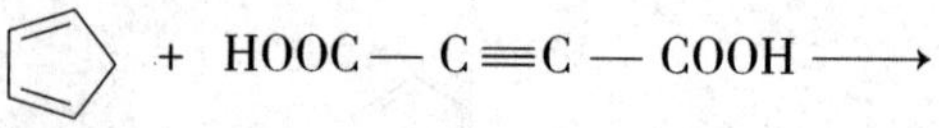


⑰ 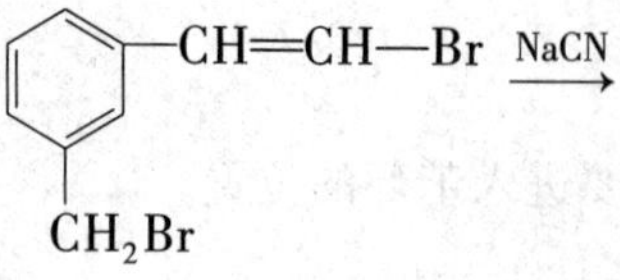

⑱ 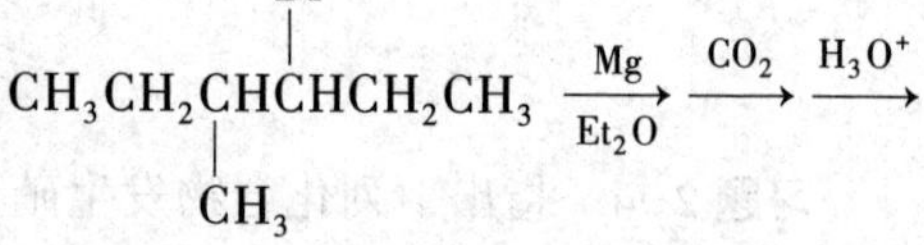

**习题 2-6** 完成下列转变。

① 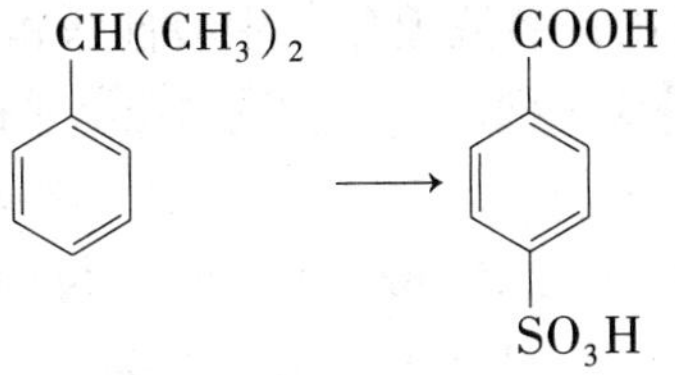

② 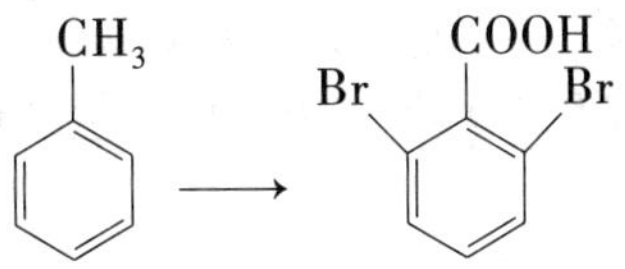

③ 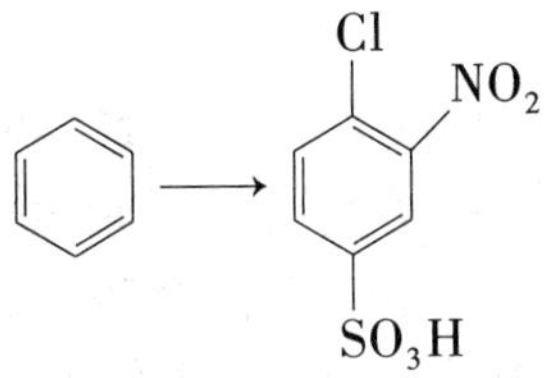

④ 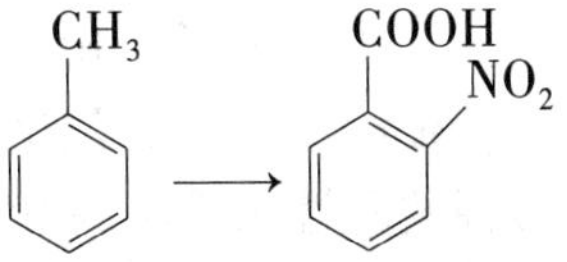

⑤ 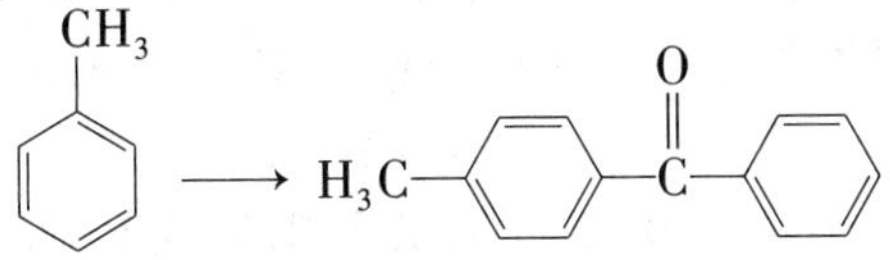

⑥ 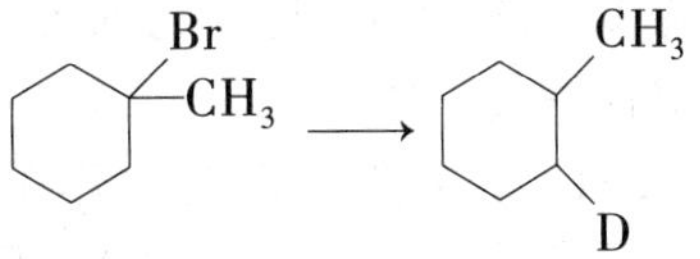

⑦ 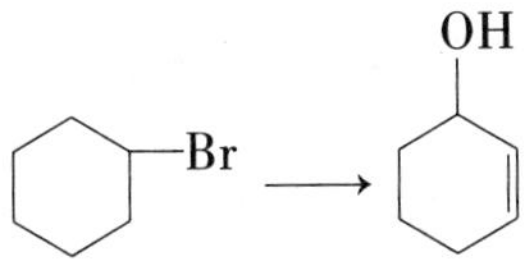

⑧ 苯和乙烯合成：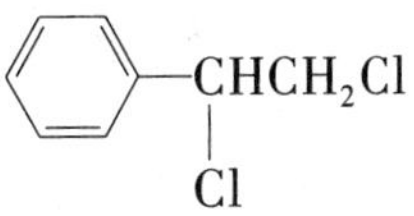

⑨ 由 1-溴丁烷合成：2,2-二溴丁烷　　⑩ 由丙烯合成：2-甲基戊烷

**习题 2-7** 将下列各组化合物，按其亲电取代反应的活性大小排列成序。

①（A）　（B）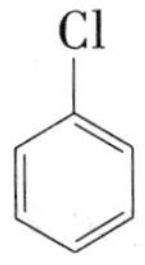　（C）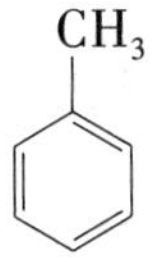　（D）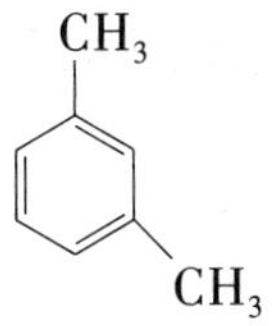　（E）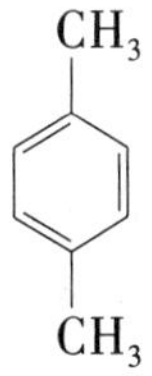

②（A）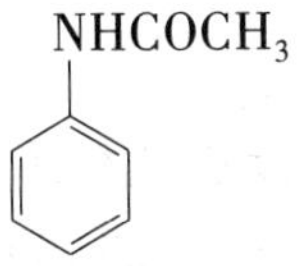　（B）　（C）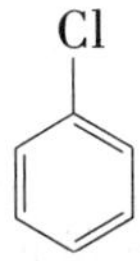

**习题 2-8** 写出 1-溴丁烷与下列物质反应所得到的主要有机产物。

① NaOH（水溶液）　② KOH（醇溶液）　③ Mg、乙醚

④ ③的产物+$D_2O$　⑤ NaI（丙酮溶液）　⑥ Na

⑦ $CH_3C{\equiv}CNa$　⑧ $CH_3NH_2$　⑨ $C_2H_5ONa$、$C_2H_5OH$

⑩ NaCN　⑪ $AgNO_3$、$C_2H_5OH$　⑫ $CH_3COOAg$

**习题 2-9** 用化学方法鉴别下列化合物。

① 1-氯丁烷、1-碘丁烷、己烷、环己烯

② $CH_3\underset{\displaystyle CH_3}{\underset{|}{C}}HCH{=}CHCl$　　$CH_3\underset{\displaystyle CH_3}{\underset{|}{C}}{=}CHCH_2Cl$　　$CH_3\underset{\displaystyle Cl}{\underset{|}{C}}HCH_2CH_3$

③ 1-氯丙烯、3-氯丙烯、间氯甲苯、苄基氯、氯代环己烷

**习题 2-10** 结构推导。

① 某芳香烃 A，其分子式为 $C_{10}H_{12}$，能使溴的四氯化碳溶液褪色，用酸性 $KMnO_4$ 氧化 A 时，得到乙酸和二元芳酸 B，B 发生氯代反应时，只得到一种产物 C。试写出 A、B、C 的结构。

② 芳烃 A 的分子式为 $C_{10}H_{14}$，有五种可能的一溴代物 $C_{10}H_{13}Br$，A 经氧化得到化合物 B，分子式为 $C_8H_6O_4$。B 经硝化后只得到一种分子式为 $C_8H_5O_4NO_2$ 的硝化产物 C，试推断 A、B 和 C 的结构，并写出相关反应式。

③ 卤代烃 $C_5H_{11}Br$(A)与氢氧化钠的乙醇溶液作用，生成分子式为 $C_5H_{10}$ 的化合物(B)。(B)用高锰酸钾的酸性水溶液氧化可得到一个酮(C)和一个羧酸(D)。而(B)与溴化氢作用得到的产物是(A)的异构体(E)。试写出(A)、(B)、(C)、(D)和(E)的构造式。

④ 某烃 A 的分子式为 $C_5H_{10}$，它与溴水不发生反应，在紫外光照射下与溴作用只得到一种一取代产物 B($C_5H_9Br$)。将 B 与 KOH 的醇溶液作用得到 C($C_5H_8$)，C 经臭氧化并在 Zn 粉存在下水解得到戊二醛。写出 A、B、C 的构造式。

⑤ 某烃 $C_3H_6$(A)在低温时与氯作用生成 $C_3H_6Cl_2$(B)，在高温时则生成 $C_3H_5Cl$(C)。使(C)与碘化乙基镁作用得 $C_5H_{10}$(D)，后者与 NBS 作用生成 $C_5H_9Br$(E)。使(E)与氢氧化钾的酒精溶液共热，主要生成 $C_5H_8$(F)，后者又可与丁烯二酸酐发生双烯合成得(G)。写出由(A)~(G)的构造式。

# 第五部分 拓展阅读

## 2.1 影响亲核取代反应的因素

卤代烃发生亲核取代反应时，既可以是单分子的，也可以是双分子的。反应究竟按何种反应机理进行，取决于烃基结构、亲核试剂的亲核性和碱性、离去基团的离去能力和溶剂极性等因素。下面分别予以讨论

(1) 烃基结构的影响

① 对 $S_N1$ 反应的影响。在 $S_N1$ 反应中，由于决定反应速率的步骤是碳正离子的生成，因此烷基正离子越稳定，生成时的活化能就越低，反应速率也就越快。烷基正离子稳定性的次序如下：

$$R_3C^+ > R_2\overset{+}{C}H > R\overset{+}{C}H_2$$

因此在 $S_N1$ 反应中，卤代烷的活性次序如下：

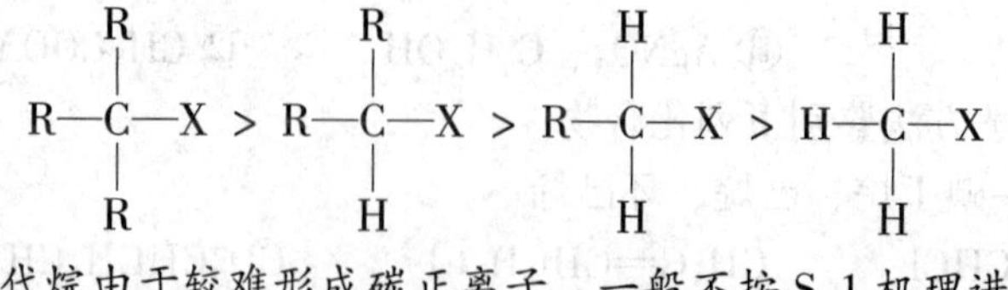

卤代甲烷和伯卤代烷由于较难形成碳正离子，一般不按 $S_N1$ 机理进行反应。

② 对 $S_N2$ 反应的影响。在 $S_N2$ 反应中，反应难易主要取决于过渡态形成的难易。由于过渡态是由反应物与亲核试剂共同形成的，因此当反应中心碳原子上连接的烃基较多(如叔卤代烃)时，过渡态显然比反应物拥挤程度增大更多，且难以发生 Walden 翻转，因此反应

所需的活化能增加，反应速率降低。即由于空间效应的影响，当反应物的中心碳原子连有更多的烃基时，较难发生 $S_N2$ 反应。因此在 $S_N2$ 反应中，卤代烷的活性次序如下：

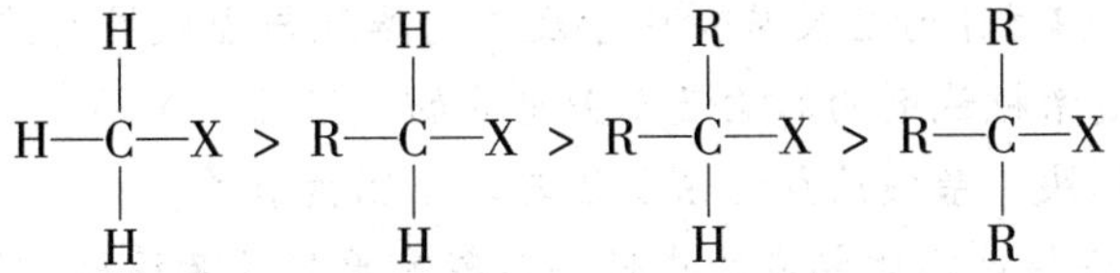

另外，当 $\beta$-氢原子被甲基取代后，同样会增加过渡态的拥挤程度，因此也难进行 $S_N2$ 反应。例如，以下几种溴代烷与 I-进行 $S_N2$ 反应的相对速率为：

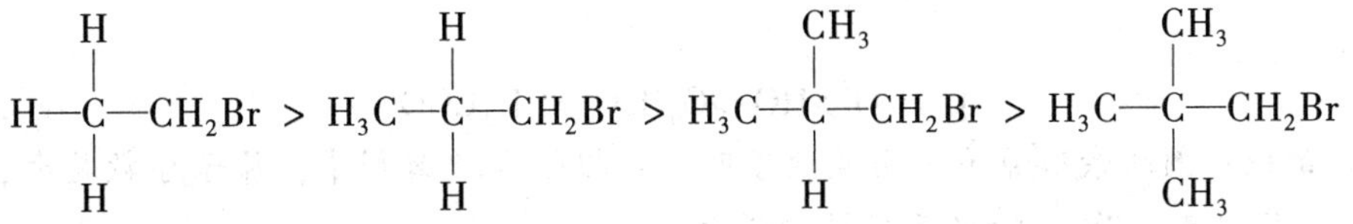

相对速率：  1  0.8  0.03  $1.3\times10^{-5}$

总之，卤代烷进行 $S_N2$ 反应的难易程度，主要受空间效应原影响。

此外，如果卤原子连接在桥环化合物的桥头碳原子上，而环又较小时，进行反应时，无论 $S_N1$ 还是 $S_N2$ 反应都很困难。因为碳正离子是 $sp^2$ 杂化，平面三角构型，受桥原子的牵制作用难以伸展成平面构型，$S_N1$ 反应时不易形成碳正离子；$S_N2$ 反应时，空间位阻较大，亲核试剂难以从 C-X 键的背后接近反应中心碳原子。例如：

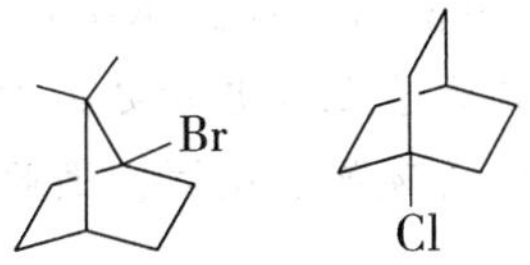


（2）离去基团的影响

由于 $S_N1$ 和 $S_N2$ 反应的决定反应速率的步骤都包括 C—X 键的断裂，因此离去基团 X 的性质对 $S_N1$ 和 $S_N2$ 将产生相似的影响：离去基团的离去能力越强，亲核取代反应越易进行。

离去基团的离去能力可从 C—X 键的解离能、可极化性以及离去基团的碱性来判断。一般来说，解离能越弱，可极化性越大，离去基团的碱性越弱，该离去基团的离去能力就越强。

| | C—F > C—Cl > C—Br > C—I |
|---|---|
| C—X 的解离能($kJ\cdot mol^{-1}$)： | 485  339  285  218 |
| C—X 的键长(nm)： | 0.139  0.117  0.191  0.212 |
| C—X 的可极化性： | C—F < C—Cl < C—Br < C—I |
| 离去基团的碱性： | $F^- > Cl^- > Br^- > I^-$ |

C—X 键的解离能、可极化性大小以及离去基团的碱性均说明离去基团的离去能力次序是 $I^- > Br^- > Cl^- > F^-$。

对于饱和碳原子上的亲核取代反应，除卤原子外，还有很多其他离去基团。常见离去基团的离去能力顺序为

$$\xrightarrow[\text{离去的能力减弱}]{p\text{-}CH_3C_6H_4SO_3^-、I^-、Br^-、H_2O、Cl^-、F^-、HO^-、RO^-、NH_2^-、RNH^-、CN^-}$$

(3) 亲核试剂的影响

在 $S_N1$ 反应中，由于决定反应速率的关键步骤只与卤代烷的浓度有关，故亲核试剂对 $S_N1$ 反应的影响不大。但对于 $S_N2$ 反应，由于反应速率既与卤代烷的浓度有关，又与亲核试剂的浓度有关，因此，亲核试剂的影响是至关重要的。显然，亲核试剂的亲核能力越强，浓度越大，反应速率就越快。亲核试剂的亲核性与以下因素有关：

① 带有负电荷的亲核试剂比相应的中性共轭酸有更强的亲核性。例如：

$$HO^- > H_2O;\ RO^- > ROH;\ NH_2^- > NH_3 \text{等}$$

② 同种原子形成的不同的亲核试剂，试剂的碱性越强，其亲核性越强。例如(亲核性由强至弱)：

$$C_2H_5O^- > HO^- > C_6H_5O^- > CH_3COO^-$$

③ 当亲核试剂的亲核原子是同族原子时，在极性质子溶剂中，原子序数越大，其可极化性越大，亲核性越强。例如(亲核性由强至弱)：

$$I^- > Br^- > Cl^- > F^-;\ RS^- > RO^-;\ R_3P > R_3N$$

④ 当亲核试剂的亲核原子是同周期原子时，原子的原子序数越大，其电负性越强，则给电子的能力越弱，即亲核性越弱。例如(亲核性由强至弱)：

$$NH_2^- > HO^- > F^-;\ NH_3 > H_2O;\ R_3P > R_3S$$

⑤ 试剂的空间因素也会影响它们的亲核性。例如：

$$\xrightarrow[\text{碱性增强，但亲核性降低}]{CH_3O^-\ CH_3CH_2O^-\ (CH_3)_2CHO^-\ (CH_3)_3CO^-}$$

由于烷基的给电子诱导效应，氧原子上负电荷更集中，碱性更强，但是由于基团的体积也增大，空间位阻阻碍了试剂与底物的碳原子接近，因此亲核性反而下降。

(4) 溶剂的影响

不同溶剂对反应速率的影响也不同。通常极性溶剂有利于反应物的解离，而 $S_N1$ 反应的第一步是卤代烷的异裂，因此，极性溶剂有利于 $S_N1$ 反应，溶剂的极性越强越有利。而质子型极性溶剂易与亲核试剂形成氢键，降低了试剂的亲核性，不利于 $S_N2$ 的进行。

值得注意的是，在极性溶剂中，质子溶剂和非质子溶剂对反应物的影响是不同的。质子溶剂(如水、醇、酸等)能与正、负离子发生溶剂化，有利于 $S_N1$ 反应；而在极性非质子溶剂中，由于极性非质子溶剂不能很好地溶剂化亲核试剂，亲核试剂相对自由而活性较高，因此，相对而言极性非质子溶剂比极性质子溶剂更有利于 $S_N2$ 反应

常见的极性非质子溶剂有 *N*,*N*–二甲基甲酰胺(DMF)、二甲基亚砜(DMSO)、乙腈、丙酮、硝基甲烷和六甲基磷酰三胺(HMPA)等。

## 2.2 影响消除反应的因素

(1) 烃基结构的影响

烃基的结构对 $E_1$ 和 $E_2$ 反应均有影响。

对于 $E_1$ 反应，由于反应的慢步骤是生成碳正离子，而碳正离子稳定性由大到小的次序是 $3°C^+ > 2°C^+ > 1°C^+$，因此叔卤代烃最容易发生反应。

对于 $E_2$ 反应，由于过渡态类似烯烃，而烯烃的稳定性是双键碳原子上连接的烷基越多越稳定，由此叔卤代烃所形成的类似烯烃的过渡态最稳定，最容易生成。

综上所述，卤代烃进行消除反应时，无论是按 $E_1$ 还是按 $E_2$ 机理进行，卤代烃的活性次序都是叔卤代烃>仲卤代烃>伯卤代烃。

(2) 离去基团的影响

$E_1$ 和 $E_2$ 反应的决速步骤都涉及 C—X 键的断裂，因此卤原子离去的难易对两者均有影响：离去基团越易离去，反应越易进行。$X^-$ 的离去能力次序是 $I^->Br^->Cl^->F^-$。

(3) 进攻试剂的影响

由于 $E_1$ 反应的决速步骤是底物 C—X 键的异裂，因此进攻试剂对 $E_1$ 的反应速率无影响。而 $E_2$ 反应是进攻试剂进攻 $\beta$-H，因此进攻试剂的碱性越强和/或浓度越大，越有利于 $E_2$ 反应。当使用浓的强碱进行消除反应时，通常是按 $E_2$ 历程进行。

(4) 溶剂的影响

溶剂的性质对 $E_1$ 和 $E_2$ 反应均有影响，但由于 $E_1$ 反应首先是 C—X 键的异裂，同时生成电荷比较集中的碳正离子和卤负离子，因此增加溶剂的极性将有利于 $E_1$ 反应。

## 2.3 取代反应与消除反应的竞争

亲核取代反应与消除反应均由同一试剂的进攻而引起。试剂进攻 $\alpha$-C 引起取代反应，进攻 $\beta$-H 引起消除反应，所以这两种反应常常是同时发生的并且是相互竞争的反应。究竟以何者为主，取决于烃基结构、亲核试剂碱性强弱、溶剂的极性和反应温度等因素。

(1) 烃基结构的影响

一般来说，卤原子所连 $\alpha$-C 上支链越多，空间阻碍越大，发生 $S_N2$ 反应越困难、$E_2$ 反应则较易发生；叔卤代烷易生成稳定的 $C^+$，在一般条件下(非强碱性条件) $S_N1$、$E_1$ 同时发生，当 $\beta$-C 原子上烷基增加时，则 $E_1$ 反应更容易发生。如果亲核试剂有很强的碱性时，也不能采用仲卤代烷与之反应来制得取代反应产物。

卤代烃的结构对 $S_N$ 和 E 反应活性影响如下：

$$\xrightarrow{S_N1,E\ 增加}$$

$$CH_3X \quad 3°RX \quad 2°RX \quad 1°RX$$

$$\xleftarrow[S_N2\ 增加]{}$$

(2) 进攻试剂的影响

试剂的碱性越强，浓度越大，体积越大，越有利于 $E_2$ 反应。试剂的碱性较弱，浓度较小，体积较小，则有利于 $S_N2$ 反应。例如：

$$CH_3CH_2Br \xrightarrow{NH_3} CH_3CH_2NH_2$$

$$CH_3CH_2Br \xrightarrow{NaNH_2} H_2C=CH_2$$

$$CH_3CH_2Br + C_2H_5ONa \xrightarrow{C_2H_5OH} \underset{91\%}{C_2H_5OC_2H_5} + \underset{9\%}{H_2C=CH_2}$$

$$CH_3CH_2Br + NaNH_2 \xrightarrow{液NH_3} \underset{10\%}{C_2H_5NH_2} + \underset{90\%}{H_2C=CH_2}$$

(3) 溶剂极性的影响

溶剂的极性对 $E_2$ 反应的影响比 $S_N2$ 反应更明显。由于在 $E_2$ 反应的过渡态中负电荷分散程度比 $S_N2$ 反应大，使用较低极性的溶剂对 $E_2$ 反应更为有利。常见的 $E_2$ 反应溶剂为醇，而 $S_N2$ 反应常用的是醇-水混合溶剂。非质子型极性溶剂的使用往往对 $S_N2$ 反应是相当有利的，如二甲亚砜(DMSO)、*N*,*N*-二甲基甲酰胺(DMF)、丙酮等。

(4) 反应温度的影响

升高反应温度对消除反应和取代反应都有利，但消除反应是一个活化能较大的反应，升高温度对消除反应显得更为有利。

# 模块三 有机含氧化合物

分子中含有氧原子的化合物统称为有机含氧化合物。主要包括醇、酚、醚、醛、酮、醌、羧酸及其衍生物等。有机含氧化合物是重要的化工原料，这些有机含氧化合物间的相互作用奠定了有机化学的基础。

## 第一部分 基础知识

### 3-1 醇

烃分子中饱和碳原子上的氢原子被羟基替代所形成的一类化合物称为醇。

**1. 醇的分类**

醇的官能团是羟基，根据分子中所含羟基的数目，可将醇分为一元醇、二元醇和多元醇等；根据羟基所连的烃基不同，可以分为脂肪醇、脂环醇和芳香醇；根据羟基所连烃基的饱和程度不同，又可分为饱和醇和不饱和醇。根据羟基所连碳原子的级数不同又可分为伯醇、仲醇和叔醇。

**2. 醇的结构**

在醇分子中，与羟基相连的碳原子和羟基的氧原子都是 $sp^3$ 杂化。例如，甲醇分子中，氧原子以两个 $sp^3$ 杂化轨道分别与一个碳原子的 $sp^3$ 杂化轨道和一个氢原子的 1s 轨道构成一个 C—Oσ 键和一个 O—Hσ 键，其余两个 $sp^3$ 杂化轨道则分别被一对未共用电子占据。如图 3-1所示。

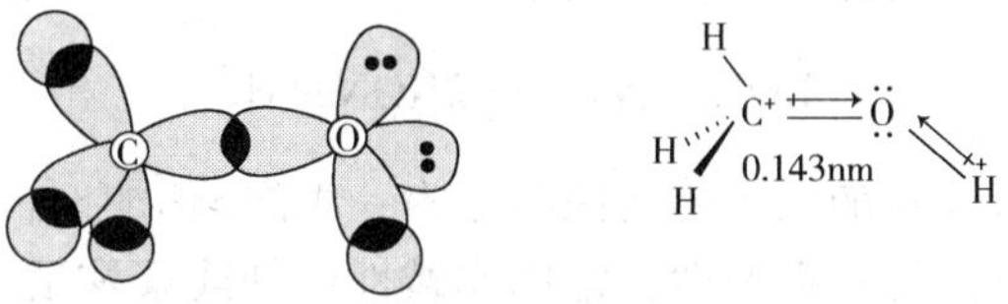


图 3-1 醇的结构示意图

**3. 醇的物理性质**

在常温下，$C_4$ 以下的直链饱和一元醇是无色有酒香味的液体；$C_5 \sim C_{11}$ 的直链饱和一元醇为具有不愉快气味的油状液体；$C_{12}$ 的醇为无臭无味的蜡状固体。低级直链饱和一元伯醇的沸点比相对分子质量相近的烷烃和卤代烃沸点高，这是由于醇分子间能通过氢键缔合。直链饱和一元醇的沸点随着相对分子质量的增加而有规律地升高，在醇的异构体中，直链伯醇的沸点最高，带支链的醇的沸点要低些；支链越多，沸点越低。二元醇、多元醇分子中有两个以上的羟基，可以形成更多的氢键，沸点更高。

低级醇与水有良好的互溶性，例如甲醇、乙醇、丙醇和异丙醇都能与水互溶，自正丁醇开始，随着烃基增大，在水中的溶解度降低，$C_{10}$以上的醇几乎不溶于水。

R3-1 醇的物理常数　　　　R3-2 车用乙醇汽油

**4. 醇的化学性质**

醇羟基中，由于氧原子的电负性较大，O—H 易断裂，表现出酸性；氧原子周围电子云密度较大，可结合质子表现出碱性或亲核性；氧原子的吸电子作用导致醇的 $\alpha$-C 带有部分正电荷，在一定的条件下，可以发生亲核取代反应。由于羟基不是好的离去基团，因此，在发生亲核取代反应时，通常把羟基先转变为比较好的离去基团（如在酸性条件下，使羟基质子化），然后再与亲核试剂反应，生成相应的取代产物；此外，氧原子的吸电子作用还会导致 $\alpha$-H 易被氧化，$\beta$-H 易发生消除反应。

醇发生化学反应的主要部位如下：

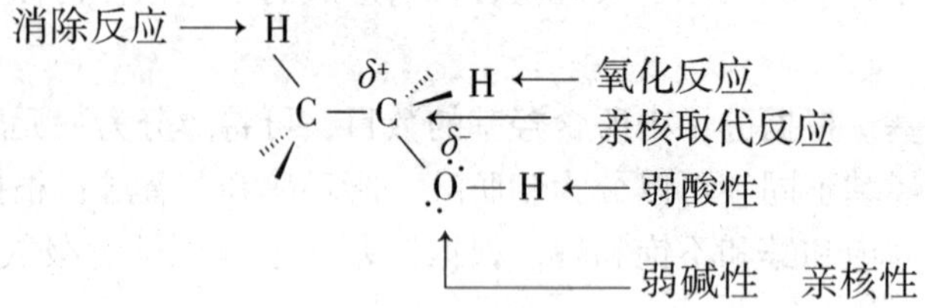


（1）酸性和碱性

醇羟基中，由于氧原子的电负性比氢原子大，氧原子带有部分负电荷，氢原子带有部分正电荷而显酸性。羟基中氧原子上的孤对电子对能接受质子，又有一定的碱性。

醇的酸性很弱，只能与钠、钾、镁、铝等活泼金属反应。例如，金属钠与乙醇的反应比较缓和，有氢气逸出，但不发生燃烧。利用这一特性，实验室中可用乙醇与金属钠反应制备乙醇钠，也常用异丙醇处理废弃的少量金属钠，而不致引起燃烧或爆炸。

$$2ROH+2Na \longrightarrow 2RONa+H_2\uparrow$$

各种不同结构的醇与金属钠反应的活性顺序为：甲醇>伯醇>仲醇>叔醇。

醇钠的化学性质活泼，具有强碱性，常用作碱性试剂或亲核试剂，例如，醇钠与卤代烃反应生成醚，该反应称为 Williamson 合成法。

$$RONa+R'CH_2X \longrightarrow ROCH_2R'+NaX$$

醇的碱性也很弱，能与强酸（如硫酸）解离出的质子结合生成氧正离子（质子化醇）。例如：

$$CH_3CH_2-\ddot{\underset{..}{O}}-H + H_2SO_4 \rightleftharpoons [CH_3CH_2-\underset{H}{\overset{..}{\underset{..}{O}}}-H]^+ HSO_4^-$$

氧正离子

醇与硫酸生成的氧正离子能溶解于硫酸中，因此可利用这一性质将不溶于水的醇与烷烃及卤代烃区分开。

(2) 卤代烃的生成

醇中的碳氧键是极性共价键，由于氧的电负性比碳大，因此碳原子具有正电性，能被亲核试剂进攻生成羟基被取代的产物。醇可与多种卤化试剂作用，羟基被卤原子取代生成卤代烃。

例如，醇与氢卤酸(或干燥的卤化氢)反应生成相应的卤代烃，这是制备卤代烃的重要方法之一。

$$R-OH+X-H \longrightarrow R-X+HO-H$$

实验表明，对于相同的醇，使用不同的氢卤酸，反应的活性次序为：HI>HBr>HCl>HF。

而对于相同的氢卤酸，使用不同级别的醇时，反应的活性次序为：叔醇>仲醇>伯醇。

叔醇与浓盐酸一起振摇，在室温下便可以得到叔卤代烷；而伯醇则很难反应，一般要有无水氯化锌存在才能发生反应。浓盐酸与无水 $ZnCl_2$ 所配成的溶液称为 Lucas(卢卡斯)试剂，可以区分伯醇、仲醇、叔醇。当被检验的醇与 Lucas 试剂作用时，由于生成的氯代烷不溶于 Lucas 试剂，导致反应体系出现混浊和分层的现象。在室温下叔醇及苄醇或烯丙醇与 Lucas 试剂立即反应出现混浊现象；仲醇与 Lucas 试剂的作用在数分钟之后也可出现混浊现象；而伯醇在室温下与 Lucas 试剂的反应十分缓慢，在加热下才渐渐有混浊现象出现。但含 6 个碳以上的一元醇水溶性较差，一般不能利用 Lucas 试剂鉴别。Lucas 试剂与伯醇、仲醇和叔醇的反应如下：

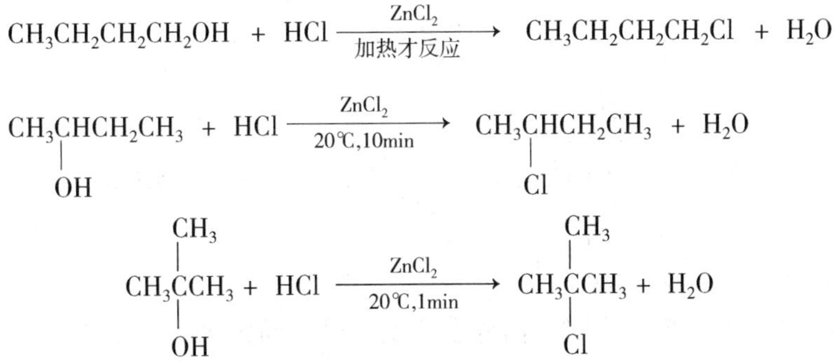


伯醇与氢卤酸的反应一般按 $S_N2$ 反应历程进行；仲醇、叔醇、烯丙醇、苄醇与氢卤酸反应一般按 $S_N1$ 反应历程进行。

卤化试剂还有 $PX_3$、$PX_5$、$SOCl_2$ 等。例如：

$$CH_3CH_2CH_2CH_2-OH+PBr_3 \xrightarrow[\triangle]{} CH_3CH_2CH_2CH_2-Br$$

$$CH_3(CH_2)_{14}CH_2-OH+P+I_2 \xrightarrow[\triangle]{} CH_3(CH_2)_{14}CH_2-I$$

R3-3 醇与氢卤酸的反应机理

醇与卤化磷的反应是按 $S_N2$ 反应历程进行的。反应常由伯醇和仲醇制备相应的溴代烃和碘代烃(常用红磷和碘代替 $PI_3$)，产率较高，且一般不发生重排。

醇与亚硫酸氯(或称氯化亚砜)反应生成氯代烃，例如：

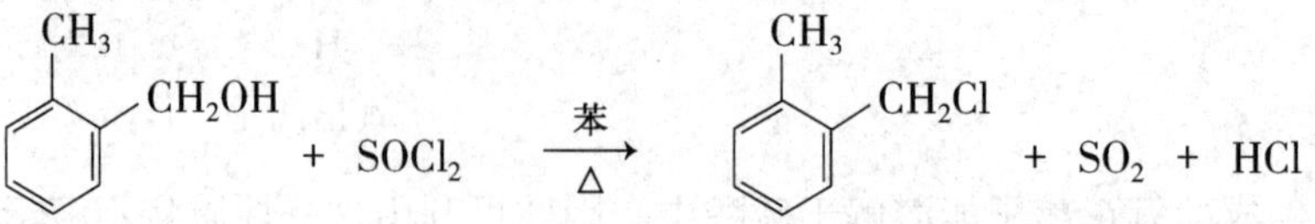


该反应条件温和，反应中生成的氯化氢和二氧化硫均为气体，易挥发除去而无残留物，经直接蒸馏可得纯的氯代烃。由于一般不发生重排反应，该方法是由伯醇和仲醇制备相应氯化物的较好方法。

(3) 酯的生成

醇能与无机含氧酸反应生成相应的无机酸酯。无机强酸跟醇的反应，其速度一般较快，如浓硫酸跟乙醇在常温下即能反应生成硫酸氢乙酯。

$$C_2H_5OH+H_2SO_4 \rightleftharpoons C_2H_5OSO_2OH+H_2O$$

R3-4 醇与无机含氧酸的反应

醇与有机酸及其衍生物也能生成酯，见模块三基础知识。例如：

$$C_2H_5OH+CH_3COOH \xrightleftharpoons{H^+} CH_3COOC_2H_5+H_2O$$

(4) 脱水反应

在不同的反应条件下，醇可以发生分子内脱水生成烯烃，也可以发生分子间脱水生成醚。

① 分子内脱水。醇在浓硫酸、磷酸或三氧化铝等催化下，经加热(较高温度)发生消除反应，脱水生成烯烃。醇脱水的消除反应取向与卤代烃脱卤化氢相似，也符合 Saytzeff 规则，脱去的是含氢较少的 $\beta$-C 上的氢原子，即生成双键碳上连有较多取代基的烯烃或共轭烯烃。

$$CH_3CH_2OH \xrightarrow[170℃]{\text{浓 } H_2SO_4} CH_2=CH_2+H_2O$$

$$CH_3CH_2\underset{\displaystyle OH}{\underset{|}{C}}HCH_3 \xrightarrow[100℃]{50\%H_2SO_4} CH_3CH=CHCH_3+H_2O$$

$$CH_2=CH—CH_2\underset{\displaystyle OH}{\underset{|}{C}}HCH_2CH_3 \xrightarrow[\triangle]{Al_2O_3} CH_2=CH—CH=CHCH_2CH_3$$

脱水的难易程度是叔醇>仲醇>伯醇。

② 分子间脱水。在较低温度时，伯醇主要发生分子间脱水反应生成醚，反应按 $S_N2$ 反应历程进行。例如：

$$CH_3CH_2OH+HOCH_2CH_3 \xrightarrow[140℃]{H_2SO_4} CH_3CH_2—O—CH_2CH_3+H_2O$$

仲醇和叔醇在酸性条件下更易生成碳正离子，难以按 $S_N2$ 历程进行，而主要以 $E_1$ 历程发生消除反应，得到烯烃。

醇的脱水反应表明，发生化学反应，虽然是由分子的内因决定的，但是在某些情况下，外因可以起决定性作用，同样的反应物，在不同条件下，可以得到不同的反应产物。因此，无论是在实验室还是在工业生产中，严格控制反应条件，对于提高主产物的产率有重要意义。

（5）氧化或脱氢反应

有机化合物分子中加入氧或脱去氢的叫氧化，反之加氢或脱氧则叫还原。在醇分子中，由于受—OH 的影响，$\alpha$-H 比较活泼，容易被氧化或脱氢。

常用的氧化剂有 Cr(Ⅵ)氧化剂，如 $K_2Cr_2O_7$-$H_2SO_4$，$CrO_3$-HOAc，$CrO_2$-吡啶等；有时也采用 $KMnO_4$和 $HNO_3$等。不同结构的醇，其氧化反应的难易和产物不同。

伯醇氧化首先生成醛，由于醛可被进一步氧化，因此氧化的最后产物是羧酸。这是实验室制备羧酸的一种方法。例如：

$$CH_3CH_2CH_2OH \xrightarrow[H_2SO_4,H_2O,75℃]{Na_2Cr_2O_7} [CH_3CH_2CHO] \longrightarrow CH_3CH_2COOH$$

为了避免醛进一步被氧化，可以在反应过程中及时将生成的醛从反应体系中分出。但这种方法通常限于制备沸点在 100℃以下的醛，而且很难避免部分醛被氧化，因此收率较低。

为了使伯醇氧化停留在醛阶段，可采用一些氧化剂能力较弱的试剂，如三氧化铬-双吡啶络合物(称为 Sarett 试剂)、氯铬酸吡啶盐(pyridinium chlorochromate，PCC)或重铬酸吡啶盐(pyridinium dichromate，PDC)等，这些选择性氧化试剂不影响分子中的碳碳不饱和键。例如：

$$CH_3(CH_2)_6CH_2OH \xrightarrow[CH_2Cl_2,25℃]{\text{Sarett试剂}} CH_3(CH_2)_6CHO$$

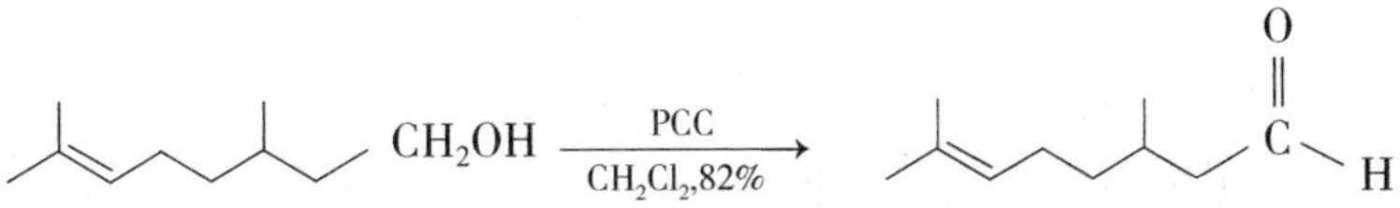


仲醇氧化只能得到酮，难以继续被氧化，可用于酮的合成。常用的氧化剂包括重铬酸钾、高锰酸钾、铬酸-吡啶和异丙醇铝等。例如：

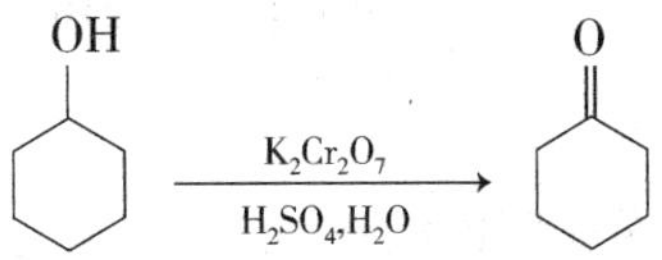


叔醇不含 $\alpha$-H，在通常条件下不能被氧化，只有在强烈的氧化条件下，发生碳碳键的断裂，生成小分子产物，但是这种反应一般无合成应用价值。

伯醇或仲醇的蒸气在高温下通过活性铜(或银、镍等)催化剂的表面，即可发生脱氢反应，分别生成醛或酮。例如：

$$CH_3CH_2OH \xrightarrow[250\sim350℃]{Cu} CH_3—CH=O+H_2$$

$$\underset{\displaystyle OH}{\underset{|}{CH_3CHCH_3}} \xrightarrow[500℃,0.3MPa]{Cu} \underset{\displaystyle O}{\underset{\|}{CH_3CCH_3}} + H_2$$

叔醇因没有 $\alpha$-H，故不能脱氢，但可脱水生成烯烃。

**5. 多元醇的特殊性质**

多元醇除具有一元醇的一般化学性质外，其中 $\alpha$-二醇(两个羟基所在碳原子直接相连)还具有一些特殊性质。如能被高碘酸的水溶液氧化，发生碳碳键断裂，生成醛、酮或羧酸。

R3-5 $\alpha$-二醇的特殊反应

R3-6 醇的制备

**6. 醇的制法**

醇的制备方法很多。工业上，利用水煤气合成、淀粉发酵、油脂的高压加氢以及以烃类为原料通过多种途径来制备醇。在实验室中，常有醛酮酯还原、Grignard 合成、烯烃羟汞化、卤代烃水解等方法。

## 3-2 酚

醇和酚都含有相同的官能团羟基，醇羟基是与饱和碳原子相连，酚是羟基与芳环上的碳原子直接相连形成的化合物，用 ArOH 表示。

**1. 酚的分类**

根据羟基所边芳环的不同，可以分为苯酚、萘酚和蒽酚等。根据分子中所含酚羟基的数目，可将酚分为一元酚、二元酚和多元酚。

**2. 酚的结构**

在酚分子中，与羟基相连的芳环碳原子为 $sp^2$ 杂化，羟基氧原子通常也是 $sp^2$ 杂化，氧原子上有两对孤对电子，一对占据 $sp^2$ 杂化轨道，另一对占据 p 轨道。氧原子 p 轨道上的未共用电子对能与苯环的大 π 键电子云发生侧面重叠，形成 p-π 共轭。苯酚的分子结构如图 3-2所示。

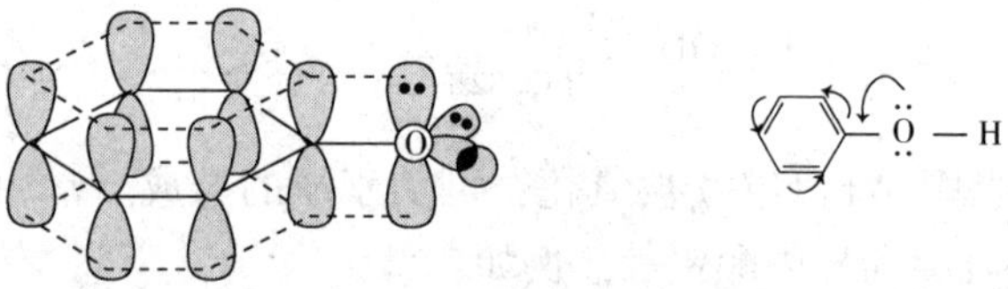

图 3-2 苯酚的结构示意图

**3. 酚的物理性质**

由于酚中的羟基也可以形成分子间的氢键，因此，酚化合物的熔点和沸点要比相对分子质量相近的芳烃、芳卤高，而且酚的相对密度都大于 1。除少数几个酚以外，化合物在常温下大都是以晶体的形式存在。长期放置的酚由于被空气所氧化，往往带有暗红色或更深的颜色。

在酚化合物中，由于芳基的存在，一元酚一般在水中的溶解度都较小；多元酚的溶解度则较大(对苯二酚除外)，而且多元酚的熔点和沸点也很高。在取代苯酚中，邻位异构体的熔、沸点往往较低。

低碳原子数的酚都有特殊的刺激性气味，有一定的挥发性，尤其对眼睛、呼吸道膜、皮肤等有强烈的刺激和腐蚀作用，在使用时应注意安全保护措施。有的酚类还具有较强的杀菌能力，如医院中使用的消毒水“来苏儿”，就是为甲酚、植物油、氢氧化钠的皂化液(含甲酚 50%)。

R3-7 酚的物理常数

**4. 酚的化学性质**

由于酚羟基氧原子上未共用电子对能与苯环形成 p-π 共轭，因此，酚具有不同于醇的性质。酚羟基不像醇羟基那样较易被取代，由于氧原子向芳环的+C 效应和自身较强的-I 效应，使酚的酸性强于醇。此外，p-π 共轭效应增加了苯环上的电子云密度，苯酚更易进行亲电取代反应。酚的化学性质主要有酚羟基和芳环两方面的性质。

(1) 羟基上的反应

① 酚的酸性。酚具有酸性，其 p$K_a$ 值约为 10，介于水(15.7)和碳酸(6.4)之间，而乙醇的 p$K_a$ 为 15.9。酚能溶于 5%氢氧化钠溶液，生成可溶于水的酚钠。若向酚钠溶液中通入二氧化碳，则苯酚又游离出来。利用这一性质可以鉴别苯酚，工业上还可用于回收和处理含酚废水。例如：

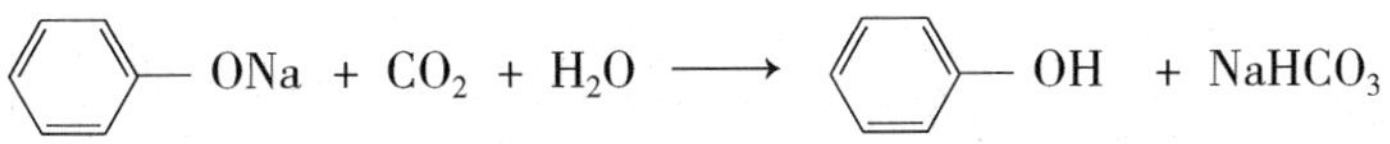


酚芳环上的取代基，尤其是邻、对位取代基对酚的酸性强弱影响较大。当酚羟基的邻位或对位有强的吸电子基团时，酚的酸性显著增强；吸电子基团数目越多，酸性越强。例如 2,4,6-三硝基苯酚(俗称苦味酸，p$K_a$ = 0.25)的酸性已与无机强酸相近。与上述情况相反，酚羟基的对位有给电子基团时，酚的酸性减弱(邻位情况较复杂)。当环上的取代基处于间位时，由于只有诱导效应的影响，因此对酸性的影响较小。例如：

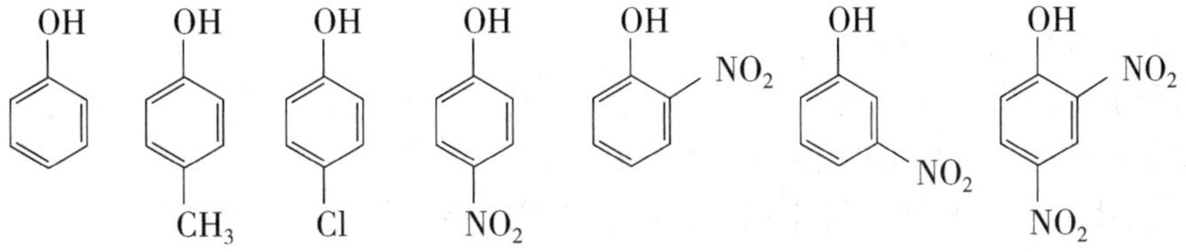


p$K_a$　9.95　10.26　9.38　7.15　7.23　8.39　4.09

② 酚醚的生成。与醇相似，酚也能形成醚，但不能通过分子间脱水生成醚。酚的金属盐可与活泼卤代烃、硫酸二甲(或乙)酯作用，生成相应的醚。例如：

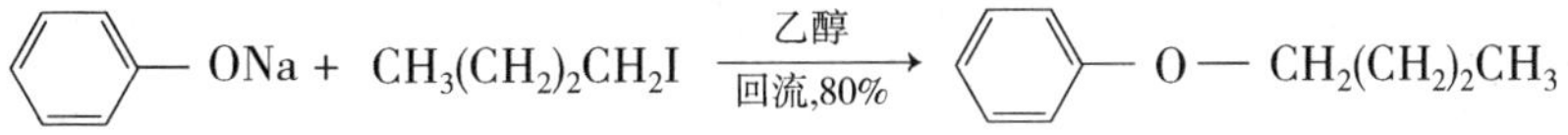


由于酚的酸性较强，通常可在碱性溶液中直接反应。例如：

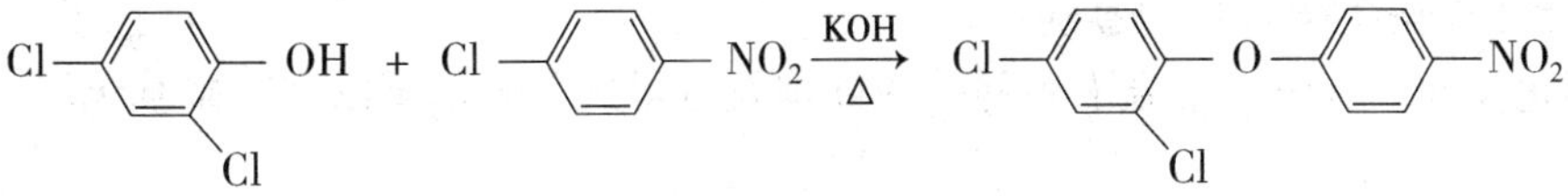


除草醚

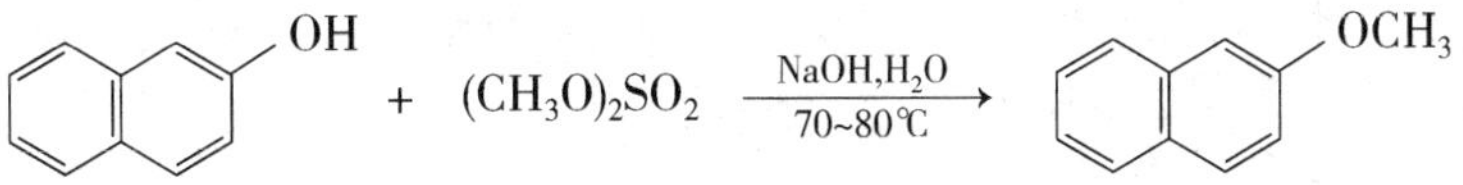


2-甲氧基萘

4-硝基苯基-2,4-二氯苯基醚俗称除草醚，用于稻田除草效果很好。2-甲氧基萘亦称 2-萘甲醚，具有花芳草香，主要用于配制低档的香皂和洗涤剂香精。

③ 酚酯的生成。与醇相似，酚也能与羧酸衍生物(如酰氯和酸酐等)反应，但酚与羧酸的反应则较难进行。这是由于酚羟基中氧原子上的孤对电子与苯环发生 p-π 共轭，氧上的

电子离域到苯环上，故氧上的电子云密度降低，因此酚的亲核性比醇的弱。酚在酸或碱催化下与酰氯或酸酐反应生成酯。例如：

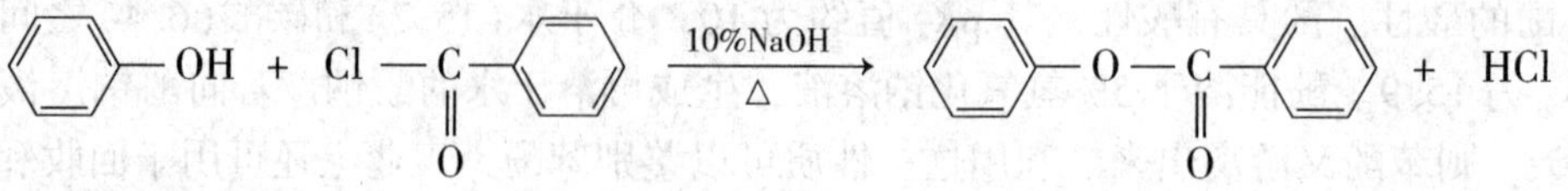

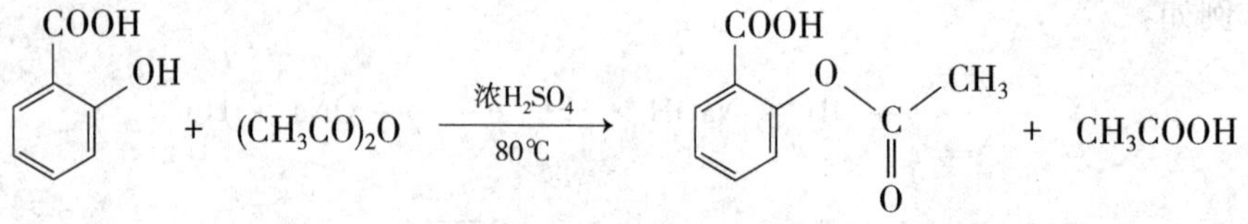

邻乙酰氧基苯甲酸

邻乙酰氧基苯甲酸又称乙酰水杨酸或阿司匹林，用于解热、镇痛和抗炎药。

④ 酚与三氯化铁的显色反应。含酚羟基的化合物大多数都能与三氯化铁作用发生显色反应。不同结构的酚与三氯化铁溶液发生反应，可生成红、绿、蓝和紫等不同颜色的化合物(如苯酚显蓝紫色，对甲苯酚显蓝色，邻苯二酚显绿色)。除酚外，一些具有烯醇式结构的化合物也能与三氯化铁呈显色反应。故该反应可用于含有烯醇式结构化合物的鉴别。

$$6C_6H_5OH+FeCl_3 \longrightarrow [Fe(OC_6H_5)_6]^{3-}+6H^++3Cl^-$$

(2) 酚芳环上的亲电取代反应

酚分子中，由于羟基氧原子上的孤对电子与芳环发生 p-π 共轭，芳环上子云密度升高，因此酚很容易进行芳环上的亲电取代反应。

① 卤代反应。酚极易发生卤代反应。苯酚只要用溴水处理，就立即生成不溶于水的 2,4,6-三溴苯酚白色沉淀，反应非常灵敏。

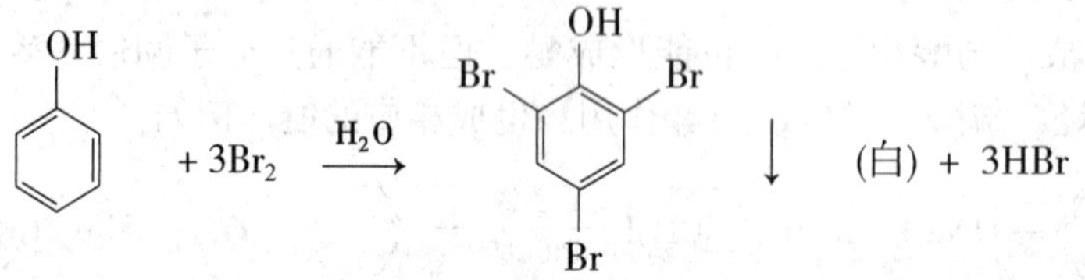

除苯酚外，凡是酚羟基的邻、对位上还有氢的酚类化合物与溴水作用，均能生成沉淀。故该反应常用于酚类化合物的鉴别。

② 硝化反应。苯酚在常温下用稀硝酸处理就可得到邻硝基苯酚和对硝基苯酚。

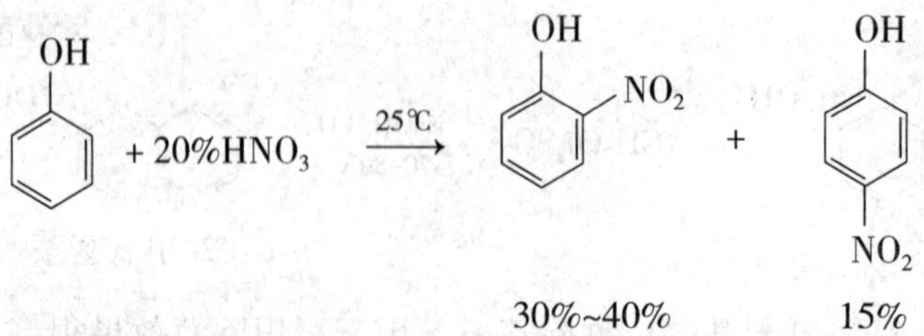

30%~40%　　15%

邻硝基苯酚和对硝基苯酚可用水蒸气蒸馏法分开。这是因为邻硝基苯酚通过分子内氢键形成环状化合物，不再与水缔合，也不易生成分子间氢键，故水溶性小、挥发性大，可随水蒸气蒸出。而对硝基苯酚可生成分子间氢键而相互缔合，挥发性小，不随水蒸气蒸出。

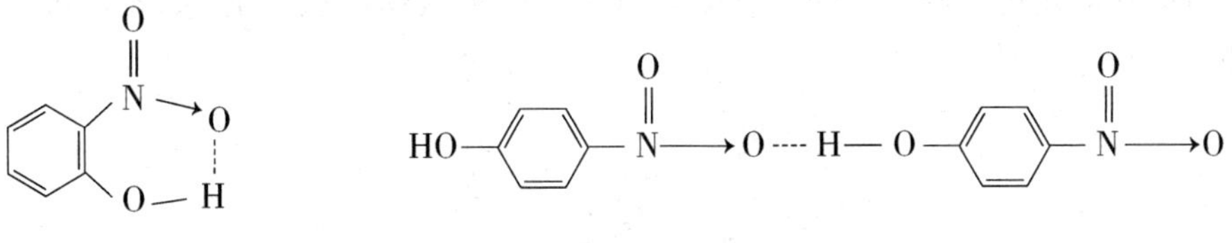


③ 磺化反应。在室温下酚与浓硫酸作用得一磺化产物，邻、对位磺化产物的比例很接近，若在 100℃ 下用稀硫酸对酚磺化，则主要得到对位产物；进一步磺化可生成 4-羟基-1，3-苯二磺酸。

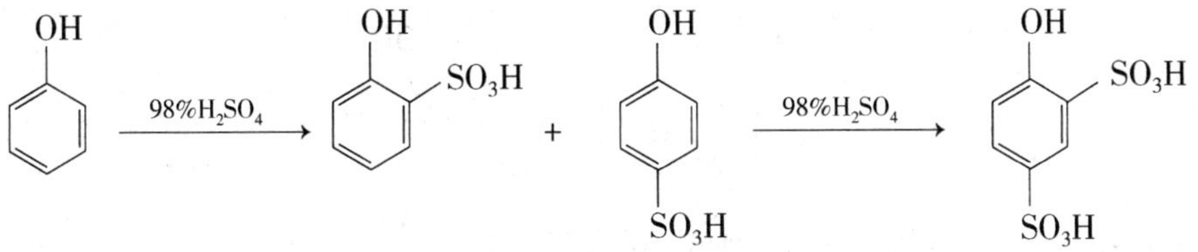

④ Friedel-Crafts 反应。酚容易进行 Friedel-Crafts 烷基化反应，产物以对位异构体为主；如果对位有取代基则烷基进入邻位。例如：

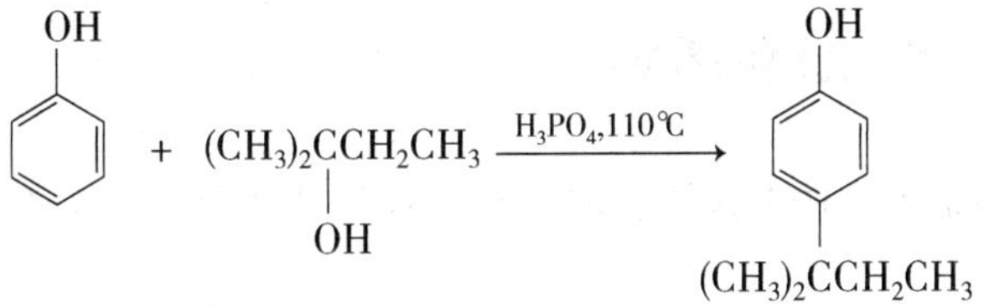

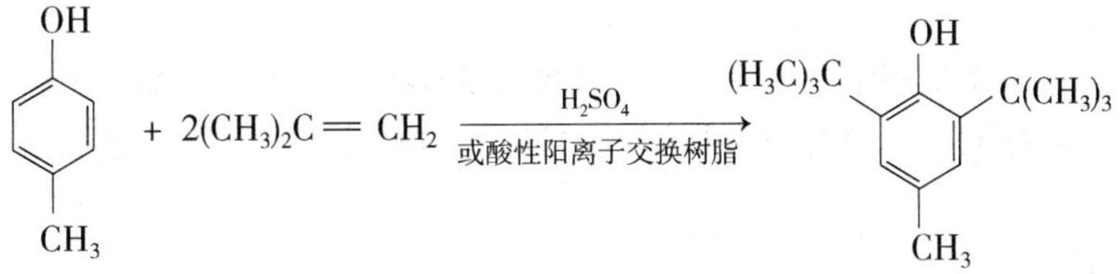

酚也可以进行 Friedel-Crafts 酰基化反应。例如：

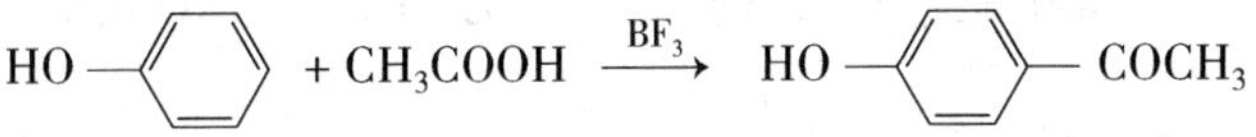

(3) 氧化反应

酚类化合物很容易被氧化，不仅可用氧化剂如高锰酸钾等氧化，甚至较长时间与空气接触，也可被空气中的氧气氧化，使颜色加深。苯酚被氧化时，不仅羟基被氧化，羟基对位的碳氢键也被氧化，结果生成对苯醌。

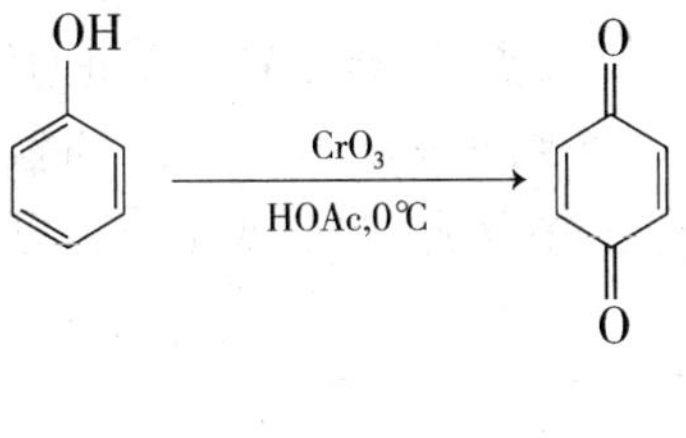

多元酚更易被氧化，例如，邻苯二酚和对苯二酚可被弱的氧化剂(如氧化银、溴化银)氧化成邻苯醌和对苯醌。

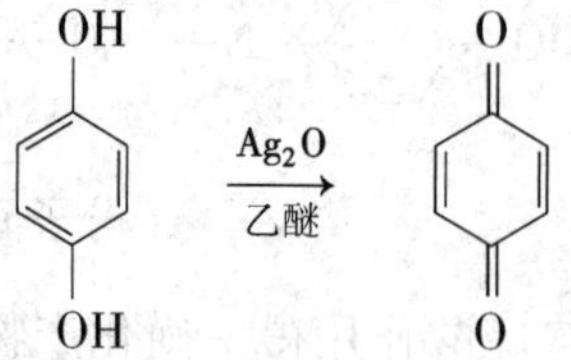


(4) 还原反应

酚能通过催化加氢将芳环还原。例如：

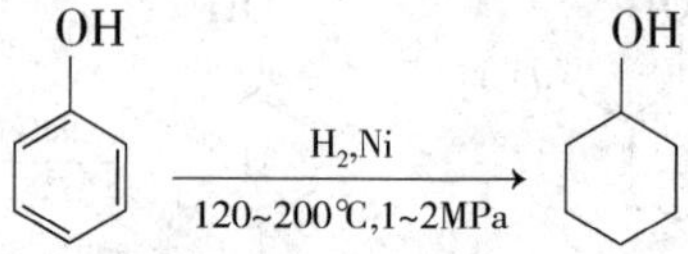


这是工业上生产环己醇的方法之一。

**5. 酚的制法**

酚的制备主要采用异丙苯法、碱熔法、卤代芳烃的水解等方法。

R3-8 酚的制备

## 3-3　醚和环醚

醚可以看作是醇或酚羟基中的氢原子被烃基替代后所得到的化合物。C—O—C 又称醚键，是醚的官能团。

**1. 醚的分类**

根据醚分子中两个烃基结构的不同，可将醚分为饱和醚、不饱和醚和芳香醚；根据醚分了中两个烃基是否相同；可分为简单醚(单醚)和混合醚(混醚)。如果烃基和氧原子连接成环的则称为环醚。

**2. 醚的结构**

醚分子中的氧原子为 $sp^3$ 杂化，分别与碳原子形成两个 σ 键，氧原子另外两个 $sp^3$ 杂化轨道中有未共用电子对。例如甲醚，其∠COC 键角约为 112°，C—O 键的键长约为 0. 142nm。

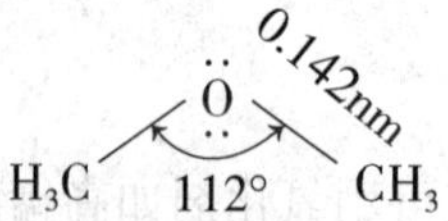


**3. 醚的物理性质**

除甲醚和甲乙醚为气体外，其余的醚在常温下通常是无色、有特殊气味的液体。醚分子之间不能形成氢键，故沸点较低。但醚可与水形成氢键，故有一定的水溶性。例如，乙醚的沸点为 34. 5℃，而正丁醇的沸点则为 117. 3℃；但两者在水中的溶解度均约为 8g/100g 水。四氢呋喃能与水混溶，这是因为环状的四氢呋喃分子中氧原子突出在外，更容易与水形成氢键。

R3-9 醚的物理常数

**4. 醚的化学性质**

醚的化学性质相对稳定，遇碱、氧化剂、还原剂和活泼金属等一般均不发生反应。由于醚的氧原子上有未共用电子对，具有一定的碱性，所以醚可以与强酸发生反应。醚分子中存在 C—O 极性键，与亲核试剂作用发生取代反应而使醚键断裂。此外，脂肪族醚与空气接触会转化成不稳定的过氧化物。

（1）碱性

醚的氧原子上具有未共用电子对，是 Lewis 碱，遇强无机酸(如浓硫酸、浓盐酸等)可形成氧正离子：

$$R—\ddot{\underset{\cdot\cdot}{O}}—R+HCl \longrightarrow R—\overset{H_+}{\underset{\cdot\cdot}{O}}—RCl^-$$

氧正离子是一种弱碱强酸盐，仅在浓酸中能稳定存在，遇水则重新析出原来的醚。利用此性质可以将醚从烷烃或卤代烃中分离出来，从而达到纯化的目的。

醚还可以与缺电子的 Lewis 酸如三氟化硼、氯化铝和 Grignard 试剂等形成络合物。例如：

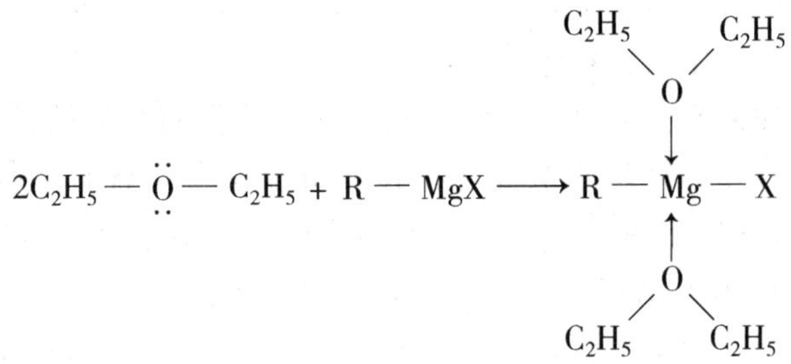

在乙醚溶液中，Grignard 试剂通过与乙醚形成溶剂化物而稳定。

（2）醚键的断裂

醚与质子形成氧正离子后，带正电荷的氧原子吸电子作用增强，碳氧键变弱，因此在强酸(如氢碘酸或氢溴酸)的作用下加热，醚键容易断裂，生成卤代烷(碘代或溴代烷)和醇。如在过量氢卤酸作用下，生成的醇会进一步转化为卤代烷。例如：

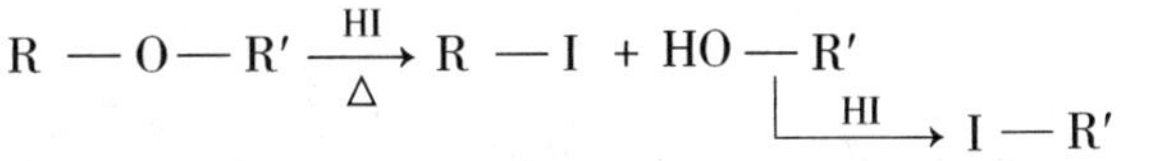

甲基伯烷基醚与氢碘酸作用时，反应按 $S_N2$ 机理进行反应，因而优先得到碘甲烷。叔烷基醚在反应中能生成较稳定的叔碳正离子，因此按 $S_N1$ 机理进行反应。例如：

$$CH_3—O—CH_2CH_2CH_3 \xrightarrow[\triangle]{HI} CH_3—I + HO—CH_2CH_2CH_3$$

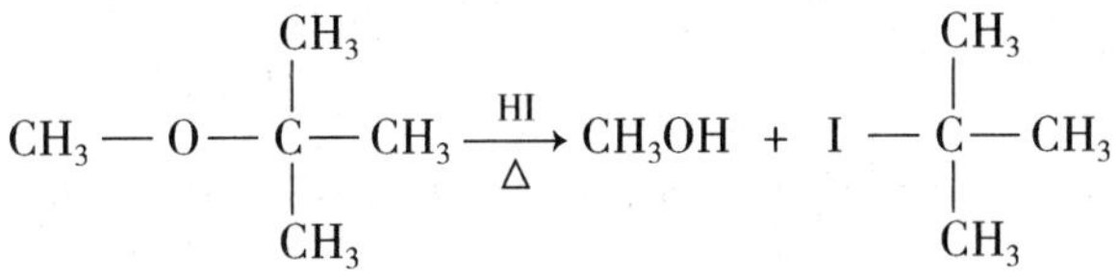

对于芳基烷基混醚来说，由于存在着氧原子与芳环的 p-π 共轭作用，Ar—O 键不易断

裂，醚键总是在脂肪烃基一边断裂，生成卤代烷和酚。例如：

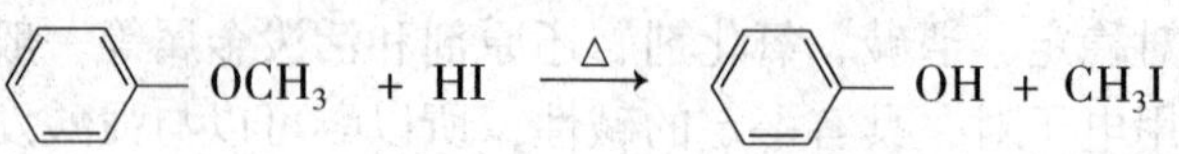

(3) 过氧化物的生成

饱和的烷基醚虽然对氧化剂是稳定的，但是将醚置于空气中，会发生缓慢的自动氧化反应，生成醚的过氧化物，这是一种发生在醚的 $\alpha$-H 上的自由基型反应。常用的乙醚、异丙醚、四氢呋喃等都可发生这种氧化反应，生成氢过氧化醚，并且可以自聚成有爆炸性的过氧化醚聚合物。例如：

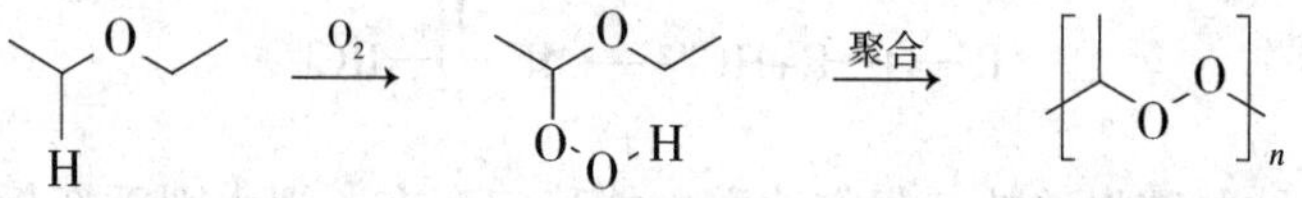


过氧化聚醚不易挥发，且极不稳定，受热时迅速分解并可引起爆炸，因此醚的存放应避光、密封存于阴凉处。在蒸馏醚时，应当预先检验是否含有过氧化物。有两种常用检验过氧化物的方法：用碘化钾-淀粉试纸检验，如醚中有过氧化物存在，KI 会被氧化为 $I_2$，$I_2$ 使淀粉试纸变蓝；加入 $FeSO_4$ 和 KCNS 溶液与醚一起振摇，如醚中有过氧化物存在，$Fe^{2+}$ 会被氧化为 $Fe^{3+}$，而与 $CNS^-$ 作用生成血红色络合物。

除去醚中过氧化物的方法是加入适量的亚硫酸钠或者新配制的硫酸亚铁溶液一起振摇，使过氧化物分解。在蒸馏醚的过程中，不应将醚蒸干。如果将液态的醚长期存放，可加入抗氧剂以防止过氧化物生成。

R3-10 醚的制备

**5. 醚的制法**

醚的制备主要采用醇分子间的脱水、Williamson 合成法等方法。

**6. 环醚**

环氧乙烷是最简单的环醚。与一般的醚不同，环氧化合物分子中由于存在较大的角张力，性质非常活泼，在酸或碱的催化下可以与某些亲核试剂（如醇、氨、酸和格氏试剂等）发生开环反应。例如：

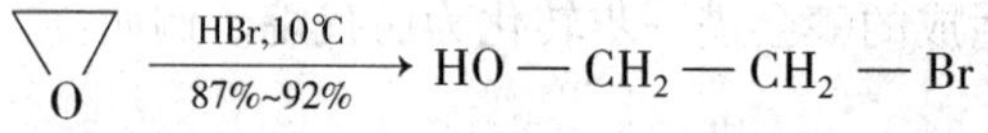

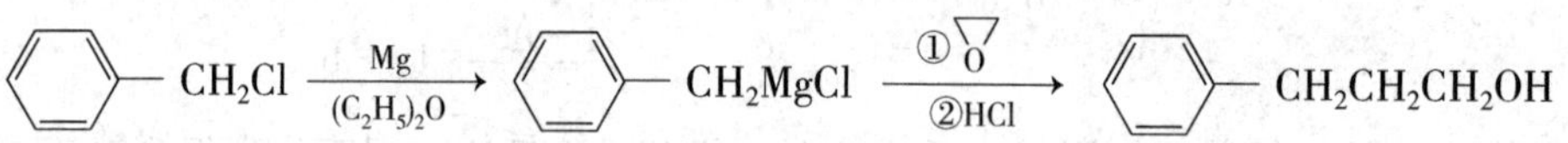

结构不对称的环氧化合物在不同的条件下与试剂作用所得到的开环主产物是不同的，例如：

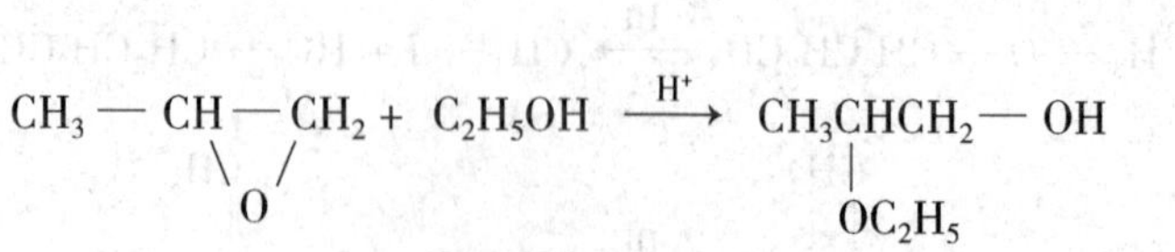

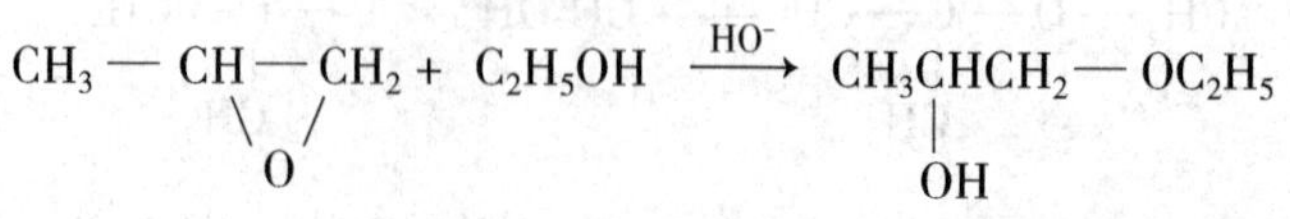

一般而言，结构不对称的环氧化合物在酸性条件下的开环反应是按 $S_N1$ 机理进行的，亲核试剂进攻含取代基较多的环碳原子，在碱性条件下的开环反应是按 $S_N2$ 机理进行的，亲核试剂进攻空间位阻较小的环碳原子。

## 3-4 醛和酮

醛和酮都是分子中含有羰基(>C=O)的化合物，故统称为羰基化合物。羰基碳原子至少连有一个氢原子的化合物叫作醛，因此也常将—CHO 称为醛基。羰基碳原子与两个烃基相连的化合物称为酮，酮羰基有时也称为酮基，是酮的官能团。

**1. 醛、酮的分类**

根据羰基所连接的烃基不同，可以将醛(酮)分为脂肪醛(酮)、芳香醛(酮)；根据羰基所连接的烃基中是否含有不饱和基团，又可将醛(酮)分为饱和醛(酮)和不饱和醛(酮)；根据分子中羰基的数目，可以分为一元醛(酮)、二元醛(酮)和多元醛(酮)等。

**2. 醛、酮的结构**

羰基中碳原子和氧原子都是 $sp^2$ 杂化，与碳碳双键相似，碳氧双键也是由一个 σ 键和一个 π 键构成的。羰基碳原子的三个 $sp^2$ 杂化轨道分别与一个氧原子和两个碳原子或氢原子形成三个 σ 键，这三个 σ 键处于同一平面上，相互间的键角约为 120°，而 π 键则垂直于三个 σ 键所在的平面。

碳氧双键与碳碳双键不同之处在于碳氧双键是极性键。由于氧原子的电负性较大，电子云偏向于氧原子而偏离于碳原子，因此氧原子带有部分负电荷，而碳原子带有部分正电荷。因此，羰基化合物是极性分子，具有一定的偶极矩。图 3-3 为甲醛的分子结构示意图。

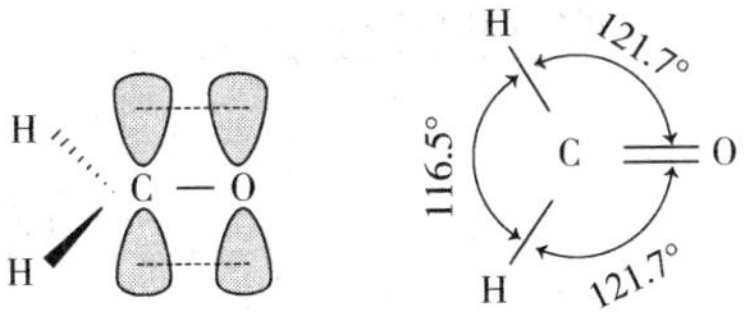


图 3-3 甲醛的分子结构示意图

**3. 醛、酮的物理性质**

常温下，除甲醛是气体外，12 个碳原子以下的脂肪醛、酮为液体，高级脂肪醛和酮以及芳香醛、酮多为固体。

由于羰基是极性基团，因此醛、酮的沸点一般比相对分子质量相近的烃、卤烃、醚高；但羰基化合物分子之间不能形成氢键，所以醛、酮的沸点比相对分子质量相近的醇、酸要低。

由于醛、酮中的羰基能与水分子形成氢键，因此低级醛、酮例如甲醛、乙醛、丙酮能与水混溶，但随着碳链的增长水溶性会降低。而芳香醛(酮)微溶或不溶于水。醛、酮一般能溶于有机溶剂，丙酮和丁酮是良好的有机溶剂。

R3-11 醛和酮的物理常数

**4. 醛、酮的化学性质**

醛酮分子中都含有羰基，故它们具有相似的化学性质，如都可发生亲核加成反应；受羰基的-I 和-C 效应的作用，羰基化合物的 α-H 具有一定的活性。但醛、酮在结构上并不完全相同，因此它们的化学性质也有差异，例如醛易被氧化，而酮不易被氧化。醛、酮发生化学反应的主要部位如下：

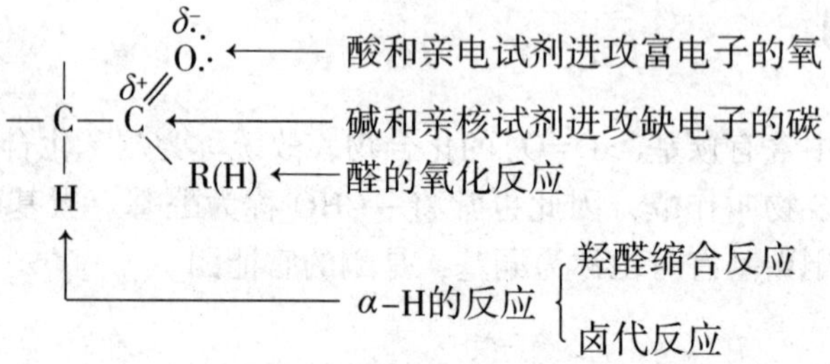


（1）亲核加成反应

羰基中碳原子带部分正电荷，具有亲电性，易于和亲核试剂反应；氧原子带部分负电荷，具有亲核性，易于和亲电试剂结合。带负电荷的氧比带正电荷的碳稳定，因而羰基中的碳原子具有更大的反应活性，易于发生亲核加成反应。其反应机理可表示如下：

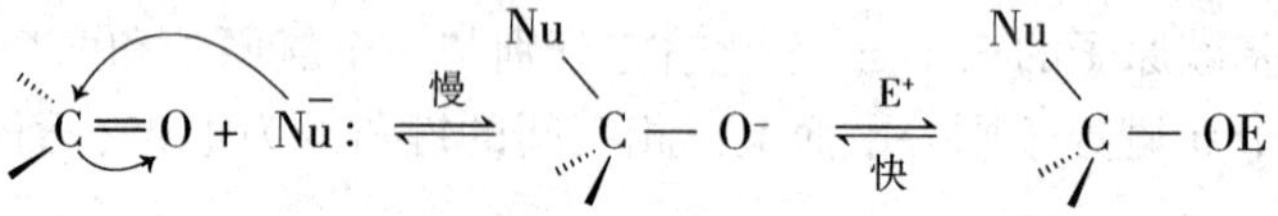


① 与氢氰酸的加成。氢氰酸（HCN）与醛、脂肪族甲基酮和 8 个碳原子以下的环酮作用生成相应的加成产物氰醇，也称 α-羟基腈。

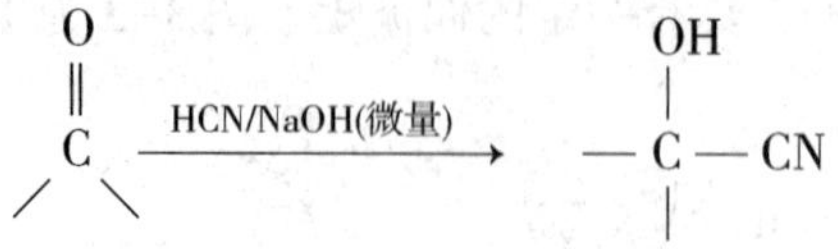


α－羟基腈

反应需要在微量碱的催化下，生成少量的 $CN^-$ 进行亲核加成。但碱性不能太强，因为最后需要 $H^+$ 才能完成反应。

产物比原料增加了一个碳原子，是增长碳链的方法之一；又因氰醇具有醇羟基和氰基，可制备 α，β-不饱和腈、β-羟基胺、α-羟基酸等化合物，因此在有机合成上很有用处。

丙酮与氢氰酸作用生成丙酮氰醇，后者在硫酸存在下与甲醇作用即发生水解、酯化、脱水等反应，生成 α-甲基丙烯酸甲酯：

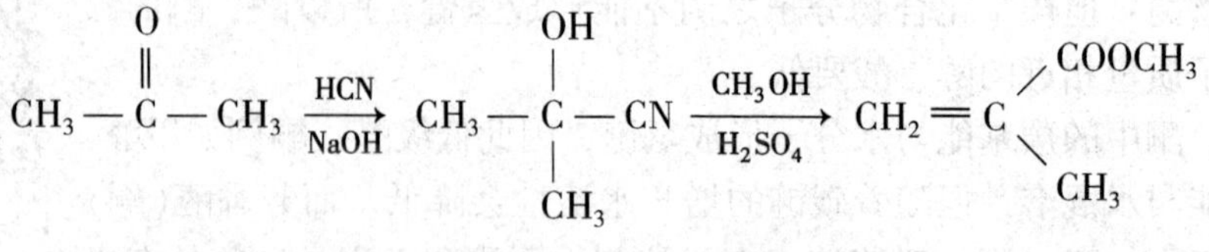

α-甲基丙烯酸甲酯是制备有机玻璃——聚 α-甲基丙烯酸甲酯的单体。

② 与亚硫酸氢钠的加成。醛、脂肪族甲基酮和 8 个碳原子以下的环酮都能与亚硫酸氢钠饱和溶液（40%）发生加成反应，生成 α-羟基磺酸钠。

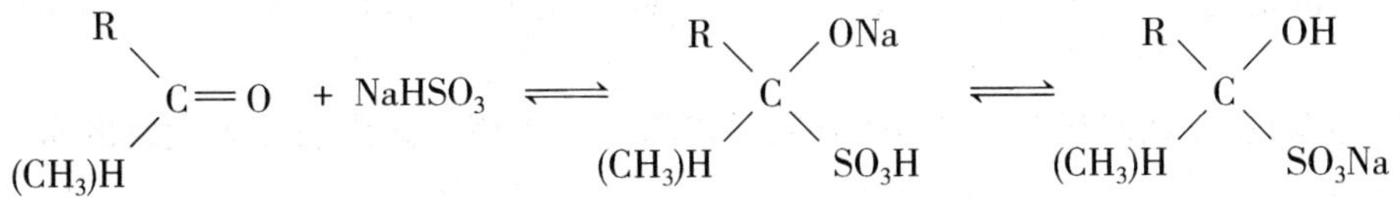

α-羟基磺酸钠多为无色结晶，易溶于水，但不溶于饱和的亚硫酸氢钠溶液中而析出结晶。此法可用来鉴定醛、脂肪族甲基酮和 8 个碳原子以下的环酮。由于该反应是可逆反应，加入稀酸或稀碱于产品中，可使亚硫酸氢钠分解而除去。因此可利用该性质来分离或提纯醛、脂肪族甲基酮和 8 个碳原子以下的环酮。

③ 与醇的加成。在干燥氯化氢或浓硫酸的作用下，一分子的醛或酮能与一分子的醇发生加成反应，生成半缩醛或半缩酮：

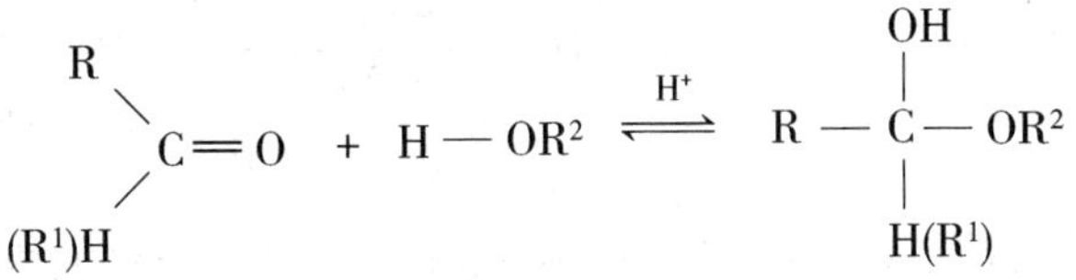

半缩醛(酮)一般是不稳定的，它易分解成原来的醛(酮)，因此不易分离出来，但五、六元环的环状半缩醛较稳定，能够分离出来。例如：

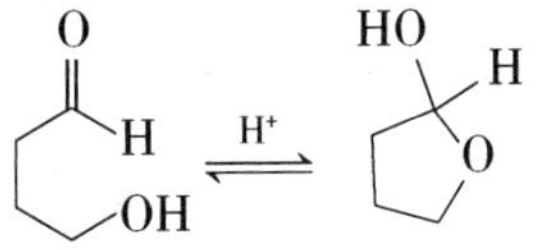

半缩醛(酮)的羟基很活泼，在酸的催化下能继续与另一分子的醇发生反应，生成稳定的缩醛(酮)。

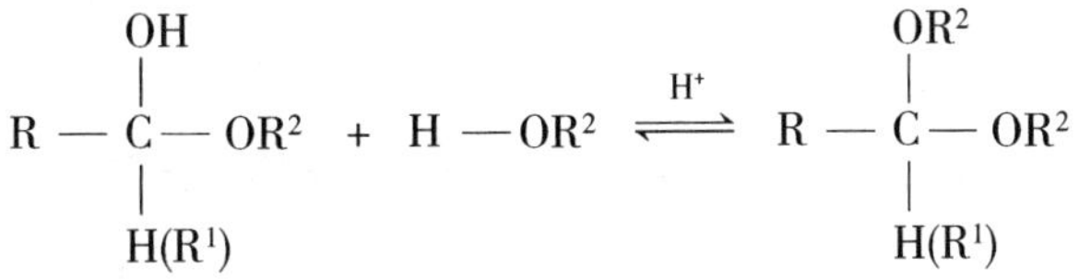

在结构上，缩醛(酮)可以看作是同碳二元醇的醚，对碱、氧化剂、还原剂相当稳定，但对酸敏感，在酸性水溶液中，缩醛(酮)可以水解为原来的醛(酮)。

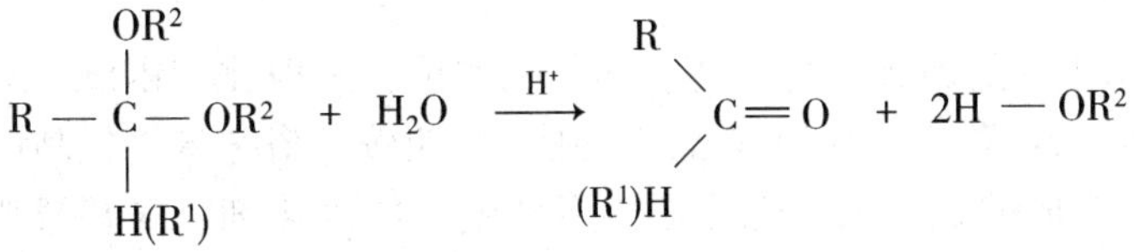

在有机合成中常利用生成缩醛(酮)来保护醛(酮)的羰基。反应示例见【例 3-4】和【例 3-5】。

生成缩醛的反应不单限于一元醇和醛，也能用二元醇和醛反应生成环状缩醛：

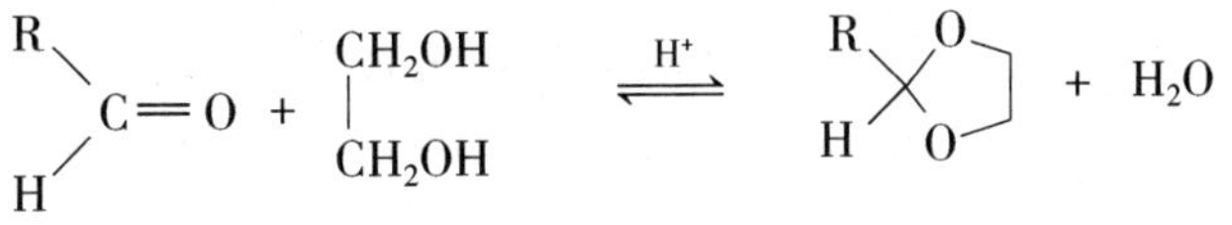

此反应也是通过半缩醛进行的，由于能形成稳定的五元环，所以更容易进一步生成缩醛。

如果将酮在酸(如对甲苯磺酸等)催化下与乙二醇作用，并设法移去生成的水，可得到环状的缩酮。

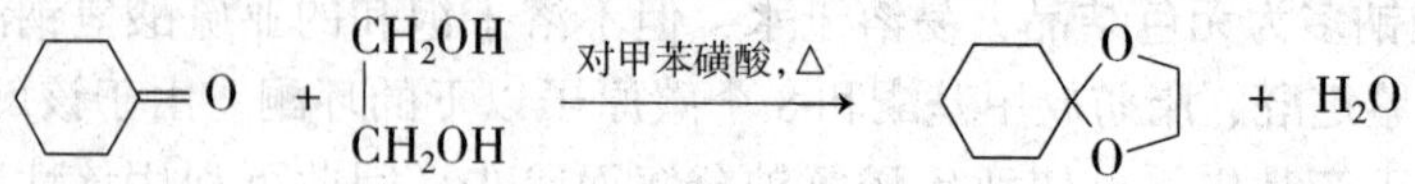

醛或酮与二醇缩合在工业上有重要意义。例如，在制造合成纤维“维尼纶”时就用甲醛与聚乙烯醇进行缩合反应。

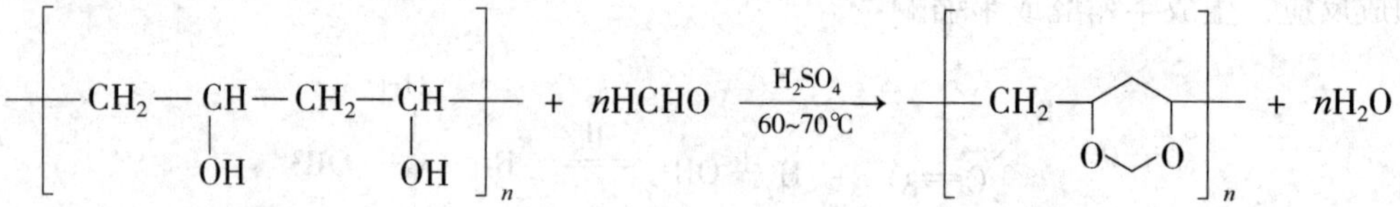

④ 与 Grignard 试剂的加成。醛、酮与 Grignard 试剂进行亲核加成反应，加成产物不必分离出来，可直接水解而生成醇。

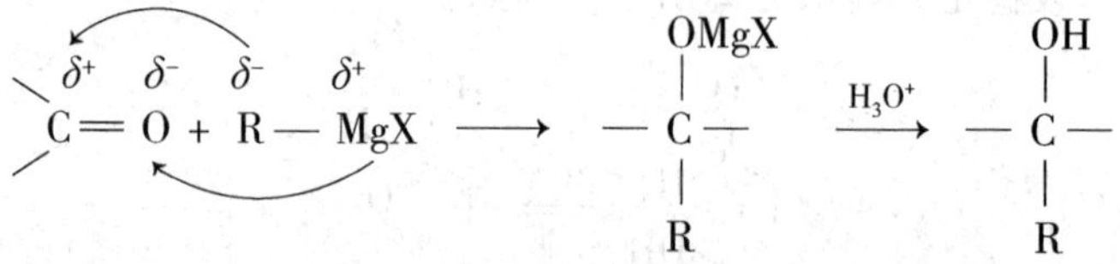

Grignard 试剂与甲醛反应可得伯醇，与其他醛反应可得仲醇，与酮反应则得叔醇。

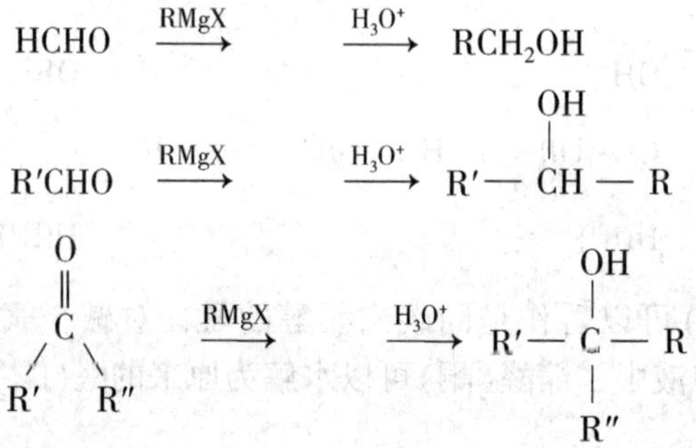

⑤ 与氨及其衍生物的加成缩合。醛、酮与氨的反应一般比较困难，只有甲醛容易，但其生成物($H_2C=NH$)不稳定，很快聚合成六亚甲基四胺，俗称乌洛托品(urotropine)。该化合物可被用作有机合成的氨化剂，也可作树脂和塑料的固化剂、氨基塑料的催化剂和发泡剂等。

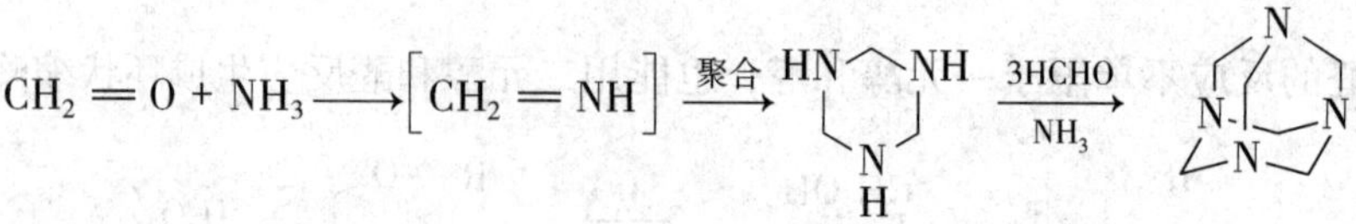

醛、酮能与羟胺、肼、苯肼、2,4-二硝基苯肼以及氨基脲等反应，分别生成腙、苯腙、2,4-二硝基苯腙以及缩氨脲等。其反应可用通式表示如下：

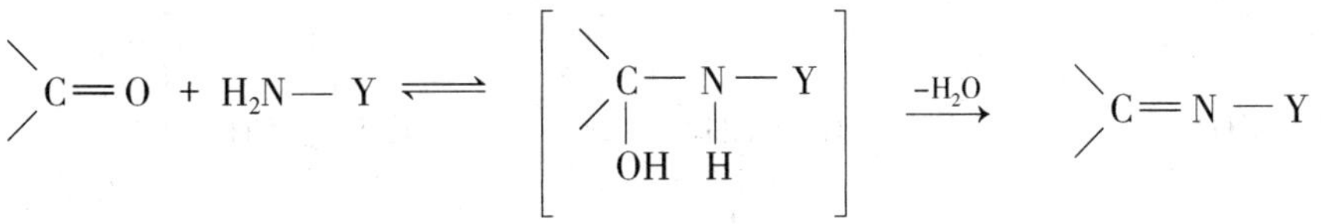

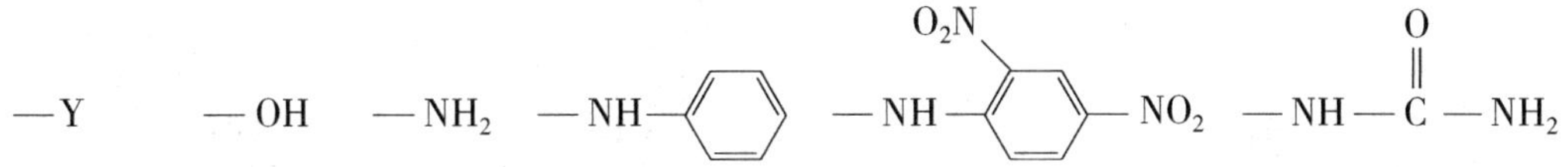

| | | | | | |
|---|---|---|---|---|---|
| $H_2N$—Y | 羟胺 | 肼 | 苯肼 | 2,4-二硝基苯肼 | 氨基脲 |
| >C═N—Y | 肟 | 腙 | 苯腙 | 2,4-二硝基苯腙 | 缩氨脲 |

上述氨的衍生物通常称为羰基试剂，其亲核性较弱，一般需要在酸(pH = 4 ~ 5)的催化下反应，生成的加成产物大部分是结晶固体，具有固定的熔点，常用来鉴别醛、酮。这些加成产物在酸性条件下水解为原来的醛酮，因而可利用该类反应用来分离和提纯醛、酮。

(2) $\alpha$-氢原子的反应

醛、酮分子中与羰基直接相连的碳上的氢原子称为 $\alpha$-氢原子。由于受羰基的影响，$\alpha$-氢原子具有一定的酸性，并由此可产生一系列化学反应。

① $\alpha$-氢原子的酸性。醛、酮分子中的 $\alpha$-氢原子具有一定的酸性，例如，乙醛的 $pK_a$ 值约为 17，丙酮的 $pK_a$ 值约为 19.2，而乙炔的 $pK_a$ 值约为 25，所以醛酮 $\alpha$-H 的酸性比炔氢还要强。以乙醛为例：

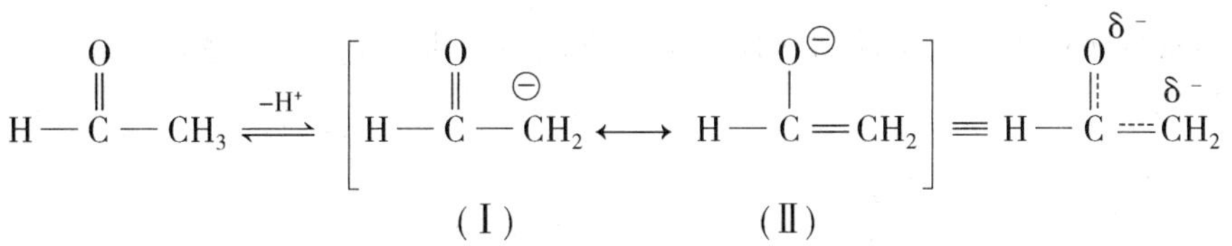

醛、酮失去一个 $\alpha$-氢原子后形成一个负离子，在所形成的负离子中，负电荷被分散到氧原子和 $\alpha$-碳原子上，因此比较稳定，使醛、酮等羰基化合物具有酸性。按照共振性的观点，该负离子是极限结构(Ⅰ)和(Ⅱ)的共振杂化体，其中极限结构(Ⅱ)对该共振杂化体的贡献较大。

② 卤代反应。碱或酸的催化下，醛、酮分子中的 $\alpha$-氢原子可被卤原子取代生成 $\alpha$-卤代醛、酮。在酸性条件下，卤代反应可控制在一卤代产物阶段。例如：

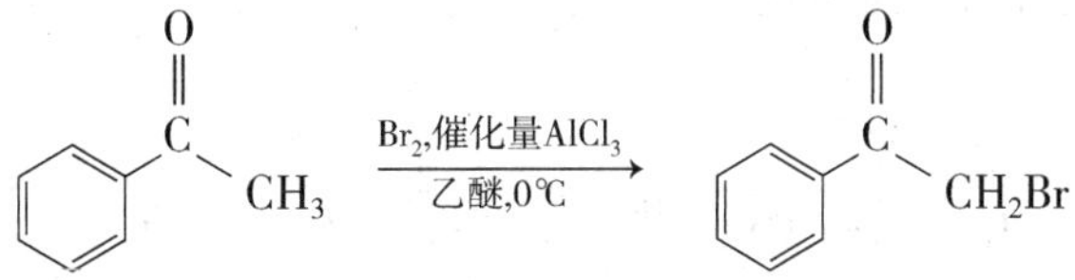


以丙酮为例，酸催化反应如下：

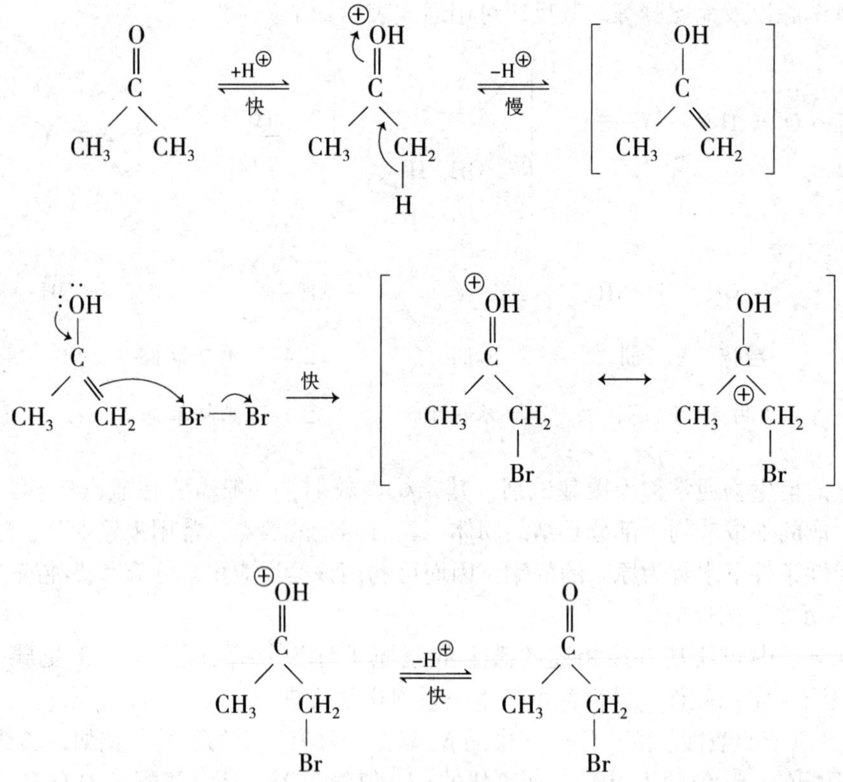

反应的实质是，烯醇一经生成即与卤素形成质子化的卤代酮，经失去质子便生成产物卤代酮。

如果在碱性条件下，则生成多卤代产物，反应一般进行到 α-H 完全被取代为止。且反应迅速。例如：

$$CH_3-\overset{\overset{O}{\|}}{C}-CH_3 \xrightarrow[\text{慢}]{Br_2,HO^-} CH_3-\overset{\overset{O}{\|}}{C}-CH_2Br \xrightarrow[\text{快}]{Br_2,HO^-} CH_3-\overset{\overset{O}{\|}}{C}-CHBr_2 \xrightarrow[\text{快}]{Br_2,HO^-} CH_3-\overset{\overset{O}{\|}}{C}-CBr_3$$

醛、酮的一个 α-氢原子被取代后，由于卤原子是吸电子的，它所连的 α-碳原子上的氢原子在碱的作用下更容易离去，因此第二个 α-氢原子就更容易被卤代。这样，凡具有 $CH_3CO$—结构的醛、酮(即乙醛和甲基酮)与卤素的碱溶液(亦即次卤酸盐溶液)作用时，甲基上 3 个 α-氢原子都被取代，得到三卤代醛、酮。

而这种同碳三卤代物在碱的作用下，会进一步发生三卤甲基和羰基之间键的裂解。因此，最后得到的是羧酸盐和三卤甲烷。

$$R-\overset{\overset{O}{\|}}{C}-CX_3 \xrightarrow{HO^-} R-\overset{\overset{O}{\|}}{C}-O^- + HCX_3$$

三卤甲烷俗称卤仿，故含有 3 个 α-H 的醛、酮与卤素的碱溶液作用，最后生成三卤甲烷的反应称为卤仿反应。如果用碘和强碱作试剂，则生成黄色结晶碘仿($CHI_3$)，这个反应称为碘仿反应。可以通过碘仿反应来鉴别具有 $CH_3CO$—结构的醛和酮，以及 $CH_3CH(OH)$—结构的醇，因为次碘酸钠又是一个氧化剂，能将 $CH_3CH(OH)$—结构的醇氧化成含 $CH_3CO$—结构的醛或酮。例如：

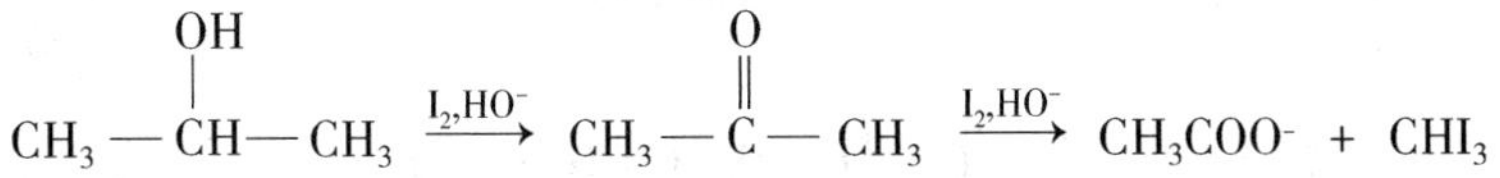

卤仿反应还可以用于制备一些用其他方法不易得到的羧酸，且生成比原料少一个碳的羧酸。例如：

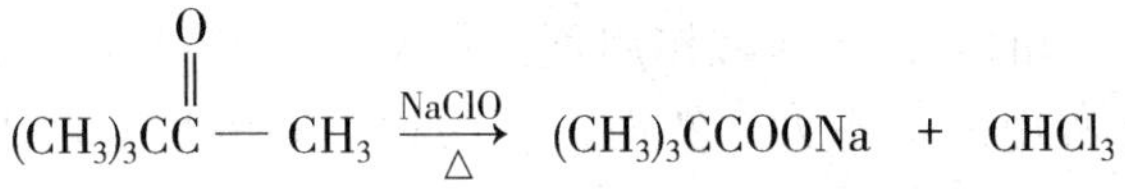

③ 缩合反应。缩合反应通常是指两个或以上的分子或分子内不同部分通过共价键结合在一起，同时失去比较简单的小分子的一类反应。羰基化合物可以进行自身缩合，也可以进行交叉缩合，得到链状或环状化合物。此类反应在有机合成中具有重要意义。

a. 羟醛缩合反应：在稀碱的存在下，两分子含 $\alpha$-H 的醛结合生成 $\beta$-羟基醛的反应称为羟醛缩合(或醇醛缩合)反应。通过羟醛缩合，在分子中形成了新的碳碳键，增长了碳链。例如：

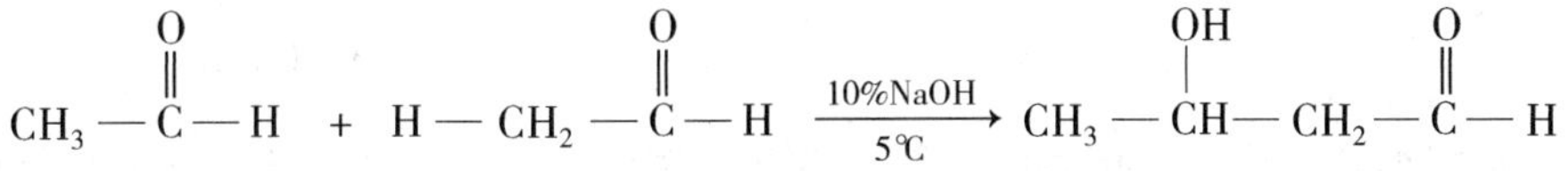

碱催化条件下，羟醛缩合的反应机理可用乙醛为例表示如下：

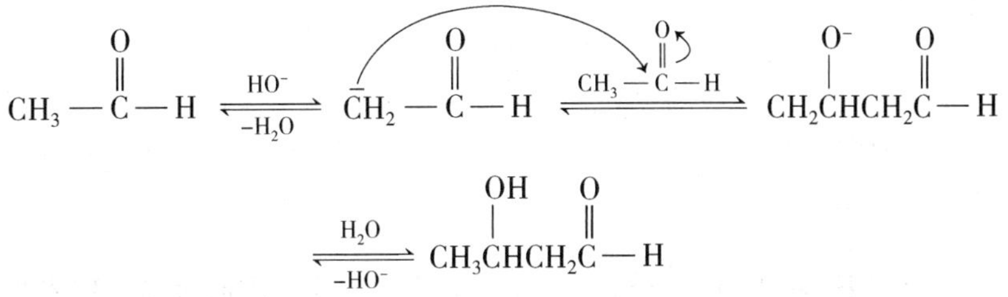

从上述反应机理可以看出，羟醛缩合本质上也是亲核加成反应。

羟醛缩合产物 $\beta$-羟基醛，在稀碱性条件下稍微受热或在酸的作用下即发生分子内脱水而生成 $\alpha,\beta$-不饱和醛。$\alpha,\beta$-不饱和醛进一步催化加氢，则得饱和醇。通过羟醛缩合可以合成比原料增加一倍碳原子的醛或醇。

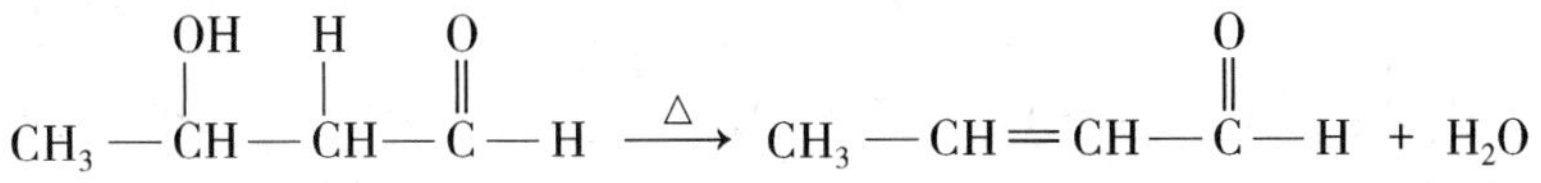

除乙醛得到的是直链的 $\beta$-羟基醛外，其他含 $\alpha$-H 的醛得到的都是在 $\alpha$-C 上有支链的 $\beta$-羟基醛。例如：

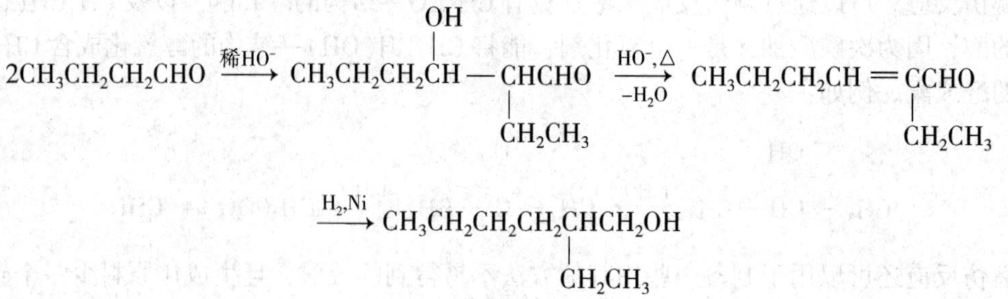

这是工业上用正丁醛为原料生产 2-乙基己醇的方法。

含有 α-H 的两种不同的醛，在稀碱作用下，将发生交叉羟醛缩合，生成四种产物的混合物，难以分离，因此实用意义不大。然而，若两种不同的醛，其中有一种醛不含 α-H，那么这种交错缩合就有实用价值。例如：

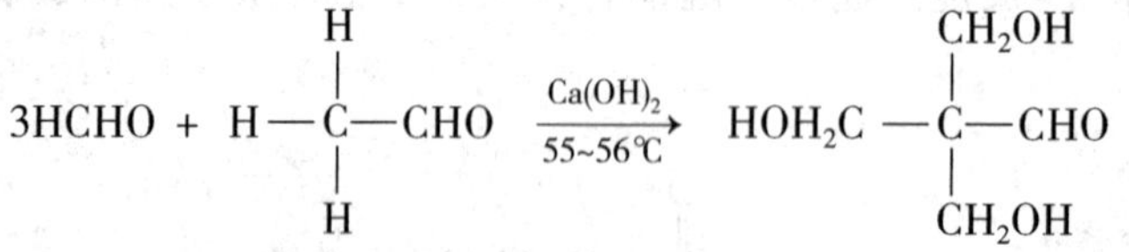

酮进行羟醛缩合反应时，羰基的活性比较低。例如，丙酮在碱性条件下进行羟醛缩合反应时，只能得到少量 β-羟基酮；该反应可在 Soxhlet 提取器中，采用不溶性的碱[如 $Ba(OH)_2$]催化进行。

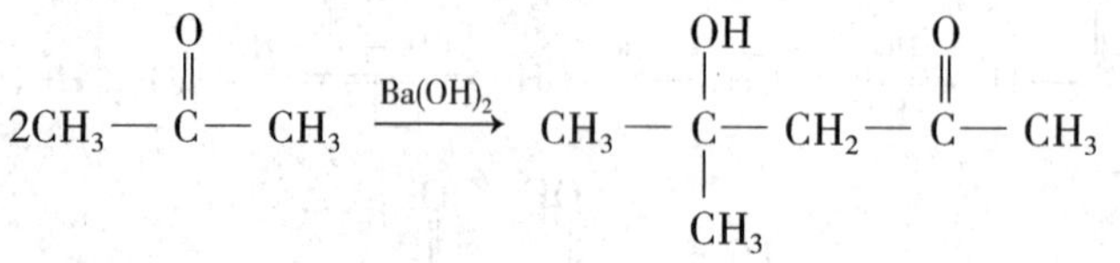

但是，酮与碱作用下所生成的负离子具有较强的亲核性，因此容易与醛发生交叉羟醛缩合反应。例如：

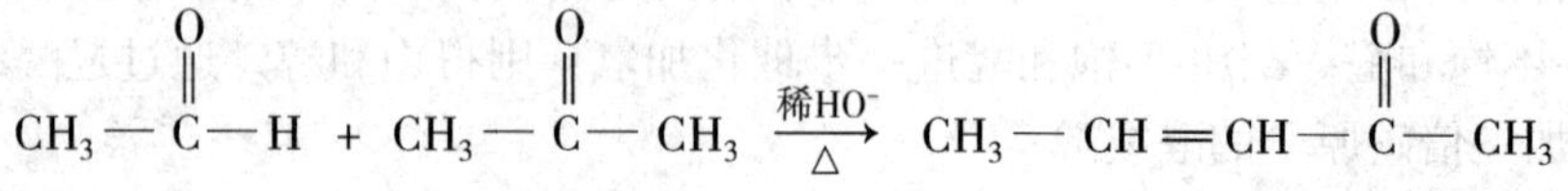

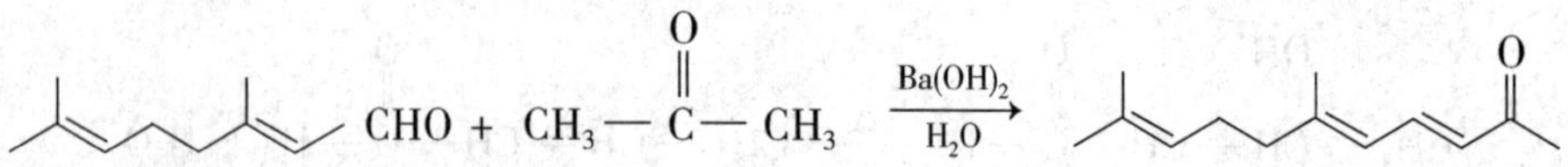

柠檬醛　　　　假紫罗兰酮

b. Claisen-Schmidt 缩合反应：芳醛与含有 α-H 的醛、酮在碱性条件下发生交叉羟醛缩合，失水后得到 α,β-不饱和醛或酮的反应称为 Claisen-Schmidt 缩合反应。例如：

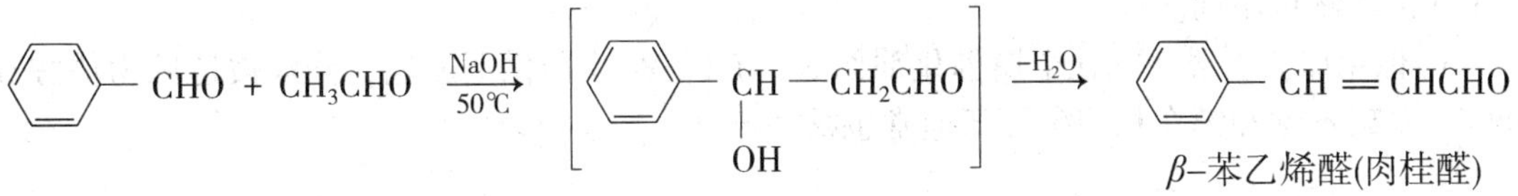

β-苯乙烯醛(肉桂醛)

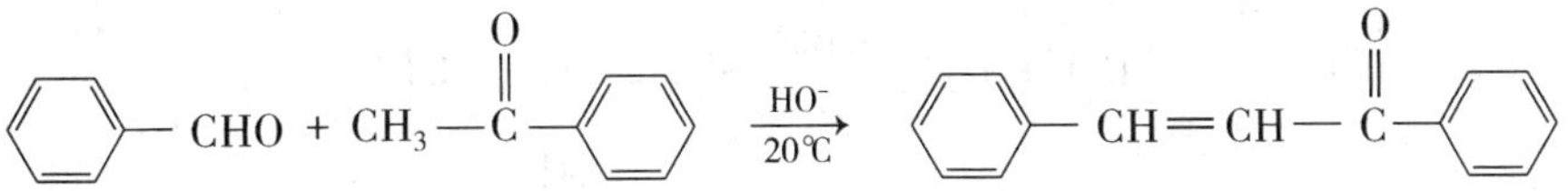

c. Perkin 反应：芳醛与脂肪族酸酐在相应羧酸的碱金属盐存在下共热，发生缩合反应，称为 Perkin 反应。当酸酐含有两个 α-H 时，通常生成 α，β-不饱和羧酸。这是制备 α,β-不饱和羧酸的一种方法。典型的例子是肉桂酸的制备，可由苯甲醛与乙酐缩合而得。

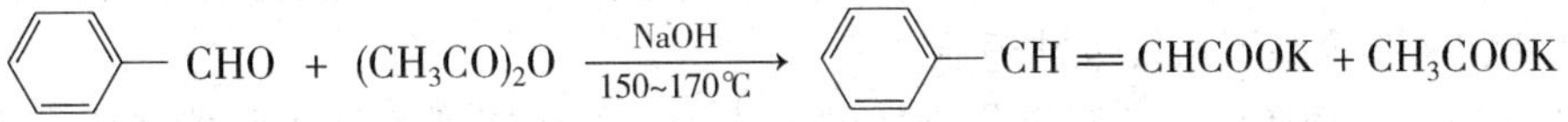

此反应是碱催化缩合反应，其中酰氧负离子(羧酸根负离子)是碱，在某些情况下，也可使用三乙胺或碳酸钾作为碱。脂肪醛在 Perkin 反应条件下易自身缩合，故一般不用。

(3) 氧化还原反应

① 氧化反应。醛与酮不同，有一个氢原子与羰基直接相连，因而醛非常容易被氧化。可被多种氧化剂(如 $KMnO_4$、$HNO_3$、$K_2Cr_2O_7$、$CrO_3$、$H_2O_2$、$Br_2$等)氧化成羧酸，使用弱氧化剂也可将醛氧化成羧酸，常用的弱氧化剂为 Tollens 试剂和 Fehling 试剂。

Tollens 试剂是硝酸银的氨溶液，Tollens 试剂与醛共热，醛被氧化为羧酸(实验上得到羧酸的铵盐)，氧化剂被还原为金属银。如果反应器很干净，所析出的金属银将镀在容器的内壁，形成银镜，所以这个反应通常称为银镜反应。所有的醛都能发生银镜反应，酮难被氧化，可用 Tollens 试剂鉴别醛与酮。

$$(Ar)RCHO+2Ag(NH_3)_2OH \xrightarrow[\triangle]{} (Ar)RCOONH_4+2Ag\downarrow+H_2O+3NH_3$$

Fehling 试剂由硫酸铜溶液与酒石酸钾钠溶液混合而成的铜络离子，作为氧化剂的是二价铜离子。脂肪醛与 Fehling 试剂反应时，二价铜离子被还原成砖红色氧化亚铜沉淀：

$$RCHO+2Cu^{2+}+5HO^- \xrightarrow[\triangle]{} R-\overset{\overset{\large O}{\|}}{C}-O^- +Cu_2O\downarrow+3H_2O$$

但芳香醛不与 Fehling 试剂反应，因此，使用 Fehling 试剂可区分脂肪醛与芳香醛。

Tollens 试剂和 Fehling 试剂对分子中的 C=C、C≡C 不起反应，因此它们又都可看作是选择性氧化剂。

酮羰基碳上没有氢原子，所以一般氧化剂不能将酮氧化，但在强烈条件下，使用强烈氧化剂如 $KMnO_4$、$HNO_3$等氧化酮，则发生碳链的断裂而生成多种较低级羧酸的混合物。这在有机合成上没有意义。但环己酮在强烈氧化剂作用下生成己二酸，是工业上制备己二酸的一种方法：

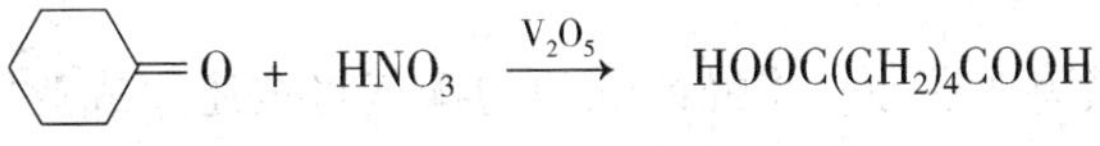

己二酸是生产纤维尼龙-66 的原料之一。

② 还原反应。醛、酮都能被还原生成醇或烃。还原剂不同，羰基化合物的结构不同，

所生成的产物也不同。

a. 催化加氢：醛、酮在金属催化剂如 Ni、Pd、Pt 等催化下加氢，分别被还原为伯醇和仲醇。碳碳不饱和键在相同条件下通常也被还原：

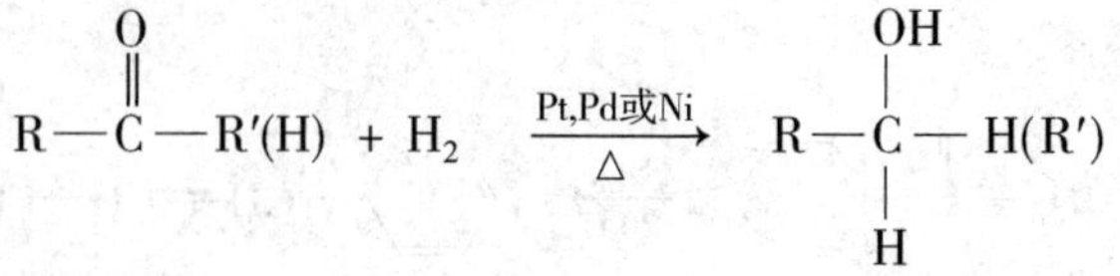

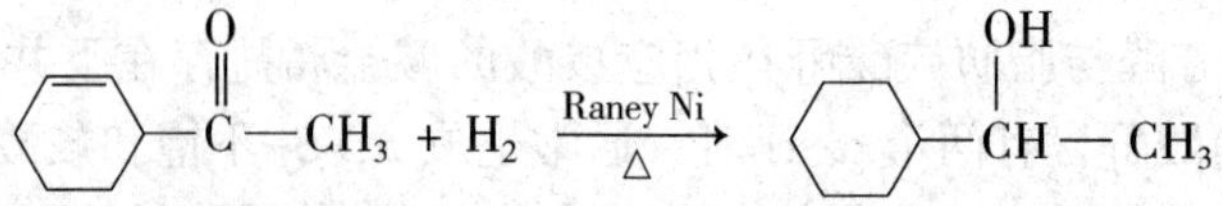

该法主要优点是对简单的产物收率较高；缺点是催化剂所用金属价格昂贵，并且双键、三键、硝基和氰基等基团通常也被还原。

b. 用金属氢化物还原：金属氢化物如硼氢化钠、氢化铝锂等是还原羰基化合物常用的试剂。硼氢化钠是一种温和的还原剂，只还原羰基，不还原孤立碳碳双键等不饱和官能团，具有较强的选择性。例如：

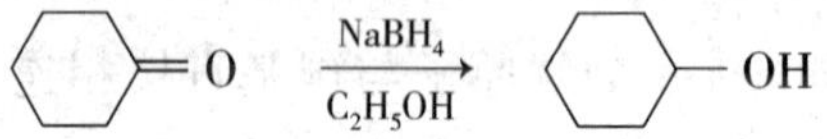

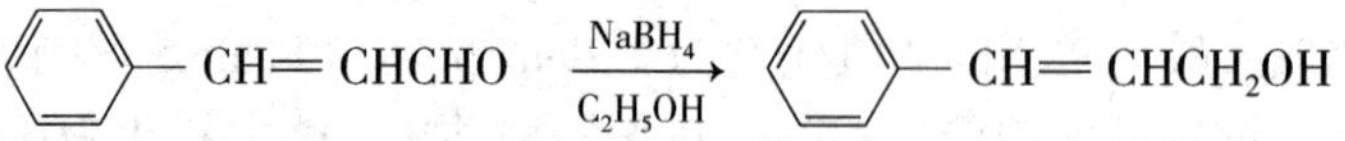

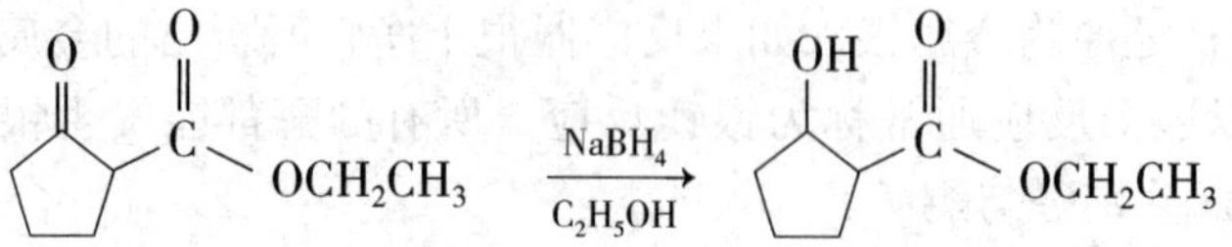

氢化铝锂的还原性比硼氢化钠强，不仅能还原醛、酮，而且还能还原羧酸、酯、酰胺和腈等，并且反应进行得很平稳，产率也很高。但氢化铝锂对碳碳双键一般没有还原作用。

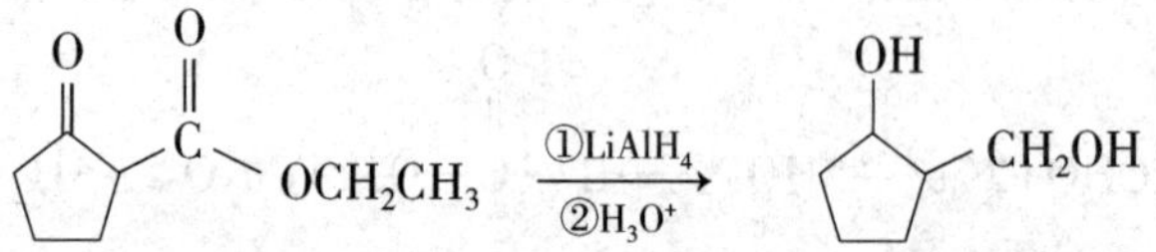

c. Clemmensen 还原：醛或酮与锌汞齐和浓盐酸回流，羰基将被还原成亚甲基，称为 Clemmensen 还原法。它是将羰基还原为亚甲基的一种较好的方法。特别适用于芳酮的还原，在有机合成中常用于合成直链烷基苯。例如：

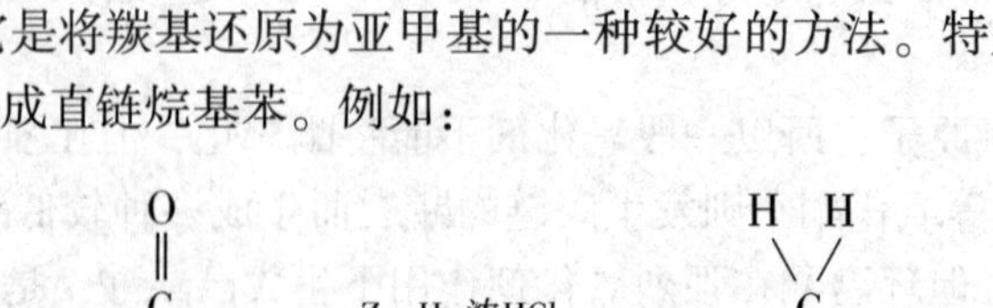

d. Wolff-Kishner-黄鸣龙还原：将醛或酮中的羰基将被还原成亚甲基的另一种方法。先将醛或酮与无水肼作用生成腙，然后将腙和乙醇钠及无水乙醇在高压釜中加热到 180℃左右而成，此法称为 Wolff-Kishner 法。

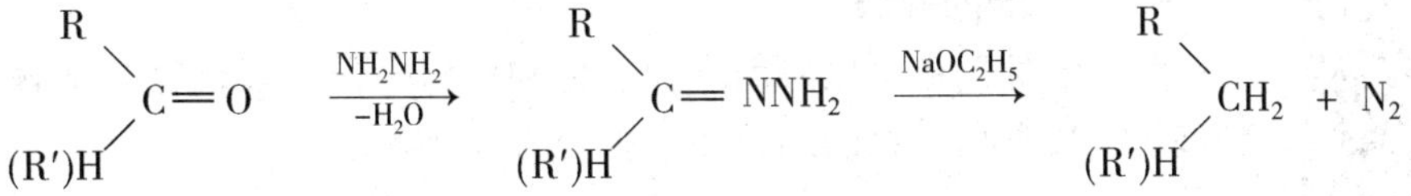

1946 年，我国化学家黄鸣龙对上述方法进行了改进。先将醛或酮、氢氧化钠、水合肼和一个高沸点的水溶性溶剂(如二甘醇、三甘醇)一起加热生成腙，而后在碱性条件下脱氮，结果醛或酮中的羰基被还原为亚甲基。改进后不仅使反应在常压下进行，而且避免了使用昂贵的无水肼，并且得到高产率的产品。这种改进的方法称为黄鸣龙改良的 Wolff-Kishner 还原法，亦称 Wolff-Kishner-黄鸣龙还原法。

R3-12 黄鸣龙

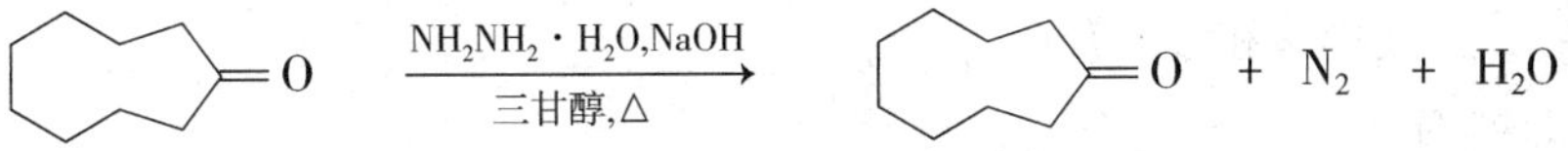

Clemmensen 还原和 Wolff-Kishner-黄鸣龙还原都可将羰基还原成亚甲基，但前者是要酸性条件下进行，后者是在碱性条件下进行的，两种反应相互补充，可根据醛、酮分子中所含其他基团对酸碱的要求，选择还原方法。

③ Cannizaro 反应。不含 α-H 的醛在浓碱的作用下，发生自身的氧化还原反应，一分子醛被氧化成羧酸(在碱溶液中实际为羧酸盐)，另一分子醛被还原成醇，此反应称为 Cannizaro(坎尼扎罗)反应，又称歧化反应：

R3-13 坎尼扎罗

$$2HCHO \xrightarrow{\text{浓 } HO^-} HCOO^- + CH_3OH$$

如果两种不含 α-H 的醛共同发生反应(称为交叉歧化反应)，可能得到四种产物，没有实用价值。但如果是甲醛与另一种不含 α-H 的醛进行交叉歧化反应，由于甲醛有较强的还原性，因此反应的结果总是甲醛被氧化为甲酸，而另一种醛被还原为醇。例如：

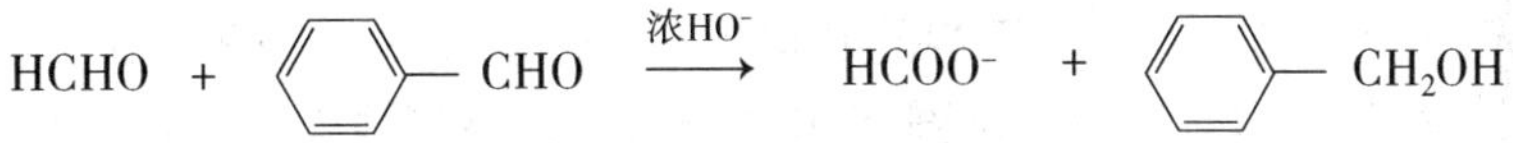

一些难以制备的醇可以用交叉 Cannizaro 反应来制备。例如，工业上用此反应制备季戊四醇。以 HCHO 和 $CH_3CHO$ 为原料进行交叉羟醛缩合和交叉歧化反应，最后得到季戊四醇。

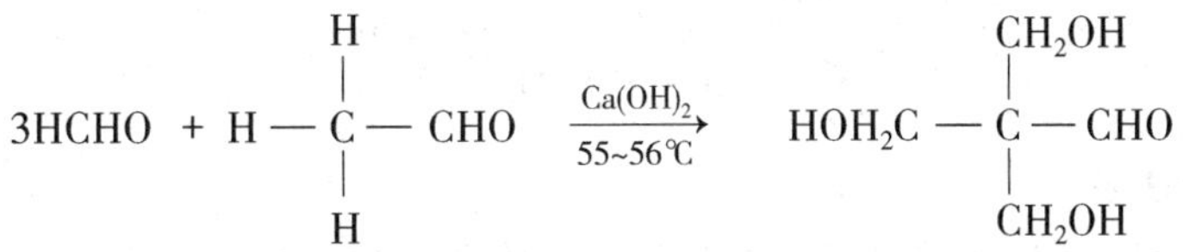

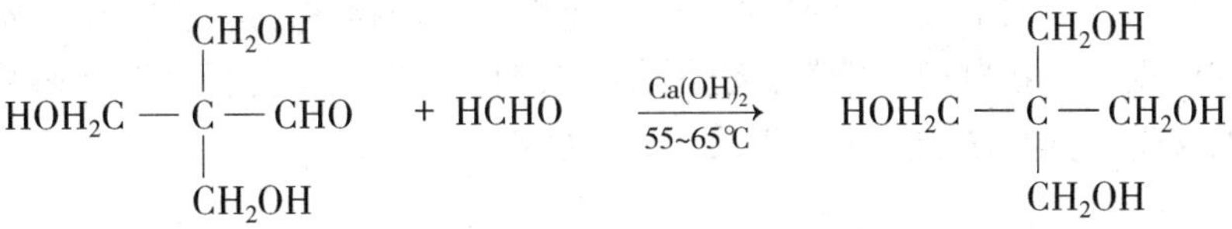

R3-14 醛和酮的制备

5. 醛、酮的制法

醛、酮的制备可以采用醇的氧化和脱氢、偕二卤代物的水解、芳烃的酰基化、羧酸衍生物的还原和、炔烃的水合等方法。

## 3-5 羧酸

分子中含有羧基的化合物称为羧酸，可用通式 RCOOH 表示。

**1. 羧酸的分类**

根据羧酸分子中烃基的不同，可以分为脂肪、脂环和芳香羧酸；根据羧基所连烃基的饱和程度不同，又可分为饱和羧酸和不饱和羧酸。根据分子中所含羧基数目的不同，可将羧酸分为一元羧酸、二元羧酸和多元羧酸等。

**2. 羧酸的结构**

羧基(—COOH)是羧酸的官能团，羧基由一个羰基和一个羟基组成，羰基中的碳原子是 $sp^2$杂化，因此，C—C ═O 及 O ═C—O 键处于同一平面，键角约 120°。羧基的碳氧双键是由一个 σ 和一个键π构成的，类似于醛、酮分子中的碳氧双键，羧基的结构如图 3-4 所示。

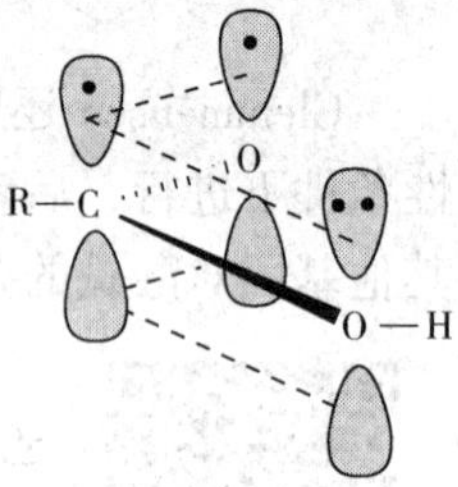

图 3-4 羧基的结构

羟基氧上的未共用电子对与 C ═O 双键形成 p-π共轭，降低了羰基碳原子的正电性，不利于亲核试剂的进攻，因此羧酸亲核加成反应的活性比醛、酮低。相反，羟基氧原子上的电子云密度降低，增加了 O—H 键的极性，使 H 易于解离，从而使羧酸具有较强的酸性。

**3. 羧酸的物理性质**

羧酸是极性分子，能与水形成氢键，因而甲酸至丁酸可与水互溶，但随着相对分子质量的增加，羧酸在水中的溶解度逐渐减小，癸酸以上的羧酸不溶于水。

羧酸的沸点比相对分子质量相近的醇的沸点还要高。例如，甲酸的沸点是 100.7℃，而相对分子质量相同的乙醇的沸点只有 78.5℃。乙酸的沸点为 117.9℃，而丙醇的沸点为 97.4℃。这是因为羧酸是一类强极性物质，在分子间能由两个氢键互相结合起来，易形成双分子缔合的二聚体，羧酸分子间氢键的缔合使它们的沸点显著提高；低分子量的羧酸在气相中也以二聚体形式存在。

R3-15 羧酸的物理常数

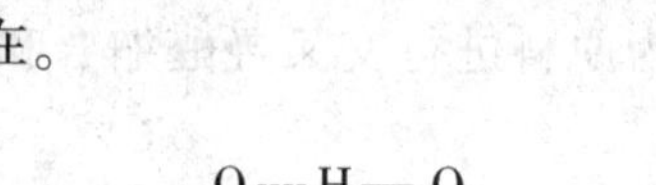


**4. 羧酸的化学性质**

羧基在结构上由羰基和羟基组成，因此羧基也体现了羰基和羟基的部分性质，但与醛酮的羰基及醇羟基的性质又有明显区别。由于共轭作用，使得羧基不是羰基和羟基的简单加合，所以羧基中既不存在典型的羰基，也不存在典型的羟基，而是两者互相影响，从而使羧酸具有独特的化学活性。羧酸发生化学反应的主要部位如下：

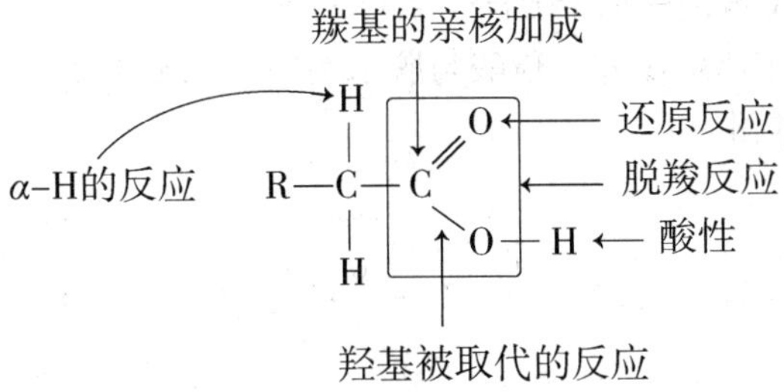


(1) 酸性

由于羟基氧原子上的未共用电子对与 C=O 双键形成 p-π共轭，从而使羟基氧原子上的电子云密度降低，增加了 O—H 键的极性，使 H 易于解离，从而使羧酸具有明显的酸性。

羧酸的酸性比水、醇强，甚至比碳酸的酸性还要强。从测得的 p$K_a$ 值可以看出羧酸在有机化合物中是酸性较强的一种。有机化合物酸性的比较如下：

酸性：$RCOOH > C_6H_5OH > HOH > ROH > HC \equiv CH$

p$K_a$ 值：4~5　　10　　15.74　16~19　~25

羧酸能与碱作用成盐，也可分解碳酸盐。另外，羧酸可被无机酸从其相应的盐中解离出来。

$$RCOOH + NaOH \longrightarrow RCOONa + H_2O$$

$$RCOOH + NaHCO_3 \longrightarrow RCOONa + H_2O + CO_2 \uparrow$$

$$RCOONa + HCl \longrightarrow RCOOH + NaCl$$

羧酸盐具有盐类的一般性质，为离子化合物。少于 10 个碳原子的一元羧酸的钠盐和钾盐能溶于水。不溶于水的羧酸既溶于 NaOH 也溶于 $NaHCO_3$，不溶于水的酚能溶于 NaOH 不溶于 $NaHCO_3$，不溶于水的醇既不溶于 NaOH 也溶于 $NaHCO_3$。这些性质可用于醇、酚、羧酸的鉴别和分离。

R3-16 影响羧酸酸性的因素

(2) 羧酸衍生物的生成

羧酸分子中的羟基可被卤原子、酰氧基、烷氧基和氨基等取代，分别生成酰卤、酸酐、酯和酰胺等羧酸衍生物。

① 酰卤的生成。羧酸与 $PX_3$、$PX_5$、$SOCl_2$作用则生成酰卤。例如：

$$3CH_3-\overset{\overset{\large O}{\|}}{C}-OH + PCl_3 \xrightarrow{\triangle} 3CH_3-\overset{\overset{\large O}{\|}}{C}-Cl + H_3PO_3$$

沸点　118℃　　75℃　　52℃　　200℃(分解)

亚磷酸不易挥发，故该法适用于制备低沸点酰氯。

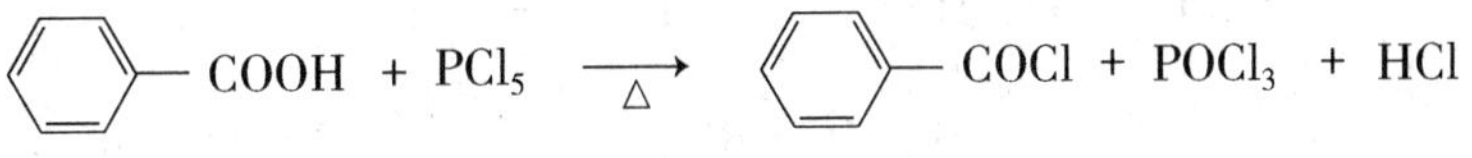

沸点　249℃　　197℃　　105.3℃

磷酰氯沸点较低(105.3℃)，故该法适用于制备高沸点酰氯。

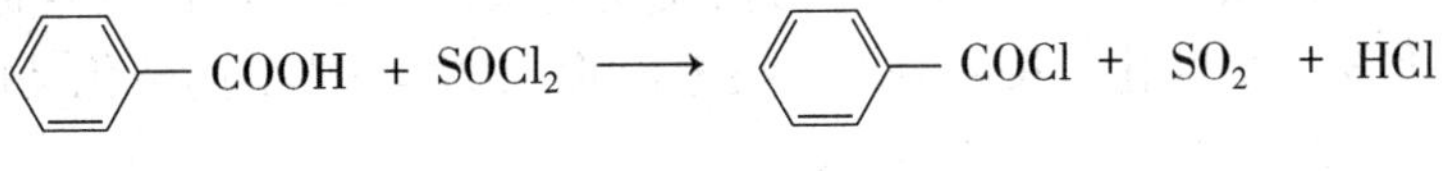

该法的副产物均为气体，有利于分离，且产率较高。

② 酸酐的生成。除 HCOOH 外，羧酸与脱水剂[$P_2O_5$或$(CH_3CO)_2O$]共热，两分子羧酸则发生分子间脱水生成酸酐。

$$R-\overset{\overset{O}{\|}}{C}-OH + HO-\overset{\overset{O}{\|}}{C}-R \xrightarrow[\triangle]{P_2O_5} R-\overset{\overset{O}{\|}}{C}-O-\overset{\overset{O}{\|}}{C}-R + H_2O$$

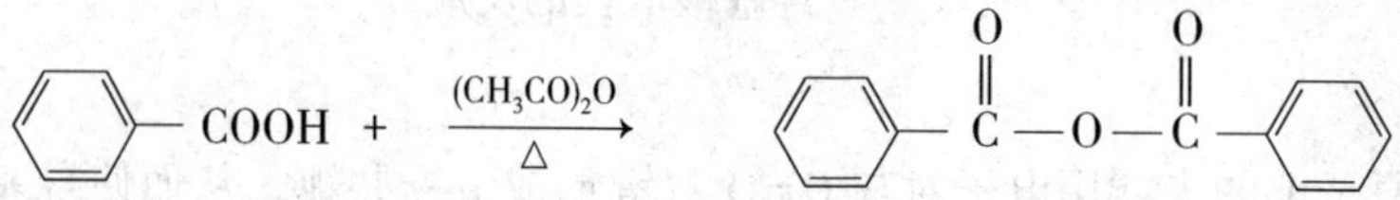

用乙酸酐作脱水剂不仅价格便宜，而且它易于吸水生成乙酸，容易除去，故常用来制备较高级的羧酸酐。羧酸的分子间脱水只适用于制备简单酸酐。

混合酸酐可用酰卤与羧酸盐一起共热的方法来制备。

$$CH_3-\overset{\overset{O}{\|}}{C}-ONa + Cl-\overset{\overset{O}{\|}}{C}-CH_2CH_3 \xrightarrow{\triangle} CH_3-\overset{\overset{O}{\|}}{C}-O-\overset{\overset{O}{\|}}{C}-CH_2CH_3 + NaCl$$

某些二元酸，只需加热即可生成五元环或六元环的酸酐。例如：

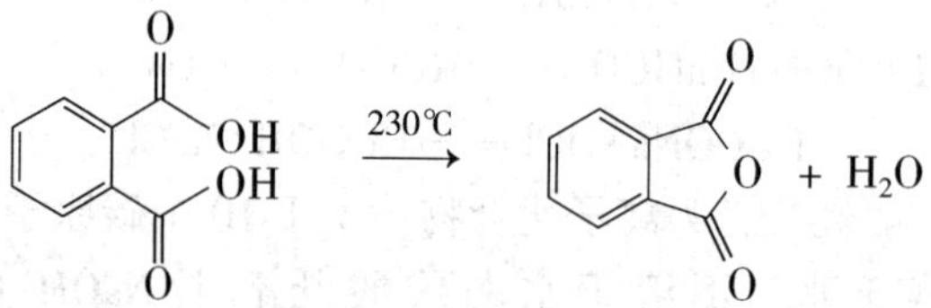

③ 酯的生成。羧酸与醇在酸催化下作用，脱去一分子水生成酯的反应，称为酯化反应。

$$R-\overset{\overset{O}{\|}}{C}-OH + HO-R' \overset{H^+}{\rightleftharpoons} R-\overset{\overset{O}{\|}}{C}-O-R' + H_2O$$

酯化反应是典型的可逆反应，为了提高酯的产率，可根据平衡移动原理，或增加反应物浓度，或减少生成物浓度，使平衡向右移动。酯化反应的活性次序为

酸相同时　$CH_3OH > 1°ROH > 2°ROH > 3°ROH$

醇相同时　$HCOOH > CH_3COOH > RCH_2COOH > R_2CHCOOH > R_3CCOOH$

酯化时，羧酸和醇之间的脱水可有两种不同的方式：

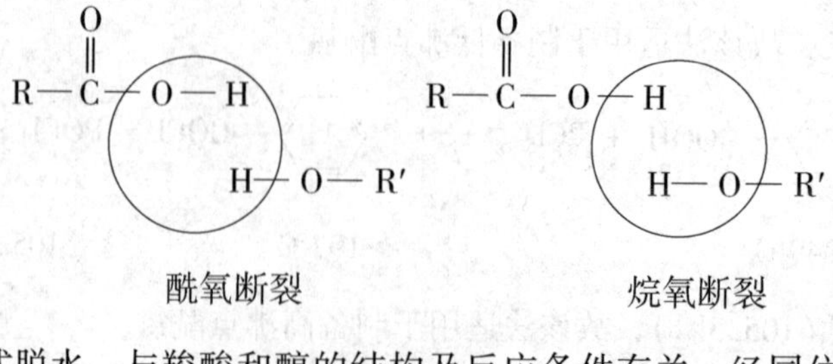

酰氧断裂　　　　烷氧断裂

究竟按哪种方式脱水，与羧酸和醇的结构及反应条件有关。经同位素标记醇的办法证实，伯醇和仲醇与羧酸的酯化是按酰氧键断裂进行的，叔醇与羧酸的酯化是按烷氧键断裂进行的。

④ 酰胺的生成。羧酸与 $NH_3$或胺作用生成羧酸铵，然后加热脱水生成酰胺或 N-取代酰胺。例如：

$$R-\overset{\overset{O}{\|}}{C}-OH + NH_3 \overset{H^+}{\rightleftharpoons} R-\overset{\overset{O}{\|}}{C}-ONH_4 \xrightarrow[\triangle]{-H_2O} R-\overset{\overset{O}{\|}}{C}-NH_2$$

(3) 脱羧反应

羧酸或其盐脱去羧基(失去 $CO_2$)的反应，称为脱羧反应。饱和一元羧酸在加热下较难脱羧，但低级羧酸的金属盐在碱存在下加热则可发生脱羧反应。

$$R-\overset{\overset{O}{\|}}{C}-OH \xrightarrow[②\triangle]{①NaOH} R-H + CO_2$$

无水醋酸钠和碱石灰混合后强热生成甲烷，是实验室制取甲烷的方法。

$$CH_3COONa+NaOH \xrightarrow[\triangle]{CaO} CH_4+Na_2CO_3$$

一元羧酸的 α-C 上连有强吸电子基团时，易发生脱羧。例如：

$$Cl_3CCOOH \xrightarrow{\triangle} CHCl_3 + CO_2$$

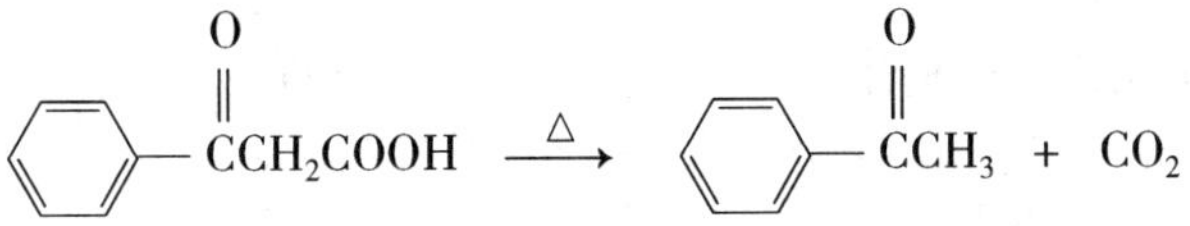

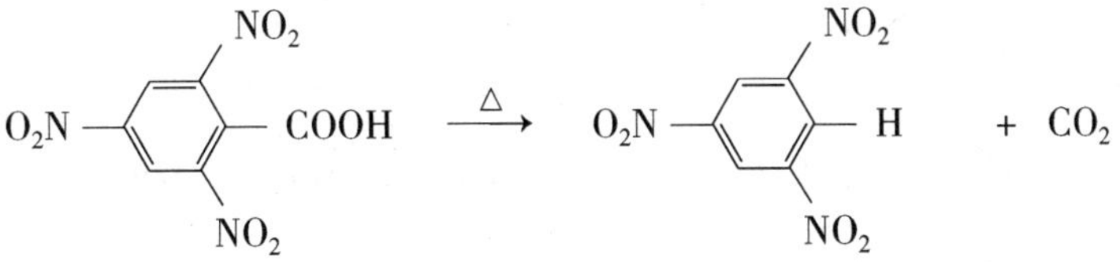

(4) 羧基的还原

羧酸不易被还原。但在强还原剂 $LiAlH_4$作用下，羧基可被还原成羟基，生成相应的伯醇。

$$R-\overset{\overset{O}{\|}}{C}-OH \xrightarrow[乙醚]{LiAlH_4} \xrightarrow{H_2O} R-CH_2OH$$

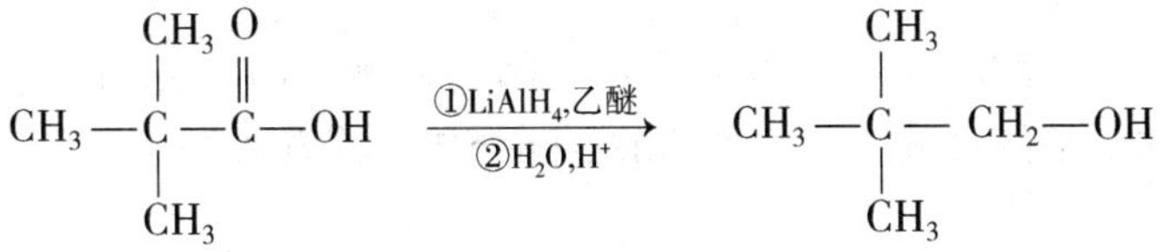

该法不仅产率高，而且不影响 C=C 和 C≡C 的存在，可用于不饱和酸的还原。

$$CH_3CH=CHCOOH \xrightarrow[②H_2O,H^+]{①LiAlH_4,乙醚} CH_3CH=CHCH_2OH$$

(5) $\alpha$-H 的卤代反应

与醛、酮相似，羧酸分子中的 $\alpha$-H 因受到羧基的影响，具有一定的活泼性，发生卤代反应。但其反应活性要比醛、酮低得多，通常要在碘、硫或红磷等催化剂存在下方可进行。该反应称为 Hell-Volhard-Zelinsky 反应。

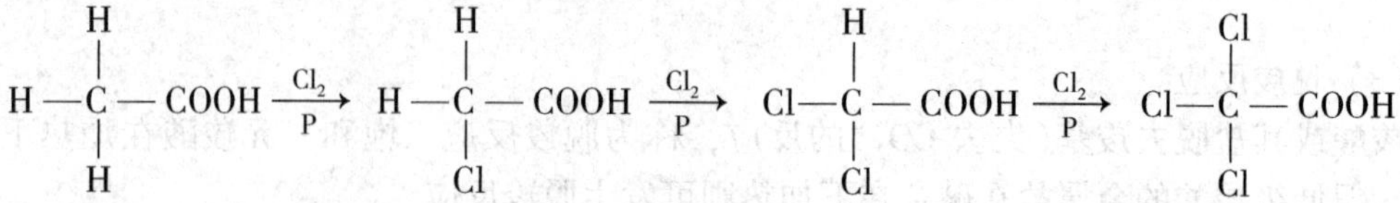

控制条件，反应可停留在一取代阶段。例如：

$$CH_3CH_2CH_2CH_2COOH + Br_2 \xrightarrow[70℃]{PBr_3} CH_3CH_2CH_2\underset{\displaystyle Br}{\underset{|}{C}}HCOOH + HBr$$

$\alpha$-卤代酸很活泼，常用来制备 $\alpha$-羟基酸和 $\alpha$-氨基酸。

(6) 二元羧酸受热反应的规律

二元羧酸受热，依两个羧基的相对位置不同，其产物各异，乙二酸、丙二酸($C_2 \sim C_3$)脱羧生成一元酸；丁二酸、戊二酸($C_4 \sim C_5$)脱水生成酸酐；己二酸、庚二酸($C_6 \sim C_7$)则既脱羧又脱水生成酮。例如：

$$HOOC—COOH \xrightarrow{\triangle} HCOOH + CO_2$$

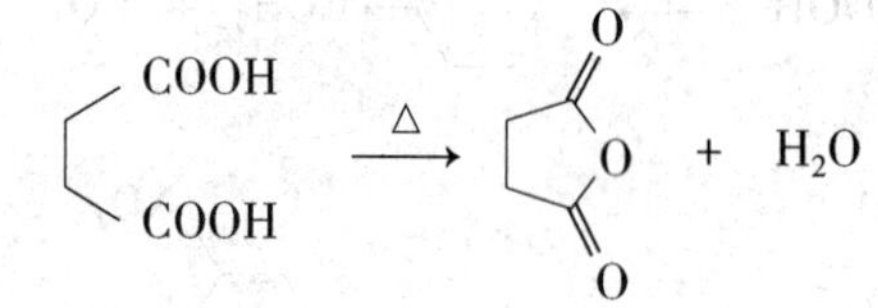

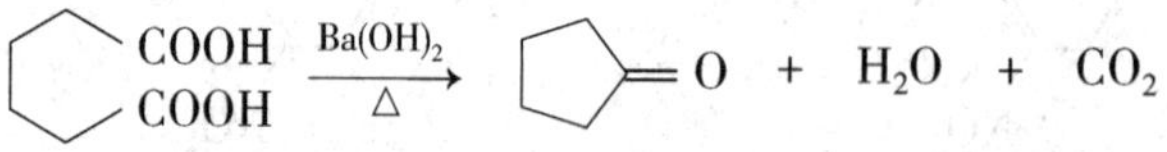

辛二酸及含更多碳原子的二元酸加热脱水，生成高分子的酸酐。二元羧酸烃基上的取代基在热分解反应中不受影响。例如：

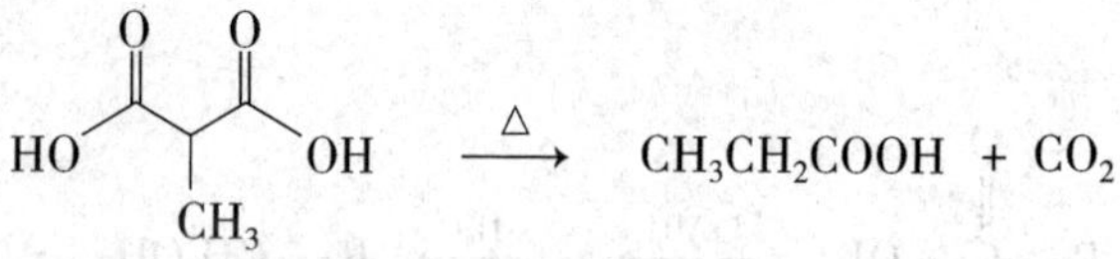

R3-17 羧酸的制备

**5. 羧酸的制法**

羧酸的制备可以氧化法、腈的水解、Grignard 试剂与二氧化碳作用、丙二酸酯合成法、乙酰乙酸乙酯合成法等方法。

## 3-6 羧酸衍生物

羧酸衍生物是指羧酸分子中羧基上的羟基被其他原子或原子团取代后的化合物，重要的羧酸衍生物有酰卤、酸酐、酯和酰胺。

**1. 羧酸衍生物的结构**

羧酸衍生物在结构上的共同特点是都含有酰基，故也称为酰基化合物。酰基与其所连的基团都能形成 p-π 共轭体系；与酰基相连的原子的电负性都比碳大，故具有-I 效应；L 原子有未共用电子对，故具有+C 效应。

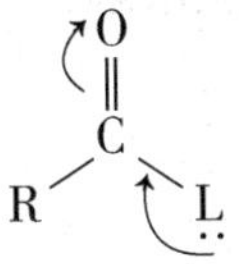


L= —X,　—O—C(=O)—R′,　—O—R′,　—$NH_2$

**2. 羧酸衍生物的物理性质**

低级的酰卤和酸酐都具有强烈的刺激气味，对眼睛和鼻黏膜有刺激作用，而许多羧酸酯却有愉快的香味，且易挥发，如乙酸异戊酯有香蕉的香气。低级酯还是良好的有机溶剂。

酰卤、酸酐和酯难溶于水，低级酰氯遇水分解。由于它们分子间都不能形成氢键，所以它们的熔点沸点一般比相对分子质量相近的羧酸低。

酰胺分子之间能形成氢键，其沸点比相应的羧酸高，在水中的溶解度也大。当氮上的氢被烃基取代，特别是氮上两个氢原子都被取代后，则分子间氢键不可能存在，于是出现了相对分子质量增加而沸点、熔点降低的现象。

R3-18 羧酸衍生物的物理常数

多数酯的相对密度小于 1，而酰氯、酸酐和酰胺的相对密度几乎都大于 1。

**3. 羧酸衍生物的化学性质**

酰卤、酸酐、酯和酰胺都具有酰基，化学性质相似，均可发生水解、醇解、氨解反应，还能与 grinard 试剂反应得到酮或醇，它们也都可被还原。发生化学反应的主要部位如下：

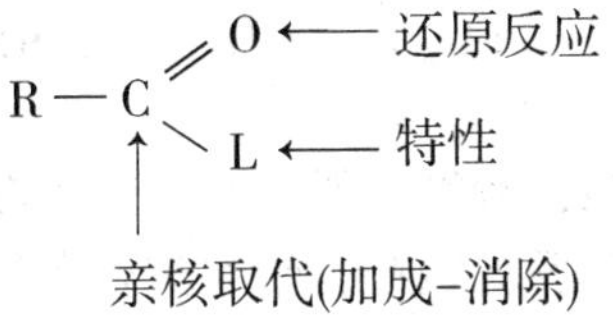


（1）亲核取代反应

羧酸衍生物典型的化学反应是酰基碳原子上的亲核取代反应，反应分为加成和消除两步：

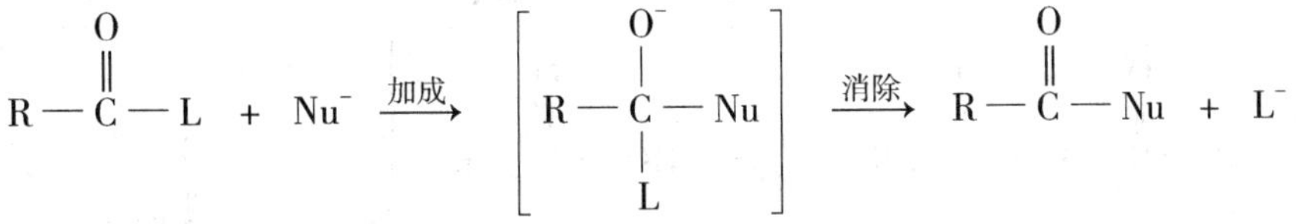


$\ddot{N}u$ =$H_2O$, HOR, $NH_3$, $RNH_2$

反应净的结果是 L 基团被取代，故称为亲核取代反应。

加成一步取决于电子因素和空间因素；消除一步取决于 L 的碱性和稳定性。L 碱性越弱，越容易离去；L 越稳定，越容易离去。

就酰氯、酸酐、酯、酰胺而言：

L 的碱性为：$Cl^- < R{-}COO^- < R'O^- < NH_2^-$

L 的稳定性为：$Cl^- > R{-}COO^- > R'O^- > NH_2^-$

所以反应活性为：$RCOX > (RCO)_2O > RCOOR' > RCONH_2$

① 水解。四种羧酸衍生物化学性质相似，主要表现在它们都能水解，生成相应的羧酸。例如：

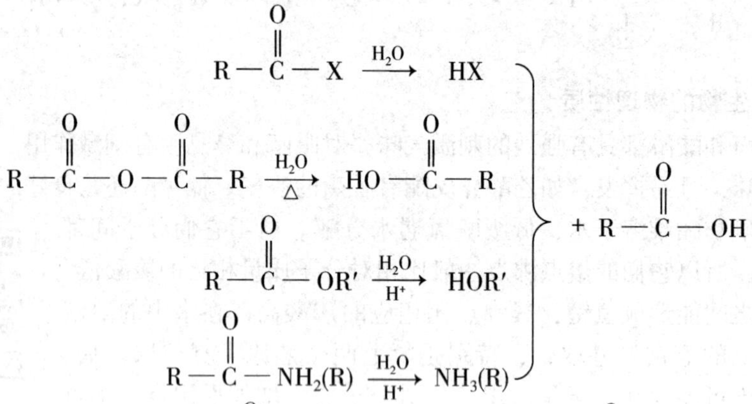

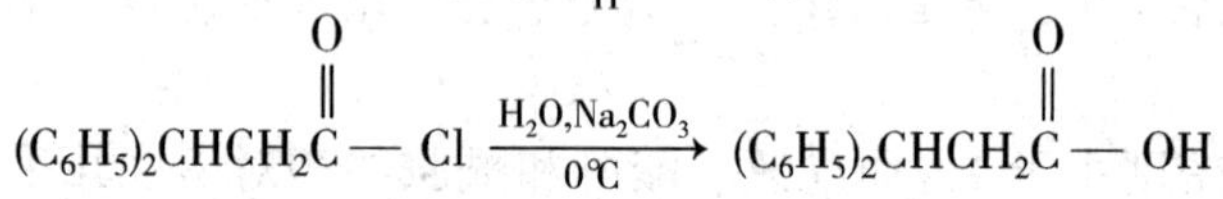

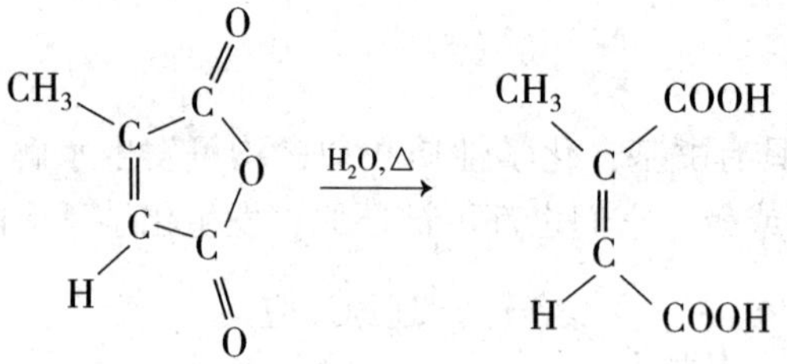

酰卤极易水解，而且反应激烈；酸酐一般需要加热才能水解；酯需要在酸性或碱性条件下水解，在没有催化剂存在下水解反应缓慢；酰胺需要在酸或碱的催化下，经长时间的加热回流才能水解。所以，它们的水解反应活性次序为酰氯>酸酐>酯>酰胺。

② 醇解。酰氯、酸酐和酯都能醇解生成酯。例如：

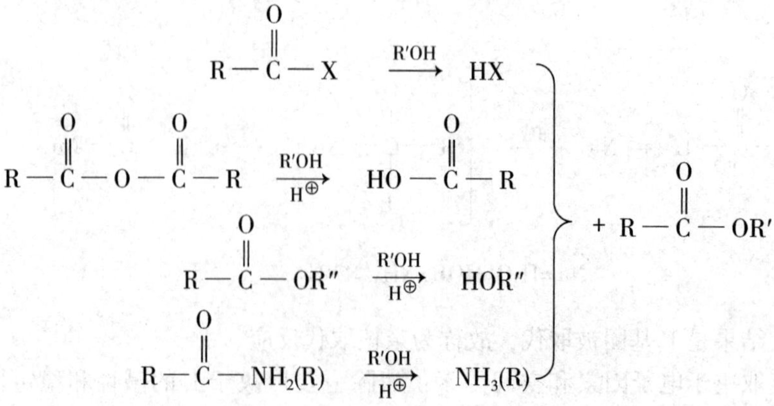

酰氯与醇反应生成酯，反应较快，是制备酯的方法，此法通常用于合成一些难以用酸和醇直接酯化合成的酯，如酚酯。

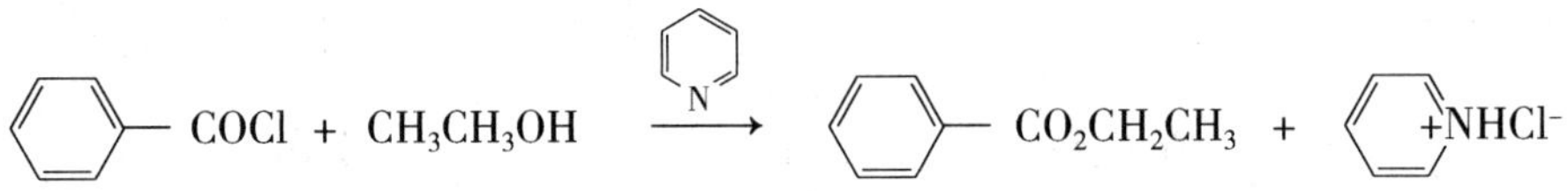

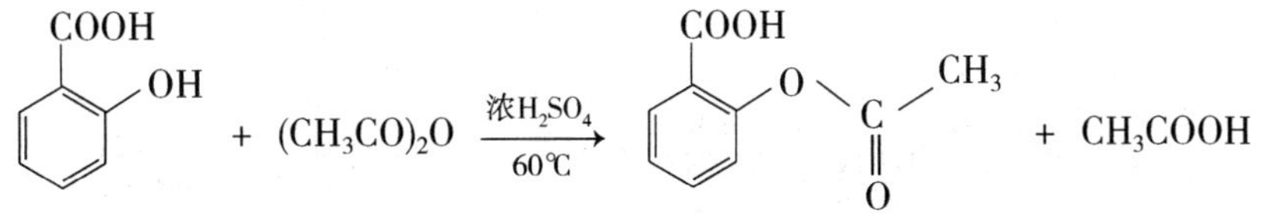

水杨酸　　　　　　　　　　阿司匹林

酯的醇解需要在酸或碱的催化下进行，反应生成另一种醇和酯，该反应又称酯交换反应。可用于由较活泼的低碳原子数的酯制备其他的酯。例如：

$$CH_2{=}CH-\overset{\overset{\displaystyle O}{\|}}{C}-OCH_3 + CH_3CH_2CH_2CH_2OH \xrightarrow{H^+} CH_2{=}CH-\overset{\overset{\displaystyle O}{\|}}{C}-OCH_2CH_2CH_2CH_3 + CH_3OH$$

③ 氨解。酰氯、酸酐和酯都能与氨或胺作用生成酰胺。例如：

$$\left.\begin{array}{r} R-\overset{\overset{\displaystyle O}{\|}}{C}-X \xrightarrow{NH_3} HX \\ R-\overset{\overset{\displaystyle O}{\|}}{C}-O-\overset{\overset{\displaystyle O}{\|}}{C}-R \xrightarrow{NH_3} HO-\overset{\overset{\displaystyle O}{\|}}{C}-R \\ R-\overset{\overset{\displaystyle O}{\|}}{C}-OR' \xrightarrow{NH_3} HOR' \end{array}\right\} + R-\overset{\overset{\displaystyle O}{\|}}{C}-NH_2$$

$$CH_3-\underset{}{\overset{\overset{\displaystyle CH_3}{|}}{CH}}-\overset{\overset{\displaystyle O}{\|}}{C}-Cl + NH_3 \longrightarrow CH_3-\overset{\overset{\displaystyle CH_3}{|}}{CH}-\overset{\overset{\displaystyle O}{\|}}{C}-NH_2 + HCl$$

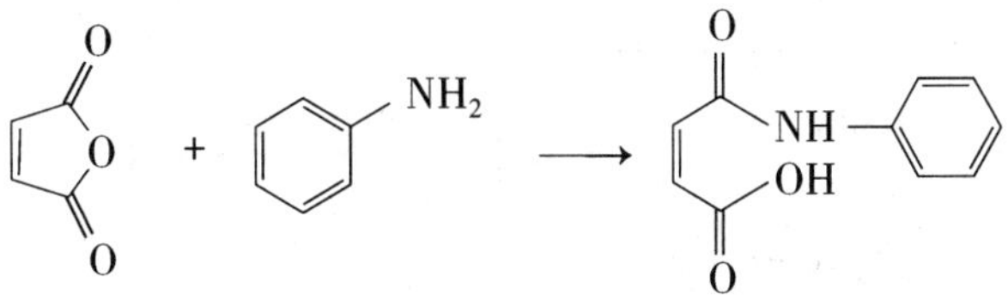

工业上用对苯二甲酰氯(或间苯二甲酰氯)与对苯二胺进行缩聚，生成聚对(或间)苯二甲酰对苯二胺树脂。经抽丝等工艺制成高强度、高耐热性以及具有优良阻燃性能的芳香聚氨酯纤维。

(2) 与 Grignaid 试剂的反应

羧酸衍生物可与 Grignaid 试剂作用生成酮，后者可与 Grignaid 试剂继续反应得到叔醇。

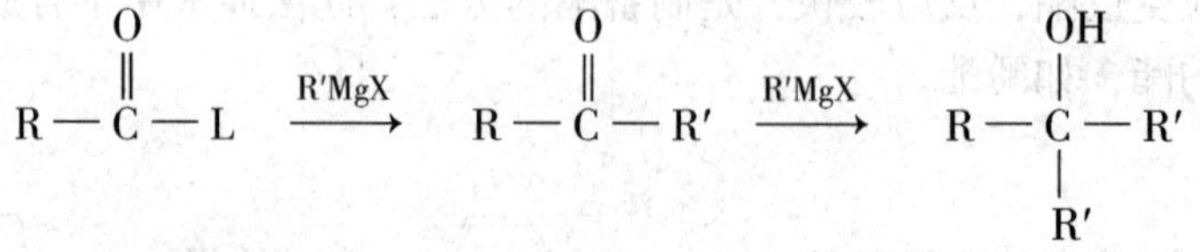

酰氯、酸酐、酯　　　　酮　　　　叔醇

例如：

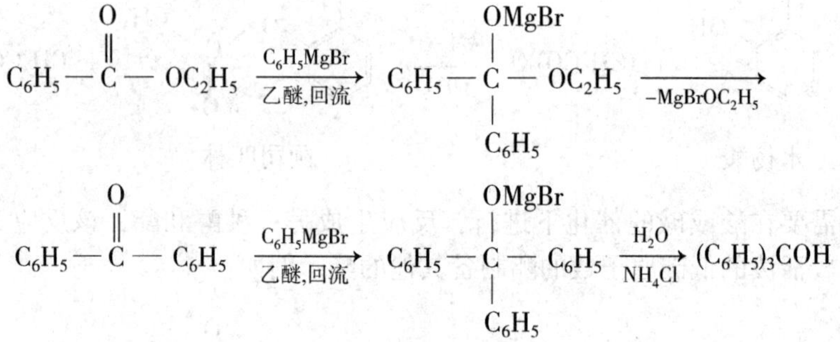

这是由酯合成叔醇(甲酸酯得到仲醇)的常用方法之一。

反应能否停留在酮阶段，决定于反应物的活性、用量和反应条件等因素。例如，酰氯与等物质的量的 Grignaid 试剂在低温下反应生成酮。

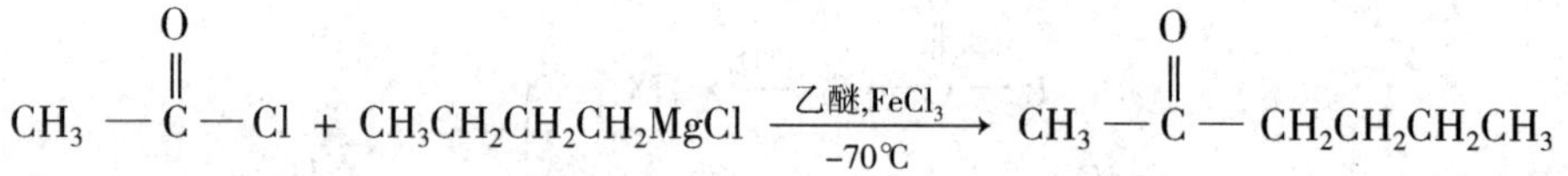

这是因为酰氯与 Grignaid 试剂的反应比酮更容易。

此外，空间效应较大的反应物也主要生成酮。酰胺的氮原子上有活泼氢，要消耗相当物质量的 Grignaid 试剂，同时反应活性低，所以在通常条件下很少使用。

(3) 还原反应

采用不同的还原方法能使羧酸衍生物还原成不同的产物。

① 用 $LiAlH_4$还原。四种羧酸衍生物均可被 $LiAlH_4$还原，其还原产物除酰胺还原得到相应的胺外，酰卤、酸酐和酯还原均得到相应的伯醇。

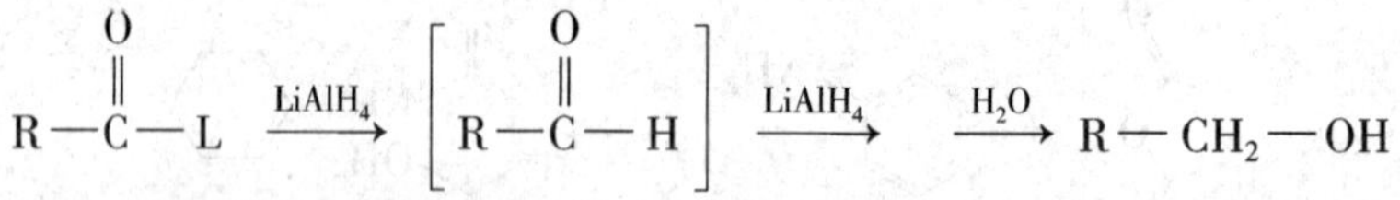

L=卤素,酰氧基,烷氧基

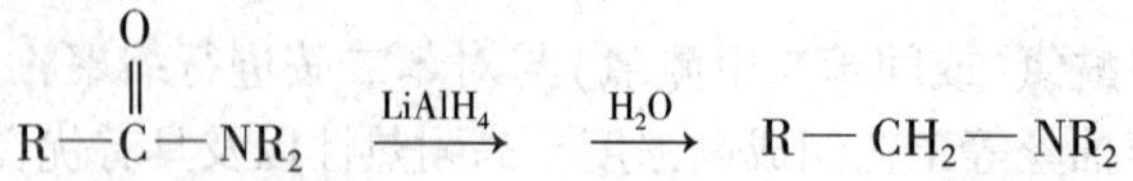

例如：

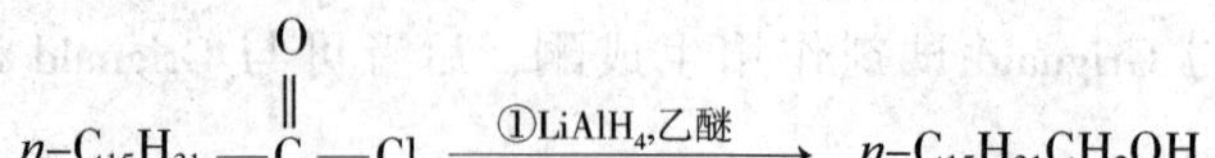

② 用金属钠-醇还原。酯与金属钠在醇(常用乙醇、丁醇或戊醇等)中加热回流，可被还原成相应的醇，此反应称为 Bouveault-Blane 反应。例如：

$$CH_3(CH_2)_7CH = CH(CH_2)_7COOC_2H_5 \xrightarrow{Na, C_2H_5OH} CH_3(CH_2)_7CH = CH(CH_2)_7CH_2OH$$

油酸乙酯　　　　　　　　　　　　油醇

③ 催化氢化还原。酰氯催化氢化还原的产物通常是醇。如果用降低了活性的 Pd/C 为催化剂，可被还原为醛，该反应又称 Rosenmund 还原。为使反应停留在生成醛的阶段，可在反应体系中加入适量喹啉-硫或硫脲等作为“抑制剂”，以降低催化剂的活性。例如：

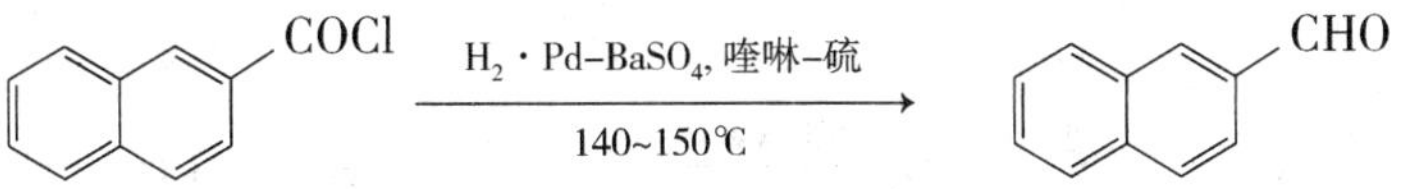

酸酐可被催化氢化为两分子醇，酰胺不易催化氢化，酯能顺利地被催化氢化还原为两分子醇。例如：

$$(CH_3)_3CCOOCH_2CH_3 \xrightarrow{H_2, CuCr_2O_4} (CH_3)_3CCH_2OH + C_2H_5OH$$

(4) 酰胺的特性

① 酰胺的酸碱性。酰胺分子中的氨基受酰基吸电子诱导效应的影响，N 原子上的电子云密度降低。此外 N 原子上的未共用电子对与羰基处于 p-π 共轭体系，从而使氨基的碱性减弱，酰胺水溶液呈中性。

酰亚胺分子中的 N 原子上连两个酰基，从而使 N 原子上的电子云密度大大降低，不但不显碱性，N 原子上的 H 还显示出弱酸性，能与强碱反应生成酰亚胺的盐。例如：

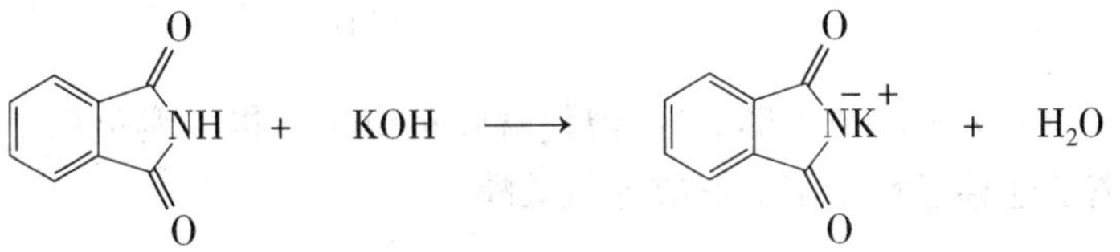

此外，酰亚胺可以与溴反应。例如：

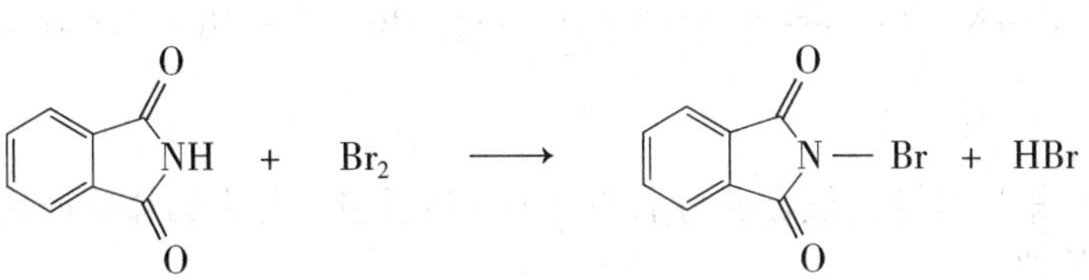

产物 *N*-溴代丁二酰亚胺(NBS)是一种重要的溴代试剂。

② 酰胺的脱水反应。酰胺在脱水剂 $P_2O_5$、$SOCl_2$ 等存在下共热或高温加热，则发生分子内脱水，生成腈，这是制备腈的方法之一。例如：

$$(CH_3)_2CH-\overset{O}{\overset{\|}{C}}-NH_2 \xrightarrow[200\sim280℃]{P_2O_5} (CH_3)_2CH-CN$$

$$CH_3CH_2CH_2CH_2\underset{}{\overset{CH_2CH_3}{\overset{|}{C}}}HCONH_2 \xrightarrow[75\sim80℃]{SOCl_2,苯} CH_3CH_2CH_2CH_2\overset{CH_2CH_3}{\overset{|}{C}}H-CN$$

③ Hofmann 降解反应。酰胺与 $Cl_2$ 或 $Br_2$ 在碱溶液中作用，则脱去羰基生成伯胺，该反应通常称为 Hofmann 降解反应。

$$R-\overset{O}{\overset{\|}{C}}-NH_2 \xrightarrow{Br_2/NaOH} R-NH_2 + CO_2$$

该反应是减少一个碳原子的反应，不但产率较高，而且产品较为纯净。例如：

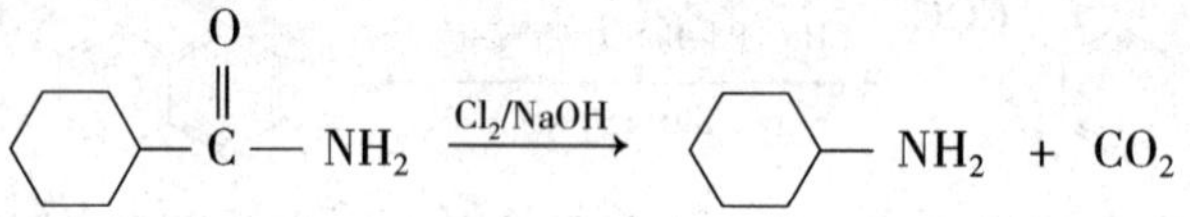

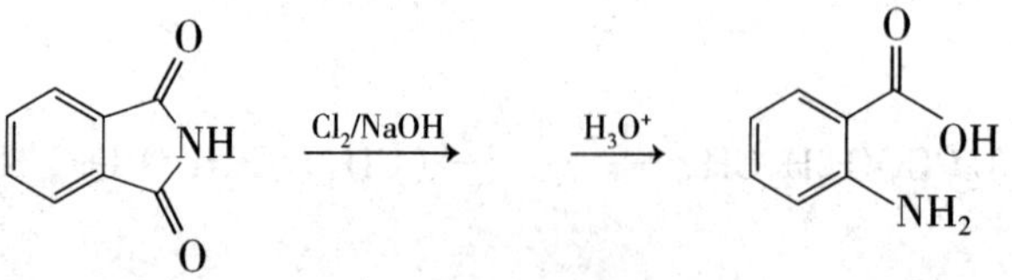

其反应机理如下：

首先在酰胺氮原子上发生碱催化的溴化，得到 *N*-溴代酰胺中间体。

$$R-\overset{O}{\overset{\|}{C}}-NH_2 + HO^- + Br_2 \longrightarrow R-\overset{O}{\overset{\|}{C}}-\underset{H}{\underset{|}{N}}-Br + Br^- + H_2O$$

然后在碱的作用下失去质子，形成 *N*-溴代酰胺负离子，接着溴负离子带着键合电子离去，同时烷基负离子迁移至氮原子上形成异氰酸酯

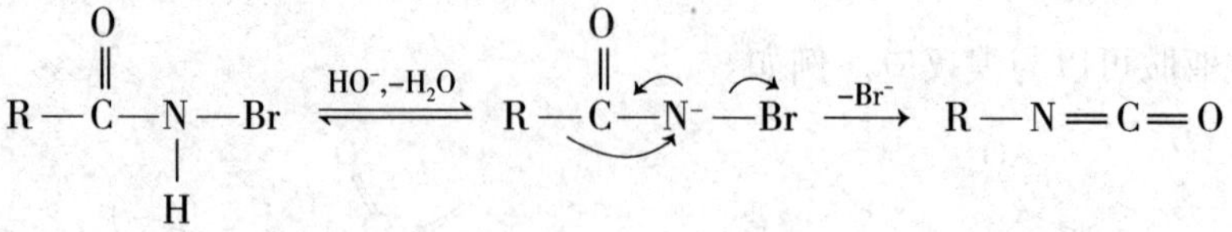

异氰酸酯含有累积双键，很容易与水和醇等发生反应。与水的加成产物不稳定，很快脱去二氧化碳得到伯胺。

$$R-N=C=O + H_2O \longrightarrow \left[R-NH-\overset{O}{\overset{\|}{C}}-OH\right] \longrightarrow R-NH_2 + CO_2$$

# 第二部分　典型例题

**【例 3-1】** 为什么 HBr 的浓水溶液与 $C_2H_5OH$ 反应得到 $C_2H_5Br$，而 NaBr 的浓水溶液并不能与 $C_2H_5OH$ 反应？

**解：**

$$C_2H_5OH \xrightleftharpoons{HBr} C_2H_5\overset{+}{O}H_2 + Br^- \longrightarrow C_2H_5Br + H_2O$$

$$C_2H_5OH + Br^- \not\longrightarrow C_2H_5Br + HO^-$$

前一个反应中，醇羟基质子化后，离去基团转变成易离去的 $H_2O$。后一个反应中，$HO^-$ 碱性太强，不易离去，因此，醇羟基被取代的反应一般需在酸性条件下进行。

**【例 3-2】** 为什么醛、酮在酸性介质中与亲核试剂发生加成反应时，亲核试剂总是进攻羰基碳原子而不是质子化的氧原子？

**解：** 以丙酮为例

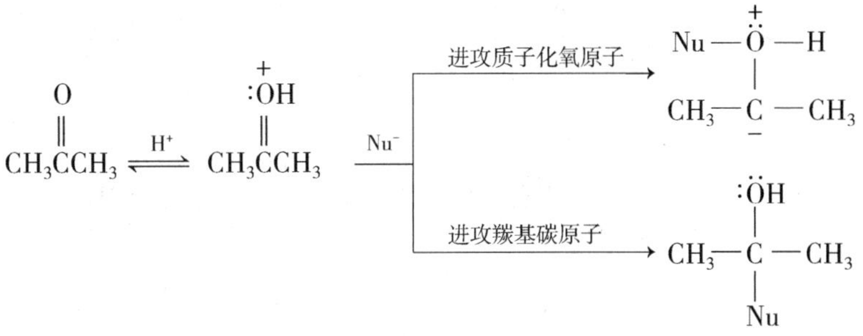


当进攻氧原子时，氧原子上已经有 8 个电子，亲核试剂的一对电子与氧形成新键时，双键上的一对电子必然被推向碳原子，从而形成了高能量的电荷分离体系，不稳定。

当进攻羰基碳原子时，由于碳原子上已经有 8 个电子，亲核试剂的一对电子与羰基碳原子成键时，碳氧双键上的 π 电子必然被推向氧，从而形成了电中性的产物，能量低，产物稳定。

**【例 3-3】** 以丙烯为原料合成 2-甲基戊-2-醇。

**解：**

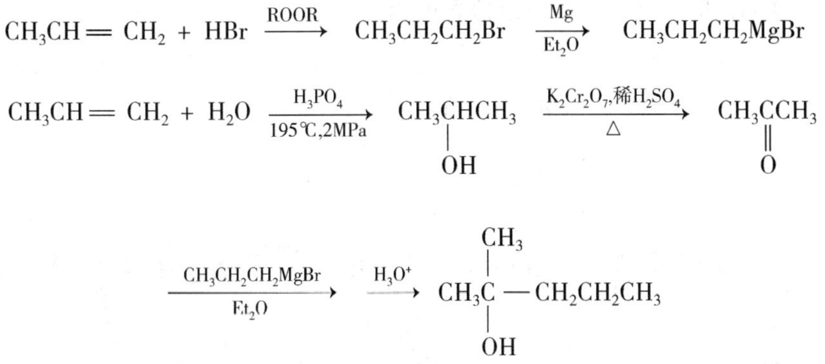

【例 3-4】 以乙醇为原料合成 2,3-环氧丁醛。

**解：**

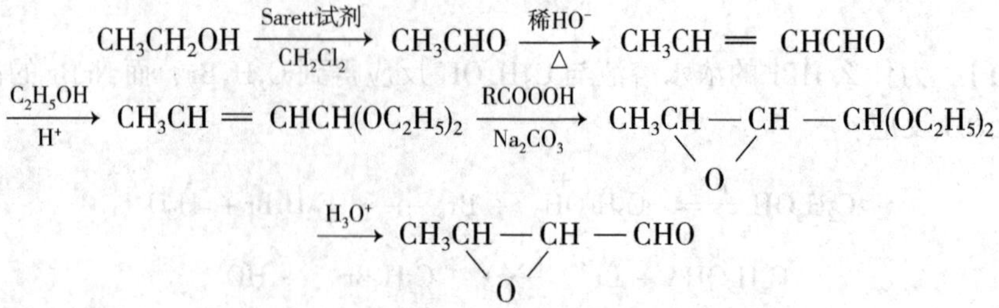

【例 3-5】 完成下列转变

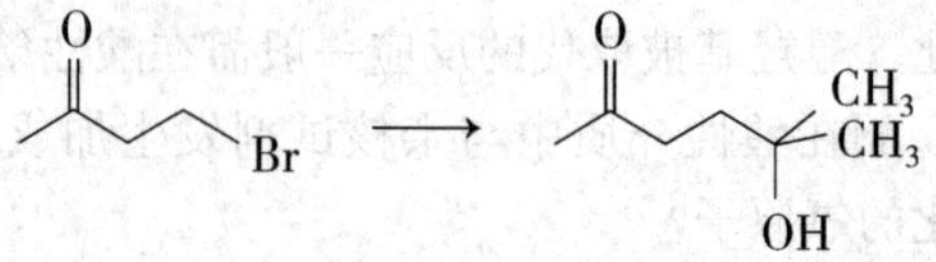

**解：**

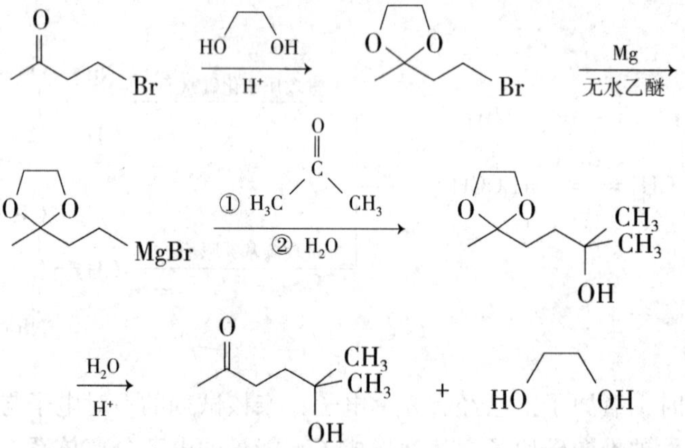

【例 3-6】 化合物 A 的分子式为 $C_5H_{10}O$，不溶于水，与溴的四氯化碳溶液和金属钠都没有反应，与稀盐酸或稀氢氧化钠溶液反应，得到同一化合物 B，分子式为 $C_5H_{12}O_2$，B 与等物质的量的高碘酸水溶液反应得到 HCHO 和化合物 C，分子式为 $C_4H_8O$，C 可发生碘仿反应。请推测 A、B、C 的构造式，并用反应式表示之。

**解：** A 是不饱和度为 1 的含氧化合物。但没有碳碳双键，没有醇羟基。能与稀盐酸或稀氢氧化钠反应，生成不饱和度为 0 的 B，说明 A 可能为环氧乙烷衍生物，B 可被高碘酸氧化，证明上述推测正确。结合其他给定信息可推测 A 为

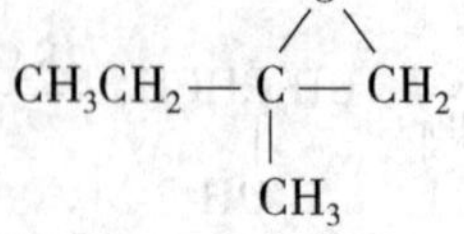

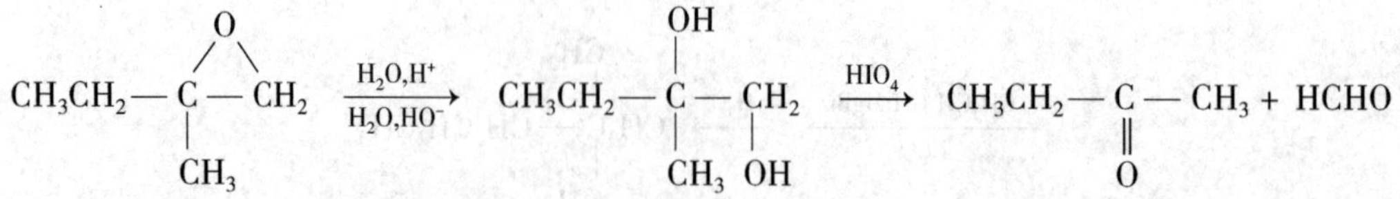

(A) (B) (C)

$$CH_3CH_2-\overset{\overset{O}{\|}}{C}-CH_3 \xrightarrow{I_2+NaOH} CH_3CH_2COONa + CHI_3$$

【例 3-7】 有一中性化合物的分子式为 $C_7H_{13}O_2Br$，与羟胺与苯肼均无反应，红外光谱在 2850~2950$cm^{-1}$ 区域有吸收峰，而在 3000$cm^{-1}$ 以上区域没有吸收峰，另一个较强的吸收峰在 1740$cm^{-1}$。核磁共振 δ：1.0（三重峰，3H），1.3（二重峰，6H），2.1（多重峰，2H），4.2（三重峰，1H），4.6（多重峰，1H）。推测该化合物的结构。

**解：**① 根据分子式可计算出该化合物的不饱和度为 1。

② IR 光谱在 1740$cm^{-1}$ 有吸收峰，在 3000$cm^{-1}$ 以上无吸收峰，表明分子中有 $-\overset{\overset{O}{\|}}{C}-O-$，而无—OH。

③ 核磁共振 1.0（三重峰，3H），说明有 $CH_3CH_2-$，1.3（二重峰，6H）说明有 $(H_3C)_2CH-$。

④ 将分子式 $C_7H_{13}O_2Br$ 减去已确定的结构单元 $CO_2$、$C_2H_5$、$C_3H_7$，余下 CHBr。余下的原子表明分子中还可能有 $>CH-$ ′ — Br结构单元。

结合核磁共振数据可推测该化合物的结构式为

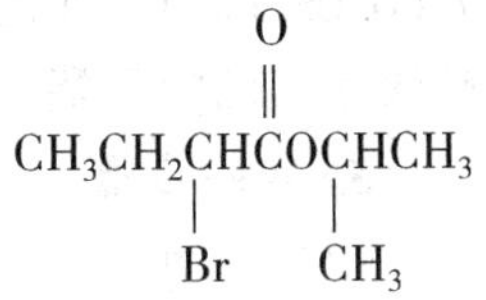

# 第三部分 实验内容

## 实验八 苯甲醇的制备

**1. 必备知识**

① 通过查阅资料，了解苯甲醇的性质与用途。

② 本反应加入相转移催化剂的作用是什么？

③ 常用的相转移催化剂有哪些？简述相转移催化反应的原理？

④ 什么情况下考虑用空气冷凝管蒸馏？

⑤ 本实验采用碳酸钾作为碱性水解试剂有何优点？

⑥ 查阅资料了解主要试剂及产物的物理常数。

**2. 实验目的**

① 了解相转移催化反应的原理，学习利用相转移催化反应制取苯甲醇的方法。

② 熟练掌握电动搅拌的基本操作方法。

③ 练习高温蒸馏和空气冷凝管的使用方法。

**3. 实验原理**

醇是有机化学中应用极广的一类化合物，不但用作溶剂，而且是合成许多其他化合物的原料。醇的制备方法很多，其中可以通过卤代烃的水解来合成醇。用苯甲基氯制备苯甲醇是由卤代烃水解制备醇的一个实际例子。

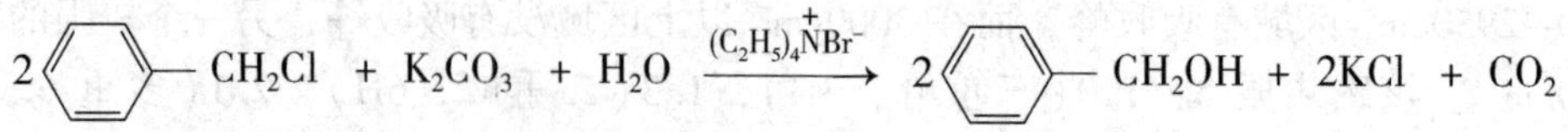

水解在碱性水溶液中进行。由于卤代烃不溶于水，这个两相反应进行得很慢，并且需要强烈搅拌。如果加入相转移催化剂，如四乙基溴化铵，反应时间可以大大缩短。相转移催化剂是可以帮助反应物从一相转移到能够发生反应的另一相当中，从而加快异相系统反应速率的一类催化剂。相转移催化的反应，一般都存在水溶液和有机溶剂两相，离子型反应物往往可溶于水相，不溶于有机相，而有机物则可溶于有机溶剂之中。当不存在相转移催化剂时，两相相互分离，几个反应物无法大面积接触，反应进行得很慢。当加入相转移催化剂后，相转移催化剂可以与水相中的离子结合，并利用自身对有机溶剂的亲和性，将水相中的反应物转移到有机相中，促使反应发生。

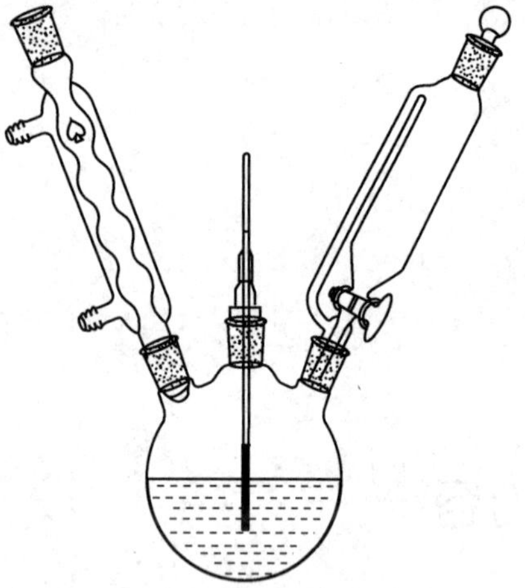

图 3-5　反应装置

**4. 仪器及药品**

实验装置如图 3-5 所示。

药品：苯甲基氯 10mL（11g，0.087mol）、碳酸钾 9g（0.065mol）、四乙基溴化铵（50%水溶液）2mL、无水硫酸镁、乙酸乙酯。

**5. 实验步骤**

（1）合成

在装有电动搅拌器的 250mL 三口烧瓶里加入碳酸钾水溶液（9g 碳酸钾溶于 80mL 水中）及 2mL 50%四乙基溴化铵水溶液，加几粒沸石。按图 3-5 所示装上回流冷凝管和滴液漏斗，在滴液漏斗中装 10mL 苯甲基氯。开动搅拌器，在回流状态下将苯甲基氯滴入三口烧瓶中，滴加完毕后，继续在搅拌下回流反应 2h。

（2）分离和提纯

反应完毕后，停止加热，将三口烧瓶冷却到 30～40℃，把反应液移入分液漏斗中，分出油层。水层用乙酸乙酯萃取 2 次，每次用 10mL。合并萃取液和粗苯甲醇。用适量的无水硫酸镁或碳酸钾干燥。

将干燥透明的苯甲醇乙酸乙酯溶液倒入 100mL 蒸馏烧瓶里，先用一般的蒸馏装置蒸馏，回收乙酸乙酯后，将直形冷凝管改为空气冷凝管，高温加热蒸馏。收集 200～208℃的馏分。

纯苯甲醇为无色透明液体，沸点 205.4℃，$d_4^{20}$1.0419，$n_D^{20}$1.5396。

（3）产物鉴定

① 测定产物的沸点或折光率。

② 测试产物的红外光谱，与图 3-6 的标准谱图对照。

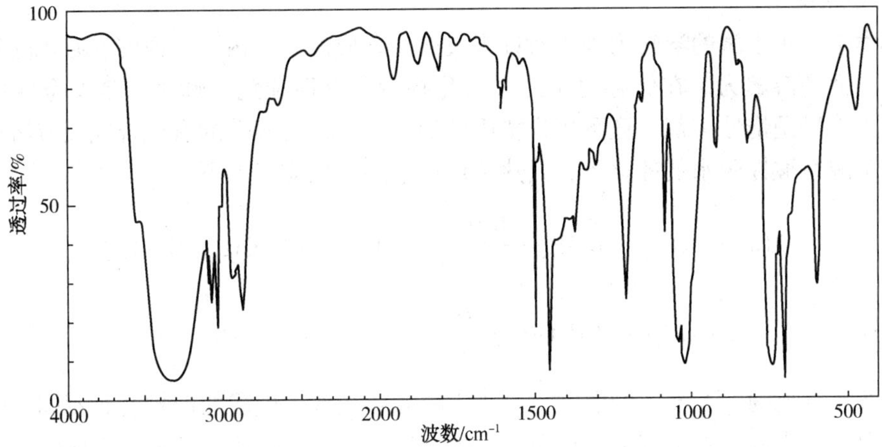


图 3-6　苯甲醇的红外光谱图

**6. 实验指导**

① 虽然加入了相转移催化剂，反应中仍然需要搅拌来加快相转移的速度，如果不加相转移催化剂，反应需 6~8h 才能完成。

② 温度过低，会有固体析出，给分离带来困难。

**7. 拓展实验**

设计用其他合适的方法制备苯甲醇。

要求：拟定实验方案，包括实验目的、实验原理、实验装置图、实验药品、实验步骤、产物鉴定方法等。

**【提示】**醇的制备方法很多。工业上，利用水煤气合成、淀粉发酵、油脂的高压加氢以及以烃类为原料通过多种途径来制备醇。在实验室中，通常采用羰基化合物的还原、烯烃的硼氢化-氧化反应，还可利用格利雅(Grignard)反应来合成各种结构复杂的醇。

# 实验九　正丁醚的制备

**1. 必备知识**

① 通过查阅资料，了解正丁醚的性质与用途。

② 为什么回流温度很难达到制备正丁醚的适宜温度 130~140℃？如果初时温度过高，会有什么结果？

③ 制备正丁醚时，试计算理论上应分出多少体积的水？实际上往往超过理论值，为什么？

④ 你认为反应结束的标志有哪些？

⑤ 粗产品中含有哪些杂质？实验中是如何除去的？

⑥ 查阅资料了解主要试剂及产物的物理常数。

**2. 实验目的**

① 掌握分子间脱水制醚的反应原理和实验方法。

② 学习分水器的使用方法，掌握分水回流操作技术。

**3. 实验原理**

在醚类中，正丁醚的溶解力强，对许多天然及合成油脂、树脂、橡胶、有机酸酯、生物碱等都有很强的溶解力。在储存时生成过氧化物少，毒性和危险性小，是安全性很高的溶剂。由于正丁醚是惰性溶剂，还可用作格氏试剂、橡胶、农药等的有机合成反应溶剂。本实验利用正丁醇在酸性脱水剂催化下，共热生成正丁醚，反应式如下：

主反应： $$2CH_3CH_2CH_2CH_2OH \xrightarrow[138\sim140℃]{H_2SO_4} (CH_3CH_2CH_2CH_2)_2O+H_2O$$

副反应： $$CH_3CH_2CH_2CH_2OH \xrightarrow[>140℃]{H_2SO_4} CH_3CH_2CH{=}CH_2+H_2O$$

用硫酸作催化剂，在不同的温度下，正丁醇和硫酸作用生成的产物会有不同，因此必须严格控制温度。本实验主反应为可逆反应，为了提高产率，利用正丁醇与生成的正丁醚及水形成共沸物的特性，可把生成的水从反应体系中分离出来。

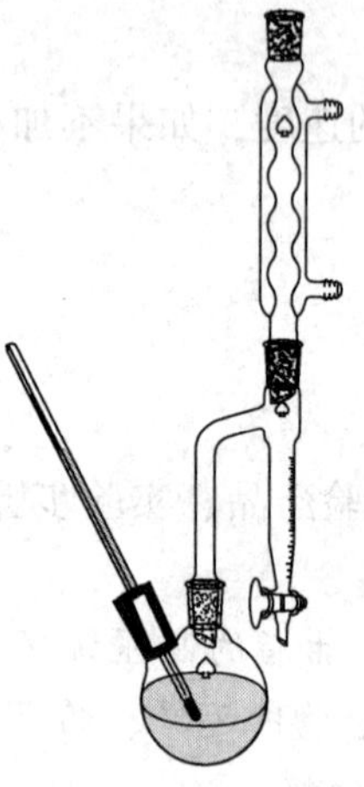

图 3-7 反应装置

**4. 仪器及药品**

实验装置如图 3-7 所示。

药品：正丁醇 28mL（22.7g，0.3mol）、浓硫酸 4mL、5%氢氧化钠溶液、饱和氯化钙溶液、无水氯化钙。

**5. 实验步骤**

（1）合成

在 100mL 三口瓶中，加入 28mL 正丁醇，将 4mL 浓硫酸缓慢加入并振荡烧瓶使浓硫酸与正丁醇混合均匀，再加入几粒沸石。按图 3-7 所示安装好反应装置，并在分水器中加入一定量的饱和食盐水（水的量可等于分水器的总容量减去反应完全时可能生成的水量）。小火加热，保持微沸，随着反应的进行，分水器中的水层会不断增加，反应液的温度也逐渐上升，如果分水器中的水层超过了支管则应分去。大约经 1.5h 后，反应液温度可达 134~136℃。当不再看见水珠穿行或水面不再上升时，表示反应完毕，停止加热。若继续加热，则反应液变黑并有较多副产物丁烯的生成。

（2）分离和提纯

待反应液稍冷，拆除分水器，将仪器改成蒸馏装置，加几粒沸石，进行蒸馏至无馏出液为止。

将馏出液倒入已装有 50mL 水的分液漏斗中，振荡，静置，分出水层。粗产品依次用 20mL 水、15mL 5%氢氧化钠溶液、20mL 水和 15mL 饱和氯化钙溶液洗涤。最后用无水氯化钙干燥。干燥后的产物滤入 50mL 蒸馏烧瓶中进行蒸馏，收集 140~144℃ 的馏分。记录产品外观，沸程，实际产量，计算产率。

纯正丁醚为无色液体，沸点为 142.4℃，$d_4^{20}$0.769，$n_D^{20}$1.3992。

（3）产物鉴定

① 测定产物的沸点或折光率。

② 测试产物的红外光谱，与图 3-8 的标准谱图对照。

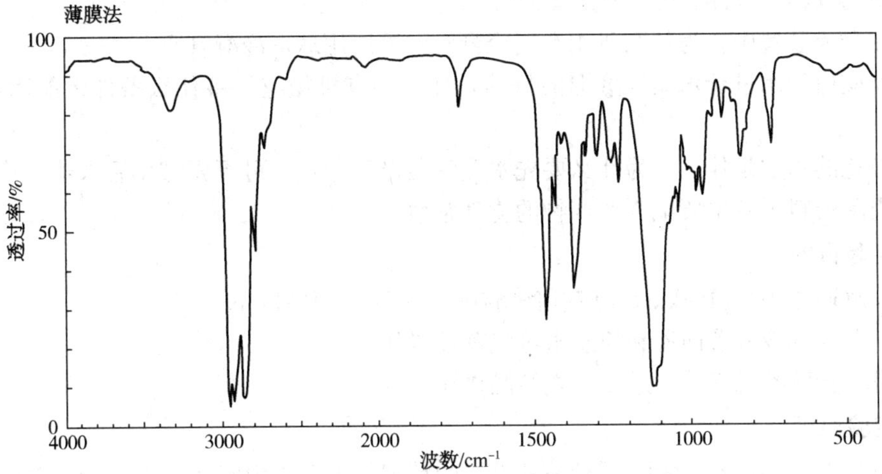


图 3-8　正丁醚的红外光谱

**6. 实验指导**

① 正丁醇、正丁醚和水形成的共沸物见表 3-1。

**表 3-1　共沸物性质**

| 恒沸物 | 沸点/℃ | 组成比(质量分数) | 恒沸物 | 沸点/℃ | 组成比(质量分数) |
|---|---|---|---|---|---|
| 正丁醇-水 | 93.0 | 55.5：45.5 | 正丁醇-正丁醚 | 117.6 | 17.5：82.5 |
| 正丁醚-水 | 94.1 | 66.6：33.4 | 正丁醇-正丁醚-水 | 90.6 | 35.5：34.6：29.9 |

② 加浓硫酸时要慢，并充分摇匀，防止局部碳化。

③ 用饱和食盐水的目的是降低正丁醇和正丁醚在水中的溶解度。

④ 反应开始回流时，因为有恒沸物的存在，温度不可能马上达到 135℃。但随着水被蒸出，温度逐渐升高。最后达到 135℃以上，即应停止加热。如果温度升得太高，反应溶液会炭化变黑，并有大量副产物丁烯生成。

⑤ 在碱洗过程中，不宜激烈地摇动分液漏斗，否则严重乳化，难以分层。

**7. 拓展实验**

设计由乙醇制备乙醚的实验方法，并比较与本实验制备方法的异同点。

要求：拟定实验方案，包括实验目的，实验原理、实验装置图、实验药品、实验步骤、产物鉴定方法等。

**【提示】**醇的分子间脱水是制备脂肪族低级单醚的主要方法。实验室常用的脱水剂是浓硫酸。除硫酸外，还可用磷酸、芳香族磺酸或离子交换树脂。由于反应是可逆的，根据反应体系的特点，可采用不同方法促使反应向有利于生成醚的方向移动。

## 实验十　肉桂酸的制备

**1. 必备知识**

① 通过查阅资料，了解肉桂酸的性质与用途。

② 所用仪器、药品为什么均需干燥无水？

③ 在合成装置中，为什么要用空气冷凝管？可以用球形冷凝管吗？

④ 反应后加水进行水蒸气蒸馏的目的是什么？有机物应具备什么条件才能用水蒸气蒸馏提纯？

⑤ 碱化的目的是什么？为什么要先水蒸气蒸馏后碱化？可否先碱化后水蒸气蒸馏？

⑥ 查阅资料了解主要试剂及产物的物理常数。

**2. 实验目的**

① 了解通过珀金(Perkin)反应制备肉桂酸的基本原理和方法。

② 掌握空气冷凝管回流和简易水蒸气蒸馏操作。

③ 进一步熟悉巩固减压过滤、重结晶操作。

**3. 实验原理**

肉桂酸，又名$\beta$-苯丙烯酸，是一种重要的精细化工合成中间体，广泛用于医药、香料、塑料和感光树脂等化工产品中。有顺式和反式两种异构体，通常以反式存在。

芳香醛和酸酐在碱性催化剂的作用下，可以发生类似羟醛缩合的反应，生成$\alpha,\beta$-不饱和酸，该反应称为 Perkin 反应。通常使用的催化剂是与酸酐相应的羧酸钠盐或钾盐，有时也可用碳酸钾代替。典型的例子是肉桂酸的制备，可由苯甲醛与乙酐缩合而得。

主反应：

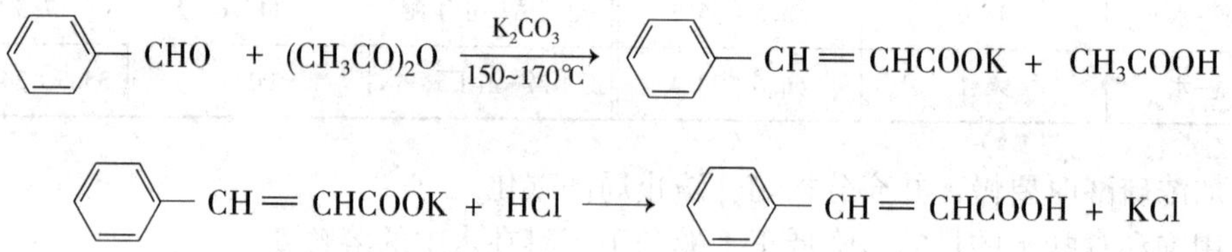


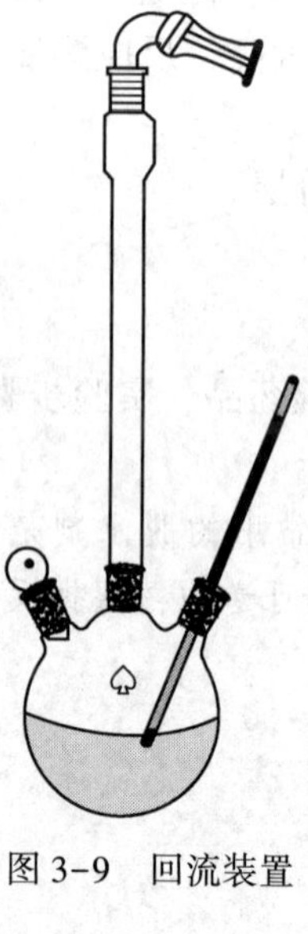

图 3-9　回流装置

**4. 仪器及药品**

实验装置如图 3-9 所示。

药品：苯甲醛 3.0mL(3.12g，0.029mol)、醋酸酐 8.0mL(8.65g，0.085mol)、无水碳酸钾、浓盐酸、10% NaOH、无水乙醇、无水氯化钙、活性炭等。

**5. 实验步骤**

(1) 合成

在干燥的 100mL 三口烧瓶中加入 3mL 新蒸馏苯甲醛，8mL 新蒸馏的醋酸酐以及研细的 4.4g 无水碳酸钾，振荡使其混合均匀。装上带有氯化钙干燥管的空气冷凝管和温度计。按图 3-9 所示安装好反应装置。在电热套上进行加热，回流 45min。由于有二氧化碳逸出，最初反应会出现泡沫。

(2) 分离和提纯

待反应冷却后，向其中加入 30mL 水，用玻棒轻轻捣碎瓶中的固体。将装置改装成普通蒸馏装置，对反应混合物进行简易的水蒸气蒸馏，直至无油状物质蒸出为止。冷却。向圆底烧瓶中加入约 20mL 10% NaOH（至 pH = 9～10），以保证所有的肉桂酸形成肉桂酸钠而溶解。再加入少许活性炭，加热煮沸 2～3min，脱色过滤（双层滤纸，以防活性炭透过）。滤液倒入 250mL 烧杯中冷却至室温后，在搅拌下慢慢用浓盐酸进行酸化至 pH<3（也可使刚果红试剂至蓝）。冷却使晶体析出完全，抽滤得到白色晶体。

将粗产品置于 250mL 烧杯中，用水－乙醇重结晶，先加入 120mL 水，加热至大部分固体溶解，稍冷，加入 20mL 乙醇，再加热至全部固体溶解后，冷却至室温，待结晶完全，抽滤，用少量冷水洗涤晶体，抽干，在 80℃ 烘箱中干燥后称量，计算产率并测定其熔点。

纯肉桂酸为白色片状晶体，熔点为 133℃。

（3）产物鉴定

① 测定产物的熔点。

② 测试产物的红外光谱，与图 3-10 的标准谱图对照。

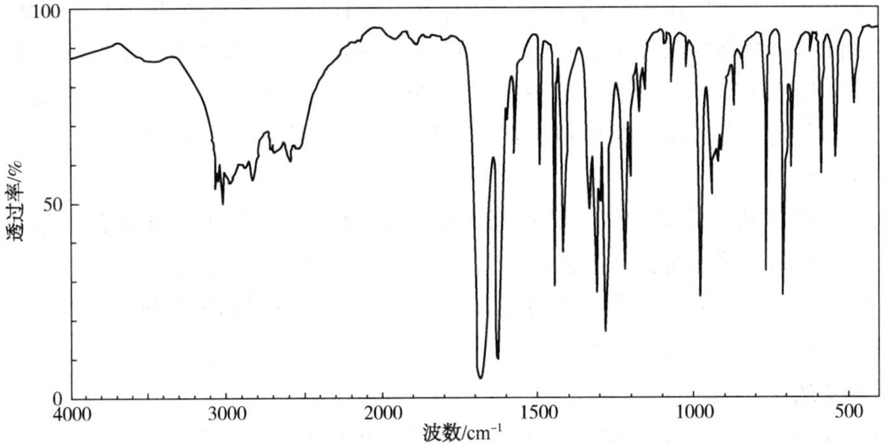


图 3-10　肉桂酸的红外光谱图

**6. 实验指导**

① 所用仪器（包括量取苯甲醛和乙酸酐的量筒）、药品均需无水彻底干燥的，因为乙酸酐遇水即水解成乙酸；无水碳酸钾也极易吸潮，导致缩合反应不能顺利进行。

② 苯甲醛久置后含有苯甲酸，后者不但会影响反应的进行，而且混在产物中不易除去，会影响产品质量。因此实验中使用的苯甲醛必须重新蒸馏，收集 170～180℃ 的馏分。

③ 加料迅速，防止醋酸酐吸潮。

④ 本实验中使用的无水醋酸钾必须新鲜熔焙，否则将会使乙酸酐水解而导致实验失败。将含水醋酸钾放入蒸发皿中加热，则盐先在自己的结晶水中溶化。水分挥发后又结成固体。强热使固体再熔化，并不断搅拌，使水分散发后，趁热倒在金属板上，冷后用研钵研碎，放入干燥器中待用。

⑤ 反应宜缓慢升温，以防苯甲醛氧化。控制火焰的大小至刚好回流，反应开始后，由于逸出二氧化碳，有泡沫出现，随着反应的进行，会自动消失。加热回流，控制反应呈微沸状态，如果反应液激烈沸腾易使乙酸酐蒸气来不及反应从冷凝管上口溢出影响产率。

⑥ 反应混合物在150~170℃长时间加热，产品会发生部分脱羧而产生不饱和烃副产物(苯乙烯)，并进而生成树脂状物。若反应温度过高(200℃左右)，这种现象更为明显。

⑦ 使反应体系的温度降至100℃以下，即回流装置上的冷凝管无液滴往下滴时。

⑧ 防止戳烂烧瓶！反应混合物容易结晶并紧密地黏结在烧瓶壁上，若烧瓶内仍有黏结的物体，可继续往下做，因加入少量水并放置于电热套中加热即可熔化。

⑨ 蒸馏苯甲醛是否完全，可以从以下几个方面来判断：a. 馏出液由浑浊变澄清；b. 蒸馏烧瓶内油层(上层)消失；c. 试管检验，取几滴馏出液，加少量水振摇，如无油珠，表示已蒸馏完毕。

⑩ 若滤液太多(含水量多)时，可加热烧杯帮助蒸发，否则会因水量太多造成产品不能结晶。

⑪ 进行酸化时要慢慢加入浓盐酸，一定不要加入太快，以免产品冲出烧杯造成产品损失。

⑫ 重结晶时，溶剂的用量不能过量太多，也不能过少。过量太多，不能形成热饱和溶液，冷却时析不出结晶或结晶太少；过少，有部分待结晶的物质热溶时未溶解，热过滤时和不溶性杂质一起留在滤纸上，造成损失。考虑到热过滤时，有部分溶剂被蒸发损失掉，使部分晶体析出留在波纸上或漏斗颈中造成结晶损失，所以适宜用量是制成热的饱和溶液后，再多加20%左右。

⑬ 产品洗涤方法：停止抽气，把少量溶剂均匀地洒在滤饼上，使溶剂恰能盖住滤饼。静置片刻，使溶剂渗透滤饼，待有滤液从漏斗下端滴下时，再进行抽气，把滤饼尽量抽干、压干。在布氏漏斗中用溶剂洗涤固体时应该用重结晶的同一溶剂进行洗涤，用量应尽量少，以减少溶解损失。

**7. 拓展实验**

① 设计对本实验中除去苯甲醛和副产物进行提纯改进的方法。

要求：拟定实验方案，包括实验目的、实验原理、实验装置图、实验药品、实验步骤、产物鉴定方法等。

**【提示】**在本实验回流反应结束后，从母液体系中分离出产物的操作方法和技巧是本实验的重点。对未反应的苯甲醛和副产物的清除会直接影响肉桂酸的纯度。本实验通过水蒸气蒸馏的方法除去未反应的苯甲醛，然后加碱反应成盐、加酸析出对肉桂酸进行分离，最后通过活性炭重结晶提纯。这种方法虽然具有一定的可行性，但操作复杂，水蒸气蒸馏花费时间长，产率较低，产品色泽深等缺点。为了简化实验过程，提高反应效率，设计出除去苯甲醛和副产物的改进方法。

② 设计在微波辐射下，以无水碳酸钾作为催化剂，苯甲醛、乙酸酐为原料合成肉桂酸。

要求：实验方案，包括实验目的、实验原理、实验装置图、实验药品、实验步骤、产物鉴定方法等。

**【提示】**微波是1m~1mm之间的超高频振荡波，对于有机物的碳链结构，能进行整体的穿透，把能量迅速传到反应物的各个官能团上。采用微波促进的有机合成反应不仅收率高，反应速度快，克服了传统有机反应时间长、副反应多、产率低的缺点，微波技术在有机合成中得到了广泛的应用。

# 实验十一　乙酸正丁酯的制备

**1. 必备知识**

① 通过查阅资料，了解乙酸正丁酯的性质与用途。

② 查阅本实验中有关物质间可能形成的二元或三元共沸物沸点和组成。

③ 简要叙述分水器分水的基本原理。为什么分水器要求预先加入一定量的水？

④ 乙酸正丁酯的粗产品中含有哪些杂质？实验中是如何除去的？

⑤ 如果洗涤乙酸正丁酯时，能否用浓的氢氧化钠溶液代替 10%碳酸钠溶液？

⑥ 查阅资料了解主要试剂及产物的物理常数。

**2. 实验目的**

① 学习醇酸脱水制备乙酸正丁酯的原理和方法。

② 学习共沸蒸馏原理，了解常见的共沸体系。

③ 掌握分水回流操作技术，进一步熟悉分水器的使用。

**3. 实验原理**

乙酸正丁酯是一种具有水果香味的无色透明液体。它是一种优良的有机溶剂，对涂料、人造革、橡胶、树脂等具有良好的溶解性能；也常用于调制香料。

在酸催化下(如硫酸、盐酸、磺酸)，酸与醇直接酯化是工业和实验室制备羧酸酯最重要的方法。酸的作用是使羰基质子化从而提高羰基的反应活性。酰氯、酸酐和腈醇解也可以制备酯。本实验利用乙酸与正丁醇在浓硫酸催化下直接酯化制备乙酸正丁酯，反应方程式如下：

主反应：

$$CH_3COOH+CH_3CH_2CH_2CH_2OH \xrightleftharpoons{H_2SO_4} CH_3COOCH_2CH_2CH_3CH_3+H_2O$$

副反应：

$$CH_3CH_2CH_2CH_2OH \longrightarrow CH_3CH_2CH{=}CH_2+H_2O$$

$$CH_3CH_2CH_2CH_2OH \longrightarrow (CH_3CH_2CH_2CH_2)_2O+H_2O$$

酯化反应是可逆反应，如果用等摩尔的原料进行反应，到达平衡时只有 2/3 的乙酸和正丁醇转化为酯。为了使反应向有利于生成酯的方向移动，通常采用过量的醇或酸，或不断移去产物水，或二者同时采用。本实验原料醋酸略为过量，并利用共沸蒸馏法除去酯化反应中生成的水。

**4. 仪器及药品**

实验装置如图 3-11 所示。

药品：正丁醇 5mL(4.05g，0.055mol)、冰醋酸 4mL(4.20g，0.070mol)、浓硫酸、饱和氯化钠溶液、10%碳酸钠溶液、无水硫酸镁等。

**5. 实验步骤**

(1) 合成

在 25mL 干燥的圆底烧瓶中，装入 4mL 冰醋酸和 5mL 正丁醇，再加入 5 滴浓硫酸，混合均匀，投入几粒沸石。按图 3-11 所示安装分水器及回流冷凝管，并在分水器中预先加入饱和 NaCl 溶液至略低于支管口。打开循环水，待水流稳定后用电热套加热混合物回流，反应一段时间后逐渐分去分水器中增加的水以保持水层在原来的高度。约 40min 后不再看见水珠穿行或水面不再上升，表示反应完毕。记录放水量。

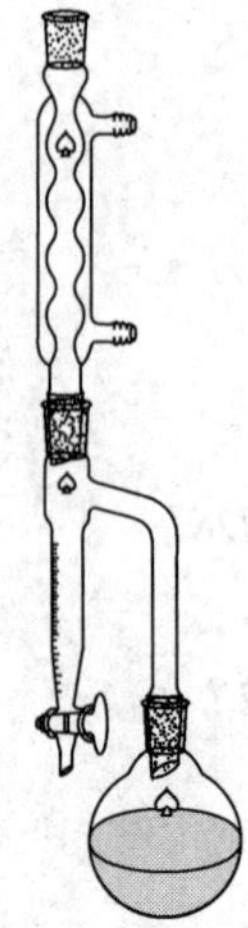

图 3-11　分水回流装置

（2）分离和提纯

停止加热，冷却后，卸下回流冷凝管，把分水器中的酯层和反应瓶中的反应液一起倒入分液漏斗。在分液漏斗中用 5mL 水洗涤，静置分层，分去下层的水层。再向分液漏斗中加入 10%碳酸钠溶液洗涤至中性为止，分去下层的水层。最后在分液漏斗中将酯层再用 5mL 水洗涤一次，分去水层。将酯层从分液漏斗的上口倒入小锥形瓶中，加少量无水硫酸镁干燥。干燥后的粗乙酸正丁酯过滤至干燥的圆底烧瓶中，加入几粒沸石，安装好蒸馏装置，加热蒸馏。用已称重的接收瓶收集 120~126℃的馏分，称重、计算产率。

纯乙酸正丁酯为无色透明具有愉快果香气味的液体，沸点为 126.1℃，$d_4^{20}$0.8865，$n_D^{20}$1.3941。

（3）产物鉴定

① 测定产物的沸点或折光率。

② 测试产物的红外光谱，与图 3-12 的标准谱图对照。

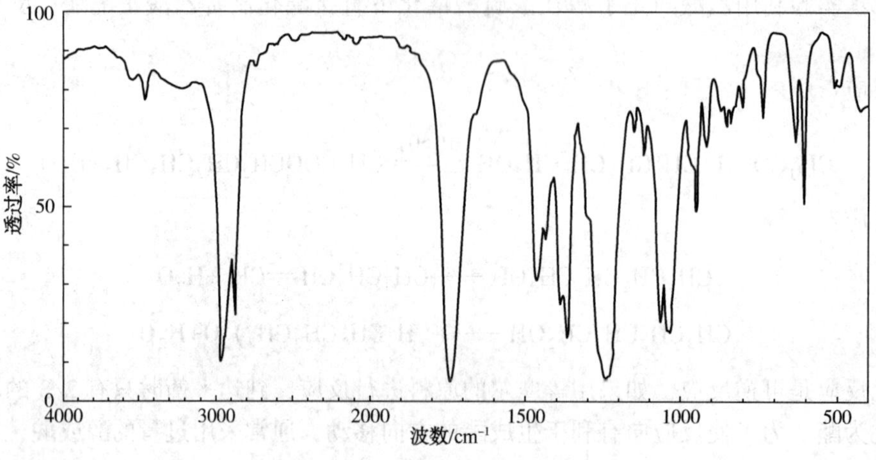


图 3-12　乙酸正丁酯的红外光谱图

**6. 实验指导**

① 浓硫酸在反应中起催化作用，所以只需少量。加入硫酸后要混合均匀，否则硫酸局部浓度过高会引起炭化现象。

② 安装冷凝管时，应将管端斜口正对分水器的侧管，这样可使滴下的液体距分水器侧口最远而不是滴在侧口附近，来不及分层就溢流回反应瓶中影响分水效果。

③ 回流时，应使蒸气冷凝在球形冷凝管下方的第二个球为宜。回流速度过慢，分水效果不明显；回流速度过快，上升蒸气来不及冷却，造成挥发损失。

④ 不可使用无水氯化钙作干燥剂，因为它会与酯形成加成络合物。干燥要完全，否则水与丁醇、乙酸正丁酯形成二元或三元恒沸物，蒸馏时降低沸点，影响产率。

**7. 拓展实验**

① 设计合成苯甲酸乙酯的实验方法，并比较与本实验制备方法的异同点。

要求：拟定实验方案，包括实验目的、实验原理、实验装置图、实验药品、实验步骤、产物鉴定方法等。

**【提示】**酯化反应是可逆反应，为了使反应向有利于生成酯的方向移动，通常采用过量的醇或酸，或者不断移去产物酯或水，或者二者同时采用。至于究竟是用过量的酸还是过量的醇，取决于原料来源的难易程度和价格因素以及操作是否方便等；不断移去反应中形成的酯或水，通常可采用共沸蒸馏法。如合成的酯沸点较高，则可以在酯化混合物中加入一些能够与水形成共沸物的有机溶剂，如苯、甲苯、环己烷等，通过蒸馏共沸物带出生成的水。如果合成的酯沸点比酸、醇及水的沸点低，则可采取不断蒸除酯(有时候是酯和水的共沸物)的方法使平衡正向移动。

② 利用微型化合成方法，以0.3g水杨酸为起始原料，设计合成阿司匹林的实验方法。

要求：拟定实验方案，包括实验目的、实验原理、实验装置图、实验药品、实验步骤、产物鉴定方法等。

**【提示】**微型化学实验(Microscale Chemical Experiment)是20世纪80年代崛起，国际上公认的能体现绿色化学理念的一种化学实验新技术和新方法。它是指在微型化的仪器装置中进行化学实验，其试剂用量是常规实验的1‰~10%。它具有节约药品、减少仪器损耗、节省时间、提高实验安全程度等优点。乙酰水杨酸(Aspirin)是一种常用的解热镇痛、抗风湿类药物，广泛应用于临床治疗和预防心脑血管疾病。乙酰水杨酸对从事化学的人来说是一个较为熟悉的有机产品，在有机实验的教材中已有合成。本实验要求利用微型化合成方法，设计出合理的合成路线与方法。

要注意的是，微型化学实验的设计不是对常规实验的简单缩小，而是根据常规实验的目的、原理和要求进行科学创新。在实验设计中尽可能采用一些最新的科技知识和技能，运用科学的方法和手段解决设计过程中出现的问题；实验设计的内容应显示出一定的创造智慧和策略，要敢于标新立异。

## 实验十二　乙酰苯胺的制备

**1. 必备知识**

① 通过查阅资料，了解乙酰苯胺的性质与用途。

② 乙酰化试剂可选哪些物质？这些物质相比哪个反应效果更好？为什么本实验选择冰醋酸？

③ 在本实验中(用冰醋酸法)，采用了哪些措施来提高产率？

④ 用冰醋酸制乙酰苯胺时，为什么要控制分馏柱上端的温度在105~110℃之间？

⑤ 在重结晶操作中，应当注意哪些问题才能使产品回收率高、质量好？

⑥ 查阅资料了解主要试剂及产物的物理常数。

**2. 实验目的**

① 熟悉氨基酰化反应的原理及意义，掌握乙酰苯胺的制备方法。

② 熟练掌握重结晶、热过滤和减压过滤等操作技术。

③ 学会利用分馏装置进行制备反应。

**3. 实验原理**

乙酰苯胺，学名 *N*-苯基乙酰胺，白色有光泽片状结晶或白色结晶粉末，具有退热镇痛作用，是较早使用的解热镇痛药，因此俗称“退热冰”；乙酰苯胺是磺胺类药物的原料，可用作止痛剂、退热剂、防腐剂和染料中间体。

芳胺的酰化在有机合成中有着重要的作用。由于芳环上的氨基易被氧化，在合成中为了保护氨基，往往先将其乙酰化转化为乙酰苯胺，然后再进行其他反应；同时，氨基经酰化后，降低了氨基在亲电取代反应(特别是卤化)中的活化能力，使其由很强的第Ⅰ类定位基变为中等强度的第Ⅰ类定位基，使反应由多元取代变为有用的一元取代，在合成的最后步骤，氨基很容易通过酰胺在酸碱催化下水解被重新产生。

乙酰苯胺可由苯胺与乙酰化试剂如乙酰氯、乙酐或乙酸等直接作用来制备。反应活性是乙酰氯 > 乙酐 > 乙酸。由于乙酰氯的价格较贵，乙酐的来源受限，而乙酸(俗称冰醋酸)的价格便宜、易得，操作方便。故实验选用冰醋酸作为乙酰化试剂。反应式如下：

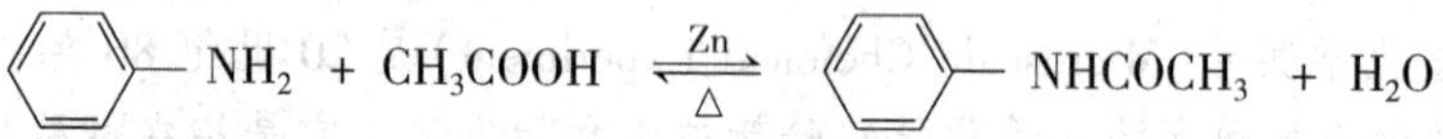


冰醋酸与苯胺的反应速率较慢，且反应为可逆的，为了提高乙酰苯胺的产率，一般采用冰醋酸过量的方法，同时利用分馏柱将反应生成的水蒸出。由于苯胺易被氧化，加入少量锌粉，防止苯胺在反应过程中被氧化。

乙酰苯胺在水中的溶解度随温度的变化差异较大，因此生成的乙酰苯胺粗品可以用水进行重结晶提纯。

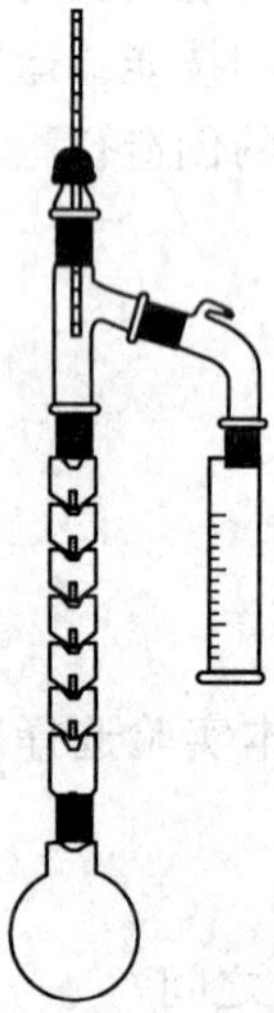

图 3-13　简易分馏装置

**4. 仪器及药品**

实验装置如图 3-13 所示。

药品：正丁醇 28mL(22.7g，0.3mol)、浓硫酸 4mL、5%氢氧化钠溶液、饱和氯化钙溶液、无水氯化钙。

**5. 实验步骤**

(1) 合成

在 100mL 圆底烧瓶中，加入 5mL 新蒸馏的苯胺和 8mL 冰醋酸，再加入少量锌粉。装上分馏柱(裹干毛巾!)，在柱顶安装一支温度计，用小量筒收集蒸出的水和乙酸。实验装置如图 3-13 所示。

用电热套缓慢加热至反应物沸腾。调节电压，保持温度在 105～110℃，使反应生成的水充分蒸出，经 40～60min，当温度计读数发生波动和下降或瓶内出现白雾状时，说明反应基本完成，停止加热。

在搅拌下将反应液趁热[4]以细流状慢慢倒入盛有 100mL 冷水的烧杯中，继续搅拌并冷却烧杯，使粗乙酰苯胺呈细粒状完全析出。减压抽滤，用 5～10mL 冷水洗涤固体，以除去残留的酸液，抽干，得粗品乙酰苯胺。

(2) 分离和提纯

将粗乙酰苯胺转入盛有 100~120mL 热水的烧杯中，加热至沸，使之溶解，如仍有未溶解的油珠状物，需补加热水，至油珠在沸腾下全部溶解后再加入 5mL 热水。稍冷，在搅拌下加入约 0.5g 活性炭，再煮沸约 2min，趁热过滤，将滤液自然冷却至室温，待结晶完全析出后，进行抽滤。用少量冷水洗涤滤饼两次，压紧抽干。将结晶转移至表面皿中，自然晾干后称量，计算产率。

纯乙酰苯胺为白色片状晶体，熔点为 114℃。

(3) 产物鉴定

① 测定产物的熔点。

② 测试产物的红外光谱，与图 3-14 的标准谱图对照。

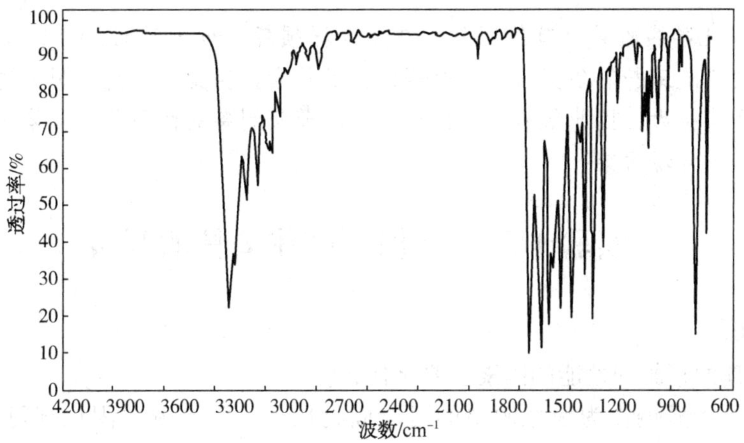


图 3-14 乙酰苯胺的红外光谱

**6. 实验指导**

① 久置的苯胺因为氧化而颜色较深，使用前要重新蒸馏以除去其中的杂质，否则将影响产品的产量和质量。

② 锌粉在酸性介质中可使苯胺中的有色物质还原，防止苯胺进一步被氧化。但锌粉加入量不可过多，否则不仅消耗乙酸(生成乙酸锌)，还会在后处理时因乙酸锌水解生成难溶于水的 $Zn(OH)_2$ 而难以从乙酰苯胺中分离出去。锌粉加入适量，反应液呈淡黄色或接近无色。

③ 开始时要缓慢加热，保持分馏柱顶温度不超过 105℃，待有水生成后，调节反应温度，以保持生成水的速度与分出水的速度之间的平衡。切忌开始时就强烈加热。

④ 因乙酰苯胺熔点较高，稍冷即会固化，因此，反应结束后须立即倒入事先准备好的水中。否则凝固在烧瓶中难以倒出。

⑤ 乙酰苯胺在水中的溶解度与温度的关系见表 3-2。

**表 3-2 乙酰苯胺在水中的溶解度与温度的关系**

| 温度/℃ | 10 | 20 | 30 | 40 | 50 | 60 | 70 | 80 | 100 |
|---|---|---|---|---|---|---|---|---|---|
| 溶解度/100g 水 | 0.51 | 0.52 | 0.66 | 0.95 | 1.35 | 1.96 | 2.66 | 3.5 | 5.2 |

⑥ 此油珠是熔融状态的、含水的乙酰苯胺(83℃时含水 13%)，如果溶液温度在 83℃以下时，溶液中未溶解的乙酰苯胺以固态存在。

⑦ 为防止溶液过饱和，加入一定量的水有利于热过滤。

⑧ 不要在沸腾的溶液中加入活性炭，否则会引起暴沸，活性炭必须在溶液沸点温度以下加入。

⑨ 趁热过滤时，布氏漏斗和吸滤瓶一定要预热。滤纸大小要合适，抽滤过程要快，避免产品在布氏漏斗中结晶。

**7. 拓展实验**

利用微型化合成方法，设计以苯胺和乙酸为原料，合成乙酰苯胺。

要求：拟定实验方案，包括实验目的、实验原理、实验装置图、实验药品、实验步骤、产物鉴定方法等。

**【提示】**微型化学实验具有节约药品、减少仪器损耗、节省时间、提高实验安全程度等优点。在传统的乙酰苯胺制备实验中，所需的药品量大，实验耗费高，制备过程中排放产物对环境产生的污染也大，因此很有必要设计出乙酰苯胺制备的微型化实验路线，以便降低该实验的成本，减少环境污染。

## 实验十三　环保型固体酒精的制备

**1. 必备知识**

① 影响固体酒精凝固性能的因素主要是什么？

② 除了以硬脂酸钠作为承载酒精的可凝固物质外，还有哪些固化剂可用于制备固体酒精？

③ 怎样评价固体酒精的质量？

④ 还有哪些物质能作为固体酒精的着色剂？

**2. 实验目的**

① 了解固体酒精的用途、制备原理和方法。

② 掌握固体酒精的生产工艺和操作技能。

**3. 实验原理**

酒精易燃，可作为燃料应用于日常生活中，但它是一种挥发性液体，储存、使用、携带均不方便。固体酒精是一种新型的固体燃料，无毒无害，使用、运输、携带方便，燃烧对环境污染少及安全性好，用塑料袋密封包装后可长期保存。固体酒精燃烧时不熔化、不流淌，直接由固体升华为气体燃烧，火力大、热值高，问世以来，在家庭、饭店等立刻得到广泛的应用；它还应用于科研、航海、地质勘探、建筑工地、登山旅游、军事训练等场所，是野外煮饭、炒菜、火锅、烧烤等的首选燃料，市场前景巨大。

固体酒精是利用某些固化剂具有网状空间结构且受热时软化，冷却后又重新凝固的性质，将乙醇分子填充在固化剂的网状骨架间隙之中而制备的。本实验用硬脂酸作固化剂，硬脂酸与氢氧化钠混合后将发生如下反应：

$$C_{17}H_{35}COOH+NaOH \longrightarrow C_{17}H_{35}COONa+H_2O$$

反应生成的硬脂酸钠是一个长碳链的极性分子，室温下在酒精中不易溶，在较高的温度下，硬脂酸钠可以均匀地分散在液体酒精中，而冷却后则形成凝胶体系，使酒精分子被束缚于相互连接的大分子之间，呈不流动状态而使酒精凝固，形成了固体状态的酒精。而添加少量不同的无机盐类(如硝酸铜、硝酸钴)，可以改变固体酒精的外观色泽和火焰颜色(分别可得到蓝绿色和浅紫色的固体酒精)。

本工艺制备的固体酒精成本低廉、质地均匀、易成型包装，特别适合中小企业和家庭作坊生产。

**4. 仪器及药品**

实验装置如图 3-15 所示。

药品：95%酒精(工业品)、硬脂酸、8%氢氧化钠水溶液、10%硝酸铜水溶液、酚酞等。

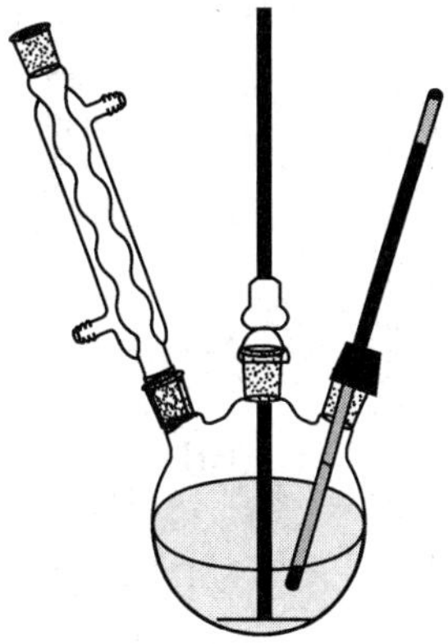

图 3-15 电动搅拌回流装置

**5. 实验步骤**

(1) 制备

向装有搅拌器、温度计和回流冷凝管的 150mL 三口烧瓶中分别加入 3g 硬脂酸、50mL 95%的酒精和两滴酚酞。水浴加热，搅拌，回流。维持水浴温度在 70℃左右，搅拌至固体全部溶解。量取 5mL 8%的氢氧化钠水溶液于小烧杯中，再加入 5mL 95%酒精配成 1∶1 的混合溶液，将混合溶液从冷凝管上端滴加进三口烧瓶中，滴加速度先快后慢，滴至溶液颜色由无色变为浅红又马上褪掉为止。继续维持水浴温度在 70℃左右，保持酒精沸腾。搅拌回流反应 10min 后，一次性加入 1. 5mL 10%的硝酸铜溶液，再反应 5min 后，停止加热，冷却至 60℃，再将溶液倒入模具中，自然冷却后得蓝绿色的固体酒精。

(2) 燃烧试验

取制备的固体酒精 3g 作为燃料，置于铁罐燃料盒中，点燃，观察燃烧现象，记录燃烧时间，待自然熄灭时，把剩余残渣称重。

**6. 实验指导**

① 硬脂酸的加入量直接影响固体酒精的固化效果。为避免固体酒精燃烧过程中变为液体这一现象，必须使其在燃烧时仍保持固体状态。为此可通过改变硬脂酸的添加量来实现。控制固体酒精燃烧时不流淌的原理是：硬脂酸的用量增加后，固体酒精燃烧时有一层不易燃烧的硬膜生成，阻止酒精的流淌，酒精的固体状态得以保持。

② 本实验选用酚酞作指示剂来确定硬脂酸与氢氧化钠中和的终点。将 1g 酚酞溶于 100mL 60%的工业酒精中，备用。

③ 氢氧化钠的用量主要影响产品的硬度、燃烧时流淌程度、燃烧后剩余残渣的量。其过量越多，产品的硬度越大,，燃烧后残渣越多。

④ 金属离子的加入可起两个作用：其一改变固体酒精的外观色泽，其二改变固体酒精燃烧时火焰的颜色。

**7. 拓展实验**

设计用不同固化剂制备固体酒精并比较产品性能。

要求：拟定实验方案，包括实验目的、实验原理、实验装置图、实验药品、实验步骤等。

# 第四部分 习 题

**习题 3-1** 命名下列化合物或写出下列化合物的结构式。

① 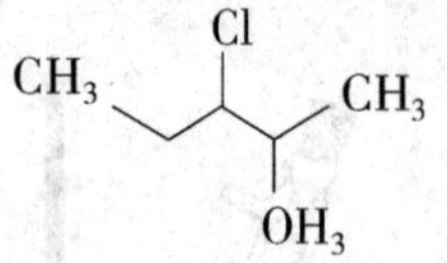
② 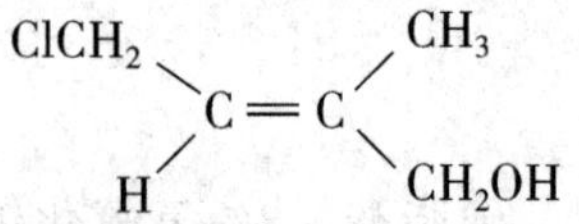
③ 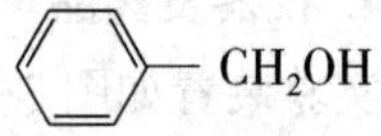

④ 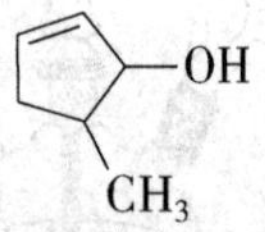
⑤ 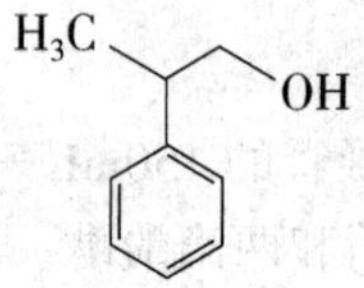
⑥ 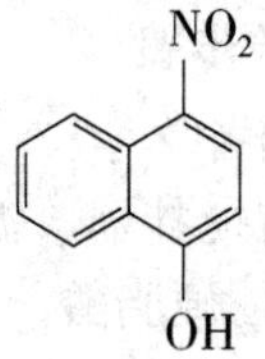

⑦ 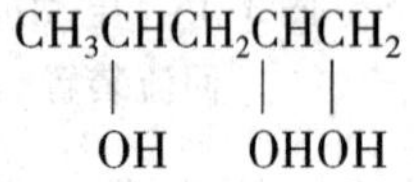
⑧ 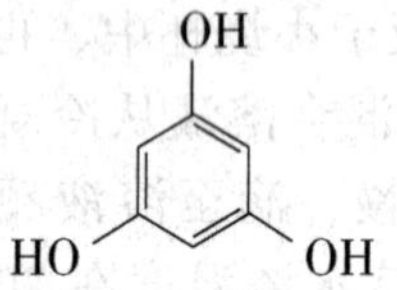
⑨ 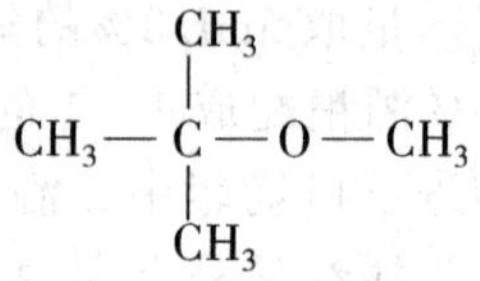

⑩ 2-异丙基-5-甲基苯酚(百里酚) ⑪ (E)-己-3-烯-2-醇
⑫ 3-氯-1,2-环氧丙烷 ⑬ 2-乙氧基戊-3-醇
⑭ 季戊四醇 ⑮ 苄基乙烯基醚

**习题 3-2** 写出丙醛与下列各试剂反应时生成产物的构造式。

① $NaBH_4$，NaOH 水溶液 ② $C_2H_5MgBr$，然后加 $H_2O$
③ $LiAlH_4$，然后加 $H_2O$ ④ 饱和 $NaHSO_3$
⑤ 饱和 $NaHSO_3$，然后加 NaCN ⑥ $OH^-$，$H_2O$
⑦ $OH^-$，$H_2O$，然后加热 ⑧ $HOCH_2CH_2OH$，$H^+$
⑨ $Ag(NH_3)_2OH$ ⑩ $NH_2OH$

**习题 3-3** 用化学方法鉴别下列化合物。

① 乙醛、丁醛、丁酮和环戊酮
② $CH_3CH_2CH_2CHO$ 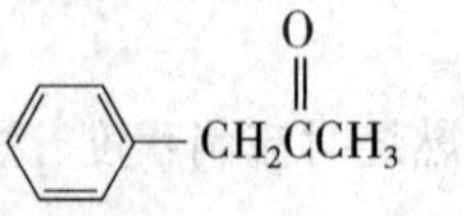 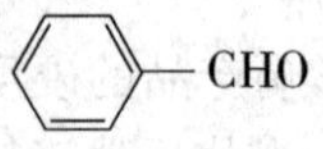
③ 丙醛、丙酮、丙醇和异丙醇

**习题 3-4** 完成下列反应。

① 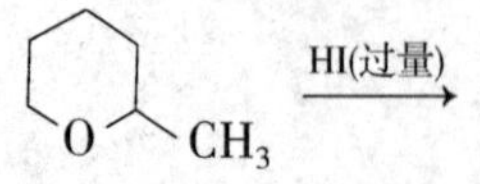
② 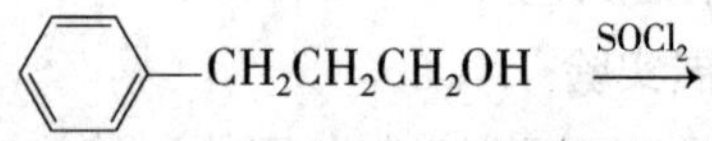
③ 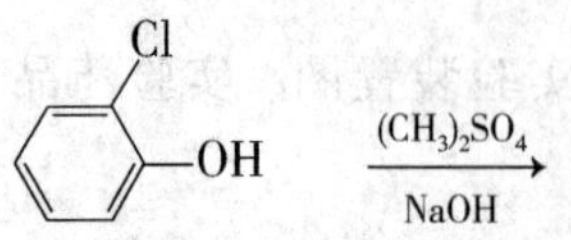
④ $(CH_3)_3CBr+CH_3CH_2CH_2ONa \longrightarrow$

⑤ 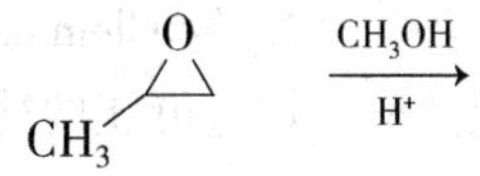

⑥ $(CH_3)_3CONa+CH_3CH_2CH_2Br \longrightarrow$

⑦ 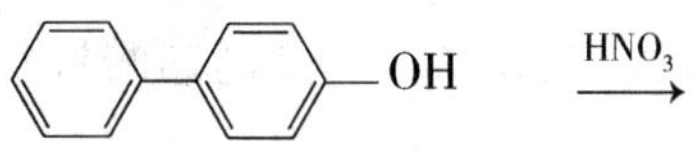

⑧ 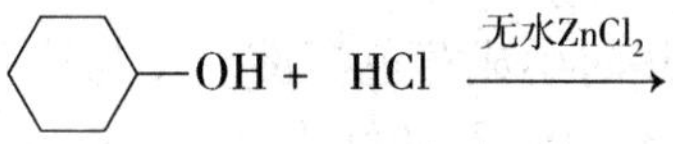

⑨ 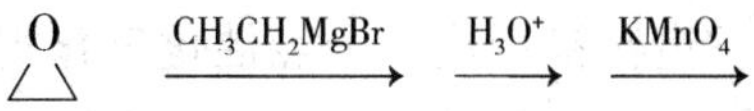

⑩ 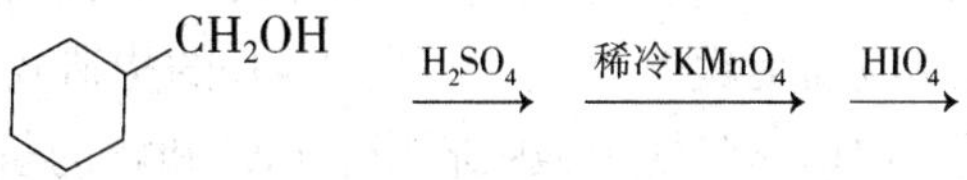

⑪ 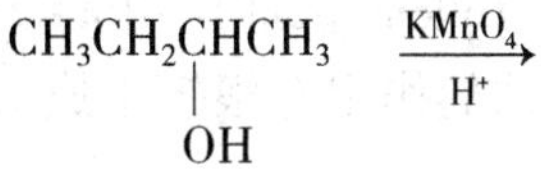

⑫ 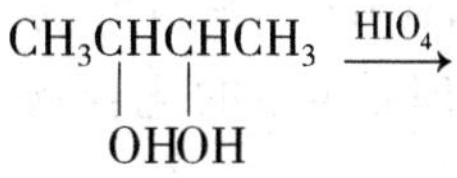

⑬ 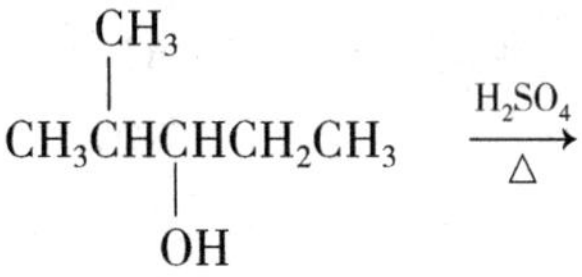

⑭ 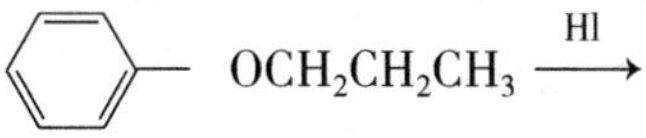

**习题 3-5** 完成下列转变。

① 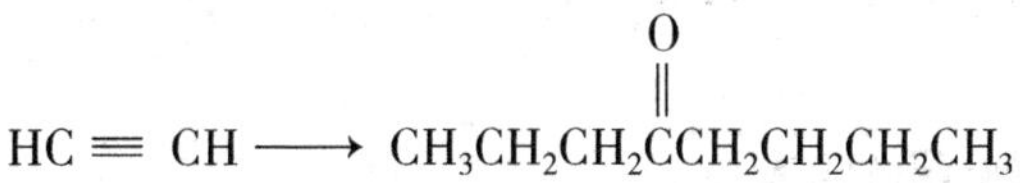

② 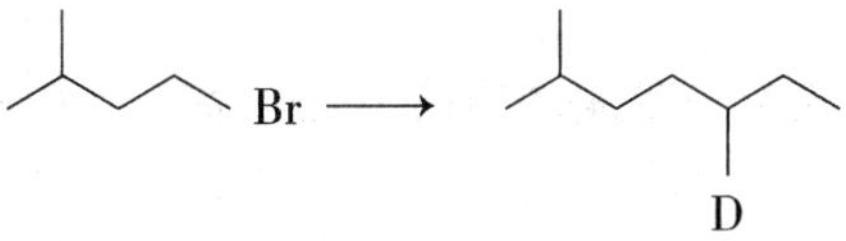

③ 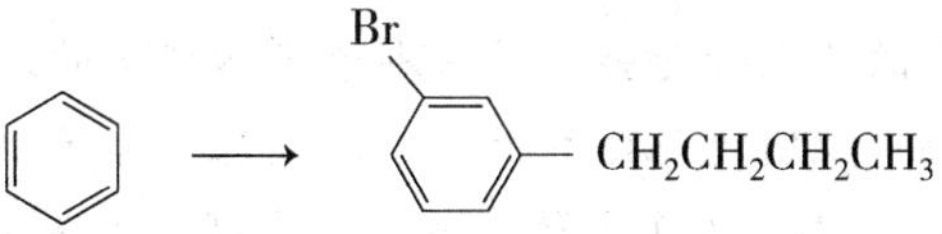

④ 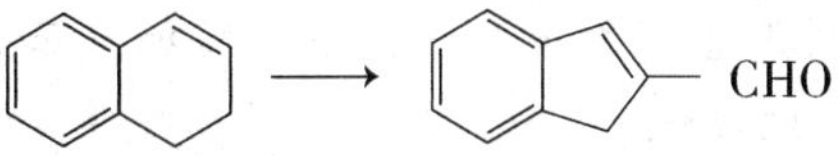

⑤ 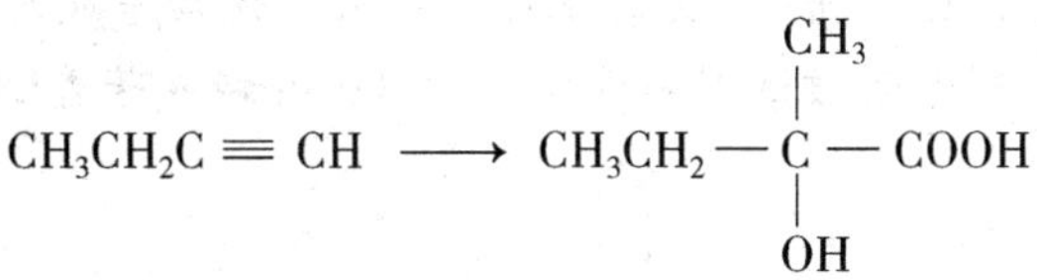

⑥ 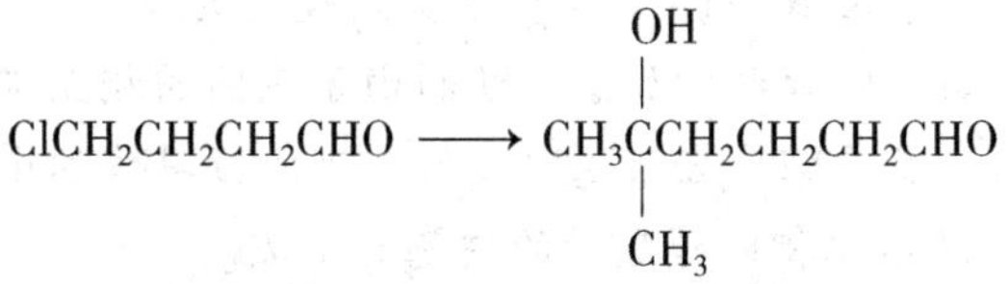

**习题 3-6** 结构推导。

① 化合物 $C_{10}H_{12}O_2$(A)不溶于 NaOH 溶液，能与 2,4-二硝基苯肼反应，但不与 Tollens 试剂作用。(A)经 $LiAlH_4$还原得 $C_{10}H_{14}O_2$(B)。(A)和(B)都进行碘仿反应。(A)与 HI 作用

生成 $C_9H_{10}O_2$(C)，(C)能溶于 NaOH 溶液，但不溶于 $Na_2CO_3$溶液。(C)经 Clemmensen 还原生成 $C_9H_{12}O_2$(D)；(C)经 $KMnO_4$氧化得对羟基苯甲酸。试写出(A)~(D)可能的构造式。

② 分子式为 $C_5H_{12}O$ 的 A，氧化后得 B($C_5H_{10}O$)，B 能与2,4-二硝基苯肼反应，并在与碘的碱溶液共热时生成黄色沉淀。A 与浓硫酸共热得 C($C_5H_{10}$)，C 经高锰酸钾氧化得丙酮及乙酸。写出 A、B、C 的结构式。

③ 分子式为 $C_6H_{12}O$ 的 A，能与苯肼作用但不发生银镜反应。A 经催化氢化得分子式为 $C_6H_{14}O$ 的 B，B 与浓硫酸共热得 C($C_6H_{12}$)。C 经臭氧化并水解得 D 和 E。D 能发生银镜反应，但不起碘仿反应，而 E 则可发生碘仿反应而无银镜反应。写出 A~E 的构造式。

④ 化合物(A)的分子式为 $C_6H_{12}O_3$，在 1710$cm^{-1}$处有强吸收峰。(A)和碘的氢氧化钠溶液作用生成 $C_5H_9O_4Na$(B)并得到黄色沉淀(C)，(A)与 Tollens 试剂作用无银镜反应产生。但(A)用稀 $H_2SO_4$处理后生成的化合物(D)能与 Tollens 试剂作用有银镜生成。(A)的 NMR 数据如下：

$\delta$=2.1，3H，单峰；$\delta$=2.6，2H，双峰；$\delta$=3.2，6H，单峰；$\delta$=4.7，1H，三重峰。写出(A)~(D)的构造式。

# 第五部分　拓展阅读

## 3.1　影响亲核加成反应活性的因素

不同结构的羰基化合物进行亲核加成反应时反应活性是不同的，这种差异可从电子效应和空间效应两个方面进行解释。

(1) 电子效应

亲核试剂与醛、酮加成时，羰基碳原子的正电性越强，越有利于亲核试剂的进攻，反应活性越大。羰基碳的正电性取决于羰基碳原子上所连基团的性质。当羰基碳原子上连有吸电子基团时，则降低了羰基碳原子上的电子云密度，增强了羰基碳的亲电性，反应速率加快；当羰基碳原子上连有给电子基团(如烷基)时，则羰基碳原子电子云密度增加，正电性减弱，则不利于亲核加成反应。所以通常酮的反应活性比醛低。

如果羰基与碳碳双键或芳环直接相连，由于 π-π 共轭效应的结果，使羰基碳原子上的部分正电荷离域到双键或芳环上，因此不利于亲核试剂的进攻，所以芳香醛或芳香酮一般比脂肪醛或脂肪酮活性低。

(2) 空间效应

当羰基碳原子上连有较大的取代基时，亲核试剂进攻羰基碳受到较大的空间位阻作用，而且使四面体的过渡态更加拥挤，能量升高，同时也增加了产物的由于基团的相互拥挤而产生的空间张力，不利于反应的进行。所以，通常酮反应活性比醛低。可以预料体积小的甲基酮比一般酮要活泼，环酮(如环戊酮、环己酮)比相同碳原子的烷基酮活泼。

综合上述因素，不同结构的醛酮进行亲核加成反应时，活性由易到难的排序为

HCHO > RCHO > ArCHO > $CH_3COCH_3$ >  > $CH_3COR$ > RCOR′ > RCOAr > ArCOAr

一般而言，脂肪醛比芳香醛易于进行亲核加成反应，脂肪酮比芳香酮易于进行亲核加成反应。

## 3.2 β-二羰基化合物

结构中凡两个羰基之间被一个亚甲基隔开的化合物均称为β-二羰基化合物。β-二羰基化合物主要包括β-二酮、β-羰基酸及其酯、β-二元酸及其酯等，典型的β-二羰基化合物有乙酰丙酮、乙酰乙酸乙酯和丙二酸二乙酯。

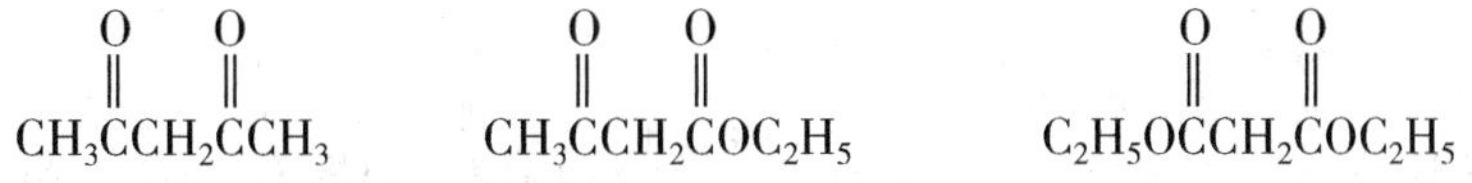

乙酰丙酮　　乙酰乙酸乙酯　　丙二酸二乙酯

β-二羰基化合物中有两个吸电子基可影响它们共同的α-氢原子，使其变得更活泼。作为有机合成的试剂，β-二羰基化合物有多方面的用途。

**1. 乙酰乙酸乙酯的合成及其应用**

（1）乙酰乙酸乙酯的合成

具有α-活泼氢的酯，在强碱的作用下，两分子酯相互作用，生成β-羰基酯，同时失去一分子醇的反应称为 Claisen 酯缩合反应。乙酰乙酸乙酯可用 Claisen 酯缩合反应合成。乙酸乙酯在强碱(如乙醇钠、金属钠等)的催化下缩合，然后酸化，即可得到乙酰乙酸乙酯。

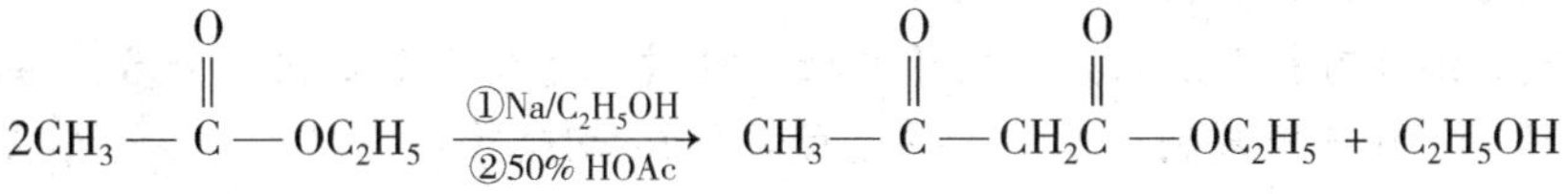

（2）乙酰乙酸乙酯的性质

① 亚甲基上的烃基化和酰基化。乙酰乙酸乙酯分子中亚甲基上氢原子比较活泼，与醇钠等强碱作用，可以生成其钠盐，后者可与卤代烷发生取代反应，生成烷基取代的乙酰乙酸乙酯。在需要时还可以生成二烷基取代的乙酰乙酸乙酯。但有时需使用更强的碱如叔丁醇钾替代乙醇钠进行反应。

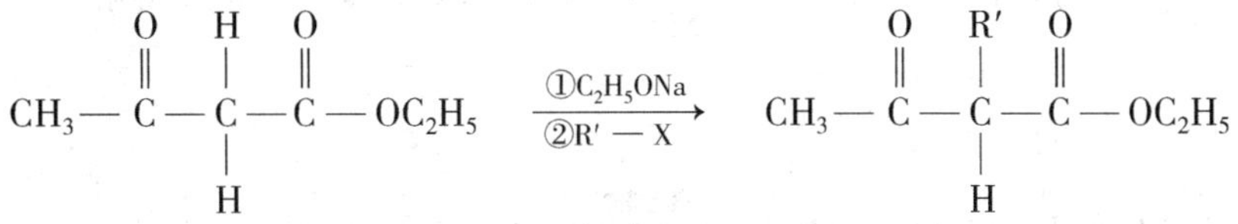

这里的卤代烷常用伯卤代烷和仲卤代烷，因为叔卤代烷在此条件下易消除；烯丙型或苄基型卤代烃容易进行上述反应，而乙烯型及苯基型卤代烃不反应。

乙酰乙酸乙酯的钠盐还可与酰卤发生酰基化反应。

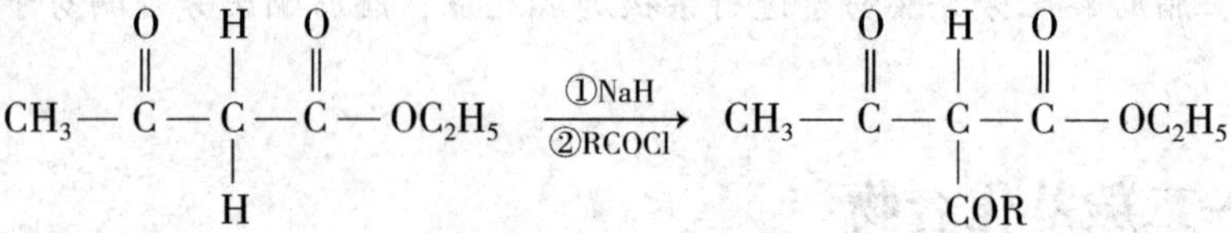

因酰卤可与乙醇发生反应，故用氢化钠代替乙醇钠，常在非质子性溶剂 $N,N$-二甲基甲酰胺或二甲亚砜中进行。

② 酮式分解。乙酰乙酸乙酯可在称碱（或稀酸）的作用下，水解生成乙酰乙酸，后者在加热的条件下，脱羧生成酮。这种分解称为酮式分解。

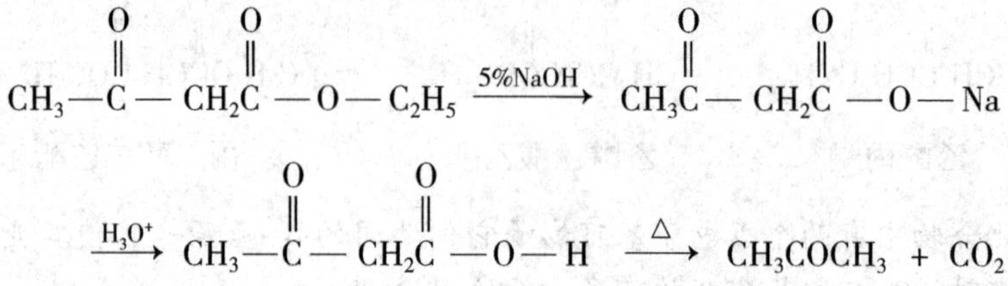

③ 酸式分解。乙酰乙酸乙酯在浓碱（40%NaOH）中加热，则在 $\alpha$-和 $\beta$-碳原子间断键，生成两分子乙酸盐，该分解称为酸式分解。

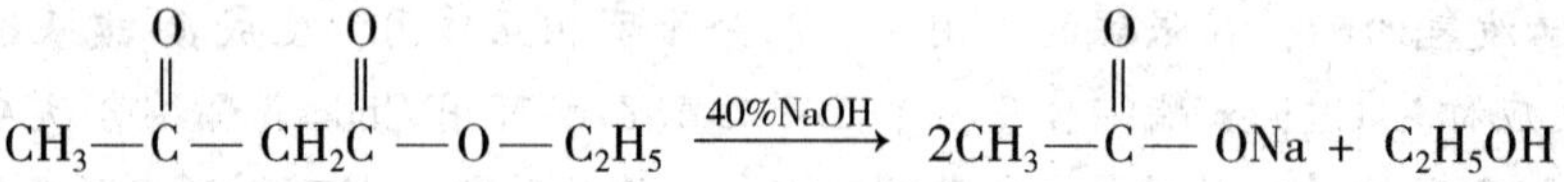

（3）乙酰乙酸乙酯在有机合成上的应用

乙酰乙酸乙酯在有机合成上应用较为广泛。通过烷基化和酰基化反应后，再进行酮式分解和酸式分解，可制得甲基酮、二酮、一元羧酸或 $\beta$-酮酸等。

烷基化或酰基化产物被分解的反应通式如下：

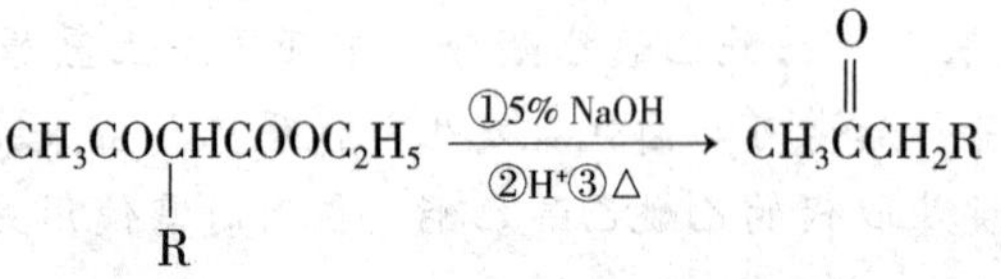
酮式分解

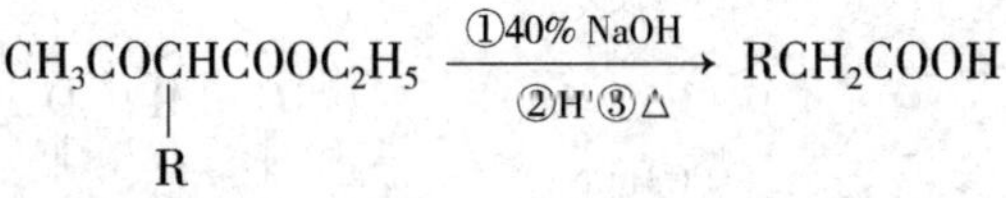
酸式分解

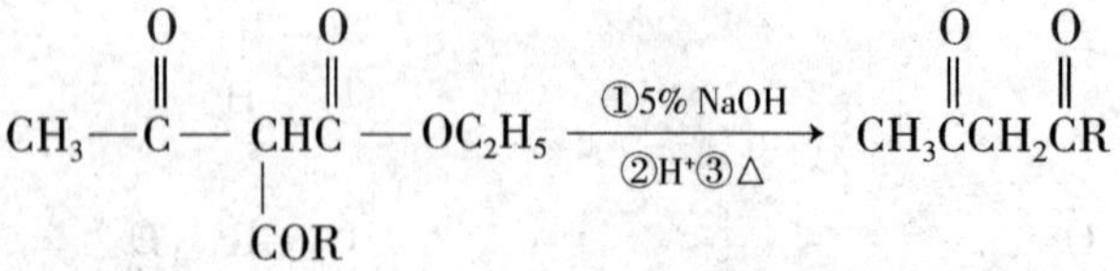
酮式分解

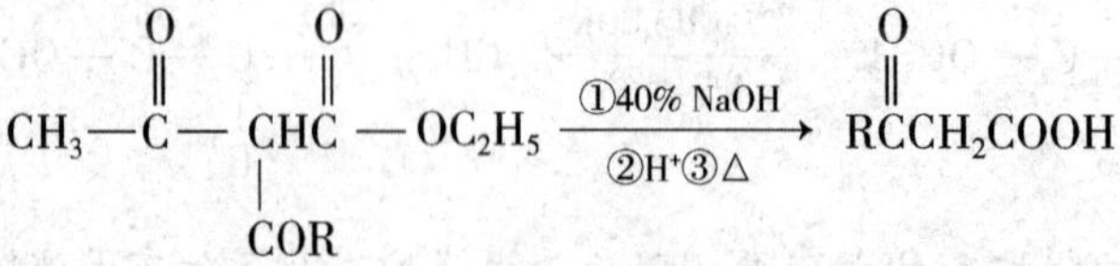
酸式分解

用乙酰乙酸乙酯合成羧酸时，常有酮式分解的副反应发生，使产率降低，故在有机合成上乙酰乙酸乙酯更多地用来合成酮。如果 $\alpha$-上引入的两个烃基不同，通常是先引入活性较低和体积较大的基团。例如，由乙酰乙酸乙酯合成3-苄基戊-2-酮的合成路线如下：

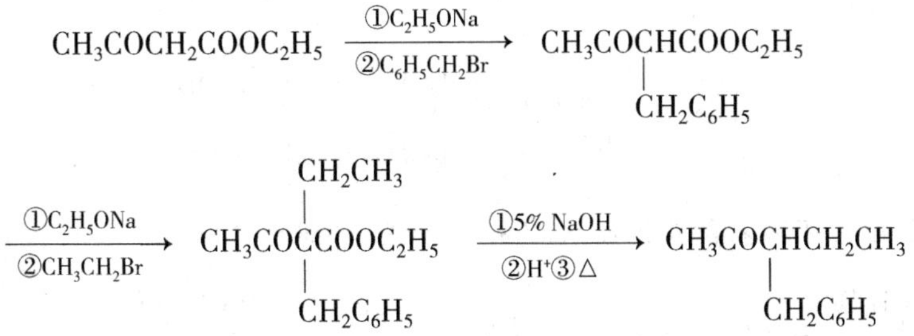

**2. 丙二酸二乙酯的合成及其应用**

(1) 丙二酸二乙酯的合成

丙二酸二乙酯为无色有香味的液体，沸点为199.3℃，不溶于水。工业上丙二酸二乙酯是从氰乙酸酯钠经下列反应制备的。

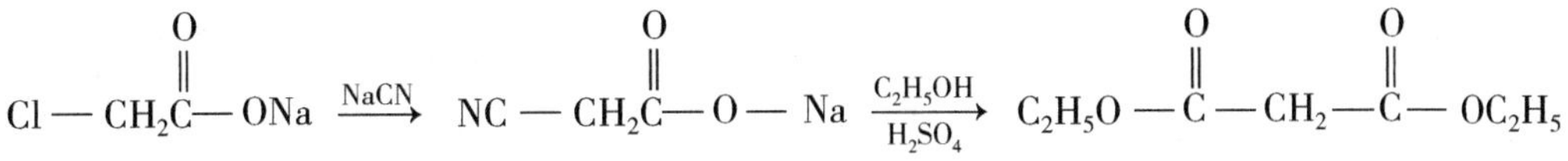

(2) 丙二酸二乙酯在有机合成上的应用

与乙酰乙酸乙酯类似，丙二酸二乙酯中的亚甲基上氢原子比较活泼，与醇钠等强碱作用，可以生成其钠盐，然后与活泼卤代烃反应，生成一烃基或二烃基取代的丙二酸二乙酯，最后经水解、酸化、脱羧，可制得烃基羧酸。例如：

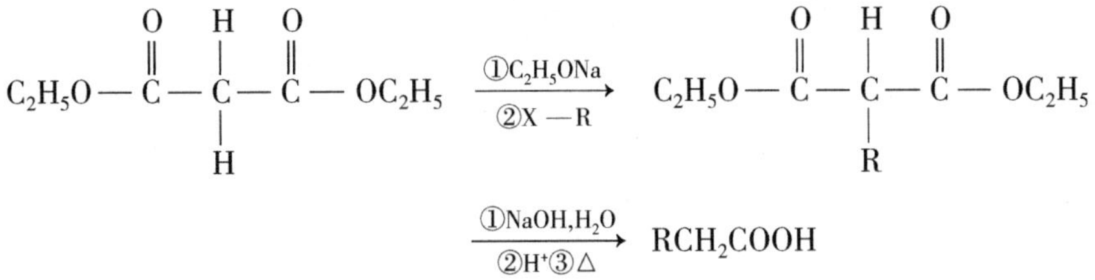

丙二酸二乙酯中有两个活泼氢，因此也可进行二取代反应生成二取代乙酸。例如：

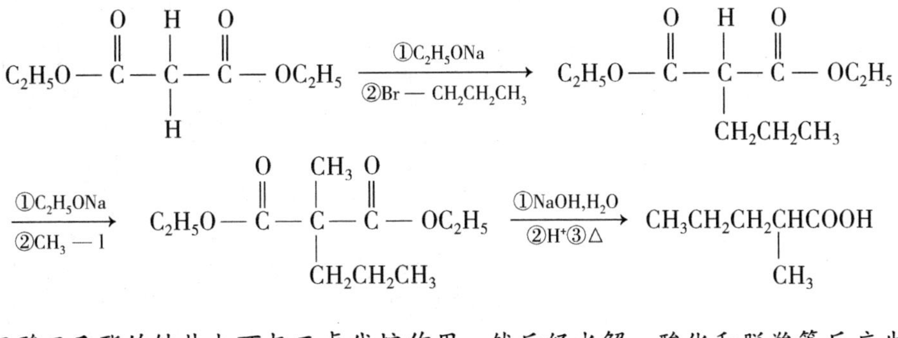

丙二酸二乙酯的钠盐也可与二卤代烷作用，然后经水解、酸化和脱羧等反应生成二元酸。例如：

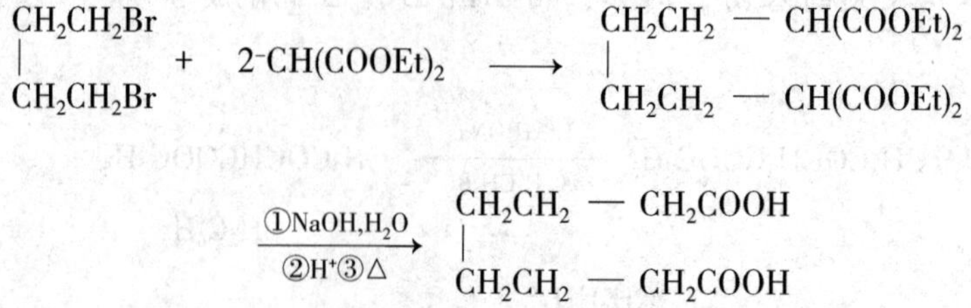

丙二酸二乙酯也可用来合成3~6元环的环烷酸。例如：

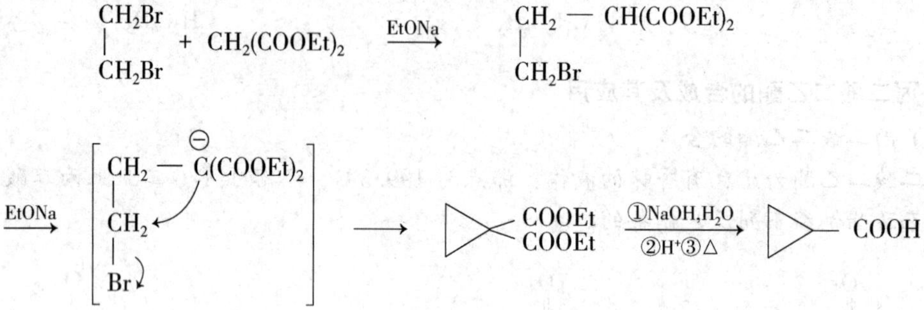

# 模块四 有机含氮化合物及杂环化合物

在有机化合物中，除 C、H、O 三种元素外，N 是第四种常见的元素。分子中含有氮原子的有机化合物统称为有机含氮化合物，其种类繁多，范围广泛。许多有机含氮化合物具有生物活性，如生物碱；有些则是生命活动不可缺少的物质，如氨基酸等；不少药物、染料等也都是有机含氮化合物。本模块讨论的有机含氮化合物包括硝基化合物和胺。

在有机化学中，除碳原子以外的原子称为杂原子。当杂原子参与成环时，这类环状化合物称为杂环化合物。在杂环化合物中最常见的杂原子是 O、N、S。杂环化合物是地球上的生命赖以存在的物质基础之一，为生命提供能量的碳水化合物、进行光合作用所必需的叶绿素、输送氧的血红素、DNA 中的嘧啶和嘌呤等都是杂环化合物。绝大多数治病救命的药物也是杂环化合物，如青霉素、头孢菌素、喜树碱等。2015 年，中国科学家屠呦呦因发现青蒿素而获得诺贝尔奖，青蒿素也是杂环化合物。它们的结构如下：

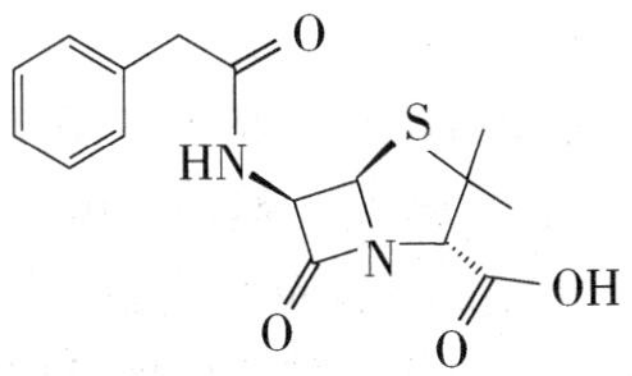

青霉素G

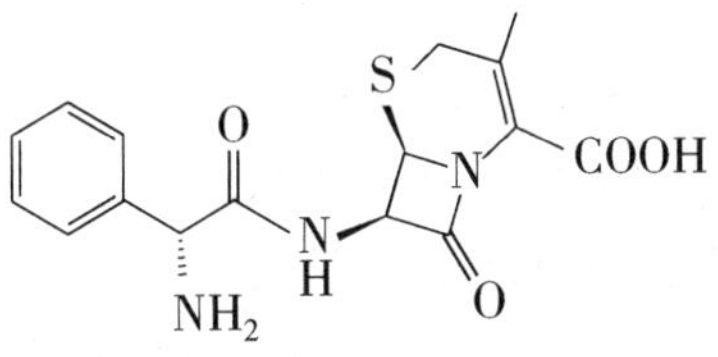

头孢氨苄

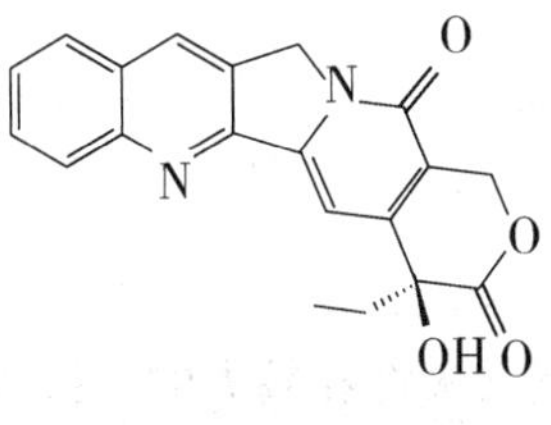

喜树碱

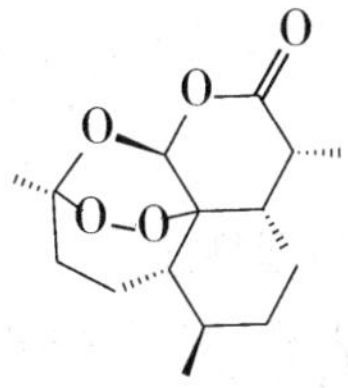

青蒿素

## 第一部分 基础知识

含氮化合物种类很多，按照官能团可分为硝基化合物、胺、重氮化合物、偶氮化合物、腈等。

## 4-1 硝基化合物

**1. 硝基化合物的分类和命名**

分子中含有硝基($—NO_2$)官能团的化合物称为硝基化合物。根据硝基连接的烃基不同，可将硝基化合物分为脂肪族硝基化合物和芳香族硝基化合物；按硝基所连碳原子的类型不同，又可分为伯、仲、叔三种硝基化合物；根据硝基的数目，还可分为一硝基化合物和多硝基化合物。

硝基化合物的命名是以烃为母体，硝基为取代基。例如：

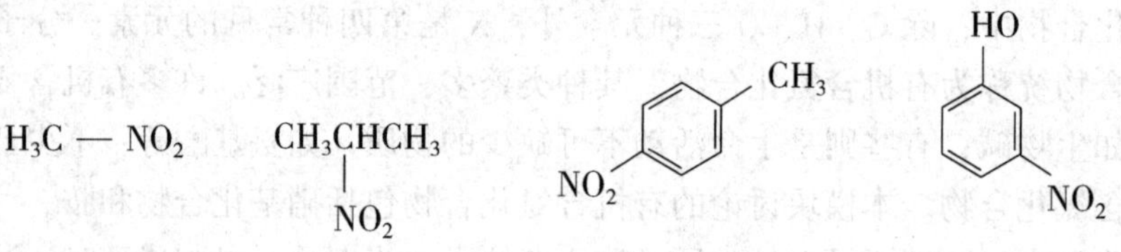

硝基甲烷　　2-硝基丙烷　　对硝基甲苯　　间硝基苯酚

**2. 硝基化合物的结构**

氮原子的价电子层有 5 个电子，硝基化合物的结构可以表示如下：

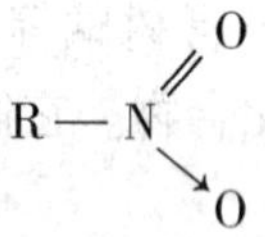

由此看来，$—NO_2$是由一个 N ═O 和一个 N→O 配位键组成，按此，硝基中的两个氮氧键的键长应该是不同的，且氮氧双键(—N ═O)的键长应短些。然而，电子衍射法研究证明：硝基中两个氮氧键的键长是完全相同的，均为 0.122nm。这反映出硝基结构中存在着三中心四电子的 p-π 共轭体系，两个氮氧键发生了键长平均化，硝基中的负电荷平均分配在两个氧原子上，两个氧原子是等同的。也可以用下列共振结构的叠加来表示：

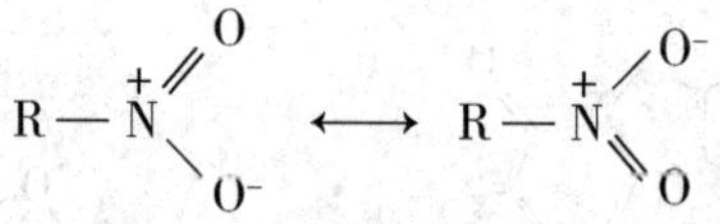

**3. 硝基化合物的物理性质**

硝基是个强极性基团，它们的分子具有较高的极性和较大的偶极矩。

脂肪族硝基化合物一般为无色有香味的液体，难溶于水，易溶于有机溶剂。芳香族一元硝基化合物为淡黄色液体或固体，具有苦杏仁味。硝基化合物还溶于浓硫酸。有一定毒性。

一硝基化合物是无色或淡黄色的高沸点液体或固体，多硝基化合物多为黄色固体。它们都不溶于水，易溶于有机溶剂如乙醚、四氯化碳等。多硝基化合物具有强烈的爆炸性，可用作炸药，如 TNT(2,4,6-三硝基甲苯)。有的多硝基化合物具有类似于天然麝香的香气，可用作香水、香皂和化妆品等日用香精的定香剂、调和剂和修饰剂等。这类合成麝香称为硝基麝香，年用量约 1000t 左右，约占目前全球商品化人造麝香的 50%，其中葵子麝香是硝基麝香中使用最广泛的产品。例如：

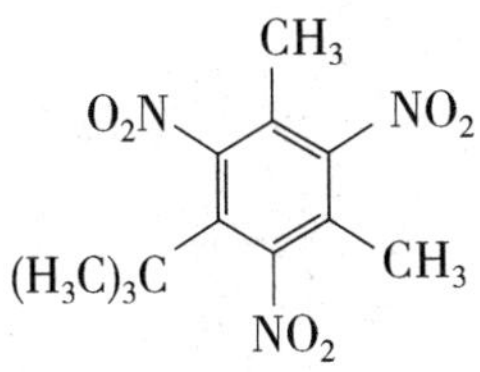
二甲苯麝香

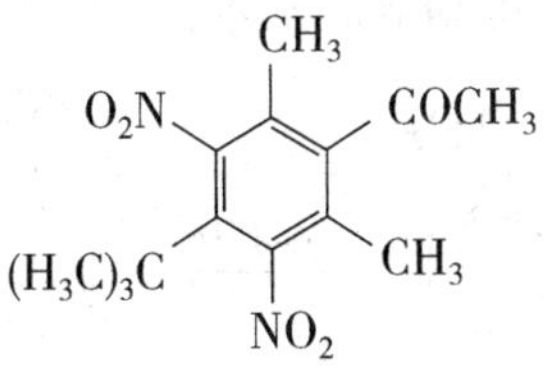
葵子麝香

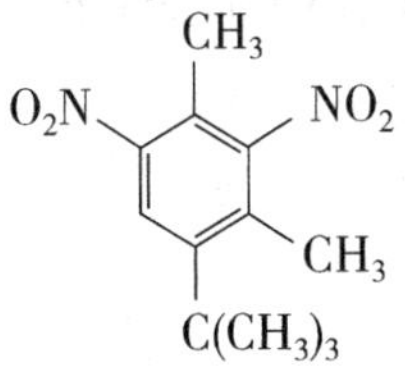
酮麝香

吸入硝基化合物蒸气、粉尘或长期与皮肤接触会引起中毒，这是因为许多硝基化合物能使血红蛋白变性。

R4-1 硝基化合物的物理常数

**4. 硝基化合物的化学性质**

(1) 硝基的还原

硝基容易被还原，Fe、Zn、Sn、$SnCl_2$和 $Na_2S$ 等都是实验室常用的硝基还原剂。如：

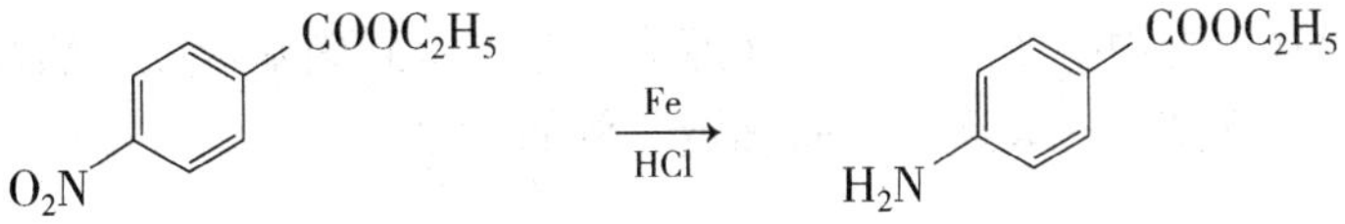

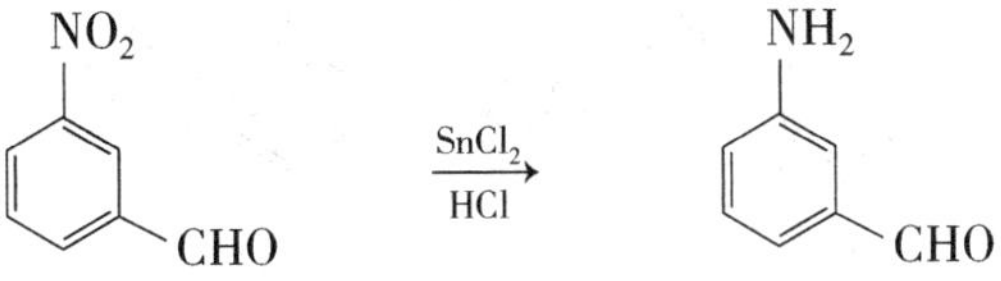

工业上一般采用 Cu、Ni 或 Pd/C 催化下，用氢气进行还原，反应后直接将 Pd/C 等催化剂滤去。此方法最后可得纯品，而且 Pd/C 催化剂可多次使用，活性降低后可再生继续使用，是一种绿色的合成方法。如麻醉药苯佐卡因即通过这种方法合成：

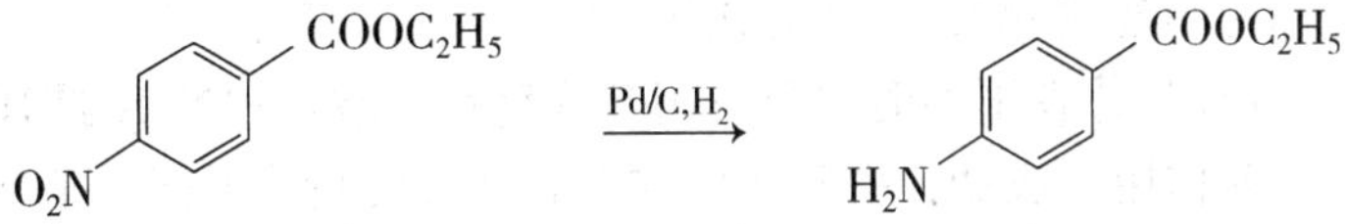
苯佐卡因(Benzocaine)

硝基在进行还原反应时，除还原剂外，还有一个重要因素，就是反应的介质。在不同介质中，所得还原产物也不同。

在酸性介质中，硝基苯被金属(铁、锌、锡、铝等)还原，最终得到苯胺。由硝基苯到苯胺经过下面中间体：

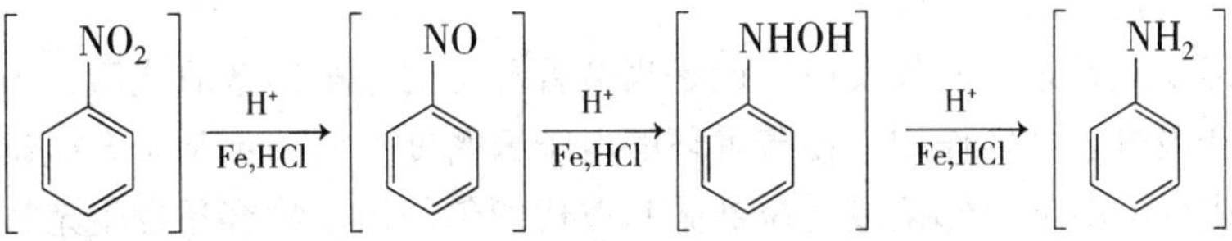
硝基苯　　亚硝基苯　　*N*-羟基苯胺　　苯胺

硝基苯在中性条件下，被还原得到亚硝基苯：

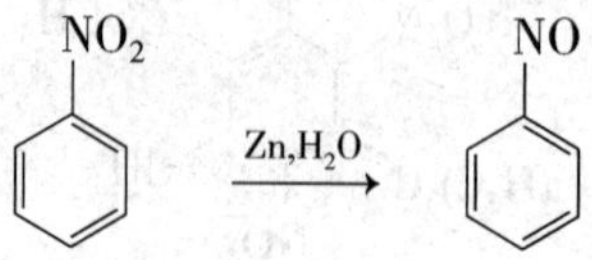


在碱性条件下，可分别得到 $N$-羟基苯胺、偶氮苯和氢化偶氮苯等不同的还原产物。

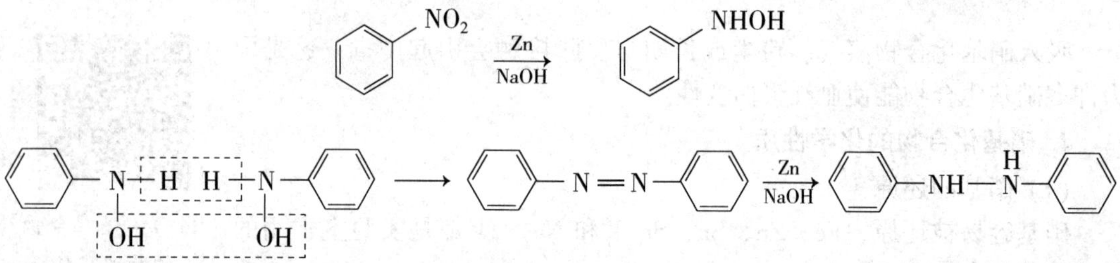


当苯环上含有多个硝基时，采用等量的 $Na_2S$、NaHS 和 $NH_4HS$ 等硫化物作为还原剂，可以选择性将多硝基化合物中的一个硝基还原为氨基，得到硝基苯胺。然而，哪一个硝基被选择性还原尚无规律可循，一般通过实验确定。例如：

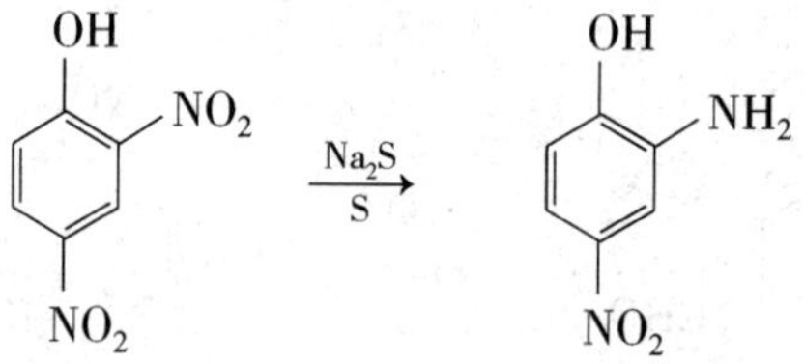


（2）硝基 $\alpha$-氢的酸性

当与硝基直接相连的碳原子上具有 $\alpha$-H 原子时，硝基的强吸电子效应使 $\alpha$-H 受到活化。因此含有 $\alpha$-H 的硝基化合物，即脂肪族伯、仲硝基化合物，能产生与酮式-烯醇式相似的互变异构现象，称为硝基式-酸式互变异构体。

硝基式-酸式互变异构体在平衡时主要以硝基式存在。酸式中的 H 具有一定的酸性，当遇到碱溶液时，酸与碱作用生成盐，就破坏酸式与硝基式之间的平衡，硝基式不断地转化为酸式，直至全部与碱作用生成盐。而脂肪族叔硝基化合物和芳香族硝基化合物无 $\alpha$-H，故不能与碱作用成盐。

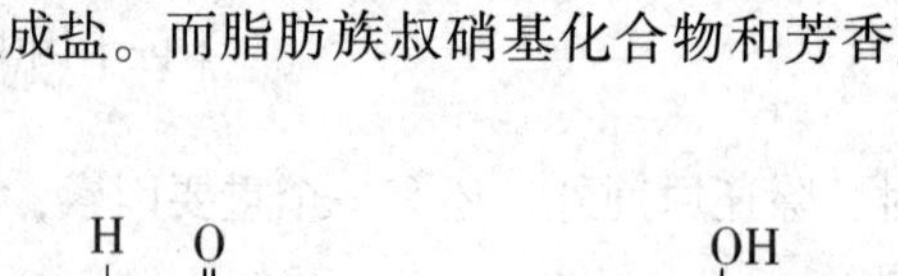


（3）苯环上的亲核取代反应

芳烃的特征反应是亲电取代反应，但是当芳香环上的氢被硝基取代后，由于硝基具有强的吸电子诱导和吸电子共轭作用，使芳香环的电子云密度降低，不利于亲电试剂的进攻；同时由于电子云密度的降低，邻位或对位被硝基取代的苯的衍生物容易发生亲核取代反应。例如，卤苯分子中的卤原子并不活泼，但当卤苯的邻、对位存在硝基时，卤原子比较活泼，可以与胺、烷氧基等发生亲核取代反应。

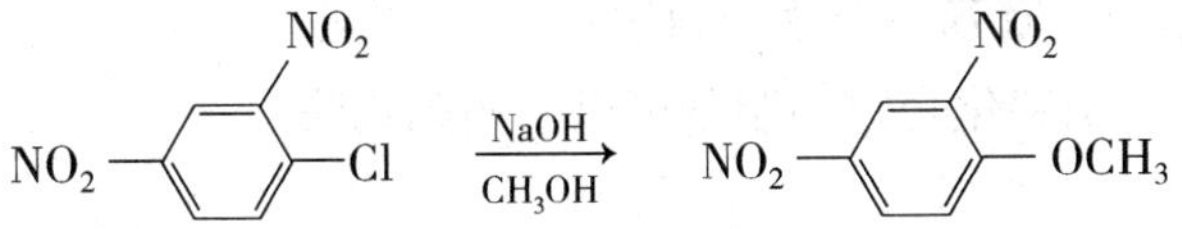

如果硝基在卤原子的间位，它只有吸电子诱导效应，硝基所引起的负电荷分散作用相应减少，所以它对卤原子活泼性的影响不显著。

与脂肪族卤代烃反应活性不同，卤代苯上卤素的反应活性次序大致为 F>Cl>Br>I。

除卤原子外，芳环上的其他取代基当其邻、对位有强吸电子基团时，也容易被亲核试剂取代，如：

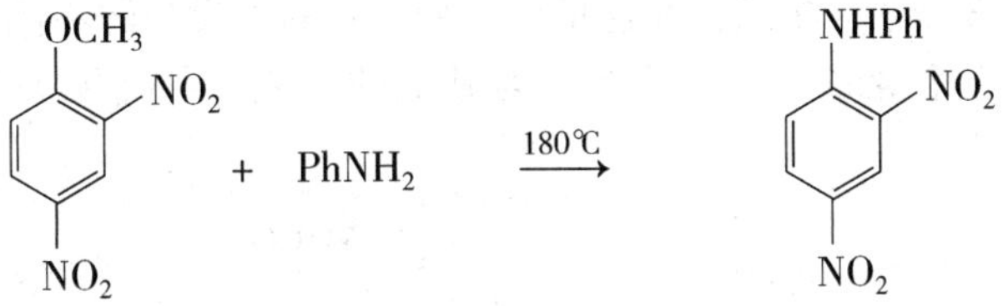

（4）硝基对苯环及环上其他取代基的影响

① 硝基与苯环相连后，由于其强的吸电子诱导效应和吸电子共轭效应，苯环上电子云密度大大降低，亲电取代反应变得困难。

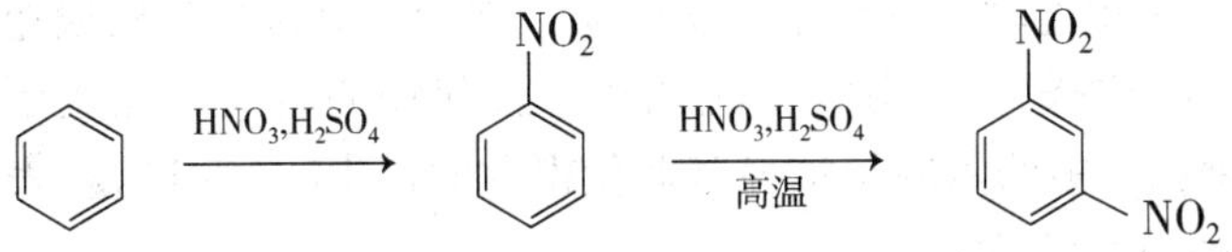

② 增强甲基氢原子的活泼性。当甲基的邻、对位上连有硝基时，硝基的吸电子诱导效应与吸电子共轭效应使氢原子变得活泼，在碱的存在下能与苯甲醛发生类似羟醛缩合反应生成烯烃。

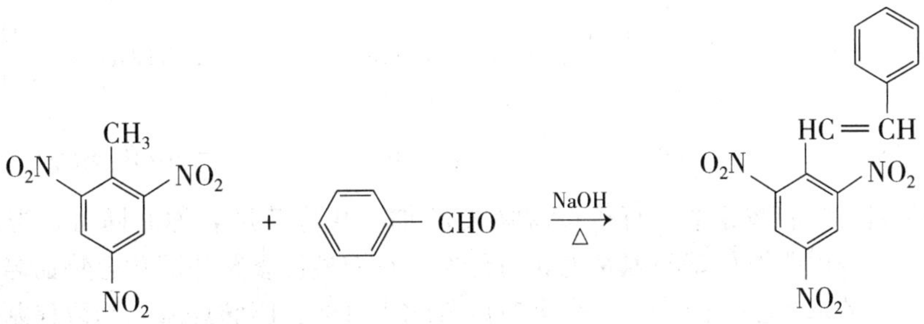

③ 使酚类酸性增强。当硝基处在酚羟基的邻位或对位时，由于存在吸电子诱导和共轭效应，酚羟基上的氢解离后生成的负电荷可被分散，因而更稳定，酸性增强。当硝基处于酚羟基的间位时，由于它们之间只存在吸电子的诱导效应，因此，酸性增强并不明显。

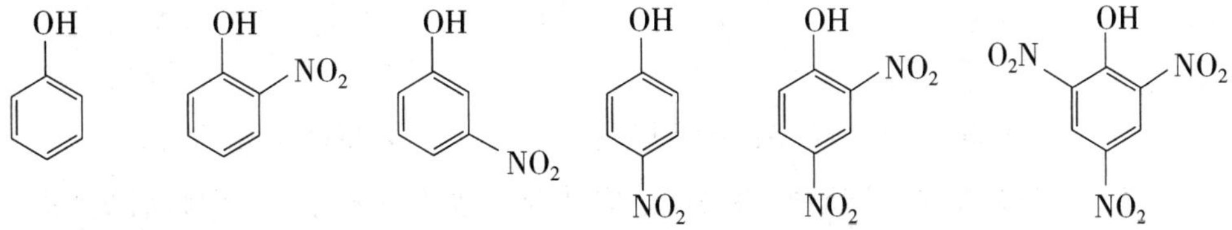

$pK_a$ 10.00 7.22 8.39 7.15 4.09 0.25

R4-2 硝基化合物的制备

**5. 硝基化合物的制法**

硝基化合物的制备可以采用硝化法。

## 4-2 胺

**1. 胺的分类和命名**

根据分子中氮原子上所连烃基种类的不同，可将胺分为：脂肪胺、芳香胺。

根据胺分子中氢原子被取代的个数可分为：伯胺(一级胺或1°胺)、仲胺(二级胺或2°胺)和叔胺(三级胺或3°胺)。注意，在这里伯、仲、叔的含义与醇不同，它们分别指氮原子上连有一个、两个和三个烃基，而与连接在氨基上的碳原子种类无关。例如：叔丁醇是叔醇，而叔丁胺却是伯胺。

$NH_3$　　$(CH_3)_3CNH_2$　　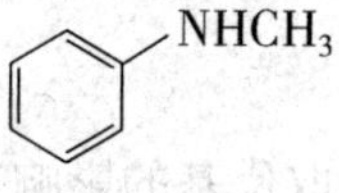　　$(C_2H_5)_3N$

氨　　叔丁胺(伯胺)　　*N*-甲基苯胺(仲胺)　　三乙胺(叔胺)

根据分子中氨基的数目可分为：一元胺、二元胺和多元胺。

氮原子与四个烃基相连时带一个单位正电荷，与带负电荷的酸根成盐，称为季铵盐，其对应的氢氧化物称为季铵碱。书写时要注意氨、胺和铵的含义。在表示基(如氨基、亚氨基)时，用“氨”表示；氨中的氢原子被烃基取代得到的衍生物，用“胺”表示；而表示季铵类化合物或铵盐时，则用“铵”表示。

简单的脂肪胺是用烃基名称后面加上“胺”字来命名；相同的烃基用“二”或“三”表明其数目；不同的烃基按英文名称顺序列出。“基”字一般可以省略。例如：

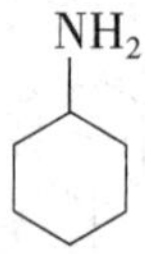　　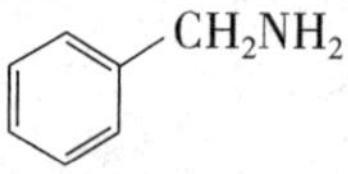　　$C_2H_5NHC_2H_5$　　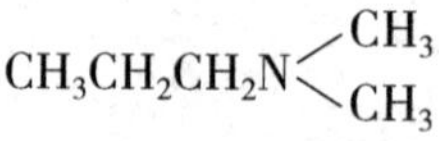

环己胺　　苄胺　　二乙胺　　二甲(基)丙(基)胺

芳胺的命名与脂肪胺相似，直接将后缀“胺”加在相应芳烃名称后即可。当芳环上连有其他取代基时，需说明取代基与氨基的相对位次，且应遵循多官能团化合物命名规则。当氮原子上同时连有芳基和脂肪烃基时，命名时以芳胺为母体，脂肪烃基作为取代基，其位次用字母“*N*”表示。例如：

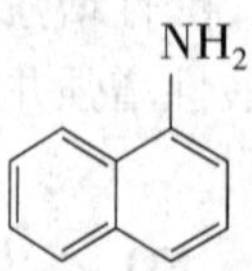　　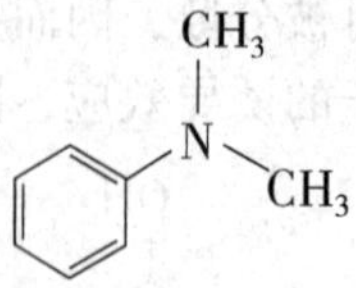　　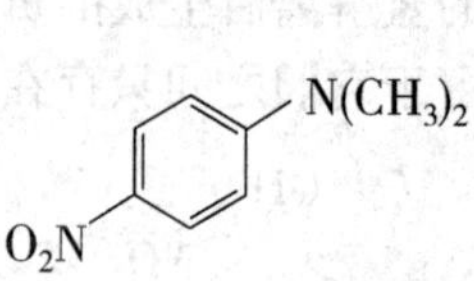

萘-1-胺　　*N*,*N*-二甲基苯胺　　*N*,*N*-甲基-4-硝基苯胺

烃基结构比较复杂的脂肪族伯胺可采取和醇类似的命名方法，即将后缀“胺”加在母体氢化物名称后进行命名；母体氢化物为烷烃时，“烷”字通常省略。仲胺或叔胺均作为伯胺的N-取代衍生物来命名。母体编号从靠近氨基的一端开始。例如：

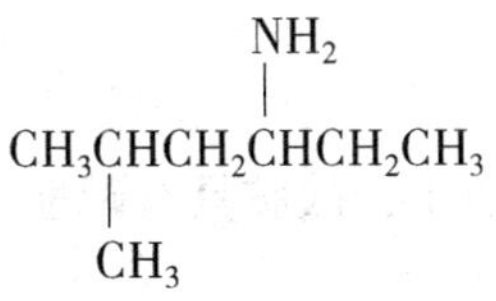

5-甲基己-3-胺

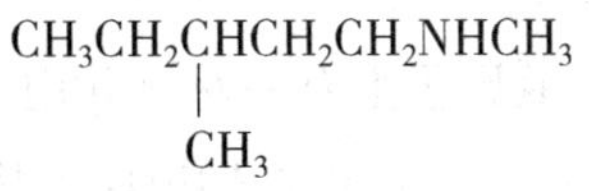

*N*,3-二甲基戊-1-胺

二元胺的命名与一元胺相似，只是将名称后缀改为“二胺”。例如：

$H_2N(CH_2)_6NH_2$

己-1,6-二胺

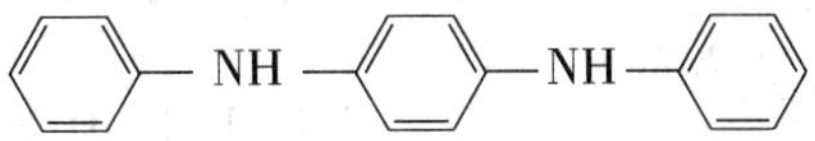

*N*,*N*′-二苯基苯-1,4-二胺

命名胺与酸作用生成的盐或季铵类化合物时，用“铵”字代替“胺”字，并在前面加负离子的名称(如氯化、硫酸等)。例如：

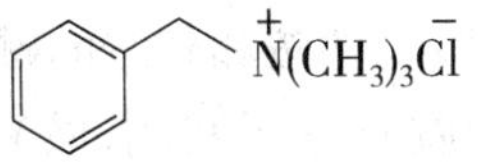

氯化苄基三甲基铵

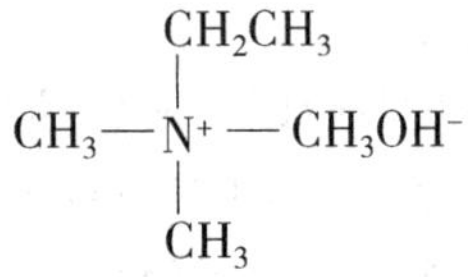

氢氧化乙基三甲基铵

**2. 胺的结构**

与氨相似，胺分子中的氮原子为 $sp^3$杂化，它以三个 $sp^3$杂化轨道分别与其他原子轨道形成三个 σ 键，未共用电子对则占据另一个 $sp^3$杂化轨道。氨(或胺)分子呈棱锥形结构，C—N单键和/或 N—H 单键间的键角接近 109.5°。

苯胺的 N 原子仍采取 $sp^3$杂化(也有认为是 $sp^2$杂化)，N 原子上的未共用电子对所在的轨道可与苯环 π 电子轨道重叠，存在共轭效应。例如，氨、三甲胺和苯胺的结构如图 4-1 所示。

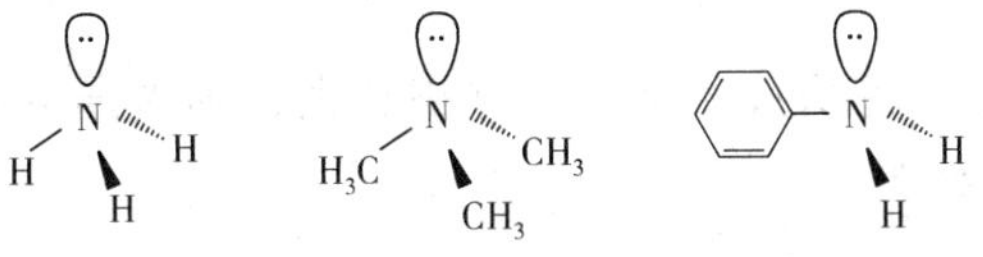

图 4-1　氨、三甲胺和苯胺的结构

**3. 胺的物理性质**

室温下，除甲胺、二甲胺、三甲胺和乙胺为气体外，其他胺均为液体或固体。低级胺的气味与氨相似，较高级的胺则有明显的鱼腥味，高级胺由于不挥发，几乎没有气味。与醇相似，胺也是极性化合物。除叔胺外，伯胺和仲胺都能形成分子间氢键，但氮的电负性小于氧，伯胺或仲胺分子间形成的 N—H---N 氢键也弱于醇分子中的 O—H---O 氢键，故胺的沸点比相对分子质量相近的非极性化合物高，比醇或羧酸的沸点低。叔胺由于不能形成分子间的氢键，其沸点比相对分子质量相近的伯胺或仲胺低。伯胺、仲胺和叔胺都能与水分子通过氢键发生缔合，因此低级胺易溶于水。一元胺溶解度的分界线在六个碳左右。胺也可溶于醚、醇、苯等有机溶剂。

R4-3 胺的物理常数

**4. 胺的化学性质**

（1）碱性

胺与氨相似，氮原子上有一对未共用电子能接受质子，故胺具有碱性。

$$RNH_3 + HCl \longrightarrow RN^+H_4Cl^-$$

胺的碱性强弱，可用其解离常数或解离常数的负对数来表示：

$$RNH_2 + H_2O \overset{K_b}{\rightleftharpoons} RNH_3^+ + OH^-$$

$$K_b = \frac{[RN^+H_3][OH^-]}{RNH_2} \quad pK_b = -\lg K_b$$

碱性越强，$K_b$值越大，$pK_b$越小。

我们习惯上用它们的共轭酸 $RNH_3^+$来表示胺的碱性强度：碱性越强，它的共轭酸就越弱，$K_a$越小，$pK_a$越大。

在水溶液中，脂肪胺一般以仲胺碱性最强，伯胺、仲胺和叔胺的碱性都比氨强。三种甲胺在水中碱性强弱的顺序为二甲胺(仲胺)>甲胺(伯胺)>三甲胺(叔胺)。

水溶液中胺的碱性强弱是电子效应、溶剂化效应和位阻效应综合作用的结果。

① 电子效应。由于烷基的给电子效应，使胺分子中氮原子上的电子云密度升高，有利于与氢离子的结合。因而，氮原子上的烷基数目越多，碱性越强。

② 溶剂化效应。它取决于生成的铵正离子是否容易溶剂化(胺和质子结合形成的铵正离子与水通过形成氢键而产生溶剂化效应)，如果铵正离子氮原子上所连的氢越多，则与水形成氢键的机会越多，溶剂化程度越大，铵正离子越稳定，胺的碱性就越强。

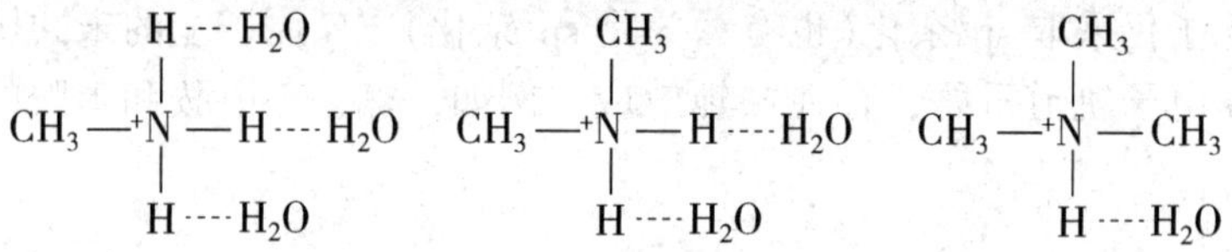

③ 位阻效应。胺分子中烷基数目越多，体积越大，则占据空间越大，使质子不易靠近氮原子，因而，胺的碱性越弱。

| |  |  | $(CH_3)_2NH$ | $CH_3NH_2$ | $(CH_3)_3N$ |
|---|---|---|---|---|---|
| $pK_b$ | 2.73 | 2.86 | 3.28 | 3.36 | 4.30 |

芳胺的碱性比氨弱得多。例如，苯胺的 $pK_a$值为 9.40，而氨的 $pK_a$值为 4.76，二苯胺的 $pK_a$值为 13.8。这是因为氮原子上的未共用电对与芳环上的 π 轨道发生 p-π 共轭，降低了 N 原子上的电子云密度，使其碱性减弱。

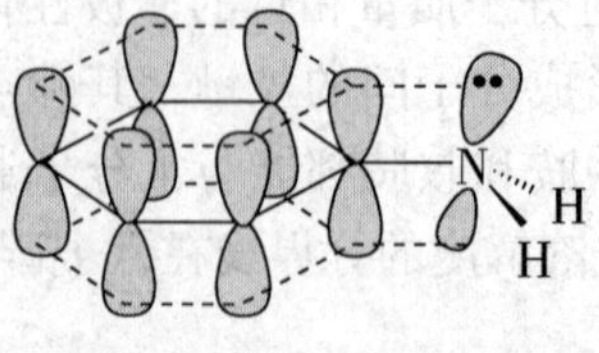

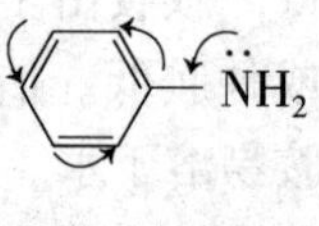

芳胺分子中芳环上的其他取代基也会对其碱性产生影响。一般来说，给电子取代基使其

碱性增强，吸电子取代基使其碱性减弱。而同种取代基，在芳环不同位置，对芳胺的碱性影响也不同。当取代基处于氨基邻、对位时，芳胺的碱性受取代基的共轭效应和诱导效应共同影响；而当取代基处于氨基间位时，芳胺的碱性则主要受取代基的诱导效应影响。

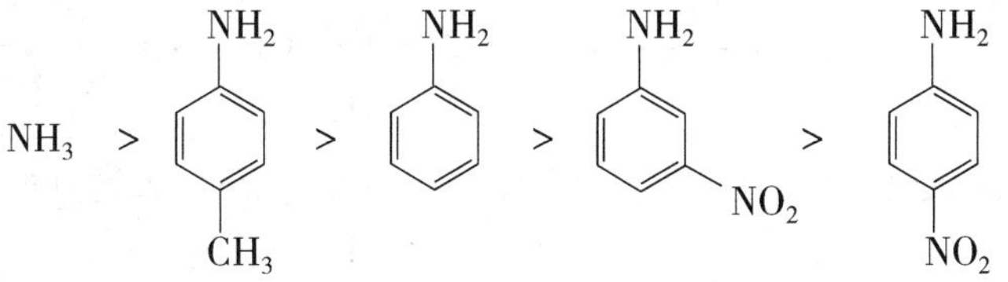

（2）烷基化反应

胺可以与卤代烃和醇等发生烷基化反应（亲核取代反应）得到仲胺，生成的仲胺是更好的亲核试剂，会进一步与卤代烃反应生成叔胺乃至季铵盐。

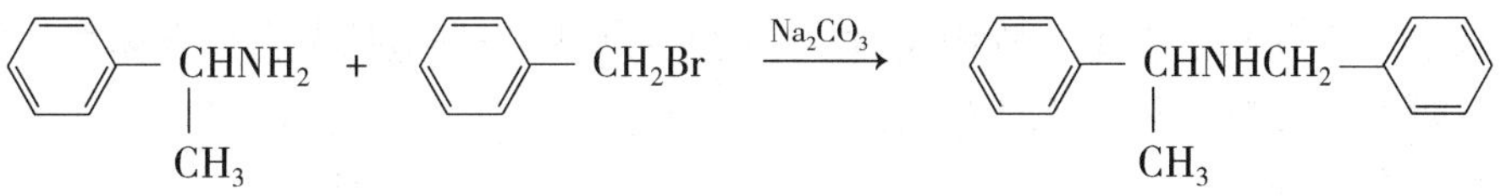

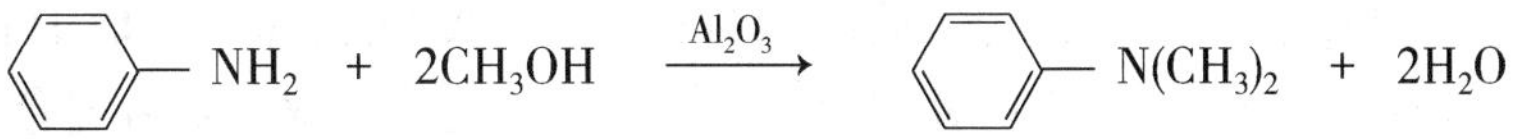

（3）酰基化反应

伯胺和仲胺与酰氯、酸酐或羧酸等酰基化试剂反应，生成 *N*-取代和 *N*,*N*-二取代酰胺，此类反应称为胺的酰基化反应。反应时氨基（或亚氨基）上的氢原子被酰基取代，因叔胺氮原子上没有氢原子，所以不能发生酰基化反应。

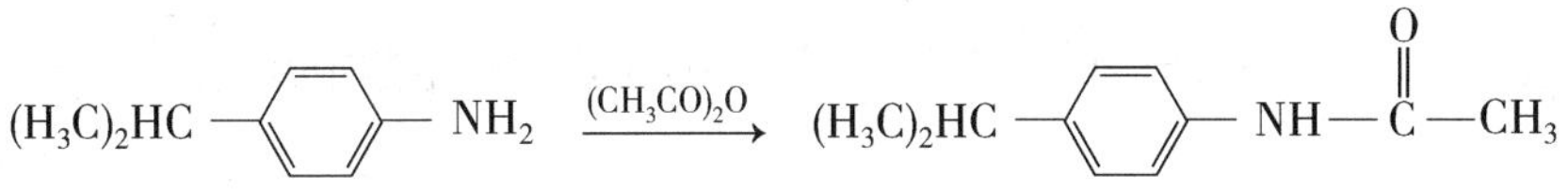

羧酸的酰化能力较弱，在反应过程中需要加热并不断除去反应中生成的水。如乙酸与苯胺制备乙酰苯胺。

在芳胺的氮原子上引入酰基，具有重要意义：一是引入暂时性的酰基以保护氨基或降低氨基对芳环的活化作用，如制备对溴苯胺；二是引入永久性酰基，常用于合成药物，如对羟基乙酰苯胺（扑热息痛，一种解热镇痛药物）的合成。

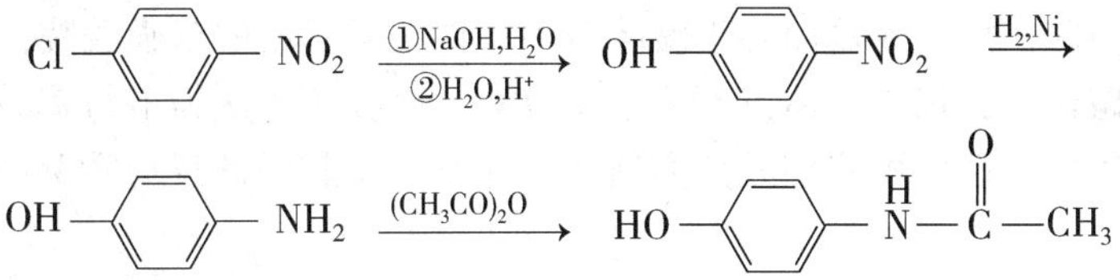

伯胺与光气依次进行酰化、脱氯化氢生成异氰酸酯。例如：

异氰酸苯酯

异氰酸酯分子中有累积双键，故化学性质活泼，易与水、醇、酚和胺等含有活泼氢的化合物发生反应。例如：

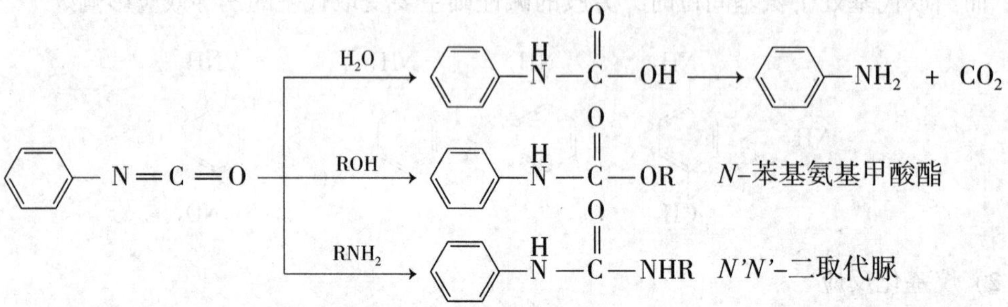


某些异氰酸酯是合成树脂、涂料、农药的重要原料。例如，工业上一类重要的高分子化合物——聚氨酯树脂。如果在聚合时，添加少量水与二元醇混合，则某些二异氰酸酯与水反应生成二胺和二氧化碳。在聚合物固化时二氧化碳形成的小气泡保留在聚合体内，使产品成海绵状，这就是常见的聚氨酯泡沫塑料。

（4）磺酰化反应

与酰基化反应相似，脂肪族或芳香族的伯胺和仲胺在碱（如 NaOH、KOH）溶液中均能与芳磺酰氯（如苯磺酰氯或对甲苯磺酰氯）反应，生成相应的磺酰胺（多为黄色的油状物或固体）。叔胺的氮原子上无氢原子，与磺酰氯作用生成的产物不稳定，在碱性条件下很快水解，回到叔胺。例如：

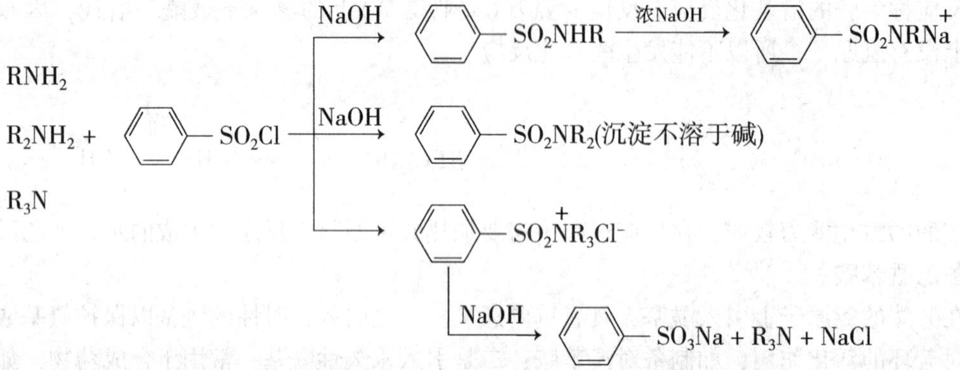


伯胺所形成的苯磺酰胺，因受强的吸电子基苯磺酰基的影响，使氨基上的氢原子具有一定酸性，因此能与碱作用生成盐而溶于碱溶液中。仲胺所形成的苯磺酰胺，氨基上已没有氢原子，故不能与碱作用，仍为固体，不溶于碱溶液。而叔胺可认为不与苯磺酰氯反应，也不溶于碱溶液。利用这个性质可鉴别或分离伯胺、仲胺、叔胺，此反应称为兴斯堡（Hinsberg）反应。

（5）与亚硝酸的反应

① 伯胺与亚硝酸的反应。脂肪族伯胺与亚硝酸作用，先生成极不稳定的脂肪族重氮盐，它立即分解成氮气和碳正离子。例如：

$$CH_3CH_2CH_2NH_2 \xrightarrow[HCl]{NaNO_2} CH_3CH_2CH_2\overset{+}{N}\equiv N\overset{-}{Cl} \longrightarrow CH_3CH_2\overset{+}{C}H_2 + \overset{-}{Cl} + N_2\uparrow$$

高活性的碳正离子随即发生一系列反应生成醇、烯、卤代烷等复杂混合物，在合成上没有实用价值。但由于反应定量地放出氮气，通过测定氮的含量，可定量测定分子中的氨基数量。

芳香族伯胺在低温和强酸作用下与亚硝酸钠反应，生成较为稳定芳香族重氮盐，称为重氮化反应。例如：

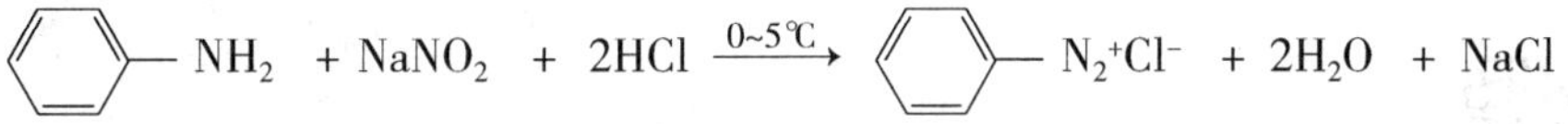

② 仲胺与亚硝酸的反应。脂肪族和芳香族仲胺与亚硝酸作用，都得到 *N*-亚硝基胺。*N*-亚硝基胺为黄色油状液体或固体，难溶于水，有致癌性。

脂肪族 *N*-亚硝基胺与稀酸共热，又可分解为仲胺，因此可用于鉴别和提纯仲胺。

芳香族 *N*-亚硝基化合物在酸性条件下容易发生重排生成对亚硝基化合物。例如：

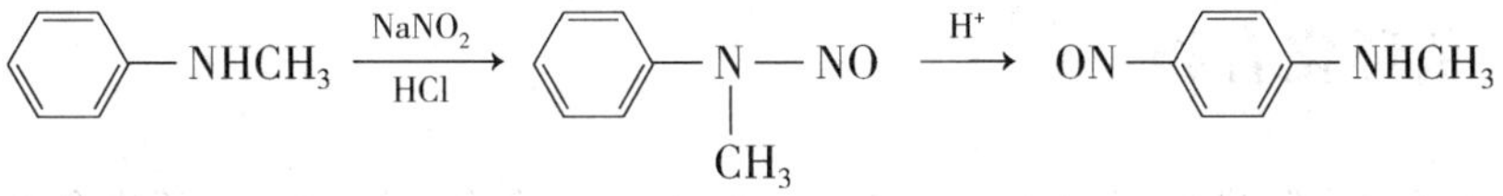

③ 叔胺与亚硝酸的反应。脂肪族叔胺氮上无氢原子，与亚硝酸作用时只能生成不稳定的亚硝酸盐，加碱又可得到游离的叔胺。芳香族叔胺与亚硝酸作用，可以在芳环上导入亚硝基，通常发生在对位上。对位被占据，则发生在氨基的邻位上，例如：

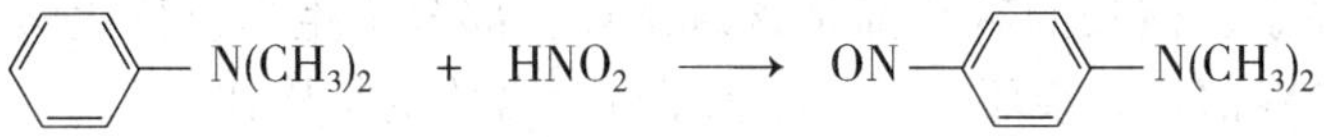

*N*,*N*-二甲基-4-亚硝基苯胺(绿色)

利用伯胺、仲胺、叔胺与亚硝酸反应的现象不同，可鉴别这三种胺。

（6）氧化

无论是脂肪族还是芳香族胺都容易被氧化。

脂肪族伯胺的氧化产物很复杂，并无实际意义；仲胺用过氧化氢氧化可生成羟胺，但产率低；叔胺用过氧化氢或过氧酸(RCOOOH)氧化，生成氧化胺。例如：

$$R_2NH + H_2O_2 \longrightarrow R_2NOH + H_2O$$

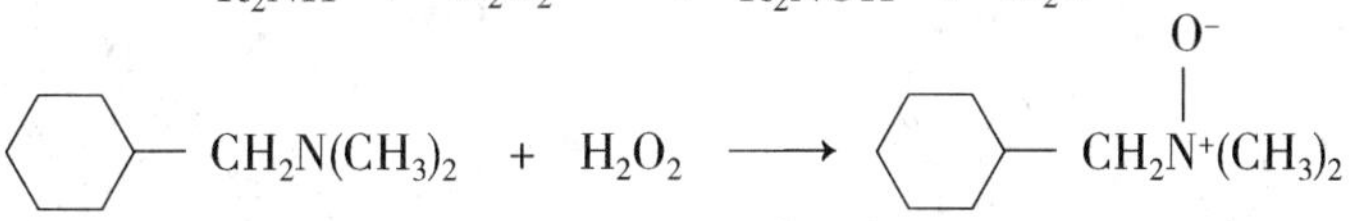

氧化胺具有四面体结构。与季铵盐相似，当氮原子连接 3 个不同烃基时，则存在对映异构现象。具有一个长链烷基的氧化胺，也是性能优异的表面活化剂；具有 $\beta$-H 的氧化胺，加热时发生消除反应，产生烯烃。

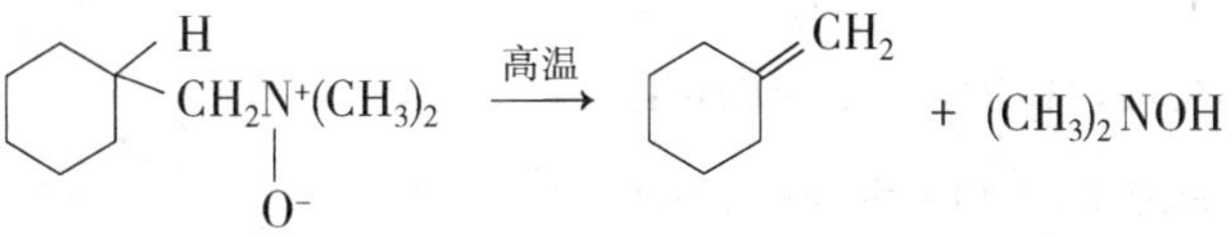

这一反应称为科普(cope)消除反应。由于反应过程形成平面的五元环，氧化胺的氧作为进攻 $\beta$-H 的碱，所以是立体专一性的顺式消除。

芳胺容易被各种氧化剂氧化，甚至空气就能氧化芳胺。例如，苯胺放置在空气中，会因氧化使颜色逐渐变深。用二氧化锰和硫酸或重铬酸钾和硫酸氧化苯胺，生成对苯醌：

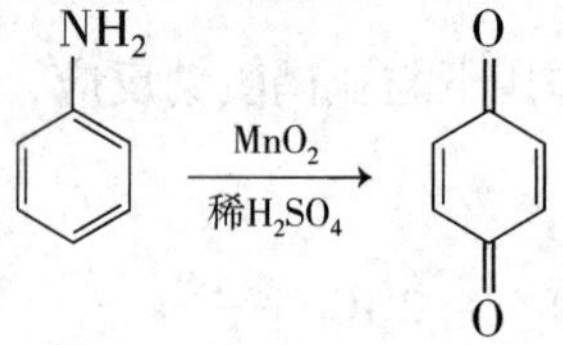


这是实验室和工业上生产对苯醌的主要方法。

R4-4 胺的制备

**5. 胺的制法**

胺的制备可以采用硝化法。胺可以通过酰胺和腈的还原、氨或胺的烷基化、硝基化合物的还原等多种方法制得。

## 4-3 杂环化合物

含有一个或多个除碳原子之外的其他元素原子的环状化合物称为杂环化合物。这些其他元素原子称为杂原子，最常见的杂原子是 O、N、S。

杂环化合物是一大类有机物，占已知有机物的三分之一以上。杂环化合物在自然界分布很广、功用很多。例如，中草药的有效成分生物碱大多是杂环化合物；动植物体内起重要生理作用的血红素、叶绿素、核酸的碱基都是含氮杂环；部分维生素，抗生素，一些植物色素、植物染料、合成染料都含有杂环。几种熟悉杂环化合物的结构如下：

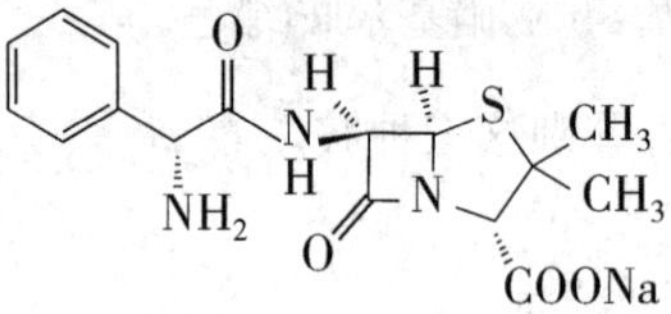


氨苄青霉素钠

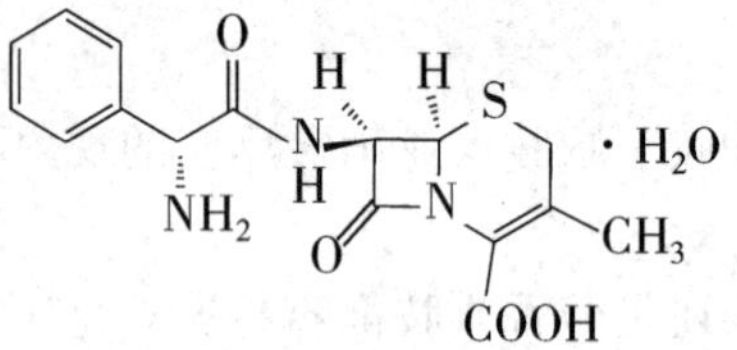


头孢氨苄(先锋霉素Ⅳ)

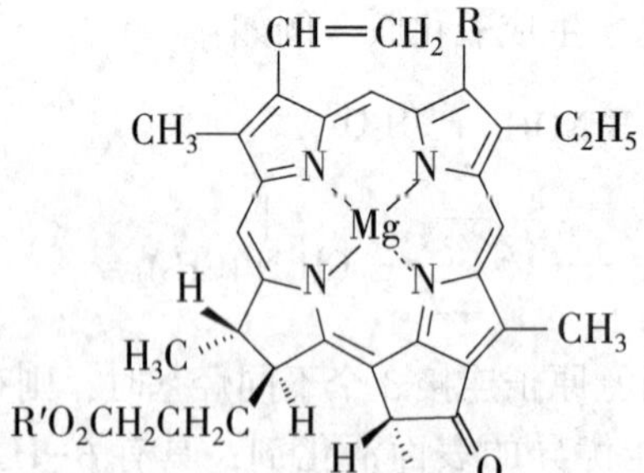


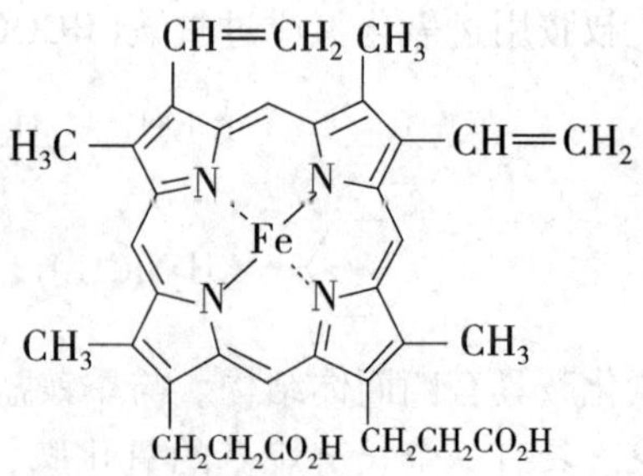


血红素

$R' = CH_3 \left( CH(CH_3)CH_2CH_2CH_2 \right)_3 C(CH_3) = CHCH_2—$

叶绿素a(R=CH3)′　叶绿素b(R=CHO)

**1. 杂环化合物的分类和命名**

杂环化合物可简单地分为非芳香杂环和芳香杂环两大类。非芳香杂环化合物结构和性质与相应的脂肪族化合物相似，因此不在本模块讨论范围。芳香杂环是指环为平面型，π 电子数符合 $4n+2$ 规则，有一定程度芳香性的较稳定的杂环化合物。最常见的稳定杂环化合物可分为五元杂环和六元杂环两大类。在每一类中又根据杂原子种类、数目、单环或稠环等再分类。

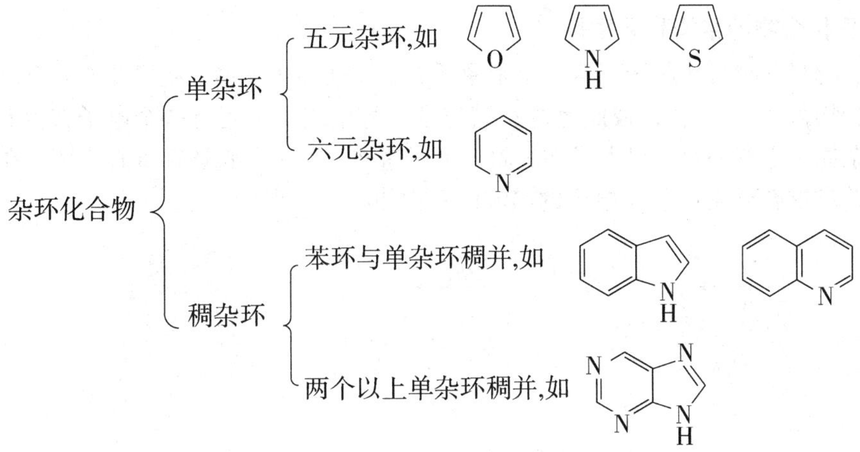


杂环化合物的命名比较特殊，一般采用英文名的音译，书写时在同音汉字的左边加一“口”旁。例如常见的杂环有：

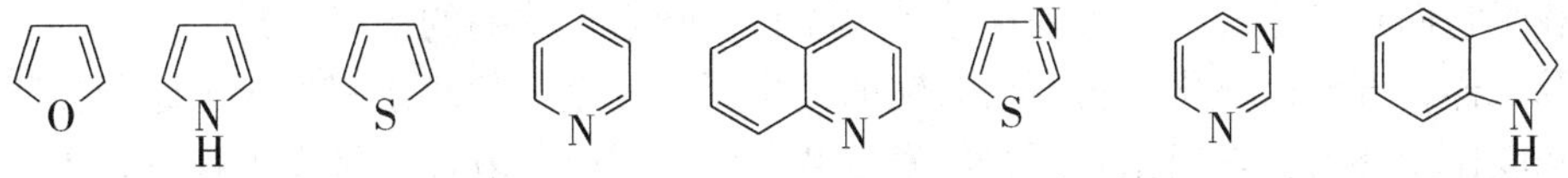

| furan | pyrrole | thiophene | pyridine | quinolone | thiazole | pyrimidine | indole |
|---|---|---|---|---|---|---|---|
| 呋喃 | 吡咯 | 噻吩 | 吡啶 | 喹啉 | 噻唑 | 嘧啶 | 吲哚 |

当环上有取代基时，命名时以杂环为母体，杂环的编号一般从杂原子编起，按取代基位置最低原则顺着环编号。环上含多个杂原子时按 O-S-N 的次序编号。例如：

4-甲基咪唑(不叫3-甲基咪唑)　　5-氯噻唑

环上只有一个杂原子时，有时也可以把靠近杂原子的碳叫作 $\alpha$ 位，其次为 $\beta$ 位。五元杂环中仅有 $\alpha$ 和 $\beta$ 位，六元杂环则有 $\alpha$、$\beta$ 和 $\gamma$ 位。例如：

另一种命名法是把杂环看成是相应的碳环中碳原子被杂原子取代来命名的，一般多用于非芳香杂环。例如：

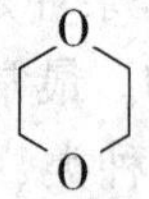
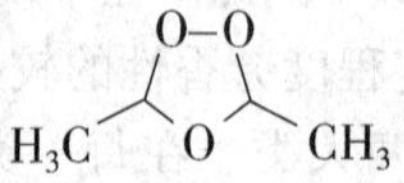

1,4–二氧杂环己烷　　3,5–二甲基–1,2,4–三氧杂环戊烷

**2. 杂环化合物的结构和芳香性**

呋喃、吡咯和噻吩均属于只含一个杂原子的五元杂环化合物，组成环的五个原子位于一个平面上，均采用 $sp^2$杂化，彼此通过 σ 键连接。每个碳原子还有一个电子在没有杂化的 p 轨道上，杂原子也有一对孤对电子在 p 轨道上，这样，五个 p 轨道都垂直于环所在平面，它们通过肩并肩重叠形成六个 π 电子的离域体系，如图 4–2 所示。

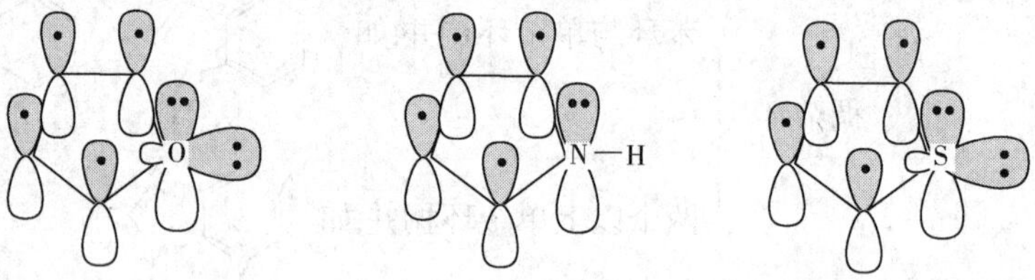

图 4–2　呋喃、吡咯、噻吩的轨道结构示意图

呋喃、吡咯和噻吩的离域能比苯的离域能低，但比大多数的共轭二烯烃的离域能要大得多。化学性质上它们容易发生亲电取代，环上各原子间的键长都有一定程度的平均化。这些证据均表明它们具有芳香性，芳香性按苯、噻吩、吡咯、呋喃的次序递减。

与苯一样，五元杂环化合物参与共轭的 π 电子有 6 个，但环上只有 5 个原子，所以环上电子云密度比苯环大，它们比苯更容易发生亲电取代反应，取代通常发生在 α 位上。

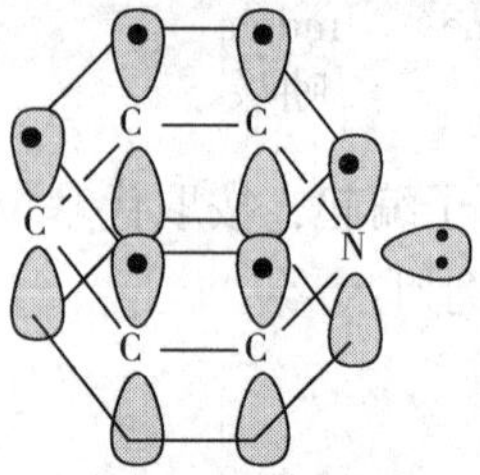

图 4–3　吡啶的轨道结构示意图

六元杂环的结构可以用吡啶为例来说明。吡啶环是平面型的，5 个碳原子和 1 个氮原子以 $sp^2$杂化通过 σ 键连接成环，环上还有 6(符合 $4n+2$)个 p 电子构成芳香 π 电子离域体系。在氮原子的 $sp^2$杂化轨道中还有一对孤对电子在环平面上伸向环外，不参与 π 电子共轭，如图 4–3 所示。

吡啶结构与苯相似，符合休克尔规则，也有芳香性。但由于氮原子的电负性比较大，导致吡啶环上的电子云密度不像苯那么完全平均化。氮原子附近电子云密度较大，所以碳原子的电子云密度降低。这就导致了吡啶发生亲电取代反应时比苯困难，并且取代反应主要发生在 β 位上。另一方面，吡啶比较容易发生亲核取代反应，取代基一般进入 α 位。

**3. 五元杂环化合物**

(1) 五元杂环化合物的化学性质

呋喃、吡咯和噻吩是最常见的五元杂环化合物。对于亲电取代反应来说，杂原子都会使五元环上碳原子电子云密度升高并使环活化，它们都比苯要活泼(吡咯>呋喃>噻吩>苯)，其反应活泼性与苯酚、苯胺相似。它们都可以进行通常的亲电取代反应，如硝化、磺化、卤代和傅–克反应。由于它们的高度活泼性以及呋喃和吡咯对于无机强酸的敏感性，其亲电取代反应需要比较温和的条件。例如，呋喃和吡咯进行磺化时要用吡啶–三氧化硫加成物，如用硫酸，环则被打开。呋喃和噻吩进行酰基化时要用四氯化锡为催化剂，它比三氯化铝温和。吡咯进行酰基化时可以不用催化剂。例如：

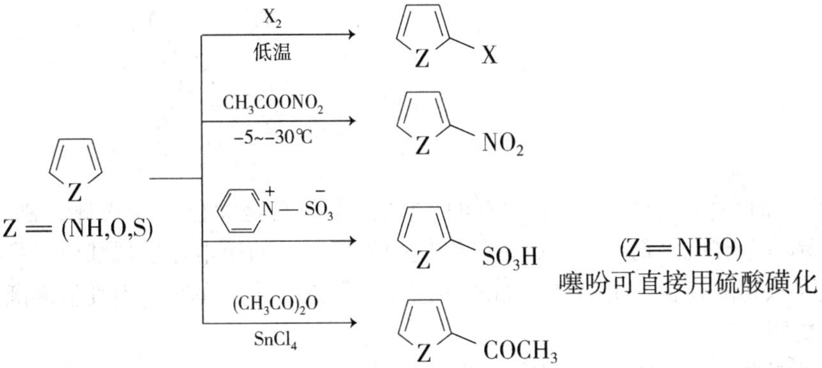


呋喃、吡咯和噻吩的亲电取代主要发生在 $\alpha$ 位上，如 $\alpha$ 位上有第一类定位基，亲电取代则发生在另一 $\alpha$ 位上；如 $\alpha$ 位上有第二类定位基，亲电取代才发生在 $\beta$ 位上。

（2）常见的五元杂环化合物

① 呋喃和糠醛。呋喃是无色液体，沸点为 32℃，难溶于水，易溶于有机溶剂。它的蒸气遇有盐酸浸湿过的松木片呈现绿色，称为松木片反应，可用来鉴定呋喃的存在。呋喃的制备一般由呋喃甲醛在催化剂（$ZnO-Cr_2O_3-MnO_2$）的存在下脱去羰基而得。

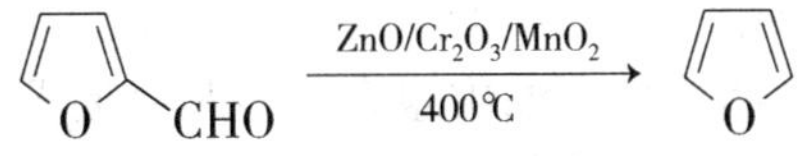


呋喃甲醛又称糠醛，是呋喃的重要衍生物。糠醛是无色液体，沸点为 162℃，糠醛在醋酸存在下遇苯胺呈亮红色，可用来定性检验糠醛。糠醛可由农副产品如燕麦壳、玉米芯、棉籽壳等原料来制取。这些原料中含有戊醛糖的高聚物（聚戊糖）。聚戊糖用稀酸处理后，先解聚变为戊醛糖，然后再失水而成糠醛。

$$\underset{\text{聚戊糖}}{(C_5H_8O_4)_n} + \underset{\text{水蒸气}}{nH_2O} \xrightarrow[\triangle]{3\%\sim5\%\ H_2SO_4} \underset{\text{戊糖}}{nC_5H_{10}O_5}$$

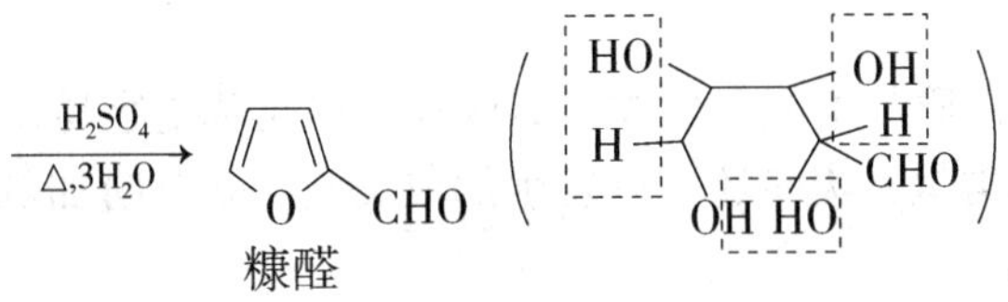


糠醛是一个很好的溶剂，也是有机合成的原料。糠醛的化学性质同苯甲醛类似，例如，糠醛与约 50%氢氧化钠水溶液作用可生成糠醇和糠酸钠（Cannizzaro 反应）。

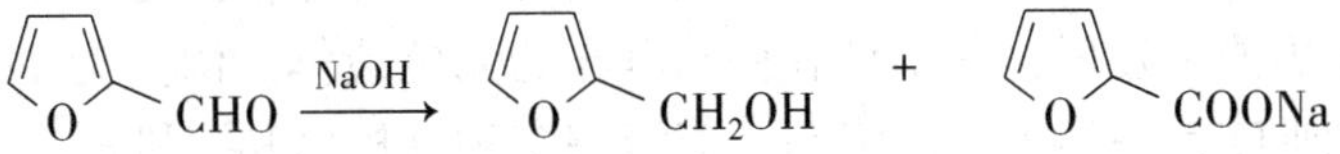


呋喃在镍催化下，加氢可得四氢呋喃。四氢呋喃沸点为 65.5℃，是非常常用的溶剂，也是有机合成的原料。例如，从四氢呋喃可得到己二酸和己二胺，它们是制造尼龙-66 的原料。

尽管呋喃在温和条件下容易发生亲电取代反应，但由于它的芳香性较弱，因而具有共轭二烯烃的性质。例如，呋喃及其衍生物可以容易地进行 Diels-Alder 反应和一般的亲电加成反应；吡咯只能和极活泼的亲双烯体发生 Diels-Alder 反应；噻吩则难于发生 Diels-Alder 反应。

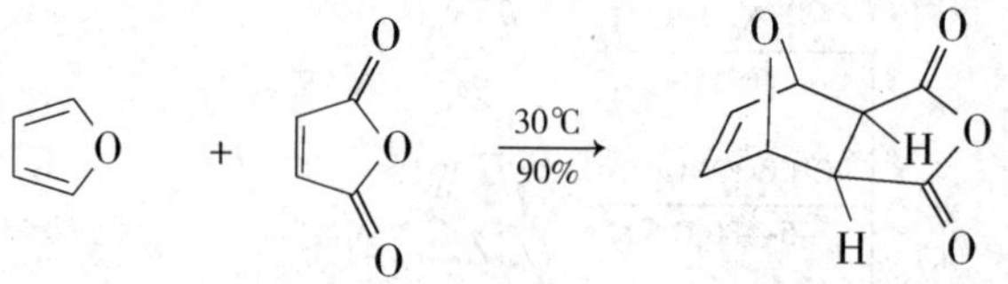

② 吡咯。吡咯存在于煤焦油中和石油(少量)中，它是无色油状液体，沸点为131℃，微溶于水，易溶于有机溶剂。吡咯的蒸气能使盐酸浸湿过的松木片呈现红色，可用来检验吡咯及其低级同系物的存在。吡咯环不如苯环稳定，易被氧化，在空气中吡咯逐渐被氧化而成褐色并发生树脂化。

吡咯碱性极弱($pK_b=13.6$)，这是因为氮原子上的未共用电子对参与了共轭体系，难以结合质子之故。此外，吡咯还表现出很弱的酸性，能与金属钠或钾、固体氢氧化钠或氢氧化钾作用，生成吡咯的盐。吡咯的钠盐或钾盐遇水又形成吡咯。

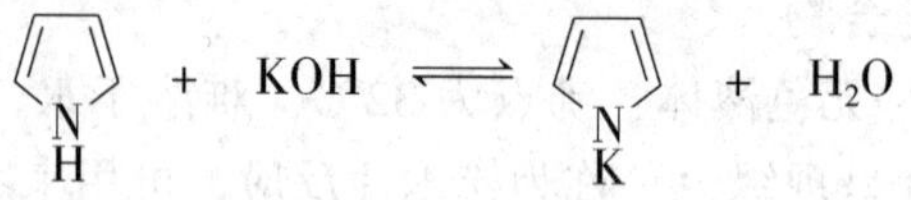

吡咯可通过催化加氢被还原为四氢吡咯，四氢吡咯也叫吡咯烷，它的碱性($pK_b=2.7$)比吡咯强得多，具有脂肪族仲胺的性质，可以和一般的酸形成稳定的铵盐。

③ 噻吩。噻吩存在于煤焦油中，石油中也含有少量噻吩及其衍生物。由于它们的存在，不但影响石油产品的质量，而且会使石油加工催化剂中毒。工业上需对石油进行脱硫，主要就是除去噻吩及其衍生物。噻吩是无色液体，沸点为84℃，熔点为-38.2℃，不溶于水，溶于有机溶剂。在浓硫酸存在下，噻吩与靛红一同加热即发生靛吩咛反应，显出蓝色，该反应很灵敏，可用来检验噻吩的存在。

噻吩的亲电取代反应比苯容易发生，例如，在室温时噻吩与浓硫酸作用即可磺化，生成噻吩磺酸，后者能溶于浓硫酸。利用这个反应可把粗苯中的噻吩除去。

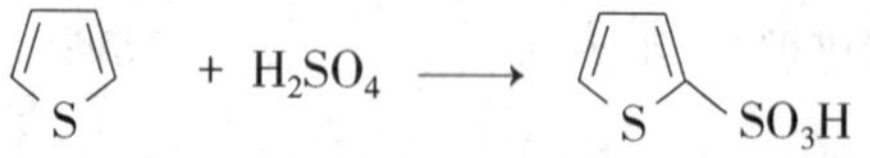

噻吩不具备二烯烃性质，不能氧化成亚砜或砜，但比苯更容易发生亲电取代反应，取代反应发生在α位。与苯类似，噻吩还可以发生加成反应，如噻吩加氢生成四氢噻吩。

**4. 六元杂环化合物**

(1) 吡啶

吡啶衍生物广泛分布于自然界，许多生物碱分子中含有吡啶单元。生物碱一般是指存在于生物体内的、对人类和其他动物有重要生理作用的一类含氮有机化合物。

吡啶最早从煤焦油中发现，它是具有特殊臭味的无色液体，沸点为115℃，可与水、乙醇、乙醚等混溶。吡啶是一种很好的溶剂，能溶解多种有机物和无机盐。

与吡咯不同，吡啶的碱性($pK_b=8.8$)较强，强于吡咯和苯胺($pK_b=9.37$)，但比脂肪胺及氨弱得多。吡啶可与无机酸生成盐。例如：

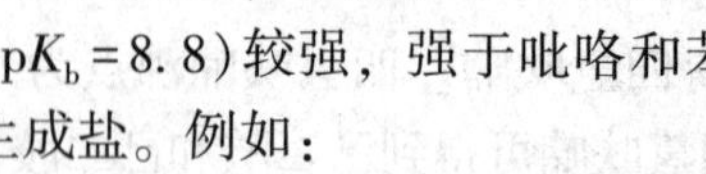

因此，吡啶可用来吸收反应中生成的酸，工业上常称吡啶为缚酸剂。

吡啶容易和三氧化硫结合生成 *N*-磺酸吡啶，*N*-磺酸吡啶可作为温和的磺化试剂。

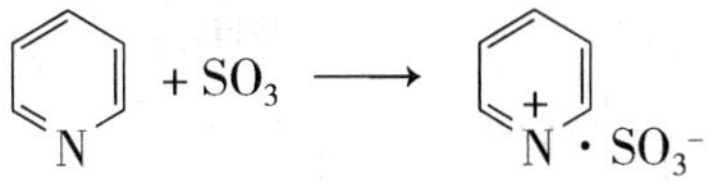

由于氮的电负性比碳的大，吡啶环上的电子云密度较低，其中 $\alpha$ 位的电子云密度比 $\beta$ 位的低。因此，吡啶与硝基苯类似，一般要在强烈条件下才能发生亲电取代反应，并且反应主要发生在 $\beta$ 位。

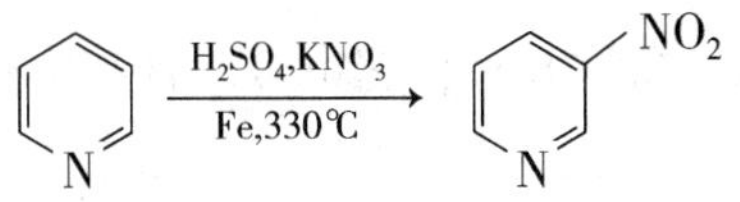

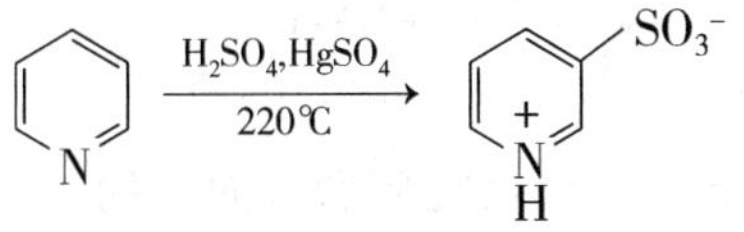

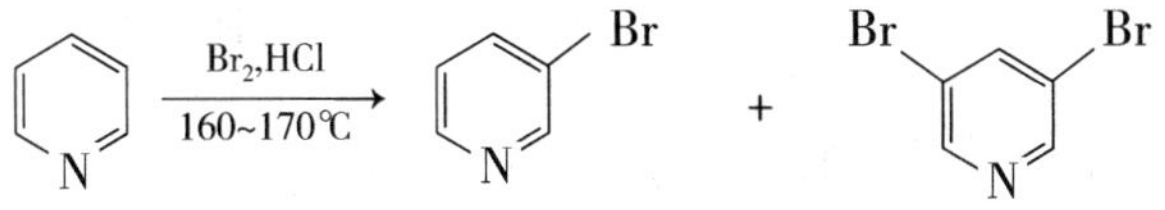

相反，吡啶容易与亲核试剂作用，取代发生在 $\alpha$ 位。这是因为 $\alpha$ 位电子云密度较低，更容易接受亲核试剂的进攻。例如，吡啶与氨基钠作用生成 $\alpha$-氨基吡啶。

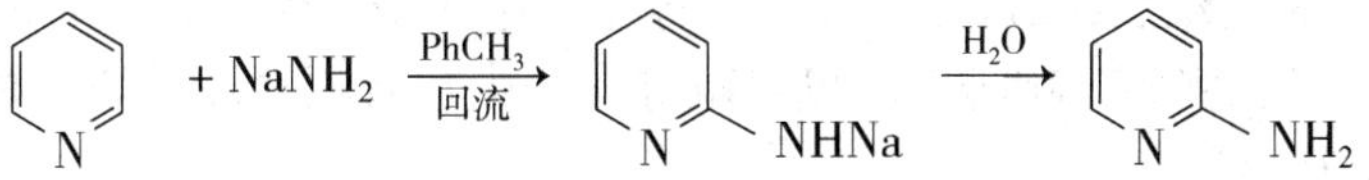

（2）其他六元杂环化合物

① 喹啉。喹啉是无色油状液体，有特殊臭味，沸点为 238℃，相对密度为 1.095，难溶于水，易溶于有机溶剂。它是一种常用的高沸点溶剂。喹啉与吡啶有相似之处，它是一个弱碱（$pK_b=4.9$），与酸可以成盐。喹啉与重铬酸可形成难溶的复盐 $(C_8H_7N)_2 \cdot H_2Cr_2O_7$，可用此法精制喹啉。喹啉也能与卤代烷形成季铵盐。

喹啉结构上是苯并吡啶，由于吡啶环上氮原子的电负性较大，使吡啶环上电子云密度相对比苯环少，通常亲电取代基进入苯环而不是吡啶环，亲核取代基进入吡啶环。

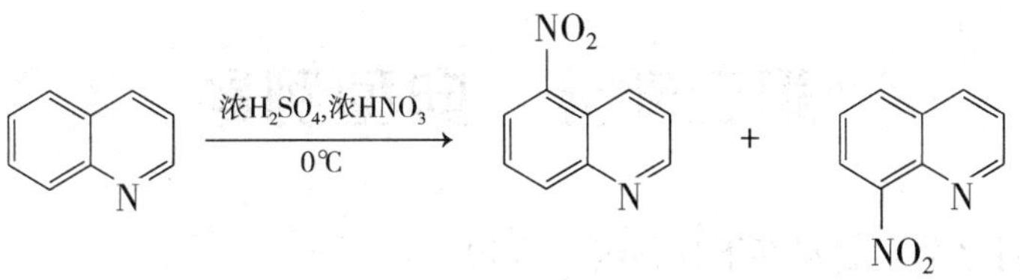

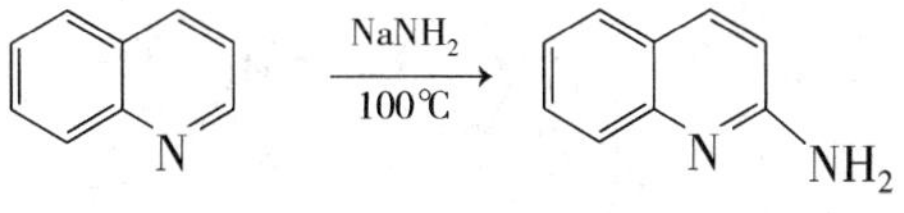

② 嘧啶。嘧啶的熔点为 22℃，沸点为 124℃，易溶于水和醇。由于嘧啶环上有两个电负性较大的氮原子，其亲电取代反应比吡啶困难，亲核取代反应则比吡啶容易。

嘧啶的衍生物广布于自然界，维生素 $B_2$分子中即含嘧啶环。核酸分子中含有尿嘧啶、胞嘧啶和胸腺嘧啶组分。

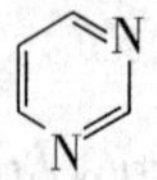

嘧啶
(pyrimidine)

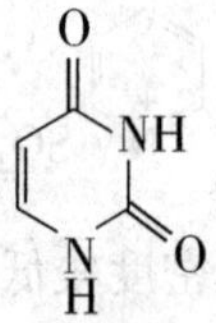

尿嘧啶
(uracil)

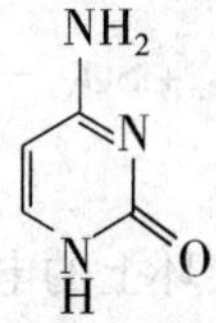

胞嘧啶
(cytosine)

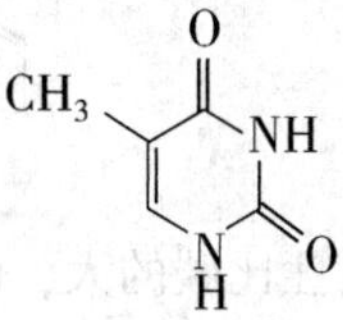

胸腺嘧啶
(thymine)

用于消炎的磺胺类药磺胺嘧啶(简称 SD)，它也是一种嘧啶衍生物。

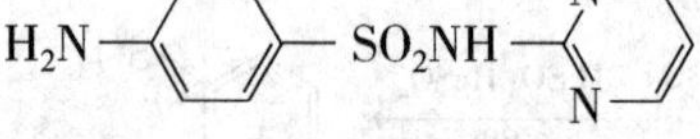

③ 嘌呤。嘌呤是由一个咪唑环和一个嘧啶环稠合而成的一类重要化合物。

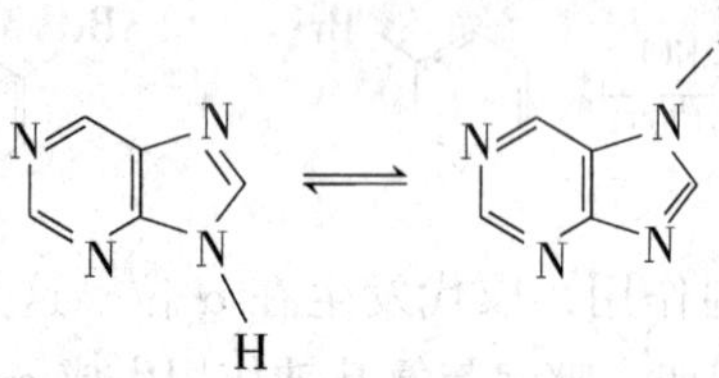

嘌呤是无色晶体，熔点为 217℃。嘌呤本身并不存在于自然界，但它的羟基和氨基衍生物在自然界分布很广。例如，咖啡因、可可碱等分子中都有嘌呤环骨架。核酸中的腺嘌呤和鸟嘌呤都是嘌呤的衍生物。

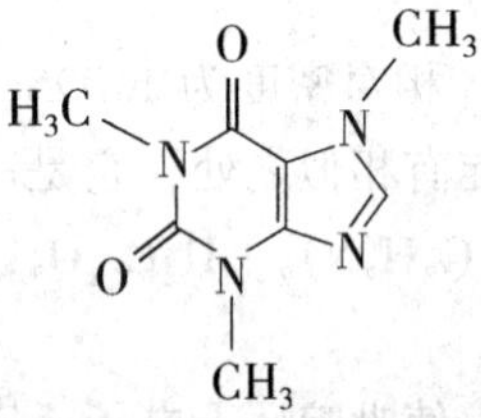

咖啡因

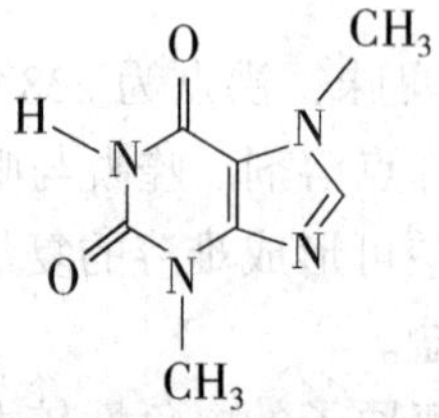

可可碱

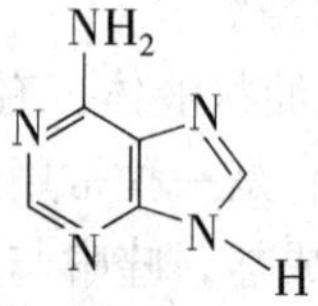

腺嘌呤
(adenine)

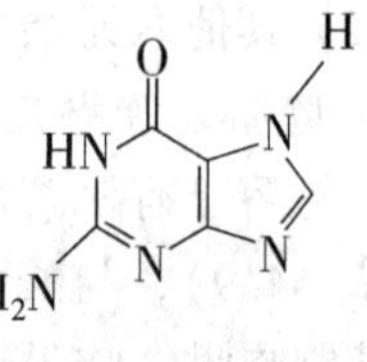

鸟嘌呤
(guanine)

# 第二部分　典型例题

**【例 4-1】** 用化学方法鉴别下列各组化合物。

① (A) 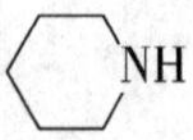　(B) 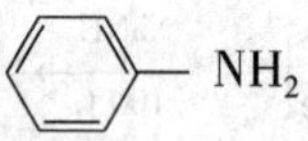　(C) 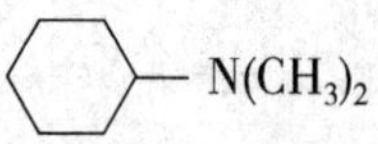

② (A) 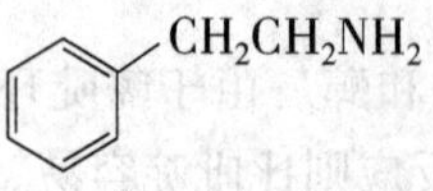　(B) 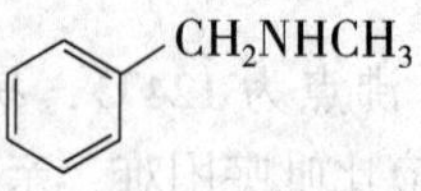　(C) 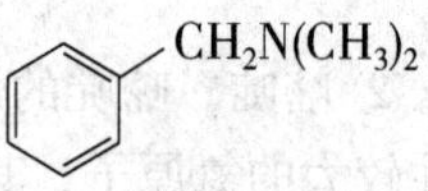

(D) 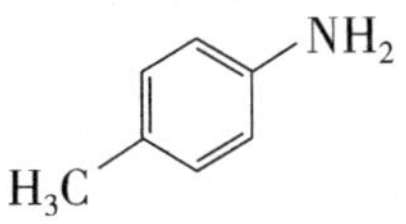

(E) 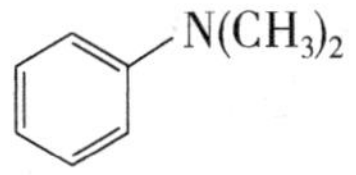


③ (A)硝基苯　　(B)苯胺　　(C)*N*-甲基苯胺　(D)*N*,*N*-二甲苯胺

**解：**① 用 $HNO_2$鉴别，生成黄色油状物者为(A)，生成溶于水的物质，加热有气体放出者为(B)，不起反应者为(C)。

注：也可以用兴斯堡(Hinsberg)反应来鉴别伯胺、仲胺、叔胺。

② 分别与 $HNO_2$反应，低温有 $N_2$放出者为(A)，加热有 $N_2$放出者为(D)，生成黄色油状物者为(B)，不起反应者为(C)，生成沉淀者为(E)。

③ 首先分别加入盐酸，不溶者为(A)，其余溶解。溶解者分别加入 $HNO_2$，加热有气体放出者为(B)，生成黄色油状物者为(C)，生成沉淀者为(D)。

**【例 4-2】** 化合物 A($C_9H_{17}N$)是存在于石榴皮中的一种生物碱，它与过量 $ICH_3$作用后再用 AgOH 加热处理生成 B($C_{10}H_{19}N$)。B 再经 $ICH_3$处理，AgOH 加热得一双烯混合物 C 和 D，C 和 D 催化氢化都生成环辛烷。用紫外光谱鉴定双烯混合物发现无共轭双键存在。写出 A、B、C、D 的结构。

**解：**A 的不饱和度为 $UN=1+9+0.5\times1-0.5\times17=2$，它能与 $ICH_3$烷基化发生 Hofmann 消除，说明 A 为叔胺。发生二次消除，氢化后得环辛烷，说明 A 为桥环叔胺，两个环即 2 个不饱和度。结合产物特点，可以确定 A、B、C、D 结构为

A: 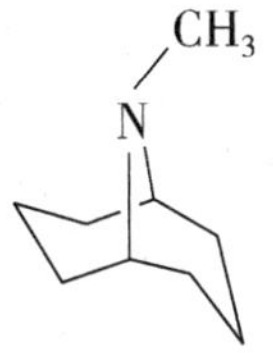

B: 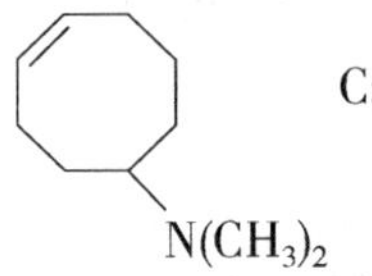

C: 
D: 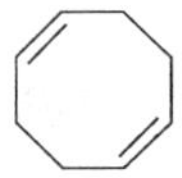

**【例 4-3】** 下列化合物，既溶于酸又溶于碱的是哪种物质？

A 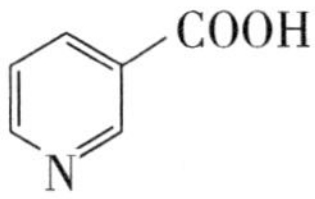

B 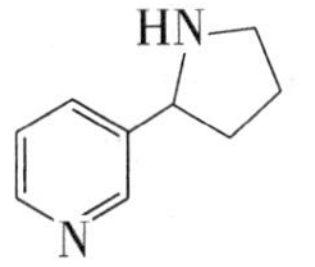

C 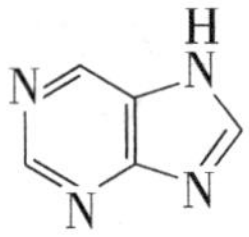

D 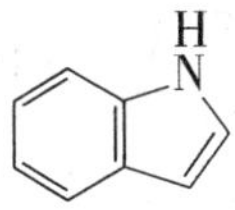


**解：**依据题意，所选化合物应为两性物质。吡啶环、嘧啶环上的氮具有孤对电子，有碱性。羧基具有酸性。C 中五元环的亚氨基上的氢受邻位嘧啶环吸电子影响，也具有酸性。因此答案为 A、C。

**【例 4-4】** 用适当的化学方法，将下列混合物的少量杂质除去。

①苯中混有少量噻吩　②甲苯中混有少量吡啶　③吡啶中有少量六氢吡啶

**解：**① 用浓硫酸洗涤，噻吩易溶而苯不溶，再分液除去噻吩。

② 用盐酸水溶液洗涤，吡啶溶，甲苯不溶，再分液除去吡啶。

③ 加入苯磺酰氯，六氢吡啶与之反应生成沉淀，吡啶不反应，即可除去六氢吡啶。

**【例 4-5】** 完成下列反应方程式。

① 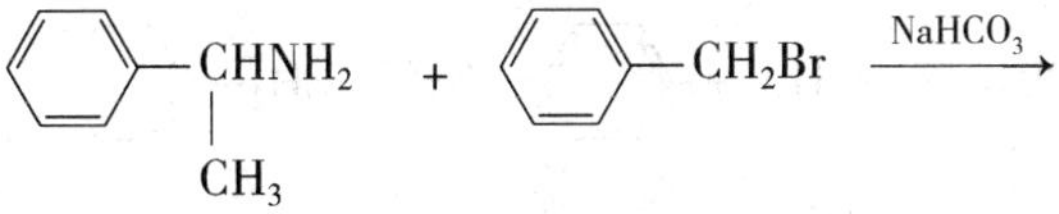

② $CH_3CH_2NHCH_3$ + $NaNO_2$ + HCl ⟶

③ 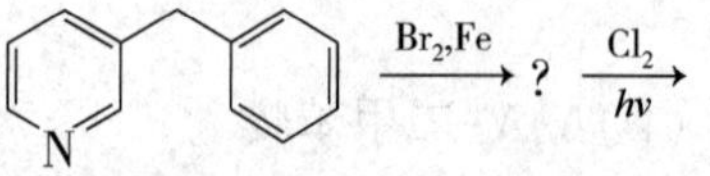

**解：**① 脂肪族伯胺上的氮原子具有孤对电子，是亲核试剂，能够与卤代烃发生亲核取代反应。因此本题答案为 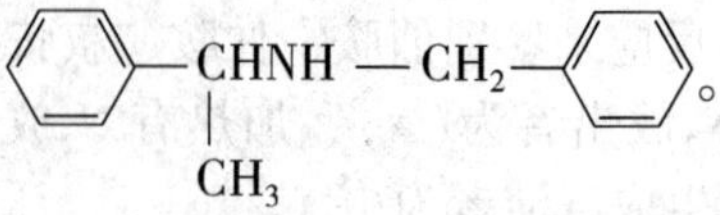。

② 亚硝酸钠与盐酸可生成亚硝酸，仲胺在亚硝酸作用下可得到 *N*-亚硝基化合物。因此本题答案为 $CH_3CH_2N(NO)—CH_3$。

③ 第一步是芳香族化合物的溴代反应，溴代反应是亲电取代反应，优先发生在电子云密度较大的芳环上。苯环电子云密度大于吡啶环，所以反应在苯环上。吡啶甲基为第一类定位基，且体积较大，反应发生在其对位。第二步是自由基氯代反应，发生在苄位。因此本题答案为 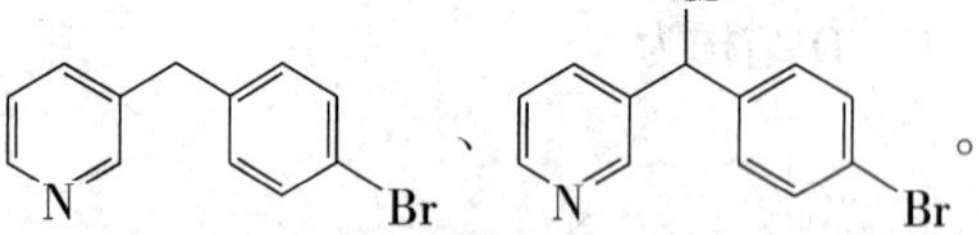。

**【例 4-6】** 完成下列合成。

① $CH_3CH═CH_2$ ⟶ 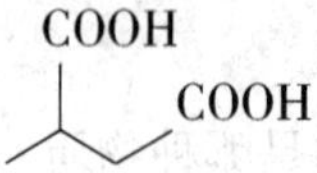

② 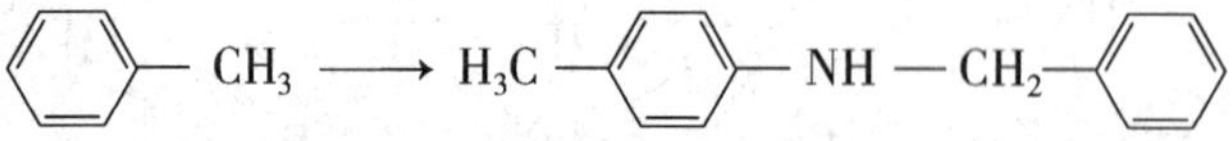

**解：**

① 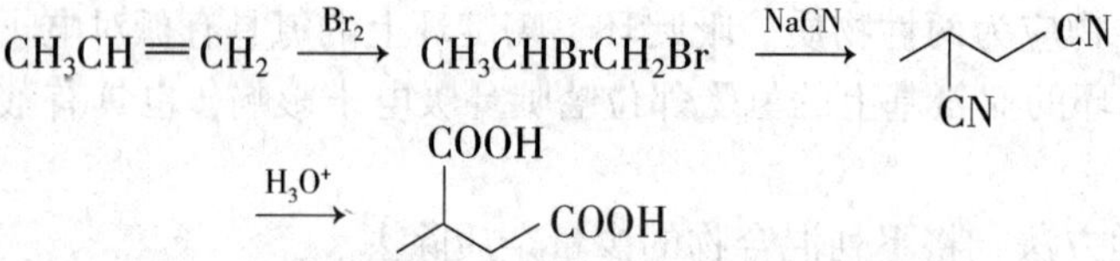

② 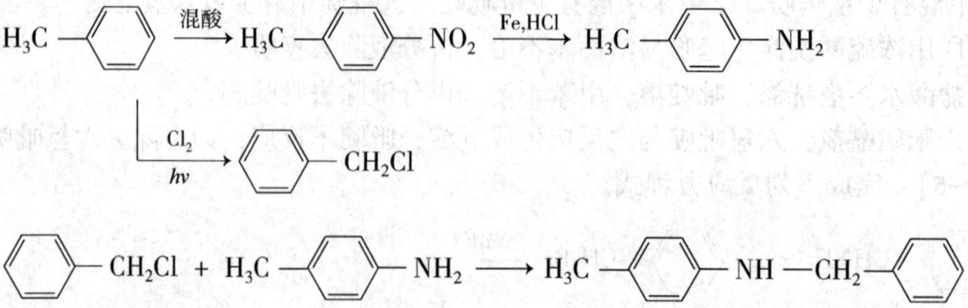

# 第三部分 实验内容

## 实验十四 苯胺的制备及性质试验

**1. 必备知识**

① 机械搅拌器的使用方法、水蒸气蒸馏、复习加热与回流、萃取、蒸馏等操作技术。

② 复习硝基化合物的性质，预习胺的制备与性质。

③ 本实验为什么要采用搅拌操作？

④ 写出该合成主、副反应方程式。

⑤ 为什么本实验中加入硝基苯要采用少量多次的方法？如一次加入硝基苯会产生什么后果？

⑥ 为什么采用水蒸气蒸馏法可以分离生成的苯胺？此法有什么优点？

⑦ 查阅资料了解主要试剂及产物的物理常数。

**2. 实验目的**

① 了解铁粉还原硝基苯制备苯胺的原理。

② 掌握机械搅拌、水蒸气蒸馏的操作方法。

③ 学习盐析法提纯液体产品的方法。

**3. 实验原理**

本实验由硝基苯和铁粉在酸性条件下制备苯胺。

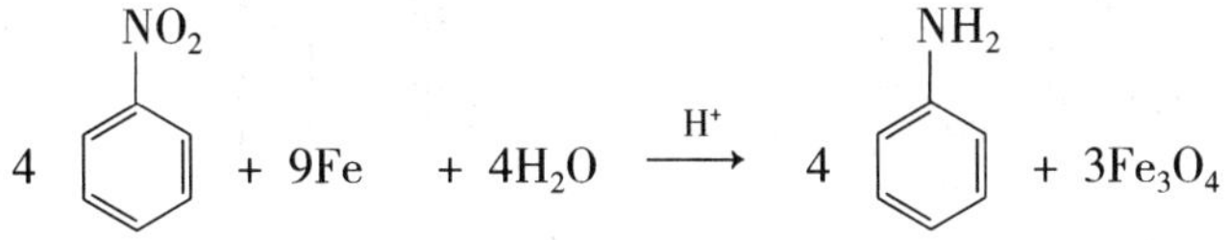


**4. 仪器及药品**

实验装置如图 4-4 所示。

药品：硝基苯 10.5g(0.085mol)、铁粉 16.3g、冰醋酸 1.7g、乙酸乙酯、浓盐酸、10%氢氧化钠、醋酸酐、饱和溴水、5% NaClO。

**5. 实验步骤**

(1) 合成

在 250mL 三颈烧瓶中，加入 16.3g(0.291mol)铁粉、1.7g 冰醋酸和 50mL 水，按图 4-4 连接装置，开动搅拌器。用小火加热煮沸 10min，于冷凝管上方分批加入 10.5g(0.085mol)硝基苯，每加入一次硝基苯都要待反应稳定后再加入下一批硝基苯。加完后反应在强烈搅拌下再回流 40min 便基本完成。

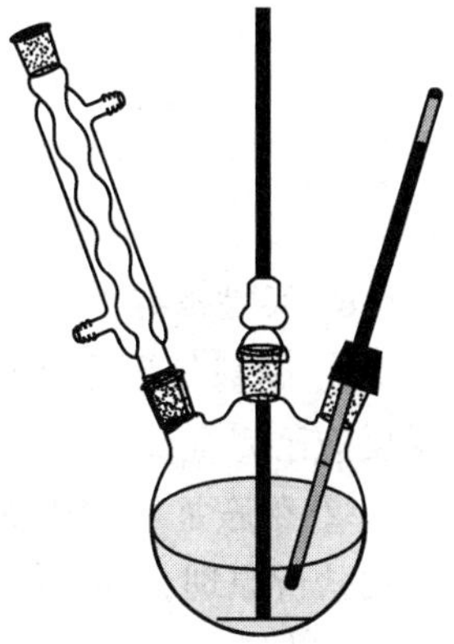

图 4-4 苯胺的制备反应装置

(2) 分离与提纯

稍冷，拆去搅拌装置，组装安装水蒸气蒸馏装置，进行水蒸气蒸馏。收集馏出液，当馏出液由乳白变成澄清时，继续收集 30mL 馏出液。在馏出液中加入精食盐至水层饱和。用乙酸乙酯萃取两次，每次 15mL，收集上层萃取液。萃取液用水洗两次，得粗产品。用适量粒状 NaOH 干燥粗产品。对粗产品进行蒸馏，收集 180～185℃馏分，得产品，称量，计算产率。纯的苯胺为无色油状液体，沸点为 184.4℃，熔点为－6.2℃，相对密度为 1.022（24℃），折射率为 1.5863。

（3）苯胺的性质试验

① 取一支试管，加入 3 滴蒸馏水和 1 滴苯胺，观察溶解情况。向溶液中滴入浓盐酸 1～2 滴，摇动，再观察溶解情况。最后再逐滴加入 15～20 滴 10%氢氧化钠溶液，观察现象。

② 取一支试管，加入 2 滴苯胺，醋酸酐 2 滴，边加边冷却，观察有无乙酰苯胺白色结晶生成。

③ 取一支试管，加入 5 滴蒸馏水和 1 滴苯胺，摇匀后加入饱和溴水 1 滴，观察有无白色沉淀生成。

④ 向小试管中加入 1 滴苯胺，加 1mL 水稀释，加入 1 滴 5% NaClO 溶液，振荡，观察现象。

（4）产物鉴定

① 测定产物的沸点或折光率。

② 测试产物的红外光谱，与图 4-5 的标准谱图对照。

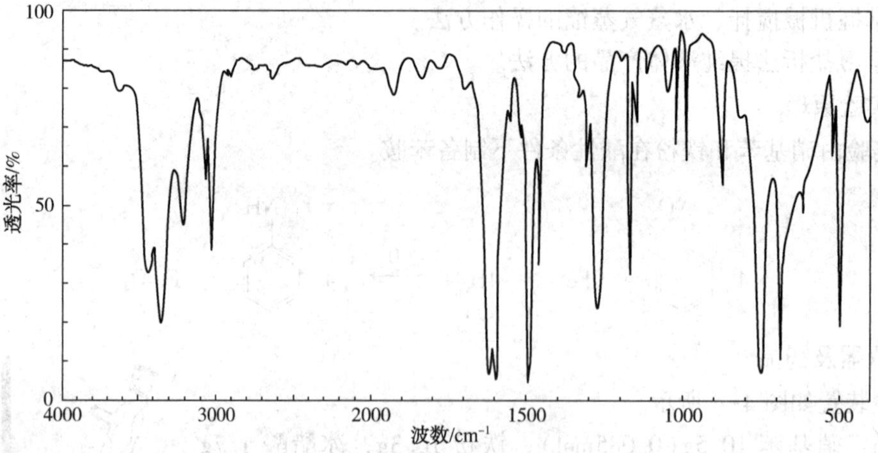


图 4-5　苯胺的红外光谱图

**6. 实验指导**

① 硝基苯为黄色油状物，如果回流液中，黄色油状物消失，而转变成乳白色油珠，表示反应已完全。

② 苯胺加粗盐为盐析，在 20℃时每 100mL 水可溶解 3.4g 苯胺，为了减少苯胺损失，根据盐析原理，加入精盐使馏出液饱和，这样溶解在水中的大部分苯胺就成油状物析出，减少了损失。

③ 本实验用粒状 NaOH 干燥，原因是 $CaCl_2$ 与苯胺能形成分子化合物。

④ 反应完后，圆底烧瓶上黏附的黑褐色物质，可用 1∶1 盐酸水溶液温热除去。

**7. 拓展实验**

β-羟基酮是重要的药物中间体，设计以 5-甲基-3-苯基-4,5-(2*H*)异噁唑为原料，合成 1-苯基-3-羟基-1-丁酮，并比较与本实验制备方法的异同点。

要求：拟定实验方案（包括实验目的，实验原理、实验装置图、实验药品、实验步骤、产物鉴定方法等）

【提示】可参考文献：D. Jiang and Y. Chen, "Reduction of $\Delta^2$-Isoxazolines to $\beta$-Hydroxy Ketones with Iron and Ammonium Chloride as Reducing Agent", J. Org. Chem., 2008, 73, 9181-9183.

## 实验十五　甲基橙的制备

### 1. 必备知识

① 在重氮盐制备前为什么还要加入氢氧化钠？如果直接将对氨基苯磺酸与盐酸混合后，再加入亚硝酸钠溶液进行重氮化操作行吗？为什么？

② 重氮化反应中，控制温度是实验成败的关键之一，为什么？

③ 解释亚硝酸过量对偶合反应的影响，说明去除过量亚硝酸的办法。

④ 查阅资料了解主要试剂及产物的物理常数。

### 2. 实验目的

① 了解由重氮化反应和偶合反应制备甲基橙的原理和方法。

② 掌握冰浴低温反应操作技术。

③ 巩固盐析和重结晶的原理和操作。

### 3. 实验原理

甲基橙，结构式命名是对二甲氨基偶氮苯磺酸钠或4-{[4-(二甲氨基)苯基]偶氮基}苯磺酸钠盐，性状为橙红色鳞状晶体或粉末，微溶于水，较易溶于热水，不溶于乙醇等有机溶剂。甲基橙是一种常用的酸碱指示剂或 pH 指示剂，pH 变色范围为 3.1(红)~4.4(黄)。

甲基橙的合成包括两个过程：首先是对氨基苯磺酸与亚硝酸在低温下生成重氮盐，这一反应称为重氮化过程。然后重氮盐再和 *N*,*N*-二甲基苯胺作用生成偶氮化合物，这一反应称为偶合过程。

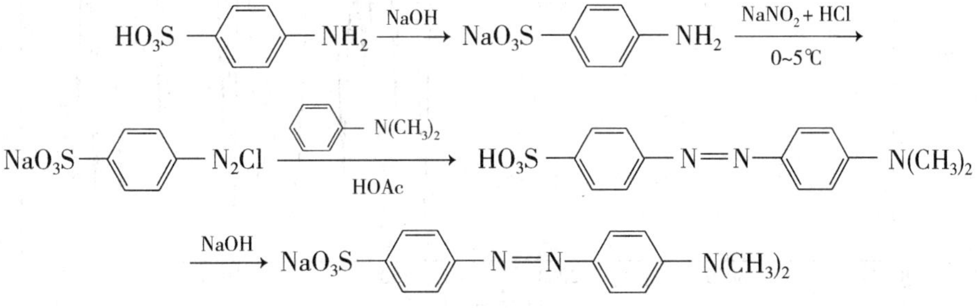

### 4. 仪器及药品

仪器：量筒、烧杯、温度计、减压抽滤装置等。

药品：对氨基苯磺酸 2.1g(0.012mol)、5%氢氧化钠溶液、10%亚硝酸钠溶液、浓盐酸、*N*,*N*-二甲基苯胺 1.3mL(1.25g，0.010mol)、冰乙酸、乙醚、乙醇。

### 5. 实验步骤

(1) 重氮盐的制备

在 100mL 烧杯中加入 2.1g 对氨基苯磺酸和 10mL 5%氢氧化钠溶液，搅拌、温热使之溶解，用石蕊试纸检验溶液呈碱性。冷却至室温，然后加入 8mL 10%亚硝酸钠溶液，摇匀，放入冰盐浴中冷至 0~5℃。在另一支烧杯中倒入 3mL 浓盐酸和 10g 碎冰，也放在冰盐浴中冷至 0~5℃。将对氨基苯磺钠与亚硝酸钠的混合液边搅拌边慢慢地倒入冰冷的盐酸溶液中，用石蕊试纸或刚果红试纸检验，始终保持反应液的酸性。如果冰都溶解了，可以再加少量冰屑，以控制反应温度在 5℃以下。将混合液在冰浴中放置 15min，以保证反应全部完成。此时应该有重氮盐的白色晶体生成。用淀粉-碘化钾试纸检验溶液中有无过量的亚硝酸。

(2) 偶氮化合物的制备

在一支试管中加入 1. 3mL *N*,*N*-二甲基苯胺和 1mL 冰醋酸，混合均匀，把此溶液置于冰盐浴中冷却到 5℃左右，然后在不断搅拌下，慢慢加到上述重氮盐的冷溶液中，加完后充分搅拌 10min，使反应完全。此后再在搅拌下慢慢加入 5%氢氧化钠溶液，直至反应液变为橙色，这时反应液呈碱性，粗制的甲基橙呈细粒状沉淀析出。将反应物加热至沸腾，使粗制的甲基橙溶解后，冷却至室温，再在冰水浴中冷却，使甲基橙晶体析出完全。减压过滤，依次用少量水、乙醇、乙醚洗涤，压干。

(3) 精制

若要得到较纯产品，可用沸水进行重结晶。按每克甲基橙加入 20~25mL 水制成热饱和溶液，趁热过滤，冷却，使甲基橙晶体充分析出。抽滤，沉淀依次用少量乙醇、乙醚洗涤，干燥即得成品。

甲基橙为橙色片状结晶，熔点 300℃。

(4) 产物鉴定

① 测定产物的熔点。

② 测试产物的红外光谱，与图 4-6 的标准谱图对照。

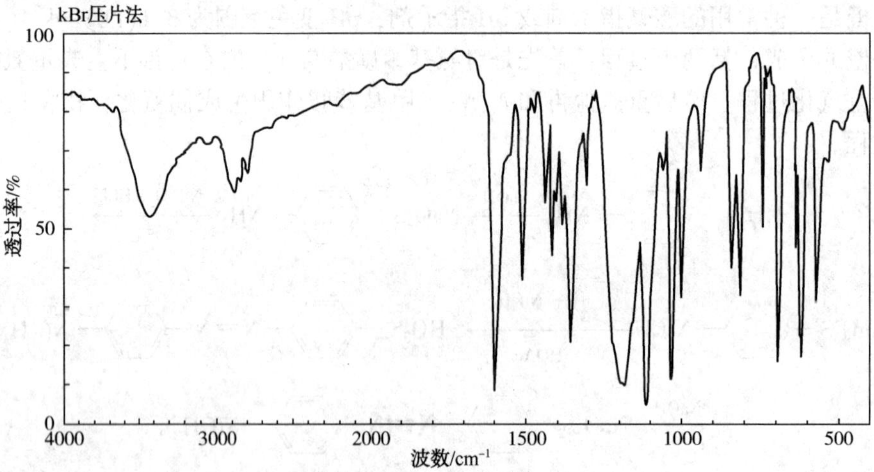


图 4-6　甲基橙的红外光谱

**6. 实验指导**

① 对氨基苯磺酸是两性化合物，以内盐形式存在，难溶于水和无机酸，但由于其酸性比碱性强，所以它可以与碱作用成盐，使对氨基苯磺酸溶于水中。

② 为了使亚硝酸钠分解产生亚硝酸，从而使重氮化反应能够进行，必须使反应液保持酸性。

③ 重氮化反应过程中，控制温度很重要，反应温度若高于 5℃，生成的重氮盐容易分解

为苯酚，降低了产率。

④ 这是因为重氮盐在水中可以电离，形成中性的内盐，在低温时难溶于水，因而形成细小的晶体析出。

⑤ 溶液中如有亚硝酸存在，可将碘化钾氧化为碘，碘遇到试纸上的淀粉则会生成蓝色。若试纸不显蓝色，则需补充亚硝酸钠溶液，并充分搅拌，直至淀粉-碘化钾试纸刚好变蓝为止。若试纸呈现很深的蓝色，说明亚硝酸钠过量了，过量的亚硝酸钠会导致产生一些副反应，如与 *N*,*N*-二甲基苯胺作用生成亚硝基化合物或肟等副产物。因此，有必要加入一些尿素水溶液，用以分解过量的亚硝酸。

⑥ 用乙醇、乙醚洗涤的目的是使产物更容易干燥。

**7. 拓展实验**

分散橙 S-RLN 是一种用于醋酸纤维的橙色染料。设计合成分散橙 S-RLN，并比较与本实验制备方法的异同点。

要求：通过查阅文献，拟定实验方案，包括实验目的、实验原理、实验装置图、实验药品、实验步骤、产物鉴定方法等。

**【提示】**先制备对硝基苯胺重氮盐，再与 *N*-氰乙基-*N*-苄基苯胺偶合制备分散橙 S-RLN。

## 实验十六　呋喃甲酸和呋喃甲醇的制备

**1. 必备知识**

① 预习呋喃甲醛经康尼查罗反应制备呋喃甲酸和呋喃甲醇的原理和实验方法。

② 本实验中两种产物是根据什么原理分离提纯的？用饱和亚硫酸氢钠洗涤的目的是什么？

③ 在利用康尼查罗反应制备呋喃甲酸和呋喃甲醇的实验中，为什么呋喃甲醇产率会过低？

④ 为什么要用新蒸过的呋喃甲醛？否则，对实验有什么影响？

⑤ 查阅资料了解主要试剂及产物的物理常数。

⑥ 糠醛的来源。2-呋喃甲醛俗称糠醛，是一种目前尚不能通过化学方法合成的重要的基础有机化工原料。它是从糖类化合物中所获得的唯一一种不饱和有机化学品，最早由 Quaker Oats 公司于 1921 年开始生产，其化学性质十分活泼。糠醛及其衍生物都是应用广泛的有机化工中间体。此外，糠醛还可以通过与甲醛的羟甲基化作用生成 5-羟甲基糠醛，用作原料制备汽油、柴油和航空煤油。随着世界范围内能源危机和环境问题的日益严峻，各化工领域对糠醛的需求量将持续增长。现有的糠醛生产工艺耗能巨大，污染严重，生产成本偏高，不能满足糠醛的进一步应用。我国是糠醛生产和出口大国，占世界糠醛总产量 70% 左右。

**2. 实验目的**

① 学习呋喃甲醛在浓碱条件下进行康尼查罗(Cannizzaro)反应制得相应的醇和酸的原理和方法。

② 了解芳香杂环衍生物的性质。

③ 进一步掌握机械搅拌、回流、萃取、洗涤、蒸馏和重结晶等基本操作。

对于未来糠醛生产技术的研究重点主要在绿色溶剂与催化剂的开发上，以便将其对生态环境的危害降至最低。最理想的工艺应该符合以下特点：首先，溶剂体系要无毒无害且可以重复使用；其次，催化剂要高效廉价且可回收利用；最后，糠醛的分离提纯要容易进行。另外，糠醛性质活泼，采用适当的方法将其及时地移出反应体系也非常重要，这需要对糠醛生产的反应、分离、提纯环节进行整体设计，满足经济和环境的“双赢”。

**3. 实验原理**

在浓的强碱作用下，不含α-活泼氢的醛类可以发生分子间歧化反应，一分子醛被氧化成羧酸，另一分子醛则被还原成醇，此反应称 Cannizzaro 反应。本实验采用呋喃甲醛在浓氢氧化钠溶液中发生 Cannizzaro 反应，制备呋喃甲醇和呋喃甲酸。在康尼查罗反应中，通常使用50%的浓碱，其中碱的物质的量比醛的物质的量多1倍以上，否则反应不完全，未反应的醛与生成的醇混在一起，很难通过蒸馏分离。本反应式如下：

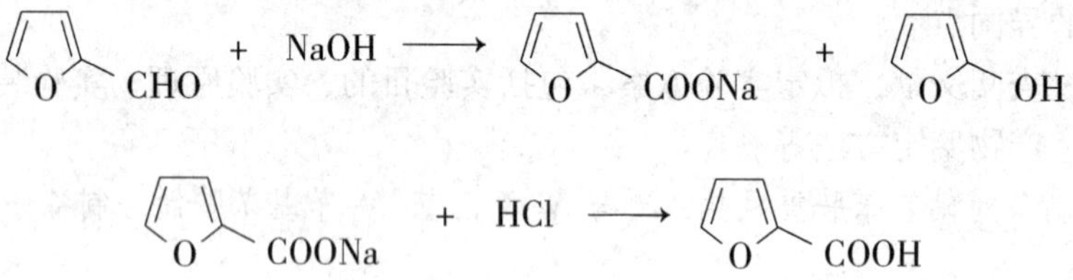


**4. 仪器及药品**

实验装置如图 4-7 所示。

药品：呋喃甲醛 3. 28mL(3. 8g，0. 04mol)、氢氧化钠、乙醚、硫酸镁、浓盐酸。

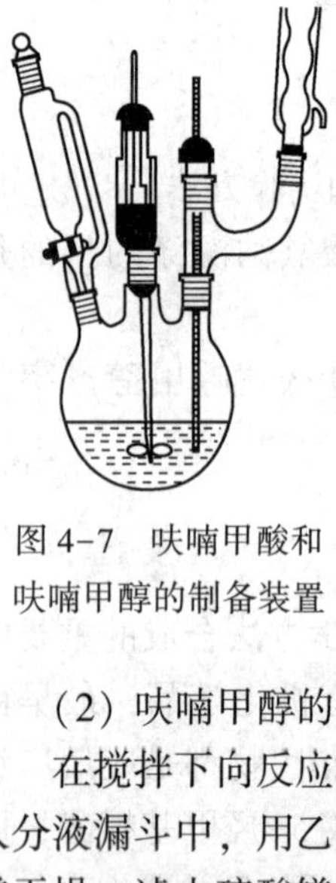

图 4-7　呋喃甲酸和呋喃甲醇的制备装置

**5. 实验步骤**

(1) 合成

在 50mL 烧瓶中加入 3. 28mL(3. 8g，0. 04mol)呋喃甲醛，并用冰水冷却；另取 1. 6g 氢氧化钠溶于 2. 4mL 水中，冷却。在搅拌下滴加氢氧化钠水溶液于呋喃甲醛中，滴加过程中必须保持反应混合物的温度在 8~12℃之间。加完后，保持该温度继续搅拌 40min，得黄色浆状物。

(2) 呋喃甲醇的分离与提纯

在搅拌下向反应混合物加适量水(约 5mL)使其恰好完全溶解得暗红色溶液，将溶液转入分液漏斗中，用乙醚萃取(3mL×4)，分出水层保留待用。合并乙醚萃取液，用无水硫酸镁干燥。滤去硫酸镁后，先在水浴中蒸去乙醚，然后在电热套中加热蒸馏，收集 169~172℃馏分，产量一般约 1. 2~1. 4g。纯呋喃甲醇为无色透明液体，沸点为 171℃。

(3) 呋喃甲酸的分离与提纯

在乙醚提取后的水层中慢慢滴加浓盐酸，持续搅拌，滴至刚果红试纸变蓝(约需 1mL 盐酸)。冷却，结晶，抽滤，固体物用少量冷水洗涤，抽干后收集粗产品。将粗产品溶于热水，重结晶得白色针状呋喃甲酸，产量约 1. 5g，熔点 130~132℃。

(4) 产物鉴定

① 测定产物的熔点。测定两个产物的沸点或折光率。

② 测试两个产物的红外光谱，与图 4-8、图 4-9 的标准谱图对照。

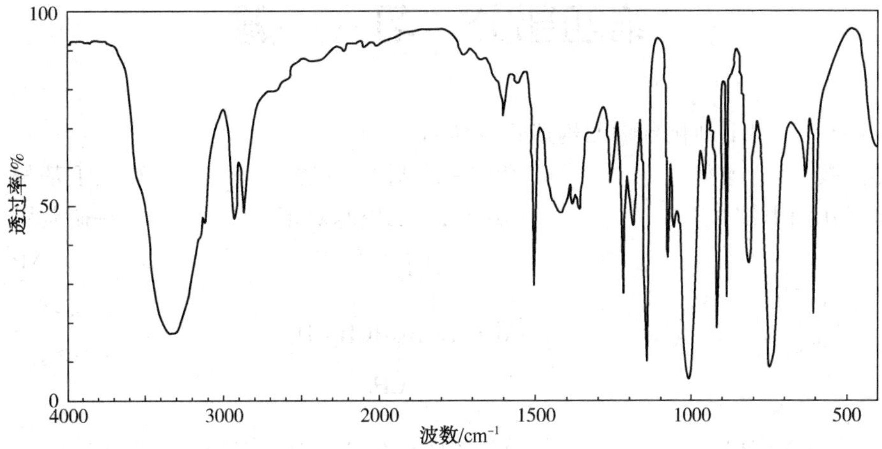


图 4-8　呋喃甲醇的红外光谱

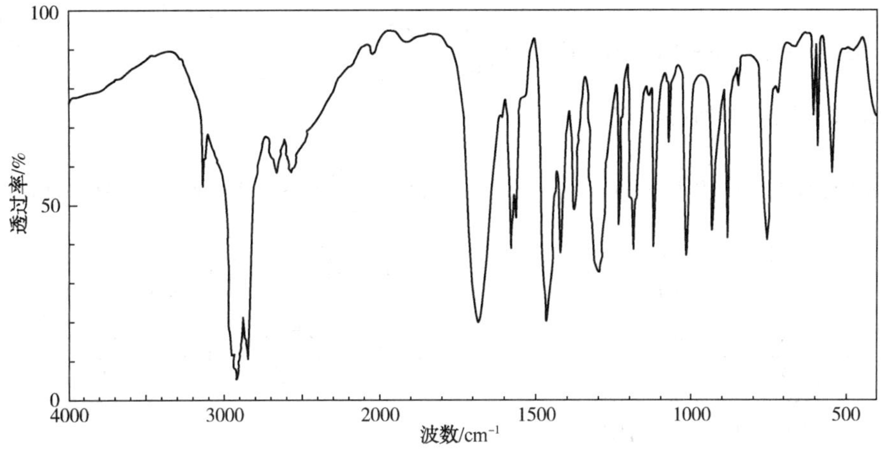


图 4-9　呋喃甲酸的红外光谱

**6. 实验指导**

① 反应温度若高于 12℃，则反应难以控制，致使反应物变成深红色；若反应温度过低，则反应过慢，可能积累一些氢氧化钠，一旦反应引发，会过于猛烈，增加副反应，影响产量及纯度。氢氧化钠在水相，与反应底物两相分离，因此必须充分搅拌。

② 乙醚极易挥发、极易燃，不可长时间敞口存放，否则其蒸气可能引来远处的明火而起火，蒸馏乙醚时严禁明火。

③ 盐酸酸化时所加盐酸要足够（pH = 3 左右），以保证呋喃甲酸充分游离出来，这是影响呋喃甲酸收率的关键。

**7. 拓展实验**

以苯甲醛为原料，设计合成苯甲醇与苯甲酸，并比较与本实验制备方法的异同点。

要求：拟定实验方案，包括实验目的、实验原理、实验装置图、实验药品、实验步骤、产物鉴定方法等。

**【提示】**苯甲醛易氧化，导致实验结果中苯甲酸产率常常过高，苯甲醇产率过低，如何克服？

# 第四部分　习　题

**习题 4-1**　写出下列化合物的构造式或命名。

① 异丙胺　② 1-氨基丙-2-醇　③ 三丁基胺

④ 氢氧化四甲铵　⑤ *N*,*N*-二甲基对苯二胺　⑥ 2-硝基甲苯

⑦ 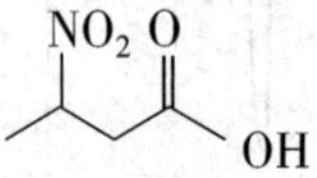

⑧ $CH_3\overset{NO_2}{C}H\underset{CH_3}{C}HCH_2CH_3$

⑨ 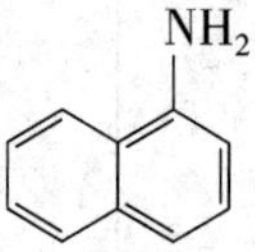

⑩ 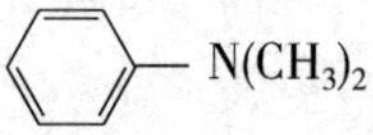

⑪ $(CH_3CH_2CH_2CH_2)_4N^+Br^-$

⑫ 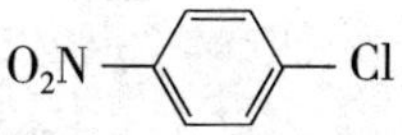

⑬ 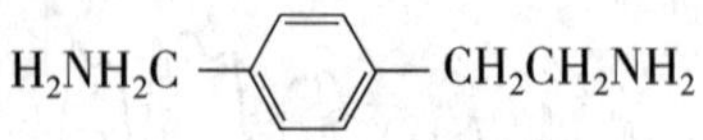

⑭ 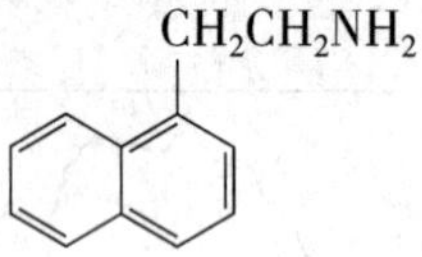

**习题 4-2**　完成下列反应式。

① $CH_2CH_2NH_2 + HCl \longrightarrow$

② 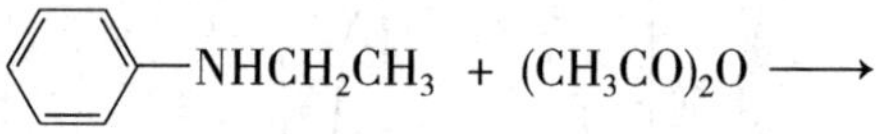

③ 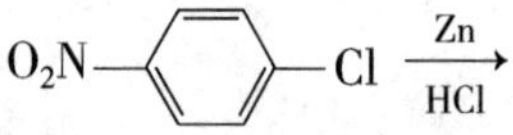

④ 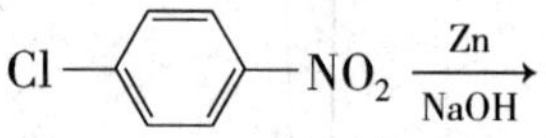

⑤ 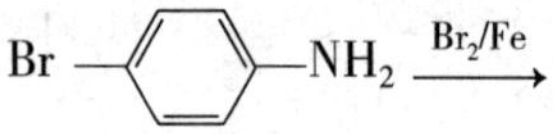

⑥ 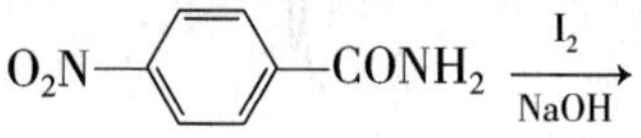

⑦ 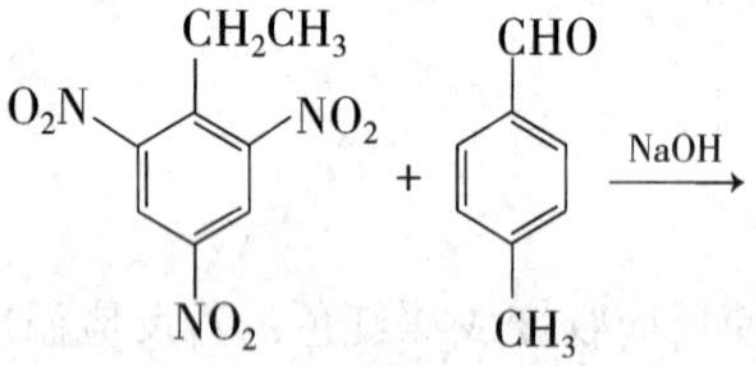

⑧ 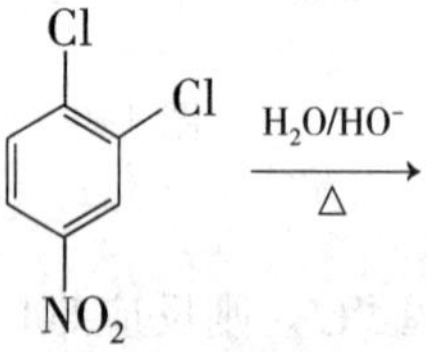

⑨ 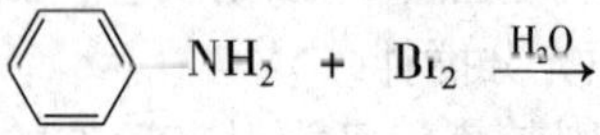

⑩ 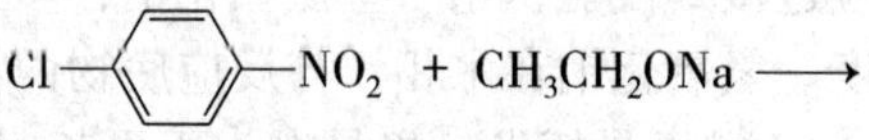

⑪ $(CH_3)_3N + CH_3\underset{Br}{C}HCH_3 \longrightarrow$

⑫ 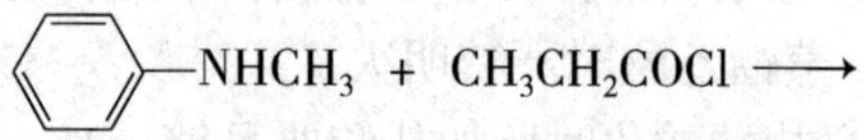

**习题 4-3**　用化学方法区别下列化合物。

① 邻甲苯胺、*N*-甲基苯胺、*N*,*N*-二甲基苯胺

② 乙胺、二乙胺、三乙胺

③ 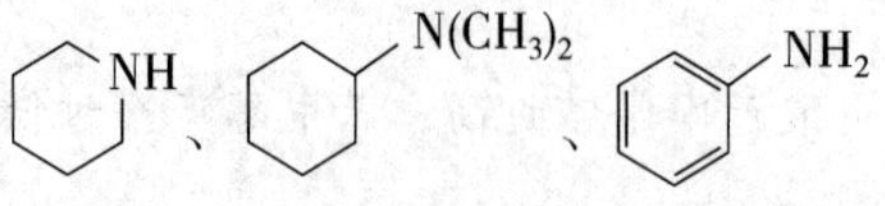

④ 丁酰胺、正丁胺、二甲基乙基胺

**习题 4-4** 完成下列转换。

① 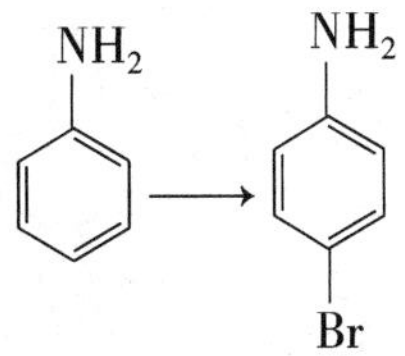

② 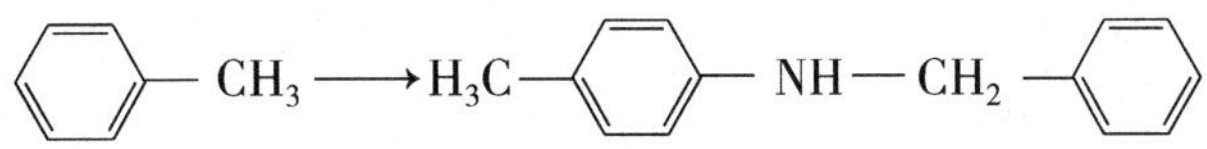

③ 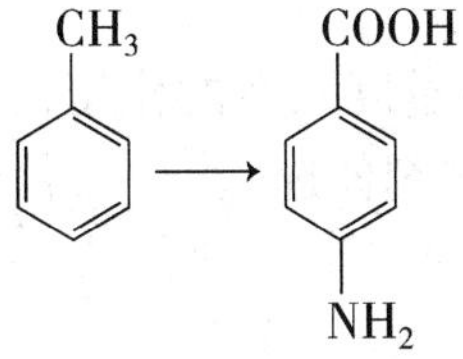

④ 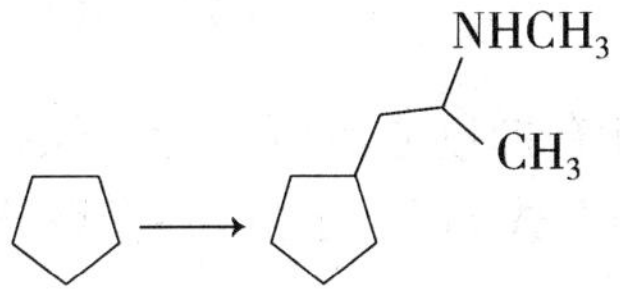

⑤ 由 1,3-丁二烯合成 1,6-己二胺　　⑥ 由甲苯合成间硝基甲苯

**习题 4-5** 按要求排序。

① 将下列化合物按碱性从强到弱排列成序。

A. 三甲胺　　B. 二甲胺　　C. 甲胺　　D. 苯胺

② 将下列化合物按亲核取代反应由难到易排列成序。

A. 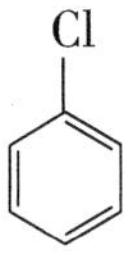　B. 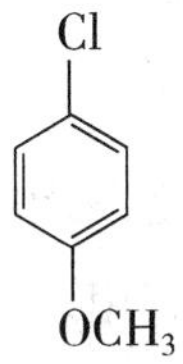　C. 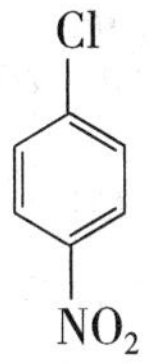　D. 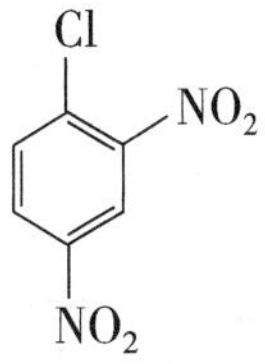

③ 将下列化合物按酸性由强到弱排列成序。

A. 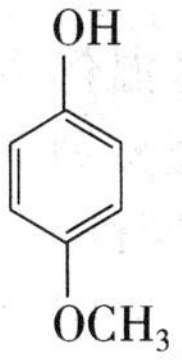　B. 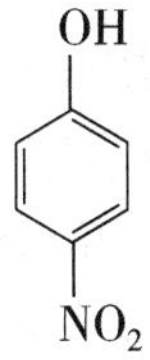　C. 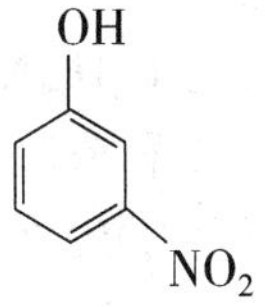　D. 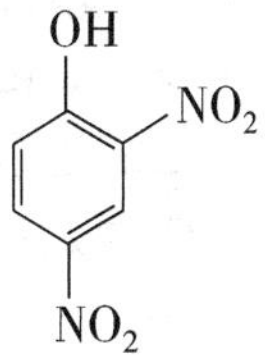

④ 将下列化合物按碱性从强到弱排列成序。

A. 对甲基苯胺　　B. 对硝基苯胺　　C. 对甲氧基苯胺　　D. 对溴苯胺

⑤ 将下列化合物按沸点从高到低排列成序。

A. 丙醇　　B. 丙胺　　C. 甲乙醚　　D. 甲乙胺

⑥ 将下列化合物按碱性由强到弱排列成序。

A. 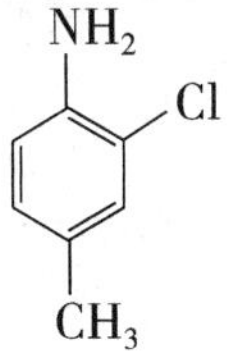　B. 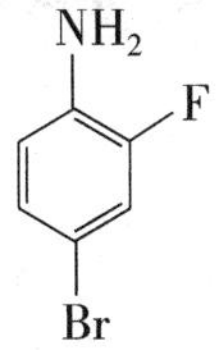　C. 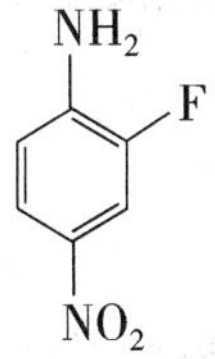　D. 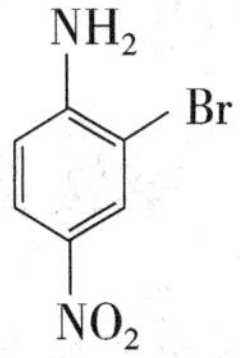

**习题 4-6** 写出下列反应的终产物。

① 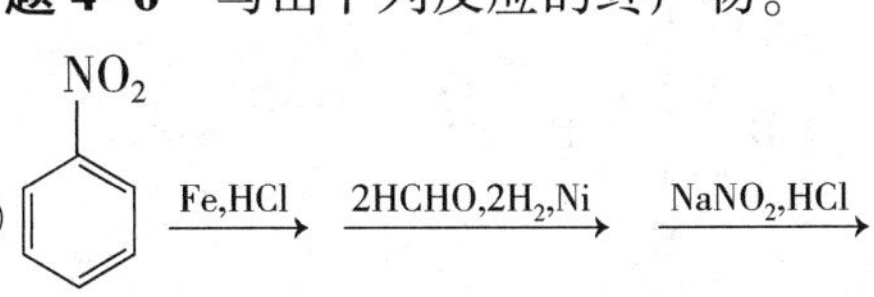

② 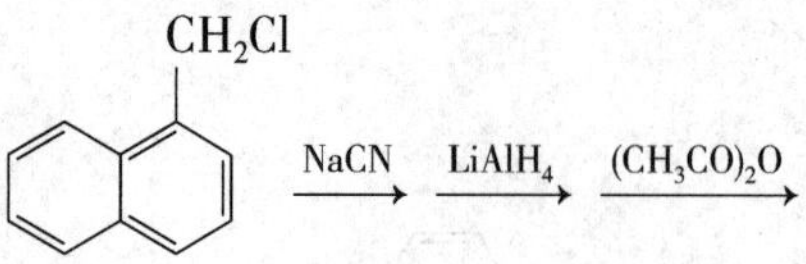

③ 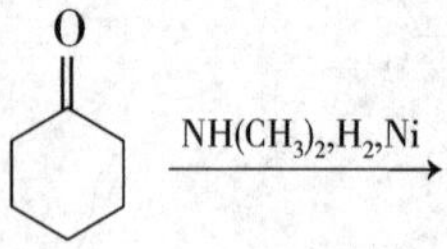　④ 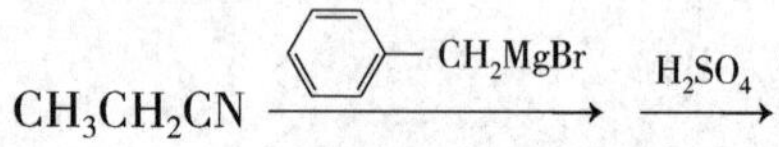

**习题 4-7**　“心得安”具有抑制心脏收缩力、保护心脏及避免过度兴奋的作用，是一种治疗心血管病的药物，其构造式如下。试由 $\alpha$-萘酚合成之(其他试剂任选)。

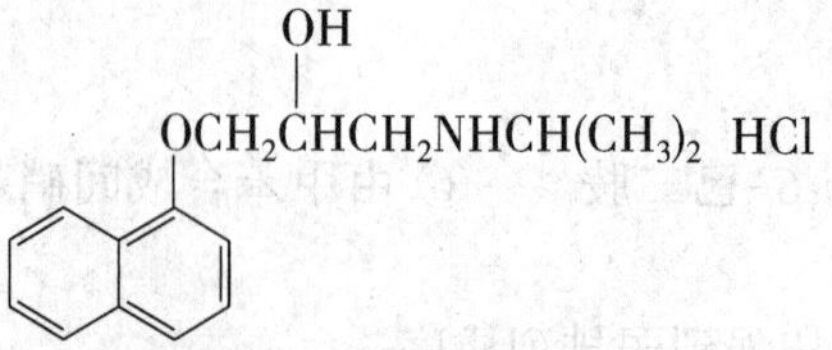

**习题 4-8**　脂肪族伯胺与亚硝酸钠、盐酸作用，得到醇、烯和卤代烃的多种产物的混合物，合成上无实用价值，但 $\beta$-氨基醇与亚硝酸作用可主要得到酮。例如：

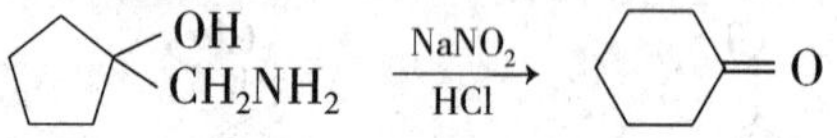

五元环　　　　六元环

这种扩环反应在合成七至九元环状化合物时，特别有用。

① 这种扩环反应与何种重排反应相似?

② 试用环己酮合成环庚酮。

**习题 4-9**　一化合物分子式为 $C_6H_{15}N$(甲)能溶于稀盐酸，与亚硝基在室温作用放出氮气得到乙，乙能进行碘仿反应，乙和浓硫酸共热得到丙($C_6H_{12}$)，丙能使高锰酸钾褪色，而且反应后的产物是乙酸和 2-甲基丙酸。推测甲的结构式，并用反应式说明推断过程。

**习题 4-10**　两种异构体(A)和(B)，分子式都是 $C_7H_6N_2O_4$，用发烟硝酸分别使它们硝化，得到同样产物(C)。把(A)和(B)分别氧化得到两种酸，它们分别与碱石灰加热，得到同样产物(D) $C_6H_4N_2O_4$，(D)在盐酸中被铁粉还原则得到间苯二胺。写出(A)~(D)的构造式。

# 第五部分　拓展阅读

## 4.1　季铵盐和季铵碱

叔胺与卤代烷或活泼芳卤作用，则得到季铵盐。

$$R_3N + R-X \longrightarrow R_4N^{\oplus}\ X^{\ominus}$$

季铵盐是氨彻底烃基化的产物，为高熔点的白色晶体。加热到熔点时即分解成叔胺和卤代烃。

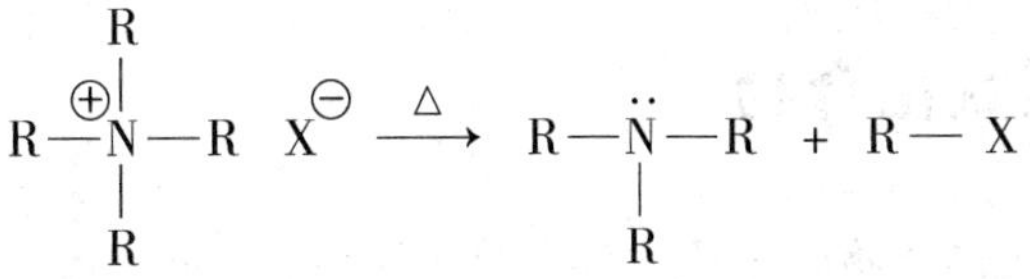

伯胺、仲胺、叔胺的铵盐与强碱作用能得到相应的游离胺，但季铵盐与强碱作用不能游离出胺来，而是得到季铵碱的平衡混合物：

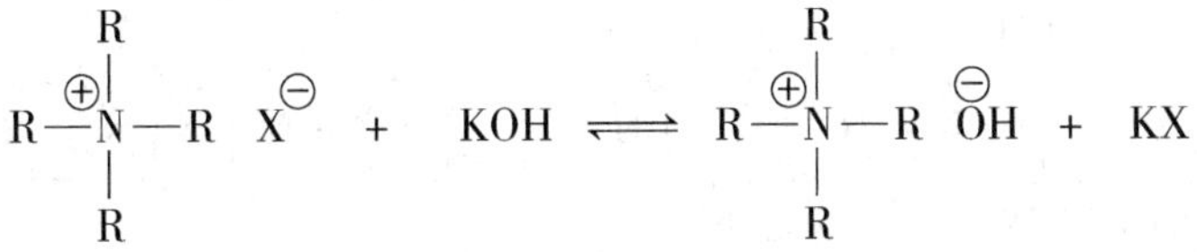

如何打破平衡？①使反应在醇溶液中进行，因碱金属的卤化物不溶于醇，能使反应进行到底；②用湿的 $Ag_2O$ 代替 KOH，因为 AgX 难溶于水，反应也能顺利进行。例如：

$$2[(CH_3)_4N]^+I^- + Ag_2O \xrightarrow{H_2O} 2[(CH_3)_4N]^+OH^- + 2AgI\downarrow$$

季铵碱是一个强碱，其碱性与 NaOH 或 KOH 相当。

季铵碱受热则发生分解反应。不含 $\beta$-H 原子的季铵碱分解时，发生 $S_N2$ 反应，生成醇和叔胺。例如：

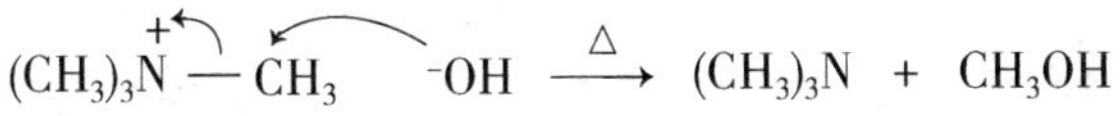

含 $\beta$-H 原子的季铵碱分解时，发生 $E_2$ 消除反应，生成烯烃和叔胺。例如：

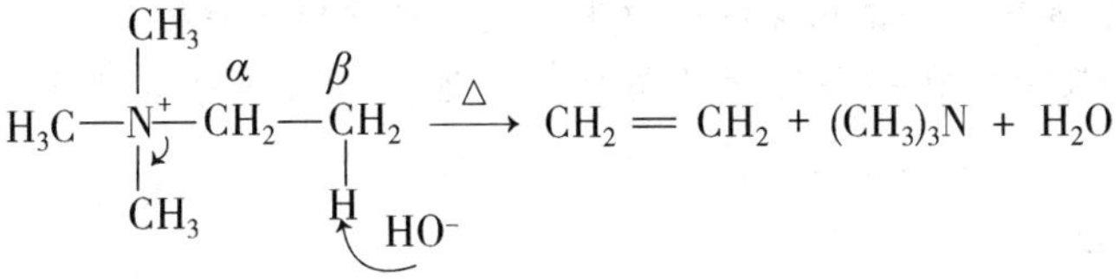

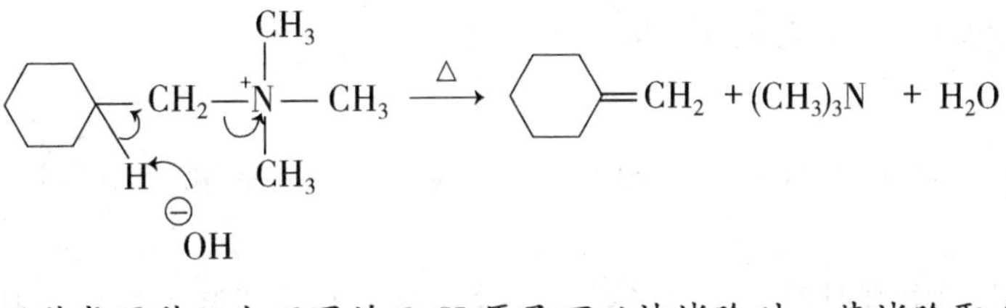

当分子中有两种或两种以上不同的 $\beta$-H 原子可以被消除时，其消除取向与 $\beta$-H 原子的酸性和空间效应有关。

当季铵碱分子中有两种或两种以上不同的 $\beta$-H 原子可以被消除时，则主要生成双键上烷基取代较少的烯烃，这称为 Hofmann 规则。例如：

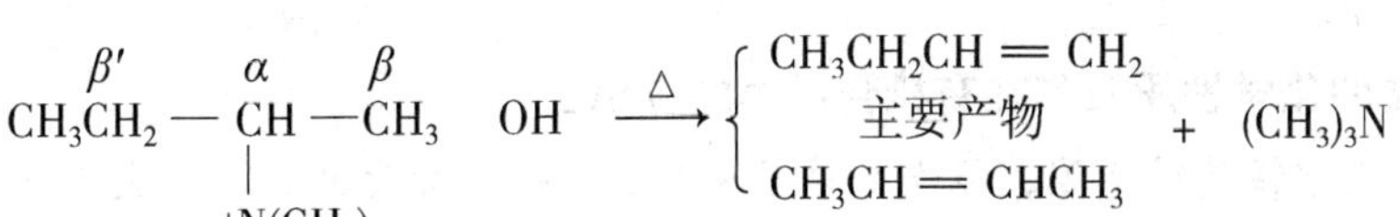

由于季铵碱的热消除具有一定的取向，因此通过测定烯烃的结构，可以推测原来胺的结构。

## 4.2 重氮与偶氮化合物

无论是重氮还是偶氮化合物，分子中都含有—N ═N—原子团。

当—N ═N—原子团的两端都与烃基直接相连时，这类化合物称为偶氮化合物，其通式为：R—N ═N—R′。例如：

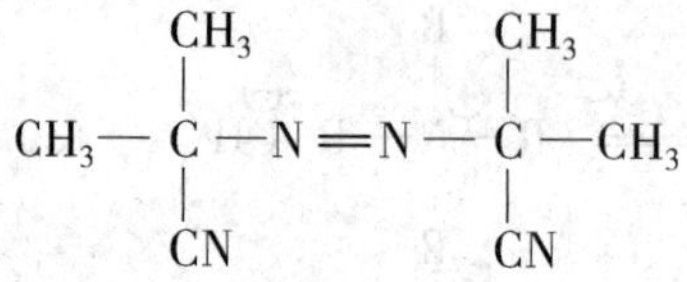

偶氮二异丁腈

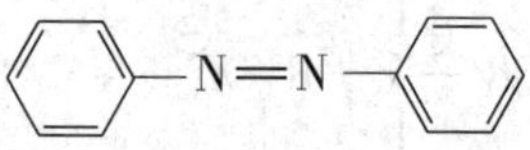

偶氮苯

这类化合物的特点是：当 R、R′均为脂肪族烃基时在光照或加热情况下，容易分解释放出氮气并产生自由基。因此，这类偶氮化合物是产生自由基的重要来源，可用做自由基引发剂。例如：

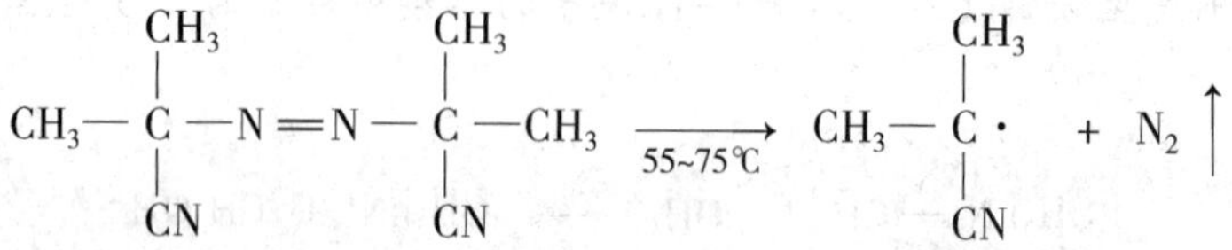

当 R、R′均为芳基时，这类偶氮化合物十分稳定，光照或加热都不能使其分解，也就不能产生自由基。许多芳香族偶氮化合物的衍生物是重要的合成染料。

如果—N ═N—基中只有一个氮原子与烃基相连，而另一个氮原子连接的基团不是烃基，这样的化合物叫作重氮化合物。其中重氮盐尤为重要。

**1. 重氮盐的制备**

芳香族伯胺在低温下(0~5℃)和强酸(通常使用盐酸或硫酸)溶液中与 $NaNO_2$ 作用，生成重氮盐，此反应称为重氮化反应。例如：

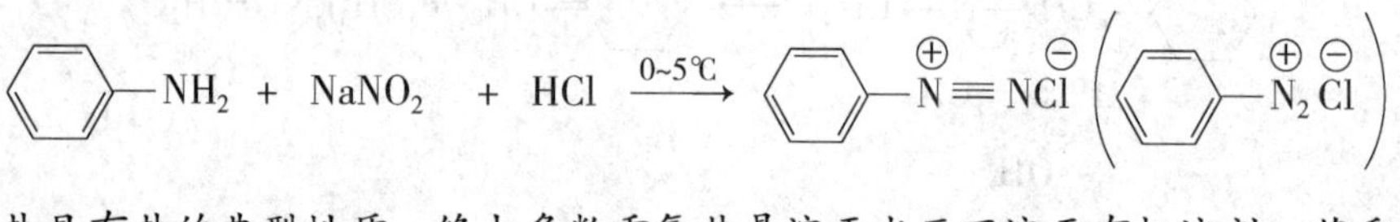

重氮盐具有盐的典型性质，绝大多数重氮盐易溶于水而不溶于有机溶剂。芳香族重氮盐之所以稳定，是因为其重氮盐正离子中的 C—N—N 键呈线型结构，其 π 轨道与芳环中的 π 轨道构成共轭体系的结果。例如，苯重氮正离子的轨道结构如图 4-10 所示。

虽然芳香族重氮盐的稳定性较好，但仍需要保存在低温水溶液中。干燥的盐酸或硫酸重氮盐受热易爆炸。

**2. 重氮盐的化学性质及其在有机合成中的应用**

重氮盐的化学性质很活泼，能发生许多反应，一般可分为两大类：失去氮的反应和保留氮的反应。

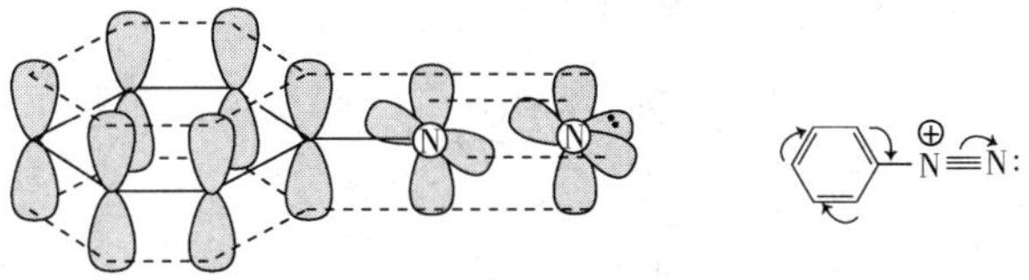

图 4-10　苯重氮正离子的轨道结构图

(1) 失去氮的反应

重氮盐在一定条件下分解，重氮基被羟基、卤原子、氰基、氢原子等原子或基团取代，同时放出氮气。

① 被羟基取代。加热芳香族重氮盐的酸性水溶液，即有氮气放出，同时生成酚，故又称重氮盐的水解反应。此方法通常用于由氨基通过重氮盐制备酚。例如：

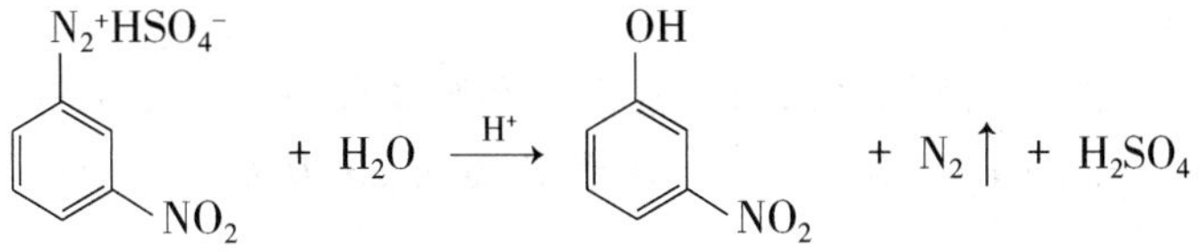

利用重氮盐的水解反应，可制备用其他方法难以制得的酚。例如，由对二氯苯制备2,5-二氯苯酚：

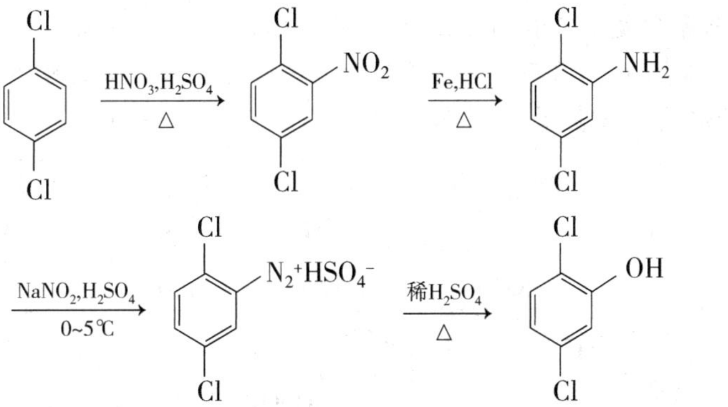

② 被卤原子取代。在氯化亚铜的浓盐酸溶液或溴化亚铜的浓氢溴酸溶液作用下，重氮盐可被氯原子或溴原子取代，此反应称为桑德迈尔(Sandmeyer)反应。

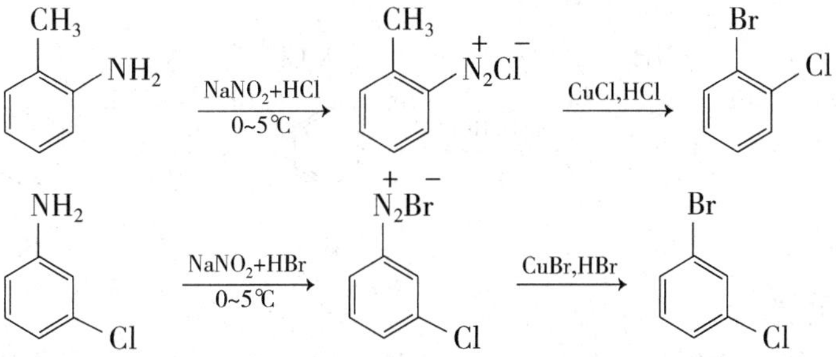

芳环上直接碘化是困难的，但重氮基比较容易被碘离子取代。加热重氮盐的碘化钾溶液，即可生成相应的碘化物。例如：

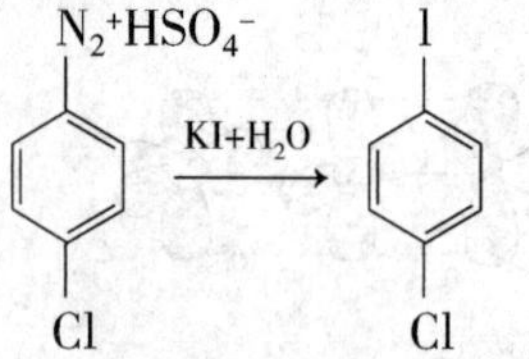

将氟原子引入芳环的方法，一般是先将氟硼酸(或氟硼酸钠)加到重氮盐溶液中，生成不溶解的氟硼酸盐沉淀，然后过滤、洗涤、干燥。将干燥的氟硼酸盐加热，即分解得到相应的产物。此反应称为Schiemann反应。例如：

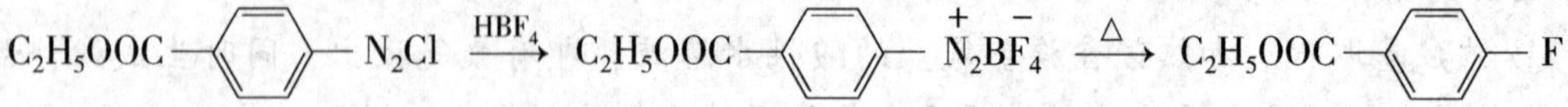

在有机合成中，利用重氮基被卤原子取代的反应，可制备某些不易或不能用直接卤化法得到的卤代芳烃及其衍生物。

③ 被氰基取代。重氮盐用氰化亚铜的氰化钾水溶液作用，或在铜粉存在下，重氮基被氰基取代，前者属于Sandmeyer反应，后者属于Gattermann反应。例如：

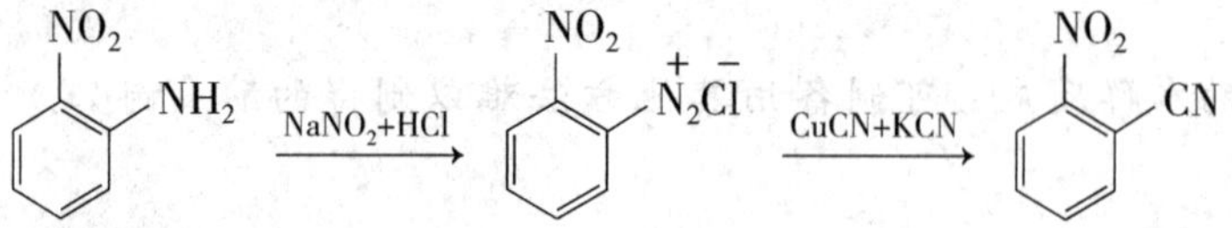

由于苯的直接氰化是不可能的，因此，由重氮盐引入氰基是非常重要的。氰基经水解或还原可变成羧基或氨甲基，因而可通过重氮盐在芳环上引入羧基或氨甲基。

④ 被氢原子取代。重氮盐在次磷酸或乙醇等还原剂作用下，重氮基被氢原子取代。例如：

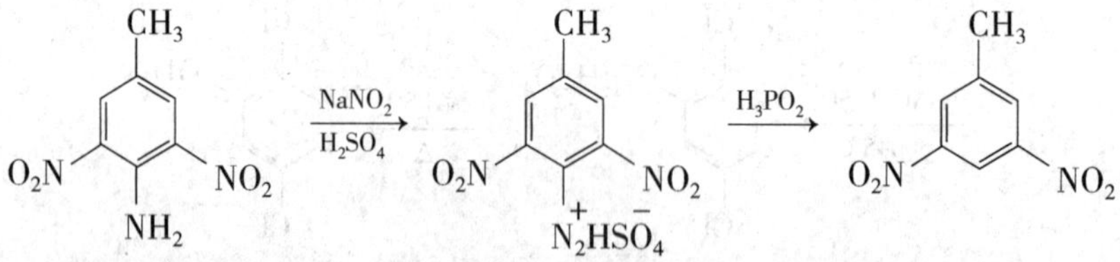

由于氨基是强的邻对位定位基，通过在芳环上引入氨基和去氨基的方法，可以合成用其他方法不易或不能得到的一些化合物。例如：

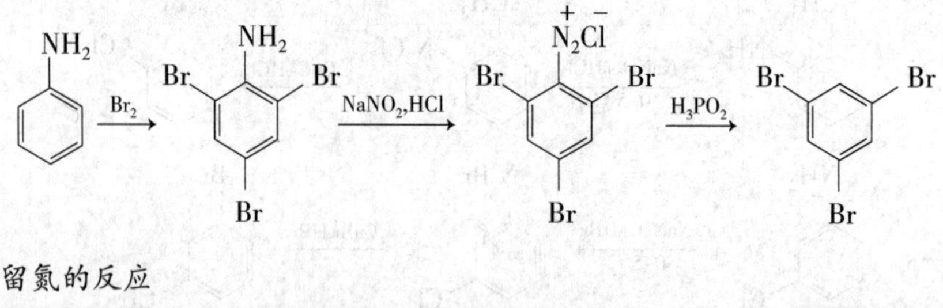

(2)保留氮的反应

① 重氮基被还原。重氮盐在氯化亚锡和盐酸、亚硫酸氢钠、亚硫酸钠、二氧化硫等还原剂的作用下，可以发生保留氮原子的反应，生成芳基肼。例如：

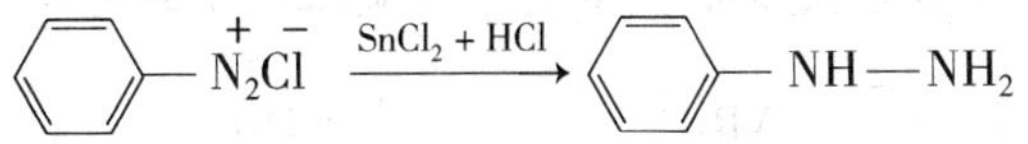

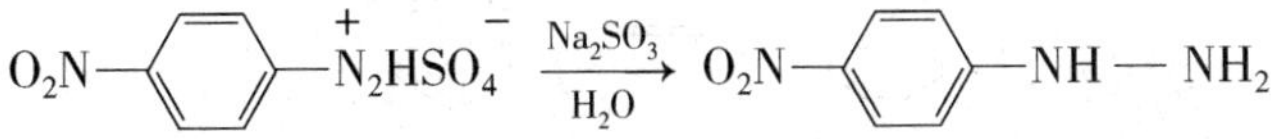

② 偶联反应。在适当条件下，重氮盐能与某些芳环上连有强给电子基团的芳香族化合物如酚或芳胺等发生亲电取代反应，生成分子中含有偶氮基的偶氮化合物。例如：

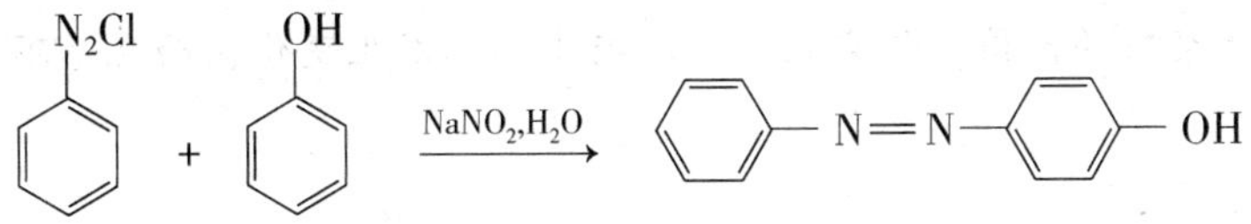

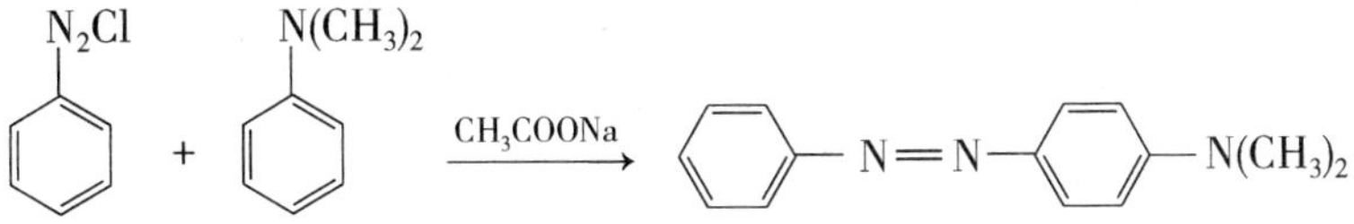

通常把这种反应称为偶合反应或偶联反应。参加偶联反应的重氮盐叫重氮组分，酚或芳胺叫偶联组分。

重氮正离子中氮原子上的正电荷可以离域到芳环上，因此它是一个很弱的亲电试剂。只有像酚和芳胺那样被强给电子基团高度活化的苯环，才能与其发生偶联。同时，受电子效应和空间效应的影响，偶联反应一般发生在强给电子基团的对位，其次是邻位，一般不会发生在间位。例如：

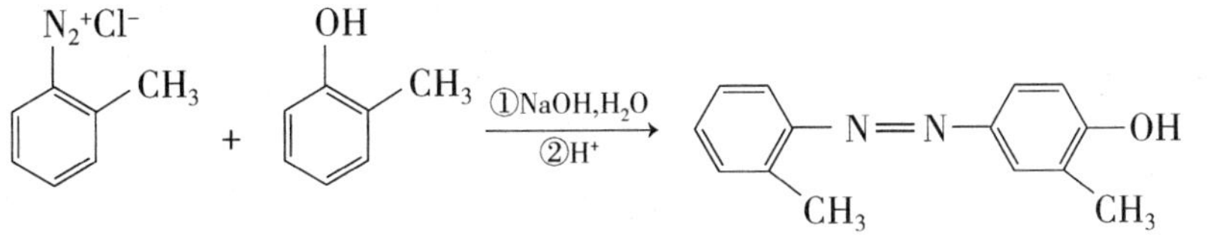

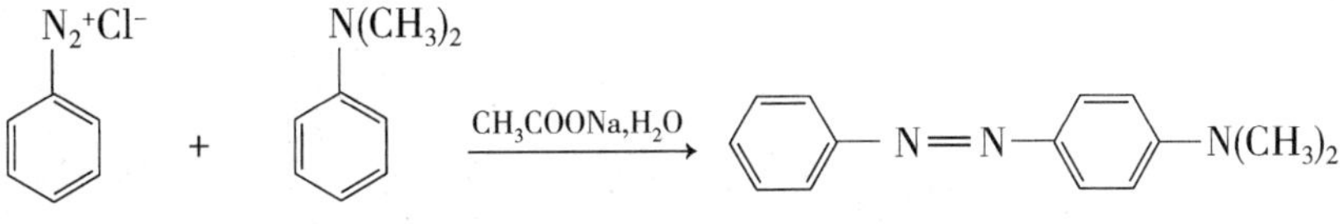

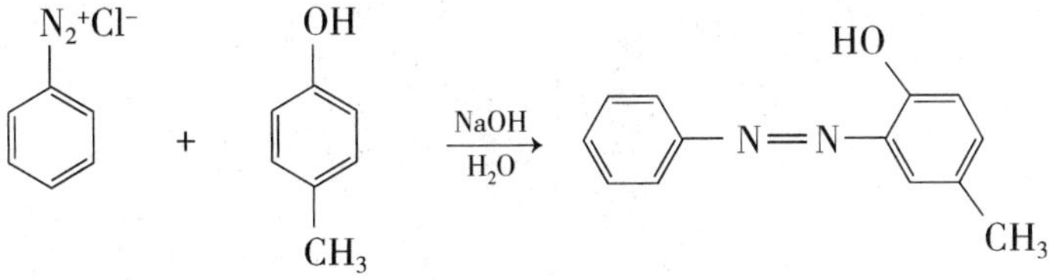

不同偶联组分发生偶联反应的条件与介质有关，酚类的偶联反应通常在弱碱性介质（pH＝8～10）中进行。因为碱能将酚羟基转化成氧负离子，它更能使芳环活化，有利于重氮正离子进攻。而在强碱溶液中，重氮盐会转化为重氮酸或其盐，后两者不能进行偶联反应。芳胺的偶联反应通常在弱酸性或中性介质（pH＝5～7）中进行，因为强酸溶液使芳胺转变成

铵盐，铵盐则使芳环上电子云密度降低，不利于重氮正离子的进攻。

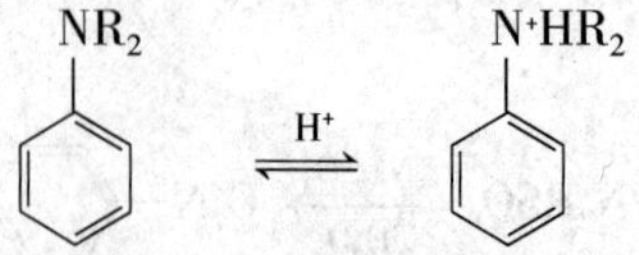

许多芳胺的重氮盐与酚类或芳胺偶合，通常得到具有颜色的产物，可用作染料和指示剂。因分子中含有偶氮基，故称偶氮染料。偶氮染料的使用量所占比例较大，所以偶联反应最重要的用途就是合成偶氮染料。如本模块中甲基橙的制备。甲基橙由于稳定性差，且染色不坚牢，没有作为染料的价值。但它在酸碱溶液中结构发生变化，而显示不同颜色，常被用作酸碱指示剂。

# 模块五 天然有机化合物

天然有机化合物主要指油脂、糖类、蛋白质、天然橡胶等在自然界分布广泛的有机物，由于这类物质都是在生物体内合成的，因此称为天然有机化合物。天然有机化合物为动植物生命活动提供能量或对维持动植物生命起着重要作用。

油脂、糖类、蛋白质是人类食物中的三种重要成分，更是生物、生理与化学联系的重要纽带。对于植物来说，碳水化合物是自然界中最丰富的天然有机物。它们在生物体内，由简单到复杂，再由复杂到简单(合成→分解→合成)的变化过程，正是生物体生长、发育等生命现象中的化学过程。对动物来说，蛋白质是构成生命的最基本物质。学习有关它们的基础知识，对于了解生命现象的本质、从事工农业生产和科学研究都是重要的。本模块主要包括碳水化合物和氨基酸、蛋白质及核酸。

## 第一部分 基础知识

### 5-1 碳水化合物

碳水化合物是生物界中广泛存在的一类物质，它是植物光合作用的产物，为生命活动提供主要能源，也是构成植物细胞壁的材料，同时它在生物生理活动过程中也起着重要作用，如细胞间信号传递、细胞运动和黏附，肿瘤的发生与转移等。人类很早就利用碳水化合物为原料生产各种产品，如造纸、酿酒。从农牧业废弃碳水化合物转化为生物质能源则是当今科技研究热点，有望解决人类所面临的化石能源短缺问题。

碳水化合物也称为糖，它是由碳、氢和氧三种元素组成的。人们最初发现，这类化合物除碳原子外，氢与氧原子数之比与水相同，该类化合物可用通式 $C_m(H_2O)_n$，($m$ 和 $n$ 为正整数)表示，故统称为碳水化合物。如葡萄糖的分子式为 $C_6H_{12}O_6$，可用 $C_6(H_2O)_6$表示。然而，后来发现，这类化合物并不是由碳和水结合而成，且有一些化合物如鼠李糖($C_6H_{12}O_5$)，其结构和性质虽与碳水化合物相似，但分子式不符合上述通式。另外还有一些化合物如乙酸($C_2H_4O_2$)等，分子式虽然符合 $C_m(H_2O)_n$，但其结构和性质与碳水化合物不同。因此，碳水化合物这一名词已失去原有含义，但因延用已久，现仍继续使用。

**1. 碳水化合物的分类**

从分子结构上看，碳水化合物是多羟基醛或多羟基酮，以及能水解生成多羟基醛或多羟基酮的一类化合物。碳水化合物按分子大小可分为三大类：

① 单糖。不能水解成更小分子的多羟基醛或多羟基酮的碳水化合物叫单糖，如葡萄糖和果糖。

② 低聚糖。能水解成两个或几个分子单糖的碳水化合物叫低聚糖，或称寡糖。其中最重要的是二糖，如蔗糖、麦芽糖和纤维二糖等。

③ 多糖。水解后能产生较多个分子单糖的碳水化合物叫多糖，如淀粉、纤维素、壳聚糖等。

**2. 单糖**

在自然界中，单糖以游离态或者衍生物形式广泛存在。它可按分子中碳原子数目或官能团类别来分类，按分子中所含碳原子的数目，单糖可分为丙糖、丁糖、皮糖和己糖等。分子中含有醛基的叫醛糖，含有酮基的叫酮糖。目前自然界所发现的单糖，主要是戊糖和己糖。其中最重要的戊糖是核糖，最重要的己糖是萄糖和果糖。

(1) 单糖的结构和标记法

单糖的结构是根据它们的化学性质推导出来的。葡萄糖是最重要的且有代表性的单糖，本书主要以葡萄糖为例讨论单糖的结构与性质。

许多化学事实说明单糖是多羟基醛或者多羟基酮，如葡萄糖就是多羟基醛。它的结构的确定是以如下一些事实为依据的。

① 经分析证明，葡萄糖分子式是 $C_6H_{12}O_6$。用钠汞齐还原，可以生成己六醇。用碘化氢进一步还原，则得到正己烷。这说明葡萄糖的骨架是含 6 个碳的直链。

② 葡萄糖可以与羟胺、苯肼等羰基试剂作用，说明它含有羰基。葡萄糖用溴水氧化后，生成的含有羧基的化合物仍有 6 个碳原子(碳链未断裂)，这说明葡萄糖的羰基是个醛基。

③ 葡萄糖与乙酸酐作用，可以生成五乙酰基衍生物，这说明它含有 5 个羟基。由于 2 个羟基在同一个碳上的结构是不稳定的，所以这 5 个羟基应是分别连在 5 个碳原子上。

由此推知，葡萄糖是开链的五羟基己醛。

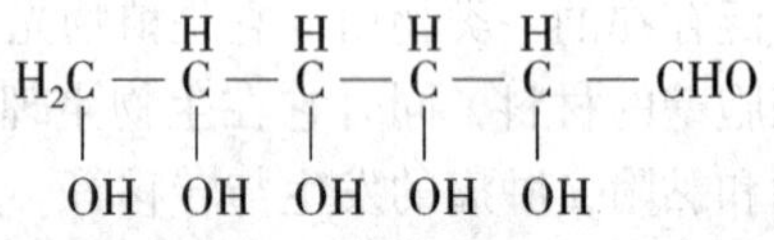

同样，用化学方法可以证明果糖是开链的五羟基己 2 酮。

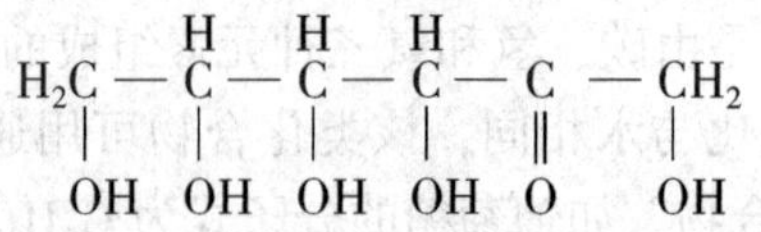

在书写单糖的结构时一般将碳链竖写，羰基写在上端。碳链的编号从靠近羰基的一端开始。

单糖分子中一般都含有一个或多个手性碳原子，因此都有多个立体异构体。例如仅有 3 个碳原子的甘油醛(2,3-二羟基丙醛)含有 1 个手性碳，因此具有 2 个对映异构体。为了便于区分，费歇尔把右旋的甘油醛标记为 D 型，D-甘油醛分子结构特点是：在费歇尔投影式中(竖键在后，横键在前)，竖写碳链，羰基位于最上端时，手性碳上的羟基处于右侧。另一个异构体手性碳上的羟基处于左侧，标记为 L 型，即命名为 L-甘油醛。

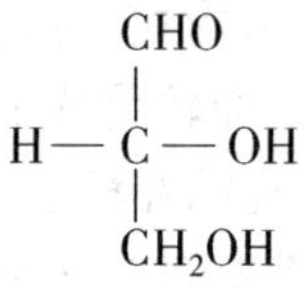

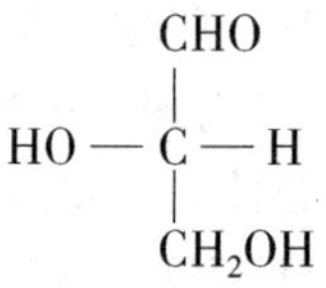

D-(+)-甘油醛　　L-(-)-甘油醛

碳原子数更多的单糖，也都有手性碳原子，因此都有构型不同的立体异构体。手性分子立体异构体的数目与分子中手性碳原子的数目有关，含有 $n$ 个手性碳原子化合物的立体异构体总数，一般是 $2^n$ 个。丁醛糖有 2 个手性碳原子，因此有 4 个立体异构体。戊醛糖又多一个手性碳原子，共有 8 个立体异构体。己醛糖则有 $2^4=16$ 种立体异构体。天然葡萄糖已经通过化学方法确定具有如下的构型。

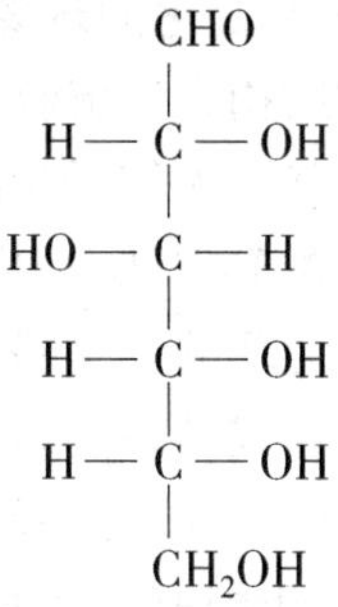

在糖化学中，通常采用前述的 D-L 标记法表示。凡分子中离羰基最远的手性碳原子的构型与 D-甘油醛的构型相同的糖类，其构型属于 D 型。反之，则属于 L 型。天然葡萄糖分子中离醛基最远的手性碳 C(5) 构型与 D-甘油醛的相同，所以它是 D-葡萄糖。

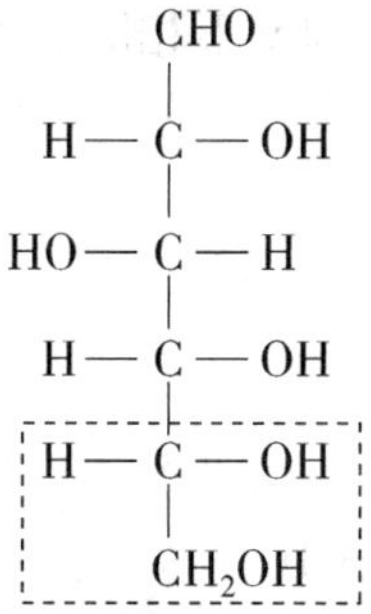

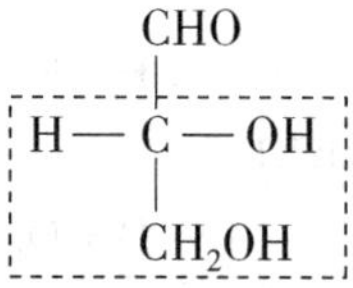

D-葡萄糖　　D-甘油醛

天然存在的单糖大多数是 D 型的，自然界中除了葡萄糖，果糖、核糖、阿拉伯糖、木糖、半乳糖等也都是 D 型糖。为了书写方便，单糖的费歇尔投影式也常用较简单的式子表示。例如，D-葡萄糖可以用以下几种方法书写：

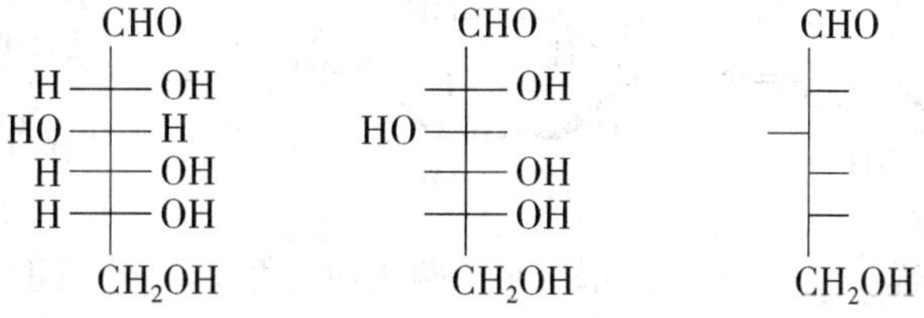

（2）单糖的环氧式构型与构象

葡萄糖的开链结构式是由它的一些性质推导出来的，因此这种结构式能说明葡萄糖的许多化学性质。但是，葡萄糖还有一些性质却与这种结构式不相符，例如：

① 葡萄糖在碱的存在下，与硫酸二甲酯作用，即转化成五甲基葡萄糖。葡萄糖有醛的性质，但五甲基葡萄糖没有醛的性质。将五甲基葡萄糖在稀酸中进行水解，只有一个甲氧基容易水解掉，从而生成四甲基葡萄糖。这四甲基葡萄糖却又有原来葡萄糖所具有的醛的特性。以上这些性质用开链的五羟基醛结构不能加以解释，因为如果是这种开链结构与硫酸二甲酯作用而把 5 个羟基甲基化了，生成的五甲基葡萄糖不应失去醛的特性，并且 5 个甲氧基都是醚，也不应该有一个特别容易水解。

② 人们发现葡萄糖晶体有两种异构体，这两种异构体有不同的熔点和旋光度。

③ 用新配制的葡萄糖水溶液测定其比旋光度，所得数据是+112°，而若将溶液放置一些时候再测定，比旋光度数值下降，并且随着时间的延长，比旋光度不断下降，直至降到+52. 7°才不再变化。这种比旋光度会发生变化的现象，叫作变旋光现象。变旋光现象说明其结构发生了改变，这个现象用开链式结构无法解释。

葡萄糖分子中同时含醛羰基和醇羟基，人们受到醛可以与醇作用生成半缩醛这一反应的启示，提出葡萄糖具有分子内的醛基与醇羟基形成半缩醛的环状结构。现已经证实，D-葡萄糖的 C(1)醛基和 C(5)羟基形成了六元环的半缩醛结构。组成环的原子除碳外，还有一个氧。所以糖类的这种环状结构又称为氧环式结果。以下过程表示了 D-葡萄糖由开链式结构，通过 C(5)上羟基对羰基的加成，变成氧环式。由开链式变成氧环式时，C(5)上羟基加到 C(1)醛基上，形成一个环状半缩醛。由于醛基是平面结构。羟基可以从平面的这一边，也可以从平面的另一边加上去，加成后，C(1)变成了手性原子，所以羟基从醛基平面两边加上去的结果是生成 C(1)构型不相同的两种氧环式结构。

这两种氧环式除 C(1)构型不同外，其余手性碳原子的构型都相同，这种异构体称为差向异构体。在糖化学中，这种由于半缩醛碳原子构型不相同的差向异构体又叫作异头体，半缩醛的碳就叫作异头碳。

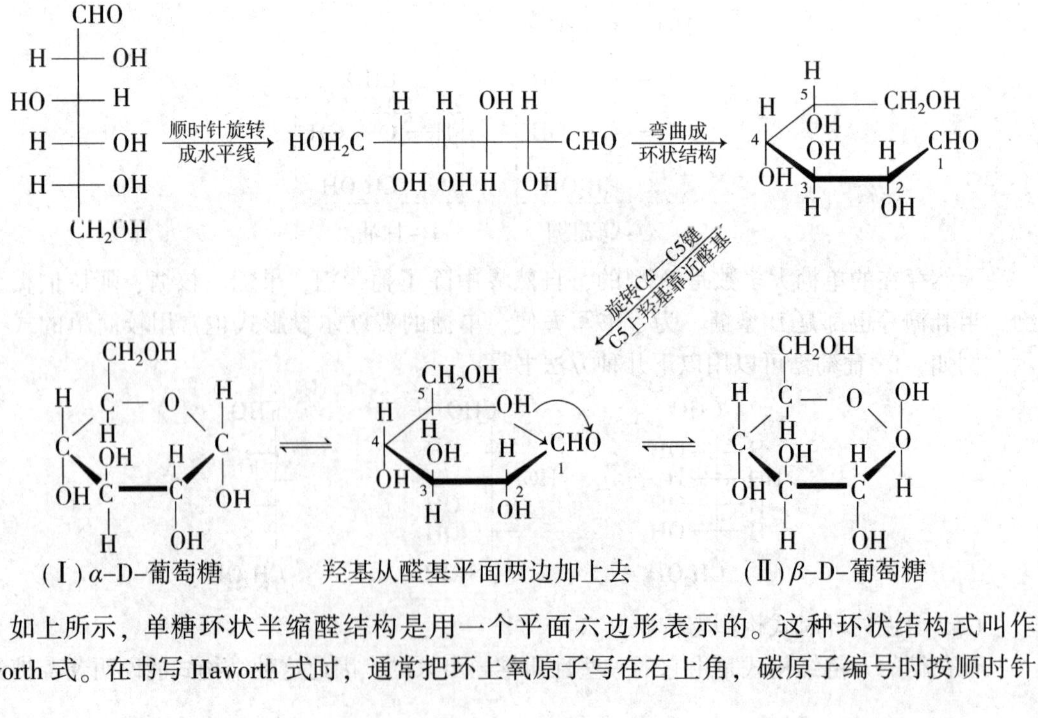


(Ⅰ)$\alpha$-D-葡萄糖　　羟基从醛基平面两边加上去　　(Ⅱ)$\beta$-D-葡萄糖

如上所示，单糖环状半缩醛结构是用一个平面六边形表示的。这种环状结构式叫作 Haworth 式。在书写 Haworth 式时，通常把环上氧原子写在右上角，碳原子编号时按顺时针排列。于是原来费歇尔投影式中左边的羟基就处于环平面的上方，原来在右边的羟基就处于环平面的下方。D 型糖的两个异头体中，C(1)羟基在环平面下方的叫作 α-异构体[如上式中的(Ⅰ)] C(1)；羟基在环平面上方的叫作 β-异构体[如上式中的(Ⅱ)]。这就解释了葡萄糖晶体为什么有两种异构体。从葡萄糖水溶液中低温下结晶得到 α-D-葡萄糖，高温下结晶得到 β-D-葡萄糖。

由于半缩醛不稳定，在水溶液中这两种环状葡萄糖都能够开环转变成开链式，同时开链式又可转变为环式。所以无论是将 α-D-葡萄糖晶体或者 β-D-葡萄糖晶体溶于水，最后所得的葡萄糖水溶液中这三种互变异构体都是并存的，最终达到动态平衡。

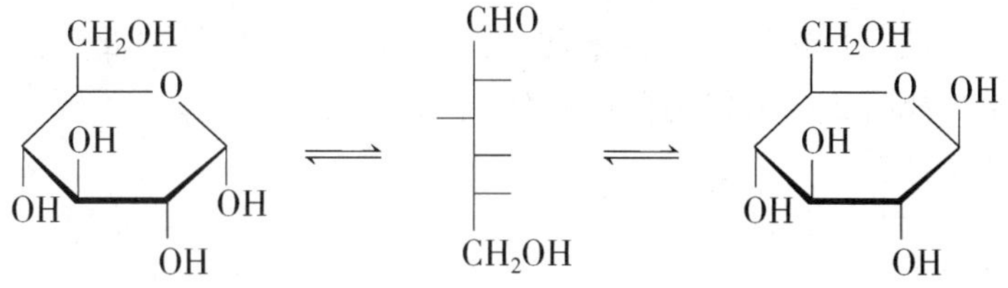

α-D-葡萄糖　　β-D-葡萄糖

当互变异构达到动态平衡时，α-D-葡萄糖约占 36%，β-D-葡萄糖占 64%，而开链式含量不足 0.1%。通常，葡萄糖的结晶是 α-D-葡萄糖，它的比旋光度是+112°。溶于水后将溶液放置一段时间再测定其比旋光度，有一部分 α-D-葡萄糖通过开链结构转化成了比旋光度较小的 β-D-葡萄糖。随着 α-D-葡萄糖和 β-D-葡萄糖的继续相互转化，混合物中 α 型的含量继续减少，比旋光度继续下降，直到达到平衡混合物的比旋光度+52.7°。这就解释了为什么葡萄糖具有变旋光现象，并且达到+52.7°就不再变化。

实验证明，不仅葡萄糖，其他单糖在溶液中也是主要以氧环式结构存在，都有变旋光现象。葡萄糖的氧环式结构主要是六元环的，但有些单糖的氧环式结构是五元环的。例如，D-果糖在溶液中主要以五元氧环结构存在的，并且也有 α-和 β-两种构型。

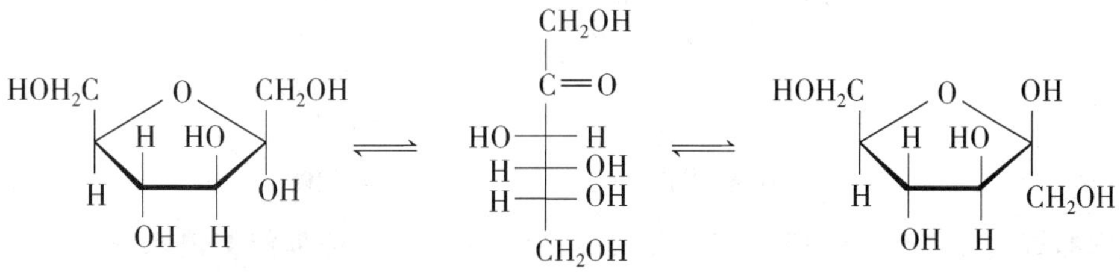

α-D-(-)-呋喃果糖　　D-(-)-果糖　　β-D-(-)-呋喃果糖

单糖的六元氧环像杂环化合物吡喃的环一样，是由 5 个碳原子、1 个氧原子组成的；五元氧环像呋喃环一样，由 4 个碳原子、1 个氧原子组成。因此，常把具有六元氧环结构的单糖叫作吡喃糖，具有五元氧环结构的单糖叫作呋喃糖。如：α-D-吡喃葡萄糖、β-D-吡喃葡萄糖、α-D-呋喃果糖、β-D-呋喃果糖。

在 Haworth 式中，吡喃葡萄糖的六元环在一个平面上。但实际上，这种六元环在空间是椅式构象，类似于环已烷的构象。环上的羟基和羟甲基是大基团，在椅式构象中，越多的大基团处于 e 键，构象就越稳定。所以 β-D-葡萄糖最稳定构象是五个大基团均处于 e 键，即(Ⅰ)式。而 α-D-葡萄糖不可能所有大基团都处于 e 键，其最稳定的构象是 4 个大基团在 e 键上，一个半缩醛上的羟基在 a 键，即(Ⅱ)式。

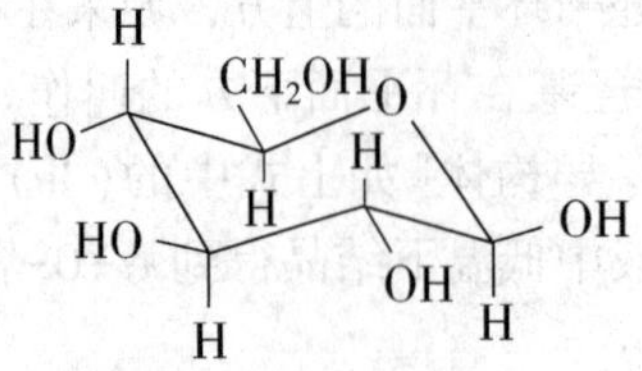

(Ⅰ)β-D-葡萄糖

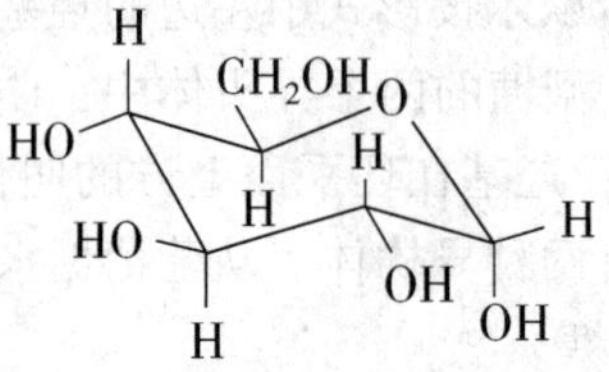

(Ⅱ)α-D-葡萄糖

显然，(Ⅱ)式的稳定性不如(Ⅰ)式，这就是为什么葡萄糖互变平衡混合物中，β-D-葡萄糖含量比 α-D-葡萄糖多(64∶36)的原因。

天然单糖中葡萄糖在自然界中存在量最多，分布最广。这并非偶然，因为在所有 D 型己糖中，只有葡萄糖能有 5 个取代基全在 e 键，因而构象很稳定。

(3) 单糖的化学性质

单糖具有羟基和羰基，能够发生这些基团的特征反应，如羟基的成醚和成酯，醛酮的加成、氧化、还原等反应。

① 氧化反应。单糖能够被很多氧化剂所氧化，硝酸、溴水，甚至更弱的氧化剂都能氧化单糖。醛基是容易被氧化的官能团，虽然溶液中含醛基的开链式含量极小，但氧环式结构与开链式结构是一个动态平衡，当开链式被氧化，就破坏了原来的平衡，使平衡向转化成开链式结构的方向移动。这样，平衡不断被破坏，反应不断进行，直到单糖或氧化剂消耗完全为止。所以，单糖在溶液中反应，就表现得好像单糖分子全部是开链式一样。因此，写单糖的化学反应式时，一般写开链式结构就可以了。

硝酸氧化性较强，不仅能够氧化醛基，还能氧化伯醇基。例如，D-葡萄糖在稀硝酸中加热，生成 D-葡萄糖二酸。

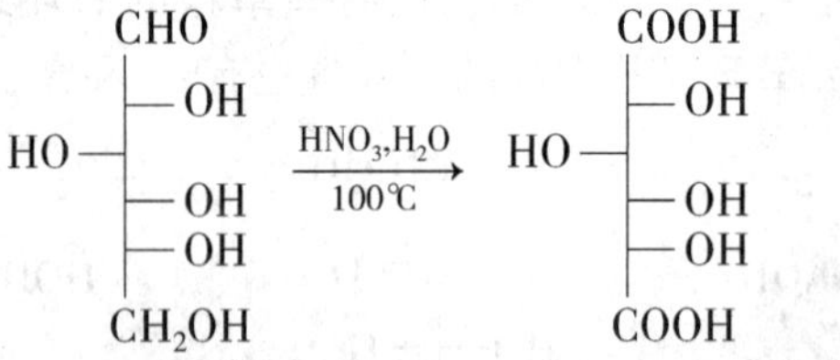

D-葡萄糖　　　　D-葡萄糖二酸

溴水的氧化性稍弱，一般仅能氧化醛基。例如，D-葡萄糖能被溴水氧化成 D 葡萄糖酸。

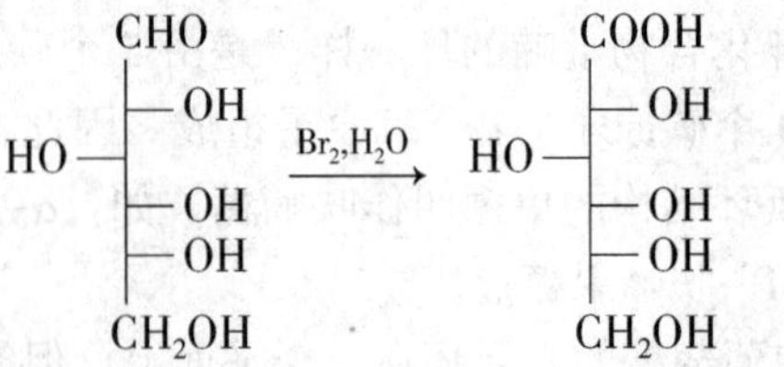

酮糖不能被溴水氧化，因此可以用溴水区别醛糖与酮糖。有意思的是，无论醛糖还是酮糖都能够被费林试剂或托伦试剂氧化，产生银镜或砖红色沉淀。这是因为费林试剂和托伦试剂都是碱性试剂，在碱性条件下，酮糖可以通过烯醇式和酮式结构的互变异构转变成醛糖。

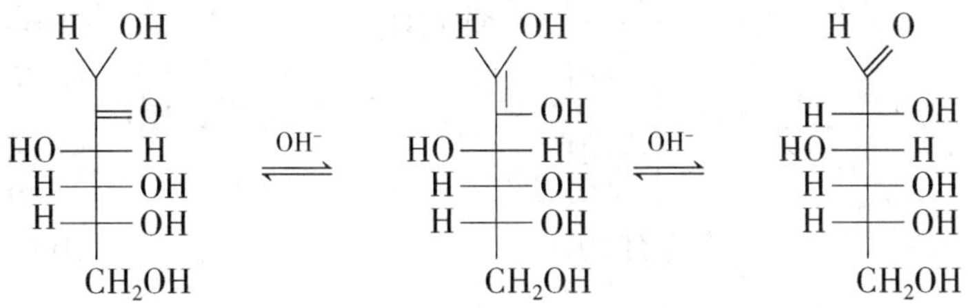


在糖化学中，常把能与费林试剂和托伦试剂反应的糖叫作还原糖，反之，不反应的糖叫作非还原糖。还原糖其实就是具有半缩醛结构，能转变为开链式从而发生反应。非还原糖的半缩醛结构变成了缩醛结构，无法转变为开链式。

② 生成糖苷的反应。单糖的半缩醛结构变成缩醛结构，在糖化学中称为成苷反应，即生成糖苷。生成糖苷的反应实质上是半缩醛在酸存在下，与一分子醇作用，生成缩醛。如在D-葡萄糖的甲醇溶液中通入氯化氢，异头碳上的羟基转变为甲氧基成为缩醛。

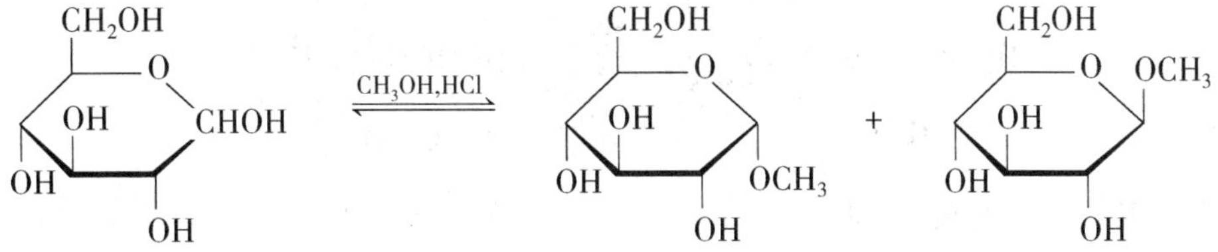


α-和β-构型的混合物　　　　　甲基-α-D-葡萄糖苷　　甲基-β-D-葡萄糖苷

溶液中葡萄糖的α-和β-构型的混合物可以相互转变，无法分离开，然而生成两种糖苷后它们相互不能转变，可以用物理方法分离。糖苷不能与开链结构互变，所以糖苷没有变旋光现象，也没有羰基的特性。

在糖化学中，糖类由半缩醛羟基转化而形成的衍生物，叫作糖苷。糖类的半缩醛结构中，异头碳上的羟基就叫作苷羟基。与糖类形成苷的非糖物质叫作苷元，糖类和苷元之间的键叫作苷键。所以葡萄糖与甲醇生成的化合物就叫作甲基葡萄糖苷，它的苷元是甲醇。糖苷化学结构是缩醛，在碱性条件下稳定，但酸性条件下容易水解。

葡萄糖用硫酸二甲酯甲基化后，生成的是环状结构中的5个羟基全变成甲氧基的衍生物——五甲基葡萄糖。这5个甲氧基中，有4个是由醇羟基形成的，它们属于一般的醚，相当稳定，不容易水解；另有1个甲氧基则是由苷羟基形成的，它属于缩醛，容易水解。五甲基葡萄糖是个糖苷，没有醛的特性。在稀酸中水解时，只有苷键能被水解。水解后的四甲基葡萄糖含有苷羟基，具有醛的特性。

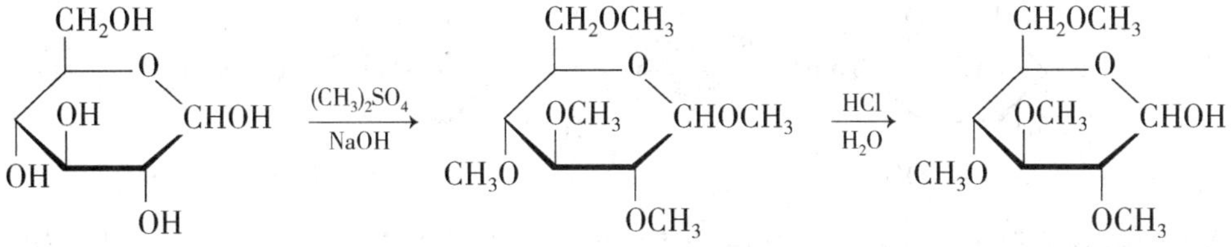


葡萄糖　　　　　　　　五甲基葡萄糖　　　　　　四甲基葡萄糖

③ 生成糖脎的反应。单糖与苯肼作用时，开链结构的羰基发生反应，生成苯腙。单糖苯腙能继续再与过量的苯肼反应，生成含有两个苯腙基团的化合物，这种衍生物叫作糖脎。例如，D-葡萄糖生成脎的反应可表示如下：

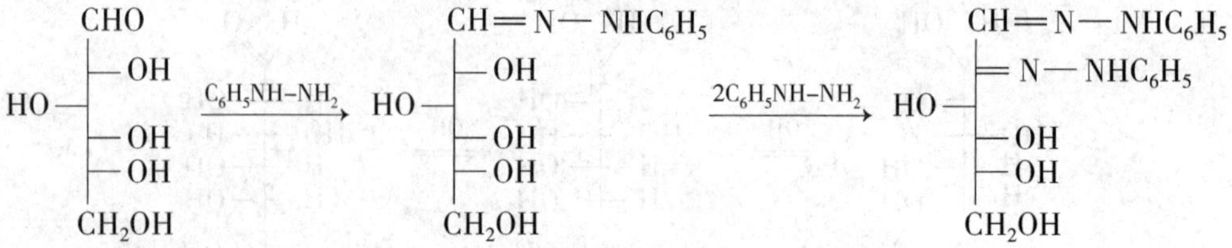

D-葡萄糖　　　　　　D-葡萄糖苯腙　　　　　　D-葡萄糖脎

类似地，酮糖也能和过量的苯肼反应生成糖脎。糖脎都是不溶于水的亮黄色晶体，不同糖脎有不同的熔点，晶体形态也不同。所以，可以利用脎的生成鉴定单糖。生成糖脎后，两个苯腙基团通过氢键分子内螯合成环，阻碍了进一步与苯肼反应。

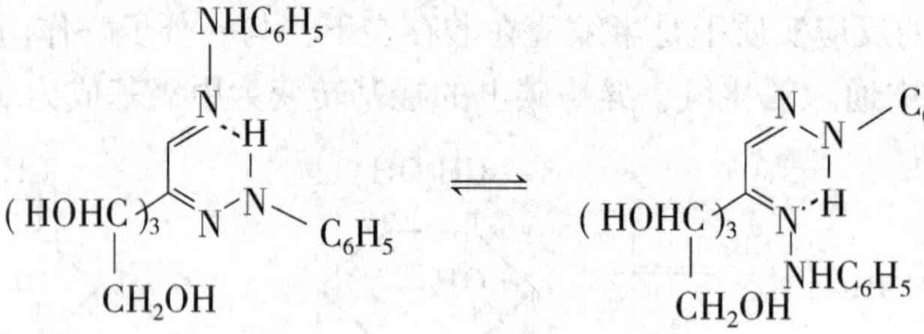

值得一提的是，生成糖脎时，只是C(1)和C(2)上发生反应，其余碳原子构型不受影响。换言之，仅仅只有C(1)和C(2)构型不同，而其余碳构型相同的单糖，生成相同的糖脎。例如，D-葡萄糖和D-果糖生成的是同一糖脎。

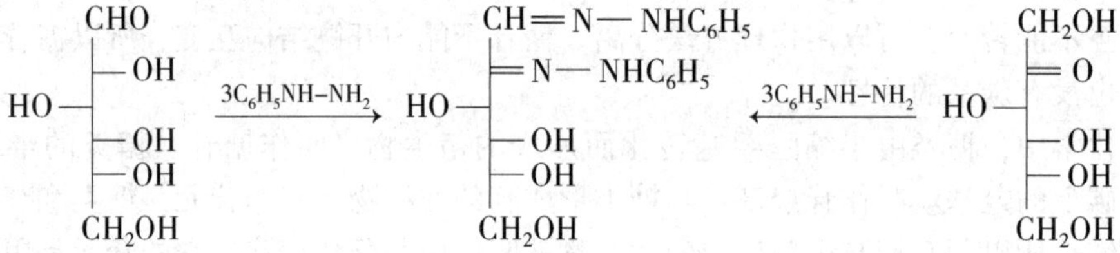

D-葡萄糖　　　　　　D-葡萄糖脎(D-果糖脎)　　　　　　D-果糖

④ 生成醚和酯的反应。单糖的羟基除苷羟基外，都是醇羟基，与适当的试剂作用，可以得到单糖的醚或酯。例如，前述的D-葡萄糖与硫酸二甲酯在碱的存在下作用生成醚，氧环结构中的所有羟基都能变成甲氧基，得到五甲基葡萄糖。D-葡萄糖与乙酸酐作用，则发生酯化反应，生成五乙酸葡萄糖酯。

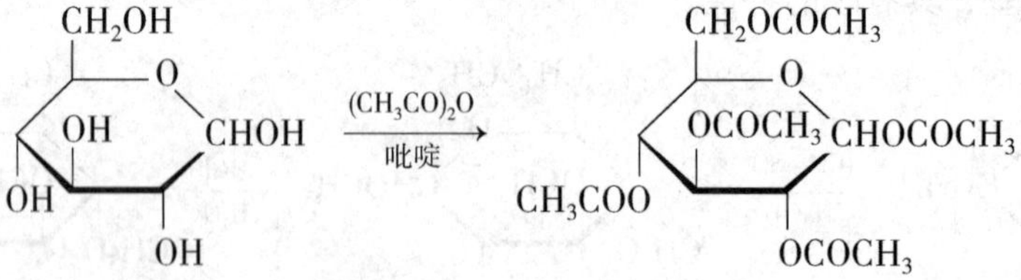

糖类的磷酸酯在生命活动中有特殊的重要性。它们是许多代谢过程的中间体，例如，在糖原的生物合成和降解过程中，都含有α-D-吡喃葡萄糖基磷酸酯。核糖和2-脱氧核糖的磷酸是核酸的组成部分。

**3. 二糖**

二糖一般是一个单糖分子的苷羟基与另一个单糖分子的苷羟基或醇羟基通过脱水而成的

缩合物。限于篇幅，本书只介绍最常见的蔗糖、麦芽糖和纤维二糖。

（1）蔗糖

蔗糖广泛分布在自然界中。所有光合作用的植物中都有蔗糖存在，甘蔗和甜菜中含量最多，故称为蔗糖或甜菜糖。

一分子蔗糖水解可得到一分子 D-葡萄糖和一分子 D-果糖。蔗糖是一个非还原糖，不能成脎，也没有变旋光现象，说明蔗糖中没有苷羟基存在。现已证明，它是一个 α-葡萄糖分子的苷羟基和一个 β-果糖分子的苷羟基之间脱水而形成的。所以两个苷羟基都消失了。

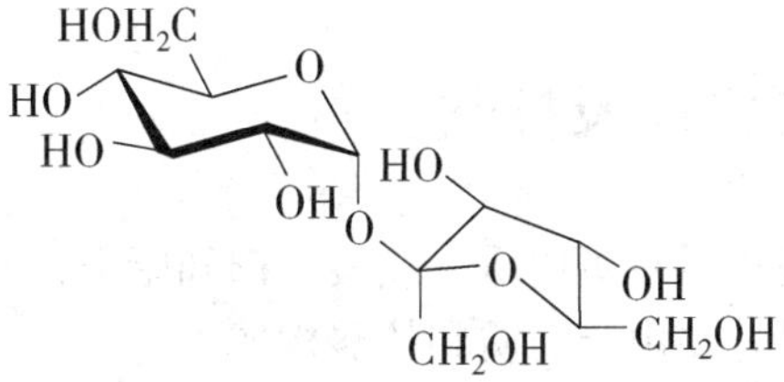


蔗糖(β-D-呋喃果糖基-α-D-吡喃葡萄糖苷)

蔗糖水解生成的混合物称为转化糖，转化糖中含果糖，因此比蔗糖和葡萄糖都甜。蜂蜜即是转化糖，蜜蜂利用蔗糖转化酶水解蔗糖酿蜜，蜂蜜是葡萄糖和果糖的过饱和混合物。

酶催化二糖的水解具有高度选择性，麦芽糖酶只能水解 α-葡萄糖苷，苦杏仁酶只能水解 β-葡萄糖苷，而转化糖酶则可水解 β-果糖苷。人们正是利用这种生化法，证明了蔗糖的构型。因为蔗糖可被麦芽糖酶水解，证明蔗糖是一种 α-葡萄糖苷；蔗糖又可被转化糖酶水解，证明它又是 β-果糖苷。

（2）麦芽糖

麦芽糖是无色片状结晶，通常含有一个水分子，我国很早就利用它制作饴糖。麦芽糖是淀粉在淀粉酶作用下水解生成的产物。1 分子麦芽糖能被麦芽糖酶催化水解后生成 2 分子 D-葡萄糖。这两个葡萄糖单元通过 α-1,4′-葡萄糖苷键连接在一起，即麦芽糖是由 1 分子葡萄糖的苷羟基与另 1 分子葡萄糖 C(4)上的羟基脱水而形成的。

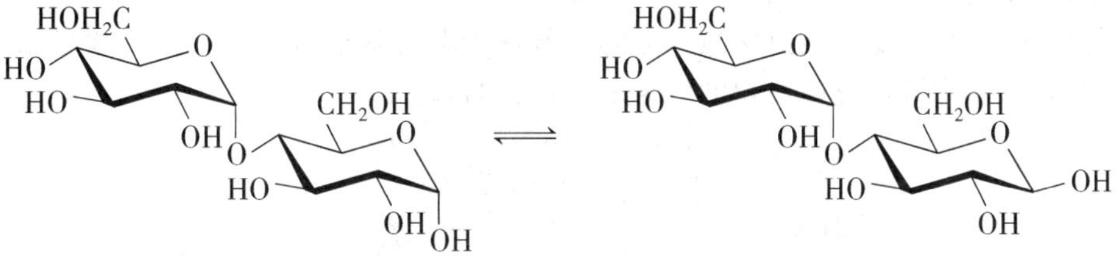


α-麦芽糖　　　　β-麦芽糖

由此可见，麦芽糖具有半缩醛羟基，故有 α-和 β-两种异头物。在水溶液中，麦芽糖的环状结构可以转变为开链结构。与葡萄糖类似，α-麦芽糖和 β-麦芽糖两种异头物通过开链结构处于动态平衡。苷羟基的存在使得麦芽糖属于还原糖，化学性质也与葡萄糖类似，如可被托伦试剂和费林试剂氧化、可以成脎、具有变旋光现象等。

（3）纤维二糖

纤维二糖是纤维素部分水解所得到的产物，它还可以被苦杏仁酶水解，1 分子纤维二糖水解后也生成 2 分子 D-葡萄糖。与麦芽糖不同的是，在纤维二糖结构中，两个葡萄糖单元是通过 β-1,4′-葡萄糖苷键连接的。纤维二糖含

R5-1 关于糖类的知识

有苷羟基，所以它也是一种还原糖。类似麦芽糖，溶液中纤维二糖仍以 $\alpha$-纤维二糖和 $\beta$-纤维二糖两种形式存在。

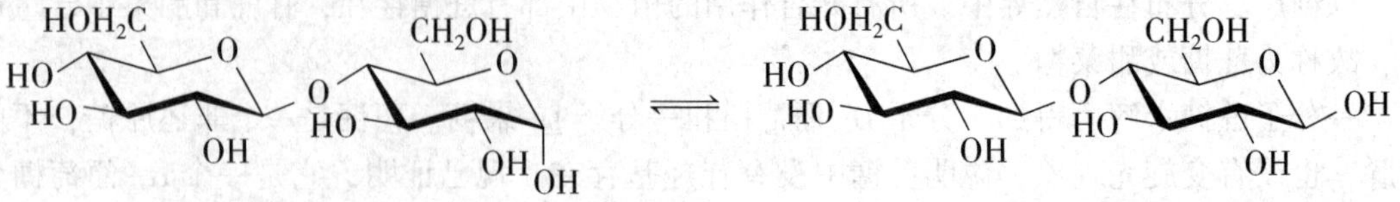

$\alpha$-纤维二糖　　　　$\beta$-纤维二糖

## 5-2　氨基酸、蛋白质及核酸

参与生命活动最基本的物质有蛋白质、核酸、糖和脂类，其中蛋白质和核酸最为基本和重要，即使最简单的病毒仍需要由蛋白质和核酸构成。

**1. 氨基酸**

氨基酸是羧酸碳链上的氢原子被氨基取代后的化合物。分子中含有氨基和羧基两种官能团。

已经发现自然界存在的氨基酸约有 1000 种，其中主要是 $\alpha$-氨基酸，以及少量的 $\beta$-和 $\gamma$-氨基酸。许多氨基酸具有药用价值，如精氨酸注射液可用于肝昏迷的急救。在一些分子中引入氨基酸侧链，可以提高药效，例如阿莫西林和丁胺卡那霉素等。$\alpha$-氨基酸可通过深度加工得到构型各异的化合物，后者在生理学和药学中均有重要用途，手性的 $\alpha$-氨基酸还可作为手性诱导试剂用于手性合成。某些氨基酸还可作为食品添加剂，如半胱氨酸盐酸盐可作为面粉改良剂。

（1）氨基酸的命名和结构

根据氨基和羧基的相对位置不同，氨基酸可分为 $\alpha$-氨基酸、$\beta$-氨基酸、$\gamma$-氨基酸，等等。其中 $\alpha$-氨基酸是指氨基处于与羧基相邻的 C(2) 上的氨基酸，它们在自然界中存在非常广泛，也最为重要，是构成蛋白质分子的基础。

按照系统命名法，氨基酸以羧酸为母体、氨基为取代基进行命名。但 $\alpha$-氨基酸是天然氨基酸，通常按其来源或性质所得的俗名来称呼。例如：

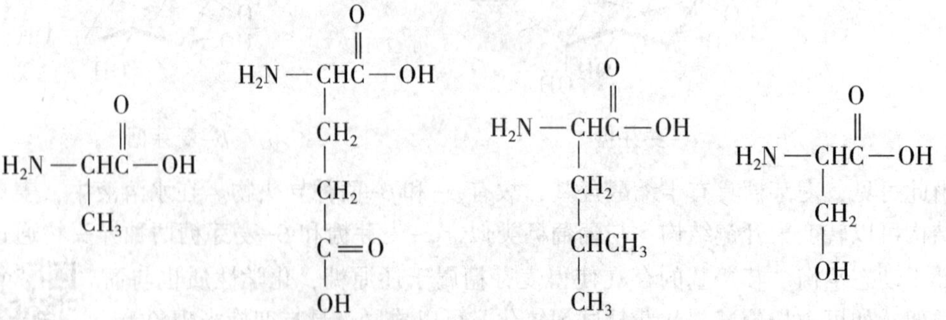

丙氨酸　　谷氨酸　　亮氨酸　　丝氨酸

蛋白质水解可以得到各种 $\alpha$-氨基酸的混合物，不同蛋白质水解后所得到的 $\alpha$-氨基酸种类和数量各不相同。蛋白质水解所得氨基酸的种类并不多，只有 20 多种，这 20 多种都有俗名。这些氨基酸的结构、俗名和符号可参见相关资料。天然氨基酸 $\alpha$-碳原子的构型都与

L-甘油醛相同，故都属于 L-氨基酸。

蛋白质在人体消化道内可以水解为 $\alpha$-氨基酸，然后被吸收。人类所需要的氨基酸，有些可以在体内由其他物质合成。但有些氨基酸人体不能合成，必须通过进食摄取，这些氨基酸在营养学中叫必需氨基酸。如：缬氨酸、亮氨酸、异亮氨酸、蛋氨酸、苯丙氨酸、色氨酸、苏氨酸、赖氨酸。

氨基酸分子中可以有多个氨基或多个羧基。氨基和羧基数目相等的氨基酸近于中性，叫作中性氨基酸；氨基数目多于羧基的呈现碱性，叫作碱性氨基酸；羧基数目多于氨基的呈现酸性，叫作酸性氨基酸。

（2）氨基酸的性质

氨基酸都是结晶固体，易溶于水，难溶于乙醚、丙酮、苯等有机溶剂。氨基酸因为可以形成两性离子，因此熔点较高(一般在 200℃)，大多数在熔化时分解。

氨基酸分子中含有氨基和羧基，它们具有氨基和羧基的典型性质，例如，羧基可以发生酯化、酰胺化、还原等反应；氨基可以发生酰基化反应、与亚硝酸作用可转变为羟基、作为亲核试剂与 2,4-二硝基氟苯反应，等等。此外，由于基团的相互影响，氨基酸还有一些特殊的化学性质。

① 酸碱性与等电点。氨基酸既含有氨基又含有羧基，它可以和酸生成盐，也可以和碱生成盐，所以氨基酸是两性物质。虽然含有一个氨基和一个羧基的 $\alpha$-氨基酸可以用通式 $NH_2$—CHRCOOH 表示，但实际上，氨基酸晶体是以内盐结构(两性离子)存在的：

$$\underset{\displaystyle NH_2}{\overset{\displaystyle RCHCOOH}{|}} \rightleftharpoons \underset{\displaystyle {}^{+}NH_3}{\overset{\displaystyle RCHCOO^-}{|}}$$

氨基酸之所以具有相当高的熔点，难溶于有机溶剂等，都是因为它们是内盐因而具有盐的性质。

在水溶液中，氨基酸的两性离子既可以与一个 $H^+$ 结合成为正离子，又可以与 $OH^-$ 作用失去一个 $H^+$ 成为负离子。这三种离子在水溶液中通过得到 $H^+$ 或失去 $H^+$ 互相转换而同时存在。

$$\underset{\displaystyle {}^{+}NH_3}{\overset{\displaystyle RCHCOOH}{|}} \underset{H^+}{\overset{OH^-}{\rightleftharpoons}} \underset{\displaystyle {}^{+}NH_3}{\overset{\displaystyle RCHCOO^-}{|}} \underset{H^+}{\overset{OH^-}{\rightleftharpoons}} \underset{\displaystyle NH_2}{\overset{\displaystyle RCHCOO^-}{|}}$$

在酸性溶液中，氨基酸主要以正离子的形式存在；在碱性溶液中，主要以负离子的形式存在。当对氨基酸溶液电解时，由于溶液 pH 值的不同，氨基酸可能向阳极移动，也可能向阴极移动，或者不移动。在 pH 比较低的酸性溶液中，正离子数量多，电解时氨基酸向阴极移动；在 pH 比较高的碱性溶液中，负离子数量多，电解时氨基酸向阳极移动。当在某一定 pH 溶液中，正离子和负离子数量相等，主要以两性离子存在的氨基酸就不移动。这时溶液的 pH 就叫作氨基酸的等电点。

值得注意的是，等电点不是中性点。不同的氨基酸由于结构不同，等电点也不同。一般来说，中性氨基酸(只有一个氨基和一个羧基的氨基酸)带负电，呈微酸性。这是因为一般—COOH 的解离能力大于—$NH_2$ 接受 $H^+$ 的能力。氨基酸在等电点时溶解度最小，可利用这一性质，通过调整溶液 pH 值，将等电点不同的氨基酸从氨基酸混合物中一一分离出来。

② 茚三酮反应。α−氨基酸的水溶液遇茚三酮，能生成蓝紫色的物质。此反应灵敏度高，颜色强度与氨基酸浓度相关，可用于比色法测定氨基酸的种类和含量。反应可表示如下：

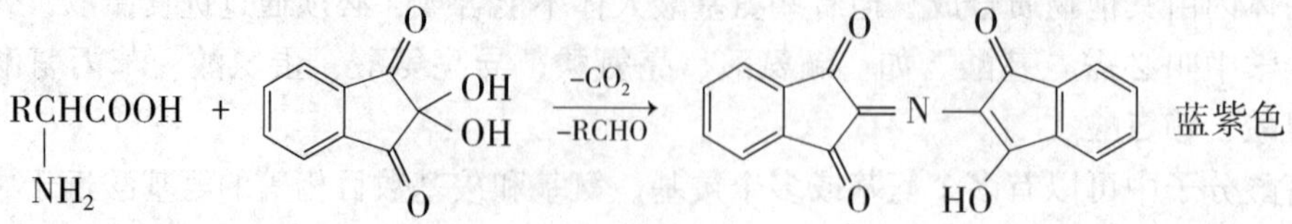


③ 受热脱水反应。α−氨基酸受热后，能在两分子之间发生脱水反应，生成环状的交酰胺。例如：

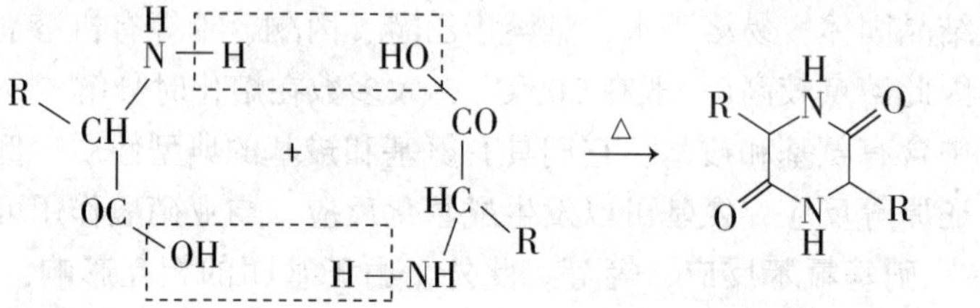

(3) 氨基酸的制法

天然氨基酸一般通过蛋白质水解制备，在酸、碱或酶作用下，蛋白质可水解成氨基酸混合物。再通过各种分离手段对混合物进行分离，即可得各种氨基酸。

利用卤代羧酸与过量氨作用，也可生成氨基酸。由于羧基的影响，氨基酸的氨基亲核性比伯胺弱，不像一般伯胺的氨基那样容易进一步烃基化。例如：

$$CH_3CH(Br)COOH + 2NH_3 \longrightarrow CH_3CH(NH_2)COOH + NH_4Br$$

此外，与制备伯胺相似，利用α−卤代酸酯代替卤代烃得到α−氨基酸。例如：

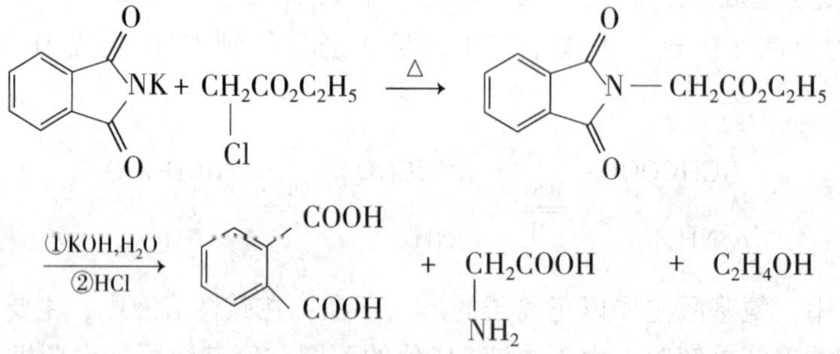


**2. 多肽**

多肽存在于自然界中并有重要的生理作用。α−氨基酸分子间的氨基与羧基脱水，通过酰胺键相连而成的化合物称为肽，所以酰胺键也称为肽键。

蛋白质部分水解时生成多肽，不过多肽与蛋白质间没有明显的界线。一种区分方法是将能透过一种天然渗析膜定为多肽的上限，相当于相对分子质量约 10000，含约 100 个氨基酸。有时候也把含 50 个以上氨基酸的多肽称为蛋白质，但区分蛋白质的更常用标准是其结构。

(1) 多肽的分类和命名

两个氨基酸分子组成的肽称为二肽，三个和多个氨基酸分子组成的肽，分别称为三肽和多肽。组成多肽的氨基酸分子可以相同也可以不同。多肽和氨基酸一样也是两性离子，因此也有等电点且在等电点时溶解度最小，也可以用离子交换层析法进行分离。

书写多肽的化学式时，一般将氨基的一端(也叫 N 端)写在左边，羧基的一端(C 端)写在右边。多肽的命名是以含 C 端的氨基酸为母体，把肽链中其他氨基酸中的“酸”字改为“酰”字，按它们在链中顺序依次写在母体名称之前。所以下面左式的命名为甘氨酰甘氨酸，右式为丝氨酰丙氨酸。多肽的命名也可用较简单的中文或英文缩写来表示。

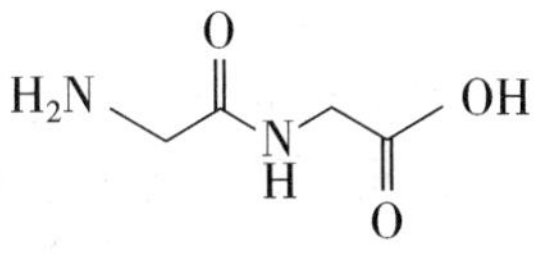

甘氨酰甘氨酸(甘-甘或Gly-Gly)

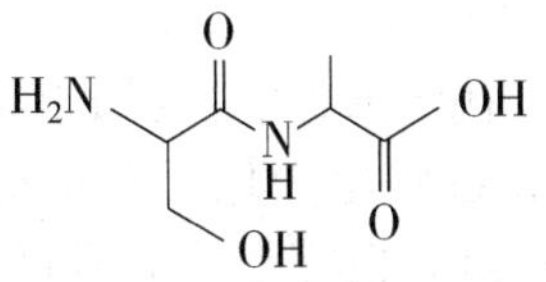

丝氨酰丙氨酸(丝-丙或Ser-Ala)

(2) 多肽的合成

许多天然多肽有十分重要的生理作用，为研究天然多肽和蛋白质的结构，必须对有关多肽进行结构测定。而推测出来的结构是否完全正确，需要通过多肽的合成加以证实。这是多肽合成意义重要的一方面。另一方面，由于多肽与蛋白质有着密切的关系，进行多肽的合成又是探索蛋白质结构及其合成必不可少的步骤。我国科学家在 1965 年首次完成了结晶牛胰岛素的合成，其中就涉及若干多肽的合成。

合成一种与天然多肽相同的化合物，必须把各种有旋光性的氨基酸按一定的顺序连接成一定长度的肽链。当要使一种氨基酸的羧基和另一种氨基酸的氨基形成肽键时，必须要防止同一种氨基酸分子之间相互结合。目前的合成技术是把某些氨基或羧基保护起来，以便反应能按所要求的方式进行。而所选用的保护基团，必须符合这样的条件：在以后脱除该保护基的条件下，肽键不会发生断裂。

羧基常常通过生成酯加以保护，因为酯比酰胺容易水解，用碱性水解的方法，就可以把保护基团除去。

氨基可以通过与氯甲酸苄酯($C_6H_5CH_2OCOCl$)作用加以保护，在氨基上引入苄氧羰基。苄氧羰基很容易用催化氢解的方法除去，从而达到去保护基的目的。

例如，若要合成甘氨酰丙氨酸(甘·丙)，若直接用甘氨酸和丙氨酸脱水缩合，将得到四种二肽的混合物：

甘氨酸+丙氨酸⟶甘·甘+丙·丙+甘·丙+丙·甘

如果采用下列保护基策略法，则可得到所要求的二肽。

$$C_6H_5CH_2OCOCl + NH_2CH_2COOH \longrightarrow C_6H_5CH_2OCONHCH_2COOH$$

$$\xrightarrow{SOCl_2} C_6H_5CH_2OCONHCH_2COCl$$

$$\xrightarrow{NH_2\overset{\overset{\displaystyle CH_3}{|}}{C}HCOOH} C_6H_5CH_2OCONHCH_2CONH\overset{\overset{\displaystyle CH_3}{|}}{C}HCOOH$$

$$\xrightarrow{H_2,Pd} NH_2CH_2CO—NH\overset{\overset{\displaystyle CH_3}{|}}{C}CHOOH \quad (甘·丙)$$

反复使用这样的方法，每次构建一个肽键，就可以把各种氨基酸按一定的次序一个个地连接起来。

实际上，多肽的合成是一项十分复杂的工作，因为在按上述方法构成肽键、保护和脱除保护的过程中，常会发生消旋化。有机合成中每一步反应的产率并不高，所以随着肽链的增长，反应后的分离、提纯会愈来愈困难。因此，人类还需要进一步向大自然学习更高效的合成方法。

**3. 蛋白质**

蛋白质存在于细胞中，它是由许多氨基酸通过酰胺键形成的含氮生物高分子化合物，在机体内承担着各种生理作用和机械功能，肌肉、毛发、指甲、角，蹄、蚕丝、蛋白激素、酶、血清、血红蛋白等都是由不同蛋白质组成的。蛋白质在生命现象中起着决定性的作用。

（1）蛋白质的分类

根据蛋白质的形状、溶解度和化学组成可分为纤维蛋白、球蛋白和结合蛋白三类。

纤维蛋白的分子为细长形，呈一条条线状，不溶于水。它们分子中的多肽链扭在一起或平行并列，之间以氢键连接。纤维蛋白是动物组织的主要结构材料，如蚕丝、毛发、指甲、角、蹄等。

球蛋白呈球形或椭球形，它们的多肽链自身扭曲折叠成特有的球形。分子内基团间通过氢键和范德华力作用在一起。疏水基团分布在球内，亲水基团位于球表面，故一般能溶于水或含有盐类、酸、碱和乙醇的水溶液。如酶、蛋白激素都是球蛋白。

结合蛋白由蛋白质与非氨基酸物质结合而成，非蛋白质部分称为辅基。辅基可以是碳水化合物、脂类、核酸或磷酸酯等。例如，核蛋白的辅基为核酸，而在血红蛋白中的辅基则为血红素分子。

（2）蛋白质的性质

蛋白质由氨基酸构成，和氨基酸一样，蛋白质也是两性物质，与酸或碱都能成盐。蛋白质也有等电点，在等电点易生成沉淀，不同的蛋白质有不同的等电点。

蛋白质是高分子化合物，因此蛋白质的水溶液具有胶体溶液的性质，不能透过半透膜，能够电泳。胶体具有盐析性质，在蛋白质溶液中加入无机盐后，蛋白质便从溶液中析出。这是一个可逆过程，盐析出来的蛋白质还可再溶于水，并不影响其性质。

蛋白质都具有旋光性。蛋白质水溶液受热或受紫外光照射，或在溶液中加入酸、碱、重金属盐、能溶于水的有机溶剂等，蛋白质即凝聚沉淀出来。这是因为蛋白质受热或受化学试剂的作用，复杂结构发生了变化，这种现象叫作蛋白质的变性。因结构和性质发生改变而沉淀出来的蛋白质叫作变性蛋白质，随着蛋白质的变性，它们的旋光性也会改变，并且往往失去其生理活性。蛋白质的变性通需是不可逆的，但不同蛋白质受外界条件的影响而引起的变性程度不同，也有一些蛋白质在除去某些变性条件之后，仍可再转变为原来的蛋白质。

蛋白质虽然分子很大，但性质却比较活泼，能发生多种颜色反应，这些反应可用来鉴别蛋白质。例如：

① 双缩脲反应。蛋白质分子中含两个以上的肽键，在蛋白质水溶液中加碱和少量稀硫酸铜溶液，即产生紫色或粉红色，称双缩脲反应。所有蛋白质都有双缩脲反应。可用此法鉴定蛋白质的存在或测定其含量。

② 黄色反应。分子中含有苯环的蛋白质（含酪氨酸、苯丙氨酸），遇浓硝酸即显黄色，这是苯环发生了硝化的缘故。黄色溶液再用氨处理，就会转为橘色。

③ 茚三酮反应。蛋白质溶液与水合茚三酮溶液作用，也有颜色反应。但颜色与氨基酸的不太一样。

此外，蛋白质容易水解，酸、碱都能促进蛋白质的水解。如果完全水解，可得到多种氨基酸的混合物，如果部分水解则得到分子较小的多肽。研究蛋白质水解的中间产物的结构和性质，可以为蛋白质的研究提供很有价值的资料。

(3) 蛋白质的结构

蛋白质的结构是非常复杂的，并且与功能密切相关。不仅蛋白质的多肽链中各种氨基酸都有一定的排列次序，而且整个蛋白质分子由于特殊的空间排布，集合而成一定的形态。

多肽链中氨基酸的组成和排列次序，是蛋白质的一级结构。每一种蛋白质都有特定的氨基酸组成和排列次序，一般认为这种氨基酸排列次序决定了它的特定空间结构，也就是蛋白质的一级结构决定了蛋白质的二级、三级等高级结构。

多肽链在空间不是任意排布的，由于某些基团之间的氢键作用，肽链具有一定的构象，这是蛋白质的二级结构。常见的蛋白质二级结构有三种：$\alpha$-螺旋、$\beta$-折叠、无规则卷曲(图5-1)。

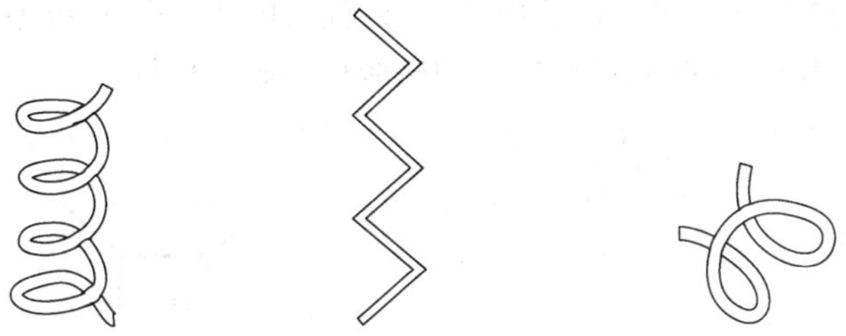

(a) $\alpha$-螺旋示意图　　(b) $\beta$-折叠示意图　　(c) 无规则卷曲示意图

图 5-1　常见蛋白质二级结构

整条多肽链在二级结构基础上再按一定的空间取向盘绕、扭曲、折叠成一定的形态，这是蛋白质的三级结构。多肽链经卷曲折叠成三级结构，使分子表面形成了具有某些生物功能的特定区域，如酶的活性中心。如果蛋白质仅由一条多肽链组成，三级结构就是它的最高结构了。

很多蛋白质由若干简单蛋白质分子或多肽链组成，这些具有三级结构的简单蛋白质分子或多肽链称为亚基。几个各具有特定的一、二、三级结构的亚基最后组装在一起，有时还和辅基在一起，再以一定的关系相结合，这是蛋白质的四级结构，如图 5-2 所示。

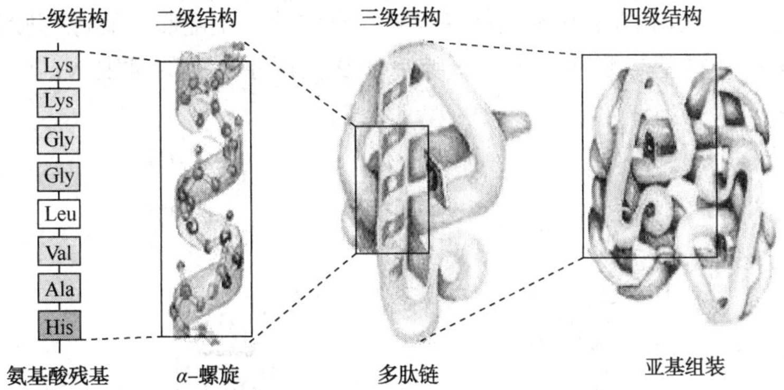


图 5-2　蛋白质四级结构

每一种蛋白质都有其特定的结构，从而在生物体内有其特定的功能。只要任何一级结构有所不同，蛋白质的生理作用就不一样。例如，磷酸化酶由两条相同多肽链组成，只有两条在一起才体现催化活性，单独一条存在就没有活性。

R5-2 关于氨基酸和蛋白质的知识

**4. 核酸**

核酸是从细胞核中发现的，又具有酸性，因而得名核酸。实际上，核酸除了存在于细胞核中，还存在于细胞的其他部分，它可以是游离状态，也可以与蛋白质结合成为核蛋白。与多糖和蛋白质相似，核酸也是一种重要的生物高分子化合物。核酸中的重复单位是核苷酸，因此核酸也称为多核苷酸。

核苷酸是由磷酸、戊糖和杂环碱组成。核酸参与生物体的新陈代谢，也参与生物体内蛋白质的合成，生物的遗传也与核酸有密切关系。

(1) 核酸的组成

在弱酸、弱碱及合适的酶的作用下，核酸可以部分水解生成核苷酸。核苷酸进一步水解为核苷和磷酸，而核苷再水解则生成杂环碱和戊糖。

组成核酸的戊糖通常有两种：$\beta$-核糖和$\beta$-2-脱氧核糖。由$\beta$-核糖构成的核酸称为核糖核酸，简写作 RNA；由$\beta$-2-脱氧核糖构成的核酸称为脱氧核糖核酸，简写作 DNA。

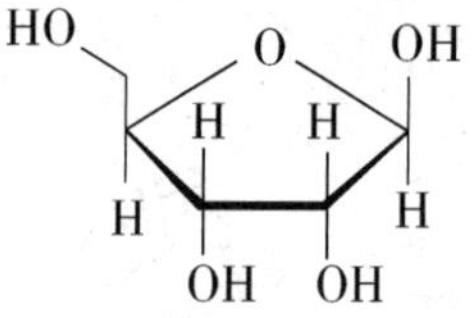

$\beta$-核糖

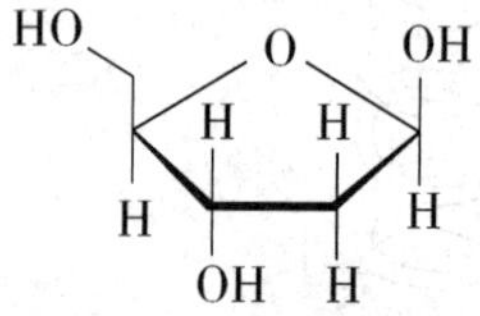

$\beta$-2-脱氧核糖

组成核酸的杂环碱也分两种：嘌呤衍生物和嘧啶衍生物。其中，嘌呤衍生物有鸟嘌呤和腺嘌呤；嘧啶衍生物有胞嘧啶、尿嘧啶和胸腺嘧啶。结构如下：

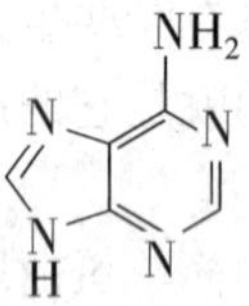

腺嘌呤

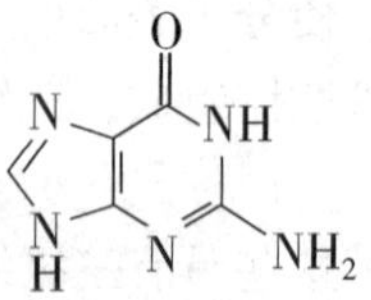

鸟嘌呤

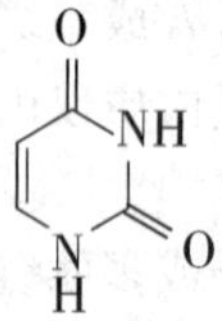

尿嘧啶

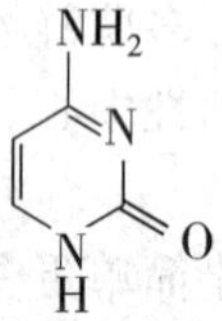

胞嘧啶

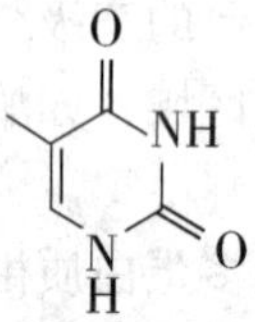

胸腺嘧啶

RNA 和 DNA 在杂环碱的组成上有一定区别。RNA 的杂环碱包括腺嘌呤、鸟嘌呤、胞嘧啶、尿嘧啶四种，而 DNA 的杂环碱包括腺嘌呤、鸟嘌呤、胞嘧啶、胸腺嘧啶四种。

戊糖分子 1 位苷羟基与嘧啶环 1 位或嘌呤环 9 位氮原子上的氢脱水，生成$\beta$-苷键形式结合的核苷。例如：

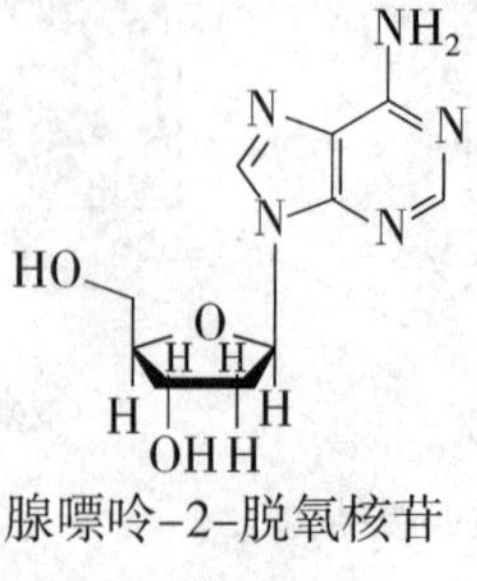

腺嘌呤-2-脱氧核苷

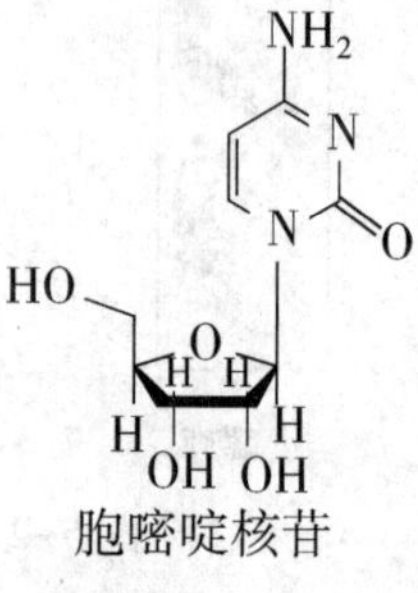

胞嘧啶核苷

核苷的 3 位或 5 位的羟基与磷酸酯化，形成核苷酸。例如：

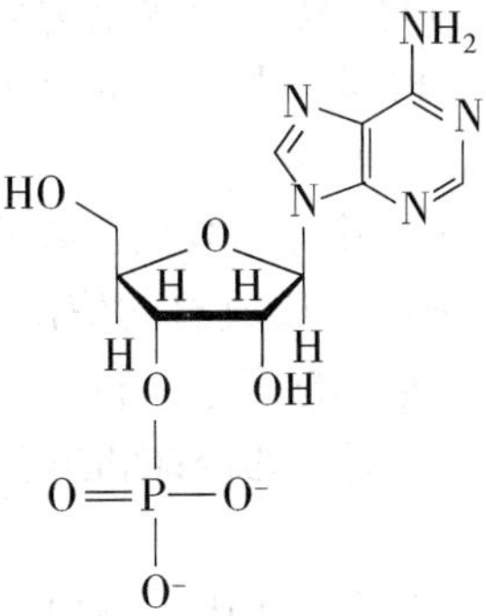

腺苷-3′-磷酸

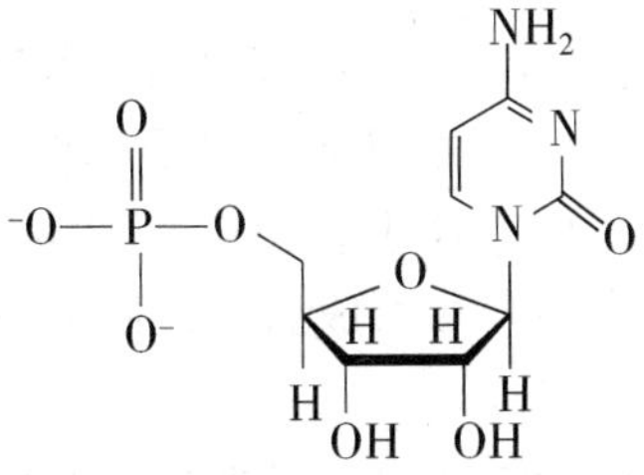

胞苷-5′-磷酸

核苷酸可以进一步相互结合形成核酸。在核酸中，一个核苷酸戊糖 5 位上的磷酸可与另一个核苷酸戊糖 3 位上的羟基通过磷酸二酯键结合。

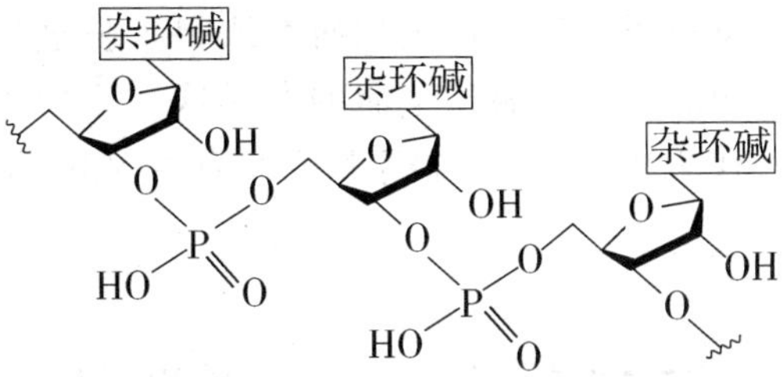


（2）核酸的结构与生理功能

含不同杂环碱的核苷酸在核酸中的排列顺序即为核酸的一级结构。一级结构决定了核酸的基本性质，同时，核酸作为生物大分子，其空间结构即核酸的二级结构也对其性质有很大影响。1953 年，Watson（沃森）和 Crick（克里克）根据 X 射线衍射及分子模型的研究结果，提出了著名的脱氧核糖核酸双螺旋结构。这被认为是 20 世纪科学最重大的发现之一，双螺旋结构理论认为，DNA 是由两条反向平行的脱氧核糖核酸链通过右手螺旋方式相互缠绕形成，两条链通过嘌呤和嘧啶之间的氢键结合固定。其中，腺嘌呤（A）和胸腺嘧啶（T）通过两个氢键结合，鸟嘌呤（G）和胞嘧啶（C）通过三个氢键结合，依次形成互补的结构（图 5-3）。

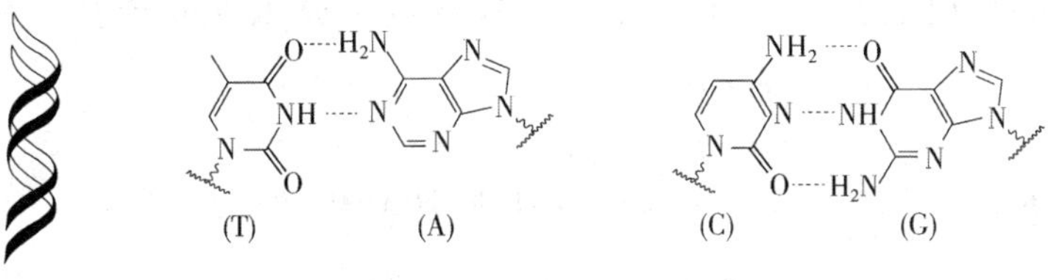


图 5-3　DNA 的双螺旋结构及两条链之间的氢键

核糖核酸一般分三种：转运 RNA、信使 RNA、核糖体 RNA。与 DNA 不一样，不同核糖核酸分子的二级结构差异较大，某些 RNA 分子含有部分双螺旋结构，而有些 RNA 则完全为单链的螺旋结构。

核酸在生物体中起着十分重要的作用，它是生物遗传的基础，控制蛋白质的合成，同时某些核酸自身也具有重要功能。

控制遗传：DNA 的双链可以分开形成两个单链，而每个单链可以以自身为模板，形成新的互补单链。通过这样的方式，一条 DNA 双链可以复制为两条 DNA 双链，而且这两条 DNA 双链与原 DNA 双链的核苷酸种类、顺序完全相同。生物体通过 DNA 链的复制将遗传信息传递给下一代。

控制蛋白质合成：DNA 也可以部分解除双螺旋，并将一段核苷酸的顺序和结构(遗传信息)转录为互补的 RNA。该段 RNA 经过适当的修饰后形成成熟的信使 RNA，并被送往细胞质中与核糖体结合。在核糖体上，依据信使 RNA 转录的信息，转运 RNA 携带相应的氨基酸，通过一定的方式排列连接形成肽链，肽链再经过适当的修饰和折叠，形成生物体必需的各种蛋白质。

其他性质：某些核苷酸自身也对生物体的机能有重要作用。例如，腺苷三磷酸(ATP)对于生物体储存、转运和释放能量有重要作用。某些核苷酸则是生物体的重要激素。

R5-3 关于核酸的知识

以上仅是人们目前对核酸基本功能认识的简要概述。实际上，与生命现象有关的各种生物高分子(包括多糖、蛋白质和核酸)的功能都非常复杂，近几十年科学家对蛋白质和核酸的研究取得了长足的进展。但离彻底了解它们的结构和功能，直至揭开生命的奥秘这一目标还相距很远。人类必将站在一代又一代人的肩膀上继续艰苦而有意义的努力，一步步向最终目的前进。

## 第二部分　典型例题

**【例 5-1】** 完成下列反应方程式：

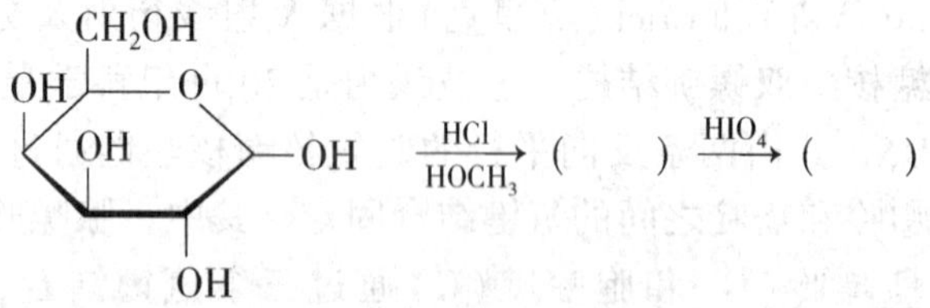


**解**：单糖中的苷羟基较活泼，在氯化氢作用下，它与甲醇形成甲基糖苷。后者被 $HIO_4$ 氧化，其中相邻羟基间的 C—C 键断裂，羟基被氧化成羰基或羧基。因此本题答案为

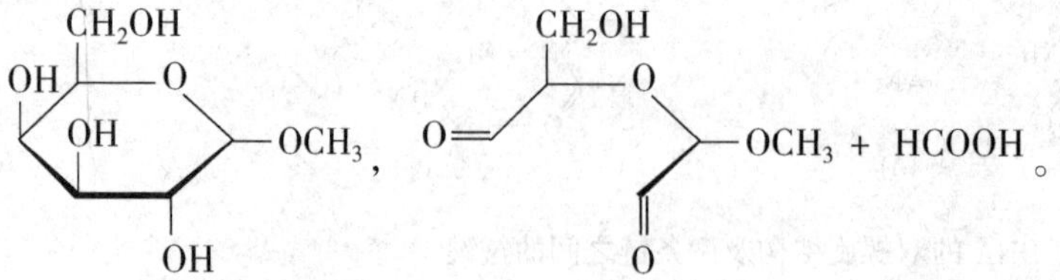


**【例 5-2】** 支链淀粉的部分水解产物中含有一种叫异麦芽糖的双糖，其结构如下：

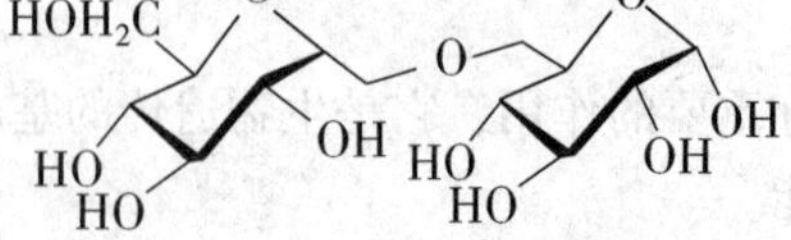

试分析异麦芽糖的结构，并回答下列问题：

① 异麦芽糖与麦芽糖在结构上有何异同？

② 指出异麦芽糖分子中的苷键和半缩醛羟基。

③ 异麦芽糖是否具有变旋现象？

④ 异麦芽糖可能具有哪些化学性质？

**解**：① 由结构可知，异麦芽糖分子是由两分子葡萄糖通过 $\alpha$-1,6-苷键缩合而成。麦芽糖则是由两分子葡萄糖通过 $\alpha$-1,4-苷键缩合而成。

② 苷键为 $\alpha$-1,6-苷键；半缩醛羟基为 $\alpha$-半缩醛羟基。

③ 异麦芽糖具有半缩醛羟基，所以具有变旋现象。

④ 还原性、成糖脎、变旋性、水解性等。

**【例 5-3】** 氨基酸溶液在电场作用下不发生迁移，这时溶液的 pH 叫(　　)。

A. 低共熔点　　B. 中和点　　C. 流动点　　D. 等电点

**解**：氨基酸在等电点时以两性离子存在，在电场作用下不发生迁移，所以本题选 D。

**【例 5-4】** 我国科学家完成了牛结晶胰岛素的合成，这是世界上首次人工合成多肽类生物活性物质。制备多肽时，活化氨基酸的羧基常用的试剂是(　　)。

A. NBS　　B. DCC　　C. 土伦试剂　　D. 茚三酮

**解**：羧基反应活性低，生成酰胺需要高温反应。多肽无法难受高温，所以合成多肽时，一般要将游离的羧基转变为酰氯、酰基叠氮或加入 DCC 使羧基活化。然后在温和条件下与游离的氨基作用生成肽键。所以本题选 B。

注：DDC 是一种缩合物，常用于多肽合成中。其结构式如下：

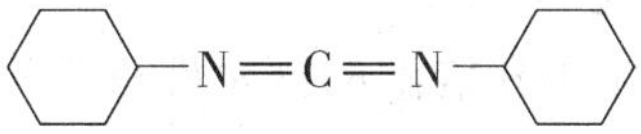

*N,N'*-二环己基碳二亚胺

# 第三部分　实验内容

## 实验十七　从肉桂皮中提取肉桂油及其主要成分的鉴定

**1. 必备知识**

① 阅读理论部分烯烃、醛的化学性质。

② 查阅资料，预习水蒸气蒸馏的原理和操作。

③ 进行水蒸气蒸馏时，蒸汽导入管的末端为什么要插入到接近于容器的底部？

④ 在水蒸气蒸馏过程中，经常要检查什么事项？若安全管中水位上升很高说明什么问题，如何处理才能解决？

⑤ 本实验采用哪种方法从肉桂皮中提取肉桂油？其主要依据是什么？

**2. 实验目的**

① 了解水蒸气蒸馏的原理及其应用。

② 掌握水蒸气蒸馏的基本操作。

③ 学习并掌握官能团定性法在有机化合物鉴定中的应用。

**3. 实验原理**

肉桂油简称桂油，泛指从桂皮、桂枝叶、果实和根皮等部位提取出来的芳香油。桂油中含有很多重要的功能成分，其中80%以上为肉桂醛，此外还含有肉桂醇、桂皮酸、香豆素、乙酸桂皮酯、苯乙酮等几十种以上的成分，可作为天然的香料、抗氧化剂、抑菌剂和防腐剂。因此，在食品、医药、化工等行业得到广泛应用。

肉桂醛有顺式和反式两种异构体，现商用的肉桂醛，无论是天然的或者是合成的桂醛，均为反式结构。其结构式如下：

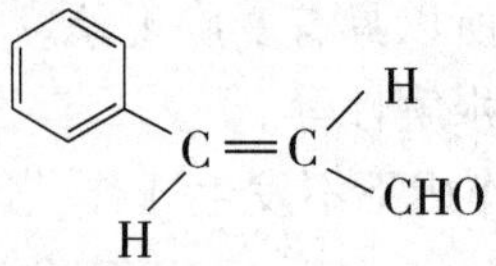


肉桂醛为略带浅黄色的油状液体，沸点为252℃。难溶于水，易溶于苯、丙酮、乙醇、二氯甲烷、氯仿、四氯化碳等有机溶剂，能随水蒸气蒸发。肉桂醛易被氧化，长期放置，会被空气中的氧慢慢氧化成肉桂酸。

植物中香精油的提取方法主要有萃取法、榨取法和水蒸气蒸馏法等。由于肉桂醛难溶于水，能随水蒸气蒸发，水蒸气蒸馏肉桂油具有设备简单、操作方便、成本低、收率大，污染小等特点，因此水蒸气蒸馏是国内外提取肉桂油使用最广泛的方法。

水蒸气蒸馏就是将水蒸气通入不溶或难溶于水，但有一定挥发性的有机物质(100℃其蒸气压至少为5~10mmHg，0.665~1.33kPa)中，使该有机物质在低于100℃的温度下，随着水蒸气一起蒸馏出来的操作过程。

水蒸气蒸馏是分离和纯化与水不相混溶的挥发性有机物常用的方法。水蒸气蒸馏常用于蒸馏那些沸点很高且在接近或达到沸点温度时易分解、变色的挥发性液体或固体有机物，除去不挥发性的杂质。但是对于那些与水共沸腾时会发生化学反应的或在100℃左右时蒸气压小于1.3kPa的物质，这一方法不适用。

**4. 仪器及药品**

水蒸气蒸馏装置如图5-4所示，主要由水蒸气发生器、蒸馏部分、冷凝部分和接受器四个部分组成。

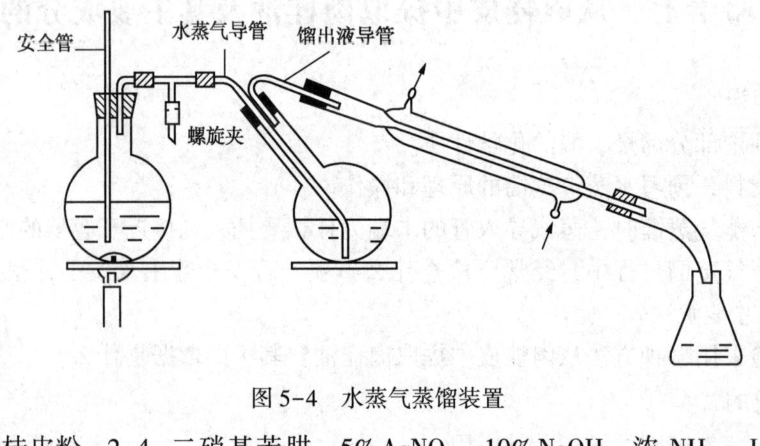


图5-4　水蒸气蒸馏装置

药品：肉桂皮粉、2,4-二硝基苯肼、5% $AgNO_3$、10% NaOH、浓 $NH_3 \cdot H_2O$、1% $Br_2$-$CCl_4$、0.5% $KMnO_4$。

**5. 实验步骤**

(1) 从肉桂皮中提取肉桂油

在水蒸气发生器中装入 2/3 热水，加入 1~2 粒沸石，安装好安全管；在蒸馏烧瓶中加入 8g 磨碎的肉桂皮粉末和 40mL 热水，安装好水蒸气蒸馏装置。加热，当水蒸气大量生成时关闭螺旋夹，水蒸气便进入蒸馏部分，开始蒸馏。控制蒸馏速度，以每秒 1~2 滴为宜，收集 30~40mL 馏出液时停止水蒸气蒸馏，备用。停止蒸馏时，先打开螺旋夹，再停止加热，关闭冷凝水，拆除仪器。

(2) 肉桂油性质的检验

① 羰基的鉴定。取一支试管，加入 1mL 2,4-二硝基苯肼溶液，不断振荡下，逐滴加入肉桂皮水蒸气蒸馏液，直至黄色沉淀生成为止。

② 醛基的鉴定。在一支洁净的试管中，加入 1mL 5% $AgNO_3$溶液和 1 滴 10% NaOH 溶液，立即生成棕色沉淀，不断振荡下，逐滴加入浓 $NH_3 \cdot H_2O$，直至沉淀恰好溶解为止。

在制得的上述溶液中加入 1~2mL 肉桂皮水蒸气蒸馏液，振荡后在水浴中加热，观察银镜的生成。

③ 双键的鉴定。取一支试管，加入 10 滴 1% $Br_2-CCl_4$溶液，逐滴加入肉桂皮水蒸气蒸馏液，边滴边振荡试管，观察 $Br_2-CCl_4$溶液的颜色变化。

④ 双键及醛基的鉴定。取一支试管，加入 4~5 滴 0.5% $KMnO_4$溶液，逐滴加入肉桂皮水蒸气蒸馏液，边加边振荡试管，并注意观察溶液的变化。在水浴中稍微温热，观察棕褐色沉淀的生成。

**6. 实验指导**

水蒸气蒸馏操作注意事项：

① 被蒸馏物的体积不超过容积的 1/3，蒸馏瓶与桌面成 45°，导气管距瓶底约 1cm。

② 操作前，仔细检查整套装置的严密性，水蒸气通道越短越好。

③ 先打开 T 形管的螺旋夹，待有蒸汽逸出时再旋紧螺旋夹。

④ 控制馏出液的流出速度，以每秒 1~2 滴为宜。

⑤ 随时注意安全管的水位，若有异常现象，先打开 T 形管的螺旋夹，再移开热源，检查、排除故障后方可继续蒸馏。

⑥ 蒸馏结束后先打开 T 形管的螺旋夹，再停止加热，以防倒吸。

**7. 拓展实验**

设计利用水蒸气蒸馏法提取留兰香油。

要求：通过查阅文献，拟定实验方案，包括实验目的、实验原理、实验装置图、实验药品、实验步骤等。

**【提示】**据文献报道，留兰香油有多种提取方法。其中，改良水蒸气蒸馏法，即将原料与水混合，直接加热蒸馏 3h，收集馏分用乙醚萃取，再水浴蒸去溶剂。此法较传统水蒸气蒸馏产率提高 1 倍。

## 实验十八　从茶叶中提取咖啡因

**1. 必备知识**

① 仔细阅读胺、含氮杂环化合物的化学性质，总结出怎样的化学结构具有碱性。

② 自行查阅资料，了解生物碱的含义、提取方法及其应用。

③ 索式提取器的优点是什么？

④ 提取咖啡因时用到生石灰，它起什么作用？

⑤ 升华过程中，为什么必须严格控制温度？

**2. 实验目的**

① 学习从植物中提取生物碱的基本原理和方法，了解咖啡因的一般性质。

② 掌握用 Soxhlet 提取器提取有机物的原理和方法。

③ 进一步熟悉萃取、蒸馏、升华等的基本操作。

**3. 实验原理**

咖啡因是一种温和的兴奋剂，具有刺激心脏、兴奋中枢神经和利尿等作用。可以作为中枢神经兴奋药，它也是复方阿司匹林(A. P. C)等药物的组分之一。咖啡因是弱碱性化合物，可溶于氯仿、丙醇、乙醇和热水中，难溶于乙醚和苯(冷)。纯品熔点为 235~236℃，含结晶水的咖啡因为无色针状晶体，在 100℃时失去结晶水，并开始升华，120℃时显著升华，178℃时迅速升华。利用这一性质可纯化咖啡因。咖啡因的结构式为

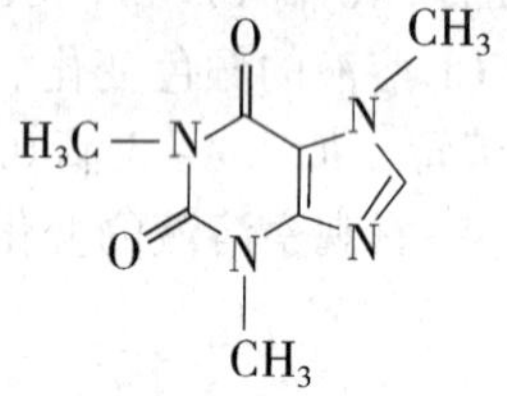

咖啡因(1,3,7-三甲基-2,6-二氧嘌呤)

咖啡因存在于茶叶、咖啡、可可等植物中。例如茶叶中含有 1%~5%的咖啡因，同时还含有 11%~12%的单宁酸(鞣酸)、0.6%的色素、纤维素、蛋白质等物质。

从固体物质中萃取化合物的一种方法是，用溶剂将固体长期浸润而将所需要的物质浸出来，即长期浸出法。此法花费时间长、溶剂用量大、效率不高。提取咖啡因的方法有碱液提取法和索氏(Soxhlet)提取器提取法。本实验以乙醇为溶剂，用索氏提取器提取，再经浓缩、中和、升华，得到含结晶水的咖啡因。

索氏提取器由烧瓶、提取管和回流冷凝管三部分组成，提取管两侧分别有虹吸管和连接管。索氏提取器是利用溶剂的回流及虹吸原理，使固体物质每次都被纯的热溶剂所萃取，减少了溶剂用量，缩短了提取时间，因而效率较高。

**4. 仪器及药品**

本实验分为提取和升华两个操作过程，Soxhlet 提取器法提取咖啡因装置如图 5-5 所示，升华法纯化咖啡因装置如图 5-6 所示。

药品：茶叶、95%乙醇、生石灰。

**5. 实验步骤**

(1) 索氏提取法提取咖啡因

称取 10g 茶叶用纱布包好，放入索氏(Soxhlet)提取器中，在圆底烧瓶中加入 80~100mL 95%乙醇。水浴加热乙醇至沸腾，实验时能够观察到，随着回流的进行，当提取筒中回流下的乙醇液的液面稍高于索氏提取器的虹吸管顶端时，提取筒中的乙醇溶液发生虹吸并全部流回到烧瓶内，然后再次回流，虹吸。

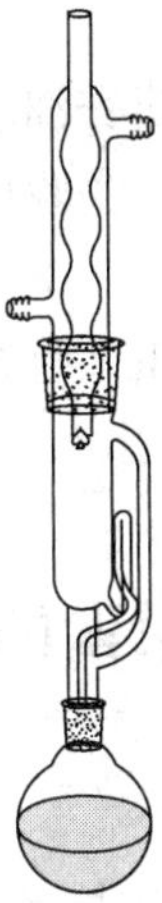

图 5-5　索氏(Soxhlet)提取器

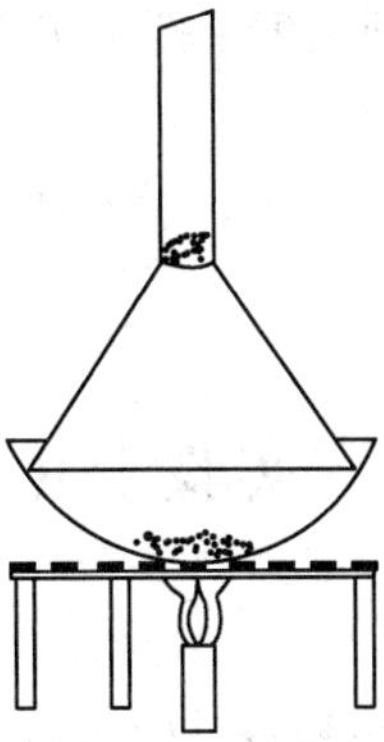

图 5-6　升华装置

虹吸 4~5 次后，提取筒中提取液颜色会变得很浅，烧瓶中溶液的颜色变得很深，说明被提取物已大部分被提取。待冷凝液刚刚虹吸下去时，立即停止加热。稍冷后，将仪器改成蒸馏装置，把提取液中大部分乙醇蒸出(回收)，趁热把瓶中剩余液(大约 5~10mL)倒入蒸发皿中，烧瓶用少量乙醇洗涤，洗涤液也倒入蒸发皿中，留作升华法提取咖啡因用。

(2) 升华法提取咖啡因

向提取液中加入 4g 生石灰粉，搅拌均匀，用电热套加热(100~120V)，蒸发至干，除去全部水分，使成粉状。

在蒸发皿上盖一张刺有许多小孔且孔刺向上的滤纸，再罩一个合适漏斗，漏斗颈部塞一小团疏松棉花，用电热套隔着石棉网小心加热蒸发皿，慢慢升高温度，使咖啡因升华。咖啡因通过滤纸孔遇到漏斗内壁凝为固体，附着于漏斗内壁和滤纸上。当发现有棕色烟雾纸上出现白色针状晶体时，暂停加热。冷至 100℃左右，揭开漏斗和滤纸，把附着于滤纸及漏斗壁上的咖啡因刮入表面皿中。

将蒸发皿内的残渣加以搅拌，重新放好滤纸和漏斗，用较高的温度再加热升华一次(根据实际情况，此步可省略)。此时，温度也不宜太高，否则蒸发皿内大量冒烟，产品既受污染又遭损失。合并两次升华所收集的咖啡因。

(3) 检验

用显微熔点测定仪测定熔点。纯净咖啡因熔点为 234.5℃。

**6. 实验指导**

① 索氏提取时，包茶叶的纱布套大小既要紧贴器壁又能方便放置，其高度不得超过虹吸管。

② 索式提取器的虹吸管极易折断，安装装置和取拿时必须特别小心。

③ 蒸馏浓缩提取液时，乙醇不可蒸得太干，否则残液很黏，转移时损失较大。

④ 升华操作是实验成功的关键。升华过程中始终都应严格控制用小火间接加热，如温度太高，会发生炭化，从而将一些有色物带入产物；温度低，咖啡因又不能升华。进行再升华时，加热温度亦应严格控制。

**7. 拓展实验**

以八角茴香粉为原料，设计采用索氏提取法提取八角茴香油。比较与本实验的异同。

要求：通过查阅文献，拟定实验方案，包括实验目的、实验原理、实验装置图、实验药品、实验步骤等。

【**提示**】根据文献报道，以乙醇为溶剂，提取时间为 3h，料液比为 1∶8($g \cdot mL^{-1}$)时，产物提取率最高。

# 实验十九　植物色素和叶绿素的制备

**1. 必备知识**

① 查阅相关实验教材，阅读色谱分离的原理与实验操作技术，重点了解薄层色谱技术、$R_f$值与分子结构和展开剂的关系。

② 查阅资料，了解植物色素的组成、分子结构、极性。

③ 比较胡萝卜素、叶黄素、叶绿素 a、叶绿素 b 的极性，为什么胡萝卜素在薄层色谱中移动最快？

④ 薄层色谱分离色素的原理是什么？

⑤ 展开剂液面高度如果超过点样线会出现什么后果？

**2. 实验目的**

① 掌握薄层色谱的原理与操作技术。

② 学习色谱展开剂的选择与配比。

③ 掌握薄层色谱法分离和指认绿色植物的天然色素斑点。

**3. 实验原理**

有机化学实验中经常遇到化合物物化性质十分相近的情况，此时，用萃取、蒸馏、重结晶、升华等方法难以获得满意的分离效果。色谱技术是一种分离混合物、提纯物质、鉴定物质的有效方法，随着科学技术的发展，色谱日益成为分离性质相似化合物的有力工具，在有机合成中应用极为广泛。

色谱按操作条件可分为柱色谱、薄层色谱、纸色谱、气相色谱和高压液相色谱等类型。在色谱分析中，流动相携带样品通过固定相时，样品与固定相之间相互作用，使样品在流动相与固定相之间分配。样品中与固定相作用力大的组分向前移动速度慢，与固定相作用力小的组分向前移动速度快，经过一段距离后，由于多次反复分配，使原本性质差异很小的组分得到很好的分离。

薄层色谱(thin layer chromatography，TLC)需要的样品量少、展开速度快、分离效率高，在有机实验室中使用最为广泛，常常用作分离少量样品或检测反应的进程。一般薄层色谱分为吸附薄层色谱、分配薄层色谱、离子交换薄层色谱和凝胶薄层色谱。

绿色植物中存在着多种天然色素，它们对植物体的各种生理过程产生重要作用，其中对绿色植物的光合作用起决定性因素的叶绿体色素最为重要。叶绿体色素包括叶绿素(绿色)、胡萝卜素(橙色)和叶黄素(黄色)。它们的结构分别表示为

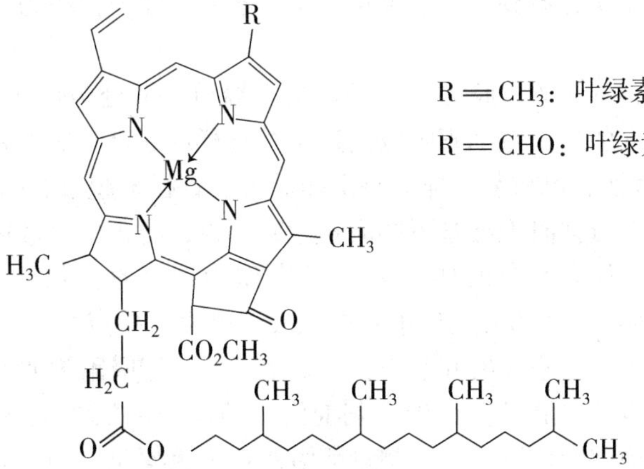

R ═ $CH_3$：叶绿素a

R ═ CHO：叶绿素b

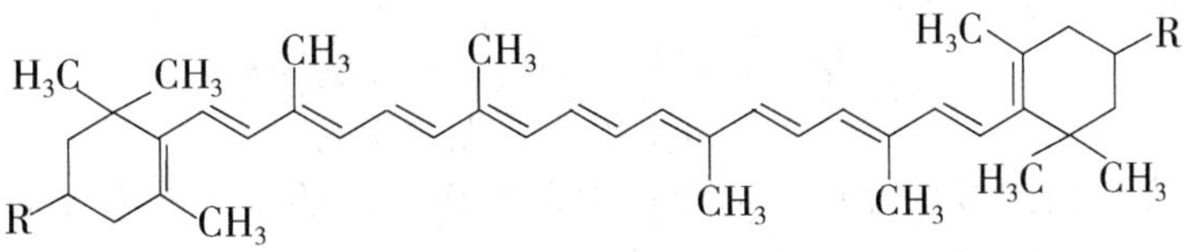

R=H：β-胡萝卜素　　R=OH：叶黄素

叶绿素是高等植物光合作用的催化剂，它吸收可见光并将光能转变为化学能。结构上，叶绿素分子中含有四个吡咯环经四个甲烯基联结而成的卟啉环，卟啉环中央有一镁原子分别与吡咯环上的氮原子以两个共价键和两个配位键结合，形成镁的络合物。叶绿素可分为叶绿素 a($C_{55}H_{72}O_5N_4Mg$)和叶绿素 b($C_{55}H_{70}O_6N_4Mg$)，二者结构非常相似，差别仅在于 a 中的一个甲基被 b 中的甲酰基取代。在绿色植物中叶绿素 a 的含量大约是 b 的 3 倍。由于它们分子中具有大的烷基结构，所以易溶于丙酮、乙醇、乙醚、石油醚等有机溶剂。

胡萝卜素($C_{40}H_{56}$)是一种不饱和的四萜类碳氢化合物，而叶黄素($C_{40}H_{56}O_2$)则是胡萝卜素的氧化衍生物。它们在强光下可防止叶绿素的氧化，在弱光下可作为辅助色素吸收光能并传递给叶绿素。胡萝卜素有 $\alpha$-、$\beta$-和 $\gamma$-三种异构体，其中 $\beta$-胡萝卜素含量最多，也最为重要。$\beta$-胡萝卜素结构是由两分子维生素 A 在链端失去两分子水结合而成，在生物体内受酶催化氧化而成维生素 A。叶黄素在绿叶中的含量通常是胡萝卜素的 2 倍，由于叶黄素极性比胡萝卜素大，故它较易溶于乙醇而在石油醚中溶解度较小。

本实验根据植物中这些天然色素在有机溶剂中的溶解特性，采用有机溶剂将它们从植物绿叶中提取出来，用薄层色谱对提取的色素进行分离。

**4. 仪器及药品**

薄层色谱展开装置如图 5-7 所示。

药品：绿色植物叶子、石油醚、乙醇、丙酮、硅胶 G 板。

**5. 实验步骤**

(1) 制样

将新鲜的绿色植物叶子(菠菜叶)洗净、除去叶柄和中脉、干燥至叶面无水。称取 2g，剪碎后置于研钵捣烂，用 15mL 2 : 1 的石油醚-乙醇分几次浸取，然后抽滤。滤液转入分液漏斗，每次用 15mL 的水洗涤两次，洗涤时振荡要轻，以防乳化。分液，弃去下层的水-醇层，上层

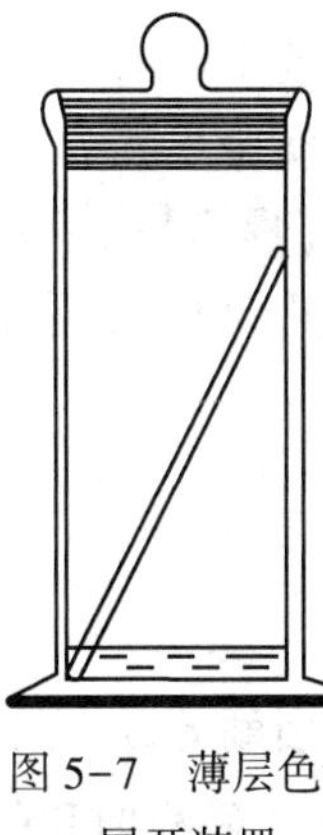

图 5-7　薄层色谱展开装置

石油醚层用无水硫酸镁干燥过滤到一个蒸馏烧瓶中，蒸馏浓缩至体积为 0.5mL 左右。

(2) 点样及展开

用铅笔在一块 10cm×1cm 的硅胶 G 板上距离板一端约 1cm 处轻轻划一条直线作为“起始线”，再用内径为 0.5mm 的平口毛细管吸取上述浓缩液样品，然后将样品液小心地点在“起始线”上。若样点颜色较浅，可重复点样，每次样品斑点直径不超过 2mm，须待前一次点样的溶剂挥发之后再点样。点样时毛细管下端应轻触硅胶板，防止用力过猛戳破硅胶层。取体积比为 8∶2 的石油醚-丙酮混合液加入展开槽中作为展开剂，加入后槽内展开剂深约 0.5cm。待样点干燥后将点好样的薄层板小心放入展开槽中，使点样一端向下，上端斜靠在展开槽壁上，注意样点不要浸泡在展开剂中，盖好盖子。由于吸附剂的毛细作用，展开剂不断沿薄层板上升，样点也随之展开。当展开剂前沿距薄层板上端约 1cm 处时，取出薄层板并立刻用铅笔标出展开剂前沿位置。分别测量前沿及各个色素斑点中心到“起始线”的距离，按下式计算样品中各色素的 $R_f$ 值：

$$R_f=\frac{\text{样品中某组分移动离开原点的距离}}{\text{展开剂前沿距原点的距离}}$$

各色素斑点的 $R_f$ 值跟板层厚度、活化程度及操作条件的不同略有差异。大致次序为：胡萝卜素(橙黄色，$R_f$ 值 0.75)、叶黄素(黄色，$R_f$ 值 0.70)、叶绿素 a(蓝绿色，$R_f$ 值 0.67)、叶绿素 b(黄绿色，$R_f$ 值 0.50)。通常还可以看到另一个未知色素斑点($R_f$ 值 0.20)。

另取一块 10cm×1cm 的硅胶 G 板按前述方法点样，换展开剂为 8∶2 的石油醚-乙酸乙酯。展开后计算各色斑的 $R_f$ 值，比较两种展开剂的分离效果。

**6. 实验指导**

① 叶绿体色素对光、温度、氧气及酸碱都比较敏感，色素的提取和分离最好避光、低温及无酸碱干扰情况下进行，提取液不能长期存放，必要时充氮避光低温保存。

② 嫩叶中叶黄素含量较少，加之它易溶于醇而在石油醚中溶解度较小，提取洗涤损失后所余更少，所以叶黄素的色斑很浅，甚至可能观察不到。

③ 点样步骤中，点好样品的薄层板待溶剂挥发干后再放入展开槽中进行展开，防止溶剂起到展开剂作用。

④ 在展开过程中应将展开槽的盖子盖好，以免溶剂挥发造成展开槽内上下溶剂浓度不一样影响展开效果。

**7. 拓展实验**

利用薄层色谱法，设计菠菜中的色素分离实验，并比较与本实验的异同。

要求：通过查阅文献，拟定实验方案，包括实验目的、实验原理、实验装置图、实验药品、实验步骤等。

**【提示】**先用体积比为 2∶1 的石油醚与无水乙醇的混合溶液作为提取剂处理菠菜，再将体积比为 9∶2 的石油醚与乙酸乙酯的混合溶液作为展开剂，能显著分离菠菜中的色素。

# 第四部分 习 题

**习题 5-1** 用化学方法区别下列各组化合物。

① 葡萄糖和蔗糖 ② 蔗糖和麦芽糖

③ 葡萄糖和葡萄糖酸　　④ 葡萄糖醇葡萄糖酸

**习题 5-2**　怎样证明 D-葡萄糖、D-甘露糖和 D-果糖这三种单糖的 C(3)、C(4)、C(5)具有相同的构型？

**习题 5-3**　下列哪些是还原糖？哪些是非还原糖？

① L-果糖　　② D-葡萄糖

③ 甲基-D-葡萄糖苷　　④ 纤维二糖

⑤ 麦芽糖　　⑥ 蔗糖

⑦ 淀粉　　⑧ 纤维素

**习题 5-4**　把下列单糖的链式结构写成 Haworth 式(吡喃式)。

① 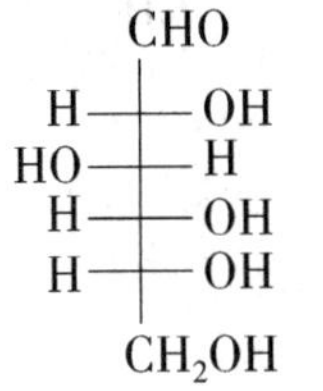
② 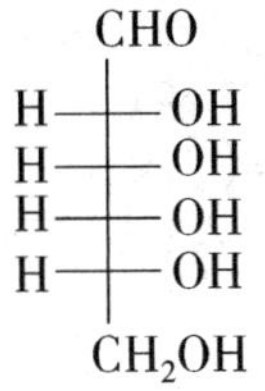
③ 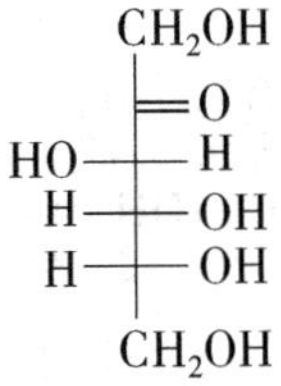

**习题 5-5**　写出下列化合物与过量苯肼作用后所生成的产物。

① 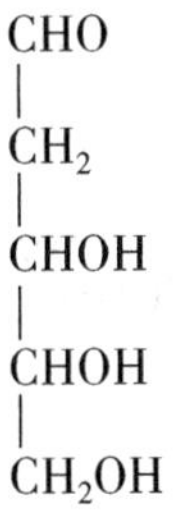
② 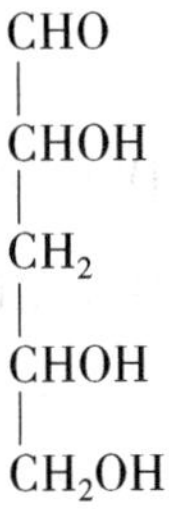
③ 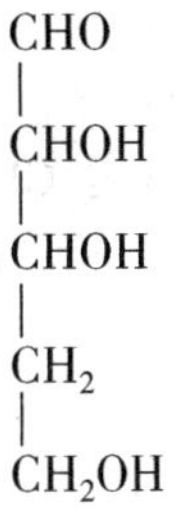

**习题 5-6**　请画出吡喃式 D-葡萄糖最稳定的构象式，指出哪个构型是 $\alpha$-型，哪个是 $\beta$-型？

**习题 5-7**　葡萄糖经乙酰化后产生两种异构的五乙酰衍生物，后者不和苯肼、托伦试剂反应，试写出反应的方程式并解释其原因。

**习题 5-8**　有一个糖类化合物溶液，用费林试剂检验没有还原性。如果加入麦芽糖酶放置片刻再检验则有还原性。经分析，用麦芽糖酶处理后的溶液中含有 D-葡萄糖和异丙醇。写出原化合物的结构式。

**习题 5-9**　解释下列名词。

① $\alpha$-氨基酸；② 多肽；③ 三级结构；④ 变性；⑤ 等电点；⑥ 核苷酸。

**习题 5-10**　写出下列化合物的结构式或名称。

① 甘氨酰-丙氨酸　　② 苏氨酰-赖氨酸

③ 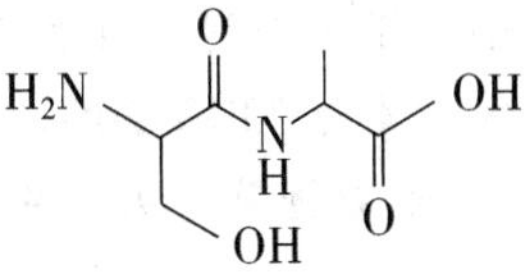
④ 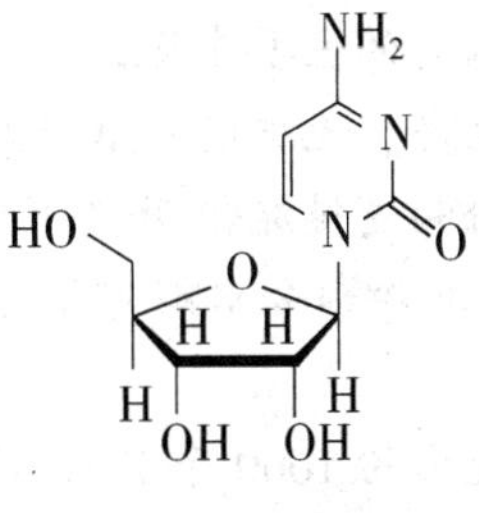

**习题 5-11** 写出在下列条件下谷氨酸的主要存在形式，并解释为何谷氨酰胺的等电点比谷氨酸大。

① 强酸溶液中；② 强碱溶液中；③ 等电点 pI=3.2 的溶液中。

**习题 5-12** 写出 DNA 和 RNA 在结构上的主要区别。

**习题 5-13** 写出核酸中主要五种杂环碱基。

**习题 5-14** 完成下列反应方程式：

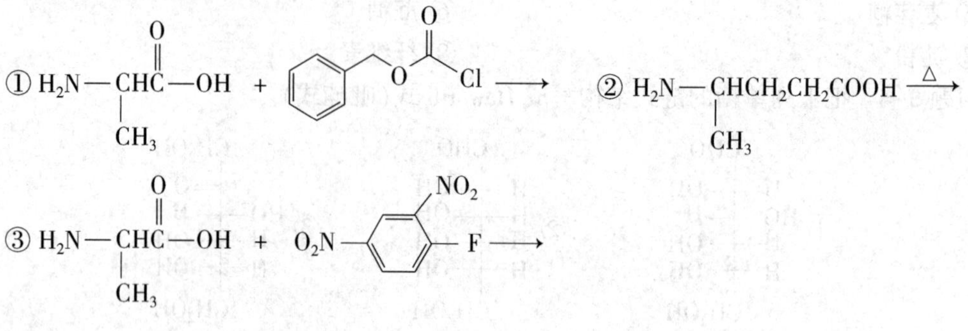

**习题 5-15** 下列化合物水解后，生成哪些化合物？写出其结构式。

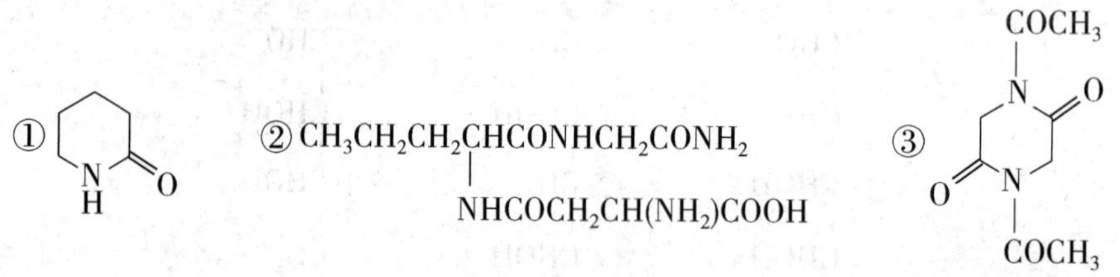

# 第五部分　拓展阅读

## 多　糖

多糖在自然界中广泛存在，它是动植物骨干的组成部分或养料，如纤维素和淀粉等。多糖是高分子化合物，其水解的最终产物是单糖，它是由许多单糖分子彼此缩水而成的糖苷。

与单糖和二糖不同，多糖没有甜味。某些多糖分子的末端虽含有苷羟基，但由于整个分子相对质量很大，苷羟基所占比例极小，其还原性极不显著。所以多糖都是非还原糖，也没有变旋光现象。

(1) 淀粉

淀粉是植物的糖类储藏体，存在于植物的块根和种子中，是米、麦、玉米等谷物的主成分，又是人类所需糖类的主要来源。

淀粉是白色、无臭、无味的粉状物质，其颗粒的形状和大小，根据来源的不同而不同。它们都含有直链淀粉和支链淀粉两部分，普通淀粉中，直链淀粉含量为 10%~20%，支链淀粉含量 80%~90%。淀粉部分水解可得麦芽糖，根据麦芽糖是 α-葡萄糖苷可知，淀粉的构成单元是 α-葡萄糖。

直链淀粉分子是由约 1000 个 D-葡萄糖分子经 α-1,4′-葡萄糖苷键连接而成的链状化合物，没有分支点，所以称直链淀粉，其结构如下所示：

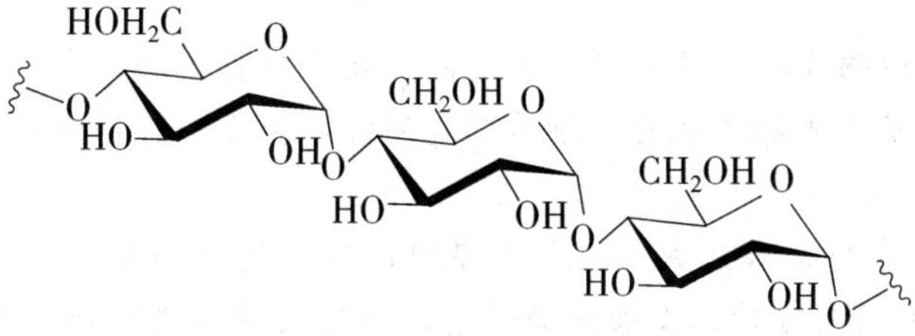

支链淀粉相对分子量比直链淀粉更高，一般由上万个 D−葡萄糖单元经 α−1,4′−葡萄糖苷键连接而成，但每20~30 个葡萄糖单元就会出现一个分支点，支链在分支点上经α−1,6′−苷键连接在主链上。其结构如下所示：

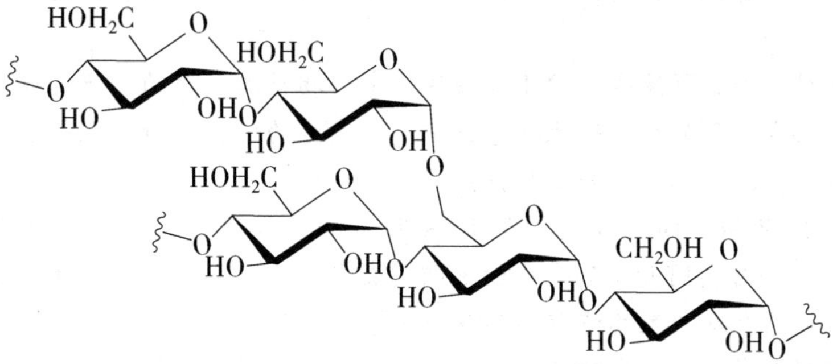

（2）纤维素

纤维素是自然界最为丰富的有机化合物，在棉花、亚麻和木材中，含量都很高，特别是棉花中纤维素含量可达 98%。

纤维素是无色、无臭、无味的具有纤维状结构的物质。纤维素像淀粉一样，完全水解也生成 D−葡萄糖，但部分水解则生成纤维二糖。纤维二糖是β−1,4′−葡萄糖苷键连接的，所以纤维素与淀粉不同的是，纤维素的构成单元是β−D−葡萄糖，淀粉的构成单元是 α−D−葡萄糖。

纤维素分子是 D−葡萄糖通过β−1,4′−苷键相连而成的直链分子，含有约 10000~15000 个葡萄糖单元。纤维素类似于直链淀粉，没有支链，β−1,4′−苷键的排列相当坚固和稳定，纤维素分子链与链之间借助氢键像麻绳一样拧紧，形成了纤维这种材料的特殊性能。它的部分结构可示意如下：

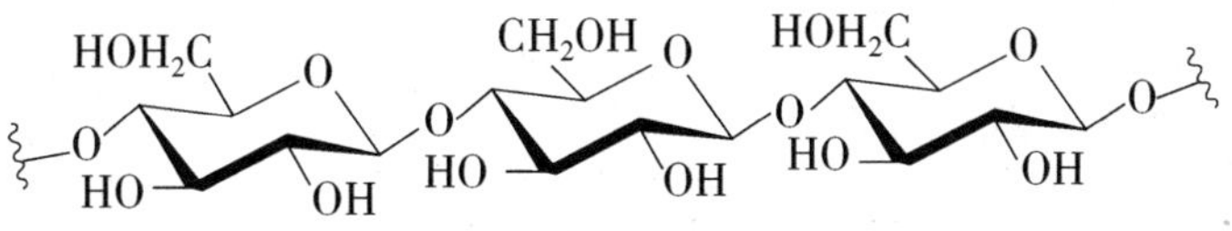

食草动物肠道中能分泌纤维素酶，将纤维素水解成纤维二糖，再将纤维二糖水解成 D−葡萄糖。不过由于纤维素的β−苷键特别稳定，水解并不容易。当一头牛吃了干草后，只能将 20%~30%的纤维素转化为可消化的糖。

随着人类社会的发展，能源短缺已经成为世界各国普遍关注的问题，对可再生资源和能源的开发利用是时代赋予化学与化工科技工作者的一项新挑战。生物质能作为一种可再生且环境友好的能源，越来越受到人们的重视。生物质主要由纤维素、半纤维素和木质素组成。

生物质经过热化学转化和生物化学转化等技术可转化为生物燃油。生物燃油可单独使用或与石油混合使用。

从长远看，目前以粮食或经济作物为原料的工业化生物柴油具有规模限制性和不可持续性。而利用秸秆、禾草和森林工业废弃物等非食用纤维素生产生物柴油才是未来大规模替代石油的方向。

地球上的植物通过光合作用每年生产约 $2000 \times 10^8$t 的生物质，其中被人类利用的仅占3%~4%，生物质的利用对可持续发展和降低全球温室效应起着重要的作用，它的两个主要开发领域是：①生物质直接或间接地用作能源；②生物质用作化学品、材料产品的资源。对化学工业来说，目前集中在三个研究开发领域：①取代石化原料，用作可再生的原料；②生物过程取代传统的化学过程，制备有机物和其他化学品；③开发新的生物产品。以生物质为原料、为催化剂生产有机化合物，其条件温和、设备简单、选择性好、无污染，已成为绿色化学研究的重点之一。

液体生物燃料，如由菜油生产的生物柴油、由植物糖类生产的生物乙醇及其衍生物，由木质纤维素生产的生物甲醇及其衍生物等，都是可再生的燃料，所占比例逐年增加。生物柴油即脂肪酸甲酯，在欧洲已有多个工厂投产。

在生物聚合物领域，Dupont 公司则用微生物代谢工程生产出了 1,3 丙二醇(PDO)，Cargill 和 Dow 化学公司共同开发的合成聚乳酸的新工艺也是利用谷物衍生物的糖作原料。

美国环境保护局开发的生物炼制(Biofine)工艺以农作物、农业残余物、纸厂沉淀物、废纸、废木、城市固体废弃物等生物质为原料，采用高温、稀酸水解过程使纤维素生物质转化成乙酰丙酸及其衍生物，再分别经催化加氢等步骤制成燃料添加剂、农药、除锈剂、涂料等有实用价值的化学品。该项目的研究开辟了利用废弃生物质生产高附加值化学品的新途径，获得了美国“总统绿色化学挑战奖”。

# 模块六 创新实验

化学是一门以实验为基础的自然科学，化学实验是化学教学的重要组成部分，也是培养学生实践动手能力、创新能力、探索研究能力的重要途径。目前，大部分学生实验是验证实验，在实际操作之前已经知道了实验结果。学生做实验时只是简单按照实验步骤所规定的一套流程操作，缺乏独立思考能力，不能很好地理解实验原理，并且容易忽视实验细节，不利于学生实验操作技能和动手能力的培养。

科研训练是培养本科生创新能力和创新思维的有效途径。创新实验结合教师的科研工作，将先进的科学知识、科研成果融入实验教学，让学生参与高水平的研究性实验。学生在老师指导下自选研究小课题，通过查阅资料，设计实验方案，完成研究内容，撰写研究小论文。此类实验模拟了科学研究的基本过程，学生可以接受科研工作的全过程训练。在培养科研与创新意识的同时，了解学科发展与科技创新的前沿领域，受到良好科技氛围的熏陶。创新实验不仅能实现理论知识和实验技能相结合，还能培养学生的动手操作能力、探究能力和严谨的科学态度，为创新思维的培养打下坚实的基础。

## 实验二十　超声波辅助克脑文缩合制备乙酰基香豆素

**1. 实验目的**

① 掌握克脑文缩合反应及酯交换反应。

② 熟悉超声波辅助有机合成的使用方法。

③ 了解香豆素衍生物的用途及其合成方法。

**2. 研究背景**

香豆素衍生物是一类重要的杂环化合物，它们被广泛地应用于药物、农药、食品、化妆品、光学材料等领域。同时，香豆素类化合物还是合成苯并吡喃、呋喃香豆素、间苯二酚衍生物的重要中间体。因此，关于该类化合物合成方法的研究一直持续不断。3-乙酰基香豆素传统的合成方法一般是利用克脑文(Knoevenagel)缩合，但该方法存在反应温度高、提纯困难、酸或碱用量人等缺点。最近许多新的合成方法和合成技术不断被应用到3-乙酰基香豆素的合成上，如离子液体为溶剂和催化剂合成法、无溶剂蒸馏法、Ti(O-i-Pr)4 催化室温合成法、相转移催化法、微波合成法等。还有人利用 L-脯氨酸作有机小分子催化剂，无溶剂 80~90℃温度下 30min 合成了 3-乙酰基香豆素。然而，上述的方法中大多需要较高的温度或较长的反应时间，室温、快速、简便的合成方法仍是研究热点之一。

超声波具有强烈的“空化”效应而产生剧烈搅拌作用，能有效促进有机合成反应。研究表明，它不仅能大大缩短反应时间、提高反应产率，还能够减少催化剂用量，甚至使某些传统方法难以进行的反应得以实现。因此，超声波辅助有机合成近年来发展非常迅速。

**3. 基本原理**

醛、酮在弱碱(四氢吡咯、哌啶等)催化下，与具有活泼 α-氢原子的化合物缩合的反应称为克脑文缩合反应。本实验即利用水杨醛与乙酰乙酸乙酯的克脑文缩合以及后续的酯交换反应，在超声波辐射条件下，制备 3-乙酰基香豆素。与传统方法相比，本方法可在室温下进行，反应时间缩短到 20min，采用乙酸乙酯-石油醚(1∶5)重结晶即可达到很高的纯度。合成路线如下：

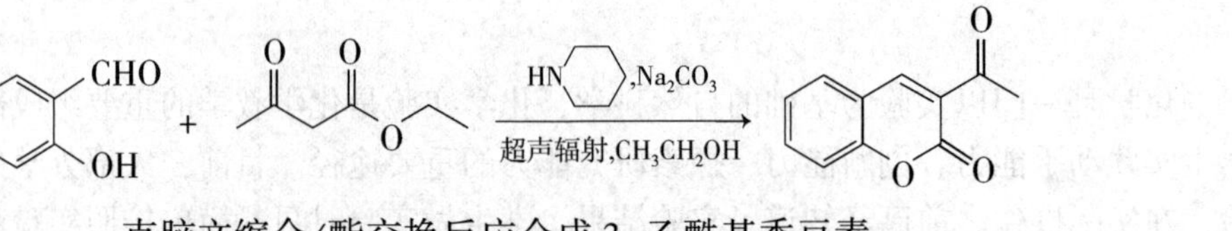


克脑文缩合/酯交换反应合成 3-乙酰基香豆素

由于活泼亚甲基化合物优先与弱碱反应形成碳负离子，同时醛与仲胺反应形成亚胺正离子，极大地促进了反应的发生，使其能够在室温下进行。本反应的机理如图 6-1 所示。

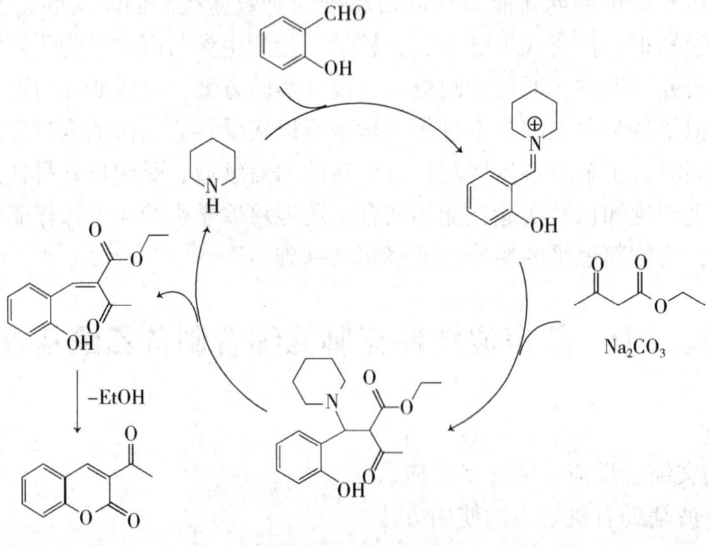


图 6-1　反应机理

**4. 设计方案要求**

① 查阅资料，了解克脑文缩合和酯交换的应用、香豆素衍生物的制备方法。

② 查阅资料了解使用重结晶提纯产物的方法。

③ 查阅资料，了解 3-乙酰基香豆素的熔点、红外光谱图、核磁共振谱图。

④ 拟定克脑文缩合和酯交换制备 3-乙酰基香豆素的实验方案，包括：

- 研究背景及实验原理；
- 实验仪器及药品；
- 制备 3-乙酰基香豆素的实验条件(包括要考查的各种因素)；
- 3-乙酰基香豆素的提纯与表征。

⑤ 实验前每小组(每班分成 6 组)完成设计方案，实验后每小组完成一篇 3000 字左右的研究论文。

# 实验二十一　基于 Suzuki-Miyaura 偶联制备 4-苯基吲哚

**1. 实验目的**

① 了解 Suzuki-Miyaura 偶联用于构建合成碳-碳骨架的方法。

② 熟悉有机合成中无氧的实验操作方法。

③了解层析分离的基本原理，掌握层析柱的装配方法和注意事项。

**2. 研究背景**

Suzuki-Miyaura 偶联反应，即在钯配合物催化下，芳基或烯基的硼酸或硼酸酯与氯、溴、碘代芳烃或烯烃发生交叉偶联。

$$R^1-BX_n+R^2-Y \xrightarrow[\text{Base}]{PdL_n} R^1-R^2$$

$$X_n=(OH)_2,\ (OR)_2,\ R_2,\ F_3K;\ Y=Cl,\ Br,\ I,\ TfO\ \text{etc.}\ L_n=\text{配体}$$

自 1981 年 Suzuki 等报道了通过钯催化的有机硼化物和卤代烃，可以在很温和的条件下发生偶联反应制备不对称联芳烃以后，为芳-芳键的形成展开一个新的领域。Suzuki-Miyaura 偶联反应被证明是目前制备联芳基及其衍生物最为广泛利用的方法，因为其具有很强的底物适应性及官能团耐受性，常用于合成多烯烃、苯乙烯和联苯的衍生物，从而应用于众多天然产物、有机材料的合成中。Suzuki 也凭借此贡献与 Richard F. Heck 和 Ei-ichi Negishi 一同获得 2010 年诺贝尔化学奖。

**3. 基本原理**

（1）实验原理

以 4-溴吲哚和苯硼酸为原料，通过 Suzuki-Miyaura 偶联反应制备 4-苯基吲哚。

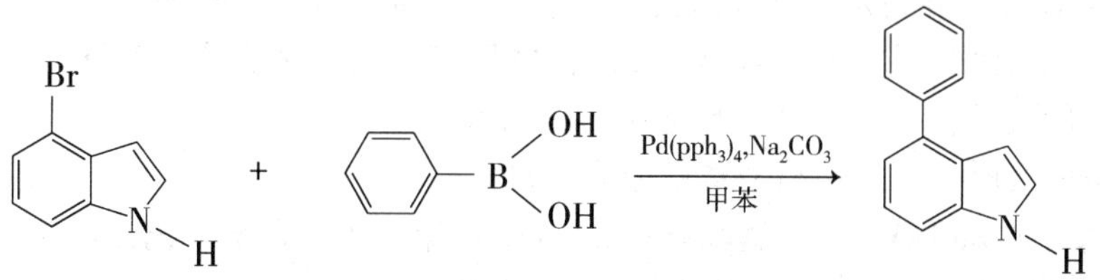


（2）Suzuki-Miyaura 偶联机理

Suzuki-Miyaura 偶联机理如图 6-2 所示，主要包含三个步骤：①氧化加成，零价钯化合物插入到碳-杂原子之间变成二价钯；②金属转移，二价钯与有机金属试剂发生金属交换，两个有机基团都连接在钯上；③还原消除，二价钯成为零价钯，完成催化剂循环和偶联反应。

（3）层析分离的基本原理

层析分离是一种物理的分离方法，利用混合物中各组分的物理化学性质间的差异(溶解度、分子极性、分子大小、分子形状、吸附能力、分子亲和力等)，使各组分在支持物上集中分布在不同区域，借此将各组分分离。

层析法进行时有两个相，一相称为固定相，另一相称为流动相。由于各组分所受固定相的阻力和流动相的推力影响不同，各组分移动速度也各异，从而使各组分得到分离。

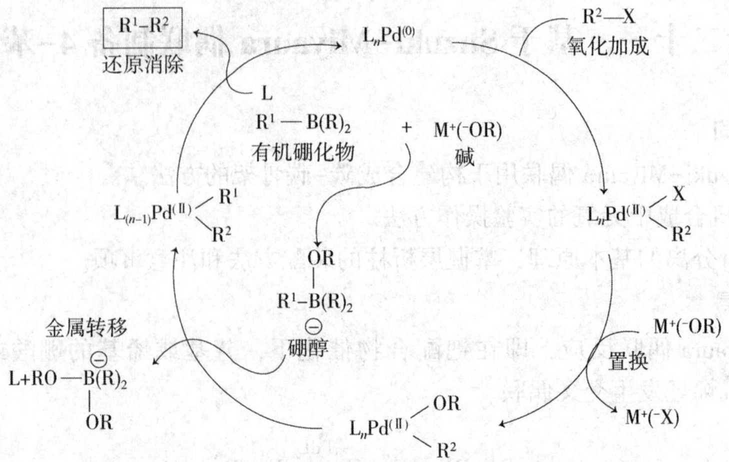


图 6-2　偶联机理

层析技术与待分离混合物中各组分的理化性质(分子自然形状、大小、获电状态、溶解度与选择性吸附剂或载体物的吸附能力，分配系数、酸碱环境、温度、极性以及分子的亲和能力等)有着直接关系。除此，任何层析技术，均具有两相条件，造成流动相对固定相作单向相对运动。这种流动相推动样品中各组分通过固定相向前迁移，其运动速率与两相物质和被分离物质状态有关。由于被分离物各组分中的理化性质不同，对不同的两组或两组以上组分，具有不同的作用力，通过吸附-解吸，或离子交换、分子筛效应、静电引力，免疫特异性吸附等，造成各组间生物分子分离、迁移距离不等，最终达到被测物的分离、纯化的目的。这一技术的应用，不但能分离有机化合物，还能分离无机物，更主要的是适合于分离分析生物高分子物质，其分离范围广，适用性强。化学性稳定、灵敏度高，既可纯化又可制备，条件简便。

**4. 设计方案要求**

以 0. 5g 4-溴吲哚和适量的苯硼酸为原料、选用合适的催化剂合成 4-苯基吲哚。

① 通过查阅文献，了解 Suzuki-Miyaura 偶联反应的基本原理及反应条件。

② 通过查阅文献，了解无氧实验操作的注意事项。

③ 通过查阅文献，了解层析分离的基本原理。

④ 拟定基于 Suzuki-Miyaura 偶联制备 4-苯基吲哚的实验方案，包括：

- 写出实验原理，并写出主反应的反应方程式；
- 列出实验所需药品名称、实验仪器及检测设备；
- 列出反应物和生成物的主要物理常数；
- 绘制合成实验装置图；
- 按照设计的投料比，计算各原料投料量；
- 设计实验步骤，确定最佳反应条件；
- 设计纯化产物的实验方法，提出反应的后处理方案；
- 制定产物的分析测试方法；
- 写出本实验的关键和实验操作注意事项；
- 列出相关参考文献的出处。

⑤ 实验前每小组(每班分成 6 组)完成设计方案，实验后每小组完成一篇 4000 字左右的研究论文。

# 实验二十二　分子内二苯基碘盐的合成研究

**1. 实验目的**

① 掌握 Suzuki 偶联反应的原理和实验操作。

② 掌握萃取、柱层析等纯化方法。

③ 掌握旋转蒸发仪、熔点仪测定、核磁共振仪、气质联用仪的基本操作。

**2. 研究背景**

二芳基碘盐无毒安全且化学性质稳定，是一类重要的芳基化试剂。有机碘化合物(Ⅲ)具有高度缺电子性质，与多种亲核试剂的发生芳基化反应能实现合成多功能芳烃。自从 20 世纪 80 年代初以来，高价有机碘化合物(Ⅲ)在有机合成领域有广泛的应用。二芳基碘盐可以分为线性二芳基碘盐和环状二芳基碘盐。

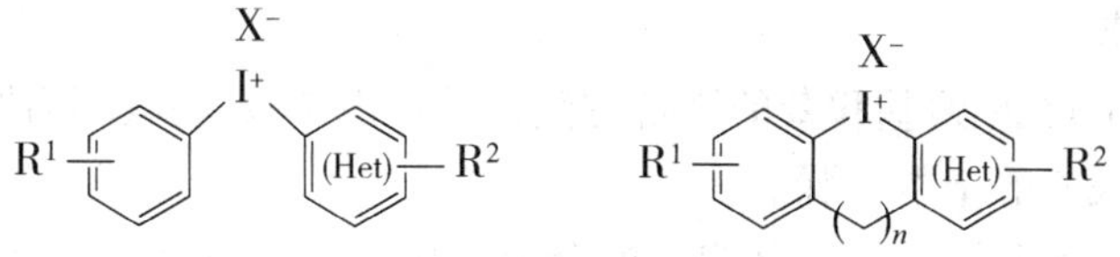


X= Cl，Br，I，OTf，BF4，OTs等

(a)　　　　(b)

在线性碘鎓盐中，碘中心不参与杂环的形成，而环状二芳基碘盐中的碘原子则作为两个芳基桥接的一种良好“中间体”，使得碘中心被包含在两个芳(杂)环或芳稠(杂)环中。环状二苯基碘盐与各种亲核试剂反应可以合成多种双官能化的联芳基化合物、咔唑、芴、菲及三唑等杂环化合物。此外，通过环状二芳基碘盐还可以合成各种新型的梯形 π 共轭体系。环状二芳基碘盐的合成及应用研究引起了化学家广泛的研究兴趣。

在含硫杂环化合物中，苯并噻吩及其衍生物是研究热点。二苯并噻吩类化合物是具有刚性的联苯类结构，拥有较好的热稳定性，较强共轭性，以及特殊的电子效应，在有机光电材料领域的应用越来越广泛。此外，苯并噻吩支架是药物发现的优势结构之一，具有多种生物活性，可以起到抗微生物、抗癌、抗炎、抗氧化、抗结核、抗糖尿病、抗惊厥剂等作用。此外，许多苯并噻吩类化合物作为临床药物具有高疗效，已广泛用于治疗各种类型的疾病。因此，寻找高效合成此类化合物的方法一直是化学家研究的热点之一。

**3. 实验原理**

环状二芳基碘盐是一类重要的高价有机碘试剂，通过多样性的转化可以合成一系列在化工、医药及材料等领域重要的化合物，其合成及应用研究引起了化学家的广泛关注。本实验通过 Suzuki 偶联、重氮化、氧化等反应经 3 步反应合成分子内二苯基碘盐，通过铜催化实现分子内二苯基碘盐有效转化为二苯并噻吩。具体反应过程如下：

① 钯催化芳基硼酸与 2-碘苯胺发生 Suzuki 偶联反应合成 2-氨基联苯。

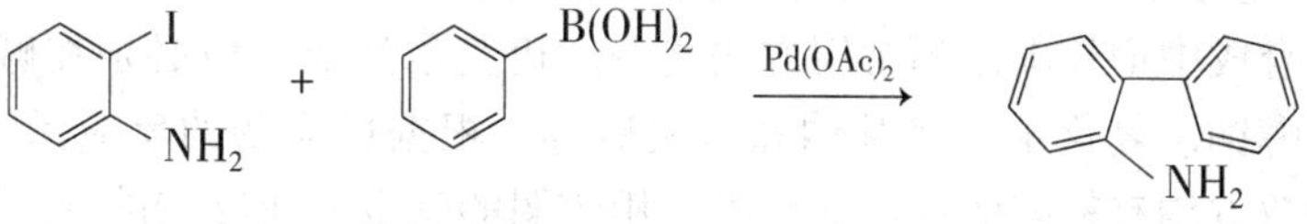


② 2-氨基联苯发生重氮化反应转化为 2-碘联苯。

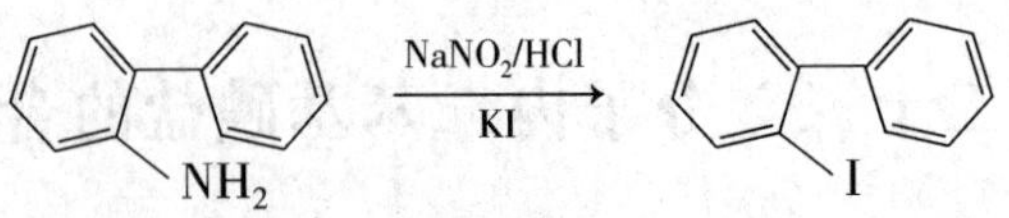

③ 通过间氯过氧苯甲酸在酸性条件下氧化 2-碘联苯，生成目标产物环状二苯基碘盐。

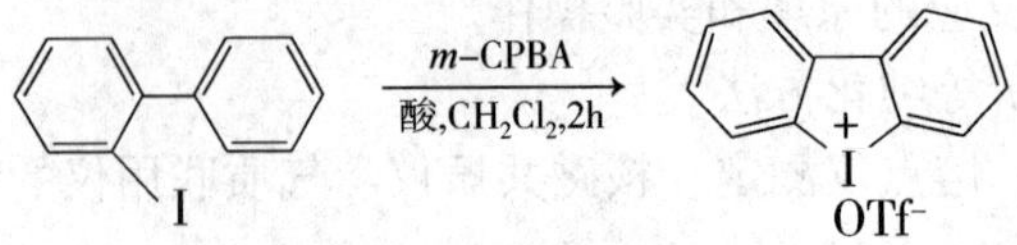

④ 在碱性条件下，分子内二苯基碘盐和硫反应转化为二苯并噻吩。

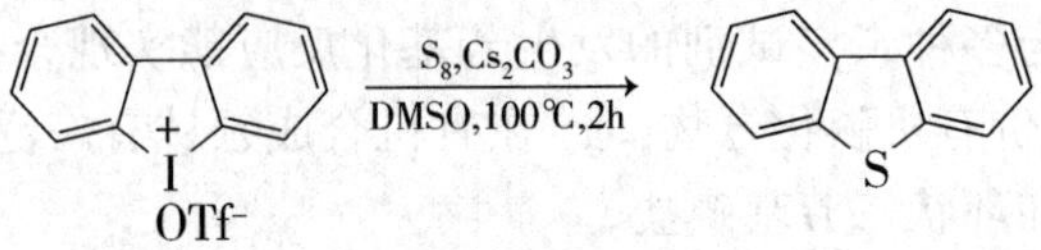

**4. 设计方案要求**

① 查阅资料，了解 2-碘基联苯的制备方法，掌握以 2-氨基联苯为原料通过重氮盐碘化的方法制备 2-碘基联苯的基本步骤。

② 查阅资料，了解分子内二芳基碘盐的合成合成方法，特别是以 2-碘联苯为原料制备环状二苯基碘盐的实验方法。

③ 查阅资料了解二苯并噻吩的应用及其合成研究进展。

④ 拟定环状二苯基碘盐合成二苯并噻吩研究的实验方案包括：

- 研究背景及实验原理；
- 实验仪器及药品；
- 实验步骤(包括要考查的各种因素)；
- 提纯方法。

⑤ 实验前每小组(每班分成 6 组)完成设计方案，实验后每小组完成一篇 6000 字左右的研究论文。

## 实验二十三　Donor-Acceptor(推-拉)环丙烷的合成研究

**1. 实验目的**

① 掌握迈克尔加成的反应条件。

② 熟悉有机合成中无水的实验操作方法和柱层析分离技术。

③ 了解 Donor-Acceptor 环丙烷的性质。

**2. 研究背景**

迈克尔加成反应(Michael addition reaction)是指亲电的共轭体系(电子受体：Acceptor)与亲核的碳负离子(电子给体：Donor)进行的共轭加成反应。该反应于 1887 年由 A.迈克尔首先发现，是有机合成中增长碳链的常用方法之一。迈克尔加成反应必须在碱的催化下进行，常用的碱有：乙醇钠、氢化钠、氨基钠和有机碱等。根据反应物的反应活性来选择合适的碱，如果反应物双方均有较高的反应活性时，用较弱的碱也能使反应进行。迈克尔加成反应机理如下：

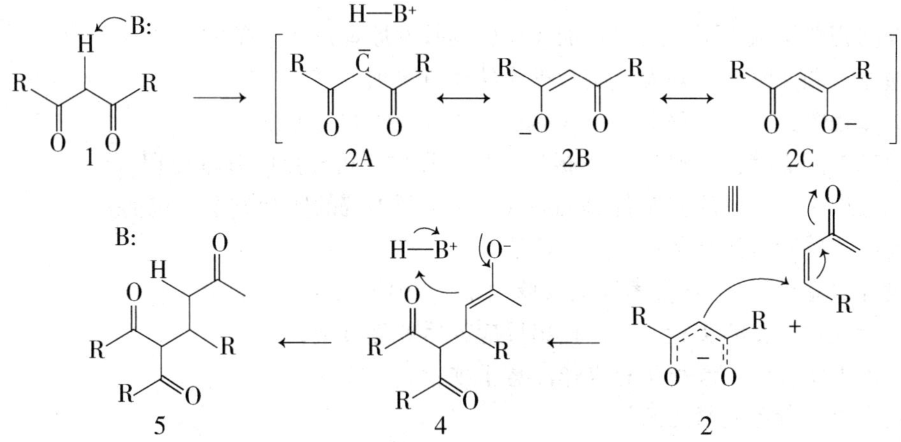

应用：Michael 反应最直接的应用就是增长碳链，合成含有多个官能团的化合物，这些化合物均具有进一步反应的能力，生成各种类型的有机化合物。

反应实例：

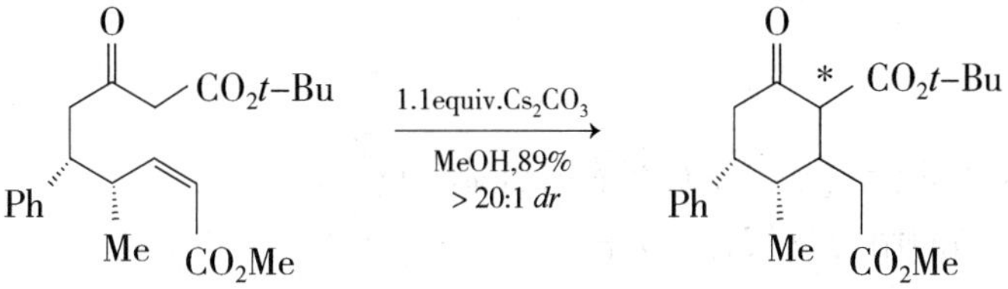

**3. 基本原理**

（1）实验原理

以苯亚甲基丙二酸二甲酯和三甲基碘化亚砜为原料，通过迈克尔加成反应制备 Donor-Acceptor 环丙烷。

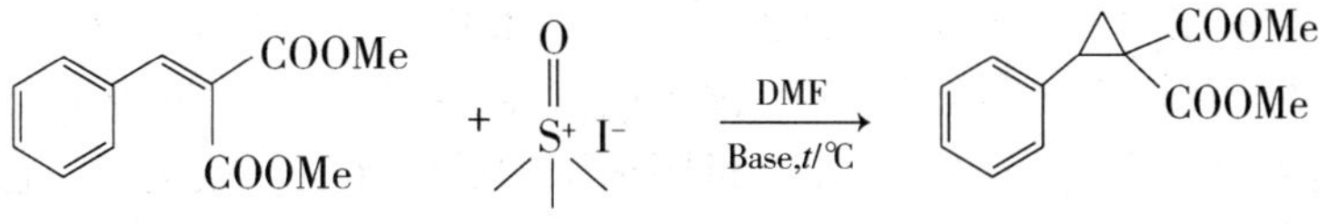

（2）制备 Donor-Acceptor 环丙烷反应机理

三甲基碘化亚砜在碱(base)的作用下，产生碳负离子，该碳负离子作为亲核试剂与 $\alpha$，$\beta$-不饱和烯酯发生迈克尔加成反应，生成环丙烷，并且释放出一分子二甲基亚砜。环丙烷反应机理如下：

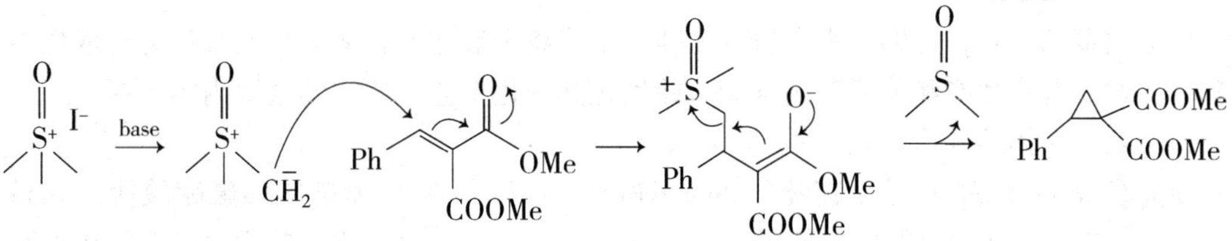

**4. 设计方案要求**

以苯亚甲基丙二酸二甲酯和三甲基碘化亚砜为原料、选用合适的碱以及反应温度合成环丙烷化合物。

① 查阅相关文献，了解迈克尔加成反应的基本原理及反应条件。

② 通过查阅文献，了解无氧实验操作的注意事项。

③ 查阅相关文献，了解 Donor-Acceptor 环丙烷的制备方法。

④ 通过查阅文献，了解 TCL 点板检测技术和柱层析分离的基本原理。

⑤ 拟定迈克尔加成反应制备 Donor-Acceptor 环丙烷的实验方案，包括：

- 列出实验所需药品名称、实验仪器；
- 设计实验步骤(包括要考察的实验因素)，确定最佳反应条件；
- 设计纯化产物的实验方法，提出反应的后处理方案；
- 写出本实验的关键和实验操作注意事项；
- 列出相关参考文献的出处。

⑥ 实验前每小组(每班分成 6 组)完成设计方案，实验后每小组完成一篇 4000 字左右的研究论文。

## 实验二十四　离子液体催化尼泊金酯的合成研究

**1. 实验目的**

① 了解离子液体的合成方法以及在有机合成中的应用。

② 了解尼泊金酯的用途及其合成方法。

**2. 研究背景**

尼泊金酯(Nipagin)，即对羟基苯甲酸酯，由于具有高效、低毒、广谱及适用于较宽 pH 范围等优点，对霉菌、酵母菌和细菌等微生物均有良好的抑制效果，广泛应用于日化、医药、食品及饲料等行业。

传统工艺是以浓硫酸为催化剂合成尼泊金酯。众所周知，浓硫酸存在一系列难以克服的问题，鉴于浓硫酸催化的一系列缺陷，近年来国内外相继开发了新型催化剂如酸性阳离子交换树脂、Lewis 酸、杂多酸、固体超强酸、离子液体等一些催化剂，取得了较好的效果。

离子液体是由有机阳离子和无机或有机阴离子构成的在室温或近于室温下呈液态的物质，又称室温离子液体。它具有不挥发性、低熔点、宽液程(液态存在的温度范围较宽)、高稳定性可循环使用的独特性质，被认为是现代有机合成中具有良好应用前景的绿色溶剂和催化剂。本实验出于寻找高效、可重复使用的催化剂以替代传统酯化反应催化剂的思路，对尼泊金酯的合成进行研究。

**3. 研究的主要内容**

以尼泊金乙酯合成为例，重点研究咪唑类室温离子液体的合成方法及其作为合成尼泊金乙酯催化剂的催化性能和重复使用寿命，并优化其催化工艺。研究的主要内容包括：

(1) 离子液体的合成研究

研究合成 1-丁基-3-甲基咪唑([Bmim]Br)、1-丁基-3-甲基咪唑四氟硼酸盐([Bmim]$BF_4$)、1-丁基-3-甲基咪唑六氟磷酸盐([Bmim]$PF_6$)、1-丁基-3-甲基咪唑硫酸氢盐([Bmim]$HSO_4$)、*N*-甲基咪唑硫酸氢盐([Hmim]$HSO_4$)和 N 一甲基咪唑对甲苯磺酸盐([Hmim]TsO)等咪唑阳离子离子液体。

（2）催化剂的确定

在相同的反应条件下，考察不同离子液体对合成尼泊金乙酯反应的影响，从中筛选出较佳的离子液体作为合成尼泊金乙酯的催化剂。

（3）合成条件的优化

在较佳的离子液体催化下，考察原料配比、反应温度、反应时间、催化剂用量以及催化剂重复使用性等因素对合成尼泊金乙酯反应的影响，确定最佳反应条件，并进行优化工艺验证实验。

（4）产品检测及结构表征

对合成的目的产品用 IR、$^1$HNMR 等方法进行表征，并对其纯度、酸度、熔点、干燥失重和燃烧残渣等项目进行检测。

**4. 设计方案要求**

① 查阅文献和搜集资料，了解本研究课题的意义；了解离子液体的应用和合成方法，了解尼泊金酯的应用和合成方法，撰写文献综述。

② 设计出可行的实验方案。简要介绍研究背景、实验的目的意义，列出实验所用的主要试剂和仪器，画出实验流程图和实验装置图，详细说明合成产品的实验方法、提纯及结构表征方法。

③ 做好实验准备工作，研究试验方案的可行性、有效性。

④ 实验操作必须科学规范，严格遵守实验操作规程。

⑤ 实验前每小组（每班分成 6 组）完成设计方案，实验后每小组完成一篇 4000 字左右的研究论文。

## 实验二十五　PET 废弃物回收对苯二甲酸的技术研究

**1. 实验目的**

① 了解废旧聚酯的回收方法及意义。

② 掌握废旧聚酯回收对苯二甲酸的技术。

**2. 研究背景**

聚对苯二甲酸乙二酯（PET，简称聚酯）具有良好的透明性、气体阻隔性和力学性能、且无毒无味等特点，用来生产纤维、薄膜、饮料瓶等，给人们生活带来了许多方便，特别是在饮料包装行业得到了广泛应用。但大量的 PET 废料排放到环境中难以自然降解，对环境造成白色污染。我国是世界 PET 生产、消费第一大国，为了变废为宝，净化环境，本实验以 PET 废弃物为原料，使用化学法回收一种重要的化工原料——对苯二甲酸。

废旧聚酯的回收方法主要分为物理回收、化学回收、物理-化学回收三种。采用化学回收方法，可将各种 PET 废料解聚成生产 PET 的单体或用于合成其他化工产品的原料。化学回收法大致可以分为水解、醇解、氨（胺）解、醇碱联合法和其他解聚方法。其中醇碱联合法解聚 PET 是在乙二醇和路易斯碱同时存在的情况下发生的解聚反应，在此条件下，碱解反应和醇解反应均可发生，相互促进，所以 PET 分解彻底。本研究采用的是醇碱联合法将废旧聚酯瓶解聚成生产 PET 的单体［对苯二甲酸（PTA）］。

**3. 研究的主要内容**

① 醇碱联合法中碱的选择。在相同的反应条件下，分别考察 NaOH、$Na_2CO_3$、$NaHCO_3$

等常用碱对废旧聚酯瓶解聚效果的影响，以 PET 的解聚率和 TPA 的产率为评价标准，从中筛选出解聚效果较好的碱。

② 解聚条件的优化。通过单因素实验，考察反应温度、反应时间、物料配比和解聚剂用量对废旧聚酯瓶解聚效果的影响，以 PET 的解聚率和 TPA 的产率为评价标准，最终确定最优工艺条件。

③ 产品的结构表征。通过红外光谱分析、元素分析、热分析等手段表征目标产物对苯二甲酸。

**4. 设计方案要求**

① 查阅文献和搜集资料，了解本研究课题的意义，撰写文献综述；

② 设计出可行的实验方案。简要地介绍题目的背景、实验的目的意义，列出实验所用的主要试剂和仪器，画出实验流程图和实验装置图，详细说明合成产品的实验方法、提纯及结构表征方法。

③ 做好实验准备工作，研究试验方案的可行性、有效性。

④ 实验操作必须科学规范，严格遵守实验操作规程。

⑤ 实验前每小组(每班分成 6 组)完成设计方案，实验后每小组完成一篇 3000 字左右的研究论文。

# 附 录

## 附录一 常用有机溶剂的沸点、相对密度和溶解性

| 名　称 | 沸点/℃ (101.3kPa) | 相对密度($d_4^{20}$) | 溶解性 |
|---|---|---|---|
| 戊烷 | 36.1 | 0.626 | 微溶于水，与乙醇、乙醚等多数有机溶剂混溶 |
| 己烷 | 68.7 | 0.692 | 不溶于水，可与乙醚、氯仿混溶，溶于丙酮，与甲醇不互溶 |
| 环己烷 | 80.72 | 0.78 | 与乙醇、高级醇、醚、丙酮、烃、氯代烃、高级脂肪酸、胺类混溶 |
| 苯 | 80.1 | 0.8765 | 难溶于水，与乙醇、氯仿、乙醚、丙酮、甲苯、冰醋酸、脂肪烃等大多有机物混溶 |
| 甲苯 | 110.63 | 0.87 | 不溶于水，与甲醇、乙醇、氯仿、丙酮、乙醚、冰醋酸、苯等有机溶剂混溶 |
| 邻二甲苯 | 144.41 | 0.88 | 不溶于水，与醇、乙醚、氯仿混溶 |
| 间二甲苯 | 139.10 | 0.868 | 不溶于水，与醇、醚、氯仿混溶，室温下溶解乙腈、DMF 等 |
| 对二甲苯 | 138.35 | 0.8611 | 不溶于水，与醇、醚和其他有机溶剂混溶 |
| 氯苯 | 131.69 | 1.1057 | 能与醇、醚、脂肪烃、芳香烃、和有机氯化物等多种有机溶剂混溶 |
| 二氯甲烷 | 39.8 | 1.3266 | 与醇、醚、氯仿、苯、二硫化碳等有机溶剂混溶 |
| 氯仿 | 61.7 | 1.4832 | 与乙醇、乙醚、石油醚、卤代烃、四氯化碳、二硫化碳等混溶 |
| 四氯化碳 | 76.75 | 1.5950 | 与醇、醚、石油醚、石油脑、冰醋酸、二硫化碳、氯代烃混溶 |
| 1,1-二氯乙烷 | 57.28 | 1.2569 | 与醇、醚等大多数有机溶剂混溶 |
| 1,2-二氯乙烷 | 83.48 | 1.2569 | 与乙醇、乙醚、氯仿、四氯化碳等多种有机溶剂混溶 |
| 二硫化碳 | 46.25 | 1.2632 | 微溶于水，与多种有机溶剂混溶 |
| 甲醇 | 64.7 | 0.7918 | 与水、乙醚、醇、酯、卤代烃、苯、酮混溶 |
| 乙醇 | 78.5 | 0.7893 | 与水、乙醚、氯仿、酯、烃类衍生物等有机溶剂混溶 |
| 丙醇 | 97.4 | 0.8035 | 与乙醇、乙醚、氯仿、水混溶 |

续表

| 名　称 | 沸点/℃ (101.3kPa) | 相对密度($d_4^{20}$) | 溶解性 |
|---|---|---|---|
| 异丙醇 | 82.40 | 0.7855 | 与乙醇、乙醚、氯仿、水混溶 |
| 1,2-丙二醇 | 188.2 | 1.04 | 与水、乙醇、乙醚、氯仿、丙酮等多种有机溶剂混溶 |
| 甘油 | 290.0 | 1.2636 | 与水、乙醇混溶，不溶于乙醚、氯仿、二硫化碳、苯、四氯化碳、石油醚 |
| 丁醇 | 117.25 | 0.8109 | 微溶于水，与乙醇、乙醚及其他多种有机溶剂混溶 |
| 环己醇 | 160.84 | 0.9624 | 与醇、醚、二硫化碳、丙酮、氯仿、苯、脂肪烃、芳香烃、卤代烃混溶 |
| 苄醇 | 205.7 | 1.0419 | 与乙醇、乙醚、氯仿混溶，20℃在水中溶解3.8%(wt) |
| 二甘醇 | 244.8 | 1.118 | 与水、乙醇、乙二醇、丙酮、氯仿、糠醛混溶，与乙醚、四氯化碳等不混溶 |
| 乙醚 | 34.6 | 0.7134 | 微溶于水，易溶与盐酸、醇、醚、石油醚、苯、氯仿等多数有机溶剂混溶 |
| 乙二醇一甲醚 | 124.6 | 0.9663 | 与水、醛、醚、苯、乙二醇、丙酮、四氯化碳、DMF等混溶 |
| 乙二醇二甲醚 | 85.2 | 0.87 | 溶于水，与醇、醚、酮、酯、烃、氯代烃等多种有机溶剂混溶，能溶解各种树脂和纤维素 |
| 乙二醇一乙醚 | 135.6 | 0.9311 | 与水、乙醇、丙酮、乙醚和液体酯类混溶，可溶解多种油类、蜡和树脂等 |
| 1,4-二氧六环 | 101.3 | 1.0337 | 能与水及多数有机溶剂混溶，溶解能力很强 |
| 丙酮 | 56.12 | 0.7899 | 与水、醇、醚、烃混溶 |
| 丁酮 | 79.64 | 0.805 | 与乙醇、乙醚、苯、氯仿、油类混溶 |
| 环己酮 | 155.65 | 0.95 | 与甲醇、乙醇、苯、丙酮、己烷、乙醚、硝基苯、石油脑、二甲苯、乙二醇、乙酸异戊酯、二乙胺及其他多种有机溶剂混溶 |
| 乙酸 | 117.9 | 1.050 | 与水、乙醇、乙醚、四氯化碳混溶，不溶于二硫化碳及$C_{12}$以上高级脂肪烃 |
| 醋酸酐 | 140.0 | 1.0820 | 不溶于水，与乙醇、乙醚、氯仿等混溶 |
| 乙酸乙酯 | 77.1 | 0.9003 | 与醇、醚、氯仿、丙酮、苯等大多数有机溶剂溶解，能溶解某些金属盐 |
| 乙酸丁酯 | 126.11 | 0.8825 | 优良有机溶剂，广泛应用于医药行业，还可以用作萃取剂 |
| 四氢呋喃 | 65~66 | 0.8892 | 优良溶剂，与水混溶，很好的溶解乙醇、乙醚、脂肪烃、芳香烃、氯化烃 |
| 甲胺 | -6.3 | 0.66 | 是多数有机物和无机物的优良溶剂，液态甲胺与水、醚、苯、丙酮、低级醇混溶 |

续表

| 名　　称 | 沸点/℃ (101.3kPa) | 相对密度($d_4^{20}$) | 溶解性 |
|---|---|---|---|
| 二甲胺 | 7.4 | 0.68 | 易溶于水，溶于乙醇和乙醚 |
| 三乙胺 | 89.6 | 0.73 | 微溶于水，溶于乙醇、乙醚、丙酮等多数有机溶剂 |
| 乙二胺 | 117.26 | 0.90 | 易溶于水，生成水合乙二胺，溶于乙醇和甲醇，微溶于乙醚，不溶于苯 |
| 甲酰胺 | 210.5 | 1.133 | 不溶于醚类及含氯溶剂，微溶于苯，能与水、甲醇、乙醇、乙酸、丙酮、二氧六环、乙二醇、苯酚和低级酯混溶 |
| *N*-甲基甲酰胺 | 199 | 1.011 | 与苯混溶，溶于水和醇，不溶于醚 |
| *N*,*N*-二甲基甲酰胺 | 153.0 | 0.9487 | 与水、醇、醚、酮、不饱和烃、芳香烃等混溶，溶解能力强 |
| 乙酰胺 | 221.2 | 1.159 | 溶于水、醇、吡啶、氯仿、甘油、热苯、丁酮、丁醇、苄醇，微溶于乙醚 |
| *N*,*N*-二甲基乙酰胺 | 166.1 | 0.9429 | 溶解不饱和脂肪烃，与水、醚、酯、酮、芳香族化合物混溶 |
| *N*,*N*-二甲基苯胺 | 193 | 0.96 | 能随水蒸气挥发，与醇、醚、氯仿、苯等混溶，能溶解多种有机物 |
| 硝基甲烷 | 101.2 | 1.14 | 与醇、醚、四氯化碳、DMF、等混溶，能溶解染料、油脂、蜡、纤维素衍生物、树脂等，能溶解芳烃，但不与烷烃、环烷烃相混合 |
| 硝基乙烷 | 114.0 | 1.052 | 几乎不溶于水，与醇、醚、氯仿混溶，溶解多种树脂和纤维素衍生物 |
| 硝基苯 | 210.9 | 1.2037 | 几乎不溶于水，与醇、醚、苯等有机物混溶，对有机物溶解能力强 |
| 乙腈 | 81.60 | 0.79 | 与水、甲醇、乙酸甲酯、乙酸乙酯、丙酮、醚、氯仿、四氯化碳、氯乙烯及各种不饱和烃混溶，但是不与饱和烃混溶 |
| 丙腈 | 97.35 | 0.7818 | 溶解醇、醚、DMF、乙二胺等有机物，与多种金属盐形成加成有机物 |
| 丁二腈 | 267 | 1.02 | 溶于水，易溶于乙醇和乙醚，微溶于二硫化碳、己烷 |
| 糠醛 | 161.8 | 1.1594 | 与醇、醚、氯仿、丙酮、苯等混溶 |
| 吡啶 | 115.2 | 0.9819 | 与水、醇、醚、石油醚、苯、油类混溶。能溶多种有机物和无机物 |
| 喹啉 | 237.10 | 1.0929 | 溶于热水、稀酸、乙醇、乙醚、丙酮、苯、氯仿、二硫化碳等 |
| 二甲亚砜 | 189.0 | 1.100 | 与水、甲醇、乙醇、乙二醇、甘油、乙醛、丙酮乙酸乙酯吡啶、芳烃混溶 |
| 环丁砜 | 287.3 | 1.261 | 几乎能与所有有机溶剂混溶，除脂肪烃外能溶解大多数有机物 |

# 附录二 常见的共沸混合物

附表 1 一些溶剂与水形成的二元共沸物(水沸点 100℃)

| 溶剂 | 沸点/℃ | 共沸点/℃ | 含水量/% | 溶剂 | 沸点/℃ | 共沸点/℃ | 含水量/% |
|---|---|---|---|---|---|---|---|
| 氯仿 | 61.2 | 56.1 | 2.5 | 甲苯 | 110.5 | 85.0 | 20 |
| 四氯化碳 | 77.0 | 66.0 | 4.0 | 正丙醇 | 97.2 | 87.7 | 28.8 |
| 二甲苯 | 137~140.5 | 92.0 | 37.5 | 异丙醇 | 82.4 | 80.4 | 12.1 |
| 苯 | 80.4 | 69.2 | 8.8 | 异丁醇 | 108.4 | 89.9 | 88.2 |
| 丙烯腈 | 78.0 | 70.0 | 13.0 | 叔丁醇 | 82.5 | 79.9 | 49.6 |
| 二氯乙烷 | 83.7 | 72.0 | 19.5 | 正丁醇 | 117.7 | 92.2 | 37.5 |
| 乙腈 | 82.0 | 76.0 | 16.0 | 吡啶 | 115.5 | 94.0 | 42 |
| 乙醇 | 78.3 | 78.1 | 4.4 | 异戊醇 | 131.0 | 95.1 | 49.6 |
| 乙酸乙酯 | 77.1 | 70.4 | 8.0 | 正戊醇 | 138.3 | 95.4 | 44.7 |
| 异丙醇 | 82.4 | 80.4 | 12.1 | 氯乙醇 | 129.0 | 97.8 | 59.0 |
| 乙醚 | 35 | 34 | 1.0 | 二硫化碳 | 46 | 44 | 2.0 |
| 甲酸 | 101 | 107 | 26 | 二氧六环 | 101.3 | 87.8 | 18 |

附表 2 一些溶剂与水形成的三元共沸物

| 共沸混合物 | 各组分质量分数/% | 共沸点/℃ |
|---|---|---|
| 水-乙醇-乙酸乙酯 | 9.0 : 8.4 : 82.6 | 70.2 |
| 水-乙醇-四氯化碳 | 4.3 : 9.7 : 86.0 | 61.8 |
| 水-乙醇-苯 | 7.4 : 18.5 : 74.1 | 64.9 |
| 水-乙醇-环己烷 | 7.0 : 17.0 : 76.0 | 62.1 |
| 水-乙醇-氯仿 | 3.5 : 4.0 : 92.5 | 55.5 |
| 水-异丙醇-苯 | 7.5 : 18.7 : 73.8 | 66.5 |
| 水-二硫化碳-丙酮 | 0.8 : 75.2 : 24.0 | 38.0 |

附表 3 常见有机溶剂间的共沸混合物

| 共沸混合物 | 各组分沸点/℃ | 各组分质量分数/% | 共沸点/℃ |
|---|---|---|---|
| 乙醇-乙酸乙酯 | 78.3，78.0 | 30 : 70 | 72.0 |
| 乙醇-苯 | 78.3，80.6 | 32 : 68 | 68.2 |
| 乙醇-氯仿 | 78.3，61.2 | 7 : 93 | 59.4 |
| 乙醇-四氯化碳 | 78.3，77.0 | 16 : 84 | 64.9 |
| 乙酸乙酯-四氯化碳 | 78.0，77.0 | 43 : 57 | 75.0 |
| 甲醇-四氯化碳 | 64.7，77.0 | 21 : 79 | 55.7 |

续表

| 共沸混合物 | 各组分沸点/℃ | 各组分质量分数/% | 共沸点/℃ |
|---|---|---|---|
| 甲醇-苯 | 64.7，80.4 | 39∶61 | 48.3 |
| 甲醇-二氯甲烷 | 64.7，41 | 7.3∶92.7 | 37.8 |
| 甲醇/氯仿 | 56.2 | 12∶88 | 55.5 |
| 甲醇/丙酮 | 56.2 | 12∶88 | 55.5 |
| 氯仿-丙酮 | 61.2，56.4 | 80∶20 | 64.7 |
| 甲苯-乙酸 | 101.5，118.5 | 72∶28 | 105.4 |

# 附录三　常用酸碱溶液的密度和浓度

| 试剂名称 | 密度(20℃)/$g \cdot cm^{-3}$ | 浓度/$mol \cdot L^{-1}$ | 质量分数/% |
|---|---|---|---|
| 浓硫酸 | 1.84 | 18.0 | 96.0 |
| 浓盐酸 | 1.19 | 12.1 | 37.2 |
| 浓硝酸 | 1.42 | 15.9 | 70.4 |
| 磷酸 | 1.70 | 14.8 | 85.5 |
| 冰醋酸 | 1.05 | 17.45 | 99.8 |
| 浓氨水 | 0.90 | 14.53 | 56.6 |
| 浓氢氧化钠 | 1.54 | 19.4 | 50.5 |

# 附录四　常见致癌物质与剧毒化学药品

## 1. 高毒性固体

很少量就能使人迅速中毒甚至致死(附表4)。

**附表4　高毒性固体**

| 名　称 | TLV①/$mg \cdot m^{-3}$ | 名　称 | TLV/$mg \cdot m^{-3}$ |
|---|---|---|---|
| 三氧化锇 | 0.002 | 砷化合物 | 0.5(按As计) |
| 汞化合物(特别是烷基汞) | 0.01 | 五氧化二钒 | 0.5 |
| 铊盐 | 0.1(按Tl计) | 乙二酸和乙二酸盐 | 1 |
| 硒和硒化合物 | 0.2(Se计) | 无机氰化物 | 5(按CN计) |

① TLV(Threshold Limit Value)极限安全值，即空气中含有该有毒物质蒸气或粉尘的浓度，在此极限以内，一般人重复接触不致受害。

## 2. 毒性危险气体

毒性危险气体见附表5。

**附表 5　毒性危险气体**

| 名　称 | TLV/$\mu g \cdot g^{-1}$ | 名　称 | TLV/$\mu g \cdot g^{-1}$ |
|---|---|---|---|
| 氟 | 0.1 | 氟化氢 | 3 |
| 光气 | 0.1 | 二氧化氮 | 5 |
| 臭氧 | 0.1 | 硝酰氯 | 5 |
| 重氮甲烷 | 0.2 | 氰 | 10 |
| 磷化氢 | 0.3 | 氰化氢 | 10 |
| 三氟化硼 | 1 | 硫化氢 | 10 |
| 氯 | 1 | 一氧化碳 | 50 |

### 3. 毒性危险液体和刺激性物质

长期少量接触可能引起慢性中毒，其中许多物质的蒸气对眼睛和呼吸道有强刺激性(附表6)。

**附表 6　毒性危险液体和刺激性物质**

| 名　称 | TLV/$\mu g \cdot g^{-1}$ | 名　称 | TLV/$\mu g \cdot g^{-1}$ |
|---|---|---|---|
| 羰基镍 | 0.001 | 硫酸二甲酯 | 1 |
| 异氰酸甲酯 | 0.02 | 硫酸二乙酯 | 1 |
| 丙烯醛 | 0.1 | 四溴乙烷 | 1 |
| 溴 | 0.1 | 烯丙醇 | 2 |
| 3-氯丙烯 | 1 | 2-丁烯醛 | 2 |
| 苯氯甲烷 | 1 | 氢氟酸 | 3 |
| 苯溴甲烷 | 1 | 四氯乙烷 | 5 |
| 三氯化硼 | 1 | 苯 | 10 |
| 三溴化硼 | 1 | 溴甲烷 | 15 |
| 2-氯乙醇 | 1 | 二硫化碳 | 20 |

### 4. 其他有害物质

① 许多溴代烷和氯代烷，以及甲烷和乙烷的多卤衍生物，特别是附表 7 中的化合物。

**附表 7　溴代烷和氯代烷**

| 名　称 | TLV/$\mu g \cdot g^{-1}$ | 名　称 | TLV/$\mu g \cdot g^{-1}$ |
|---|---|---|---|
| 溴仿 | 0.5 | 1,2-二溴乙烷 | 20 |
| 碘甲烷 | 5 | 1,2-二氯乙烷 | 50 |
| 四氯化碳 | 10 | 溴乙烷 | 200 |
| 氯仿 | 10 | 二氯甲烷 | 200 |

② 芳胺和脂肪族胺类的低级脂肪族胺的蒸气有毒。全部芳胺，包括它们的烷氧基、卤素、硝基取代物都有毒性。一些代表性例子见附表 8。

附表 8　芳胺和脂肪族胺类的低级脂肪族胺

| 名　　称 | TLV/μg·g$^{-1}$ | 名　　称 | TLV/μg·g$^{-1}$ |
|---|---|---|---|
| 对苯二胺(及其异构体) | 0.1mg/m$^3$ | 苯胺 | 5 |
| 甲氧基苯胺 | 0.5mg/m$^3$ | 邻甲苯胺(及其异构体) | 5 |
| 对硝基苯胺(及其异构体) | 1 | 二甲胺 | 10 |
| *N*-甲基苯胺 | 2 | 乙胺 | 10 |
| *N*,*N*-二甲基苯胺 | 5 | 三乙胺 | 25 |

③ 酚和芳香族硝基化合物见附表 9。

附表 9　酚和芳香族硝基化合物

| 名　　称 | TLV/mg·m$^{-3}$ | 名　　称 | TLV/μg·g$^{-1}$ |
|---|---|---|---|
| 苦味酸 | 0.1 | 间二硝基苯 | 1 |
| 二硝基苯酚 | 0.2 | 硝基苯 | 1 |
| 二硝基甲苯酚 | 0.2 | 苯酚 | 5 |
| 对硝基氯苯(及其异构体) | 1 | 甲苯酚 | 5 |

**5. 致癌物质**

下面列举一些已知的危险致癌物质：

① 芳胺及其衍生物：联苯胺(及某些衍生物)、$\beta$-萘胺、二甲氨基偶氮苯、$\alpha$-萘胺。

② *N*-亚硝基化合物：*N*-甲基-*N*-亚硝基苯胺、*N*-亚硝基二甲胺、*N*-甲基-*N*-亚硝基脲、*N*-亚硝基氢化吡啶。

③ 烷基化剂：双(氯甲基)醚、硫酸二甲酯、氯甲基甲醚、碘甲烷、重氮甲烷、$\beta$-羟基丙酸内酯。

④ 稠环芳烃：苯并[a]芘、二苯并[c，g]咔唑、二苯并[a，h]蒽、7,12-二甲基苯并[a]蒽。

⑤ 含硫化合物：硫代乙酸胺、硫脲。

⑥ 石棉粉尘。

**6. 具有长期积累效应的毒物**

这些物质进入人体不易排出，在人体内累积，引起慢性中毒。这类物质主要有：

①苯；②铅化合物，特别是有机铅化合物；③汞和汞化合物，特别是二价汞盐和液态的有机汞化合物。

在使用以上各类有毒化学药品时，都应采取妥善的防护措施。避免吸入其蒸气和粉尘，不要使它们接触皮肤。有毒气体和挥发性的有毒液体必须在效率良好的通风橱中操作。汞的表面应该用水掩盖，不可直接暴露在空气中。盛装汞的仪器应放在一个搪瓷盘上以防溅出的汞流失。溅洒汞的地方迅速撒上硫黄石灰糊。

# 附录五　常用有机溶剂的纯化

**1. 丙酮**

沸点为 56.2℃，折光率为 1.3588，相对密度为 0.7899。

普通丙酮常含有少量的水及甲醇、乙醛等还原性杂质。其纯化方法有：

① 于 250mL 丙酮中加入 2.5g 高锰酸钾回流，若高锰酸钾紫色很快消失，再加入少量高锰酸钾继续回流，至紫色不褪为止。然后将丙酮蒸出，用无水碳酸钾或无水硫酸钙干燥，过滤后蒸馏，收集 55~56.5℃的馏分。用此法纯化丙酮时，须注意丙酮中含还原性物质不能太多，否则会过多消耗高锰酸钾和丙酮，使处理时间增长。

② 将 100mL 丙酮装入分液漏斗中，先加入 4mL 10%硝酸银溶液，再加入 3.6mL $1mol \cdot L^{-1}$ 氢氧化钠溶液，振摇 10min，分出丙酮层，再加入无水硫酸钾或无水硫酸钙进行干燥。最后蒸馏收集 55~56.5℃馏分。此法比方法①要快，但硝酸银较贵，只宜做小量纯化用。

**2. 四氢呋喃**

沸点为 65~66℃，折光率为 1.4050，相对密度为 0.8892。

四氢呋喃与水能混溶，并常含有少量水分及过氧化物。如要制得无水四氢呋喃，可用氢化铝锂在隔绝潮气下回流(通常 1000mL 约需 2~4g 氢化铝锂)，除去其中的水和过氧化物，然后蒸馏，收集 66℃的馏分蒸馏时不要蒸干，将剩余少量残液即倒出。精制后的液体加入钠丝并应在氮气中保存。

处理四氢呋喃时，应先用小量进行试验，在确定其中只有少量水和过氧化物，作用不致过于激烈时，方可进行纯化。

四氢呋喃中的过氧化物可用酸化的碘化钾溶液来检验。如过氧化物较多，应另行处理为宜。

**3. 二氧六环**

沸点为 101.3℃，熔点为 12℃，折光率为 1.4424，相对密度为 1.0337。

二氧六环能与水任意混合，常含有少量二乙醇缩醛与水，久储的二氧六环可能含有过氧化物(鉴定和除去参阅乙醚)。二氧六环的纯化方法，在 500mL 二氧六环中加入 8mL 浓盐酸和 50mL 水的溶液，回流 6~10h，在回流过程中，慢慢通入氮气以除去生成的乙醛。冷却后，加入固体氢氧化钾，直到不能再溶解为止，分去水层，再用固体氢氧化钾干燥 24h。然后过滤，在金属钠存在下加热回流 8~12h，最后在金属钠存在下蒸馏，压入钠丝密封保存。精制过的 1,4-二氧环己烷应当避免与空气接触。

**4. 吡啶**

沸点为 115.2℃，折光率为 1.5095，相对密度为 0.9819。

分析纯的吡啶含有少量水分，可供一般实验用。如要制得无水吡啶，可将吡啶与粒氢氧化钾(钠)一同回流，然后隔绝潮气蒸出备用。干燥的吡啶吸水性很强，保存时应将容器口用石蜡封好。

**5. 石油醚**

石油醚为轻质石油产品，是低相对分子质量烷烃类的混合物。其沸程为 30~150℃，收集的温度区间一般为 30℃左右。有 30~60℃，60~90℃，90~120℃等沸程规格的石油醚。其中含有少量不饱和烃，沸点与烷烃相近，用蒸馏法无法分离。

石油醚的精制通常将石油醚用同体积的浓硫酸洗涤 2~3 次，再用 10%硫酸加入高锰酸钾配成的饱和溶液洗涤，直至水层中的紫色不再消失为止。然后再用水洗，经无水氯化钙干燥后蒸馏。若需绝对干燥的石油醚，可加入钠丝(与纯化无水乙醚相同)。

**6. 甲醇**

沸点为 64.7℃，折光率为 1.3288，相对密度为 0.7918。

普通未精制的甲醇含有0.02%丙酮和0.1%水。而工业甲醇中这些杂质的含量达0.5%~1%。为了制得纯度达99.9%以上的甲醇，可将甲醇用分馏柱分馏。收集64.7℃的馏分，再用镁去除水(与制备无水乙醇相同)。甲醇有毒，处理时应防止吸入其蒸气。

**7. 乙酸乙酯**

沸点为77.1℃，折光率为1.3723，相对密度为0.9003。

乙酸乙酯一般含量为95%~98%，含有少量水、乙醇和乙酸。可用下法纯化：于1000mL乙酸乙酯中加入100mL乙酸酐，10滴浓硫酸，加热回流4h，除去乙醇和水等杂质，然后进行蒸馏。馏液用20~30g无水碳酸钾振荡，再蒸馏。产物沸点为77℃，纯度可达以上99%以上。

**8. 乙醚**

沸点为34.6℃，折光率为1.3526，相对密度为0.7134。普通乙醚常含有2%乙醇和0.5%水。久藏的乙醚常含有少量过氧化物。

过氧化物的检验和去除：在干净的试管中放入2~3滴浓硫酸，1mL 2%碘化钾溶液(若碘化钾溶液已被空气氧化，可用稀亚硫酸钠溶液滴到黄色消失)和1~2滴淀粉溶液，混合均匀后加入乙醚，出现蓝色即表示有过氧化物存在。除去过氧化物可用新配制的硫酸亚铁稀溶液(配制方法是$FeSO_4 \cdot H_2O$ 60g，100mL水和6mL浓硫酸)。将100mL乙醚和10mL新配制的硫酸亚铁溶液放在分液漏斗中洗数次，至无过氧化物为止。

醇和水的检验和去除：乙醚中放入少许高锰酸钾粉末和一粒氢氧化钠。放置后，氢氧化钠表面附有棕色树脂，即证明有醇存在。水的存在用无水硫酸铜检验。先用无水氯化钙除去大部分水，再经金属钠干燥。其方法是：将100mL乙醚放在干燥锥形瓶中，加入20~25g无水氯化钙，瓶口用软木塞塞紧，放置一天以上，并间断摇动，然后蒸馏，收集33~37℃的馏分。用压钠机将1g金属钠直接压成钠丝放于盛乙醚的瓶中，用带有氯化钙干燥管的软木塞塞住。或在木塞中插一末端拉成毛细管的玻璃管，这样，既可防止潮气浸入，又可使产生的气体逸出。放置至无气泡发生即可使用；放置后，若钠丝表面已变黄变粗，须再蒸一次，然后再压入钠丝。

**9. 乙醇**

沸点为78.5℃，折光率为1.3616，相对密度为0.7893。

制备无水乙醇的方法很多，根据对无水乙醇质量要求的不同而选择不同的方法。

若要求98%~99%的乙醇，可采用下列方法：

① 利用苯、水和乙醇形成低共沸混合物的性质，将苯加入乙醇中，进行分馏，在64.9℃时蒸出苯、水、乙醇的三元恒沸混合物，多余的苯在68.3℃与乙醇形成二元恒沸混合物被蒸出，最后蒸出乙醇。工业多采用此法。

② 用生石灰脱水。于100mL 95%乙醇中加入新鲜的块状生石灰20g，回流3~5h，然后进行蒸馏。

若要制备99%以上的乙醇，可采用下列方法：

① 在100mL 99%乙醇中，加入7g金属钠，待反应完毕，再加入27.5g邻苯二甲酸二乙酯或25g草酸二乙酯，回流2~3h，然后进行蒸馏。

金属钠虽能与乙醇中的水作用，产生氢气和氢氧化钠，但所生成的氢氧化钠又与乙醇发生平衡反应，因此单独使用金属钠不能完全除去乙醇中的水，须加入过量的高沸点酯，如邻苯二甲酸二乙酯与生成的氢氧化钠作用，抑制上述反应，从而达到进一步脱水的目的。

② 在 60mL 99%乙醇中，加入 5g 镁和 0.5g 碘，待镁溶解生成醇镁后，再加入 900mL 99%乙醇，回流 5h 后，蒸馏，可得到 99.9%乙醇。

由于乙醇具有非常强的吸湿性，所以在操作时，动作要迅速，尽量减少转移次数以防止空气中的水分进入，同时所用仪器必须事前干燥好。

**10. 二甲基亚砜**

沸点为 189.0℃，熔点为 18.5℃，折光率为 1.4783，相对密度为 1.100。

二甲基亚砜能与水混合，可用分子筛长期放置加以干燥。然后减压蒸馏，收集 76℃/1600Pa(12mmHg)馏分。蒸馏时，温度不可高于 90℃，否则会发生歧化反应生成二甲砜和二甲硫醚。也可用氧化钙、氢化钙、氧化钡或无水硫酸钡来干燥，然后减压蒸馏。也可用部分结晶的方法纯化。二甲基亚砜与某些物质混合时可能发生爆炸，例如氢化钠、高碘酸或高氯酸镁等，应予注意。

**11. *N*,*N*–二甲基甲酰胺**

沸点为 153.0℃，折光率为 1.4305，相对密度为 0.9487。无色液体，与多数有机溶剂和水可任意混合，对有机和无机化合物的溶解性能较好。

*N*,*N*–二甲基甲酰胺含有少量水分。常压蒸馏时有些分解，产生二甲胺和一氧化碳。在有酸或碱存在时，分解加快。所以加入固体氢氧化钾(钠)在室温放置数小时后，即有部分分解。因此，最常用硫酸钙、硫酸镁、氧化钡、硅胶或分子筛干燥，然后减压蒸馏，收集 76℃/4800Pa(36mmHg)的馏分。其中如含水较多时，可加入其 1/10 体积的苯，在常压及 80℃以下蒸去水和苯，然后再用无水硫酸镁或氧化钡干燥，最后进行减压蒸馏。纯化后的 *N*,*N*–二甲基甲酰胺要避光储存。

*N*,*N*–二甲基甲酰胺中如有游离胺存在，可用 2,4 二硝基氟苯产生颜色来检查。

**12. 二氯甲烷**

沸点为 39.8℃，折光率为 1.4242，相对密度为 1.3266。

使用二氯甲烷比氯仿安全，因此常常用它来代替氯仿作为比水重的萃取剂。普通的二氯甲烷一般都能直接作萃取剂用。如需纯化，可用 5%碳酸钠溶液洗涤，再用水洗涤，然后用无水氯化钙干燥，蒸馏收集 40~41℃的馏分，保存在棕色瓶中。

**13. 二硫化碳**

沸点为 46.25℃，折光率为 1.6319，相对密度为 1.2632。

二硫化碳为有毒化合物，能使血液神经组织中毒。具有高度的挥发性和易燃性，因此，使用时应避免与其蒸气接触。

对二硫化碳纯度要求不高的实验，在二硫化碳中加入少量无水氯化钙干燥几小时，在水浴 55~65℃下加热蒸馏、收集。如需要制备较纯的二硫化碳，在试剂级的二硫化碳中加入 0.5%高锰酸钾水溶液洗涤三次除去硫化氢，再用汞不断振荡以除去硫。最后用 2.5%硫酸汞溶液洗涤，除去所有的硫化氢(洗至没有恶臭为止)，再经氯化钙干燥，蒸馏收集。

**14. 氯仿**

沸点为 61.7℃，折光率为 1.4459，相对密度为 1.4832。

氯仿在日光下易氧化成氯气、氯化氢和光气(剧毒)，故氯仿应储存于棕色瓶中。市场上供应的氯仿多用 1%酒精作稳定剂，以消除产生的光气。氯仿中乙醇的检验可用碘仿反应；游离氯化氢的检验可用硝酸银的醇溶液。除去乙醇可将氯仿用其二分之一体积的水振摇数次分离下层的氯仿，用氯化钙干燥 24h，然后蒸馏。

另一种纯化方法：将氯仿与少量浓硫酸一起振动两三次。每 200mL 氯仿用 10mL 浓硫酸，分去酸层以后的氯仿用水洗涤，干燥，然后蒸馏。

除去乙醇后的无水氯仿应保存在棕色瓶中并避光存放，以免光化作用产生光气。

**15. 苯**

沸点为 80.1℃，折光率为 1.5011，相对密度为 0.8765。

普通苯常含有少量水和噻吩，噻吩的沸点为 84℃，与苯接近，不能用蒸馏的方法去除。

噻吩的检验：取 1mL 苯加入 2mL 溶有 2mg 吲哚醌的浓硫酸，振荡片刻，若酸层呈蓝绿色，即表示有噻吩存在。

噻吩和水的去除：将苯装入分液漏斗中，加入相当于苯体积 1/7 的浓硫酸，振摇使噻吩磺化，弃去酸液，再加入新的浓硫酸，重复操作几次，直到酸层呈现无色或淡黄色并检验无噻吩为止。将上述无噻吩的苯依次用 10% 碳酸钠溶液和水洗至中性，再用氯化钙干燥，进行蒸馏，收集 80℃ 的馏分，最后用金属钠脱去微量的水得无水苯。

# 参考文献


[1] 天津大学有机化学教研室，赵温涛，等. 有机化学[M]. 第六版. 北京：高等教育出版社，2019.

[2] 李艳梅，赵圣印，王兰英，等. 有机化学[M]. 第二版. 北京：科学出版社，2014.

[3] 大连理工大学有机化学教研室，高占先，等. 有机化学[M]. 第三版. 北京：高等教育出版社，2018.

[4] 邢其毅，等. 基础有机化学[M]. 第三版. 北京：高等教育出版社，2005.

[5] 中国化学会有机化合物命名审定委员会. 有机化合物命名原则 2017[M]. 北京：科学出版社，2018.

[6] 黄艳仙，黄敏，等. 有机化学实验[M]. 北京：科学出版社，2016.

[7] 刘湘，刘士荣，等. 有机化学实验[M]. 第二版. 北京：化学工业出版社，2013.

[8] 蔡炳新，陈贻文. 基础化学实验[M]. 第二版. 北京：科学出版社，2007.

[9] 高占先. 有机化学实验[M]. 北京：高等教育出版社，2004.